普通高等教育“十三五”规划教材

工艺环境学概论

毛应淮　王仲旭　编著

中国环境出版集团·北京

图书在版编目（CIP）数据

工艺环境学概论 / 毛应淮，王仲旭编著 .—北京：中国环境出版集团，2018.6（2019.9 重印）

ISBN 978-7-5111-3692-3

Ⅰ . ①工… Ⅱ . ①毛… ②王… Ⅲ . ①工业生产－生产环境－概论 Ⅳ . ① X322

中国版本图书馆 CIP 数据核字（2018）第 118594 号

出 版 人 武德凯
责任编辑 葛 莉 董蓓蓓 郑中海
责任校对 任 丽
封面设计 彭 杉

出版发行 中国环境出版集团
（100062 北京市东城区广渠门内大街16号）
网 址：http：//www.cesp.com.cn
电子邮箱：bjgl@cesp.com.cn
联系电话：010-67112765（编辑管理部）
010-67113412（第二分社）
发行热线：010-67125803 010-67113405（传真）

印 刷 北京中科印刷有限公司
经 销 各地新华书店
版 次 2018年6月第1版
印 次 2019年9月第2次印刷
开 本 787×1092 1/16
印 张 38.25
字 数 931千字
定 价 120.00元

编写委员会

主　编：毛应淮

副主编：王仲旭　张建宇　曾红鹰

统　稿：毛应淮　王仲旭

第一章	曾红鹰	申哲民	赵　博	翟国辉
第二章	毛应淮	张建宇	高崧祺	袁　轶
第三章	毛应淮	陈　瑛	李恩科	范雪丽
第四章	毛应淮	应迪文	景爱国	薛世超
第五章	姜　华	董广霞	王彬彬	王峻峰
第六章	韩小铮	姜　华	陈盈盈	吴峥艳
第七章	王仲旭	郑艳芬	刘朋涛	胡小虎
第八章	胡天蓉	龚　龚	孙广轮	罗　朋
第九章	王仲旭	毛应淮	焦壮龙	孙瑞雪
第十章	韩小铮	康　宏	董争超	甄　磊
第十一章	刘之杰	毛应淮	冯彦星	丁增辉
第十二章	毛应淮	宫银海	孙少晨	王　亮
第十三章	王仲旭	杨光忠	王宏磊	马利朝
第十四章	王仲旭	郑艳芬	丁成松	马桂福
第十五章	王仲旭	张　波	郑艳芬	韩辉锁
第十六章	王仲旭	杨红军	杨自然	张　琳

参与编写人员

毛应淮　河北环境工程学院
王仲旭　河北环境工程学院
张建宇　美国环保协会北京代表处
曾红鹰　生态环境部宣传教育中心培训部 / 主任
郑艳芬　河北环境工程学院
韩小铮　河北环境工程学院
冯雨峰　河北环境工程学院 / 教授系主任
陈　瑛　生态环境部固体废物与化学品管理技术中心 / 处长
刘之杰　生态环境部宣传教育中心培训部 / 副主任
袁　轶　美国环保协会北京代表处
姜　华　生态环境部环境工程评估中心核算部 / 主任
张　波　生态环境部环境工程评估中心
董广霞　生态环境部环境监测总站 / 高级工程师
王彬彬　安徽环境监察局 / 副局长
康　宏　新疆环境监测总站 / 教授级高级工程师
杨红军　上海市环境监察总队 / 主任
高崧祺　重庆环境监察总队
李恩科　唐山市环境监察支队 / 支队长
申哲民　上海交通大学环境科学与工程学院 / 教授
杨光忠　武汉工程大学 / 教授、主任
应迪文　上海交通大学环境科学与工程学院
龚　奕　北京服装学院材料学院
崔修佳　西尔环境教育
杨自然　中国石化上海石油化工股份有限 / 副总工程师
胡天蓉　生态环境部宣传教育中心
范雪丽　生态环境部宣传教育中心

张　琳　生态环境部宣传教育中心
黄争超　生态环境部宣传教育中心
国洪瑞　生态环境部宣传教育中心
孙少晨　河北环境工程学院
孙广轮　河北环境工程学院
宫银海　河北环境工程学院
翟国辉　河北环境工程学院
景爱国　河北蓝标节能环保科技有限公司
冯彦星　河北蓝标节能环保科技有限公司
焦壮龙　石家庄同祥环保工程有限公司
胡小虎　浙江华章科技有限公司
甄　磊　唐山市环境保护局古冶区分局
赵　博　玛努利液压器材(苏州)有限公司
王峻峰　海虹老人(中国)管理有限公司
马桂福　苏州优科豪马轮胎有限公司
罗　朋　河北蓝标节能环保科技有限公司
王　亮　中化帝斯曼（长春）生化中间体有限公司
王宏磊　桐昆集团浙江恒腾差别化纤维有限公司
丁增辉　江苏康达检测技术股份有限公司
丁成松　浙江京新药业股份有限公司
吴峥艳　北京高能时代环境技术股份有限公司
孙瑞雪　河北蓝标节能环保科技有限公司
刘朋涛　河北远大中正生物科技有限公司
薛世超　河北蓝标节能环保科技有限公司
马利朝　北京中环嘉诚环境工程有限公司
陈盈盈　浙江泰诚环境科技有限公司
韩辉锁　南京万德斯环保科技股份有限公司

前　言

本教材作为普通高等教育“十三五”规划教材，可作为环境类专业的专业课或专业基础课教学用书，增加其环境类课程的技术性和实用性，也可作为企业环保人员和生态环境部门岗位培训的参考用书。

在《中华人民共和国环境保护法》修订后，我国环境管理体制和制度改革幅度进一步加大，实施了新的排污许可证制度。2018 年 1 月，环境保护部印发的《排污许可管理办法（试行）》规定了企业承诺、自行监测、台账记录、执行报告、信息公开等五项制度。该方法强调加强环境技术管理，明确了生态环境部负责制定排污许可证申请与核发技术规范、环境管理台账及排污许可证执行报告技术规范、排污单位自行监测技术指南、污染防治可行技术指南等相关技术规范。

排污许可证分行业推进、按行业管理，工业行业的原辅材料、工艺技术、排污节点和治理技术分析是其基础。排污许可管理中的申请核发、自行监测、污染物排放测算、污染防治可行技术、环境管理台账等环境管理技术工作都会涉及不同工业行业的原辅料结构、生产工艺、污染排放特点、污染源监测、污染治理可行技术分析等工业行业的工艺环境技术的知识。现行环境科学和环境工程在工业行业的工艺环境基础知识方面存在空白，本书就是为了填补现行的环境科学教育在这方面的需求而编写的。

本书的大部分内容以 2016 年的技术和行业数据为基础，内容和数据都比较新。由于本书要对涉及的许多重污染行业的生产工艺和污染要素进行分析，又考虑到目前环境类专科层次学生的学习基础对掌握某些内容有一定难度，本书在《工业污染核算》（“十二五”职业教育国家规划教材）基础上，减少了定量污染核算的相关内容，适当增加了产排污节点分析方面的内容。

工艺环境学在我国环境保护的大部分基础工作中均会得到运用，如环境影响评价、污染物排放总量核算、排污许可证等环境管理工作中涉及的工业生产原材料消耗、生产工艺、污染产出分析、控制分析等方面的知识，环境统计、污染物排放总量核算、污染控制、环境监测、环境监察、污染治理、清洁生产、ISO14001 体系管理、环境风险源分析和环境应急等工作也会涉及工业行业工艺环境学的相关内容。在工业企业的污染控制

（污染预防、清洁生产、污染治理）和环境管理（制度管理、体系管理、环保设备管理）工作中重点需要考虑如下两个问题：一是在原辅材料消耗结构、生产工艺、排污节点已知的基础上，进行污染来源和污染要素分析；二是通过对原辅料消耗与产品的物料平衡、水平衡的分析，加上对污染产生机理的分析，完成对主要污染的产排污强度分析。本书重点阐述第一个问题和第二个问题中的污染物产生机理的分析。

全书共16章，由河北环境工程学院毛应淮主编，53名专业人员参与编写，由毛应淮和王仲旭统稿。

本书在编写过程中参考了大量行业资料和书籍，由于水平有限，难免存在疏忽，我们衷心希望有关专家、读者提出宝贵意见。

目 录

第一章　工业生产工艺环境基础概论

本章介绍我国工业化、城市化带来的环境问题，工业发展带来的环境压力，我国工业污染的行业特征，控制工业污染源的基本途径，工业“三废”污染源与污染指标，工艺环境学基础，工艺环境学与排污许可制等。

专业能力目标：

1. 了解和分析工业化带来严重环境问题的主要原因。
2. 大致了解和总结各类工业行业“三废”污染物的特征。
3. 了解控制工业污染源的基本途径。
4. 了解学习工艺环境学基础与排污许可制对今后就业的用处。

第一节　我国工业污染防治面临的任务

一、我国工业化、城市化带来的环境问题

21 世纪，我国进入工业化和城市化的快速发展阶段，带给我国的是工业规模跃居世界第一位，在 500 余种主要工业产品中，有 220 多种产品的产量位居世界第一，我国也因此成为名副其实的世界制造业第一大国。以火电、钢铁、水泥为例，2000 年这三个行业的产量分别为火电发电量 11 142 亿 kW · h、生产 1.285 0 亿 t 粗钢、生产 5.97 亿 t 水泥，2016 年这三个行业的产量分别为火电发电量 44 371 亿 kW ·h、生产 8.083 7 亿 t 粗钢、生产 24.029 5 亿 t 水泥，这三个行业产量到 2016 年分别增长为 2000 年的 3.98 倍、6.29 倍、4.03 倍。

由于工业生产规模和城市化的快速发展，我国已成为世界上第二位能源生产国和消费国。2016 年我国 GDP 占世界总量的 14.84%，全年能源消费总量 43.6 亿 t 标准煤，能源消耗约占世界的 23%。煤炭是我国的主体能源和重要工业原料，煤炭消费量约占能源消费总量的 62%。2016 年煤炭的消耗更占全球的 50.60%（世界煤炭总消费量 37.32 亿 t

油当量，我国煤炭消费量 18.88 亿 t 油当量）。

工业生产的高速度和大规模发展必然大量消耗自然资源。我国工业生产消耗的自然资源约占全球消耗的 1/4。由于原有的工业水平落后，在工业化快速发展过程中，我国许多行业依然存在大量低技术水平的设备、工艺、生产技术，导致单位 GDP 的能耗和资源消耗与发达国家比还有较大差距。我国目前的工业化还是以基础工业、重工业和化学工业为主导，因此原辅材料消耗量巨大。

我国工业规模的快速扩大，消耗了大量的能源和原辅材料，必然导致工业“三废”的高产生量；低技术水平的设备、工艺、技术，导致单位产品原辅材料的高消耗，也导致单位产品“三废”的高产生量；低水平的污染控制技术、未能实现清洁生产和污染预防，必然导致单位产品“三废”的高排放量。一方面，我国已成为世界最大能源和工业产品的生产国和消费国；另一方面，能源与资源需求压力巨大、存量不足，生态环境损害严重，已经成为我国环境管理不可回避的现实问题。

二、工业发展带来的环境压力

改革开放以来，我国工业的快速发展带来的环境污染、资源短缺和生态破坏问题，使得环境保护面临的压力日趋增大，工业生产大规模消耗了资源和能源带来 GDP 增长的同时，也造成了水环境、大气环境、生态环境等的严重破坏，而环境污染对工业发展的制约也日渐凸显。

在工业化进程中，工业发展常常被视为环境恶化的主要原因，我国正处于工业化深入发展的时期，工业发展带来的环境问题同样十分严重。我国已成为世界上能源、钢铁、氧化铝、有色金属、水泥、玻璃、造纸、无机化工、煤化工等资源消耗量最大的国家。近年来，煤炭消费总量超过世界上其他国家的总和。我国重化工等行业单位能耗明显高于世界先进水平。资源与能源大量消耗的结果是环境污染问题突出，环境问题的背后是资源能源的过度消耗和能源消费结构不合理。

（一）资源与能源消耗量过大

目前，我国正处于加速工业化和经济重型化的进程之中，无论从工业总量、工业规模、企业数量都占居世界第一位，能源需求的快速增长不可避免。2016 年我国国内生产总值 (GDP) 为 744 127 亿元，折合为 112 028.51 亿美元（全世界 GDP 为 717 073.02 亿美元）。我国约占世界生产总值的 14.84%，但为此投入的各类国内资源和进口资源，却比产出所占比例高得多，我国 2016 年消费石油 5.43 亿 t、原煤 35 亿 t、粗钢 8 亿 t、水泥 24 亿 t、氧化铝 6 000 万 t，分别约为世界消费量的 14%、51%、50%、59% 和 49%。

我国矿产资源总回收率和共伴生矿产资源综合利用率分别约为 30% 和 35%，比国外先进水平低 20%。金属矿山采选回收率平均比国际水平低 10% ～ 20%；已综合利用的矿山，资源综合利用率不到 20%；尾矿利用率仅为 20%。大中型矿山中，几乎没有开展综合利用的矿山占 30%。

（二）资源能源利用率低

我国目前虽然已经进入工业化发展阶段，但现有的工业总体技术水平和发达国家相比还比较落后，资源能源利用率过低，单位产品资源消耗水平大大低于发达国家的水平，使得大量宝贵的有用资源以“三废”的形式流失于环境。即使考虑汇率因素，我国经济增长付出的资源能源代价过大，也是不争的事实。

2016 年我国能源消费总量 43.6 亿 t 标煤，约占全世界总能耗的 23.0%，只创造了全世界 14.84% 的 GDP，单位 GDP 能耗是国际水平的 1.5 倍以上，是美国的 3 倍。我国是世界第一制造业大国，工业占国内生产总值的 39.8% 左右，是能源消耗及温室气体排放的主要领域，工业能耗占全社会总能耗的 70% 以上。因此，工业企业也成为减缓和应对气候变化的主力。我国现在是第二大经济体，却已是全球第一大污染体。由于我国消费了世界煤炭消费总量的 50.1%，因此 SO_2 排放量约占全球 25%，NO_x 排放量约占全球 26%，CO_2 排放量占全球 30% 以上，很快就将达到美国和欧盟排放的 CO_2 总和。

（三）工业结构不合理

“十一五”期间，我国第三产业增加值占国内生产总值的比重低于预期目标，重工业占工业总产值比重由 68.1% 上升到 70.9%，高耗能、高排放产业增长过快，结构节能目标没有实现。十年来我国能源结构和工业结构并没有得到改善。2000 年我国煤炭在一次能源中占比为 69.2%，2010 年增加至 70.9%，经过节能减排和工业结构调整，2016 年这一比例还为 62.0%。近些年持续扩大的雾霾，深刻说明了我国环境污染的严重程度。

重化工业包括能源矿产、原材料和重加工业这三大门类。能源矿产和原材料工业属于高耗能、高污染产业。我国以电力、煤炭、钢铁、水泥、有色金属、焦炭、造纸、印染、制革、石油石化、制药等行业为重点，“十一五”期间、“十二五”期间加大了落后产能的淘汰，大力倡导节能减排，严格监管重污染行业全面达标排放。

重加工业是以工业能源为动力生产原材料并对各类原材料进行加工的部门，单位产出能源消耗大得多。加工越精细，附加值就越高，单位产值能耗就越低。按照各国工业化的一般规律，在工业化进入重工业阶段后，石化、钢铁、有色金属冶炼、水泥、造纸等高耗能、高污染的基础重化工业发展到一定阶段后，才能进入以重加工业为主导的发展阶段。只有重加工产业结构地位提高，单位产值能耗才会出现明显下降趋势。

区域和产业的发展不平衡，许多行业的产业集中度不高，导致大量中小企业仍在使用落后装置、工艺、技术，大量落后淘汰缓慢，落后产能向经济不发达地区转移的情况也很严重，落后技术和工艺在一些地区仍有生存空间。落后产能和低品质的原辅材料导致生产过程的高消耗、高污染。煤炭、采矿、钢铁、电镀、化工、食品、印染、酿造、制革等传统产业的相当部分产能，仍然依靠过时的、效率低的且污染重的技术。我国正处在基础重化工业加快发展的特殊阶段，外延型增长仍有较大发展空间，较高的单位产品能耗、物耗、水耗短期难以改变。

（四）工业环境问题突出

工业增长在相当程度上依靠能源和资源支撑，资源和原材料消耗规模大、增长快。生产要素投入数量的增加和使用效率的提高是工业发展的主要推动因素。许多地区工业规模过大，尤其是重化工业的规模过大，导致“三废”产生量过大，主要污染物排放量都超过环境承载能力，工业发展的环境压力越来越大。

旧的环境问题尚未得到解决，新的环境问题日益凸显。我国面临的环境问题比世界上任何国家都要复杂，解决起来的难度比任何国家都要大。我国著名环境专家王金南指出“从目前看来，环境污染、生态破坏、气候变化是压在中国头上的三座环境大山”。

我国大气污染形势严峻，$PM_{2.5}$ 问题引起公众普遍关注。工业的火电、冶金、建材、化工等行业有组织和无组织排放的烟粉尘、SO_2、NO_x 等大气污染物排放总量，以及城镇化过程产生的汽车尾气和建筑扬尘导致以可吸入颗粒物（PM_{10}）、细颗粒物（$PM_{2.5}$）为特征污染物的区域性大气环境问题日益突出。“十三五”时期环境保护要以提高环境质量为核心，环境质量改善是根本目标，污染减排是重要手段。2014 年，我国主要污染物排放量仍高达 2 000 万 t 左右（SO_2 排放量高达 1 974.4 万 t，NO_x 排放量高达 2 078 万 t），只有再减少 30% ～ 50%，环境质量才会明显改善。

我国的水污染问题依然突出，具体表现为：水环境质量差，水资源保障能力脆弱，水生态受损严重，水环境隐患多。我国人均水资源量少，时空分布严重不均。用水效率低下，水资源浪费严重。万元工业增加值用水量为世界先进水平的 2 ～ 3 倍；农田灌溉水有效利用系数为 0.52，远低于 0.7 ～ 0.8 的世界先进水平。全国地下水超采区面积达 23 万 km^2，引发地面沉降、海水入侵等严重生态环境问题。湿地、海岸带、湖滨、河滨等自然生态空间不断减少，导致水源涵养能力下降。

目前，我国工业、农业和生活污染排放负荷大，2015 年全国化学需氧量排放总量为 2 223.5 万 t，氨氮排放总量为 229.9 万 t，远超环境容量。全国 967 个地表水国控断面（点位）开展了水质监测，Ⅰ～Ⅲ类、Ⅳ～Ⅴ类和劣Ⅴ类水质断面分别占 64.5%、26.7% 和 8.8%，仍有近 1/10（8.8%）丧失水体使用功能（劣于Ⅴ类）。

《大气染防治行动计划》提出“加强工业企业大气污染综合治理。加快重点行业脱硫、脱硝、除尘改造工程建设。推进挥发性有机物污染治理。深化面源污染治理。强化移动源污染防治。严控“两高”行业新增产能。修订高耗能、高污染和资源性行业准入条件，明确资源能源节约和污染物排放等指标。有条件的地区要制定符合当地功能定位、严于国家要求的产业准入目录。严格控制“两高”行业新增产能，新、改、扩建项目要实行产能等量或减量置换。加快淘汰落后产能。”

《水污染防治行动计划》提出“七大重点流域干流沿岸，要严格控制石油加工、化学原料和化学制品制造、医药制造、化学纤维制造、有色金属冶炼、纺织印染等项目环境风险，合理布局生产装置及危险化学品仓储等设施。”专项整治十大重点行业。制定造纸、焦化、氮肥、有色金属、印染、农副食品加工、原料药制造、制革、农药、电镀等行业专项治理方案，实施清洁化改造。新建、改建、扩建上述行业建设项目实行主要污染物排放等量或减量置换。

（五）环境风险不断凸显

许多地方存在较大的环境风险。全国近80%的化工、石化项目布设在江河沿岸、人口密集区等敏感区域；部分饮用水水源保护区内仍有违法排污、交通线路穿越等现象，对饮水安全构成潜在威胁，突发环境事件频发。全国排查的4万多家化学品企业中，12%距离饮用水水源保护区、重要生态功能区等环境敏感区不足1 km。电子废物、工业废物、医疗废物和危险废物产生量持续增加。全国共有近1.2万座尾矿库，其中危、险、病库1 470多座。

环保部提出“十三五”时期实施工业污染源全面达标排放计划，工业污染源达标排放既是法律的基本要求，也是企业环境责任的底线要求。

三、我国工业污染的行业特征

（一）我国各类工业水污染物的主要排放行业

2015年全国环境统计资料表明：

废水排放总量中工业废水排放量199.5亿m^3，占废水排放总量的27.1%；生活污水排放量535.2亿m^3，占废水排放总量的72.8%。工业废水中COD排放量293.5万t，占COD总排放量的13.2%；生活污水中COD排放量846.9万t，占COD总排放量的38.1%（农业源占48.1%）。工业废水中氨氮排放量21.7万t，占氨氮总排放量的9.4%；生活污水中氨氮排放量134.1万t，占氨氮总排放量的58.3%（农业源占31.6%）。废水中其他有毒有害污染物（包括汞、镉、六价铬、铅、砷、挥发酚、氰化物、石油类）主要是工业废水排放的。

农副食品加工业（含食品、饮料制造业）、化学原料及化学制品制造业、造纸业、纺织业、电力工业、黑色金属冶炼和压延加工业六个行业的废水排放量分别占工业废水排放量的14.39%、14.12%、13.04%、10.15%、4.85%、5.02%，这六个行业污水总量超过工业废水排放量的61.57%以上。

农副食品加工业（含食品、饮料制造业）、化学原料及化学制品制造业、造纸业、纺织业、化学纤维制造业废水中COD排放量分别占工业行业COD总排放量的27.00%、13.55%、13.13%、8.05%、5.58%，这五个行业COD总排放量占工业行业COD总排放量的67.31%。

化学原料和化学制品制造业、农副食品加工业（含食品、饮料制造业）、纺织业、石油加工、炼焦和核燃料加工业、造纸业废水中氨氮排放量分别占工业氨氮排放总量的29.34%、17.63%、7.55%，7.55%、6.29%、五个行业氨氮总排放量占工业氨氮排放总量的68.36%。

石油加工、炼焦和核燃料加工业、化学原料和化学制品制造业、黑色金属冶炼和压延加工业、煤炭开采和洗选业、石油和天然气开采业、农副食品加工业（含食品制造业）

废水中石油类排放量分别占工业石油类排放总量的18.24%、13.90%、12.34%、11.63%、3.56%、2.13%，这六个行业石油类总排放量占工业石油类排放总量的61.8%。

有色金属冶炼和压延加工业、有色金属采选业、化学原料和化学制品制造业、电力工业、黑色金属冶炼和压延加工业废水中汞的排放量分别占工业排放总量的29.48%、24.22%、23.00%、8.92%、3.75%、，这五个行业汞的排放量占工业汞排放总量的89.37%。

有色金属冶炼和压延加工业、有色金属采选业、化学原料和化学制品制造业废水中镉的排放量分别占工业排放总量的69.71%、19.22%、1.88%，这三个行业镉的总排放量占工业镉排放总量的90.81%。

金属制品业（含通用设备、专用设备、交通运输设备、通信计算机及其他电子设备制造业），黑色金属冶炼和压延加工业，皮革、毛皮、羽毛及其制品制鞋业，化学原料和化学制品制造业，有色金属冶炼和压延加工业，有色金属采选业废水中六价铬的排放量分别占工业排放总量的63.71%、10.84%、9.05%、6.16%、4.87%、2.25%，这六个行业六价铬总排放量占工业六价铬排放总量的92.89%。

有色金属采选业、有色金属冶炼和压延加工业、金属制品业（含通用设备、专用设备、交通运输设备、计算机通信和其他电子设备制造业）、化学原料和化学制品制造业、黑色金属冶炼和压延加工业废水中铅的排放量分别占排放总量的39.40%、41.59%、6.77%、2.7%、2.65%，这五个行业铅的总排放量占工业铅总排放量的93.11%。

有色金属采选业、化学原料和化学制品制造业、有色金属冶炼和压延加工业废水中砷的排放量分别占排放总量的38.01%、29.50%、23.81%，这三个行业砷的总排放量占工业砷总排放量的91.32%。

石油加工、炼焦和核燃料加工业，化学原料和化学制品制造业，造纸业，黑色金属冶炼和压延加工业废水中挥发酚的排放量分别占工业排放总量的81.26%、8.73%、3.93%、2.52%。这四个行业挥发酚的总排放量占工业挥发酚总排放量的96.44%。

石油加工、炼焦和核燃料加工业，化学原料和化学制品制造业，金属制品业（含通用设备、专用设备、交通运输设备、计算机通信和其他电子设备制造业），黑色金属冶炼和压延加工业废水中氰化物的排放量占工业排放总量的39.81%、27.09%、13.41%、12.5%，这四个行业氰化物的总排放量占工业氰化物总排放量的92.81%。

（二）我国各类工业大气污染物的主要排放行业

2015年我国环境统计资料表明：

2015年我国煤炭消费量39.65亿t，约占全球煤炭消费量的50%（2015年，世界煤炭产量约80亿t，我国煤炭产量达37.5亿t，虽然同比减少3.3%，但仍占世界的47%）。2015年的煤炭消费结构中，我国的煤炭消费主要为商品煤，消费量36.98亿t，其中电力行业用煤18.39亿t，钢铁行业用煤6.27亿t，建材行业用煤5.25亿t，化工行业用煤2.53亿t。燃料燃烧废气量持续增加，是产生和排放SO_2、NO_x和烟尘的主要污染源。

2015年全国废气中SO_2排放量1 859.1万t，工业SO_2排放总量1 556.7万t（主要排放行业有电力、热力生产和供应业、非金属矿物制品业、黑色金属冶炼和压延加工业、化学原料和化学制品制造业、有色金属冶炼和压延加工业、石油加工、炼焦和核燃料加工业、造纸和纸制品业，分别占工业 SO_2 排放量的 36.11%、14.55%、12.39%、9.61%、8.63%、4.66%、2.65%，这七个行业 SO_2 的总排放量占工业总排放量的 88.6%），占全国 SO_2 排放总量的 83.73%；城镇生活 SO_2 排放总量 296.9 万 t，占全国 SO_2 排放总量的 19.07%。

2015 年全国烟（粉）尘排放量 1 538.0 万 t。其中工业烟（粉）尘排放量 1 232.6 万 t，占全国烟（粉）尘排放总量的 80.14%，生活烟（粉）尘排放量 249.7 万 t，占全国烟（粉）尘排放总量的 16.24%。工业烟（粉）尘排放量中，黑色金属冶炼及压延加工业、非金属矿物制品业、电力、热力生产和供应业、化学原料和化学制品制造业、各类采矿业、有色金属冶炼和压延加工业、石油加工、炼焦和核燃料加工业烟（粉）尘排放量分别占工业烟（粉）尘排放量的 32.23%、21.69%、20.54%、5.92%、3.65%、3.53%、3.00%，这七个行业烟（粉）尘总排放量占工业烟（粉）尘总排放量的 90.56%。

2015 年全国 NO_x 排放量为 1 851.9 万 t，其中工业 NO_x 排放量为 1 180.9 万 t，占全国 NO_x 排放量的 63.52%；生活 NO_x 排放量为 65.1 万 t，占全国 NO_x 排放量的 3.50%；交通源 NO_x 排放量为 585.9 万 t，占全国 NO_x 排放量的 31.52%。工业 NO_x 主要排放行业有电力、热力和生产供应业、非金属矿物制品业、黑色金属冶炼和压延加工业、化学原料和化学制品制造业、石油加工、炼焦和核燃料加工业、有色金属冶炼和压延加工业，分别占工业 NO_x 排放总量的 45.73%、24.55%、9.59%、5.90%、4.01%、3.01%，这六个行业 NO_x 的总排放量占工业 NO_x 总排放量的 89.78%。

（三）我国各类工业固体废物的主要排放行业

2015 年全国环境统计资料表明：

2015 年全国工业固体废物产生量为 32.7 亿 t，综合利用量为 19.9 亿 t，贮存量为 5.8 亿 t，处置量为 7.3 亿 t，倾倒丢弃量为 55.8 万 t。

全国一般工业固体废物中重点企业产生量为 31.1 亿 t（其中尾矿为 9.550 1 亿 t、粉煤灰为 4.378 5 亿 t、煤矸石为 3.869 2 亿 t、冶炼废渣为 3.390 3 亿 t、炉渣为 3.173 3 亿 t，分别占重点企业工业固体废物产生量的 30.7%、14.1%、12.4%、10.9% 和 10.2%）；综合利用率分别为尾矿 28.5%、粉煤灰 86.4%、煤矸石 65.5%、冶炼废渣 91.5%、炉渣 88.2%。一般工业固体废物倾倒丢弃量，电力、热力生产供应业为 19.23%、有色金属冶炼和压延加工业为 19.23%、黑色金属冶炼和压延加工业为 15.39%、非金属矿物制品业为 7.69%、各类矿物采选业为 26.92%，这五个行业为主要倾倒工业固体废物的行业，占工业固体废物排放总量的 88.46%。

全国危险废物产生量 3 976.1 万 t，其中危险废物综合利用量为 2 049.7 万 t，利用率为 79.9%；处置量为 1 174.0 万 t，危险废物处置率为 29.53%。

四、控制工业污染源的基本途径

控制工业污染源的基本途径是减少“三废”产出量和降低废水、废气中污染物浓度。

以废水为例，主要有以下几个方面。

1. 减少废水产出量

减少废水产出量是减小处理装置规模的前提，必须充分注意，可采取以下措施：

（1）废水进行分流。将工厂所有废水混合后再进行处理往往不是好方法，一般都需进行分流。对已采用混合系统的老厂来说，无疑是困难的，但对新建工厂，必须考虑废水分流的工艺和措施。

（2）节制用水。每生产单位产品或取得单位产值产出的废水量称为单位废水量。即使在同一行业中，各工厂的单位废水量也相差很大，合理用水的工厂，其单位废水量低。

（3）改革生产工艺。改革生产工艺是减少废水产出量的重要手段。措施有更换和改善原材料、改进装置的结构和性能、提高工艺的控制水平、加强装置设备的维修管理等。若能使某一工段的废水不经处理就用于其他工段，则能有效降低废水量。

（4）避免间断排出工业废水。例如，电镀工厂更换电镀废液时，常间断地排出大量高浓度废水，若改为少量均匀排出，或先放入贮液池内再连续均匀排出，则能减少处理装置的规模。

2. 降低废水污染物的浓度

通常，生产某一产品产生的污染物量是一定的，若减少排水，就会提高废水中污染物的浓度，但采取各种措施也可以降低废水中污染物的浓度。工业废水中污染物来源有两个方面：一是某些本应成为产品的成分，由于某种原因而进入废水中，如制糖厂的糖分、造纸厂的纤维素、印染中的染料等；二是从原料到产品的生产过程中产生的杂质，如纸浆废水中含有的木质素等。后者是应废弃的成分，即使减少废水量，污染物质的总量也不会减少，因此废水中的污染物浓度会增加。对于前者，若能改革工艺和设备、减少产品的流失，废水中污染物的浓度便会降低。一般采取以下措施降低废水中污染物的浓度：

（1）改革生产工艺，尽量采用不产生污染的工艺。例如，纺织厂棉纺的上浆，传统都采用淀粉作浆料，这些淀粉在织成棉布后，由于退浆而变成废水的成分，因此纺织厂废水中总 BOD_5 的 30% ～ 50% 来自淀粉。最好采用不产生 BOD 的浆料，如羧甲基纤维素（CMC）的效果就很好，目前已有厂家使用。但在采用此项新工艺时，还必须从毒性等方面研究其对环境的影响。其他例子很多，如电镀工厂镀锌、镀铜时避免使用氰的方法，已在生产上采用。

（2）改进装置的结构和性能。废水中的污染物质是由产品的成分组成时，可通过改进装置的结构和性能来提高产品的收率，降低废水的浓度。以电镀厂为例，可在电镀槽与水洗槽之间设回收槽，减少镀液的排出量，使废水的浓度大大降低。又如炼油厂，可在各工段设集油槽，防止油类排出，以减少废水的浓度。

（3）废水进行分流处置。通常情况下，避免少量高浓度废水与大量低浓度废水互相混合，分流后分别处理往往是经济合理的。例如，电镀厂含重金属废水，可先将重金属变成氢氧化物或硫化物等不溶性物质与水分离后再排出。电镀厂有含氰废水和含铬废水时，通常分别进行处理。适于生物处理的有机废水应避免含有毒物质和 pH 过高或过低的废水混入。应该指出的是，不是在任何情况下高浓度废水或有害废水分开处理都是有利的。

（4）废水进行均值调和。废水的水量和水质都随时间而变动，可设调节池进行均质。虽然不能降低污染物总量，但可均和浓度。在某种情况下，经均质后的废水利于处理。

（5）有用物质回收。这是降低废水污染物浓度的最好方法。例如，从电镀废水中回收铬酸，从纸浆蒸煮废液中回收药品等。

（6）排出系统的控制。应设立自动监控系统和预警系统。当废水的浓度超过规定值时，能立即停止污染物发生源工序的生产或预先发出警报。

第二节　工业“三废”污染源与污染指标

一、常见的工业水污染物

（一）常见的工业水污染物治理

工业废水按主体污染物采用的治理方法，可以分为三大类：

含悬浮物和含油的工业废水（主要有选矿废水、轧钢废水、煤气洗涤废水、除尘废水等），多采用沉降、絮凝、气浮、过滤等物理方法治理；

含无机盐、酸、碱、重金属离子的无机物废水（金属加工废水、矿山废水、冶金电镀废水等），多采用物理化学方法治理；

含有机污染物的废水（造纸、印染、石化废水等），多采用生化方法或物化和生化相结合的方法处理；冷却水，工业用水量的60%是冷却水，应增加其循环利用率。

常见工业废水的行业特征见表1-1。

表1-1　常见工业废水的行业特征

废水类型	涉及的主要行业
重金属废水	矿山采选业、有色金属冶炼和压延加工业、金属处理与金属加工业、电镀行业、铅蓄电池、电子元件制造业等行业
含汞废水	含汞有色金属采选工业、有色金属冶炼和压延加工业、氯碱、基础化学原料制造业、印刷业、化学原料和化学制品制造业、电池制造业、照明器具制造业、通用仪器仪表制造业等行业
含镉废水	有色金属采选工业、冶炼加工业、电镀工业、硫酸矿石制硫酸、磷矿石制磷肥、颜料工业、化学工业、机械电器制造、火力发电、蓄电池等行业
含铬废水	铬的采矿、选矿、冶炼工业，铁合金冶炼业；颜料、化工、印刷工业；毛皮鞣制及制品加工业、染料工业；电镀、飞机、汽车、机械制造工业的金属表面处理及热处理加工、电子元件制造业等行业产生的污水常含较高浓度的六价铬
含铅废水	铅和重金属的开采、选矿、冶炼、铸造工业；电子元件制造业、钢铁冶炼、电池制造业、废弃资源综合利用业；化学工业、石油加工、玻璃加工等行业

废水类型	涉及的主要行业
含砷废水	精梳矿采选与冶炼工业、化学工业、硫酸工业、农药、磷酸盐加工、制药、涂料、玻璃、石油加工和炼焦、非金属矿采选等行业
含氟废水	含氟矿石的开采加工、金属冶炼、铝电解、焦炭、玻璃、电子、电镀、磷肥、农药、化工等行业排放的废水常含有高浓度的氟化物
含酚废水	石油和天然气开采、石油加工和焦化、造纸、煤气供应、煤化工、树脂、化学工业、化学纤维制造、医药制造、煤炭开采、饮料制造等行业产生的污水中常含较高浓度的挥发酚
含氰废水	化学工业、黑色金属加工、金属制品、化纤、石油加工和焦化、煤气洗涤、金属清洗、电镀、提取金银、非金属矿物采选和制造等行业产生的废水常含有较高浓度的氰化物
含硫化物废水	炼油、纺织、印染、焦炭、煤气、纸浆、制革及多种化工原料的生产行业产生的废水常含有硫化物
氨氮废水	氨及系列氮肥行业、硝酸工业、化工制造业、石化、炼油、食品加工业、屠宰、造纸、制革、焦化、稀土、酿造发酵等行业
含磷废水	在磷酸盐、磷肥、制药、农药、酸洗磷化表面处理、洗涤剂、水产品加工等生产过程常会产生较高浓度含磷废水
含油废水	石油、石油化工、钢铁、机械加工、焦化、煤气发生站、食品加工、油脂加工、餐饮等行业
有机废水	化工、炼油、制药、酿造、橡胶、食品、造纸、纺织、农药等行业
酸性废水	化工、矿山、金属酸洗、电镀、钢铁加工、有色金属冶炼和压延、染料等行业
碱性废水	制碱、造纸、印染、化纤、制革、化工、炼油等行业
硝基苯废水	化工、制药、染料、火炸药等行业
放射性废水	放射性矿物开采、核研究、核工业、核材料试验、核医疗、核电站等行业
高色度废水	印染、染料、造纸、食品、制革、医药原料药等行业
臭味废水	食品、制革、炼油、石化、制药、农药、酿造发酵、水产品加工、煤化工、人造革、污水处理等行业
含大肠菌群废水	医疗、制革、医院、屠宰、畜禽养殖等行业

（二）常见的工业废水污染物

工业废水所含有的污染物可分为以下 10 种：

（1）固体物质。其中包括不溶性、难溶性和可溶性固体，排放含有高浓度无机性固体物质废水的工厂有选煤厂、钢铁厂等，而造纸厂、制糖厂、肉类加工厂等则是排放含有高浓度有机性固体物质废水的工厂。

（2）耗氧物质。包括有机物和无机物两种。前者主要是能被微生物降解的有机物，排放者多是以动植物为原料的工厂和有机合成物质（包括合成洗涤剂、多氯联苯等一些高稳定性的合成物质，难以被微生物所降解，排出含有这类物质污水的工厂，主要是有机化学工厂）；后者主要是还原性物质，如硫化物、氨等。这类污染物质来源广泛，如制浆造纸、制糖、酿造、制药、纤维、化工等工业。

（3）有机有毒物质。包括农药、有机磷、酚、醛、多氯联苯、多环芳烃、高分子聚合物（塑料、人造纤维、合成橡胶）等一些难降解的有机物质。其特点是化学性质稳定、残留时间长、毒性大，不仅影响了水生生物的繁衍，而且通过食物链危害人体健康。排出含有这类物质的废水的工厂，主要是有机化学工厂。

（4）无机有毒物质。主要是汞、镉、铬、铅、氰、砷等，以及它们的化合物。这类物质具有较强的生物毒性，称为有毒污染物。其中的重金属会在食物链中富集，引起慢性中毒。氰化物会致人窒息死亡。砷的化合物毒性极强。工业上使用的有毒化合物质已经超过 10 000 多种。含有这一类物质的废水多来源于电镀加工、化工、有色金属、炼焦等工业。

（5）油类物质。包括石油类和动植物油。石油类主要来源于石油开发与加工、机械加工等工业。动植物油主要来自油脂化工和餐饮业等行业。

（6）放射性物质。也就是各种可裂变物质，主要来自原子反应堆、有关的工业部门和医疗部门。

（7）感官性污染物质。主要指产生高色度和高臭味的物质。这类物质虽然没有严重的危害，但能引起人们感官上的极度不快，常引起污染纠纷。含有这类物质的废水多来自制革、造纸、染料、印染以及某些化工厂等。

（8）生物污染物质。主要是指废水中的致病性微生物，包括可以引起肠炎、传染病和寄生虫类病的细菌、病毒和病虫卵等。主要来自生活污水、医院污水、屠宰肉类加工企业、制革企业等工业废水。

（9）富营养化污染物质。主要是废水中的含碳有机物和含有氮、磷的化合物及其他一些物质，进入水体，促使水体中的植物迅速生长，恶化水质，造成水体富营养化。含氮有机物主要是蛋白质和氮肥，含磷有机物主要有含磷洗涤剂和磷肥。

（10）热污染。排放的废水温度过高，引起水体水温升高，减少水中溶氧、加快藻类繁殖，使水质迅速恶化，造成水生生物死亡。如电厂和一些化工厂的冷却水会造成热污染。

决定工业废水特征及其成分的首要因素是工业类型、生产工艺与生产过程所用的原料，其次是生产用水的水质及给水系统的形式。此外，管理操作水平也有一定影响。

（三）工业废水中主要控制的环境指标

（1）化学需氧量（COD，又称化学耗氧量）。指在规定的条件下，水样中能被氧化的物质氧化所需耗用氧化剂的量，它是衡量污水中有机污染物质量浓度的综合指标，单位是 mg/L。COD 越高，污水中有机物浓度就越高。遭受有机物污染的水体中溶解氧严重下降，造成水生生物死亡，水体富营养化。COD 值的测定根据氧化剂不同有高锰酸钾法和重铬酸钾法。实际测定中所用氧化剂种类、浓度和氧化条件对结果均有影响。目前我国统一规定以重铬酸钾法作为 COD 测定的标准方法。有机污染物是我国排放的水污染物中量最大、最普遍的一种污染物。

（2）生化需氧量（BOD）。指微生物分解水体中有机物质的生物化学过程中所需耗用溶解氧的量，也是衡量污水中有机污染物质量浓度的综合指标之一，单位是 mg/L。由于微生物分解有机质是个缓慢过程，将所能分解的有机质全部分解需 20 天，并与环境温度有关。目前国内外普遍采用 20℃培养 5 天的生物化学过程中溶解氧的消耗量为指标，计为 BOD_5，简称 BOD。城市生活污水 BOD 一般小于 100 mg/L，而焦化、皮革、炼油、造纸等工业部门废水中的 BOD 常大于 1 000 mg/L，个别甚至大于 2 000 mg/L。BOD 的测定方法主要采用稀释接种法。

（3）总有机碳（TOC）。指以碳的含量反映污水中有机物总量的综合指标，单位是 mg/L。通过燃烧使有机物全部转化为 H_2O 和 CO_2，再以生成的 CO_2 的量测算污水中有机物的总含碳量。TOC 可以测定既不易发生氧化又不易被生物降解的有机物，因此比 COD 和 BOD 能更全面反映污水中有机物的量。TOC 的测定多采用 TOC 分析仪，根据工作原理又分为红外吸收法、电导法和气相色谱法等，其中红外吸收法操作简单、灵敏度高，应用广泛。

（4）石油类。石油类是指各类水污染源排放的石油及石油制品，单位是 mg/L。如石油化工企业常排放的含油废水，船只动力机械漏油，油船压舱水、洗舱水，机械加工厂排放的废水等，其中含有大量的石油类污染物质，进入水体后会严重影响水生生物的生存。

（5）氰化物。指氰化钾、氰化钠和氰氢酸等一些剧毒化合物，单位是 mg/L。常见于化学工业、电镀、煤气和炼焦等生产过程排放的废水中。

（6）重金属。重金属主要指汞、镉、铅、铬以及非金属砷等生物毒性显著的重金属元素，单位为 mg/L。重金属以汞毒性最大，镉次之，铅、六价铬、砷也有相当毒害，这类污染物毒性大，具有较强的生物累积性，在环境中还可能转化成毒性更大的二次污染物。采矿、冶炼和电镀工业是向环境释放重金属的主要污染源。

（7）挥发酚。水体中酚的主要来源是煤气、炼焦、石油化工、塑料等工业排放的含酚污水，单位为 mg/L。其质量浓度随工业部门不同而不同，一般为 40 ～ 3 000 mg/L，石油加工厂的含酚废水中酚的浓度通常为 50 mg/L。

（8）pH。表示污水中在化学酸碱程度上是酸性、中性、碱性的程度指标。用污水中 H^+浓度的负对数确定 pH 数值。测定 pH 的取值范围为 0 ～ 14，其中 6 ～ 9 为中性、0 ～＜ 6 为酸性、＞ 9 ～ 14 为碱性。pH 的测定方法有比色法和玻璃电极法。比色法使用试纸或比色液进行比色，操作比较简单。

（9）色度。指当污水中存在某些物质时，呈现出一定颜色的浑浊程度。水的颜色可分为真色和表色两种，真色是指去除悬浮物后水的颜色。没去除悬浮物的水的颜色称为表色。水的色度是指水的真色。色度的测定通常采用钴铂标准比色法、稀释倍数法。在测量色度时 pH 对色度有较大的影响。稀释倍数法是广泛使用的测定方法，是将水样按一定的稀释倍数，用水将污水稀释至接近无色时的稀释倍数，即为污水水样的色度，色度单位是倍数。

（10）总磷。含磷污水水样经消解以后，各种形态的磷转变成正磷酸盐的结果叫总磷，单位是 mg/L。其主要来源为生活（含磷洗涤剂）和农业（化肥、农药）排放的污水。水体的磷是促进藻类生长的关键元素。过量的磷是造成水体污秽异臭的主要原因，是湖泊富营养化和海洋赤潮的主要原因。

（11）总氮。含氮污水水样经消解以后，各种形态的氮转变成正硝酸盐的结果叫总氮，单位是 mg/L。氮也是导致水体富营养化的主要原因。一般认为水体中的无机氮大于 300 mg/L 时，就会导致水体富营养化。其主要来源为生活和农业（化肥、畜禽粪便等）排放的污水。

（12）总大肠菌群。是指 1 L 水样中含有的大肠菌群的数目，以个 /L 为计量单位。总大肠菌群是指那些需氧和兼性厌氧的，在 35℃、48 h 内使乳糖发酵产酸、产气的革兰氏阴性无芽孢杆菌，还包括埃希氏菌群、柠檬杆菌属、常杆菌数等。大肠菌群进入水体，随水传播，可引起肠道病流行。为确保水体的卫生和安全，必须对其进行监测和控制。该污染物在医疗污水、畜禽养殖污水和生活污水中含量都很高。大肠菌群可以采用发酵管法或滤膜法加以检定。

（13）总余氯量。指在对医院等污水处理中使用了液氯、次氯酸钠、二氧化氯、氯片等消毒措施进行氯化消毒后，残留在污水中的有效氯的总数量。总余氯分为游离余氯和化合余氯。污水中的余氯对水生生物有毒害作用。余氯量随时间的推移而减小，因此只要提到余氯量就离不开接触时间。余氯量的单位是 mg/L。我国《医疗机构水污染物排放标准》（GB 18466—2005）规定，使用氯化消毒时，对一般的医院（含肠道传染病医院）污水接触时间应不小于 1 h。接触池出口的总余氯质量浓度为 3 ～ 5 mg/L，结核病医院污水的接触时间应大于 1.5 h，余氯质量浓度为 6 ～ 8mg/L。

污水污染物的毒性简介见表 1-2，主要工业污染源废水中的主要污染物见表 1-3。

表 1-2　污水污染物的毒性简介

污染物	来源	毒性
汞	氯碱、炸药、农药、电子、电器、仪表、制药、塑料、油漆、有机合成、胶卷生产与冲印等部门，用于防腐剂、抗污剂、防霉剂、塑料中的催化剂	汞在自然界以金属汞、有机汞和无机汞形式存在，汞及其化合物均属有毒物质，有机汞的毒性较金属汞和无机汞大，毒性最大的是烷基汞化合物。汞为积蓄性毒物，也可在沉淀物中累积。汞对人的致死剂量为 75 ～ 100 mg/d，并有致癌和致突变作用。汞的毒性是积累的，需要很长时间才能表现出来。食物链对于汞有极强的富集能力，淡水鱼和浮游植物对汞的富集倍数为 1 000，淡水无脊椎动物的富集倍数为 100 000，海洋动物的富集倍数为 200 000。汞中毒多为慢性，主要影响人的神经中枢系统，主要是人在生产活动中长期吸入汞蒸气和汞化合物粉尘所致。以神经异常、齿龈炎、震颤为主要症状。大剂量汞蒸气吸入或汞化合物摄入即发生急性汞中毒，严重时可导致死亡。 汞对水生生物有严重危害：水体中汞质量浓度达 0.006 ～ 0.01 mg/L 时，可使鱼类或其他生物死亡；质量浓度为 0.01 mg/L 时，可抑制水体的自净作用

污染物	来源	毒性
镉	矿山的采选、冶炼、电解、农药、医药、油漆、合金、陶瓷、无机颜料制造、电镀等	镉化合物毒性很大，是很强的积累性毒物，人体组织也对其具有积聚作用。自然环境受到镉污染后，可通过在生物体内的富集作用，通过食物链进入人体，进而对人体产生不利影响。植物吸收富集于土壤中的镉，可使农作物中镉含量增高。水生动物吸收富集于水中的镉，可使动物体中镉含量升高。 进入人体内的镉，在体内形成镉硫蛋白，通过血液到达全身，并有选择性地蓄积于肾、肝等器官，产生神经痛、分泌失调等症状。引起贫血、肾功能衰退等症状，还会致畸、致癌，长期饮用受镉污染的水，还可能引起骨节变形，导致骨痛病。氧化镉、氯化镉、硝酸镉毒性较大，硫化镉毒性较小。 镉通过尘土和废水产生污染，最后沉积在土壤，对水生物、微生物、农作物都有毒害作用，与其他金属（如铜、锌）的协同作用可增加其毒性，可造成公害“痛痛病”。镉极易被植物吸收，通过植物和饮水进入人体。水体中镉浓度为 0.01 ～ 0.02 mg/L 时，对鱼类有毒性影响；浓度为 0.1 mg/L 时，可破坏水体自净能力
六价铬	制革、染料、油漆颜料、预电镀、钝化	铬的毒性与其存在形式有关，金属铬的毒性较小，三价铬有微毒，但六价铬毒性很大。六价铬为吞入性毒物 / 吸入性极毒物，皮肤接触可能导致敏感；更可能造成遗传性基因缺陷，吸入可能致癌，对环境有持久危险性。六价铬是很容易被人体吸收的，它可通过消化、呼吸道、皮肤及黏膜侵入人体，具有强刺激和腐蚀作用，还会致畸、致癌，六价铬的毒性比三价铬要高 100 倍，六价铬可以诱发肺癌和鼻咽癌。三价铬盐水解性强，易氧化沉积水底，减轻毒性。 铬的化合物对水生物都有致害作用，特别是六价铬危害最大。低浓度铬对蔬菜、谷物等的生产具有刺激作用。灌溉水中含铬浓度为 0.1 mg/L，可抑制水稻种子萌芽
三价铬	工业废水中铬主要是以六价铬存在，废水中的三价铬大部分来源于废水处理的六价铬还原预处理	
铅	蓄电池生产、铅玻璃、燃料、照相材料、橡胶、农药、涂料、炸药、颜料、铅矿的开采与冶炼	铅是一种蓄积性毒物，铅及其化合物对人体都是有毒的。铅可以影响人体肠道内消化酶的合成，从而会对消化系统造成影响；铅暴露可使机体自身免疫功能紊乱，导致某些自身免疫性疾病。铅过量还对神经系统、骨髓造血系统、消化系统、肾脏及生殖系统有严重的损害；铅污染尤其对儿童健康危害严重，铅中毒儿童生长迟缓、个子矮小，智力受损。 铅是一种积累性毒物，可通过食物链富集。铅对鱼类的致死质量浓度为 0.1 ～ 0.3 mg/L。质量浓度为 0.1 mg/L 时，可破坏水体自净能力

污染物	来源	毒性
砷	冶金、玻璃器皿和陶瓷产品、化工、合金、硫酸、皮毛、染料、农药和除草剂、颜料、矿山开采的酸性废水等	砷是剧毒物质，元素砷的毒性极低，砷化物均有毒性，三价砷化合物比其他砷化合物毒性更强。As_2O_3即砒霜，其氧化物和盐易经消化道、呼吸道和皮肤吸收。饮水中含砷 0.2 ～ 1.0 mg/L 会引起慢性中毒，其剂量随人的体重、忍受性、敏感性等因素而不同。砷能在肝、肾、肺、脾等蓄积。其致毒症状主要是腹痛、呕吐、肝痛及神经衰弱等，还有多种致癌作用。 砷化合物在水中相当稳定，但如水温升高，沉积于河底的砷化合物会产生重新溶解的现象。砷对水生生物毒性很大。砷可以在土壤中积累并由此进入农作物的组织之中，砷对农作物产生毒害作用的最低质量浓度为 3 mg/L
氰化物	电镀、焦化、合成纤维、金属表面处理、煤气厂、染料厂，某些矿物的开采和提炼	氰化物污染是指氰化物（氰的化合物）所引起的环境污染。氰化物分两类：一类为无机氰，如氢氰酸及其盐类氰化钠、氰化钾等；另一类为有机氰或腈，如丙烯腈、乙腈等。由于氰化物有剧毒，并在工业中应用广泛。氰化物是剧毒物质，氰化物极易被人体吸收。急性氰化物中毒的病人，其症状主要为呼吸困难，继而可出现痉挛；呼吸衰竭往往是致死的主要原因。其毒性主要表现在破坏血液机能，致人死亡，特别是处于酸性环境时会变成剧毒的氢氰酸。 氰化物污染水体，可以引起鱼类、家畜乃至人群急性中毒。多数无机氰化物属剧毒，高毒物质，极少量的氰化物也会使鱼等水生物中毒死亡，还会造成农作物减产。氰化物污染水体引起鱼类、家畜及至人群急性中毒
酚	石油化工、塑料、合成纤维、焦化、树脂厂	酚可通过皮肤和胃肠道吸收。但环境中的酚污染大多是低浓度和局部性的。酚被人体吸收后，主要是肝脏组织的解毒功能将使其大部分失去毒性，并随尿排出。但是当进入量超过人体的解毒功能时，部分酚会蓄积在各脏器组织中，造成慢性中毒，如出现不同程度的头昏、头痛、精神不安等神经症状，以及食欲不振、吞咽困难、流涎、呕吐和腹泻等慢性消化道症状。急性酚中毒者主要表现为大量出汗、肺水肿、吞咽困难、肝及造血系统损害、黑尿等。 酚污染水体能显著恶化水的感官性状，产生异臭和异味
氟化物	磷肥生产、电解铝、铅锡的电镀、玻璃和硅酸盐的生产、钢铁厂的烧结和炼钢涤气水、木材防腐剂、电视显像管的生产等	人摄入过量氟会干扰酶的活性，破坏钙、磷的代谢平衡，出现牙齿生斑、关节变形等症状的氟骨病。地方性氟骨病是由于天然水氟污染引起的。少量的氟是人体必需的，但多量是有害的，氟对人的致死量是 6 ～ 12 g，饮用水中含氟量超过 2.4 ～ 5 mg/L 就可出现氟骨病。 氟是积累性毒物，植物叶子、牧草能吸收氟。氟化物对植物的毒性比 SO_2 大 10 ～ 1 000 倍，而且比重比空气小，扩散距离远，往往在较远距离也能危害植物。牛羊食用这种污染的草料后，会引起关节肿大、骨质疏松，甚至瘫卧不起

污染物	来源	毒性
铜	电镀、金属的清洗、黄铜和铜的加工、铜矿采选废水、油漆和颜料	人体摄入铜化合物过多，表现为腹痛、皮疹、腹泻、呕吐等症状。据 Luckey 报道，当铜超过人体需要量的 100 ～ 150 倍时，可引起坏死性肝炎和溶血性贫血。 铜对低等生物和农作物毒性较大，其质量浓度达 0.1 ～ 0.2 mg/L 即可致鱼类死亡，与锌共存时毒性可以增加。对贝壳类水生物毒性更大，一般水产用水要求铜的质量浓度在 0.01 mg/L 以下。灌溉水中含铜较高时，即在土壤和作物中累积，可使农作物枯死。铜对水体自净作用有较严重影响
镍	主要是电镀业，还有采矿、冶金、机器制造、化学、仪表、石油化工、纺织、汽车飞机制造、印刷、陶瓷、玻璃等行业	金属镍无毒，但镍盐毒性很强，尤其是羟基镍，急性中毒时会造成呼吸困难，直至死亡。动物吃了镍盐可引起口腔炎、牙龈炎和急性胃肠炎，并对心肌和肝脏有损害。实验证明，镍对家兔的致死量为 7 ～ 8 mg/L，镍及其化合物对人皮肤黏膜和呼吸道有刺激作用，可引起皮炎和气管炎，甚至发生肺炎。通过动物实验和人群观察已证明：镍具有积存作用，在肾、脾、肝中积存最多，可诱发鼻咽癌和肺癌
锌	钢铁厂的镀锌车间、电镀、矿山的采选、电镀和金属加工、无机颜料、重金属的冶炼、	锌对人和动物的毒性较小，对水生生物有较大的毒性，锌能在水生生物的组织内累积。锌对敏感鱼类的致死质量浓度约为 0.01 mg/L。水中锌浓度为 0.1 ～ 1.0 mg/L 时，开始对农作物产生危害。此外，锌对水体自净也有影响，对生物法处理设施和城市污水处理厂也有影响
铍	用于火箭的冶金材料工业、荧光灯、X 射线管的制造、无线电零件、陶瓷工业等	铍对人和动物是一种剧毒元素，与动物相比，铍对植物的毒性要低得多。铍进入肺部可引起呼吸道疾病，铍可能引起骨癌，水中铍浓度超过 0.15 mg/L 时，会引起鱼类死亡，铍质量浓度超过 0.5 mg/L 时，会对水体生物的自净能力产生强烈的抑制
钡	冶金、玻璃、陶瓷、染料、硫化橡胶工业	可溶性钡化物有毒，累积于人的肝、肺、脾中，并对心肌、血管、神经系统产生毒害作用。水溶性越大，毒性越强。钡中毒症状为呕吐、下痢、腹疼、震颤、肌肉麻痹，并伴随心电图变化而出现低钾血症。硫酸钡无毒，但职业暴露吸入粉尘可引起尘肺病。 钡盐对水生物有致毒作用，对水体自净有危害
锰	合金钢、玻璃、陶瓷、油漆、油墨、染料等	过量的锰蓄积体内，会引起神经系统的功能障碍，对植物也有明显的毒害作用，会降低水体自净能力，锰的质量浓度高于 2 mg/L 时，会对农作物产生致毒作用
铝	氧化铝生产、制铝业、铝制品的清洗等	铝对人和动物的毒性不大，但对农作物的影响较大，当铝的质量浓度大于 1 mg/L 时，对农作物有害

污染物	来源	毒性
硫化物	染料、制革、医药、农药、焦化、煤制气、粘胶纤维、化工原料及石油化工等行业	水中硫化物包括溶解性的硫化氢、酸溶性的金属硫化物，以及不溶性的硫化物和有机硫化物。通常所测定的硫化物是指溶解性的和酸溶性的硫化物。硫化物无体内蓄积作用。硫化氢经黏膜吸收快，皮肤吸收甚慢。 H_2S 毒性的临界值为 10 mg/kg，短期暴露于 H_2S 时临界值为 15 mg/kg。在高浓度下（500 ～ 1 000 mg/kg），H_2S 可以通过呼吸系统麻痹而使人昏迷甚至死亡。较低浓度时（50 ～ 500 mg/kg），H_2S 刺激呼吸道。腐蚀性：沼气中存在 H_2S 时能引起锅炉或发电机的腐蚀。当出水中存在 H_2S 时能引起反应器的水泥壁面、下水道系统及管道管件腐蚀。臭味：空气中含有 0.2 mg/kg 的 H_2S 时即可察觉到臭鸡蛋气味
硒	颜料、染料、油漆业、电子、玻璃、农药生产、重金属的采选、冶炼等	人和动物在摄入含硒量高的食物或饲料时，可发生中毒。急性中毒时出现一种被称作“蹒跚盲”的综合征。其特征是失明、腹痛、流涎，最后因肌肉麻痹而死于呼吸困难。慢性中毒时出现脱毛、脱蹄、角变形、长骨关节糜烂、四肢僵硬、跛行、心脏萎缩、肝硬化和贫血，即所谓“家畜硒中毒或碱毒（质）病”。 硒可以在动物、鱼类和农作物体内富集，人一次摄入硒的量超过 2 ～ 4 mg，就会致死，饮水中硒的浓度超过 0.5 mg/L，可使牛致毒，对人类和生物都有危害
pH	石油化工、电镀、各种酸碱生产和使用	污水中的酸碱度超标对水中的水生生物的生长有很大影响，同时对水体的自净能力有很大影响。 pH 低，硫化物大多变成硫化氢而极具毒性；pH 过低，细菌和大多数藻类及浮游动物受到影响，硝化过程被抑制，光合作用减弱，水体物质循环强度下降；pH 过高或过低都会使鱼类新陈代谢低落，血液对氧的亲和力下降 (酸性)，摄食量少，消化率低，生长受到抑制。鱼卵孵化时，pH 过高 (10 左右)，卵膜和胚体可自动解体；过低 (6.5 左右) 胚胎大多为畸形胎
油和脂	石油工业、金属加工工业、食品工业、钢铁工业轧制润滑、纺织工业的洗毛	油类污染物在水面形成油膜，使大气与水面隔绝，影响氧气进入水体，破坏了水体的复氧条件，同时自身的分解氧化又会大量耗氧，影响水生动植物的生存。当水中含油 0.01 ～ 0.1 mg/L 时，对鱼类和水生生物就会产生影响
氨氮	焦化、皮革、氮肥、肉类、食品和饲料加工、炸药、炼油、胶合板、冷冻设备、脱硝工艺	影响饮用水处理，原水中氨氮含量过高时，需要加过量的氯气，不仅造成大量氯气的浪费，还易产生挥发性三卤甲烷（是致癌物质）。分子氨渗进鱼体内，使鱼类的呼吸机能下降，损害神经系统，引起体表及内脏充血以致死亡；过量的氮元素导致水体藻类等生物异常增殖，造成水体富营养化，藻类爆发致使水体缺氧时，均易导致底泥厌氧发酵，会再次产生氨氮，使湖泊的生态系统进入恶性循环。一般认为水体中的无机氮大于 300 mg/L 时，将会导致水体富营养化

污染物	来源	毒性
磷酸盐	磷肥生产、含磷洗涤剂的使用、磷酸盐生产、磷化工艺	水体的磷是促进藻类生长的关键元素，是造成水体污秽异臭的主要原因，是湖泊发生富营养化和海洋赤潮的主要原因。过量的磷元素会导致水体中藻类和细菌大量繁殖。疯长的藻类死亡之后成为水体中细菌的营养，于是细菌迅速增殖，大量消耗水中的氧气，水体缺氧会引起鱼类死亡。同时藻类和细菌往往会释放毒素，使水体被进一步毒化。有些鱼类会携带这些毒素，通过食物链将毒素带给人类
色度	造纸、化学浆粕、印染、制革鞣制	天然的水是无色无味的，水体的色度变化影响了感官，也影响了景观，同时不易处理。水体色度高，光进不去，植物不能光合作用，影响水生生物的正常生长
热污染	电厂、化工厂	影响水体的溶解氧，破坏鱼类和水生生物的发育生长，促使水体富营养化，一般水生生物能生存的上限为 33 ～ 35℃，在 20℃时硅藻占优势，30℃时绿藻占优势，35 ～ 40℃时蓝藻占优势，则发生水污染

表 1-3　主要工业污染源废水中的主要污染物

主要工业行业或产品	主要污染物（监测项目）
黑色金属（包括磁铁矿、赤铁矿、锰矿等）矿	pH、SS、硫化物、铜、铅、锌、镉、汞、六价铬等
钢铁（包括选矿、烧结、炼铁、炼钢、铁合金、轧钢、炼焦等）	pH、SS、硫化物、氟化物、COD、挥发酚、氰化物、石油类、铜、铅、锌、砷、镉、汞、六价铬等
选矿	SS、硫化物、COD、BOD、挥发酚等
有色金属矿山与冶炼（包括选矿、烧结、冶炼、电解、精炼等）	pH、SS、硫化物、COD、氟化物、挥发酚、铜、铅、锌、砷、镉、六价铬等
火力发电、热电	pH、SS、硫化物、挥发酚、铅、锌、砷、镉、石油类、热污染等
煤矿（包括洗煤）	pH、SS、硫化物、砷等
焦化	COD、BOD、SS、硫化物、挥发酚、氰化物、石油类、氨氮、苯类、环芳烃等
石油开采	pH、COD、BOD、SS、硫化物、挥发酚、石油类等
石油炼制	石油类、硫化物、挥发酚、COD、BOD、pH、SS、氰化物、苯类、环芳烃等
硫铁矿	pH、SS、硫化物、铜、铅、锌、砷、镉、汞、六价铬等
磷矿、磷肥厂	pH、SS、氟化物、硫化物、砷、铅、总磷等
雄黄矿	pH、SS、硫化物、砷等
萤石矿	pH、SS、氟化物等
汞矿	pH、SS、硫化物、砷、汞等
硫酸厂	pH、SS、硫化物、氟化物等
氯碱	pH、COD、SS、汞等
铬盐工业	pH、总铬、六价铬等

主要工业行业或产品	主要污染物（监测项目）
氮肥厂	COD、BOD、挥发酚、硫化物、氰化物、砷等
磷肥厂	pH、氟化物、COD、SS、总磷、砷等
有机原料工业	pH、COD、BOD、SS、挥发酚、氰化物、苯类、硝基苯类、有机氯等
合成橡胶	pH、COD、BOD、石油类、铜、锌、六价铬、环芳烃等
橡胶加工	COD、BOD、硫化物、六价铬、石油类、苯、环芳烃等
塑料工业	COD、BOD、硫化物、氰化物、铅、砷、汞、石油类、有机氯、苯、环芳烃等
化纤工业	pH、COD、BOD、SS、铜、锌、石油类等
农药厂	pH、COD、BOD、SS、硫化物、挥发酚、砷、有机氯、有机磷等
制药厂	pH、COD、BOD、SS、石油类、硝基苯类、硝基酚类、苯胺类等
染料	pH、COD、BOD、SS、挥发酚、硫化物、苯胺类、硝基苯类等
颜料	pH、COD、SS、硫化物、汞、六价铬、铅、镉、砷、锌、石油类等
油漆、涂料	COD、BOD、挥发酚、石油类、镉、氰化物、铅、六价铬、苯类、硝基苯类等
其他有机化工	pH、COD、BOD、挥发酚、石油类、氰化物、硝基苯类等
合成脂肪酸	pH、COD、BOD、油、SS、锰等
合成洗涤剂	COD、BOD、油、苯类、表面活性剂等
机械工业	COD、SS、挥发酚、石油类、铅、氰化物等
电镀工业	pH、氰化物、六价铬、COD、铜、锌、镍、锡、镉等
电子、仪器、仪表工业	pH、COD、苯类、氰化物、六价铬、汞、镉、铅等
水泥工业	pH、SS 等
玻璃、玻璃纤维工业	pH、SS、COD、挥发酚、氰化物、砷、铅等
油毡	COD、石油类、挥发酚等
石棉制品	pH、SS 等
陶瓷制品	pH、COD、铅、镉等
人造板、木材加工	pH、COD、BOD、SS、挥发酚等
食品制造	pH、COD、BOD、SS、挥发酚、氨氮等
纺织印染工业	pH、COD、BOD、SS、挥发酚、硫化物、苯胺类、色度等
造纸	pH、COD、BOD、SS、挥发酚、木质素、色度等
皮革及皮革加工工业	总铬、六价铬、硫化物、色度 COD、BOD、pH、SS、油脂等
绝缘材料	COD、BOD、挥发酚等
火药工业	硝基苯类、硫化物、铅、汞、锶、铜等
电池	pH、铅、锌、汞、镉等

二、常见的工业废气

（一）主要大气污染物和控制指标

大气污染物包括几十种，常规的大气污染物主要是SO_2、烟尘、粉尘、NO_x和CO等。

（1）工业二氧化硫。工业废气中的SO_2主要来自燃料燃烧、有色金属冶炼和化工生产，浓度单位取mg/m^3。燃料燃烧产生的SO_2主要来自火力发电、冶金、机械、热力蒸汽加工、建材、轻工等行业。我国的有色金属矿大多为硫化矿，且为多种金属伴生，在冶炼氧化、还原过程中会产生大量SO_2。SO_2超量排放是产生酸雨的主要原因。

（2）工业烟尘。工业烟尘主要是燃料燃烧过程产生的黑烟（主要是游离态的碳和挥发分）和飞灰（由燃料中的灰分产生），质量浓度单位取mg/m^3。主要来自火力发电、冶金、机械、热力蒸汽加工、建材、轻工等行业使用燃料的锅炉和炉窑。

（3）工业粉尘。主要来自煤炭和矿石的开采、运输、贮存，建材工业，建筑施工，道路、铁路、桥梁的施工，露天的仓储、转运、装卸、运输等场所的生产过程，质量浓度单位取mg/m^3。

（4）氮氧化物。废气中除了NO、NO_2比较稳定外，其他的NO_x都不太稳定，故通常所指NO_x主要是指NO和NO_2的混合物，用NO_x表示，质量浓度单位取mg/m^3。含NO_x的废气主要来自电厂、机动车尾气、硝酸、氮肥、火药等工业，NO_x是形成光化学烟雾的重要物质。

（5）一氧化碳。无色无气味的有毒气体，主要是矿物性燃料燃烧、石油炼制、钢铁冶炼、固体废物焚烧、汽车尾气等过程产生，质量浓度单位取mg/m^3。CO是排放量较大的大气污染物，城市中的汽车多，大气中的CO含量较高。CO被人吸入体内能与血红蛋白结合，降低人体的输氧能力，严重时可使人窒息，CO还可参与光化学烟雾的形成反应而造成环境危害。

（6）碳氢化合物。碳氢化合物包括烷烃、烯烃和芳烃等复杂多样的物质。主要来源是石油化工、燃油机动车等，质量浓度单位取mg/m^3。碳氢化合物中的多环芳烃化合物，具有明显的致癌作用。碳氢化合物也是产生光化学烟雾的主要成分，在大气中活泼的氧化物自由基作用下，碳氢化合物发生一系列链式反应，生成烷、烯、酮、醛及重要的中间产物——自由基。自由基促使NO向NO_2转化。造成光化学烟雾的主要二次污染物有臭氧、醛、过氧乙酰硝酸酯、过氧苯酰硝酸酯等物质，最终形成的有刺激性的、浅蓝色的混合型烟雾就是光化学烟雾。光化学烟雾对人的眼、鼻、咽喉、肺等器官有明显的刺激作用。

（二）主要工业废气中主要污染物（表 1-4）

表 1-4 主要工业废气中主要污染物

主要工业行业或产品	主要污染物（监测项目）
燃料燃烧（火电、热电、工业、民用锅炉、垃圾发电）	SO_2、NO_x、烟尘、CO_2、CO、汞及烃类（油气燃料）、HCl、二噁英、（垃圾为燃料）等
黑色金属冶炼工业	SO_2、NO_x、CO、粉尘、氰化物、酚、硫化物、氟化物等
有色金属冶炼工业	SO_2、NO_x、烟粉尘（含铜、砷、铅、锌、镉等）、CO_2、CO 及氟化物、汞等
炼焦工业	SO_2、NO_x、CO、烟粉尘、硫化氢、苯并 [*a*] 芘、氨、酚等
矿山	粉尘、NO_x、CO、硫化氢等
选矿	SO_2、硫化氢、粉尘等
非金属制品加工	SO_2、NO_x、烟粉尘、CO_2、CO 及氟化物等
有机化工	酚、氰化氢、氯、苯、粉尘、酸雾、氟化氢等
石油化工	SO_2、NO_x、硫化氢、氰化物、烃、苯类、酚、醛、粉尘等
氮肥工业	硫化氢、氨、氰化物、酚、烟粉尘等
磷肥工业	粉尘、酸雾、氟化物、砷、SO_2 等
化学矿山	NO_x、粉尘、CO、硫化氢等
硫酸工业	SO_2、NO_x、粉尘、氟化物、酸雾、砷等
氯碱工业	氯、氯化氢、汞等
化纤工业	硫化氢、粉尘、二硫化碳、氨等
燃料工业	氯、氯化氢、SO_2、氯苯、苯胺类、硫化氢、硝基苯类、光气、汞等
橡胶工业	硫化氢、苯类、粉尘、甲硫醇等
油脂化工	氯、氯化氢、SO_2、氟化氢、氯磺酸、NO_x、粉尘等
制药工业	氯、氯化氢、硫化氢、SO_2、醇、醛、苯、肼、氨等
农药工业	氯、硫化氢、苯、粉尘、汞、二硫化碳、氯化氢等
油漆、涂料工业	苯、酚、粉尘、醇、醛、酮类、铅等
造纸工业	粉尘、SO_2、甲醛、硫醇等
纺织印染工业	粉尘、硫化氢、有机硫等
皮革及皮革加工业	铬酸雾、硫化氢、粉尘、甲醛等
电镀工业	铬酸雾、氰化氢、粉尘、NO_x 等
灯泡、仪表工业	粉尘、汞、铅等
铝工业（含氧化铝）	氟化物、粉尘、SO_2、沥青烟（自焙槽）等
机械加工	烟粉尘、SO_2、NO_x、CO_2、CO、VOC、酸雾等
铸造	烟粉尘、SO_2、NO_x、CO_2、CO 及氟化物、铅等
玻璃钢制品	烟粉尘、SO_2、NO_x、苯类等
油毡工业	沥青烟、粉尘等
蓄电池、印刷工业	SO_2、NO_x、粉尘、铅尘等
油漆施工	溶剂、苯类等

（三）工业炉窑

1. 工业炉窑的主要分类（表 1-5）

表 1-5 工业炉窑的范畴与种类

行业	冶金	机械	建材	轻工
用途	炼铁、炼钢、轧钢、热处理、耐火、焦化、机修	铸铁、铸钢、锻压 热处理、干燥	水泥、砖瓦、平板玻璃、建筑陶瓷、玻璃纤维	民用陶瓷、玻璃器皿、搪瓷器具、合成洗涤剂等
炉窑种类	高炉、焦炉、平炉、转炉、电炉、焙烧炉、均热炉、隧道窑、倒焰窑、轧钢加热炉、热处理炉	熔化炉（反射炉、冲天炉、平炉、电弧炉、感应电炉）、加热炉、热处理炉、干燥装置	水泥回转窑、玻璃熔炉（池炉、坩埚炉）、陶瓷窑（倒焰窑、隧道窑）、砖瓦窑、玻璃纤维坩埚炉	玻璃、陶瓷同左；搪瓷炉
燃料结构	煤 70%（炼焦煤 55%，燃料煤 15%） 电力 17%、重油 10% 天然气 2%、其他 1%	炼钢：电力为主 炼铁：焦炭为主 煤 55% 加热炉：重油 33% 煤气 10% 电 2%	玻璃熔炉、陶瓷隧道窑以烧煤气、重油为主；水泥窑和砖瓦窑以烧煤为主	玻璃、陶瓷同左；搪瓷炉以烧煤为主，部分烧油

2. 几种工业炉窑简介（表 1-6）

表 1-6 工业炉窑的结构与燃料

工序	炉窑名称	炉窑结构与温度	燃料
炼铁	高炉	为横断面为圆形的炼铁竖炉；高炉本体自上而下分为炉喉、炉身、炉腰、炉腹、炉缸 5 部分；炉温 1 500℃	焦炭和辅助燃料（煤粉、重油、天然气）
	热风炉	分内燃式热风炉（包括改进型）、外燃式热风炉、顶燃式热风炉；炉温 1 250℃	高炉煤气或混合煤气
炼钢	转炉	炉体圆筒形，架在一个水平轴架上，可以转动；按气体吹入炉内的部位分为底吹转炉、顶吹转炉和侧吹转炉；出钢温度达 1 650℃	基本不需要燃料，加氧气进行吹炼
	电炉	电弧炉：炉体由炉盖、炉门、出钢槽和炉身组成，弧区温度 3 000℃； 感应电炉：主要包括感应器和坩埚两部分，炉温 1 600℃	电能
轧钢	加热炉	包括推钢式加热炉、步进式加热炉、连续式加热炉；炉温 1 200 ～ 1 300℃	混合煤气、重油或天然气
炼焦	普通机焦炉	属于顶装侧推型；包括燃烧室、炭化室、蓄热室、小烟道；炉温 1 200 ～ 11 300℃	煤气
	捣固焦炉	属于侧装侧推型；捣固设备加焦炉；炉温 1 200 ～ 11 300℃	煤气

工序	炉窑名称	炉窑结构与温度	燃料
炼焦	直立焦炉	属于顶装底出型；炉温 400 ～ 700℃	煤气
铸造	冲天炉	一种竖式圆筒形熔炉，是铸造生产中熔化铸铁的重要设备；冲天炉一般容积很小，一般无热风；炉温 1 450℃	焦炭
锻造	火焰加热炉	分为燃煤炉（手锻炉、反射炉）、燃气炉、燃油炉（室式炉、连续炉、转炉、台车炉）；炉温 800 ～ 1 200℃	重油、天然气、焦炉煤气、发生炉煤气
	中频炉	电感应加热器；炉温 1 100℃	电能加热
	室式炉	有开闭式炉门的加热炉为室式炉；应用于小批量工件的加热或热处理；炉温 800 ～ 1 200℃	电阻加热
	反射炉	主要由燃烧室、加热室、鼓风机、烟道、烟囱组成；炉温 800 ～ 1 200℃	烟煤
水泥	立窑	窑筒体是立置不转动的称为立窑；窑温 1 300 ～ 1 450℃	烟煤
	新型干法旋窑	能作回转运动的称为回转窑（也称旋窑），新型干法窑包括旋窑、预分解窑、旋风预热器等；窑温 1 600℃	烟煤
陶瓷	隧道窑	一般是一条长的直线形隧道，其两侧及顶部有固定的墙壁及拱顶，底部铺设的轨道上运行着窑车；窑温 1 000 ～ 1 900℃	压缩空气雾化燃油或发生炉煤气
	辊道窑	辊道窑是连续烧成的窑，是以转动的辊子作为坯体运载工具的隧道窑	
	倒焰窑	属于间歇式窑炉，主要由燃烧室、料箱、火道、大拱顶、炉底、烟道等组成；窑温 1 350 ～ 1 650℃	燃煤、天然气、发生炉煤气
玻璃	池窑	主要由用耐火砖砌建的熔制池和蓄热室或换热室等所组成；工作温度高达 1 600℃	常用气体燃料加热
	坩埚窑	窑膛内放置单只或多只坩埚；分为倒焰式、平焰式、综合火焰式；窑温 1 600℃	
	电熔窑	窑膛侧壁安装碳化硅或二硅化钼电阻发热体，进行间接电阻辐射加热；窑温 1 600℃	使用电能
砖瓦	轮窑	轮窑的窑体是两条平行的拱形隧道，平行隧道两端连接为椭圆形的窑洞；根据窑室多少，可分为 54 门窑、32 门窑等；窑温 1 000℃	燃煤、煤矸石
	隧道窑	一般是一条长的直线形隧道，其两侧及顶部有固定的墙壁及拱顶，底部铺设的轨道上运行着窑车；窑体构成了固定的预热带、冷却带、烧成带，通常称为隧道窑的“三带”；烧成带温度 950 ～ 1 100℃	多使用燃煤，少量使用燃油、燃气
铜铅锌冶炼	鼓风炉	由炉基、炉底、炉缸、炉身、炉顶（包括加料装置）、支架、鼓风系统、水冷或汽化冷却系统、放出熔体装置和前床等部分组成；炉温 1 100 ～ 1 450℃	焦炭
	反射炉	由炉基、炉底、炉墙、炉顶、加料口、产品放出口、烟道等部分构成；炉温 1 250℃	焦炭、燃气、燃油
	白银炉	主体结构由炉基、炉底、炉墙、炉顶、隔墙和内虹吸池及炉体钢结构等部分组成；炉温 1 300 ～ 1 350℃	重油或粉煤
	电炉	属电弧炉；弧区温度在 3 000℃以上	电能

工序	炉窑名称	炉窑结构与温度	燃料
铜铅锌冶炼	闪速炉	由反应塔、沉淀池、上升烟道三大部分组成	—
	转炉	钢制炉体呈圆筒形，内衬耐火材料，吹炼时靠化学反应加热，不需热源，用于炼钢、炼铜和炼镍。转炉按气体吹入炉内的部位分为底吹、顶吹和侧吹转炉；按吹炼选用的气体，分为空气转炉和氧气转炉。	—

三、部分工业固体废物

（一）工业固体废物

1. 冶金矿山固体废物

冶金矿山在生产中产生的固体废物包括开采过程产生的剥离石和废石，以及在选矿过程中废弃的尾矿。

矿山的开采有露天开采和和地下开采两种，以大型露天有色金属矿为例，每开采 1 m^3 矿石要剥离 8 ～ 10 m^3 的剥离物，每开采 1 m^3 铝土矿要剥离 13 ～ 16 m^3 的剥离物。地下开采的井巷掘进过程中也能产生大量的废石，按一般掘进开采计算，每开采 1 t 矿石排出石渣 3 ～ 4 t。

有色金属矿石的金属品位一般较低，因此开采矿石都要经过选矿，才能得到高品位的各种金属精矿粉。选矿过程中将废弃大量的尾矿。

2. 能源工业固体废物

我国煤炭产量约 55% 用于发电，发电产生的粉煤灰和炉底渣的量非常大，一般为火电厂燃煤量的 20% ～ 40%。粉煤灰的主要来源是以煤粉为燃料的火电厂和城市集中供热锅炉，其中 80% 以上为湿性排灰，悬浮式燃烧炉渣产生量较小，层式燃烧炉渣产生量较大。

3. 冶金工业固体废物

冶金工业产生的固体废物主要包括：

（1）焦化固体废物。焦化工业产生的固体废物多属于危险废物。包括焦煤与焦炭在运输、破碎、筛分过程中收集得到煤尘和焦尘；废弃的焦油渣、酸焦油、洗油再生器残渣、黑萘、吹苯残渣及残液、酚和吡啶精制残渣、脱硫残渣及煤气发生炉煤焦油和焦油渣。

（2）烧结固体废物。固体废物产生的主要部位是烧结机头、机尾、成品整粒、冷却筛分等，通过各种除尘装置净化得到的烧结粉尘和污泥统称为含铁尘泥。

（3）炼铁固体废物。主要为出渣口产生的高炉渣，高炉渣的产生量与原料品位和冶炼工艺有关；其次为煤气净化塔产生的尘泥及原料厂、出铁厂收集的粉尘。一般每炼 1 t 铁，产生 0.3 ～ 0.9 t 高炉渣、20 ～ 40 kg 尘泥。

（4）炼钢（转炉、平炉、电炉）固体废物。 炼钢厂产生的固体废物主要是炼钢渣、浇铸渣、喷溅渣、化铁炉渣和净化系统收集的含铁尘泥，以及少量的残铁、残钢、残渣、废耐火材料等，每炼 1 t 钢约产生 0.1 t 钢渣和 20 kg 尘泥。

（5）轧钢固体废物。热轧产生大量热轧氧化铁皮。

（6）铁合金固体废物。主要为火炼的炉口废渣（每吨火炼法冶炼铁合金，约产生 1 t 废渣），湿法冶炼的浸出渣、除尘净化装置的尘泥等。

4. 化学工业固体废物

化学工业行业多、产品杂，有化肥、农药、橡胶、染料、无机盐及有机化工原料等众多分行业。化学工业固体废物包括化工生产过程中产生的废品、副产品、失效催化剂、废添加剂，未反应的原料及原料中夹带的杂质，产品在精制、分离、洗涤时由相应装置排出的工艺废物，净化装置排出的粉尘，废水处理产生的污泥，化学品容器和工业垃圾。化学工业固体废物大多为危险废物。

化工生产固体废物产生量较大，一般每生产 1 t 产品可以产生 1 ～ 3 t 固体废物，有的可高达 8 ～ 12 t。

5. 石油化学工业固体废物

石油化学工业中的石油炼制行业固体废物主要有废催化剂、页岩渣；石油化工和化纤行业的固体废物主要有废添加剂、聚酯废料等。

6. 其他工业固体废物

（1）煤矸石。煤矸石按其产生过程可分为四类：采煤厂产生的原煤矸石，洗煤场产生的洗煤矸石，各煤炭运输、煤炭贮存、煤炭使用单位挑选出来的矸石，堆积在大气中经过自燃的矸石。煤矸石的积存占用大量土地；由于硫化铁和含炭物质的存在矸石山会发生自燃，产生大量二氧化硫、硫化氢和氮氧化物，严重污染环境；矸石山经雨水冲刷，会污染水体。开采 1 t 煤产生的矸石量为 0.15 ～ 4 t，北方煤矿在正常开采时，开采 1 t 煤排矸石 0.15 t；南方煤矿在正常开采时，开采 1 t 煤排矸石 0.2 ～ 0.4 t。

（2）粉煤灰。以煤粉为燃料的火力发电厂和城市集中供热的煤粉锅炉产生大量粉煤灰，各种锅炉房的除尘器也能收集烟尘中的粉煤灰。

（3）炉渣。我国的锅炉以燃煤锅炉为主。以层燃方式的燃煤锅炉产生大量的块状废渣称为炉渣，沸腾炉也能产生一定量的炉渣。

（4）水泥窑厂灰。回转窑生产水泥熟料时，有大量窑灰从窑中随尾气排出。

（二）工业固体废物的主要来源

工业固体废物的来源很多，下面将危险废物（按《国家危险废物名录》（环保部令第 39 号），2016 年 8 月 1 日起施行）和一般废物的主要来源列于表 1-7：

表 1-7 工业固体废物的来源

废物类别	行业	废物名称
HW01 医疗废物	卫生、医疗、防疫、动物医疗及与此有关的非特定行业	医疗、卫生、防疫、动物治疗、处置、手术、培养、化验、动物试验、检查残余物，传染性废物、废水处理污泥等的废医用塑料制品、玻璃器皿、一次性医疗器具、棉纱、废敷料等手术残物，传染性废物，动物实验废物等
HW02 医药废物	化学药品原药制造、制剂制造、兽用药品制造、生物生化制品的制造等	从药物的生产和制作中产生的废物（包括兽药产品），包括制药中产生的各种蒸馏反应脱色残渣、催化剂、各种母液、吸附剂、废溶剂、废药、过期原料、废液、滤饼、催化剂、废培养基、废吸附剂、废水处理污泥等
HW03 废药物、 药品	药品生产、销售、使用、科研、化验、医疗、卫生等部门	过期、报废的、无标签的及多种混杂的药物、药品，生产、销售及使用过程产生的报废药品，科研、监测、学校、医疗单位、化验室等使用单位积压或报废的药品（物）、废化学试剂、废药品、废药物
HW04 农药废物	农药制造、销售、使用、科研、检验等部门	生物杀虫剂如氯丹、乙拌磷、甲拌磷、2，4，5- 三氯苯氧乙酸、2，4- 二氯苯氧乙酸、乙烯基双二硫代氨基甲酸、溴甲烷等生产过程的废液、残渣、吸附剂、蒸馏渣等废物，包括杀虫、杀菌、除草、灭鼠和植物生长调节剂的生产、经销、配制和使用过程中产生的废物，过期的原料和产品，生产母液和容器清洗液等，农药生产、配制过程中产生的过期原料及报废药品，废水处理的污泥
HW05 木材防腐 剂废物	锯材、木片加工、专用化学产品制造等	木材防腐化学品的生产、配制和使用中产生的废物，木材防腐处理过程中产生的反应残余物、吸附过滤物及载体，木材防腐化学品生产的废水处理污泥，沾染防腐剂的废弃物，销售及使用过程中产生的失效、变质、不合格、淘汰、伪劣的木材防腐剂产品
HW06 有机溶剂 废物	基础化学原料制造	硝基苯 - 苯胺、羧酸肼法生产 1，1- 二甲基肼，甲苯硝化法生产二硝基甲苯，有机溶剂的合成、裂解、分离、脱色、催化、沉淀、精馏等过程中化工原料的合成、裂解、分离、脱色、催化、沉淀、精馏等产生的废液、残渣、废催化剂、吸附过滤物、洗涤废液等，有机溶剂的生产、配制、使用过程中产生的含有有机溶剂的清洗杂物
HW07 热处理含氰 废物	金属表面处理及热处理加工，包括机械、金属加工、电镀、装备制造等	金属热处理和退火作业产生的热处理氰渣、含氰污泥及冷却液、氰热处理炉内衬、淬火废水处理污泥

废物类别	行业	废物名称
HW08 废矿物油	天然原油和天然气开采、精炼石油产品制造、涂料、油墨、颜料及相关产品制造、专用化学产品制造、船舶及浮动装置制造	石油开采、炼制过程产生的油泥、油脚、含油污泥的油/水和烃/水混合物、废水的物理处理污泥、槽底沉积物、过滤或分离装置产生的残渣、废过滤介质、溢出废油或乳剂；油墨的生产、配制产生的废分散油；黏合剂和密封剂生产、配置过程产生的废弃松香油；内燃机、汽车、轮船过程中产生的废油和油泥；清洗机械、机械维修、金属轧制、橡胶生产产生的废矿物油和溶剂油；石油炼制废水气浮、隔油、絮凝沉淀等处理过程中产生的浮油和污泥等
HW09 油/水、烃/水混合物或乳化液	金属切削、机械加工、设备清洗、皮革、纺织印染、农药乳化等过程产生的废乳化液、废油水混合物等	来自于水压机定期更换的油/水、烃/水混合物或乳化液，使用切削油和切削液进行机械加工过程中产生的油/水、烃/水混合物或乳化液，其他工艺过程中产生的废弃的油/水、烃/水混合物或乳化液等
HW10 多氯（溴）联苯类废物	电力设备、电气装置生产、氯联苯（PCBs）、多氯三联苯（PCTs）、多溴联苯（PBBs）生产	含多氯联苯（PCBs）、多氯三联苯（PCTs）、多溴联苯（PBBs）的废线路板、电容、变压器，含有PCBs、PCTs和PBBs的电力设备的清洗液、废介质油、绝缘油、冷却油及传热油、废弃包装物及容器，含有或沾染PCBs、PCTs、PBBs和多氯（溴）萘，且含量≥ 50 mg/kg的废物、物质和物品
HW11 精（蒸）馏残渣	煤气生产、原油蒸馏及精制、化学品和化学原料、常用有色金属冶炼生产、废油再生	石油精炼过程中、炼焦过程中、煤气及煤化工生产、轻油回收蒸氨塔、萘回收及再生、焦油储存设施产生的压滤污泥、焦油状污泥、残渣、蒸馏残渣、污水池残渣等，乙醛、苄基氯、氯醇、苯酚、丙酮、硝基苯、四氯化碳、甲苯二异氰酸酯、邻苯二甲酸酐、1，1，1-三氯乙烷、苯胺、二硝基甲苯、甲苯二胺、二溴化乙烯、四氯化碳、氯乙烯单体、三氯乙烯的化工产品生产过程产生的废渣、蒸馏底渣、冷凝物、废液、重馏分等，有色金属火法冶炼产生的焦油状废物，其他精炼、蒸馏和任何热解处理中产生的废焦油状残留物
HW12 染料、涂料废物	油墨、颜料、涂料、纸浆制造、生产及相关产品销售、使用	废染料、废溶剂、废母液、废液、废吸附剂等，废水处理污泥，废弃原料与产品，废纸回收利用处理过程中产生的脱墨渣，生产、销售及使用过程中产生的失效、变质、不合格、淘汰、伪劣的油墨、染料、颜料、油漆、真漆、罩光漆产品
HW13 有机树脂类废物	基础化学原料制造行业，树脂、乳胶、增塑剂胶水/胶塑剂生产	树脂、乳胶、增塑剂胶水/胶塑剂生产过程中产生的不合格产品、废副产物、催化剂、釜残液、过滤介质和残渣、废水处理污泥，废弃黏合剂和密封剂，废弃的离子交换树脂，剥离下的树脂状、黏稠杂物等
HW14 新化学药品废物	研究、发展和教学等活动	新化学品、药品开发、研制、教学中产生的废物中产生的尚未鉴定的和（或）新的对人类和（或）环境的影响未明的新化学废物
HW15 爆炸性废物	炸药及火工产品制造、销售、使用	炸药生产和加工、生产、配制和装填铅基起爆药剂、三硝基甲苯（TNT）过程中产生的废水处理污泥、废炭，拆解后收集的尚未引爆的安全气囊

废物类别	行业	废物名称
HW16 感光材料废物	专用化学产品制造、印刷、电子元件制造、医疗院所、电影、摄影扩印服务等	X光和CT检查产生的废显（定）影液、胶片寄废像纸，摄影化学品、感光材料的生产、配制和使用光刻胶及其配套化学品（如添加剂、显影剂、增感剂）中产生的废物感光乳液、废显影液、废定影液、落地药粉、废胶片头、像纸、感光原料和药品产生的残渣和废水处理污泥等
HW17 表面处理废物	机械、金属加工、电镀、装备加工金属表面处理及热处理加工工序	金属和塑料表面酸（碱）洗、除油、除锈、洗涤工艺产生的废腐蚀液、洗涤液、残液和污泥，电镀工艺产生的槽液、槽渣、废渣、废液、废腐蚀液、洗涤液及其他工艺过程中产生的表面处理废物，废水处理污泥，金属和塑料表面酸（碱）洗、除油、除锈、洗涤工艺产生的废腐蚀液、洗涤液、废渣和污泥
HW18 焚烧处置残渣	生活垃圾焚烧、危险废物焚烧、热解等处置，等离子体、高温熔融等处置，固体废物及液态废物焚烧	生活垃圾、危险废物焚烧过程产生的废渣、飞灰和废水处理污泥；固体废物焚烧过程中废气处理产生的废活性炭等
HW19 含金属羰基化合物废物	精细化工、金属有机化合物合成、金属羰基化合物制造	在金属羰基化合物生产以及使用过程中产生的含有羰基化合物成分的废物
HW20 含铍废物	含铍稀有金属冶炼、铍化合物生产和使用	铍及其化合物生产过程中产生的熔渣、集（除）尘装置收集的粉尘和废水处理污泥
HW21 含铬废物	基础化学原料制造、皮革、铁合金冶炼、金属表面处理及热处理、电子元件制造、电镀、颜料	毛皮铬鞣、再鞣、切削工艺产生的碎料积水处理污泥；铬铁矿生产中产生的铬渣、铝泥、芒硝、废水处理污泥和其他废物；铬铁硅合金生产过程收集的粉尘、浸出渣和废水处理污泥；铬酸进行钻孔除胶、阳极氧化废渣及污泥
HW22 含铜废物	常用有色金属矿采选、印刷、玻璃及玻璃制品制造、电子元件制造	采选及冶炼粉尘，铜板蚀刻产生的废蚀刻液及废水处理污泥，镀铜产生的槽渣、槽液及废水处理污泥，用酸进行铜氧化处理产生的废液及废水处理污泥
HW23 含锌废物	金属表面处理及热处理加工、电池制造	热镀锌过程中产生的废熔剂、助熔剂和集（除）尘装置收集的粉尘；使用氢氧化钠、锌粉进行贵金属沉淀过程中产生的废液及废水处理污泥；碱性锌锰电池、锌氧化银电池、锌空气电池生产过程中产生的废锌浆
HW24 含砷废物	基础化学原料制造行业、含砷有色金属采选及冶炼、砷及其化合物的生产	硫铁矿制酸过程中烟气净化产生的酸泥；硫砷化合物（雌黄、雄黄及砷硫铁矿）或其他含砷化合物的金属矿石采选过程中集（除）尘装置收集的粉尘

废物类别	行业	废物名称
HW25 含硒废物	基础化学原料制造行业及含硒有色金属冶炼及电解、颜料、橡胶、玻璃生产行业	硒化合物生产过程中产生的熔渣、集（除）尘装置收集的粉尘和废水处理污泥
HW26 含镉废物	含镉有色金属采选及冶炼、镉化合物生产、电池制造业、电镀行业	镍镉电池生产过程中产生的废渣和废水处理污泥
HW27 含锑废物	基础化学原料制造行业及含锑有色金属冶炼、锑化合物生产行业	锑金属及粗氧化锑生产过程中产生的熔渣和集（除）尘装置收集的粉尘；氧化锑生产过程中产生的熔渣
HW28 含碲废物	基础化学原料制造行业及含碲有色金属冶炼及电解、碲化合物生产和使用行业	碲化合物生产过程中产生的熔渣、集（除）尘装置收集的粉尘和废水处理污泥
HW29 含汞废物	天然气开采、常用有色金属及贵金属矿采选、印刷、基础化学原料制造、合成材料制造、常用有色金属冶炼、电池制造、照明器材制造、通用仪器仪表制造等	天然气净化过程中产生的含汞废物，氰化提金选矿生产工艺、汞矿采选产生的含汞粉尘、残渣，使用显影剂、汞化合物进行影像加厚（物理沉淀）以及使用显影剂、氨氯化汞进行影像加厚（氧化）产生的废液及残渣，合成材料制造中产生的含汞及汞化合物废物，水银电解槽法生产氯气产生的处理污泥、废渣、污水处理污泥，含汞催化剂，废含汞灯具、仪器等；含汞电池生产过程中产生的含汞废浆层纸、含汞废锌膏、含汞废活性炭和废水处理污泥
HW30 含铊废物	有色金属冶炼、基础化学原料制造、铊化合物生产使用	金属铊及铊化合物生产过程中产生的熔渣、集（除）尘装置收集的粉尘和废水处理污泥
HW31 含铅废物	在铅冶炼及电解、铅（酸）蓄电池生产、铅铸造业和铅化合物、玻璃制品、印制电路板生产加工	铅采选、冶炼、铅酸蓄电池生产过程中产生的飞灰、废渣、废物、废水处理污泥，印刷线路板制造过程中镀铅锡合金产生的废液，使用铅盐和铅氧化物进行显像管玻璃熔炼产生的废渣，使用硬脂酸铅进行抗黏涂层产生的废物
HW32 无机氟化物废物	不锈钢、电解铝、磷酸盐加工、冶炼，氟化物废物加工	使用氢氟酸进行蚀刻产生的废蚀刻液
HW33 无机氰化物废物	金属制品业的除油和表面硬化、电镀业、电子零件制造业、金矿开采、首饰加工及其他生产、试验、化验分析	采用氰化物进行黄金选矿过程中产生的氰化尾渣和含氰废水处理污泥；使用氰化物进行浸洗过程中产生的废液；使用氰化物进行表面硬化、碱性除油、电解除油产生的废物；使用氰化物剥落金属镀层产生的废物；使用氰化物和双氧水进行化学抛光产生的废物

废物类别	行业	废物名称
HW34 废酸	石油精炼、基础化学原料制造、金属压延、金属表面处理及热处理、电子元件制造、工业酸的制造与使用、金属制品的清洗等	石油炼制过程产生的废酸及酸泥；硫酸法生产钛白粉（二氧化钛）过程中产生的废酸；硫酸和亚硫酸、盐酸、氢氟酸、磷酸和亚磷酸、硝酸和亚硝酸等的生产、配制过程中产生的废酸液、固态酸及酸渣；卤素和卤素化学品生产过程产生的废酸；金属压延产生的废酸性洗液；青铜生产和电子元件制造过程中浸酸工序产生的废酸液；使用酸清洗、碳化、磷化、除油、钝化、抛光、催化产生的废酸液；其他废酸液及酸渣
HW35 废碱	精炼石油、基础化学品制造、金属制品的清洗、废水处理、碱法造纸制浆、纺织印染前处理、毛皮鞣制等	精炼石油产品的制造、基础化学原料制造、毛皮鞣制及制品加工、纸浆制造生产过程产生的废碱渣、盐泥、废碱液（pH ≥ 12.5）、碱性废物、碱清洗剂、造纸废液等；使用碱清洗、煮炼、丝光、除蜡、除油、浸蚀、脱除产生的废碱液；生产、销售及使用过程中产生的失效、变质、不合格、淘汰、伪劣的强碱性擦洗粉、清洁剂、污迹去除剂以及其他废碱液、固态碱及碱渣
HW36 石棉废物	石棉开采、加工、耐火材料加工、汽车制造、船舶及浮动装置制造、含石棉设施的保养、车辆制动片的生产和使用	石棉矿采选、卤素和卤素化学品生产过程中电解装置拆换、石棉建材生产过程、车辆制动器衬片生产、拆船过程产生的废渣含石棉尘、隔热材料、石棉隔板、石棉纤维废物、石棉绒、石棉水泥、石棉位矿渣等废物
HW37 有机磷化合物废物	基础化学原料制造、农药以及有机磷化合物生产	除农药以外其他有机磷化合物生产、配制过程中产生的反应残余物、过滤物、催化剂（包括载体）及废弃的吸附剂、废水处理污泥，生产、销售及使用过程中产生的废弃磷酸酯抗燃油
HW38 有机氰化物废物	基础化学原料制造工业中的合成、缩合反应，催化、精馏、过滤	丙烯腈生产过程中水汽提器塔底的流出物、乙腈蒸馏塔底的流出物、乙腈精制塔底的残渣，有机氰化物生产过程中合成、缩合等反应中产生的母液及反应残余物催化、精馏和过滤过程中产生的废催化剂、釜底残渣和过滤介质、废水处理污泥等
HW39 含酚废物	石油、基础化学原料制造、焦化、煤化工、煤气、煤焦油精馏等	石油化工、炼焦行业、煤气生产、煤化工、煤焦油精馏、石油化工生产过程产生的残 渣、母液、吸附过滤物、废催化剂、精馏釜残
HW40 含醚废物	基础化学原料制造中的生产、配制和使用过程	醚及醚类化合物生产过程中产生的醚类残液、反应残余物、废水处理污泥（不包括废水生化处理污泥）
HW45 卤化有机溶剂废物	基础化学原料制造业、电子元件制造、化学分析、塑料橡胶制品制造、电子零件清洗、化工产品制造、印染涂料调配、商业干洗、家庭装饰业	乙烯溴化法生产二溴化乙烯过程中反应器排气洗涤器产生的洗涤废液、废吸附剂；芳烃及其衍生物氯代反应过程中氯气和盐酸回收工艺产生的废液和废吸附剂、废水处理污泥；其他有机卤化物的生产过程中产生的残液、废过滤吸附介质、反应残余物、废水处理污泥、废催化剂（不包括上述 HW06、HW39 类别的废物）、有机卤化物的生产过程中产生的不合格、淘汰、废弃的产品（不包括上述 HW06、HW39 类别的废物）；石墨作阳极隔膜法生产氯气和烧碱过程中产生的废水处理污泥
HW46 含镍废物	基础化学原料制造、电池制造、电镀工艺	镍化合物生产过程中产生的反应残余物及废品，镍镉电池和镍氢电池生产过程中产生的废渣和废水处理污泥，报废的镍催化剂

废物类别	行业	废物名称
HW47 含钡废物	基础化学原料制造、金属表面处理及热处理加工、钡化合含钡化合物生产	钡化合物（不包括硫酸钡）生产过程中产生的熔渣、集（除）尘装置收集的粉尘、反应残余物、废水处理污泥，热处理工艺中的盐浴渣
HW48 有色金属冶炼废物	常用有色金属冶炼	铜火法冶炼、铅锌冶炼、粗铝精炼加工、铜再生过程、汞金属回收工业、铅再生过程产生的飞灰、残渣、冶炼废渣、阳极泥、浮渣、浸出渣、废水处理污泥等
HW49 其他危险废物	石墨及其他非金属矿物制品制造、化工行业、电池行业、电子行业	多晶硅生产过程中废弃的三氯化硅和四氯化硅；化工行业生产过程中收集的粉尘、废弃包装物、容器、过滤吸附介质、产生的废活性炭；废弃的铅蓄电池、镉镍电池、氧化汞电池、汞开关、荧光粉和阴极射线管；离子交换装置再生过程产生的废水处理污泥；研究、开发和教学活动中，化学和生物实验室产生的废物（不包括 HW03、900-999-49）；未经使用而被所有人抛弃或者放弃的；淘汰、伪劣、过期、失效的；有关部门依法收缴以及接收的公众上交的危险化学品
HW50 废催化剂	精炼石油产品制造、基础化学原料制造、农药制造、化学药品原料药制造、兽用药品制造、生物药品制造、环境治理	精炼石油产品制造、基础化学原料制造、农药制造、化学药品原料药制造、兽用药品制造、生物药品制造生产过程使用的催化剂；烟气脱硝过程中产生的废钒钛系催化剂；废液体催化剂、废汽车尾气净化催化剂

本栏以上 HW01 ~ HW50 属于危险废物

本栏属于环境统计固体废物分类

固体废物		来源
矿业固体废物	煤矸石	煤炭采选、煤化工、煤场、电厂、锅炉房等
	尾矿	黑色金属矿采选、有色金属矿采选、非金属矿采选、开采辅助活动等
	废石	煤炭采选、黑色金属矿采选、有色金属矿采选、非金属矿采选、开采辅助活动等
冶炼固体废物	高炉渣、钢渣、钢铁冶炼加工尘灰	钢铁冶炼及压延加工业、机械、铸锻加工业
	铁合金渣、铁合金冶炼加工尘灰	铁合金冶炼及加工业
	有色金属渣、有色金属冶炼加工尘灰	有色金属冶炼及压延加工业、机械、铸锻加工业
	赤泥、氧化铝加工尘灰	氧化铝加工业
燃料固体废物	粉煤灰	燃煤电厂、集中供热、垃圾焚烧厂、锅炉房除尘器产生的粉状废渣
	炉渣	电厂、集中供热、垃圾焚烧厂、锅炉房锅炉排出的炉渣
化工渣	化工或化学品制造或使用产生的废渣	化学原料和化学制品制造业、石油加工、煤化工加工业、医药工业、农药工业等

固体废物		来源
污泥	污水处理设施的污泥、预处理设施的污泥、过滤分离的污泥等	城市污水集中处理厂、工业污水处理厂、污水预处理设施、过滤或沉淀设施等
放射性废物		核工业的核燃料开采、冶炼过程，农业、医疗、科研、教学、军工等行业产生的放射性废物。有些含伴生放射性物质的采矿、冶炼过程，核燃料的开采、提取、加工产生的尾矿和渣土，医疗照射、透视使用的示踪药物废物
其他工业固体废物		机械、建筑、建材、电器仪表、轻纺食品、冶金、矿业等行业产生的上述之外的废物，如建筑垃圾、废旧设备、废器皿、废玻璃、渣土、废布头、废纸张、废杂草、秸秆、动植物体废物等

注：危险废物资料来自《国家危险废物名录》（环保部令〔2016〕第39号）。

第三节　工艺环境基础

一、控制工业污染源的基本途径

行业环境污染治理应尽量从源头控制，遵循以防为主、防治结合的原则，实施全过程清洁生产，从源头上减少污染物的产生，从而降低和减轻污染物末端治理的压力，提高环境污染防治和管理水平。控制工业污染源的基本途径是前端生产过程采用先进工艺和清洁生产减少各类污染物产出量，末端采用最佳可行污染治理技术加大各类污染物的去除量，从而科学地保证生产过程中各类污染物的最小排放和达标排放。

（一）工业生产的前端污染控制就是污染预防

污染预防是在可能的最大限度内减少生产厂地所产生的废物量，包括通过源削减（源削减指在进行再生利用、处理和处置以前，减少流入或释放到环境中的任何有害物质、污染物或污染成分的数量；减少与这些有害物质、污染物或组分相关的对公共健康与环境的危害）、提高能源效率、在生产中重复使用投入的原料以及降低水消耗量来合理利用资源。常用的两种源削减方法是改变产品和改进工艺（包括设备与技术更新、工艺与流程更新、产品的重组与设计更新、原材料的替代以及促进生产的科学管理、维护、培训或仓储控制）。污染预防不包括废物的厂外再生利用、废物处理、废物的浓缩或稀释以及减少其体积或有害性、毒性成分从一种环境介质转移到另一种环境介质中的活动。

1. 优化生产原辅材料的配置

原辅材料在产品生产过程中利用率越高，产生的废物就越少；原辅材料的选择应保证化学毒性最小，降低产生的污染物对环境的危害性；生产过程水资源的使用量越少，在保证达标排放的条件下，随废水排出生产系统的污染物产生量就越少。清洁生产包括节约原材料与能源，尽可能不用有毒原材料并在生产过程中减少它们的数量和毒性；对产品而言，则是从原材料获取到产品最终处置过程中，尽可能将对环境的影响减少到最低（污染物产生量最小化）。

2. 优化燃料和能源的使用

生产过程中首先要降低单位产品的燃料消耗量，可以减少“三废”污染物的产生量；同时要优先采用清洁能源，禁止使用重污染燃料，不仅可以减少污染物的排放量，还可以减少污染物对环境的有害性。

3. 优化工艺与设备

加大工业产业的结构调整和产品优化升级的力度，合理规划产业布局，进一步提高产业集中度和规模化水平，加快淘汰低水平落后产能，实行产能、工艺、设备和技术的优化。改进生产工艺，尽量采用不产生污染物的工艺，改进装置的结构和性能，可以减少污染物质的产出量。先进的工艺与设备不仅原辅材料和燃料的消耗量少，而且生产过程自动化程度高，物料与环境隔绝，封闭性好，保证生产系统内的水和气不会外泄，大大减少了扬尘、VOC、恶臭和有害物质（如重金属或有害化学品）的泄漏，保证生产过程无组织排放的最小化。

（二）工业生产的末端污染控制就是有效的污染治理

由于污染治理技术有限，治理污染实质上很难达到彻底消除污染的目的。因为一般末端治理污染的办法是先通过必要的预处理，再进行污染处理后排放。工业上有些水污染物是不能生物降解的，有些行业未采取有效的物化处理，只是稀释排放，不仅污染环境，甚至有的治理不当还会造成二次污染；有的治理只是将污染物转移，废气变废水，废水变废渣，废渣堆放填埋，污染土壤和地下水，形成恶性循环，破坏生态环境。污染物的有效的污染治理一定要将污染物进行有效分解或有效分离，再进行无害化最终处理。

1. 优化污染治理技术

随着国家总量控制的要求和污染物排放标准不断趋严，工业生产过程对于工艺过程的污染控制和生产末端的污染控制设施、技术应不断优化，以保证污染物不仅能达到污染物排放的浓度标准，而且还要能达到污染物排放的总量标准，这就是采用污染物控制最佳可行技术。在选择超低排放技术路线时，应选择技术上成熟可靠、经济上合理可行、运行上长期稳定、易于维护管理、具有一定节能效果的技术。

2. 优化污染治理设施的运行

（1）管理和操作污染治理设施的人员和管理人员，要有健全的岗位责任制、设备维修保养制度、操作规程和岗位技术培训、监督监测等制度。

（2）污染治理设施处理后的排放物应达到规定的排放标准，或者防治设施的实际处理能力和污染物的排放浓度要达到防治设施的设检要求。防治设施与产生污染物的相应设施应同时运转，同时维护。

（3）应建立污染治理设施日常运行情况记录台账，并按规定定期向公司主管部门填报污染防治设施运行情况表。

（4）需暂停、拆除、闲置、改造或更新的防治设施，应经设备部审核后报安全环保部门审批。

（5）污染治理设施因事故停止运转的，应立即采取措施排除故障，并在 24 h 内向行业主管部门和当地环境保护部门报告情况；污染治理设施停运可能使环境受到严重污染的，应立即停止排放污染物。

实践证明：预防优于治理。根据日本环境省 1991 年的报告，从经济上计算，在污染前采取防治对策比在污染后采取措施治理更为节省。例如，就整个日本的硫氧化物造成的大气污染而言，排放后不采取对策所产生的受害金额是预防这种危害所需费用的 10 倍。以“水俣病”而言，其推算结果则为 100 倍。可见两者之差极其悬殊。

据美国 EPA 统计，美国用于空气、水和土壤等环境介质污染控制的总费用（包括投资和运行费），1972 年为 260 亿美元（占 GNP 的 1%），20 世纪 80 年代末达到 1 200 亿美元（占 GNP 的 2.8%）。如杜邦公司每磅废物的处理费用以每年 20% ～ 30% 的速率增加，焚烧 1 桶危险废物可能要花费 300 ～ 1 500 美元。即使如此之高的经济代价仍未能达到预期的污染控制目标，末端处理在经济上已不堪重负。

因此，发达国家通过治理污染的实践，逐步认识到防治工业污染不能只依靠治理排污口（末端）的污染，要从根本上解决工业污染问题，必须“预防为主”，将污染物消除在生产过程之中，实行工业生产全过程控制。20 世纪 70 年代末期以来，不少发达国家的政府和各大企业集团（公司）都纷纷研究开发和采用清洁工艺，开辟污染预防的新途径，把推行清洁生产作为经济和环境协调发展的一项战略措施。

二、工业生产工艺与污染物要素关系

工业生产的各类锅炉和加热炉燃料燃烧过程会产生大量烟气，含烟尘、SO_2、NO_x、CO_2 等；工业炉窑在使用燃料和原料过程中产生的烟气，含烟粉尘、SO_2、NO_x、CO_2、H_2S、重金属、氟化物、氯化物、总烃等；各种化工生产装置产生的尾气，含颗粒物、SO_2、NO_x、H_2S、苯并 [*a*] 芘、氨、酚、酸、氟化物、氯化物、VOC 等；在生产过程的传送装置、装卸上料装置、运输装置、堆存装置、贮存装置、收集装置也会产生污染物泄漏和扬散，含有颗粒物、重金属和 VOC 等。其中有些是从有组织收集的排放口（或烟囱）排放，还有许多是从生产设备和生产作业平台、以无组织方式泄漏和扬散排放的。在生产的哪些部位（节点）产生大气污染，是有组织方式还是无组织方式，产生哪些大气污染物质就是大气污染源的排污节点分析。

工业生产的某些设施在加工、生产、洗涤、冲洗等过程会产生污水，污水中也会带走一些物料，形成污水中的污染物质。要分析在生产的哪些环节产生废水，废水中有哪些污染物，需不需要预处理和分质处理，预处理和分质处理后的去向（回用、进入污水综合处理、直接排放），这些就是水污染源的排污节点分析。

工业生产的某些环节会产生废渣、尘灰、废催化剂、废过滤材料、废酸、废碱、废液、污泥、工业垃圾等，要分清在什么环节产生什么固体废物、产生量、固体废物的化学性质，从而确定属于哪类固体废物（一般固体废物、危险废物），对固体废物的产生、收集、贮存、处置、利用、外运等要通过台账进行定量化管理。

对工业生产过程各生产环节或部位，按大气污染源、水污染源、固体废物源进行分类分析说明哪些部位产生哪类污染（水、气、固体废物），都含有哪些污染物质，这种分析就是工业生产的产排污节点分析。

三、工艺环境学与工业环境管理

工艺环境学是针对各大类工业行业（共 41 大类），阐述行业的发展规模、行业特点、污染特点、原辅材料及燃料的消耗、基本生产工艺、产排污节点分析、环境管理要求等诸方面，为本科学生学习各类环境管理课程，如环境规划、环境评价、环境监测、环境统计、环境管理等，提供对各类工业行业的基本工艺特点、污染物的产生节点的了解，学习和了解工艺环境分析的方法，为以后参与各方面环境管理工作提供工艺与污染关系分析的基本知识和方法。

现有的各类环境管理的学科，环境科学、环境管理、环境法学、环境经济、环境生态、环境监测、环境规划、环境评价等，主要从环境管理的方针、政策、法律、制度和管理方式等方面进行教学。目前各类环境工程（水、气、固体废物、噪声等污染要素）、环保设备等课程主要讲授工业生产的末端控制技术，缺少讲授工业生产前端控制技术的课程，清洁生产虽然涉及工业生产的前端，在大学课程中也只是笼统地讲授清洁生产的原则、程序。工艺环境学填补了环境教育领域在工艺过程控制基础知识上的空缺，这对于目前的以排污许可证为基础的环境管理和以工艺分析为基础的最佳污染治理技术，是极其有用的。

四、工艺环境学与排污许可证制度

（一）排污许可证制度

排污许可制度是国际通行的一项环境管理的基本制度。美国是最早建立排污许可制度的国家之一，政策实施效果比较好。相关经验值得借鉴。美国《清洁水法》规定任何从点源向水体排放污染物的行为，不论是否会对受纳水体造成污染，都必须获得排污许可证，并遵守许可证规定的排放限制标准和污染排放时间表，否则即属违法。

美国排污必须同时满足排放标准和水质标准以及最大日负荷总量的要求，使点源污染控制直接与水体水质改善联系。许可证从基于技术的排放限值和水质标准两个层面控制点源污染排放。最大日负荷总量管理是对不达标水体进行修复前的污染分配工具，可总体考虑对不达标水体造成影响的点源和非点源，并在所有点源和非点源间进行污染负荷分配。

改革环境管理基础制度，建立覆盖所有固定污染源的企事业单位排放许可制，是党中央、国务院推进生态文明建设、加强环境保护工作的一项重要举措，也是中央全面深化改革领导小组确定的环境保护部的重点改革任务之一。构建以排污许可制为核心的固定污染源环境管理制度，完成覆盖所有固定污染源的排污许可证核发工作，使其成为企业守法、政府执法、社会监督的依据，实现“一证式”管理，为提高环境管理效能和改善环境质量奠定坚实的基础。

我国 2014 年修订的《环境保护法》第四十五条明确规定：国家依照法律规定实行排污许可管理制度。实行排污许可管理的企业事业单位和其他生产经营者应当按照排污许可证的要求排放污染物；未取得排污许可证的，不得排放污染物。2015 年修订的《大气污染防治法》第十九条、2017 年修订的《水污染防治法》第二十一条都有相关规定。

2016 年 11 月 10 日，国务院办公厅又印发了《控制污染物排放许可制实施方案》，对排污许可证实施的基本原则、衔接整合的相关环境管理制度、发放排污许可证、落实企事业单位环境保护责任、加强监督管理、强化信息公开和社会监督、排污许可制实施保障等作出明确规定。环境保护部又陆续制定了多行业的排污许可证申请与核发技术规范，如火电行业、造纸行业、钢铁工业、水泥工业、石化工业、炼焦化学工业、平板玻璃工业、化肥工业——氮肥、电镀工业、制药工业——原料药制造工业、纺织染整工业、制革及皮毛加工工业——制革工业、农副食品加工工业——制糖工业、农药工业、有色金属工业等工业行业的排污许可证申请与核发技术规范。

（二）工艺环境学与过程控制

国外实施的污染预防制度和清洁生产制度，都强调在原辅材料、燃料、工艺、设备方面优化产污过程控制及管理。污染预防强调：防止原料和产品的损失；减少有毒物质对公众的影响；消除或减少废弃物的产生；防止废弃物排入或意外泄漏到环境中。能源和资源的有效利用是污染预防的重要措施，两种源削减方法是改进产品和改进工艺。清洁生产强调：不断采取改进设计、使用清洁的能源和原料、采用先进的工艺技术与设备、改善管理、综合利用等措施，从源头削减污染，提高资源利用率，减少或者避免生产、服务和产品使用过程中污染物的产生和排放，以减轻或者消除污染物对人类健康和环境的危害。

（三）工艺环境学与排污许可制

我国实施排污许可制，就是明确和强化排污单位污染物排放浓度和总量双达标的环境责任。企业必须从原材料、燃料、工艺过程、设备控制、产排污节点、手工监测和自动监控等方面做出明确的技术保证。工艺环境学对学生今后参与政府环保部门环境管理工作、企事业单位的环境管理和排污许可证的实施工作、第三方环境评估和咨询机构工作都是极其重要和不可或缺的基础知识。

学生今后到政府环保部门工作无论从事环境规划、环境评价、环境监测、环境监察、环境统计、排污许可、污染物总量控制等中的哪一项工作，都离不开重点污染行业的生产工业、污染来源和排污节点等方面的知识，都会涉及排污许可制。学生今后到企业参与环境管理或污染控制工作也都离不开企业的排污许可的实施、管理、监督和制订排污许可实施阶段报告等项工作。学生今后到环保工程公司工作，参与项目投标、方案制定、项目实施结果预测和评估，也要考虑达到排污许可的要求和最有技术方案。学生今后参与第三方环境评估和咨询机构工作，无论是参与企业污染源自行监测或自动监控设施管理工作；还是参与环评、还是排污许可评估、总量控制报告、企业环境行为报告工作；还是参与清洁生产方案等都离不开排污许可制的基本要求，因此工艺环境学对学习环境科学和环境工程学的学生，是十分必要的。

思考与练习

1. 从网上查找资料分析我国工业化带来环境问题的原因。
2. 通过最新的国家环境统计年报总结产生各类工业“三废”污染物的主要行业。
3. 工业行业中哪些行业排放的废水、废气中铅污染物量大？
4. 分析和总结各类工业“三废”污染物的主要来源。
5. 了解工业污染预防的起源和发展。
6. 通过一些工业污染预防的案例，阐述什么是工业污染预防的过程控制。

第二章　火电行业生产工艺环境基础

本章介绍我国火电行业的主要环境问题；采用的燃料与品质参数；锅炉基本类型、基本结构、工作原理、基本参数；火电行业基本生产工艺和与环保相关的参数；火电行业的废气污染物烟尘、二氧化硫、氮氧化物的产生机理；火电行业废水和固体废物的基本来源。

专业能力目标：

1. 了解固体燃料煤炭的种类、品质、燃料比等参数。
2. 了解标准煤的概念及其与原煤的关系。
3. 了解工业锅炉的基本类型、基本结构、工作原理、基本参数。
4. 了解火电行业废气、废水和固体废物的基本来源。
5. 掌握火电行业的基本生产工艺和与环保相关的参数。
6. 掌握火电行业的排污节点，烟尘、二氧化硫、氮氧化物的产生机理。

第一节　火电行业的环境问题

在《国民经济行业分类》（GB/T 4754—2017）中非金属矿物制品工业属电力、热力、燃气及水生产和供应业（D 大类 44 中类）。包括电力生产（441）、电力供应（442）、热力生产和供应（443）。本章只介绍火力发电（4411）。

一、我国火电行业的现状

从全球范围来看，电力生产占到化石燃料使用总量的 32%，占到与能源相关的 CO_2 排放的 41%。根据 IEA 数据，如果全球化石燃料发电都能够达到现行最佳效率（按技术可行性估算），则每年可节能 7.16 亿～ 9.89 亿 t 标煤（501 ～ 692 Mt 标油），减排 18 亿～ 25 亿 t CO_2，其中潜力最大的当属燃煤发电（可节能 5.12 亿～ 7.16 亿 t 标煤，减排 14 亿～ 20

亿 t CO_2）。

我国能源结构中化石能源比重偏高，煤炭消费比重高达 66%，比世界平均水平高 35.8 个百分点，远远高于其他国家；发电量中煤电比例为 75%，高出世界平均水平约 28 个百分点。我国“富煤、缺油、少气”的能源结构决定了在能源消费结构中煤炭将长期占据核心地位。我国电力结构中，利用燃煤发电一直是我国电源的主力，燃煤发电高于世界平均水平一倍。

在我国，电力工业是国民经济的基础产业和主要的能源行业，同时也是最主要的能源消耗行业和大气污染物排放最重点的行业。

2016 年我国火电装机容量达 10.538 8 亿 kW，居世界第一，全国火电发电量 44 371 亿 kW·h，居世界第一，消耗煤炭 21.33 亿 t。我国火电行业消耗如此大量的煤炭，对大气环境的影响巨大。

从使用方式上看，煤炭消费量的 80% 直接用于燃烧，火电厂燃煤量占煤炭消耗量的 50% 以上。燃煤是大气环境中 SO_2、NO_x、烟尘的最主要来源。对电力的持续增长的需求、传统的用煤方式、低水平的燃烧效率依然存在，未来相当长时间，煤烟型污染仍将是大气污染的重要特征。2015 年电力、热力生产供应业 SO_2 排放量占全国排放总量的 36.11%，NO_x 排放量占全国排放总量的 45.73%，颗粒物排放量占全国排放总量的 20.55%，在节能减排中火电行业一直是工业行业中大气主要污染物指标排放量居首位的行业，因此对有发电设施的企业和各级环保部门来说，火电行业的污染源监督管理工作都是极为重要的。

推进电力行业节能减排的途径主要有四种：一是制度或管理手段；二是技术创新；三是产业结构调整；四是推进清洁能源替代。国际能源署预测，“中国未来的能源结构将更加多样化，中国将减少使用煤炭，增加天然气、核电及可再生能源的利用”。中国社科院世界经济与政策研究所课题组发布的《世界能源中国展望》认为，“2015 年我国化石能源二氧化碳排放总量近 80 亿 t，2020 年达到 91.74 亿 t。之后随着能源需求增长放缓，特别是煤炭需求增长走向峰值之后，碳排放的缓增趋势将更为明显，到 2025 年碳排放总量可控制在 95 亿 t 以内并形成峰值。”

二、我国电力工业结构

2000—2016 年我国电力工业的结构见表 2-1。

表 2-1　2000—2016 年我国电力工业的结构

年份	发电总装机量 / 亿 kW	火电装机 / 亿 kW	火电装机比例 /%	水装机 / 亿 kW	水装机比例 /%	核电装机 / 亿 kW	核电装机比例 /%	其他能源比例 /%
2000	3.193 2	2.375 4	74.39	0.793 5	24.85	0.021 0	0.66	0.10
2005	5.171 8	3.913 8	75.67	1.173 9	22.70	0.068 5	1.32	0.31
2006	6.220 0	4.840 5	77.82	1.285 7	20.67	0.068 5	1.10	0.41
2007	7.132 9	5.544 2	77.73	1.452 6	20.37	0.088 5	1.24	0.66
2008	7.925 3	6.013 2	75.87	1.715 2	21.64	0.091 0	1.15	1.34

年份	发电总装机量 / 亿 kW	火电装机 / 亿 kW	火电装机比例 /%	水装机 / 亿 kW	水装机比例 /%	核电装机 / 亿 kW	核电装机比例 /%	其他能源比例 /%
2009	8.740 7	6.520 5	74.60	1.967 9	22.51	0.093 0	1.06	1.83
2010	9.620 0	7.066 3	73.45	2.134 0	22.18	0.108 2	1.12	3.25
2011	10.560 0	7.654 6	72.50	2.305 1	21.83	0.119 1	1.13	4.45
2012	11.449 1	8.191 7	71.55	2.489 0	21.74	0.125 7	1.10	5.61
2013	12.473 8	8.623 8	69.14	2.800 2	22.45	0.146 1	1.17	7.24
2014	13.601 9	9.156 9	67.32	3.018 3	22.19	0.198 8	1.46	9.03
2015	15.067 3	9.902 1	65.72	3.193 7	21.20	0.260 8	1.73	11.35
2016	16.457 5	10.538 8	64.04	3.321 1	20.18	0.336 4	2.04	13.74
	全国发电量 / 亿 kW·h	火力发电量 / 亿 kW·h	比例 /%	水力发电量 / 亿 kW·h	比例 /%	核电量 / 亿 kW·h	比例 /%	其他能源比例 /%
2000	13 556	11 142	82.19	2 224	16.41	167.4	1.24	0.16
2005	25 003	20 473	81.89	3 970	15.88	531	2.12	0.11
2006	28 344	23 573	83.17	4 167	14.70	549	1.94	0.19
2007	32 559	26 980	82.87	4 867	14.95	629	1.93	0.25
2008	34 334	27 793	80.95	5 633	16.41	684	1.99	0.65
2009	35 964	29 867	83.05	5 127	14.26	700	1.95	0.74
2010	41 413	33 253	80.30	6 622	15.99	734	1.77	1.94
2011	47 207	38 975	82.54	6 626	14.03	874	1.85	1.55
2012	49 774	39 108	78.57	8 641	17.36	982	1.97	2.10
2013	53 976	42 359	78.48	9 116	16.89	1 106	2.05	2.58
2014	54 638	42 049	76.96	9 440	17.28	1 262	2.31	3.45
2015	56 184	42 102	74.94	9 960	17.73	1 690	3.01	4.32
2016	61 425	44 371	72.24	11 934	19.43	2 133	3.47	4.86

资料来源：国家统计局，中商情报网、卓创资讯。

三、我国火电行业的产能分布

我国火电企业基本控制在大型和国有企业的管辖下，国家对火电行业一系列严格的产业政策、节能减排目标和最佳可行技术的实施还是比较顺畅的。目前，全国装机总量 6 000 kW 及以上各类发电企业近 4 000 家，其中国有及国有控股企业约占 90%（表 2-2）。

表 2-2　2011—2015 年全国独立火电厂数量

年份	规模以上企业数 / 个	机组数量 / 台	燃料煤消耗量 / 亿 t	发电耗煤量 / 亿 t	供热耗煤量 / 亿 t	燃料煤平均含硫 /%	燃料油消耗量 / 万 t	燃料油平均含硫 /%
2011	1 828	5 229	19.392 0	—	—	0.67	75.1	0.56
2012	1 824	4 625	19.060 0	17.435 3	1.624 7	0.96	679.1	0.13

年份	规模以上企业数 / 个	机组数量 / 台	燃料煤消耗量 / 亿 t	发电耗煤量 / 亿 t	供热耗煤量 / 亿 t	燃料煤平均含硫 /%	燃料油消耗量 / 万 t	燃料油平均含硫 / %
2013	1 853	4 825	19.969 5	18.271 8	1.697 7	0.96	604.0	0.73
2014	1 908	4 983	19.510 3	17.736 8	1.773 5	0.96	654.4	0.76
2015	1 923	4 970	18.593 4	16.704 9	1.888 6	0.90	34.7	—

资料来源：中国环境统计年报。

华能、大唐、华电、国电和中电投等中央直属 5 大发电集团约占全国总装机容量的 38.79%；国家开发投资公司、神华集团、三峡工程开发公司、中国核电集团公司、广东核电集团有限公司、华润电力控股有限公司等其他中央发电企业约占总装机容量的 10%；地方发电企业占总装机容量的 45%；民营和外资发电企业占总装机容量的 6.21%。

四、我国火电行业的污染排放

近年来，我国火电行业污染物排放大幅减少。据中电联初步分析，2015 年，全国电力烟尘排放量约为 40 万 t，比上年下降 59.2%，单位火电发电量烟尘排放量 0.09 g/（kW · h），比上年下降 0.14 g/（kW · h）。全国电力 SO_2 排放约 200 万 t，比上年下降约 67.7%，单位火电发电量 SO_2 排放量约为 0.47 g/（kW · h），比上年下降 1 g/（kW · h）。电力 NO_x 排放约 180 万 t，比上年下降约 71.0%，单位火电发电量 NO_x 排放量约 0.43 g/（kW · h），比上年下降 1.04 g/（kW · h）。截至 2015 年年底，全国已投运火电厂烟气脱硫机组容量约 8.2 亿 kW，占全国煤电机组容量的 91.20%；已投运火电厂烟气脱硝机组容量约 8.5 亿 kW，占全国火电机组容量的 84.53%。全国火电厂单位发电量耗水量 1.4 kg/（kW · h），比上年降低 0.2 kg/（kW · h）；单位发电量废水排放量 0.07 kg/（kW · h），比上年降低 0.01 kg/（kW ·h）。2013—2015 年我国独立火电企业“三废”产排污量见表 2-3。

2015 年全国独立火电厂 1 923 家，机组 4 970 台。脱硫设施 3 912 套，脱硝设施 3 077 套，除尘设施 5 232 套。如把自备火电厂计算在内，火电厂（或分厂）4 000 多家。

表 2-3　2013—2015 年我国独立火电企业“三废”产排污量

污染物	2013 年			2014 年			2015 年		
	排放(产生)量	单位	占工业比例 /%	排放（产生）量	单位	占工业比例 /%	排放（产生）量	单位	占工业比例 /%
废水量	95 934.2	万 m^3	5.01	95 867.7	万 m^3	5.13	88 108.4	万 m^3	4.85
COD 年排放量	33 752.2	t	1.18	33 695.6	t	1.23	35 880.5	t	1.40
氨氮年排放量	2 192.3	t	0.98	2 373.7	t	1.13	2 497.3	t	1.27
石油类年排放量	146.4	t	0.84	193.8	t	1.21	169.4	t	1.13
废气量	195 646.0	亿 m^3	29.23	185 381.9	亿 m^3	26.71	168 700	亿 m^3	24.62

污染物	2013年			2014年			2015年		
	排放(产生)量	单位	占工业比例/%	排放(产生)量	单位	占工业比例/%	排放(产生)量	单位	占工业比例/%
SO_2产生量	3 218.806 0	万t	53.02	3 241.316 7	万t	52.44	2 923.732 2	万t	48.59
SO_2排放量	634.132 2	万t	37.54	525.266 4	万t	33.15	403.672 8	万t	28.82
NO_x产生量	1 162.082 6	万t	64.08	1 088.657 8	万t	59.85	979.152 9	万t	55.68
NO_x排放量	861.809 7	万t	58.83	670.799 8	万t	50.96	448.034 0	万t	41.18
烟粉尘产生量	36 288.39	万t	49.32	37 061.34	万t	48.80	33 149.84	万t	46.67
烟（粉）尘排放量	183.865 9	万t	17.98	195.798 6	万t	15.44	132.576 1	万t	11.96
一般固体废物产生量	60 714	万t	19.40	61 221	万t	19.65	59 857	万t	19.25
危险废物产生量	88	万t	2.79	123	万t	3.39	194	万t	4.88

资料来源：环境统计年报。

第二节　火电行业的燃料、辅料

火电行业使用的燃料按形态可以分为固体燃料、液体燃料和气体燃料三类（表2-4）。火电行业使用的燃料主要有燃煤、压缩生物质燃料、原油、重油、柴油、燃料油、页岩油、天然气、液化石油气、煤层气、页岩气等。

表2-4　火电行业燃料分类

固体燃料	煤炭、煤矸石、油页岩、炭沥青、天然焦、型煤、水煤浆、焦炭、石油焦、压缩生物质燃料（秸秆、板皮）等
气体燃料	天然气、焦炉煤气、高炉煤气、转炉煤气、人工煤气、油制气、气化炉煤气、液化石油气、沼气等
液体燃料	原油、轻柴油、重油、汽油、煤油、渣油、煤焦油、页岩油、煤液化油、醇类燃料等

一、固体燃料

火电行业使用的固体燃料主要是煤炭、煤矸石（主要利用煤炭工业的废物）和压缩生物质燃料（主要是有些地区为了解决秸秆焚烧的问题）。

火电行业是消费煤炭和压缩生物质燃料最多的行业，这两种燃料燃烧都具有高度污染性，导致产生的烟气中烟尘、SO_2、NO_x的含量高居全国各工业行业之首，因此，由于燃料的结构和消耗量，火电行业成为大气污染物污染减排和达标排放行动的重点监控行业。

（一）煤炭的类别

工业上按照煤炭的灰分和挥发分（固定碳除以挥发分称燃料比，燃料比越高，煤炭的利用价值越高）把煤炭分为以下品种，如表 2-5 所示。

表 2-5　煤炭的类别

煤炭品种	特点	煤质与燃料比	用 途
褐煤	外表呈褐色，无光泽，质脆，故称褐煤	褐煤燃料比＜ 1，固定碳含量 45% ～ 70%，挥发分含量 40% ～ 60%。易燃、发热值在 4 000 kcal/ kg以下、灰分高是褐煤的特点	褐煤多用于工业动力和煤化工用煤
烟煤，又称软煤	煤质黑亮有光泽，燃烧时烟多，故称烟煤	烟煤燃料比为 1 ～ 7，固定碳含量 70% 以上，挥发分含量 10% ～ 40%。易燃、燃烧速度快、发热值高、火焰长、易结焦、易冒烟是烟煤的特点	工业上烟煤多用于锅炉燃煤、焦炭和煤炭加工等
无烟煤，又称白煤或硬煤	色黑，质硬，煤化程度最高	燃料比大于 7，固定碳含量 85% 以上，挥发分在 10% 以下。着火性能差、燃烧速度缓慢、发热值高、着火温度高、结焦性能差、不易冒烟是无烟煤的特点	工业上无烟煤大量用于煤气化、合成氨、碳素、冶金还原吹煤等生产过程
焦炭	将黏结性强、固定碳多的烟煤隔绝空气干馏，使挥发分挥发和分解，形成一种多孔的人造固体燃料即为焦炭	焦炭燃料比很高，固定碳含量 75% ～ 90%，挥发分含量 1% ～ 6%。焦炭挥发分低、燃烧火焰短、少烟、着火性差、无黏结性，但热值高、燃烧持续性好，发热值在 6 500 ～ 7 500 kcal/ kg下	工业上主要用于冶金和铸造
型煤	是人工制作的煤制品，主要指蜂窝煤和煤球	使用方便，燃烧时比散煤节煤 20% ～ 30%，可以减少烟尘和 SO_2 的排放量	型煤主要用于茶炉、大灶等民用锅炉

注：1kcal=4.186kg.

（二）煤炭的主要成分

煤炭的主要成分有碳元素（主要是有机碳）、灰分、硫元素、氮元素和氢元素。煤炭中各种元素成分不同，对煤的性质影响也不同，见表 2-6 和表 2-7。

表 2-6　煤炭的主要成分

成分	热值	平均含量	化学与物理特性
碳	31 365 kJ/kg（折合 7 500 kcal/ kg）	40% ～ 90%	煤炭分为泥煤、褐煤、烟煤、无烟煤。泥煤呈黑褐色，碳含量为 45% 以下；褐煤呈褐色，碳含量 45% ～ 70%；烟煤一般呈黑色，具有不同程度光泽，碳含量 70% ～ 85%；无烟煤呈灰黑色，带金属光泽，燃烧时无烟，碳含量 85% ～ 90%，煤化程度最高

成分	热值	平均含量	化学与物理特性
灰分	不燃烧	40% ～ 50%	煤完全燃烧后的残留物统称为灰分。灰分大部分来自矿物质，其组成十分复杂，主要成分为黏土、氧化物和金属化合物（钙镁铁的碳酸盐和钾镁硅酸盐等）
硫	9 033 kJ/kg（折合 2 160 kcal/kg）	0.2% ～ 3.0%	硫是煤中的有害成分，它以三种形态存在：有机硫、硫铁矿和硫酸盐，有机硫、硫铁矿的硫分称为可燃硫
氮	—	1% ～ 2%	受热分解生成氮的化合物，如煤气中的氨、氰化物、焦油中的吡啶及 NO_x 等
氢	12 036 kJ/kg（折合 2 878 kcal/kg）	1% ～ 6%	氢元素是煤中有机质的组成元素，氢燃烧生成水

表 2-7　各种煤的煤质参数

燃料	热值 /(kcal/kg)	碳含量 /%	灰分 /%	挥发分 /%	硫分 /%	氮 /%	燃烧值
褐煤	＜ 4 500	45 ～ 70	20 ～ 40	＞ 40	0.60	1.34	易燃，热值低
烟煤	5 000 ～ 6 500	70 ～ 85	8 ～ 15	10 ～ 40	1.50	1.55	燃烧快，烟多
无烟煤	6 000 ～ 7 200	85 ～ 95	3 ～ 8	6 ～ 10	0.98	0.15	燃烧缓，烟少
焦炭	6 500 ～ 7 500	75 ～ 90	10 ～ 18				不易燃，少烟
重油	10 012	85 ～ 90	0.02 ～ 0.1		0.5 ～ 3.5	0.14	易燃，热值高

注：重油中的硫在燃烧时几乎全部转化为 SO_2，优质重油含氮 0.02%、劣质重油含氮 0.2%，煤中的氮在燃烧时有 25% ～ 40% 转化为 NO_x。重油中的氮在燃烧时有 30% ～ 40% 转化为 NO_x。

（三）煤炭成分含量的表示基准

煤炭在使用过程中，其性质常用以下基准来表示（表 2-8）。

表 2-8　煤炭成分含量的表示基准

名称	内涵
应用基	进入燃烧设备的燃料实际成分为应用基，含一切成分和水分
分析基	实验室内由应用基去掉水分的煤样品成分为分析基
干燥基	去掉煤样品的外部和内部水分后的煤样成分称为干燥基，灰分的含量常用干燥基来表示
可燃基	去掉煤样中的水分和灰分，剩余有机质和部分可燃硫成分称可燃基

（四）标准煤概念

燃料燃烧后产生的废气量与燃烧热值有关。燃料之间的换算一般采用标准煤折算。

环境统计中常接触到标准煤的概念，标准煤是以一定燃烧热值为标准的当量概念。规定 7 000 kcal 的燃料相当于 1 kg 标准状态下的煤，常用能源折算成标准煤的系数如表 2-9 所示。

$$B_{标} = Q^{Y}/7\,000\ \mathrm{kcal} = Q^{Y}/29\,307\ \mathrm{kJ} \tag{2-1}$$

式中，$B_{标}$——标准煤的量，kg；

Q^{Y}——燃料的燃烧热值。

表 2-9　常用能源折算标煤系数

燃料名称	折标煤量	燃料名称	折标煤量
普通原煤	0.714 3 t/t	天然气	1.33 t/10^3 m^3
洗精煤	0.900 t/t	炼厂干气	1.571 4 t/10^3 m^3
煤泥	0.285 7 ~ 0.428 6 t/t	煤矿瓦斯气	0.500 0 ~ 0.517 4 t/10^3 m^3
焦炭	0.971 4 t/t	液化石油气油	1.714 3 t/t
原油	1.428 6 t/t	液化石油气	1.714/10^3 m^3
汽油、煤油	1.471 4 t/t	焦炭制气	0.557 1/10^3 m^3
柴油	1.457 1 t/t	发生炉煤气	0.178 6/10^3 m^3
燃料油	1.428 6 t/t	水煤气	0.357 1/10^3 m^3
电	1.229 t/（万 kW · h）	电力(等价)	4.040（计算最终消费）/（万 kW · h）
热力	0.034 12 t/（10^6kJ）	压力气化煤气	0.514 3t/10^3 m^3
		重油热裂煤气	1.214 3t/10^3 m^3

例如：1 万 kW · h ＝ 36 000 000 kJ ＝ 1 230 kg 标煤＝ 1.23 t 标煤。

一般情况下，能源结构中各种能源所占消耗比例，都是折合成标准煤来计算的，以林格曼黑度计算烟尘排污费时，也需折合成原煤量来计算。如排污单位使用的是渣油，1t 渣油可折成 1.286t 标准煤，还可继续折成 1.286/0.714 ＝ 1.776t 原煤。

标准油（油当量）是以一定燃烧值为标准的油当量概念。我国规定 10 000 kcal（或 41 868 kJ）的燃料相当于 1 kg 标准油。

(五) 燃料的低位发热值

燃料的发热量(燃烧值)是指 1 kg 燃料完全燃烧放出的热量。燃料的高位热值是指燃烧值，但煤燃烧后自身含水及燃烧生成的水的汽化要用掉部分热量，这部分热在锅炉内是收不回来的。燃料的高位热值减去水的汽化热才是锅炉得到的热量，称为燃料的低位热值 Q^{Y}（表 2-10）。

表 2-10　各种燃料的低位热值　　单位：固液体 kJ/kg，气体 kJ/m^3

燃料类型	低位热值	燃料类型	低位热值	燃料类型	低位热值
石煤和矸石	8 374	焦炭	27 183	氢	10 798
无烟煤	22 051	重油	41 870	一氧化碳	12 636
烟煤	17 585	柴油	46 057	煤气、高炉气	7 500 ~ 13 000
褐煤	11 514	纯碳	31 401	焦炉气、沼气	12 500 ~ 27 000
贫煤	18 841	硫	9 043	天然气	> 35 000

二、液体燃料

火电行业采用的液体燃料主要有原油、重油、轻油等（表 2-11），多用于点火和助燃阶段，使用量有限。重油包括重油和渣油（石油分馏残余物），轻油包括柴油、汽油和煤油。国内部分油田原油的主要成分见表 2-12。

表 2-11 液体燃料的特征

	含氮率	含硫率	灰分	碳含量	特性
原油	0.1% ～ 0.4%	0.1% ～ 3%	0.02% ～ 0.1%	83% ～ 87%	原油是黑色或黄褐色、流动或半流动黏稠液体，高位发热值可达 9 600 ～ 12 000 kcal/kg。原油含碳氢类物质 95% ～ 99%，非烃化合类物质一般（主要是硫、氮、氧）仅 1% ～ 4%。非烃化合物含量有时可高达 20%。非烃化合物在石油炼制时，大部分集中在重油和渣油中（大部分硫化物集中在重油中，大部分氮化物集中在渣油中）。 石油化学成分主要是碳氢化合物。它由不同的碳氢化合物混合组成，组成石油的化学元素主要是碳（83% ～ 87%）、氢（11% ～ 14%），其余为硫（0.06% ～ 0.8%）、氮（0.02% ～ 1.7%）、氧（0.08% ～ 1.82%）及微量金属元素（镍、钒、铁、锑等）。由碳和氢化合形成的烃类构成石油的主要组成部分，占 95% ～ 99%，各种烃类按其结构分为烷烃、环烷烃、芳香烃。一般天然石油不含烯烃而二次加工产物中常含有数量不等的烯烃和炔烃。含硫、氧、氮的化合物对石油产品有害，在石油加工中应尽量除去
轻油	—	0.01%	0.01%	86% ～ 88%	轻油是石油的分馏产物，属有机物链烷、环烷、芳香族等的混合物。常见的汽油、煤油和柴油等均属轻油类，因其杂质少、燃烧充分，一般不易造成空气污染
重油	0.3% ～ 1%	1% ～ 3%	0.3%	85% ～ 88%	重油是石油蒸馏后的残油，呈黑褐色，包括直馏渣油和裂化残油，主要用于工业燃料。含氢 10% ～ 12%。燃烧时主要污染物为烟尘、SO_2、NO_x 等。 重油和原油中的硫在燃烧时几乎全部转化为 SO_2，氮在燃烧时 20% ～ 40% 转化为 NO_x
焦油	含大量沥青，其他成分是芳烃及杂环有机化合物；包含的化合物已被鉴定的达 400 余种				高温煤焦油为黑色黏稠液体，相对密度大于 1.0，焦油热值为 29.31 ～ 37.69 kcal/kg

表 2-12　国内部分油田原油的主要成分　　单位：%

成分	大庆	胜利	孤岛	辽河	华北	中原	新疆
碳	85.87	86.26	85.12	86.35	—	—	86.13
氢	13.73	12.20	11.61	12.90	—	—	13.30
硫分	0.10	0.80	2.09	0.18	0.31	0.52	0.05
氮	0.10	0.41	0.43	0.31	0.38	0.17	0.13

三、气体燃料

火电行业使用的气体燃料主要有天然气（多用于油气田火电厂）、液化石油气（多用于炼油和石化企业火电厂）、人工煤气、高炉及焦炉煤气（多用于钢铁企业火电厂）等（表 2-13）。气体燃料极易完全燃烧，灰分几乎没有，硫、氮成分较少，因此燃烧时基本没有烟尘和 SO_2 等污染物，只有一定量的 NO_x（表 2-14）。

表 2-13　气体燃料的特征

燃料名称	发热值 / （MJ/m^3）	特性
天然气	37.60 ～ 46.00	天然气主要是由低分子的碳氢化合物组成的混合物；根据天然气来源一般可分为四种：气田气（或称纯天然气）、石油伴生气、凝析气田气和煤层气
气田气	36	气田气是从气井直接开采出来的燃气；气田气的成分以甲烷为主，CH_4 含量在 90% 以上，还含有少量的 CO_2、硫化氢、氮和微量的氦、氖、氩等气体
凝析气田气	48	凝析气田气是含石油轻质馏分的燃气；凝析气田气除含有大量 CH_4 外，还含有 2% ～ 5% 的戊烷及其他碳氢化合物
油田伴生气	16.15	伴随石油一起开采出来的低烃类气体称石油伴生气；石油伴生气的甲烷含量约为 80%，乙烷、丙烷和丁烷等含量约为 15%，低热值约为 45 MJ/m^3
矿井气	18	在煤层开采过程中，井巷中的煤层气与空气混合形成的气体称为矿井气。矿井气主要成分为 CH_4（30% ～ 55%），N_2（30% ～ 55%），O_2 及 CO_2 等
液化石油气（气态）	87.92 ～ 100.50	液化石油气主要成分是丙烷和丁烷，是石化厂生产的副产品；液化性能好，易储运，使用方便；液化石油气与天然气性质相近
液化石油气（液态）	45.22 ～ 50.23 MJ/kg	
油制气（热裂）	42.17	重油蓄热热裂解气，以 CH_4、乙烯和丙烯为主要成分，低热值约为 41 MJ/m^3；每吨重油的产气量为 500 ～ 550 m^3
油煤气（催裂）	18.85 ～ 27.23	重油蓄热催化裂解气，氢气含量最多，也含有 CH_4 和 CO

燃料名称	发热值 /（MJ/m^3）	特性
焦炉煤气	18.26	焦炉煤气是煤在高温条件下生产焦炭时回收的副产品，其主要成分为 CH_4 和少量氢、CO，一般混有焦油气、阿莫尼亚、硫分等有害杂质，燃烧时，废气应经过净化
直立炉煤气	16.15	
发生炉煤气	5.01 ～ 6.07	发生炉煤气是煤与水蒸气在缺氧条件下燃烧的产品，主要成分是 H_2 和 CO 及少量 CO_2 和 N_2；由于成本高，热值较低，一般不用于锅炉；燃烧废气含有少量 NO_x 和 CO
水煤气	10.05 ～ 10.87	主要成分为氢气和 CO，也含有少量 CO_2、N_2 和 CH_4 等组分
两段炉水煤气	11.72 ～ 12.57	
混合煤气	13.39 ～ 15.06	混合煤气是指两种（或以上）煤气混合组成的气体；一般焦炉上混合煤气采用高炉煤气（BFG）中掺入一定比例的焦炉煤气（COG）
高炉煤气	3.52 ～ 4.19	高炉煤气是钢铁厂冶炼时回收的副产品，主要成分 CO 占 25% ～ 30%、H_2 占 2%、CO_2 占 11%、N_2 占 60%；高炉煤气一般是钢铁厂的自用燃料；燃烧废气含有少量 NO_x 和 CO
转炉煤气	8.38 ～ 8.79	每吨钢可产生转炉煤气 60 ～ 105 m^3，主要成分是 CO 60% ～ 80% 和 $CO_2$15% ～ 20%
沼气	18.85	沼气是由各种有机物质（蛋白质、纤维素、脂肪、淀粉等）在隔绝空气的条件下发酵产生的可燃气体，沼气中 CH_4 的含量约为 60%、CO_2 约为 35%，还含有少量的氢、CO 等

表 2-14 可燃气的组分

	燃气类别	成分	热值 /（kJ/m^3）
高热值	天然气、液化石油气	烃类、H_2S、N_2 等	＞ 35 000
中热值	焦炉气、沼气	CH_4、CO、H_2S、N_2 等	12 500 ～ 27 000
低热值	水煤气、高炉煤气	CO、H_2S、NO_x 等	7 500 ～ 13 000

环境保护部 2015 年 8 月 29 日发布的《高污染燃料目录》中提出以下燃料或物质为高污染燃料：

（1）原 (散) 煤、煤矸石、粉煤、煤泥、燃料油 (重油和渣油)、各种可燃废物和直接燃用的生物质燃料 (树木、秸秆、锯末、稻壳、蔗渣等)。

（2）燃料中污染物含量超过表 2-15 限值的固硫蜂窝型煤、轻柴油、煤油和人工煤气。

表 2-15 固硫蜂窝型煤、轻柴油、煤油和人工煤气的煤质参数

燃料种类	基准热值 /（cal/kg）	硫含量	灰分含量
固硫蜂窝型煤	5 000	0.30%	—
轻柴油、煤油	10 000	0.50%	0.01%
人工煤气	4 000	30 mg/m^3	20 mg/m^3

四、火电行业使用的辅料

【盐酸】化学式为 HCl，盐酸的性状为无色透明的液体，有强烈的刺鼻气味，具有较高的腐蚀性。浓盐酸（质量分数约为 37%）具有极强的挥发性。

【烧碱】化学式为 NaOH，俗称烧碱、火碱、苛性钠，为一种具有强腐蚀性的强碱，一般为片状或块状形态，易溶于水（溶于水时放热）并形成碱性溶液，另有潮解性，易吸取空气中的水蒸气（潮解）和二氧化碳（变质）。常用于脱硫或污水处理。

【石灰石】石灰石主要成分为碳酸钙（$CaCO_3$），石灰石可以直接加工成石料和烧制成生石灰。生石灰 CaO 吸潮或加水就成为熟石灰，熟石灰主要成分是 $Ca(OH)_2$。常用于脱硫或污水处理。

【石灰】将主要成分为碳酸钙的石灰石在适当温度下煅烧，分解出 CO_2 后所得的以氧化钙 (CaO) 为主要成分的产品即为石灰，又称生石灰。生石灰粉是由块状生石灰磨细而得到的细粉，其主要成分是 CaO；消石灰粉是块状生石灰用适量水熟化而得到的粉末，又称熟石灰，其主要成分是 $Ca(OH)_2$；石灰膏是块状生石灰用较多的水（为生石灰体积的 3 ～ 4 倍）熟化而得到的膏状物，也称石灰浆。其主要成分也是 $Ca(OH)_2$。常用于脱硫或污水处理。

【电石渣】电石渣是电石水解获取乙炔气后以 $Ca(OH)_2$ 为主要成分的废渣。电石渣可以代替石灰石用于环境治理。常用于脱硫或污水处理。

【液氨】又称无水氨，是一种无色液体，有强烈刺激性气味。为运输及储存便利，通常将气态的氨气通过加压或冷却得到液态氨。液氨易溶于水。常用于脱硝。液氨在工业上应用广泛，具有腐蚀性且容易挥发，所以其化学事故发生率很高。

【尿素】又称碳酰胺（carbamide）或脲，是一种白色晶体。尿素在酸、碱、酶作用下（酸、碱需加热）能水解生成氨和二氧化碳。常用于脱硝，其使用比液氨安全。

【氨水】工业氨水是含氨 25% ～ 28% 的水溶液，氨水中仅有一小部分氨分子与水反应生成铵离子和氢氧根离子，即一水合铵，是仅存在于氨水中的弱碱。常用于脱硝，存在较大化学事故风险。

【氧化镁】氧化镁（MgO）是镁的氧化物，常温下为一种为白色无定形粉末。无臭无味无毒。可用于水处理。

【氢氧化镁】氢氧化镁 $[Mg(OH)_2]$ 为一种白色无定形粉末，水溶液呈弱碱性。在水中的溶解度很小。在环保方面可作为烟道气脱硫剂，可代替烧碱和石灰作为含酸废水的中和剂，也可用于水处理。

【混凝剂】混凝剂主要用于生活饮用水的净化和工业废水、特殊水质的处理（如含油污水，印染造纸污水、冶炼污水，含放射性特质，含 Pb，Cr 等毒性重金属和含 F 污水等）。混凝剂种类繁多，可根据水处理厂工艺条件、原水水质和处理后的水质目标选用合适的混凝药剂。混凝剂可分为凝聚剂和絮凝剂两类，分别起胶粒脱稳和结成絮体的作用。硫酸铝、二氯化铁等传统混凝剂，实际上属于凝聚剂，根据其化学成分与性质，混凝剂还可分为无机混凝剂、有机絮凝剂和微生物絮凝剂三大类。

【助凝剂】水处理过程中，当单独使用混凝剂不能取得预期效果时，需要投加某种辅助药剂以提高混凝效果，这种药剂称为助凝剂。常用的助凝剂有活性硅酸、海藻酸钠、羧甲基纤维素钠及化学合成的高分子助凝剂（包括聚丙烯胺、聚丙烯酰胺、聚丙烯等），此外，还有用来调节 pH 的碱、酸、石灰等。有时水中混浊度不足，为了加速完成混凝过程，还可以投入黏土。

五、燃料消耗量测算

利用表 2-16 中的发电效率（$K_{热}$）和使用燃煤低位热值（Q^{Y}），计算火电厂发电量 W（万 kW · h）的理论燃煤消耗量的方法如下：

$$W = 36\,000/(K_{热}Q^{Y})\ t \tag{2-2}$$

式中，$K_{热}$——发电机组的热电转化率，见表 2-17；

Q^{Y}——燃煤的低位热值，kJ/kg 煤；如 Q^{Y} 单位为 kcal/ kg煤，煤耗值在上述公式基础上还要除以 4.186。

上述计算的主要依据是原电力工业部于 1997 年 10 月 16 日颁发的电力行业《国家电力公司一流火力发电长考核标准（试行）》（国电发〔2000〕196 号），通知规定了各种火电机组供电煤耗考核基础值，如表 2-16 所示。

表 2-16 凝汽机组供电煤耗考核基础值

参数	容量 / MW	生产国别	供电煤耗考核基础值（g/kW · h）	参数	容量 / MW	生产国别	供电煤耗考核基础值（g/kW · h）
超临界	600	进口	305	超高压	125	进口	361
亚临界	600	进口	320	超高压	125（110）	国产	365
亚临界	600（500）	国产	330	高压	100（110）	进口	387
亚临界	350	进口	321	高压	100	国产	392
亚临界	320	进口	330				
超临界	300	进口	321				
亚临界	300	进口	330				
亚临界	300	国产	338				
亚临界	300	国产引进型	336				
亚临界	300	上汽四排气	351				
亚临界	250	进口	337				
超高压	200（210）	进口	361				
超高压	200	国产	372				

注：波兰、原东德、捷克、俄罗斯等进口机组与国产机组水平相当，取同一标准。数据摘自《国家电力行业一流火力发电厂考核标准（修订版）》。

电厂的煤耗与机组水平和煤质优劣有关。机组煤耗水平如表 2-17 所示。

表 2-17　不同机组水平热效率及煤耗系数（原煤耗量以低位热值 4 800 kcal/kg 为标准）

机组水平 机组容量等级 / （万 kW·h）	热电效率 $K_{热}$/ %	标煤耗 / (g/(kW·h)	折原煤消耗 / [g 原煤 /(kW·h)]					
			低位热值 3 500 kcal *A* 45%	低位热值 3 800 kcal *A* 41%	低位热值 4 000 kcal *A* 39%	低位热值 4 300 kcal *A* 35%	低位热值 4 600 kcal *A* 31%	低位热值 5 000 kcal *A* 25%
中压：10 以下	30	490	980	903	858	798	746	686
高压：10	33	400	800	737	700	651	609	560
超高压： 12.5 ～ 13.5 20	35	365 360	730 720	672 663	639 630	594 586	555 548	511 504
亚临界：30 33 35 60	38	340 335 330 325	680 670 660 650	626 617 608 599	595 586 578 569	554 545 537 529	517 510 502 495	476 469 462 455
超临界：30 60	41	320 300	640 600	590 553	560 525	521 488	489 457	448 420
超超临界： 60 ～ 100	47	270	540	497	473	440	411	378

第三节　工业锅炉的污染要素分析

一、各类锅炉的燃烧方式

锅炉的燃烧方式有三种：层燃（火床燃烧）、室燃（悬浮燃烧）、沸腾燃烧。各种燃烧方式有其相应的燃烧设备。固定炉排、链条炉排、往复炉排、振动炉排等属于层燃式，适用于燃烧固体燃料。煤粉锅炉、燃油锅炉、燃气锅炉等属于室燃式，适用于粉状固体燃料、液体燃料和气体燃料。鼓泡流化床、循环流化床属于沸腾燃烧方式，适用于燃烧颗粒状固体燃料。抛煤机链条炉排，兼有层燃和室燃的燃烧方式，属于混合燃烧方式。

1. 层燃式锅炉的分类

（1）按操作方式可分为手烧炉、半机械化炉和机械化炉。

（2）按炉排方式可分为链条炉、往复炉和振动炉。

（3）按加料方式可分为上饲炉和下饲炉。

链条炉排、往复炉排和固定炉排的工业锅炉、茶浴炉和大灶采用的是层燃式燃烧方式，大多是将煤撒在炉排上呈层状燃烧。层燃式锅炉又分为手烧炉和机械加煤炉两类。手烧炉多为 2 t/h 以下的小锅炉，烟囱低，燃烧效率低，黑烟多。机械加煤炉可以均匀、连续燃烧，热效率高，黑烟较少。

2. 悬燃式锅炉的燃烧方式

油气炉、煤粉炉采用的是悬浮燃烧方式。将煤粉（磨成 200 目的煤粉）或油气喷入炉膛，在炉膛内以悬浮状态燃烧。由于燃料和空气充分接触，燃烧充分且迅速。煤粉炉的炉膛容积大，可延长煤粉在炉膛内的停留时间，保证充分燃烧。

旋风炉实际上是液态排渣炉的一种，一般由旋风筒、燃烧室和冷却炉膛组成，因其有圆柱型燃烧室 (旋风筒)，气流在其内高速旋转燃烧而得名。旋风炉是将碎煤（4 目碎煤）与空气充分混合，旋转进入炉膛燃烧，炉温比煤粉炉高，燃烧负荷是煤粉炉的几十倍，沸腾炉的几倍。悬浮式燃烧产生的灰渣在悬浮状态下绝大多数被烟气流出炉外，少量灰沉积在炉壁，落入炉底，经锁灰器排出。

3. 半悬式锅炉的燃烧方式

半悬式燃烧方式的锅炉主要有鼓泡流化床锅炉（BFBB）和循环流化床锅炉（CFBB）。固体粒子经与气体或液体接触而转变为类似流体状态的过程称为流化过程。流化过程用于燃料燃烧，即为流化燃烧，其炉子称为流化床锅炉。流化燃烧是一种介于层状燃烧与悬浮燃烧之间的燃烧方式。处于沸腾状态的料床，称为流化床。循环流化床锅炉是在鼓泡流化床锅炉技术的基础上发展起来的新炉型，它与鼓泡床锅炉的最大区别在于炉内流化风速较高，在炉膛出口加装了气固物料分离器。被烟气携带排出炉膛的细小固体颗粒经分离器分离后，再送回炉内循环燃烧。

半悬式锅炉主要部分包括给煤机、沉浸受热面、沸腾段、悬浮段等组成。把碎石灰石送入流化床层后，再用高压空气通过炉排送入炉膛，吹起碎煤（粒径 6 mm 左右）使其处于悬浮燃烧，燃尽的灰渣从溢流口排出。沸腾炉加入的碎石灰石可有效地去除 SO_2（加入的石灰石的量为 Ca/S≈3 ∶ 1 时，SO_2 去除率约为 80%）。沸腾炉的飞灰量、SO_2 和 NO_x 都少于煤粉炉。循环床锅炉可以达到 95% ～ 99% 的燃烧效率。NO_2 排放低的原因：一是低温燃烧，此时空气中的氮一般不会生成 NO_2；二是分段燃烧，抑制燃料中的氮转化为 NO_2，并使部分已生成的 NO_2 得到还原。

4. 半层半悬式锅炉燃烧方式

半层半悬式燃烧方式的锅炉主要是抛煤机炉。抛煤机可分为风力抛煤机、机械抛煤机和机械 - 风力抛煤机三种。抛煤机主要部件包括给煤部件和抛煤部件。抛煤机是将燃料均匀地抛进燃烧室以形成燃烧层的设备。燃煤颗粒度的组成，要求直径 6 mm 以下的、6 ～ 13 mm 的、13 ～ 19 mm 的各占 1/3，以保持整个炉排面上的煤层厚度均匀。50% 的煤粉在悬浮状态燃烧，其余在落下后以层式燃烧。

二、各类锅炉的燃烧特点

各类锅炉的燃烧特点如表 2-18 所示。

表 2-18　主要锅炉的燃烧特点

燃烧方式	燃烧设备	燃烧效率 /%	燃烧特点	优缺点
层式燃烧	链条炉排	85 ～ 90	炉排由主动链轮带动，由前向后徐徐运动，炉排与空气反向运动，依次经过干燥、预热、燃烧、燃尽，形成的灰渣最后由装置在炉排末端的除渣板铲落渣斗；炉温 600 ～ 700℃	适用褐煤、次烟煤和无烟煤；飞灰少，多用于蒸发量为 2 ～ 65 t/h 的中小容量锅炉，着火条件差，煤种适应性不好
	振动炉排	85 ～ 90	加料和燃烧过程与链条炉相似，水冷炉排周期振动，适用烟煤和褐煤；炉温 600 ～ 700℃	多用于 2 ～ 10 t/h 的小型锅炉；缺点是热效率低，漏煤量为 5% 左右，比链条炉高得多
	往复推饲炉	85 ～ 90	燃烧过程与链条炉相似，其通风特性、燃烧特性、炉拱布置等，和链条炉是一样的；由于炉排推动，实现了部分燃料的无限制着火；炉温 600 ～ 700℃	多用于 0.5 ～ 10 t/h 的小型工业锅炉；往复推饲炉与振动炉排一样有炉排片易烧坏、漏煤、漏风等缺点
悬浮式燃烧	旋风燃烧炉	98 以上	旋风炉实际上是液态排渣炉的一种，一般由旋风筒、燃烬室和冷却炉膛组成，因其有圆柱型燃烧室（旋风筒）、气流在其内高速旋转燃烧而得名；碎煤在炉膛内与风混合沿切线旋转运动；炉温达 1 600℃	旋风炉热强度高，燃烧温度高，飞灰粉额也低于煤粉炉，可以使用灰分 50% 的劣质煤，燃烧完全，效率高；但烟尘、SO_2、NO_x 的产生量较大
	煤粉燃烧炉	95 ～ 98	煤粉碎后用空气喷入炉膛，以悬浮状态燃烧，燃后的灰靠气流导出炉外，少量灰沉积炉壁落到炉底经锁灰器排出；炉温在 1 000℃左右	煤粉炉是我国电厂生产的主要锅炉型式；优点是燃烧效率高；但烟尘、SO_2、NO_x 的产生量也高
半悬式炉	鼓泡流化床 BFB	95 ～ 97	煤、石灰石、空气混合后从下部布料盘送入，经预热、过热、燃烧送入流化床燃烧；循环流化床内的温度可控制在 850℃的范围内，这一燃烧温度抑制了热反应型 NO_x 的形成，加到床层的石灰石（平均钙硫摩尔比为 2 ～ 2.5）可有效减少 SO_2 排放，对 NO_x 的排放也有适量减少，但石灰石对锅炉磨损较大	燃料在炉内通过物料循环系统循环反复燃烧，使燃料颗粒在炉内滞留时间大大增加，直至燃烬；燃料适应性好，可以燃用优质煤、劣质煤、油页岩、石油焦、垃圾等，并达到很高的热效率，有较好的硫氮去除效果
	循环流化床 CFB	97 ～ 98		
半层半悬式炉	抛煤机炉	不稳定	是悬浮式和层式的复合燃烧方式，煤连续投入炉内上方，50% 的煤粉以悬浮状态燃烧，大些的煤粒落在炉箅上继续以层式燃烧；但燃烧不足，黑度超标	多用于 10 t/h 以下的锅炉；煤种适用范围广；缺点是不完全燃烧损失较大，锅炉初始排尘浓度高，大气污染较严重

注：在电厂锅炉中，由于煤与空气充分混合且燃烧充分，CO 和碳氢化合物排放量很低，排出的 CO 低于 100 mg/m^3；而对较小的层式燃煤锅炉来说，由于空气与煤混合不好，CO 和碳氢化合物的排放量就大得多。

三、各类锅炉的环境特点

悬浮式燃烧的燃烧率高达 95% ～ 99%，过剩空气系数为 1.2 ～ 1.4，飞灰率高达 85%，排放的烟尘里几乎都是灰分。层燃式锅炉燃烧率只有 85% ～ 90%，过剩空气系数为 1.6 ～ 2.0，飞灰率只有 15% ～ 25%，排放的烟尘里，还有一定量的可燃物质。循环流化床燃烧较充分，烟尘中可燃物少。抛煤机炉产生的烟尘中含碳量比煤粉炉高。抛煤机炉和沸腾炉的飞灰率介于层式燃烧炉和悬式燃烧炉之间。不同的燃烧方式所产生的燃烧效率等系数都不一样，如表 2-19 所示。

表 2-19　不同燃烧方式的燃烧

燃烧方式	燃烧设备	燃烧效率 /%	飞灰率 d_{fh} 与烟尘中可燃物比率 C_{fh}/%	过剩空气系数 α
层式燃烧	链条炉排	80 ～ 90	$d_{fh}=15\sim20$ $C_{fh}=25\sim30$	1.5 ～ 1.8
	振动炉排	80 ～ 85	$d_{fh}=30$ $C_{fh}=25\sim30$	1.6 ～ 2.0
	往复推饲炉	85 ～ 90 （倾斜逆向式 95 以上）	$d_{fh}=25$ $C_{fh}=25\sim30$	1.6 ～ 2.0
悬浮式燃烧	旋风燃烧炉	98 以上	$d_{fh}=70$ $C_{fh}=1\sim5$	1.15 ～ 1.3
	煤粉燃烧炉	95 ～ 98	$d_{fh}=85\sim93$ $C_{fh}=1\sim5$	1.15 ～ 1.3
半悬式锅炉	鼓泡流化床 BFB	90 ～ 96	$d_{fh}=40\sim60$ $C_{fh}=3\sim5$	1.2 ～ 1.25
	循环流化床 CFB	95 ～ 99		1.1 ～ 1.2
半层半悬式炉	抛煤机炉	不稳定	$d_{fh}=25\sim40$ $C_{fh}=45$	

烟尘的产生量主要受燃烧方式、锅炉运行情况和煤的性质等因素影响，还与煤质、灰分含量、锅炉负荷的增加或突然改变有关。悬浮式燃烧比较充分，在排放的烟尘中，几乎全是灰分，黑烟只占 5%，因此林格曼黑度法不适于判断悬浮式燃烧炉的烟尘浓度。层式燃烧炉内的煤相对炉排静止，由下而上逐层燃烧，烟尘的产生量远低于悬浮式燃烧炉，但燃烧不够充分，产生的烟尘中含碳量比较高，黑烟占 20% ～ 30%，除了使用实测法外，还可以使用林格曼黑度法来判断烟尘浓度。

不同的锅炉因采用的燃烧方式不同，即使烧同样的煤，最后产生的飞灰、废气量和粉尘量也不同。煤粉炉、沸腾炉、油气炉采用悬浮燃烧方式；抛煤机炉采用半悬浮半层式燃烧方式；链条炉、往复炉、振动炉、下饲式炉、手烧炉采用层式燃烧方式。它们的飞灰率、废气量、粉尘产生量等如表 2-20 所示。

表 2-20　不同燃烧方式的差别

	残碳率 /%	飞灰率 d_{fh}/%	烟尘中可燃物比率 C_{fh} /%	吨煤废气量 /m^3	1% 产尘量 /（kg/t 煤）	NO_x 产生量 /（kg/t 煤）
层式燃烧	12	15 ～ 25	25 ～ 30	10 500	0.45	2 ～ 4
悬式燃烧	3	80 ～ 90	3 ～ 5	8 000	3.0	6 ～ 8

第四节　火电企业基本工艺与排污节点

一、火电厂的基本生产工艺

（一）火电厂的类型（表 2-21）

表 2-21　火电厂的基本类型

火电厂类型	燃料	燃烧系统	主要污染物
燃煤电厂	煤与煤矸石	储煤场、输煤系统、磨煤设备、锅炉、除尘设施、脱硫、脱硝设施、烟筒、输灰系统	SO_2、烟尘、NO_x、汞及工业废水、炉渣、粉煤灰
燃气电厂	天然气或燃气	锅炉产生蒸汽带动发电机发电；或燃气在燃汽轮机中直接燃烧做功发电；燃气电厂基本不产生烟尘、SO_2 和固体废物，主要产生 NO_x 和工业废水，以及噪声影响，其处理工艺与燃煤电厂类似	与燃煤电厂相比，燃气、燃油电厂无灰、渣产生，主要污染物为 SO_2、NO_x 和工业废水、噪声等
燃油电厂	轻油、重油、原油	发电流程与燃气电厂流程相类同；其处理技术与燃煤电厂相似	
燃水煤浆电厂	水煤浆	发电流程与燃气电厂流程相类同	与燃煤电厂相似，相应污染物的产生量略小于煤粉炉电厂

（二）火电厂的主要生产系统

火电厂的主要生产系统包括燃辅料储运备料系统（包括装卸、储存、传输、备料等系统）、锅炉及发电系统（燃烧系统）、电气系统、循环冷却系统、辅助系统等。

火电厂的工艺原理是，燃料在锅炉中燃烧，将其热量释放出来，传给锅炉中的水，化学能转变成热能，产生高温高压蒸汽；蒸汽通过汽轮机又将热能转化为旋转动力，驱动发电机输出电能。目前，世界上最好的火电厂的效率达到 47%，即把燃料中 47% 的热能转化为电能。

1. 燃辅料储运备料系统

采用不同种类燃料的火电厂燃料储运备料系统流程有所不同。

以燃煤为原料的火电厂燃料系统包括燃煤运输、卸车、煤场或筒仓（煤棚）贮存、煤炭输送、煤炭破碎和粉磨。在煤炭的运储、加工过程会产生烟尘，应采取相应的控尘措施。

以煤气或天然气为原料的火电厂燃料系统包括管道输送、储气罐、气泵等。

2. 锅炉及发电系统（燃烧系统）

燃烧系统由锅炉本体和辅助设备构成，即燃料吹送系统（包括煤粉和燃气）、锅炉、除尘设施、脱硫设施、脱硝设施、烟囱，燃煤电厂还包括输灰系统（包括灰库或灰坝）等。燃烧系统的工艺流程是：磨好的煤粉或燃气通过空气预热器来的热风打入喷燃器送到锅炉进行燃烧产生高温烟气，首先加热炉膛内的水冷壁管与过热器管，然后经过烟道内的再热器、省煤器和空气预热器排出锅炉。锅炉产生的烟气再经过除尘装置，除去其中的飞灰，最后由引风机送经除尘器、脱硫脱硝装置后，由引风机通过烟囱排入高空。

电厂锅炉按燃烧方式，可分为层燃炉、室燃炉、旋风炉、沸腾燃烧锅炉（流化床燃烧锅炉）。

3. 循环冷却系统

水在锅炉炉膛内被加热成饱和蒸汽，通过过热器时继续被加热变为过热蒸汽，再经主蒸汽管道送入汽轮机，从汽轮机某个中间级抽取部分蒸汽分别送入回热加热器和除氧器，供回热给水和加热除氧。高温高压蒸汽在汽轮机内膨胀做功后，如仅为发电则全部进入凝汽器（有凉水塔或空冷机）凝结为水；如为热电厂，则部分进入凝汽器凝结为水，部分经管网送往供热用户。凝结水经低压回热器进入除氧器，再经水泵、高压加热器送入锅炉。在汽水循环使用过程，为了补充蒸汽和水的损失，需将一定量的新水经过化学处理成软化水后再进入除氧器，除氧器出来的水供给锅炉循环使用。如果采用凉水塔作为凝汽器，需不断用循环泵将冷水送入凝汽器的冷凝管内与蒸汽进行热交换，冷却水可来自地表水体或冷却水池；如采用空冷就不会产生循环冷却水，是采用空冷机产生的流动空气使蒸汽凝结。

经过许多阀门，难免产生滴、漏现象，多少会造成水的损失，必须不断地向系统中补充经过化学处理过的软化水，补给水一般都补入除氧器中。

根据水质情况，锅炉软化水制备一般采用反渗透加混合离子交换的除盐系统或树脂离子交换。反渗透制备软化水会排放部分高盐废水，树脂离子交换制备软化水系统的树脂再生会产生酸碱废水。

4. 电气系统

电气系统设备包括电机、变电设备、输电设备等。电气系统的工艺流程是：发电机发出的电除少部分自用外，绝大部分由主变压器升压后经高压配电装置和输电线向外供电。发电厂自用部分由变压器降压后，经厂用配电装置和输电线供厂内电器使用。

5. 渣灰系统

燃煤烟气经除尘器除尘处理，为方便综合利用，一般采用干式除灰，产生的粉煤灰采用气力输送系统，由仓泵、气源、管道和灰库等部分组成，采用程序控制方式，实现系统设备的协调有序运行。灰库库顶设布袋除尘器，用于灰库排气。

锅炉出渣采用干式或湿式除渣。高温炉渣经冷渣机冷却或水冷后，进入链式除渣机或刮板式除渣系统，由仓泵、气源、管道和灰库等部分组成，采用程序控制方式，实现系统设备的协调有序运行。

灰库库顶设布袋除尘器，用于灰库排气。

锅炉出渣采用干式或湿式除渣。高温炉渣经冷渣机冷却或水冷后，进入链式除渣机或刮板式除渣。

6. 凝汽式电厂和热电厂

燃煤电厂按其功能分为凝汽式电厂和热电厂。两者生产工艺流程基本相同，只是热效率的利用途径有差别。前者安装凝汽式机组，仅向外界供应电能；后者安装供热机组，除供电外，还向用户供应蒸汽和热水。凝汽式汽轮机做功后的蒸汽基本全部进入凝气器，存在冷源损失。热电汽轮机做功后的蒸汽部分对外供热，部分进入凝气器，循环热效率提高。

（三）火电行业的主要生产设备

火电厂的主要生产设备、燃辅料储运系统、备料系统、锅炉及发电系统、循环冷却系统、电气系统、辅助系统等的生产设备（未含环保设施），见表 2-22。

表 2-22　火电厂主要生产设备

项目	设备（设施）名称
燃辅料储运系统	包括卸煤码头、翻车机房、火车受料槽、汽车受料槽、临时堆场；储存系统，包括条形煤场、圆形煤场、筒仓、煤粉仓、油罐、气罐；运输系统，包括输送皮带、皮带机头部、输油管线、输气管线、转运站、燃料制样间
备料系统	包括碎煤机、磨煤机、斗式提升机、皮带输送机、风机、煤粉仓
锅炉及发电系统	包括一次风机、送风机、二次风机、循环流化床锅炉、煤粉锅炉、燃油锅炉、燃气锅炉、凝汽式汽轮机、抽凝式汽轮机、背压式汽轮机、抽背式汽轮机、发电机、除尘器系统、脱硫系统、脱硝系统；链式除渣机或刮板式除渣系统、气力输送系统包括仓泵、气源、管道、灰库，燃气轮机、发电机、余热锅炉
循环冷却系统	包括直流冷却、直接空冷塔、间接空冷塔、机械通风冷却塔、除氧器、凉水塔、空冷风机组、除盐系统、离子交换器
电气系统	包括电机、变电设备、输电设备、热力系统
辅助系统	包括灰库、渣仓、渣场、灰渣场、石膏库房、脱硫副产物库房、氨水罐、液氨罐、石灰石粉仓、自动监控系统、污水处理厂等

二、火电厂环境要素（表 2-23）

表 2-23 火电厂环境要素

项目		特征污染物
废气	无组织排放	煤炭、石灰石装卸、输运、贮存、上料过程产生无组织扬尘； 原煤、石灰石破碎、筛分、输运、入仓过程产生扬尘； 粉煤灰、炉渣、脱硫石膏在收集贮存、输运过程产生扬尘； 燃油燃气罐区、氨水罐区、脱硝系统（氨逃逸）、酸罐区、管道装卸遗撒、跑冒滴漏产生 VOCs、酸雾、氨气
	有组织排放	原煤、石灰石破碎设施、筛分设施、煤仓、石灰石和粉煤灰仓的排气口产生有组织粉尘排放； 烟囱排放口排放锅炉产生的（经除尘、脱硝、脱硫）烟气，含气态的硫化物（SO_2、H_2S、SO_3、H_2SO_4 蒸汽等），氮化物（NO、NH_3、NO_2 等）、汞（HgO、Hg^{2+} 和 Hg^p）、碳氢化合物（CH_4、C_2H_4 等）和卤素化合物（HF、HCl 等）
废水		地面及设备冲洗水、冲渣废水、灰场（灰池）排水、湿法输灰等废水：含 SS、无机盐、重金属； 补给水、凝结水处理再生废水：含 pH、SS、TDS 等； 脱硫废水：含 pH、SS、重金属、COD、重金属、盐类等； 锅炉化学清洗废水：含 pH、SS、石油类、COD、重金属、F^-； 生活污水、机修废水：含 COD、石油类、氨氮、总氮、总磷等
固体废物		一般固体废物：除尘的尘灰，锅炉的粉煤灰、炉渣，废弃脱硫石膏，脱硫废水污泥，脱盐废水污泥，污水站污泥，脱硫石膏； 危险废物：主要来自脱硝废催化剂（氧化钛、五氧化二钒、三氧化钨等重金属作为骨架和催化元素）、机修车间废机油、废棉纱等
噪声		锅炉排汽的高频噪声、设备运转时的空气动力噪声、机械振动噪声以及电工设备的低频电磁噪声等

三、火电工业的排污节点

（一）火电企业排污节点

火电工业的三个生产系统中大气污染物主要产生于燃烧系统。其中煤炭贮输运系统、煤磨与石灰石磨机、锅炉燃料燃烧系统会产生大量无组织排放与有组织排放的废气；水污染物主要来自定期清洗锅炉的废水及补水车间、机修车间废水、生活污水，电厂产生大量不污染的间接冷却水；火电厂的固体废物主要来自锅炉炉渣和除尘器去除的粉煤灰、脱硫石膏渣。这些固体废物大多可以再利用。图 2-1 为电力行业的排污节点图。

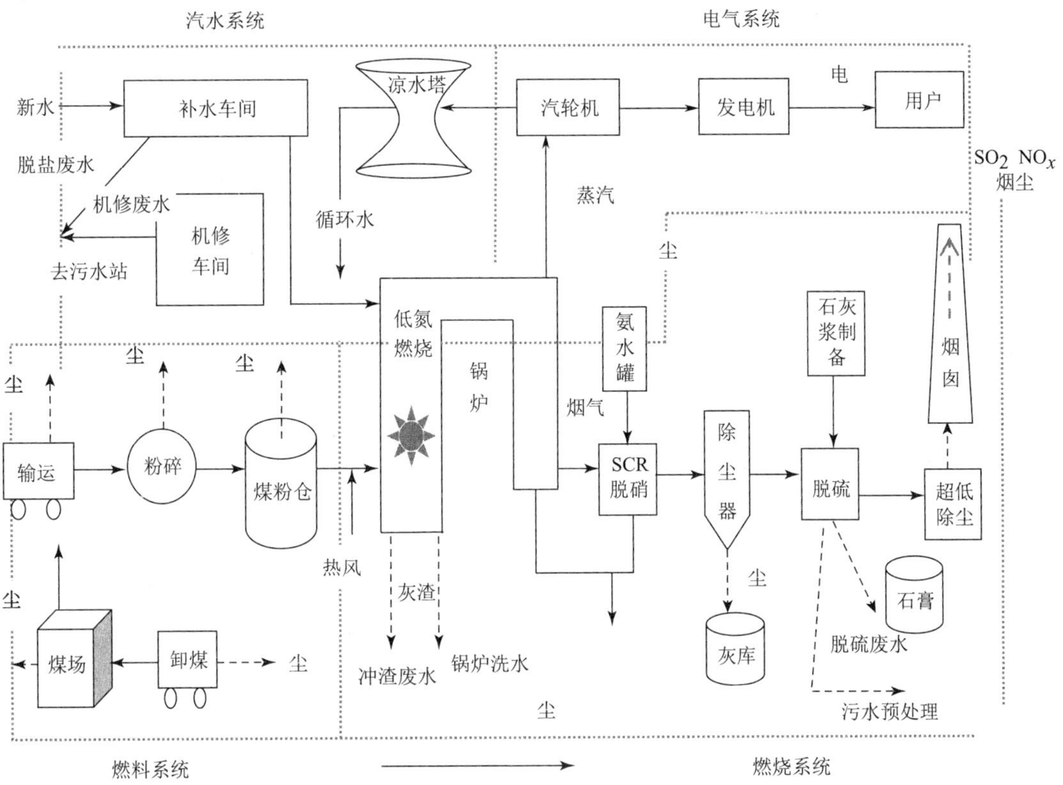

图 2-1　火电企业排污节点

（二）火电企业排污节点说明（表 2-24）

表 2-24　火电厂的排污节点说明

生产设施		污染产生原因	排污节点和主要环境因素	控制措施
备煤系统	运煤（料）车、卸煤设施、胶带输运机、煤场、石灰石料场、上煤设施、煤仓、给煤机、磨煤机、重油罐区等	完成燃料、石灰石输送、储存、制备（破碎、磨粉）的系统	煤炭、石灰石在装卸、输运、贮存过程会产生无组织扬尘； 原煤破碎、筛分排气口产生煤尘； 煤仓的落煤口处风吹、落料产生扬尘； 运输车辆和破碎机、磨机设备运转产生较强噪声	应采取抑尘措施： 料场（煤炭、石灰石）应采用防风抑尘网（单层尘网抑尘效果可达 85%，双层综合效果可达 95% 左右），煤场在煤炭卸车和上煤过程喷水雾降尘； 煤粉仓密闭，严防漏尘，装设布袋除尘装置； 采用密闭传送带运输降尘； 加强设备进出口的封闭（锁封）； 原煤破碎、筛分产生煤尘应采用引气装置导入除尘器除尘

生产设施		污染产生原因	排污节点和主要环境因素	控制措施
备煤系统	破碎机、洗选设备、和煤泥水系统	燃煤经破碎、介质分选，脱除灰分和杂质、过程介质分流、洗选废水的浓缩、分离末煤产生	废气：破碎机产生含尘废气 废水：分选产生洗选废水； 固体废物：浓缩、分离产生末煤； 噪声：破碎机噪声	破碎机及出口加强密封，排气口设除尘器； 分选废水回用于脱泥筛或脱介筛的喷水； 末煤处置或利用
锅炉燃烧系统	锅炉、送风机、引风机、除渣设备、灰库、渣池	燃料（燃煤、燃油）在锅炉炉膛燃烧产生高温高压蒸汽同时产生大量烟气	锅炉产生大量烟气； 产生除渣废水； 产生大量炉渣； 锅炉排汽噪声 115 ～ 130 dB(A)	锅炉燃烧采用低氮、烟气应采用高效脱硝、除尘、脱硫措施； 除渣废水经沉淀处理回用冲渣； 炉渣外运综合利用
	除尘器、脱硝装置、脱硫装置、烟囱	对烟气采用脱硝、除尘、脱硫措施达标后从烟囱高空排放	烟气中含有大量烟尘、SO_2、NO_x、CO_2 和少量重金属物质； 脱硫废水含 pH、SS、重金属、COD、重金属、盐类等； 脱硫石膏和脱硝废催化剂	烟气采用低氮 +SCR 脱硝； 除尘器采用电袋高效除尘器； 脱硫装置的脱硫效率应高于 90%
	中央监控室	对脱硝、除尘、脱硫进出口产排放数据实施连续自动监控	除尘效率高于 99.9%； 脱硫、低氮 + 脱硝的效率高于 90%	通过自动监控数据监控脱硝、除尘、脱硫设施的运行效果，发现问题及时处理
除尘系统	除尘器	除尘产生的粉煤灰	粉煤灰	输送管道应加强密闭； 防止除尘器停运造成污染事故
	灰库	灰库集尘和装车外运过程灰库产生扬尘	扬尘	装卸场所应有吸尘和除尘措施应有降噪措施
	灰坝	灰场表面干燥或取粉煤灰时会产生扬尘；灰坝设施出现渗漏，漏水、跑灰的污水	扬尘； 渗漏污水含 SS、pH、重金属	灰坝灰场应防止扬尘，灰坝要有防止灰水渗漏、外溢措施，防止造成恶性垮坝和环境污染事故
脱硫系统	制粉系统	制粉制浆系统及石膏干燥系统、脱硫废渣利用产生扬尘；收集除尘系统粉尘排放	含尘废气扬尘	改善系统的密封性，严重的部位要增设除尘设施
	脱硫系统	正常运行时，旁路挡板是关闭的，当脱硫设施维修或偷排时，旁路挡板会打开，烟气未经脱硫直接排放	烟气外泄，含颗粒物、SO_2、NO_x； 脱硫石膏； 脱硫废水	选择合适的脱硫技术； 脱硫效率和脱硫设施的运行率

生产设施		污染产生原因	排污节点和主要环境因素	控制措施
脱硫系统	石膏脱水系统	脱硫石膏收集、储存产生一定量废水，污染物有重金属、pH和SS	脱硫废水（来自石膏脱水、清洗废水），含pH、SS、重金属、COD、盐类等	脱硫石膏废水（重金属、pH和SS）净化处理、石膏进棚外运处置或综合利用
氮氧化物减排系统	低氮工艺措施	锅炉的燃烧系统和燃烧工艺设计，主要控制氮氧化物排放		锅炉采用第一代低氮技术（采用低过剩空气系数，减排效率达25%）；第二代低氮技术（采用分级燃烧，减排效率达35%）；第三代低氮技术（采用还原燃烧技术，减排效率达50%）
	脱硝工艺	脱硝系统的设备和监控系统，主要控制氮氧化物的排放	脱硝废催化剂（危险废物）	低氮燃烧+SCR技术（减排效率达50%～60%）； 低氮燃烧+SNCR技术（减排效率达80%～95%）
汽水系统	水泵房	机械噪声	噪声82～106 dB(A)	应采取降噪措施
	汽轮机	机械噪声	噪声76～108 dB(A)	应采取降噪措施
	软化水制备	采用反渗透去除金属离子和盐类物质	燃烧的灰渣，主要成分是二氧化硅、三氧化二铝、氧化铁、氧化钙、氧化镁及部分微量元素、脱硫渣、脱硫废水污泥	废水经收集、调节、凝聚、浓缩、净水处理 污泥进行脱水后妥善处置，避免产生二次污染
	循环冷却	凉水塔用水给低温蒸汽降温；如采用风冷，则没有循环水	排污水含污染物COD、SS 冷却塔噪声70～85 dB(A)	废水经收集调节、简单处理后循环使用，外排应注意环境影响
电气系统	发电机	产生机械噪声	噪声84～106 dB(A)	应采取降噪措施
	变电所	产生电磁辐射	可能产生电磁辐射污染	应考虑电磁辐射的安全距离
污水处理	污水站	综合废水主要来自锅炉废水、补水处理、机修车间油废水、办公区生活污水	主要污染物为COD、SS、石油类、氨氮等	化学废水多采用离子交换法处理，含COD、石油类、氨氮废水采用生化处理

第五节 火电工业污染要素分析

一、火电厂和工业锅炉的污染特征

1. 大气污染物

燃煤电厂大气污染物排放主要来源于锅炉燃烧系统，从烟囱高空排放燃烧后的烟气主要污染物包括颗粒物、SO_2、NO_x，此外还有重金属（金属汞）、未燃尽炭等物质。燃料、辅料的运输、储存、备料、上料、灰库、渣场、石膏库产生含尘废气；脱硝系统、氨水罐、油罐泄漏氨气和 VOCs。重金属排放来源于煤炭中含有的重金属成分，大部分重金属（汞、砷、镉、铬、铜、镍、铅、硒、锌、钒）以化合物形式（如氧化物）和气溶胶形式排放。煤中的重金属含量通常比燃料油和天然气高几个数量级［见《火电厂污染防治可行技术指南》（HJ 2301—2017）］。

2. 水污染物

火电厂外排水主要为冷却水，其中直流冷却水属含热废水，补水系统废水、冷凝水含盐量较高。另外还有少量的含油污水、脱硫废水、输煤系统排水、锅炉酸洗废水、酸碱废水、冲灰水、冲渣水和生活污水等，主要污染物是有机物、金属类及其盐类、悬浮物。

3. 固体废物

燃煤电厂生产过程中产生的固体废物主要为飞灰和炉底渣。绝大部分飞灰经除尘器收集并去除，小部分飞灰在锅炉的其他部分，如省煤器和空气预热器灰斗中收集并去除；此外还有脱硫副产物（脱硫石膏）、污水处理产生的污泥等，均属于一般固体废物；脱硝过程产生的脱硝废催化剂（含钒钛）、机修废机油废棉纱等属于危险废物。

4. 环境噪声

燃煤电厂中各类噪声源众多，主要噪声源包括磨煤机、锅炉、汽轮机、发电机、直接空冷的风机和循环冷却的冷却塔，噪声源声功率级较大。燃料制备系统中的最高噪声设备是磨煤机，燃煤电厂大多采用钢球磨煤机（低速磨煤机），其主要噪声源是筒体转动而产生的噪声，一般在 100 dB（A）以上。而电动机、齿轮传动部件等产生的噪声均处于次要地位。设备 1 m 处噪声大大超过 90 dB（A）的噪声容许限值，一般均需要治理。

二、影响锅炉烟气排放的主要因素

燃煤电厂由于燃料消耗量特别巨大，产生和排放的烟气量也特别大。烟气量的物料衡算与燃料的种类、燃料的低位热值、锅炉的过剩燃烧系数有密切关系。燃煤电厂与工业锅炉烟气量排放计算方法相同：

（1）计算理论空气需要量（V_0，单位 m^3/kg，标准状态）

固体燃料　$V_0 = 1.1\ Q^Y/4\ 186$

液体燃料　$V_0 = 0.85Q^Y/4\ 186$

气体燃料　$V_0 = 0.875Q^Y/4\ 186$　（$Q^Y<10\ 455$ kJ/ kg ）

$V_0 = 1.09\ Q^Y/4\ 186$　（$Q^Y>14\ 637$ kJ/ kg ）

（2）计算产生的烟气量（V^Y，单位 m^3/kg，标准状态）

固体燃料　$V^Y = 1.04Q^Y/4\ 186+0.77+1.016\ 1(\alpha-1)\ V_0$

液体燃料　$V^Y = 1.11Q^Y/4\ 186+1.016\ 1(\alpha-1)\ V_0$

气体燃料　$V^Y = 0.725Q^Y/4\ 186+1.0+1.016\ 1(\alpha-1)\ V_0$　（$Q^Y<10\ 455$ kJ/ kg ）

$V^Y = 1.14Q^Y\ /4\ 186-0.25+1.016\ 1(\alpha-1)\ V_0$　（$Q^Y>14\ 637$ kJ/ kg ）

烟气排放总量计算如下：

$$V_{总} = B\ V_t \tag{2-3}$$

式中，Q^Y——燃煤低位热值，kJ/kg 煤；若热值单位取 kcal/ kg 煤，式中参数 4 186 换为 1 000；

A——锅炉燃烧的过剩空气系数；火电厂锅炉燃烧的过剩空气系数一般为 1.20 ～ 1.50。工业锅炉燃烧的过剩空气系数一般为 1.5 ～ 1.9；

B——消耗的燃煤数量，t；

V_t——标准状态下 t 燃煤燃烧后排放的烟气量，m^3/t

$V_{总}$——标准状态下 B t 燃煤燃烧后排放的烟气总量，m^3。

一般工业锅炉的燃煤低位热值为 4 800 ～ 6 000 kcal/kg，过剩空气系数为 1.5 ～ 1.9，标准状态下烟气量为 8 500 ～ 11 000 m^3/t 原煤；火电厂锅炉的燃煤低位热值为 3 500 ～ 5 000 kcal /kg，过剩空气系数为 1.2 ～ 1.5，标准状态下烟气量为 7 000 ～ 9 000 m^3/t 原煤。

三、火电烟气烟尘

煤炭燃烧产生的烟尘包括黑烟和飞灰两部分。黑烟是未完全燃烧的物质，以游离态碳（炭黑）和挥发物为主，主要是可燃物质，黑烟的粒径为 0.01 ～ 1 μm。飞灰是烟尘中灰分的微粒，粒径在 1 μm 以上，它们的产生量与燃料成分、设备、燃烧状况有关。常用测烟尘的方法有林格曼仪、收尘法、烟尘测定仪法等。

如果煤炭在锅炉内燃烧后的残碳率为 K（悬燃炉残碳约占总含碳的 2%，层燃炉残碳约占总含碳的 8%），K=1– 锅炉内煤炭燃烧率。锅炉燃煤中 100% 的灰分 A 和燃烧后游离态的残碳 KC 在锅炉内混合，数量为 B（A + KC），残留在锅炉内的量为炉渣量 $G_{渣}$，随烟气飞出锅炉的量为烟尘产生量 $G_{烟产生}$。悬燃式锅炉产生的炉渣量约为 10%（A + KC），产生的烟尘量约为 90%（A + KC）；层燃式锅炉产生的炉渣量约为 80%（A + KC）；产生的烟尘量约为 20%（A + KC）；沸腾式锅炉产生的炉渣量约为 40%（A + KC）；产生的烟尘量约为 60%（A + KC）。

一般锅炉的烟尘产排放量计算

根据《火电行业与锅炉污染物测算方法研究》结果，参考《第一次全国污染源普查工业污染源产排污系数手册》，确定的煤粉炉烟尘产生量系数如下：

$$\begin{aligned}&\text{煤粉炉烟尘产生量：}G_{\text{烟尘产}}=K_{\text{烟尘}}A\\&\text{煤粉炉烟尘去除量：}G_{\text{烟尘去除}}=K_{\text{烟尘}}A\eta_{\text{尘}}\\&\text{煤粉炉烟尘排放量：}G_{\text{烟尘排}}=K_{\text{烟尘}}A(1-\eta_{\text{尘}})\end{aligned}\tag{2-4}$$

式中，A——灰分，%；

$\eta_{\text{尘}}$——除尘率，%。

火电行业的烟尘排放量 $G_{\text{烟尘排}}$ 与燃煤耗量、燃煤灰分、燃烧方式和烟尘去除率有直接关系。可以忽略其他因素，用物料衡算法简便计算。

四、火电烟气 SO_2 排放

1. 火电厂 SO_2 产生的机理

燃料中含有硫的成分，在燃烧过程中会产生 SO_2。燃煤中的硫一般由有机硫、硫氧化物和硫酸盐组成，分为可燃硫和不可燃硫，前两者为可燃硫，燃烧后产生 SO_2，后者为不可燃硫。通常可燃硫占煤中总硫分的 70% ～ 90%，一般取 80%。煤燃烧时，煤中有机硫被分解，在 750^{0}C 时，90% 以上的可燃硫可以变为气态硫，可燃硫燃烧时生成 SO_2，即 $S+O_2 = SO_2$，产生的 SO_2 的质量为可燃硫质量的两倍。燃油中的硫大都属于有机硫，原油燃烧时所含的硫能够全部转化为 SO_2。

2. 一般锅炉的 SO_2 排放量计算

根据《第一次全国污染源普查工业污染源产排污系数手册》整理得煤粉炉层燃式锅炉、抛煤机锅炉、燃油锅炉等的 SO_2 产排污系数计算如下：

$$\begin{aligned}&\text{燃料 }SO_2\text{ 产污量：}G_{SO_2\text{产}}=K_{\text{硫}}S_1\\&\text{燃料 }SO_2\text{ 去除量：}G_{SO_2\text{除}}=K_{\text{硫}}S_1\eta_S\\&\text{燃料 }SO_2\text{ 排放量：}G_{SO_2\text{排}}=K_{\text{硫}}S_1(1-\eta_S)\end{aligned}\tag{2-5}$$

式中，S_1——燃煤硫分，%；

η_S——脱硫率，%。

3. 我国煤炭的含硫率

煤中的硫分一般为0.2%～5%。燃煤中的硫分高于1.5%就为高硫煤（城市燃煤高于1%的也可视为高硫煤）。液体燃料主要包括原油、轻油（汽油、煤油、柴油）和重油。原油硫分为 0.1% ～ 0.3%，重油硫分为 0.5% ～ 3.5%，原油中的硫分通常富集于釜底的重油中，一般轻油中的硫分要低于 0.1%。

五、影响火电 NO_x 排放量的主要因素

1. 锅炉燃料燃烧过程中 NO_x 产生的机理

煤燃烧过程中 NO_x 的生成途径主要有三个：一是燃料型 NO_x，燃料中的氮在燃烧时热分解再氧化为 NO_x，一般燃料中的氮生成的 NO_x 比例比较大。二是热力型 NO_x，输入的空气中的 N_2 在燃烧时也会生成 NO_x，但比例比较小。三是瞬时型 NO_x，是碳氢化合物过浓时燃烧生成的 NO_x。一般在燃烧时产生的 NO_x 中约 90% 为 NO，其余主要是 NO_2，如图 2-2 所示。燃料中氮的含量如表 2-25 所示。

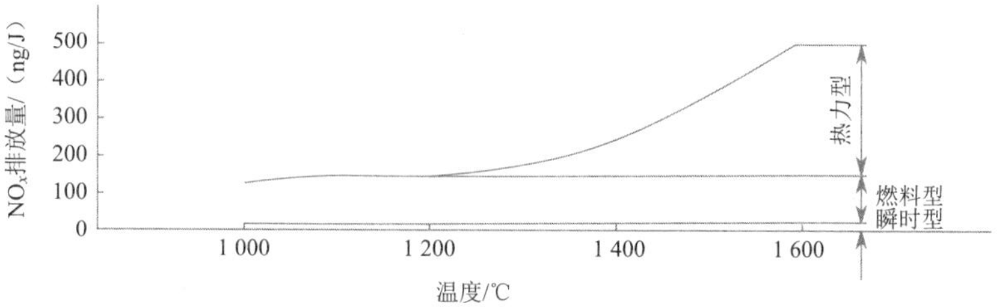

图 2-2　三种类型 NO_x 在煤燃烧过程中对 NO_x 排放总量的贡献

表 2-25　锅炉用燃料含氮率　单位：%

燃料名称	含氮率（质量分数）	
	数值	平均值
煤	0.5 ～ 2.5	1.5
劣质重油	0.2 ～ 0.4	0.20
一般重油	0.08 ～ 0.4	0.14
优质重油	0.005 ～ 0.08	0.02

（1）燃料型 NO_x。

燃料型 NO_x 指燃料中的有机氮经过一系列化学反应生成 NO_x，依燃料和燃烧方式的不同其转化率一般为 15% ～ 30%，燃料型 NO_x 是煤燃烧过程 NO_x 生成的主要来源，占总 NO_x 生成量的 70% ～ 90%。燃料氮向 NO_x 转化的过程可分为 3 个阶段：首先，有机氮化合物随挥发分析出一部分；其次，挥发分中氮化物燃烧；最后，焦炭中的有机氮燃烧。

一般燃煤电厂和工业锅炉使用的动力煤的含氮率为 0.8% ～ 1.5%。燃料比（固态碳 / 挥发分）越低，NO_x 产生量也越低。一般燃煤挥发分为 30% ～ 40%。

（2）热力型 NO_x 和瞬时型 NO_x。

热力型 NO_x 指燃烧过程中空气中的 N_2 在高温条件下被氧化为 NO_x，其生成量约占总 NO_x 的 30%；在温度足够高时（1 300℃以上），煤燃烧过程中所排放的 NO_x 一般指 NO 和 NO_2，其中 95% 是 NO。瞬时型 NO_x 是分子氮在火焰前沿的早期阶段在碳氢化合物的参与影响下通过中间产物转为的 NO_x，这部分数量很少，最多不超过 NO_x 总排放量

的 5%，一般不予考虑。

2. 锅炉内燃料燃烧影响 NO_x 产生的条件

燃料型 NO_x 生成机理复杂，至少有 29 种化学反应式。但燃烧过程中影响燃料型 NO_x 生成的主要因素有：

（1）煤质，即煤的含氮量、挥发分、燃料比、其他元素含量与比值。燃料含氮量、挥发分、燃料比越低，NO_x 产生量也越低。

（2）燃烧温度。温度开始升高对燃煤中的氮转化为 NO_x 影响较为明显，升高到一定程度，温度再升高对煤中氮的转化的影响会减弱。

（3）反应区中的烟气气氛，即 O_2、N_2、NO、CH。燃烧过程的过剩空气系数越高，NO_x 产生量越高（表 2-26 和表 2-27）。

（4）燃料及燃烧产物在火焰高温区和炉膛内的停留时间。NO_x 产生量与介质在炉膛内的停留时间和氧浓度平方根成正比。

表 2-26　实测氧含量与过量空气系数的对照

实测氧含量 /%	3	4	5	6	7	8
过剩空气系数	0.83	0.87	0.93	1	1.07	1.15
实测氧含量 /%	9	10	11	12	13	14
过剩空气系数	1.2	1.35	1.5	1.66	1.87	2.14

表 2-27　燃煤火电企业 NO_x 产生量　　单位：mg/m^3

燃烧系统	NO_x 产生量	燃烧系统	NO_x 产生量
固定排渣炉	600 ～ 1 200	液态排渣炉	950 ～ 1 800
直流燃烧器	600 ～ 1 000	直流燃烧器	900 ～ 1 300
旋流燃烧器	850 ～ 1 200	旋流燃烧器	1 300 ～ 1 800
褐煤炉	500 ～ 680	流化床锅炉	200 ～ 700
炉排炉	300 ～ 800		

六、火电工业废水

火电厂的排水包括工业水预处理（净水站）各种用排水、锅炉补给水处理和凝结水精处理各种用排水（含各种清洗）、脱硫系统排水（来自石膏脱水、清洗废水）、循环水排污水、冲灰渣水、输煤除尘冲洗及煤场喷洒用排水、生活污水等。我们给出湿法输灰的冲灰废水、补水车间的化学处理废水的计算方法。

1. 脱硫废水

火电脱硫废水主要是来自石膏脱水（离心机及浓缩器溢流水）、清洗系统的清洗废水等。脱硫废水中的主要污染物是 pH、SS、重金属、COD、盐类等，属于难以治理的废水。脱硫废水具有高含盐、高悬浮物的特点。脱硫废水立足处理后回用，剩余时达标排放；有零排放要求时，可采用蒸发干燥或蒸发结晶等特殊处理。脱硫废水的产生量为 0.05 ～ 0.12 m^3/t 燃煤。

2. 化学处理废水

化学除盐废水，包括化学再生废水（酸碱废水、精处理排水）、原水及化学车间反渗透浓水、循环水、排污水。此类排水含盐量较高需经反渗透等深度处理后回用。循环冷却机组的III类水占全厂排水的 70% ～ 80%，是电厂水污染治理的重点。

为防止锅炉产生水垢，锅炉用水都要进行软化处理，一般采用离子交换法。阴阳离子交换树脂使用一定时间后需要再生，要用一定浓度的酸碱液冲洗。来自化学水处理车间的冲洗废水中 pH、部分重金属离子会超标。

在凝汽器发电厂中，锅炉补给水量等于锅炉排污量和各项汽水损失之和，大致相当于锅炉蒸发量的 3% ～ 5%。汽水损失主要包括锅炉、汽机、管道的排汽损失和一些热水的蒸发损失等。此外，应考虑补给水制备系统的自身耗水量，化学水处理自用水损失量与水处理的方式有关，占电厂水损失的 1% ～ 3%，主要有酸碱废水，有冲洗水箱时还有过滤器反洗水等。当无冲洗水箱时，最大的给水量应附加设备的反冲洗量。总计水量可按锅炉蒸发量的 6% ～ 10% 估算。在热电厂中应根据热力负荷及凝结水的回收程度来决定锅炉补给水量。化学水处理系统中新鲜水经过沉淀过滤的预除盐系统和阴阳离子交换器、混合离子交换器系统处理后制成除盐水，需要消耗部分水量，自用水率基本可控制在 10% 以内；如果预除盐系统采用超滤、反渗透系统，则自用水量大大增加，一般化学自用水率达到 40%。

排放的化学废水量为处理水量的 10%（处理水量约为锅炉循环水量的 2%）。锅炉补给水量是锅炉总蒸发量的 1% ～ 3%，火电厂汽水损失率一般为 2% ～ 3%。

火电厂化学处理（软化）废水量的计算：

$$废水量 = 0.02W_1 \times 10\% \tag{2-6}$$

式中，W_1——发电蒸汽量，t。

3. 冲灰水

冲灰水是火电厂主要污染源之一，它是指用于冲洗炉渣和除尘器排灰的水，一般经灰场沉降后排出。目前还有一些老火力发电厂仍采用水力输灰方式，将锅炉的灰渣及除尘器的灰用水泵及管道送至灰场，冲灰水经过滤回电厂循环使用。每吨灰渣要用 18 m^3 冲灰水，冲灰水中超出标准的主要指标是 pH、悬浮物、含盐量和氟等，个别电厂还有重金属和砷等。这类废水的超标排放，不但会增加水中悬浮物的含量，使受纳水体的生物链遭到严重破坏，而且还会使周围土壤快速盐碱化。当冲灰水管理不善，从灰场外泄出去时，会对地表水造成污染。灰场内的废水下渗也会造成地下水中的 pH、砷等金属离子含量升高。火电厂水力除灰、除渣系统是火电厂仅次于湿冷系统的另一大用水系统。

火电厂冲灰水耗水量的计算：

$$耗水量 = 0.34 \times 18 \times 1.04B \times A \tag{2-7}$$

式中，B——耗煤量，t；

A——燃煤灰分，%。

注：每冲1t灰需水18 m^3，其中重复利用率66%，则新水消耗为34%，灰渣量为1.04BA。

电厂水力除灰系统耗水量占全厂耗水量的15%～20%，水灰比越高，冲灰水量越大。如能设置灰水处理回收系统（回收率按60%计），则电厂水力除灰系统耗水量占全厂耗水量的6%～8%。如采用干灰调湿碾压灰场，干贮灰仅耗用占灰量20%～25%的干灰调湿用水，则电厂干式除灰系统耗水量（干式贮灰场的抑尘喷洒也可用灰场的雨水）仅占全厂耗水量的0.6%～1%，节水效果更为明显，且无灰水防渗之忧，有利于灰的综合利用。所以，电厂除灰采用气力除灰、干式输送、干灰贮存系统，节水效果都比较好。

4. 发电厂的其他废水

发电厂以外排冷却水的水量最大，外排冷却水属于间接冷却水，如能按规定分流排放则对外界环境的影响主要是热污染。其他废水还有厂房冲洗水、含煤废水（输煤冲洗和除尘废水）、含渣废水、含油废水（机修废水）、生活污水、原水预处理站泥水、冷却塔排污废水。此类排水悬浮物或COD较高，需经混凝沉淀、气浮、生物法等常规处理后回用。

对电力工业的废水应提高冲灰水的循环利用率，减少渗漏，控制意外性外排。电厂的冲灰水事故性外排经常会发生，尤其在雨季，电厂最容易发生排水性事故。对电厂的间接冷却水应严格控制分流，还要防止对地表水体的热污染。对电厂清洗水应注意pH达标排放。

七、火电厂的废渣

目前多数燃煤火电厂的烟气经除尘器除尘处理，为方便综合利用，一般采用干式除灰，产生的粉煤灰采用气力输送系统。气力输送系统由仓泵、气源、管道和灰库等组成。灰库库顶设布袋除尘器，用于灰库排气。

锅炉出渣采用干式或湿式除渣。高温炉渣经冷渣机冷却或水冷后，进入链式除渣机或刮板式除渣机，干式除渣输送至渣仓储存，湿式除渣输送至渣池储存。渣仓（池）中的渣定期运走综合利用。垃圾焚烧火电厂和农作物秸秆焚烧火电厂烟气处理措施与燃煤火电厂有所不同，所产生的灰渣也需特别处理。火电厂的废渣数量巨大，废渣来源主要包括锅炉的冷灰（约占10%）和除尘器的粉煤灰（约占90%）。

火电厂和工业锅炉炉渣产生总量计算如下：

$$炉渣产生总量=灰渣产生总量-烟尘产生量$$

灰渣产生总量计算如下：

$$火电厂灰渣产生总量=1.04B\times A \tag{2-8}$$

式中，B——耗煤量，t；

A——燃煤灰分，%。

火电厂废渣产生总量为消耗煤炭量的25%～30%。

八、火电工业的环境管理要求

1. 符合环境政策和规划要求

项目建设符合环境保护相关法律法规和政策，符合能源和火电发展规划，符合产业结构调整、落后产能淘汰的相关要求。扩建项目应查清“以新带老、总量削减”“淘汰落后生产设备、等量替换”等具体要求，以确定现场勘查的范围。

污染物排放总量满足国家和地方的总量控制指标要求，有明确的总量来源及具体的平衡方案。主要大气污染物排放总量指标原则上从本行业、本集团削减量获得，热电联产机组供热部分总量指标可从其他行业获取。

鼓励：单机 60 万 kW 及以上超临界、超超临界机组电站建设，采用 30 万 kW 及以上集中供热机组的热电联产，以及热、电、冷多联产；大型电站及大电网变电站集约化设计和自动化技术开发。限制：小电网外，单机容量 30 万 kW 及以下的常规燃煤火电机组；小电网外，发电煤耗标煤高于 300 g/（kW · h）的湿冷发电机组，发电煤耗标煤高于 305 g/（kW · h）的空冷发电机组；直接向江河排放冷却水的火电机组。

除燃用特低硫煤的发电项目要预留脱硫场地外，其他新建、扩建燃煤电站项目均应同步建设烟气除尘、脱硫、脱硝设施。所有燃煤电站均要同步建设排放物在线连续监测装置；煤矸石综合利用发电项目应优先在大型煤炭矿区内或紧邻大型煤炭洗选设施规划建设；在大型矿区以外的城市近郊区原则上不规划建设燃用煤矸石的热电联产项目。

2. 符合环境管理要求

要将排污许可制度纳入企业环境责任管理和行为登记评价考核指标；建立健全相应台账和档案制度；建立健全自我监测管理体系；建立健全污染治理设施运行管理制度；建立健全总量和污染物排放量核算制度；不断完善对危险化学品和污染治理设施的应急预案报备和管理体系。

严格执行火电企业大气污染物排放浓度基本符合燃气机组排放限值，即烟尘、SO_2、NO_x 排放浓度（基准含氧量 6%）分别不超过 10 mg /m^3、35 mg /m^3、50 mg /m^3，比《火电厂大气污染物排放标准》（GB 13223—2011）中规定的燃煤锅炉重点地区特别排放限值分别下降 50%、30% 和 50%，是燃煤发电机组清洁生产水平的新标杆。

对火电厂燃煤和石灰石的装卸码头、铁路专线、翻车机房、堆场、破碎、粉磨、灰渣、脱硫石膏收集、装运、贮存场所采取密闭、集气、喷洒水雾等控制扬尘措施。

加强小火电机组监督管理，对到期应实施关停的机组，及时撤销电力业务许可证。会同有关部门加强对可再生能源电量全额收购、差别电价、脱硫电价等政策执行情况的监督检查，加强电力节能降耗和污染物减排信息的统计分析工作，建立电力企业排污许可台账管理制度；继续推进火电机组脱硫在线监测系统的建设，实现与电力监管机构信息平台的联网，确保脱硫设施的投运以及稳定、达标运行。

3. 符合污染治理要求

现有和新建的燃煤火电厂应严格执行烟尘达标排放的要求，符合超低排放的火电企业，要保证除尘设施能够达标，而且要保证除尘设施的良好运行，保证做到超低排放。

新建燃煤机组要同步建设脱硫脱硝设施，未安装脱硫设施的现役燃煤机组要加快淘汰或建设脱硫设施，烟气脱硫设施要按照规定取消烟气旁路。加快燃煤机组低氮燃烧技术改造和烟气脱硝设施建设，单机容量 30 万 kW 以上（含）的燃煤机组要全部加装脱硝设施；暂时保留旁路烟道的，所有旁路挡板必须实行铅封；烟气排放连续监测系统采样点一律安装在烟囱符合监测要求的高度位置；重点区域内未配备脱硫设施的企业，禁止直接燃用含硫量超过 0.5% 的煤炭；新建、改建、扩建的燃煤电厂，应选用装配有高效低氮燃烧技术和装置的发电锅炉；《工业锅炉水质》（GB/T1576—2008）标准适用于额定出口蒸汽压力小于等于 2.5 MPa、以水为介质的固定式蒸汽锅炉和汽水两用锅炉，也适用于以水为介质的固定式承压热水锅炉和常压热水锅炉。额定蒸发量小于等于 2 t/h、且额定蒸汽压力小于等于 1.0 MPa 的蒸汽锅炉和汽水两用锅炉（如对汽、水品质无特殊要求）也可采用锅内加药处理。但必须对锅炉结垢、腐蚀和水质加强监督，认真做好加药、排污和清洗工作。

4. 符合处理处置要求

除尘器除下的粉煤灰、脱硫产生的石膏应外运综合运用；脱硫废水应采用石灰石处理、混凝中和处理后回用；灰渣场应有防渗、防扬尘、防雨水冲刷的防护措施；脱硝副产品作为氨肥或化工原料回收送化工厂利用；隔声罩做好密封，控制噪声；废水排放达标率应实现 100%。

思考与练习

1. 简述我国火电行业存在的主要环境问题。
2. 分析说明火电行业主要工艺、排污节点和大气污染治理设施（要求配图）。
3. 什么是煤炭燃料比、煤炭应用基、标准煤、低位热值？
4. 分析不同燃烧方式的大气污染物产生量的差别。
5. 分析火电行业主要大气污染物及其主要来源。
6. 分析燃煤锅炉二氧化硫产生的主要机理，产生量与哪些因素有关。
7. 分析燃煤锅炉氮氧化物产生的主要机理，产生量与哪些因素有关。

第三章　钢铁工业生产工艺环境基础

本章介绍我国黑色金属冶炼和压延工业中的钢铁工业的工业体系、工业结构、主要环境问题和污染特征；钢铁工业中烧结、炼铁、炼钢和轧钢工序的原辅材料结构、基本能耗；这些工序的主要生产设备与基本工艺；这些工序的排污节点和环境要素分析。

专业能力目标：

1. 了解钢铁行业的主要环境问题。
2. 了解烧结、炼铁、炼钢、轧钢的基本生产原理。
3. 了解烧结、炼铁、炼钢、轧钢的原料结构与主要设备。
4. 掌握烧结、炼铁、炼钢、轧钢的基本生产工艺。
5. 掌握烧结、炼铁、炼钢、轧钢的排污节点分析、主要大气污染和水污染来源及环境要素分析。

第一节　钢铁工业的环境问题

在《国民经济行业分类》(GB/T 4754—2017) 中非金属矿物制品业属制造业 (C 大类 31 中类)，包括炼铁 (311)、炼钢 (312)、黑色金属铸造 (313)、钢压延加工 (314)、铁合金冶炼 (315)。本章只介绍炼铁、炼钢和钢压延加工。

一、我国钢铁工业体系

钢铁工业包括黑色金属矿采选业和黑色金属冶炼和压延加工业，其中黑色金属矿采选业包括铁矿、锰矿、铬矿和钒矿等黑色金属采选，黑色金属冶炼和压延加工业包括烧结、球团、炼铁、炼钢、黑色金属铸造、钢压延加工及铁合金冶炼。钢铁工业是我国的基础性产业，在国民经济中占有极其重要的地位，亦是衡量一个国家国力的重要标志。黑色金属的产量约占世界金属总产量的 95%。

我国钢铁工业发展迅速，目前我国钢铁产量、消费量、净出口量以及铁矿石进口量均居世界第一。进入21世纪以来，仅十几年的工业化进程，我国产钢量就从2000年的1.285亿t上升到2015年的8.038亿t，年均增长41.70%，增量是世界之最。“十五”期间我国粗钢产量跨越了2亿t、3亿t两个台阶，“十一五”期间又跨越了4亿t、5亿t和6亿t三个台阶，“十二五”期间又跨越了7亿t和8亿t两个台阶。2015年我国粗钢产量已占全球总产量的49.54%。

在总量快速增长的同时，干熄焦、高炉喷煤、高炉煤气和转炉煤气干法回收、蓄热燃烧技术等一批节能减排技术得到大面积推广，企业能源管理水平不断提高，通过“十一五”期间、“十二五”期间十年来的淘汰落后，钢铁企业的污染物排放量大幅下降。SO_2、氮氧化物、烟粉尘等主要污染物分别累计减排50万t、25万t和75万t。重点统计钢铁企业吨钢的综合能耗从694 kg标准煤下降到571.85kg标准煤，下降了17.6%，吨钢SO_2排放量从2.83 kg下降到0.85 kg，下降了42.4%，吨钢耗新水量由8.6 t下降到3.26 t，下降了62.1%。“十一五”期间，我国淘汰落后炼铁能力1.23亿t、炼钢能力7 224万t，“十二五”期间，累计淘汰钢铁产能约9 000万t。经过五年的努力，现在400m^{3}及以下炼铁高炉、30 t及以下的炼钢转炉和电炉已经基本淘汰。据统计，截止到2015年12月，我国钢铁行业关停企业达56家，涉及产能9 300多万t，约占全国粗钢产能的7.5%。

自2000年以来，我国钢铁生产的详细数据如表3-1所示。

表3-1　2000—2015年我国钢铁产量　　单位：亿t

年 份	铁矿石（原矿）	生铁	粗钢	铁合金	焦炭	钢材
2000	2.225 6	1.310 3	1.285 0	0.040 3	0.955 3	1.314 6
2001	2.170 2	1.489 3	1.516 3	0.045 1	1.313 1	1.570 2
2002	2.314 3	1.707 4	1.822 5	0.048 5	1.428 0	1.925 2
2003	2.610 8	2.136 6	2.223 4	0.063 4	1.777 6	2.410 8
2004	3.101 1	2.518 5	2.728 0	0.086 6	2.087 3	3.197 6
2005	4.204 9	3.304 1	3.557 9	0.106 7	2.390 3	3.777 1
2006	5.881 7	4.041 7	4.210 2	0.143 3	2.976 8	4.689 3
2007	7.070 7	4.694 5	4.897 1	0.174 7	3.355 3	5.689 4
2008	8.240 1	4.706 7	5.123 4	0.183 6	3.235 9	5.817 7
2009	8.812 7	5.437 5	5.770 7	0.220 9	3.528 6	6.924 4
2010	10.715 6	5.902 2	6.266 5	0.243 6	3.827 1	7.962 7
2011	11.435 9	6.296 9	6.832 7	0.284 2	4.277 9	8.813 1
2012	13.096 4	6.579 1	7.165 4	0.312 9	4.432 3	9.518 6
2013	14.510 1	7.089 7	7.790 4	0.377 6	4.763 6	10.676 2
2014	15.142 4	7.116 0	8.227 0	0.378 6	4.769 1	11.255 7
2015	13.812 9	6.914 1	8.038	0.366 6	4.477 8	11.235 0
2015年全球产量	33.2（2015）	11.8（2015）	16.225（2015）	—	6.82（2014）	16.6（2014）

年 份	铁矿石（原矿）	生铁	粗钢	铁合金	焦炭	钢材
2015 年占全球比例	41.16%	28.59%	49.54%	—	—	67.81%

资料来源：联合金属网、中国产业信息网、中商情报网。

2015 年全球前十大粗钢生产国依次为中国（8.0 亿 t）、日本（1.1 亿 t）、印度（8 960 万 t）、美国（7 890 万 t）、俄罗斯（7 110 万 t）、韩国（6 970 万 t）、德国（4 270 万 t）、巴西（3 320 万 t）、土耳其（3 150 万 t）和乌克兰（2 290 万 t）。

在国内的省份中，河北省、江苏省、山东省、辽宁省是我国粗钢生产的大省。2015 年粗钢产量超过 5 000 万 t 的省份有河北（1.885 0 亿 t）、江苏（8 469 万 t）、山东（6 120 万 t）、辽宁（5 973 万 t）；粗钢产量超过 2 000 万 t 的省份有山西（4 520 万 t）、湖北（2 888 万 t）、河南（2 736 万 t）、天津（2 290 万 t）、安徽（2 352 万 t）、江西（2 157 万 t）；粗钢产量超过 1 000 万 t 的省份有内蒙古（1 979 万 t）、云南（1 884 万 t）、上海（1 801 万 t）、湖南（1 747 万 t）、四川（1 712 万 t）、广西（1 667 万 t）、福建（1 625 万 t）、浙江（1 487 万 t）、广东（1 443 万 t）、吉林（1 245 万 t）、新疆（1 117 万 t）。

二、我国钢铁工业存在的环境问题

尽管近年来我国钢铁企业的技术装备水平提高很快，但由于我国钢铁企业数量太多，至今还有相当数量的落后产能依然存在，能源利用效率低、污染排放大，与发达国家相比差距比较明显。我国钢铁行业的整体装备水平及中间产品综合利用技术水平与发达国家相比还有相当差距。我国钢铁工业环保指标整体上仍比较落后，尤其是大气污染指标一直居高不下，重点大中型企业的平均吨钢 SO_2、烟粉尘排放量与国际先进水平相比仍有较大差距，钢铁工业的无组织排放，加之我国钢铁行业总产量占全球的 46.3%，已使之成为影响区域大气环境质量的重要行业。

（一）行业集中度偏低、产能过剩是钢铁工业节能减排的主要阻力

钢铁企业的最佳规模为 800 万～1 000 万 t/a。发达国家的产业集中度都相当高。国际上钢铁联合企业都实现了装备大型化、企业规模化。提高钢铁行业的产业集中度也是我国《钢铁产业调整政策（2015 年修订）》的要求。《钢铁产业调整政策（2015 年修订）》提出：钢铁产能基本合理。到 2017 年，钢铁产能严重过剩矛盾得到有效化解，产能规模基本合理，产能利用率达到 80% 以上，行业利润率及资产回报率回升到合理水平。到 2025 年，前十家钢铁企业（集团）粗钢产量占全国比重不低于 60%，形成 3 ～ 5 家在全球范围内具有较强竞争力的超大型钢铁企业集团。

到 2025 年，钢铁企业污染物排放、工序能耗全面符合国家和地方标准。钢铁行业吨钢综合能耗下降到 560kg 标准煤，取水量下降到 3.8 m^3 以下，SO_2 排放量下降到 0.6 kg、烟粉尘排放量下降到 0.5 kg，固体废物实现 100% 利用。

（二）落后和低水平产能是钢铁工业节能减排的难点

以装备规模为落后产能主要判断标准的淘汰机制，发挥了关键作用，有效解决了过往淘汰落后产能界定难、落实难、执行难等痼疾。截至 2014 年年底，炼钢、炼铁行业已淘汰落后产能占行业现有产能的比例分别达到 12.44%、7.42%，大量落后产能在我国经济发展“三期叠加”的关键时期得以及时淘汰，对缓解我国钢铁行业产能过剩矛盾进一步恶化有促进作用，为促进钢铁行业结构调整和优化升级奠定了基础、创造了条件，“淘汰一批”作为化解产能过剩矛盾的关键作用得以体现。淘汰落后产能相关政策措施的实施，为钢铁行业转变发展方式、提升发展水平提供了重要机遇。截至 2014 年年底，我国炼铁行业高炉数量为 951 座，平均炉容超过 1 000 m^3；炼钢行业转炉数量为 918 座，平均容量近 100 t。通过与 2005 年数据进行对比分析可知，近十年来，我国钢铁行业高炉平均炉容提高了 181%，1 000 m^3 以下高炉数量占比降低了 37 个百分点，转炉平均容量提高了 84%，120 t 以下转炉数量占比降低了 29 个百分点。同时，吨钢综合能耗下降了 16%，高炉炼铁和转炉炼钢工序能耗分别下降了 14% 和 132%。

在发展过程中，各钢铁企业工艺水平差距很大。从装备上讲，我国已拥有世界上最先进的装备，但也有最落后的地条钢；从规模上讲，我国已拥有世界上 5 000 多 m^3 的最大高炉，但也有早应淘汰的 300 m^3 以下的小高炉。我国还有相当数量的中小钢铁企业普遍存在规模小、基本采用严重落后于世界先进水平的工业装备、能源和环保设施不到位、二次能源回收利用率低等诸多问题，导致我国钢铁企业整体装备的平均水平与发达国家有明显差距。加快淘汰落后的工艺装备一直是钢铁行业推进节能减排的重点和难点。

我国重点钢铁企业之间技术装备水平发展不平衡，处于多层次、不同装备水平、各种技术经济指标共同发展阶段。约有 1/3 企业的技术装备和生产指标达到国际水平，又有 1/4 企业处于技术装备和生产指标相对落后、粗放式经营管理的状态。

（三）铁钢比是造成我国钢铁工业能源差距的重要原因

我国钢铁工业煤炭消费占能源消费总量的 70% 左右。铁钢比高意味着我国是以高炉炼铁、转炉炼钢为主的国家，生产原料则以铁矿石为主、废钢为辅。我国铁钢比与发达国家的差距，不仅需要大量进口铁矿石，导致粗钢吨钢能耗存在较大差距，吨钢大气污染物排放量也存在较大差距。

《钢铁产业调整政策（2015 年修订）》提出：到 2025 年，我国钢铁企业炼钢废钢比不低于 30%，废钢铁加工配送体系基本建立。

我国炼钢以长流程为主，铁钢比高，是吨钢综合能耗高的主要原因。世界平均铁钢比为 0.7 左右，除中国以外为 0.56，中国为 0.94。美国和欧洲各国的钢企铁钢比较低，电炉钢比重大，因此其吨钢综合能耗和 CO_2 排放低。

铁钢比下降 0.1，会降低吨钢综合能耗约 20 kg 标准煤 /t。我国与工业发达国家铁钢比相差 0.4 左右，即便炼铁工艺水平接近世界发达水平，也会造成我国吨钢综合能耗比工业发达国家高出约 80 kg 标准煤 /t。

（四）污染治理不到位，导致污染减排任务艰巨

钢铁工业是国民经济的重要产业，也是国家推进节能减排工作的重点行业。钢铁工业是一个高耗能、高污染的产业，目前钢铁工业总产值占全国 GDP 的 3.2%，总能耗占全国总能耗的 16.1%。由于钢铁工业是能源资源消耗大户，工业废水、工业粉尘和 SO_2 排放量分别占全国工业污染物排放总量的 10%、15% 和 10%。因此，钢铁工业是节能减排潜力最大的行业之一。

钢铁工业生产过程包括采选、烧结、炼铁、铁合金冶炼、炼钢（连铸）、轧钢等生产工艺。钢铁工业中废气、废水、废渣的产生量都很大，尤其废气排放总量大。我国钢铁工业中来自烧结、炼铁、焦化等炉窑产生的含尘和有害气体的废气，原料运输、装卸、加工过程产生的无组织含尘废气，已成为许多地方大气污染的主要来源，也是加重 $PM_{2.5}$ 污染的重点因素，引起了政府和公众的强烈关注。

三、我国钢铁工业结构

（一）生产结构

钢铁工业的生产系统包括国标分类划定的黑色金属冶炼及压延加工项目“炼铁、炼钢、钢压延加工及铁合金冶炼”四大生产系统，加上老钢铁联合企业涵盖的生产系统再增加烧结、焦化共 6 个独立的生产系统。

我国钢铁工业作为基础工业经过以结构调整、装备更新为主的快速发展，已形成了由矿山、烧结、焦化、炼铁、炼钢、轧钢以及相应的铁合金、耐火材料、炭素制品等多生产部门构成的庞大工业体系。钢铁工业的特点是产业规模大、生产工艺流程长，从矿石开采到产品的最终加工，需要经过多个生产工序，其中的一些主体工序资源、能源消耗量都很大，污染物排放量也比较大。钢铁工业体系分为以铁精矿为基本原料生产钢材的长流程（图 3-1）和以废钢铁为基本原料生产钢材的短流程（图 3-2）。

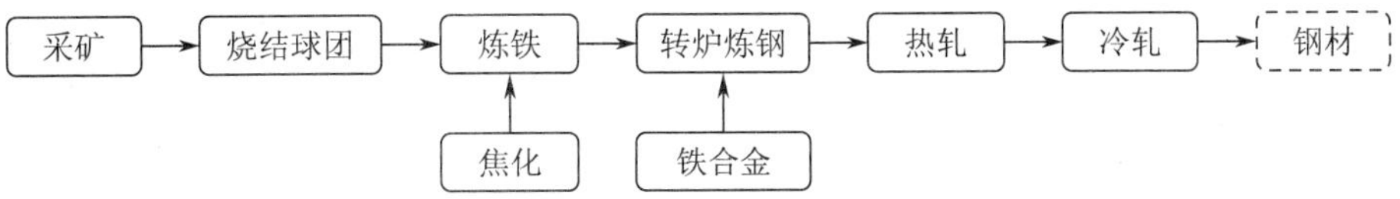

图 3-1 钢铁工业体系之炼钢长流程

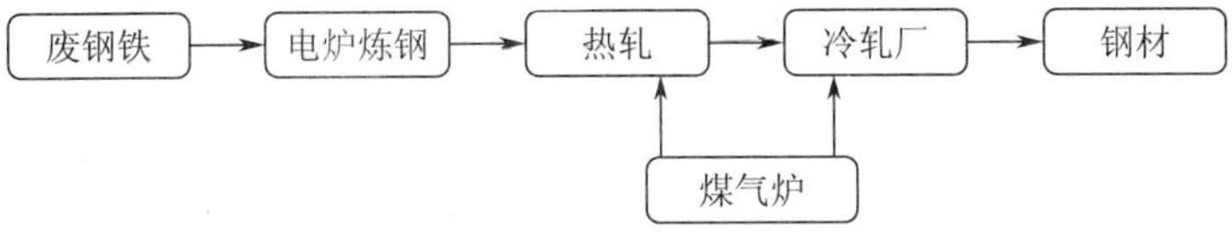

图 3-2 钢铁工业体系之炼钢短流程

（二）下游的需求结构

钢铁工业是国民经济发展的支柱产业，在我国工业化、城镇化进程中发挥着重要作用。钢铁工业是衡量一个国家综合国力和工业水平的重要因素，也是资源能源消耗和污染排放的重点产业。我国钢铁产品消费主要集中在建筑、机械、汽车、造船、家电、电力、铁道、集装箱、管线九大行业。这九大行业钢材消费量占全国消费量的90%以上。其中建筑行业的钢材消耗占钢材消耗总量的50%以上。如表3-2所示，钢铁产品的需求主要受建筑业、机械制造业、汽车制造业三大行业的影响。据统计，2015年我国钢铁下游行业粗钢实际总消费7.66亿t，三大行业就占85%左右。

表3-2　2015年中国钢铁消费结构　　单位：%

	建筑	机械制造	汽车制造	造船	家电	电力	其他
钢铁消费比例	56.89	19.60	7.86	0.30	1.65	0.92	12.77

资料来源：博视研究报告网：2015—2016年中国钢铁工业概况。

（三）资源能源消费结构

钢铁工业的特点是产业规模大、生产工艺流程长，从矿石开采到产品的最终加工，需要经过多个生产工序，其中的一些主体工序资源、能源消耗量都很大，污染物排放量也比较大。同时，由于传统冶金生产工艺技术发展的局限性以及我国多年来基本上延续以粗放生产为经济增长方式，整体工艺技术装备水平落后，导致钢铁工业一直是重点污染行业之一。随着我国经济的快速增长，资源能源消费约束明显显现，能源供求矛盾日益突出，高污染、高能耗的特点也使钢铁工业在防污减排、节能降耗（表3-3和表3-4）等方面承受着一定的压力。

2015年中钢协会员单位能耗总量为2.8 597亿t标准煤，比上年下降6.00%，占全国总能耗的15%左右。吨钢综合能耗为571.85 kg标准煤/t。

表3-3　2016年重点钢铁企业各工序能耗占行业总能耗比例　　单位：%

工序	烧结	球团	焦化	炼铁	转炉	电炉	轧钢	动力
比例	12.1	1.3	9.2	60.7	1.4	3.6	12.7	2.6

资料来源：《钢铁企业节能潜力分析》，王维兴。

表3-4　2013年、2014年中钢协企业平均用水情况

工序水耗		单位	选矿	烧结	球团	焦化	炼铁	转炉	电炉	热轧	冷轧
工序耗水	2013	m^3/t	5.22		0.83	3.25	20.17	11.25	53.71	16.67	26.98
	2014		5.03		0.90	3.33	19.13	10.84	52.08	15.73	26.89
耗新水	2013	m^3/t	0.58		0.19	1.21	1.05	0.71	1.75	1.55	1.45
	2014		0.61		0.15	1.30	0.98	0.77	1.79	0.57	1.48
水重复利用率	2013	%	90.35	96.82	94.19	96.19	98.59	97.49	95.08		
	2014		90.09	96.54	95.04	96.06	98.15	96.55	97.37		

资料来源：《2015年钢铁工业用水、节水和水质情况分析》，王维兴。

四、钢铁工业污染特征

钢铁工业主要污染物为废气、废水和固体废物。废气主要污染因子为颗粒物、SO_2、NO_x、氟化物、氯化氢、二噁英等。废水主要污染因子为COD、石油类、重金属、酚、氰等。固体废物主要包括含铁尘泥、除尘灰、铁渣、钢渣以及碳钢酸洗废酸（盐酸、硫酸）等。钢铁工业主要污染物见表3-5。

表3-5　钢铁行业环境要素

项目	特征污染物
废气	原料进厂：运输、卸车、聚堆、贮存、上料、传输产生无组织扬尘； 烧结、球团：破碎、筛分、配料、拌和、传输、烧结产生无组织扬尘；破碎、筛分、配料、拌合设备、料仓产生有组织废气，含颗粒物，干燥、焙烧、冷却产生烟气，含颗粒物、SO_2、NO_x； 高炉熔炼：高炉进料、出铁、出渣、炉体、铁水装罐、运输、铁渣水冷粒化、渣场运输产生无组织含尘废气；上料、出铁、出渣、水冷粒化集气口产生有组织含尘废气；热风炉烟气，含颗粒物、SO_2、NO_x、CO、H_2S等； 转炉、电炉、连铸、模铸：转炉铁水、废钢的转运、倾倒、钢水倾倒、转运过程和撇渣、运渣、渣场装卸过程产生大量含尘废气，电炉废钢加工、电炉布料、出渣、出钢、钢包运输过程产生大量含尘工艺废气，连铸钢水包运输、倾倒、结晶器拉坯、坯材切割、中间包烘烤过程排放含尘废气，模铸钢水包运输、倾倒、结晶器拉坯、坯材切割、中间包烘烤过程排放粉尘；转炉吹炼、烟罩提升产生吹炼烟气、精炼炉产生精炼烟气，含颗粒物、CO、SO_2、NO_x、氟化物；电炉熔炼、精炼产生熔炼废气，含颗粒物、CO、NO_x、氟化物、SO_2、二噁英、铅、锌等； 热轧、冷轧：热轧加热炉产生燃烧废气，含颗粒物、NO_x、SO_2；退火炉产生燃烧烟气，含颗粒物、SO_2、NO_x，冷轧产生含尘废气；冷轧退火炉产生燃烧烟气，含颗粒物、SO_2、NO_x，冷轧产生含尘废气
废水	烧结：湿式除尘排水、地面冲洗水，含有高的悬浮物； 炼铁：主要为高炉煤气洗涤水、冲渣废水、地面冲洗水，含悬浮物、酚、氰等； 炼钢：冷却废水、湿法除尘废水、地面冲洗水，含SS、石油类、COD、氨氮、氰化物、氯化物； 轧钢：除磷废水和直接冷却水、电镀废水，含COD、SS、石油类、pH、金属锌
固体废物	烧结：含铁尘泥、废矿石、除尘灰、废油（危废）、脱硫渣； 炼铁：铁水冶炼渣、瓦斯尘泥、脱硫渣； 炼钢：钢渣、尘泥、氧化铁皮、脱硫渣、废钢碳钢酸洗废酸； 轧钢：废氧化铁皮、水处理池污泥，废油、电镀废渣、废液、废酸、废碱均属危险废物
噪声	转炉、电炉、蒸汽放散阀、火焰清理机、火焰切割机、煤气加压机、吹氧阀站、空压机、真空泵、各类风机、水泵等机械产生的噪声

钢铁企业废气中的主要污染物为颗粒物、SO_2、NO_x。颗粒物主要集中在原料场、烧结、炼铁、炼钢、炼焦、焙烧等工序，SO_2（不含自备电厂）主要集中在烧结系统，NO_x

（不含自备电厂）主要集中在烧结、炼铁、炼焦、热轧等生产工序。此外，氟化物和氯化物主要集中在烧结和冷轧工序，特殊钢酸洗和电渣冶炼也有氟化物产生，二噁英主要集中在烧结工序和电炉炼钢工序。

废水中的污染物主要为COD、石油类、氨氮和重金属。COD和石油类主要集中在焦化、热轧和冷轧工序，氨氮主要集中在焦化工序，重金属主要集中在冷轧工序。此外，还有酚和氰化物、酸碱等污染主要集中在焦化和冷轧工序。

钢铁企业各设施排放口废水污染物初始质量浓度见表 3-6。

表 3-6 钢铁企业各设施排放口废气污染物初始质量浓度

产生部位		废气量 /（m^3/t）	除尘器进口颗粒物质量浓度 /(mg/m^3)	SO_2 质量浓度 /（mg/m^3）	NO 质量浓度 /（mg/m^3）
带式烧结	机头机尾烟气	2 900 ～ 3 200	2 800 ～ 3500	按含硫率计	150 ～ 180
	破碎、筛分、配混料、转运	2 600	4 000 ～ 4800	—	—
球团烧结	竖炉烟气	2 800 ～ 3000	3 300	按含硫率计	60
	带式焙烧法	1 900	3 000	按含硫率计	260
	链蓖机 - 回转窑法	2 600	3 500	按含硫率计	100
炼铁	热风炉	1 360	40	80	70 ～ 400
转炉炼钢	转炉烟气	300	35 000 ～ 60000	40 ～ 45	20 ～ 60
	预处理和精炼	4 000	2 200 ～ 2 300		
电炉炼钢	电炉烟气	1 050 ～ 1400	1 000 ～ 1 600		
	上料精炼废气	15 000	480 ～ 570		
粗钢热轧	加热炉烟气	750	40 ～ 50	100（混合煤气）	100（煤气）
冷轧	退火炉烟气	200 ～ 300	40 ～ 50	100（混合煤气）	100（煤气）

来自欧盟五国代表性的 5 个钢铁企业烧结烟气、氮氧化物排放量为 0.4 ～ 0.65 kg/t 烧结矿；欧盟代表性的焦化烟气 NO_x 排放量为 0.25 ～ 0.65 kg/t 焦；欧盟代表性的炼铁热风炉烟气 NO_x 排放量为 0.01 ～ 0.58 kg/t 铁；欧盟代表性的炼钢转炉烟气 NO_x 排放量为 0.005 ～ 0.02 kg/t 钢。

五、黑色金属冶炼和压延加工业的污染物排放

2015 年与 2010 年相比，中国钢铁工业协会主要会员企业平均吨钢能耗从 605 kg 标煤降至 572 kg 标煤，提前达到 580 kg 标煤的节能规划目标；吨钢耗新水量从 4.1 m^3 降至 3.25 m^3，提前实现 4 m^3 节水目标；吨钢 SO_2 排放量从 1.63 kg 降至 0.74 kg，超额实现 1.0 kg 的污染防治目标；吨钢化学需氧量从 70 g 降至 22 g，超前实现控制目标。

2015 年，我国以钢铁工业为主的黑色冶金冶炼与压延工业颗粒物排放约占全国排放量的 32.23%，在各行业排第一；SO_2 排放占全国排放量的 12.39%，在各行业排第三；NO_x 排放占全国 NO_x 排放量的 9.59%，在各行业排第三。

2013—2015 年我国黑色金属冶炼和压延加工业“三废”产排量见表 3-7，钢铁企业固体废物处置利用见表 3-8。

表 3-7 2013—2015 年我国黑色金属冶炼和压延加工业“三废”产排量

污染物	2013 年			2014 年			2015 年		
	排放（产生）量	单位	占工业比例 /%	排放（产生）量	单位	占工业比例 /%	排放（产生）量	单位	占工业比例 /%
废水量	94 761.9	万 m^3	4.95	30 986.3	万 m^3	1.66	91 159.1	万 m^3	5.02
COD 年产生量	102.726 9	万 t	4.92	107.008 2	万 t	5.33	85.8289	万 t	4.71
COD 年排放量	6.825 6	万 t	2.39	7.447 0	万 t	2.71	7.585 3	万 t	2.97
氨氮年产生量	2.673 8	万 t	2.02	3.154 9	万 t	2.56	2.882 9	万 t	2.60
氨氮年排放量	0.571 1	万 t	2.54	0.558 7	万 t	2.66	0.528 1	万 t	2.69
石油类年产生量	6.497 2	万 t	24.82	5.855 8	万 t	23.68	4.825 6	万 t	20.66
石油类年排放量	0.270 2	万 t	15.54	0.215 0	万 t	13.40	0.185 1	万 t	12.33
挥发酚年产生量	18 285.7	t	26.12	14 803.0	t	22.37	133 82	t	22.20
挥发酚年排放量	55.0	t	4.37	52.9	t	3.88	24.5	t	2.52
氰化物年产生量	2 084.7	t	36.12	1 593.9	t	32.17	1 354.2	t	28.03
氰化物年排放量	33.3	t	20.56	34.0	t	20.56	18.3	t	12.52
汞年产生量	0.074	t	0.35	0.135	t	0.67	0.101	t	0.58
汞年排放量	0.017	t	2.17	0.021	t	3.14	0.037	t	3.75
镉年产生量	12.698	t	0.57	16.658	t	0.77	12.993	t	0.48
镉年排放量	0.193	t	1.08	0.368	t	2.18	0.409	t	2.65
六价铬年产生量	63.609	t	1.96	36.187	t	1.20	166.151	t	5.42
六价铬年排放量	2.664	t	4.58	2.419	t	6.95	2.542	t	10.84
总铬年产生量	78.958	t	1.13	60.020	t	0.84	334.958	t	4.89
总铬年排放量	3.798	t	2.35	12.435	t	9.43	6.470	t	6.20
铅年产生量	23.577	t	0.80	39.374	t	1.40	39.242	t	1.12
铅年排放量	1.506	t	2.03	1.788	t	1.64	2.061	t	2.65
砷年产生量	39.935	t	0.36	40.462	t	0.36	37.964	t	0.48
砷年排放量	4.794	t	4.30	4.678	t	4.28	0.807	t	0.72
废气量	173 002.5	亿 m^3	25.84	181 693.6	亿 m^3	26.17	173 826.1	亿 m^3	25.37
SO_2 产生量	324.8	万 t	5.65	361.3	万 t	5.85	327.4	万 t	5.44
SO_2 排放量	235.1	万 t	13.92	215.0	万 t	13.57	173.6	万 t	12.39
NO_x 产生量	107.1	万 t	5.391	102.4	万 t	5.63	109.0	万 t	6.20
NO_x 排放量	99.7	万 t	6.81	100.9	万 t	7.67	104.3	万 t	9.59
烟粉尘产生量	6 839.0	万 t	9.29	7 457.6	万 t	9.82	6 964.4	万 t	9.81
烟粉尘排放量	193.5	万 t	18.92	427.2	万 t	33.68	357.2	万 t	32.23
一般固体废物产生量	44 076	万 t	14.08	43 601	万 t	14.00	42 733	万 t	13.74
危险废物产生量	139	万 t	4.40	132	万 t	3.63	160	万 t	4.02

表 3-8 钢铁企业固体废物处置利用

生产工序	固体废物类型	产生数量	处置利用
烧结（球团）	除尘尘灰		回用
炼铁	炼铁渣	296 ～ 700 kg/t（平均 340g/t）	综合利用
	除尘尘灰、尘泥		回用
	废耐火材料		处置
转炉炼钢	钢渣	110 ～ 170 kg/t	综合利用
	除尘尘灰、尘泥	平均 19 kg/t	回用
	废耐火材料		处置
电炉炼钢	钢渣	150 ～ 190 kg/t	综合利用
	除尘尘灰、尘泥		回用
	废耐火材料		处置
热轧	尘灰、污泥		回用
冷轧	尘灰、污泥		回用
	废酸		综合利用
	污油		综合利用

第二节 烧结工序生产工艺环境基础

一、烧结及球团生产的原辅料与能耗

1. 原料

烧结生产使用的主要原料为含镁原料（精矿粉、富矿粉、高炉瓦斯泥、转炉泥以及轧钢氧化铁皮等），球团生产使用的原料主要为含铁原料，达 70%。

烧结单元产品为烧结矿，球团单元产品为球团矿。

【铁精矿粉】由铁矿石（含有铁元素或铁化合物的矿石）经过选矿、破碎、分选、磨碎等过程加工处理而成的矿粉。铁矿粉的种类主要有磁铁矿粉（主要成分 Fe_3O_4）、赤铁矿粉（主要成分 Fe_2O_3）、褐铁矿粉（主要成分 Fe_2O_3）、菱铁矿铁（主要成分 $FeCO_3$）的硅酸盐矿粉以及硫化铁矿（主要成分 FeS_2）。

【返矿】烧结矿返矿分为热返矿（烧结机尾两侧和表层的未烧好的烧结矿）、冷返矿（烧结矿经冷却和整粒后的筛下物）和高炉料槽下返矿（高炉料槽中的烧结矿在入炉前进行筛分时的筛下物）3 种。

2. 辅料（熔剂）

烧结熔剂主要有石灰石、白云石、菱镁石、生石灰和消石灰等；球团熔剂主要为石灰石或白云石。

【石灰石】主要成分是碳酸钙。石灰石块状 / 粉状：烧失量 40.79%，含硅 4.62%、铝 1.21%、铁 0.52%、钙 50.16%、镁 1.10%。石灰石平均含硫 0.025%。

【白云石】白云石晶体属三方晶系的碳酸盐矿物，化学成分为 $CaMg(CO_3)_2$。白云石粉 / 块：含硅 0.19%、铝 0.15%、铁 0.17%、钙 32.1%、镁 21.19%。白云石平均含硫 0.038%。

【菱镁石】菱镁矿石主要成分为 $MgCO_3$，菱镁矿的特性与方解石相似。

【生石灰】主要成分为氧化钙，平均含硫 0.03%。利用生石灰代替部分石灰石作为烧结熔剂，可强化烧结过程。

【消石灰】俗称熟石灰，是一种白色粉末状固体，主要成分是 $Ca(OH)_2$。可以改善烧结成球性。

3. 燃料和能耗

烧结使用的燃料主要有焦粉、无烟煤、煤气等。烧结燃料耗量为 40 ～ 50 kg标煤/t产品，综合能耗为 55 ～ 70 kg 标煤 / t 产品。2013 年烧结工序能耗中，固体燃耗约占 80%、电力约占 13%、点火燃耗约占 6.5%、其他约占 0.5%。球团多以焦粉、重油、煤气为燃料，燃料耗量为 18 ～ 20 kg /t 矿。综合能耗为 30 ～ 45 kg标煤 /t 矿。

【焦粉】焦炭的筛下物。焦粉具有焦炭的一切物理与化学性质。焦粉热值为 6 500 ～ 7 500 kcal/ kg，灰分为 3% ～ 8%，挥发分为 1% ～ 6%，平均含硫率为 0.5%。

【无烟煤】热值为 6 000 ～ 7 200 kcal/ kg，灰分为 10% ～ 18%，挥发分为 6% ～ 10%，平均含硫率为 0.3%。

【煤气】钢铁企业混合煤气热值为 13.39 ～ 15.06 MJ/m^3。高炉煤气热值为 3.52 ～ 4.19 MJ/m^3，含 H_2S 10 mg/m^3；焦炉煤气热值为 18.26 MJ/m^3，含 H_2S 100 mg/m^3。

【水】烧结和球团生产都需要补充用水，用水量按不同工艺类型，使用量也不相同，如表 3-9 所示。

表 3-9　烧结和球团工艺用水量　　单位：m^3/t

生产规模	大型	中型	小型
用水量	≤ 2.0	≤ 2.5	≤ 3.0
取水量	≤ 0.3	≤ 0.4	≤ 0.5

注：数据来自钢铁企业网。

烧结及球团原辅料消耗、燃料含硫情况如表 3-10 所示。

表 3-10　烧结及球团生产的原辅料消耗

	精矿粉	固体燃料（煤粉、焦粉）	熔剂（石灰石、白云石、生石灰）	含铁杂料（氧化铁皮、除尘灰、污泥等）
单耗	700 ～ 850 kg/t 烧结矿	40 ～ 50 kg/t 烧结矿	130 ～ 170 kg/t 烧结矿	20 ～ 25 kg/t 烧结矿
含硫率	进口铁精矿的含硫率一般为 0.01% ～ 0.04%，国产铁精矿的含硫率一般为 0.1% ～ 0.7%，低于 0.1% 的比例较少	含硫率一般为 0.5% ～ 0.75%	含硫率一般为 0.02% ～ 0.04%	含硫率一般为 0.02%

二、烧结工艺原理与基本工艺

烧结工艺是将各种粉状含铁原料，配入适量的燃料和熔剂，加入适量的水混合后，在烧结设备上加热将矿粉颗粒黏结成块的过程。

球团工艺是将铁精矿粉或其他含铁粉料添加少量添加剂混合后，加水润湿，通过造球机滚动成球，再经过干燥焙烧，固结成为具有一定强度和冶金性能的球型含铁原料。

目前国内钢铁工业烧结工艺分为带式烧结、步进式烧结，各工艺产生废气污染物的生产设施主要包括配料设施、整粒筛分设施、烧结机、破碎设施、冷却设施等。球团工艺分为竖炉、链篦机 - 回转窑及带式焙烧机，各工艺产生废气污染物的生产设施主要包括配料设施、焙烧设备、破碎设施、筛分设施、干燥设施等。

1. 原料进厂

铁矿粉和熔剂通过火车或汽车运进厂，卸至堆场或仓棚；

焦炭（或焦粉）、无烟煤通过火车或汽车运进厂，卸至堆场或仓棚；

其余辅料袋装通过汽车运进厂，卸至辅料仓库；

废钢铁通过汽车运进厂，卸至堆场；

液体燃料（重油或柴油）通过槽车进厂，卸至油罐；

堆场和仓棚内用翻车机或人工卸料，用装载机聚堆。铁矿粉通过传送带上料至精矿槽，焦炭和熔剂通过传送带上料至受料矿槽。

2. 烧结工艺

烧结工艺流程包括原辅料（含铁原料、燃料、熔剂）的输入，破碎筛分（棍式破碎机、锤式破碎机、冷筛），配料（移动皮带、矿槽、圆盘给料机、电子秤），拌合（配料桶），混合料通过混合料矿槽（摆动皮带）、泥辊（宽皮带）、九辊布料器铺到烧结机台车上。

带式烧结机是由头尾星轮带动的装有混合料的台车并配有点火、抽风装置的机械设备。台车在头部加料并点火，至尾部卸料。通过抽风机抽风烧结，在有效烧结长度内，将混合料由上至下烧透，生成烧结矿。烧结过程中还有一重要的风路系统，它的核心设备是主抽烟机。

3. 球团工艺

球团工艺分三步：①将细磨精矿粉、熔剂、燃料和黏结剂（如皂土等约 0.5%）等原料进行配料与混合；②在造球机配合料适当加水，滚成 10 ～ 15 mm 的生球；③生球送入高温焙烧机（设备有竖炉、带式焙烧机、链箅机 - 回转窑三类）进行高温焙烧，焙烧成球团矿成品。

4. 冷却工艺

烧结机焙烧出的烧结块再通过破碎、过筛分、除尘等环节，得到一定大小的烧结矿成品，同时分出矿粉。高温焙烧机焙烧出的球团再经冷却、筛分得到成品球团矿。

烧结工艺的冷却有带式和环式两种，鼓风带式冷却机是与各式烧结机（环烧、带烧、平烧）配套的高效通用烧结矿冷却设备。鼓风环式冷却机是冶金企业大中型烧结机的主要配套设备。经冷却的成品矿进入矿槽贮存待运，或直接经传送带送往高炉装料设备带配料。

三、烧结工序的排污节点分析

（一）烧结工序的主要污染

1. 废气

烧结生产的主要污染是废气，废气主要包括烧结机配料废气、机头烟气、机尾废气、筛分废气、球团工序配料废气、焙烧烟气（表 3-11）。

表 3-11　烧结工序废气来源

工序	产污节点	主要污染物
备料	原料运输进厂、堆料、堆场或仓棚、仓库	颗粒物
	取料、传输、提升受料矿槽	
烧结工艺	破碎、筛分	颗粒物等
	配料、拌和、传输封闭不严会产生大量含尘废气	
	烧结焙烧，烧结机机头机尾会产生大量烧结烟气	颗粒物、SO_2、CO、NO_x、氟化物等
	（球团）焙烧，生球干燥、焙烧过程	
冷却	破碎、筛分、输运、冷却、矿仓产生含尘废气；冷却机产生冷却烟气	颗粒物、SO_2、CO、NO_x 等

烧结生产废气污染主要来源于物料混合、烧结、破碎、冷却、筛分、储运等生产过程中，主要污染物为颗粒物、SO_2、NO_x、氟化物和二噁英。

球团生产产污环节与烧结类似，只是在球团生产时，产生含颗粒物、SO_2、NO_x、氟化物和二噁英废气的环节由烧结台车变成了竖炉、链算机 - 回转窑、带式焙烧机等球团焙烧设备。

2. 废水

烧结工序废水包括冲洗地坪废水、湿式除尘废水、脱硫废水等。脱硫废水（含 pH、SS、COD、石油类、总砷）经絮凝沉淀后回用或排至厂内综合污水处理站，净环水系统排水（含 COD、SS）排至厂内综合污水处理站。

3. 固体废物

烧结、球团工艺产生的固体废物主要为除尘器收集的灰尘和生产工艺中散落的物料。这些灰尘和物料可回收，并作为烧结原料回用。

（二）烧结工序的排污节点图

烧结、球团工艺的生产流程和排污节点分别如图 3-3 和图 3-4 所示。

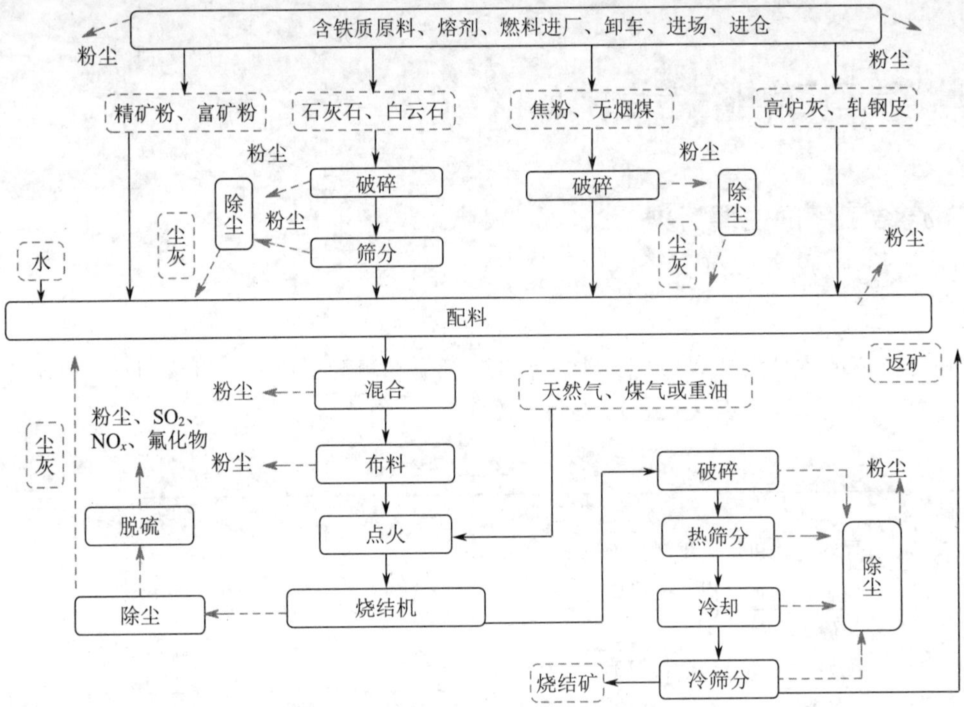

图 3-3 烧结生产流程与排污节点

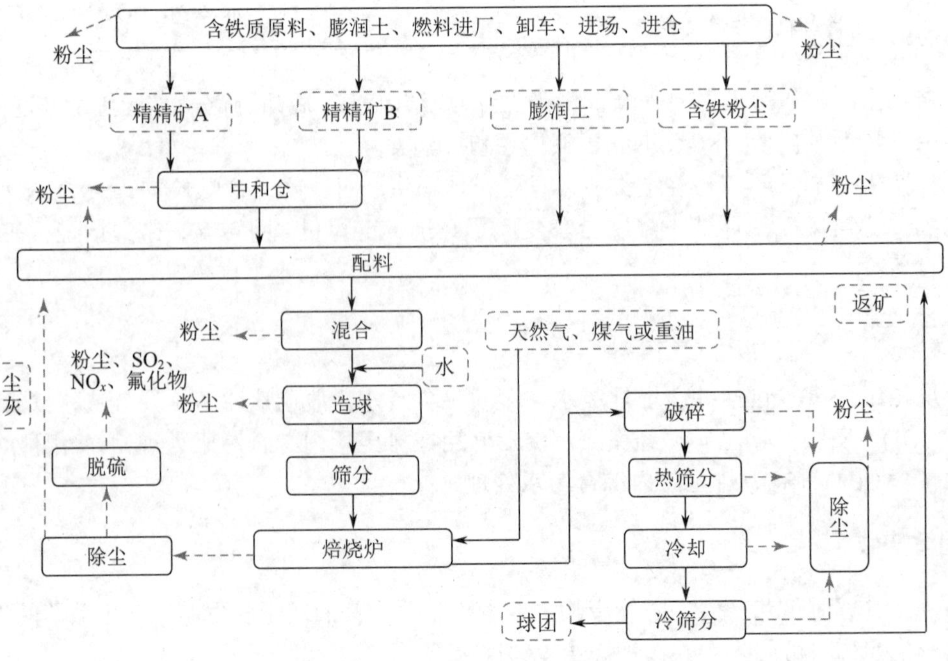

图 3-4 球团生产流程与排污节点

（三）烧结工序的排污节点分析

烧结工序的排污节点分析见表 3-12。

表 3-12　烧结工序的排污节点说明

生产工序	生产设施	污染产生原因	排污节点和主要环境因素	控制措施
原料进厂	运输车辆、堆料机、取料机、堆场或仓棚、仓库、传送带、提升机、精矿槽、受料矿槽、除尘器等	原辅料、燃料、废钢铁运输、卸车、聚堆产生扬尘； 原辅料、燃料、废钢铁在堆场贮存、上料、传输产生扬尘； 液体燃料卸车跑冒滴漏产生挥发性气体； 运输车辆和机械作业产生噪声	运输、卸车、聚堆、贮存、上料、传输产生扬尘； 液体燃料遗撒产生VOCs； 运输车辆和装载机械产生噪声	堆场建防风抑尘网或围墙，最好建封闭式仓棚； 运料、卸料、上料应喷洒水雾降尘； 皮带输送机、斗式提升机应设封闭防尘廊道； 液体燃料应严防遗撒和跑冒滴漏
烧结工艺	移动皮带、矿槽、圆盘给料机、电子秤、配料桶、混合料矿槽、布料器、带式烧结机、主抽烟机、除尘器、脱硫设备等	原辅料的输入、破碎、筛分、配料、拌合、传输封闭不严会产生大量含尘废气； 烧结机机头机尾会产生大量烧结烟气	原辅料的输入、破碎、筛分、配料、拌和、传输、烧结过程会产生无组织含尘废气； 破碎、筛分、配料、拌合设备的排放口产生有组织含尘废气； 机头机尾产生烟气，含颗粒物、SO_2、NO_x	输入、破碎、筛分、配料、拌和、传输过程加强设备的密闭，减少废气外泄； 破碎、筛分、配料、拌合设备的排放口安装除尘器； 机头机尾烟气引气除尘、脱硫
球团工艺	移动皮带、矿槽、圆盘给料机、电子秤、配料桶、混合料矿槽、造球机、圆筒干燥机、高温焙烧机（竖炉或带式焙烧机或链箅机 - 回转窑）、除尘器、脱硫设备等	原辅料输运、破碎、磨粉、配料、造球过程产生含尘废气； 生球干燥、焙烧过程产生焙烧烟气	原辅料过程产生无组织含尘废气； 破碎、磨粉、配料设备的排放口产生有组织含尘废气； 干燥、焙烧过程产生烟气，含颗粒物、SO_2、NO_x	输运、破碎、磨粉、配料、造球、干燥、焙烧过程加强设备的密闭，减少废气外泄； 破碎、磨粉、配料、造球设备的排放口安装除尘器； 干燥、焙烧烟气引气除尘、脱硫
冷却工艺	破碎机、筛分设备、皮带输送机、带式或环式冷却机、除尘器、烧结矿仓等	破碎、筛分、输运、冷却、矿仓产生含尘废气； 冷却机产生冷却烟气	破碎、筛分、输运、冷却、矿仓、冷却机产生无组织含尘废气； 破碎、筛分、冷却、矿仓的排放口产生有组织含尘废气； 冷却机产生冷却烟气	破碎、筛分、输运、冷却、矿仓、冷却机加强设备的密闭，减少废气外泄； 破碎、筛分、输运、冷却、矿仓、冷却机设备的排放口安装除尘器

第三节 炼铁工序生产工艺环境基础

一、炼铁生产的原辅料与能耗

高炉炼铁主要原料有含铁原料（铁矿石、烧结矿或球团矿）、助熔剂（石灰石、硅石等），还有还原剂（焦炭）、辅助还原剂（煤粉、石油、天然气、塑料）。通常，冶炼 1 t 生铁需 1.5 ～ 2.0 t 铁矿石（一般情况下 1.8 t 铁矿石可生产 1 t 生铁）、0.5 ～ 0.7 t 燃料（高炉燃料主要是焦炭和煤粉，还有重油、煤气、煤、天然气）、0.2 ～ 0.4 t 熔剂，总计需要 2 ～ 3 t 原料。

炼铁单元产品为铁水。

1. 原料

【铁矿石】含有铁元素或铁化合物的矿石。铁矿石主要分为磁铁矿石（主要成分 Fe_3O_4）、赤铁矿石（主要成分 Fe_2O_3）、褐铁矿石（主要成分 Fe_2O_3）、菱铁矿石（主要成分 $FeCO_3$）。

【烧结矿】由铁精矿粉烧结制得的块矿，含硫 0.5%。

【球团矿】由铁精矿粉制得的球团矿，含硫 0.5%。

【焦炭】热值为 6 500 ～ 7 500 kcal/ kg，灰分为 3% ～ 8%，挥发分为 1% ～ 6%，平均含硫率为 0.5%。

2. 辅料

【石灰石】主要成分是碳酸钙。其他如前。石灰石平均含硫率为 0.025%。

【硅石】又称石英砂、二氧化硅。硅石中 SiO_2 是主要成分，Al_2O_3、Fe_2O_3、CaO、MgO 等均为杂质。硅石含硫率为 0.006%。

炼铁工业原料 - 产品平衡见表 3-13。

表 3-13 炼铁工业原料 - 产品平衡

物料名称	烧结矿、球团矿等铁质原料	焦炭、煤粉	石灰石	硅石	高炉煤气	焦炉煤气
投入量	1 600 kg	495 kg	60 kg	60 kg	440 m^3	3.6 m^3
含硫率	品质各异	0.57%	0.015%	0.006%	H_{2S} 5mg/m^3	H_{2S} 100 mg/m^3
物料名称	铁水	高炉渣	高炉煤气	瓦斯灰		
产品量	1 000 kg	270 kg	1 400 m^3	35 kg		
含硫率	0.04%	0.95%	H_2S 5 mg/m^3	0.008%		

3. 能耗

炼铁工序（含烧结、炼焦）能耗约占钢铁企业总能耗的 72%，钢铁工业要降低吨钢综合能耗应该尽量降低炼铁工序能耗。高炉炼铁所需能量有 78% 来自燃料燃烧，应该降低燃料比和提高二次能源利用率。2016 年全国重点钢铁企业炼铁工序能耗为 391.52 kg 标准煤 /t，高炉炼铁所需能量有 78% 是来自碳素（用燃料比表示）燃烧。

我国重点钢铁企业高炉的入炉平均焦化为 364 kg/t，喷煤比平均为 151 kg/t，燃料比平均为 515 kg/t。烧结矿的透气性能越好、高炉容积越大，焦比越小；使用天然矿石、高炉容积越小，焦比越大。入炉矿含铁品位提高 1%，炼铁燃料比降低 1.5%，产量提高 2.5%，渣量减少 30 kg/t，允许多喷煤 15 kg/t。

二、炼铁的基本工艺

炼铁是指用高炉法、直接还原法、熔融还原法等，将铁从矿石等含铁化合物中还原出来的生产过程。目前国内钢铁工业炼铁工艺分为高炉炼铁、直接还原炼铁、熔融还原炼铁，但高炉炼铁为国内炼铁主流工艺。高炉炼铁工艺包括供料系统、上料系统、炉顶系统、粗煤气系统、炉体系统、出铁场系统、渣处理系统、热风炉系统和煤粉喷吹系统。辅助系统包括铸铁机和修罐库。

1. 供料上料

入炉的块矿（烧结矿、球团、块矿）、焦炭分别由传输系统送入各自的矿槽，通过给料机、筛分后称量卸到供料皮带运至炉顶装料入炉。筛后的焦粉由汽车运回烧结厂。

2. 高炉熔炼

装入料罐的铁矿石、焦炭和熔剂通过料钟向下运动，从高炉下部风口鼓入预热空气（1 000 ～ 1 300℃），喷入燃料（油、煤或天然气等）。原燃料向下降落，原料经过加热、还原、熔化、造渣、渗碳、脱硫等一系列熔炼被还原成金属铁（铁水）。熔炼产生大量高温高炉煤气向上运动，铁水从高炉底部的出铁口流出，铁渣从炉体下部出渣口排出。

熔炼好的铁水间断从出铁口流入铁水罐，出铁口会产生强烈的喷射烟气，铁水用铁水罐车送至铸铁机浇铸成铁锭或送至转炉炼钢。

从出渣口定期排出炉渣，炉渣经渣沟送入粒化槽，渣沟的粒化箱喷射冷却水使炉渣冷却成粒化，过滤后的水渣经皮带运输机转运至渣场。

3. 热风、煤粉喷吹

热风炉以混合煤气为燃料，在烟气炉燃烧，送入高炉的空气经过热风炉加热至 1 000℃以上。

无烟煤经传送带送入磨机磨成煤粉，再送入高炉喷吹系统喷入炉内。

三、炼铁工序的排污节点分析

（一）主要污染物

1. 废气

炼铁工序的主要大气污染包括热风炉烟气、出铁场废气、炼铁矿槽废气、高炉上料系统废气、高炉喷吹煤粉制备系统废气（表 3-14）。

表 3-14　炼铁工序废气污染源及污染物

生产工序	废气来源	排放过程	主要污染物
原料系统	上料废气	采用胶带机或上料小车上料时，炉顶卸料时产生的含尘废气	颗粒物
	矿槽废气	槽上胶带卸料机、矿槽下给料机、烧结矿筛、焦炭筛、称量漏斗和胶带运输机等生产时在卸料、给料点等处产生含尘废气	
热风系统	热风炉烟气	热风炉燃烧煤气、粉煤、石油、塑料等燃料燃烧产生烟气	SO_2、NO_x、烟尘、二噁英
出铁场	高炉出铁废气	出铁时开、堵铁口以及出铁口、铁沟、渣沟、撇渣器、摆动流嘴、铁水罐等部位产生含尘废气	颗粒物、SO_2、NO_x、CO
高炉喷吹	喷吹废气	煤粉制备及喷吹过程产生煤尘	颗粒物
	煤粉制备废气		
高炉渣处理系统	渣处理废气	用水粒化高炉熔渣产生蒸汽和含硫气体	H_2S、SO_2
		用水热泼干渣产生蒸汽，煤气燃烧产生烟气	烟尘、SO_2 和 NO_x、含硫气体
高炉炉顶	高炉废气	高炉均压放散	CO、粉尘
		由于煤气回收系统管网不平衡，无法及时回收，高炉煤气点火放散	SO_2、NO_x、烟尘

2. 废水

炼铁工序废水包括高炉煤气洗涤水、炉渣粒化废水、铸铁机喷淋冷却废水等，主要为炼铁高炉煤气湿法净化系统废水（SS、COD、挥发酚、总氰化物、总锌、总铅）、炼铁高炉冲渣废水（SS、挥发酚、总氰化物）及净化循环水系统排水（COD、SS）（表 3-15）。炼铁高炉煤气湿法净化系统废水和炼铁高炉冲渣废水沉淀后循环利用，净化循环水系统排水用作炼铁高炉冲渣补水。

表 3-15　炼铁工序废水污染源及污染物

生产工序	废水种类	主要污染物	控制措施
高炉煤气洗涤净化系统	高炉煤气洗涤废水	SS、COD、挥发酚、总氰化物、总锌、总铅	沉淀处理后循环利用，少量外排水可作为高炉冲渣补充水
渣处理系统	高炉冲渣废水	SS、挥发酚、总氰化物	沉淀处理后循环利用

（二）炼铁工序排污节点图

高炉炼铁生产流程与排污节点如图 3-5 所示。

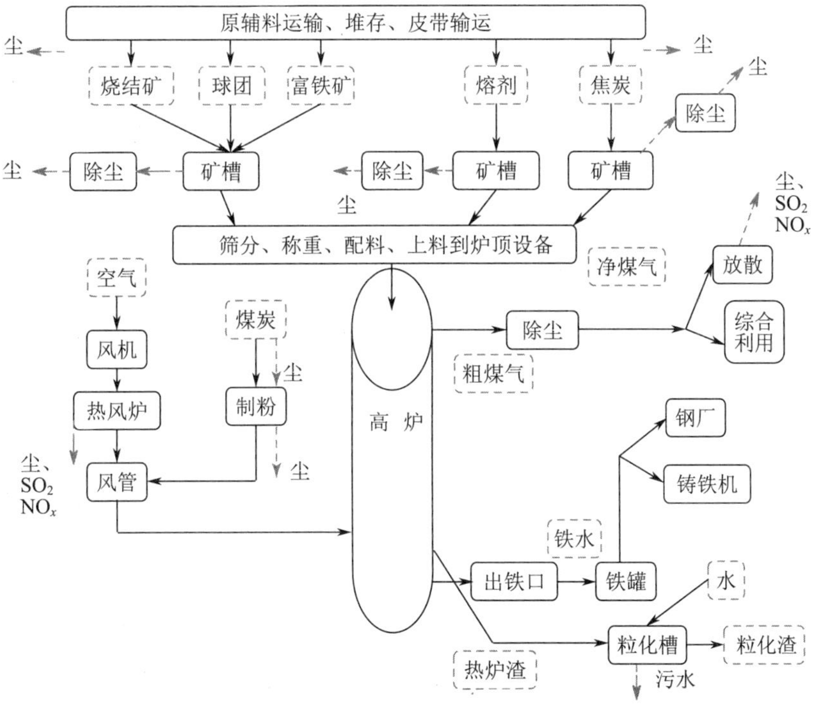

图 3-5　高炉炼铁生产流程与排污节点

（三）炼铁工序的排污节点分析

炼铁工序的排污节点分析如表 3-16 所示。

表 3-16 炼铁工序的排污节点分析

生产工序	生产设施	污染产生原因	排污节点和主要环境因素	控制措施
供料上料	车辆、矿槽、给料机、供料皮带、运输皮带、筛分设备、称量斗等	入炉的原辅料、燃料通过传输带或车辆运至矿槽，通过输运、筛分、上料、入炉产生大量含尘废气	传输带或车辆、筛分、上料、入炉产生无组织含尘废气	传输带或车辆、筛分、上料、入炉过程加强设备的密闭，减少废气外泄； 在矿槽、筛分、入炉过程引气除尘
高炉熔炼	料罐、溜槽、料钟、放散阀、高炉、出铁口、出渣口、炉体冷却系统、铁水罐、载具、开口机、渣铁沟、粒化槽、皮带运输机、渣场、除尘器	高炉进料、出铁、出渣、炉体封闭不严产生炉气泄漏； 铁水装罐、运输、铁渣水冷粒化、渣场运输产生含尘废气； 高炉气放散； 粒化槽冲渣	高炉进料、出铁、出渣、炉体、铁水装罐、运输、铁渣水冷粒化、渣场运输产生无组织含尘废气； 进料、出铁、出渣、水冷粒化集气口产生有组织含尘废气，废气含颗粒物、SO_2、NO_x 等； 除尘器产生尘灰 产生冲渣废水	高炉进料、出铁、出渣、炉体、铁水装罐、运输、铁渣水冷粒化过程加强设备的密闭或集气，减少废气外泄； 进料、出铁、出渣、水冷粒化集气口设除尘器； 尘灰回用； 冲渣废水循环使用；定期送污水站处理
热风、煤粉喷吹	热风炉、煤气管道、助燃风机、煤粉磨机、煤粉仓、除尘器、煤粉喷吹系统等	热风炉煤气燃烧排放烟气； 无烟煤输运、磨粉、煤粉仓产生含尘工艺废气	热风炉煤气燃烧烟气含颗粒物、SO_2、NO_x； 无烟煤输运、磨粉、煤粉仓产生无组织和有组织排放含尘废气	热风炉排放口设烟气除尘器； 无烟煤输运、磨粉、煤粉仓设备加强封闭措施，减少无组织排放； 磨粉、煤粉仓设备排放口设除尘器

第四节　炼钢工序生产工艺环境基础

一、炼钢工序的原辅料与能耗

炼钢分为转炉炼钢和电炉炼钢，不仅炼钢设备不同，炼钢使用的原辅材料也有差异。炼钢的主原料为铁水和废钢（生铁块），炼钢单元产品为粗钢（其中石灰窑和轻烧白云石窑产品为活性石灰、轻烧白云石）。

（一）转炉炼钢的原辅料

转炉炼钢所用原材料分为主原料、辅料和各种铁合金。

1. 主原料

氧气顶吹转炉炼钢用主原料为铁水和废钢（生铁块）。

2. 辅料

炼钢用辅料通常指造渣剂（石灰、萤石、白云石、合成造渣剂）、冷却剂（铁矿石、氧化铁皮、烧结矿、球团矿）、增碳剂以及氧气、氮气、氩气等。

3. 各种铁合金

炼钢常用铁合金有锰铁、硅铁、硅锰合金、硅钙合金、金属铝等。

（二）电炉炼钢的原辅料

电炉炼钢原料有铁质原料、氧化剂、造渣材料、合成渣料、耐火材料、其他材料。

1. 铁质原料

【废钢】电炉炼钢原料中，废钢用量占60%～100%，其中含有有害杂质如油漆、塑料等。

【生铁】生铁或铁水为炼铁得到的铁水和炼铁铸造的生铁，碳含量较高。

【直接还原铁】直接还原铁是精铁粉或氧化铁在炉内经低温还原形成的低碳多孔状物质。

【铁合金】常用的铁合金有硅铁、硅锰、锰铁、铬铁、钼铁、钒铁、铝丝、碳丝及镍、铌铁等。

2. 氧化剂

【氧化铁皮】钢锭及钢坯在轧制过程中表面氧化层脱落而产生的铁屑。钢铁厂氧化铁皮数量为钢材产量的2%～3%。

【氧气】主要采用氧气站或氧气瓶供氧。氧气站采用管道输送氧气。

3. 造渣材料

【石灰和白云石】弧炉使用的石灰和轻烧白云石一般是通过料仓储存，可在电弧炉出钢过程中随钢流加入钢包中，或在炉外精炼时加入。

【萤石】萤石又称氟石，化学成分为氟化钙。萤石的作用主要是降低冶炼温度和降低炉渣黏度。

【碳球】炼钢用碳粉喷入炼钢炉内均匀地散布于钢液中使炉渣发泡。

【高铝钒土】主要由一水铝石和含水铝硅酸盐组成。

4. 合成渣料

【脱硫剂】铁水脱硫剂分为石灰系、碳化钙系、苏打系、镁系四类。

【熔融合成精炼渣】适用于钢包精炼作精炼净化剂。具有很强的脱氧、脱硫效果，可减少钢中气体、降低钢中夹杂。

5. 耐火材料

耐火材料包括炉底耐材、钢包耐材、中包耐材等。

6. 其他材料

其他材料有电极、增碳剂、保温剂、保护渣等。

（三）炼钢工序能耗

炼钢过程需要供给足够的能源才能完成，这些能源主要有焦炭、电力、氧气、惰性气体、压缩空气、燃气、蒸汽、水等；炼钢过程也会释放部分能量，包括煤气、蒸汽等。炼钢工序能耗就是冶炼每吨合格产品（连铸 | 轧钢坯或钢锭）所消耗各种能量之和扣除回收的能量。2016 年我国重点钢铁企业转炉工序能耗为 –13.20 kg 标煤 /t，转炉工序煤气消耗占能源总量的 42%，电力和氧气各占消耗的 20% 左右。2016 年重点钢铁企业电炉工序能耗为 52.65 kg 标煤 /t，电耗占电炉工序总能耗的 60% 左右。

转炉煤气和蒸汽回收率高一些的钢企转炉工序能耗要低一些，一般煤气回收率大于 80 m^3/t 钢、蒸汽回收率大于 50 kg/t 钢的企业转炉工序能耗值可以实现为负值。

钢铁工业生产过程中，所用的能源约有 70% 要转换为各种形式的二次能源，钢铁工业的二次能源主要有三类：①各种副产煤气；②余热；③余能（余压）。钢铁生产过程中产生的二次能源，主要体现在产品的余热（红焦炭、赤热的炉渣，烧结矿和球团矿的显热、液态的铁水和钢水的显热，以及铸坯的热量等）、外排废气的显热（包括烧结、球团、热风炉、加热炉、焦炉等）、各类煤气（高炉煤气、转炉煤气、焦炉煤气等）、高炉炉顶煤气的压力能、冶炼设备冷却水带走的热量，以及炉体散热等。这里有占 34% 的副产煤气，炉渣显热约占 9%，其余是余热等。

重点企业副产煤气回收利用情况见表 3-17。

表 3-17　重点企业副产煤气回收利用情况

	平均值							先进值	落后值
	2014 年	2013 年	2012 年	2011 年	2010 年	2009 年	2008 年	2008 年	2008 年
高炉煤气放散率 /%	2.42	3.46	3.87	3.94	3.76	4.99	6.01	0（14 个企业）	22.19
转炉煤气回收量 /（m^3/t）	106	101	97	84	81	76.5	65	太钢 111	0（12 个企业）
焦炉煤气放散率 /%	0.61	1.25	1.20	2.16	2.06	1.84	2.25	0（19 个企业）	22.6

资料来源：钢铁网。

二、炼钢工序的生产工艺

目前国内钢铁工业长流程炼钢采用转炉炼钢，短流程炼钢采用电炉炼钢。

1. 转炉炼钢工艺流程

铁水由铁水罐运输倒至混铁炉内，经脱硫、挡渣后，加入石灰，另兑 10% 以下废钢，倒入转炉。倒入转炉的铁水，吹入纯氧进行熔炼，使铁水中过量碳氧化，碳含量低于预定值时，停止吹炼出钢。装料和出钢时炉身可以倾斜。出钢时钢水注入钢水包，送连铸工序。转炉内氧化过程释放大量热能使炉内达到足够高的温度。

2. 电炉炼钢工艺流程

先将零散的废钢铁进行配料、挤压、剪切，进料前炉底应先铺占料重 1.5% 左右的石灰，再将处理后的废钢铁倒入料筐，用天车吊至炉内按要求布料。

炉料装完通电加热使炉料熔化，从通电开始到炉料全部熔清为止称为熔化期，此为第一阶段熔化期，主要是熔化炉料、造好炉渣。第二阶段氧化期，炉内除吹氧助熔外，还吹入天然气或轻油或煤粉，增加融化热量。炉内吹氧脱碳和加矿脱碳。氧化结束将熔融的炉渣通过炉门使用耙子扒除钢渣。第三阶段还原期从扒渣完毕到出钢，主要任务是脱氧、脱硫、控制化学成分。

出钢后立即检查炉衬，需填补炉底时，应先将炉底残渣全部扒出，然后进行填补。

3. 铸钢工艺

铸钢的方法主要分为连续铸造和锭模铸造两种。

连续铸钢工艺：由炼钢炉倒出的钢水经炉外精炼处理后，用钢水包运送到浇铸位置注入中间包（钢包回转台），通过中间包钢水连续浇铸在结晶器中，待形成坯壳后，从结晶器以稳定的速度拉出，再经喷水冷却、凝固，铸坯通过拉坯机、矫直机后，脱去引锭杆，完全凝固的直铸坯由切割设备切成指定长度的连铸坯后，经运输辊道或汽车进入轧钢车间。

模铸工艺：将冶炼合格的钢水浇铸到钢锭模内，待钢锭冷却后取出。再送到加工车间加热、开坯、轧成钢材。目前除一些小钢厂外基本很少使用。

三、炼钢工序排污节点分析

（一）主要污染物

1. 废气

转炉炼钢产生废气污染物的生产设施主要包括转炉、石灰窑、白云石窑、铁水预处理（包括倒罐、扒渣等）、精炼炉、连铸切割及火焰清理、钢渣处理等，电炉炼钢产生废气污染物的生产设施主要包括电炉、铁水预处理（包括倒罐、扒渣等）、精炼炉、连铸切割及火焰清理、钢渣处理等。

炼钢的主要有组织废气包括转炉二次废气、电炉冶炼烟气、炼钢石灰窑废气、白云石窑焙烧废气、精炼炉冶炼烟气等（表 3-18）。炼钢生产无组织废气产污环节为铁水预处理过程，生石灰等原辅料输送、转炉兑铁水、加废钢、吹炼、出钢泄漏的废气，转炉在吹炼时产生大量含 CO、粉尘的高温烟气，电炉炼钢加废钢、冶炼、出钢过程，以及精炼炉冶炼产生的含尘烟气和二噁英烟气。电渣冶金时会产生含氟废气，同时由于转炉、LF 精炼炉冶炼时加入萤石，故烟气中还含有氟化物。另外，炼钢所需的石灰、白云石生产时原料和成品转运产生含尘废气，焙烧过程中产生含有烟尘、SO_2、NO_x 的烟气。

表 3-18 炼钢工艺废气来源

工序	产污节点	主要污染物
铁水预处理	铁水倒罐、前扒渣、后扒渣、清罐、预处理过程等	颗粒物
转炉炼钢	吹氧冶炼（一次烟气）	颗粒物、SO_2、NO_x、氟化物（主要成分为 CaF_2）
	兑铁水、加废钢、加辅料、出渣、出钢等（二次烟气）	颗粒物、CO
电炉炼钢	吹氧冶炼（一次烟气）	颗粒物、CO、NO_x、SO_2、氟化物（主要成分为 CaF_2）、二噁英、铅、锌等
	加废钢、加辅料、兑铁水、出渣、出钢等（二次烟气）	
精 炼	钢包精炼炉（LF）、真空循环脱气装置（RH）、真空脱气处理装置（VD）、真空吹氧脱碳装置（VOD）等设施的精炼过程	颗粒物、CO、氟化物（主要成分为 CaF_2）
连 铸	中间罐倾翻和修砌、连铸结晶器浇铸及添加保护渣、火焰清理机作业、连铸切割机作业、二冷段铸坯冷却等	颗粒物
其 他	原辅料输送、地下料仓、上料系统、钢渣处理等	颗粒物
	中间罐和钢包烘烤	SO_2、NO_x、颗粒物
	石灰、白云石焙烧	SO_2、NO_x、颗粒物

2. 废水

炼钢废水包括转炉烟气湿法除尘废水、精炼装置抽气冷凝废水、连铸生产废水、火焰清理机废水等（表 3-19）。主要为炼钢转炉煤气湿法净化回收系统废水（SS、氟化物）、炼钢连铸废水（SS、COD、石油类）和净环水系统排水（COD、SS）。炼钢转炉煤气湿法净化回收系统废水经沉淀处理后回用，炼钢连铸废水采用除油 + 沉淀 + 过滤装置处理后，大部分回用，少部分排至厂内综合污水处理站，净环水系统排水作为炼钢连铸浊环水系统补水。

表 3-19　炼钢工艺废水

废水种类	排水来源	主要污染物	备注
间接冷却软水循环系统	转炉吹氧管、氧枪、烟罩和位于烟罩部位的氧枪孔及连铸结晶器等设备冷却	热污染	冷却后密闭循环使用
间接冷却水循环系统	转炉下料溜槽、炉口、耳轴、转炉前后挡板；精炼炉等设备的间接冷却排水；电炉、电磁搅拌器、变压器油冷却器以及排烟管道套管冷却水	热污染	冷却后循环使用，少量水外排以保持水质稳定
直接冷却浊环水系统	二冷区连铸坯冷却废水、连铸设备冷却废水、钢坯火焰切割渣冲洗废水	氧化铁皮、油脂	沉淀、过滤、冷却、除油后回用，少量外排
湿式除尘浊环水系统	转炉烟气湿式除尘废水	SS、热污染	沉淀、冷却后循环使用，少量外排；电炉烟气一般采用干法除尘，无废水产生

3. 固体废物

炼钢工序固体废物见表 3-20。

表 3-20　炼钢工艺固体废物

固体废物名称	固体废物来源	主要污染物	备注
冶炼渣	铁水预处理脱硫站作业过程中产生的脱硫渣；转炉、电炉和精炼炉冶炼过程中的转炉渣、电炉渣和精炼渣	钢渣	一般工业固废
转炉污泥	转炉一次烟气湿法除尘（OG 法）产生的转炉污泥，也称 OG 泥	氧化铁、油类等	一般工业固废
除尘灰	转炉一次烟气干法除尘（LT 法）产生的 LT 除尘灰；转炉二次烟气和电炉一、二次烟气除尘系统收集的除尘灰；其他除尘系统收集的除尘灰	氧化铁等	一般工业固废
氧化铁皮	浊环水处理系统	氧化铁等	一般工业固废
废油	浊环水处理系统中清除的废油；生产设备集油部分收集的废油	乳化油、润滑油等	危险废物
水处理污泥	浊环水处理系统	氧化铁、油类等	一般工业固废
废耐火材料	转炉、电炉、精炼炉、钢水罐、铁水罐、连铸中间罐等的修砌过程	耐火砖等	一般工业固废
其他	连铸过程产生注余渣、残钢、漏钢、切头切尾废钢	废钢等	一般工业固废

（二）炼钢工序排污节点图

炼钢工序的生产流程与排污节点如图 3-6 和图 3-7 所示。

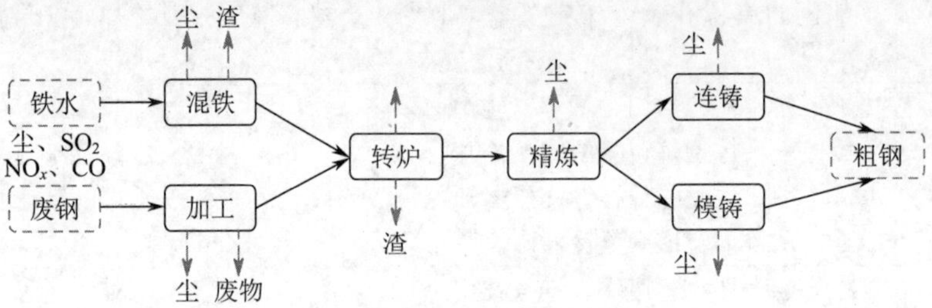

图 3-6 转炉炼钢生产流程与排污节点

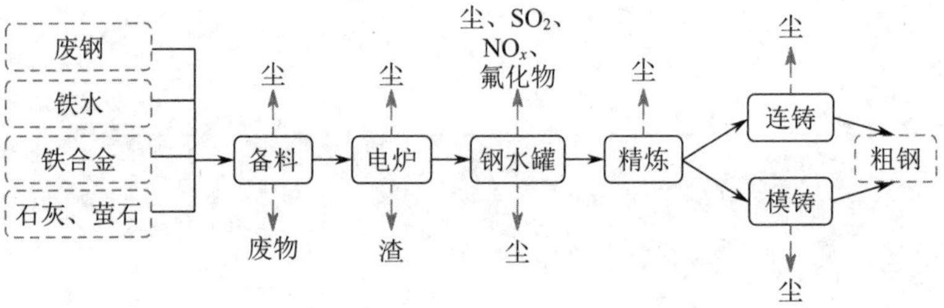

图 3-7 电炉炼钢生产流程与排污节点

（三）炼钢工序的排污节点分析

炼钢工序的排污节点分析见表 3-21。

表 3-21 炼钢工序的排污节点说明

生产工序	生产设施	污染产生原因	排污节点和主要环境因素	控制措施
转炉炼钢	铁水罐、钢包台车、渣罐、吊车、混铁炉、转炉、烟罩提升装置、升降溜槽、精炼炉、钢渣场等	铁水、废钢的转运、倾倒、转炉吹炼、烟罩提升、钢水倾倒、转运、精炼过程产生大量废气；撇渣、运渣、渣场装卸过程产生大量工艺废气；吹炼产生钢渣，修炉产生废耐火材料，除尘器产生尘灰	铁水、废钢的转运、倾倒，钢水倾倒、转运过程和撇渣、运渣，渣场装卸过程产生大量含尘废气；转炉吹炼、烟罩提升产生吹炼烟气，精炼炉产生精炼烟气，含颗粒物、CO、SO_2、NO_x；产生钢渣、废耐火材料、尘灰	转炉加料、吹炼、倾倒钢水过程，精炼炉采用集气罩和封闭引气除尘；钢包、铁水罐加盖封闭；车间空气应采用引气除尘；钢渣、尘灰综合利用，废耐火材料按一般固体废物处置

生产工序	生产设施	污染产生原因	排污节点和主要环境因素	控制措施
电炉炼钢	钢包、吊车、变压器、电弧炉、钢渣场、精炼炉等	废钢加工、电炉布料、出渣、出钢、钢包运输、运渣、渣场装卸过程产生大量工艺废气； 电炉熔炼、精炼炉产生熔炼废气； 电炉出渣，电炉修补产生钢渣和废耐火材料	废钢加工、电炉布料、出渣、出钢、钢包运输过程产生大量含尘工艺废气； 熔炼、精炼产生熔炼废气，含颗粒物、CO、NO_x、氟化物、SO_2； 产生钢渣、废耐火材料、尘灰	电炉、精炼炉、废钢加工、电炉布料、出渣、出钢采用集气罩和封闭引气除尘； 钢包、铁水罐加盖封闭； 车间空气应采用引气除尘； 钢渣、尘灰综合利用，废耐火材料按一般固体废物处置
连铸工艺	钢包及载具、钢包回转台、中间包、结晶器、冷却装置、拉矫装置、引锭杆、切割设备（火焰或机械）、中间包烘烤装置等	钢水包运输、倾倒、结晶器拉坯、坯材切割、中间包烘烤过程产生大量工艺废气	钢水包运输、倾倒、结晶器拉坯、坯材切割、中间包烘烤过程排放粉尘	钢水包、中间包加盖防尘； 坯材切割、中间包烘烤采取集气除尘措施
模铸工艺	钢包及载具、钢包回转台、中间包、模铸机、水冷却系统等	钢水包运输、倾倒、模铸机注钢水、水冷却过程产生大量工艺废气； 水冷却系统定期更换冷却水	钢水包运输、倾倒、模铸机注钢水、水冷却过程排放粉尘； 水冷却系统产生废水，主要污染物 SS、石油类	钢水包运输、中间包加盖防尘； 直接冷却废水排污水站处理

第五节　轧钢工序生产工艺环境基础

一、轧钢的原料与能耗

轧钢（也称钢压延加工）是指通过热轧、冷加工、锻压和挤压等塑性加工使连铸坯、钢锭产生塑性变形，制成具有一定形状尺寸的钢材产品的生产活动。在轧钢生产中，一般常用的原料为钢锭、轧坯和连铸坯，也有采用压铸坯的。辅料有轴承油、润滑油、聚合氯化铝、氢氧化钠、聚丙烯酰胺等。

主要燃料包括重油、柴油、天然气、液化石油气、焦炉煤气、高炉煤气、转炉煤气、发生炉煤气等。

主要辅料：酸液（作为酸洗液，如氢氟酸、盐酸）、锌锭（热镀锌和电镀锌原料）、钝化液等。

轧钢分为热轧工艺和冷轧工艺，因此轧钢单元产品分为热轧材和冷轧材。

热轧工序的能耗主要产生于均热炉、退火炉。使用的能源主要是高炉煤气、混合煤气、重油等，热轧吨钢需消耗高炉煤气 500 ～ 600 m^3/t，或消耗混合煤气 200 ～ 240 m^3/t，或消耗重油 50 ～ 60 kg/t。

高炉容量增大，入炉的铁矿品位提高 1%，就可使焦比下降 1.5%，产量提高 2.5%，吨铁渣量减少 30 kg，允许多喷吹 15 kg/t 铁煤粉。

二、轧钢生产的基本工艺

目前国内钢铁工业轧钢工艺分为热轧和冷轧。

1. 热轧工艺

板坯由连铸机出坯辊道或汽车送到热轧车间板坯库，热钢坯直接送加热炉加热，冷钢坯由吊车吊至上料台架，再经加热炉加热。

加热的钢坯进入加热炉的装炉辊道，再由出钢机托出，通过出炉辊道、输送辊道输送，经高压水除鳞装置除鳞后，进入可逆粗轧机轧制，粗轧后再用高压水除鳞装置二次清除氧化铁皮，然后进入精轧机组。精轧过程采用水直接冷却系统经过多次轧制成规定的板材或线材，通过机械打卷或打捆入热轧成品库。

2. 冷轧工艺

钢铁厂的冷轧产品主要有普通冷轧板、镀锡板、镀锌板和彩涂板。冷轧的主要生产工序有酸洗、冷轧、退火、平整、剪切，电镀板在酸洗后还要脱脂，退火前也需脱脂（碱洗）。

坯料在冷轧制前须经过连续酸洗机组清除氧化铁皮，以保证带钢表面光洁。酸洗后进行连续冷轧，轧到一定厚度还须进退火炉退火，使钢软化。在退火之前还需进行脱脂，脱脂后的带钢，在保护气体中进行退火。退火后的带钢再进行平整、剪切。工艺润滑剂有轧制油和乳化液两大类（水作载体），常用的是乳化液。

三、轧钢工序的排污节点分析

（一）主要污染源

1. 废气污染源

热轧产生废气污染物的生产设施主要包括热处理炉、热轧精轧机、精整机、抛丸机、修磨机、焊接机等；冷轧产生废气污染物的生产设施主要包括热处理炉、拉矫机、精整机、修磨机、焊接机、轧制机组、废酸再生设施、酸洗机组、涂镀层机组、脱脂机组、涂层机组等。

轧钢主要废气污染为热处理炉烟气及轧制、表面处理产生的无组织废气排放。热轧工序产污环节为加热炉燃烧后产生含颗粒物、SO_2、NO_x的烟气，轧制过程中产生粉尘和油烟。冷轧工序产污环节为拉矫机、焊机在生产过程中产生含尘废气，污染物种类为颗粒物；酸洗槽、漂洗槽等处产生氯化氢、硫酸雾、硝酸雾及氟化物；废酸再生系统产生含颗粒物、氯化氢、硝酸雾及氟化物的废气和酸雾；碱洗槽、刷洗槽、漂洗槽等处产生碱雾；轧机、平整机组产生乳化液油雾；涂镀层机组产生铬酸雾；彩涂产生含苯、甲苯、二甲苯及非甲烷总烃的有机废气；退火产生含颗粒物、SO_2、NO_x的燃烧废气。轧钢工序废水污染源及污染物见表 3-22。

表 3-22 轧钢工序废气污染源及污染物

污染物	排放源	排放工艺
烟气	加热炉	加热炉运行时燃料燃烧产生烟气，含颗粒物、SO_2、NO_x
酸雾	连轧、推拉式酸洗、电镀锡、电镀锌、热镀锌、中性盐电解酸洗、电解酸洗、混酸酸洗电解脱脂槽、涂层、酸再生装置	连轧、推拉式酸洗、电镀锡、电镀锌、热镀锌、中性盐电解酸洗、电解酸洗、混酸酸洗、电解脱脂槽、涂层、酸再生装置等产生含酸废气，含酸雾、颗粒物等
碱雾	热镀锌机组、连退机组、脱脂清洗段等	热镀锌机、组连退机组、脱脂等设备、碱洗槽、漂洗槽等在工艺过程中产生含碱废气，含碱雾、颗粒物等
乳化液油雾	冷轧机组、湿平整机、修磨抛光机组等设备	冷轧机组、湿平整机、修磨抛光机组等设备工作时产生乳化液油雾、颗粒物
粉尘	热轧精轧机、拉矫机、焊接机、酸再生、干平整机、管坯精整、方坯精整、抛丸机、修磨机、锌锅、锡锅、铅浴炉等	热轧精轧机、拉矫机、焊接机、酸再生、干平整机、管坯精整、方坯精整、抛丸机、修磨机、锌锅、锡锅、铅浴炉等设备运行时产生含颗粒物废气

2. 废水污染源

轧钢工艺产生的废水分为热轧废水和冷轧废水，其中以冷轧废水为主。

热轧工序废水主要为热轧直接冷却废水，含有氧化铁皮及石油类污染物等（SS、COD、石油类），且温度较高；热轧废水还包括净环水系统排水（COD、SS）、设备间接冷却排水、带钢层流冷却废水，以及热轧无缝钢管生产中产生的石墨废水等。热轧直接冷却废水采用除油 + 沉淀 + 过滤装置或稀土磁盘处理后，大部分回用，少部分排至厂内综合污水处理站，净环水系统排水作为热轧直接冷却水系统补水。

冷轧废水包括酸洗、漂洗槽产生的含酸废水（pH、COD、氟化物），脱脂产生的含碱废水（pH、COD、石油类），轧机排雾净化系统以及清洗产生的含油废水（pH、COD、石油类），磨辊间及冷轧轧制等产生的乳化液废水（pH、COD、石油类），热镀锌钝化废水（六价铬、总铬）和净环水系统排水（COD、SS），还包括少量的光整废水、湿平整废水、重金属废水（如含六价铬、锌、锡等）和磷化废水等。

3. 固体废物

轧钢工艺产生的固体废物主要为冷轧酸洗废液（包括盐酸废液、硫酸废液、硝酸-氢氟酸混酸废液），还包括除尘灰、水处理污泥（包括少量含铬污泥、含重金属污泥）、锌渣和废油（含处理含油废水中产生的废滤纸带）等，其中含铬污泥、含重金属污泥、锌渣及废油属危险废物。

（二）轧钢工序的排污节点图

轧钢工序的生产流程与排污节点见图3-8和图3-9。

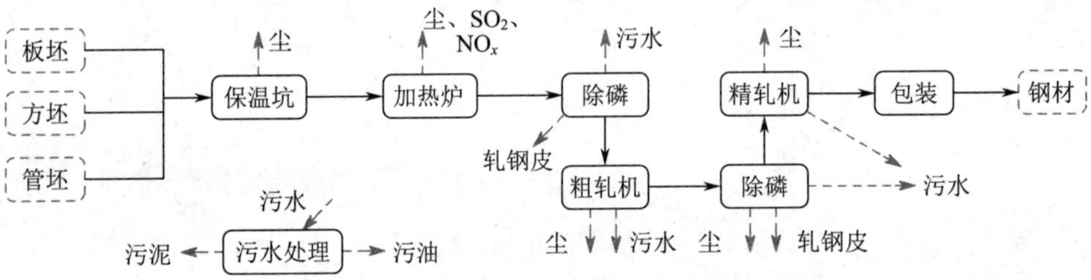

图3-8 热轧生产流程与排污节点

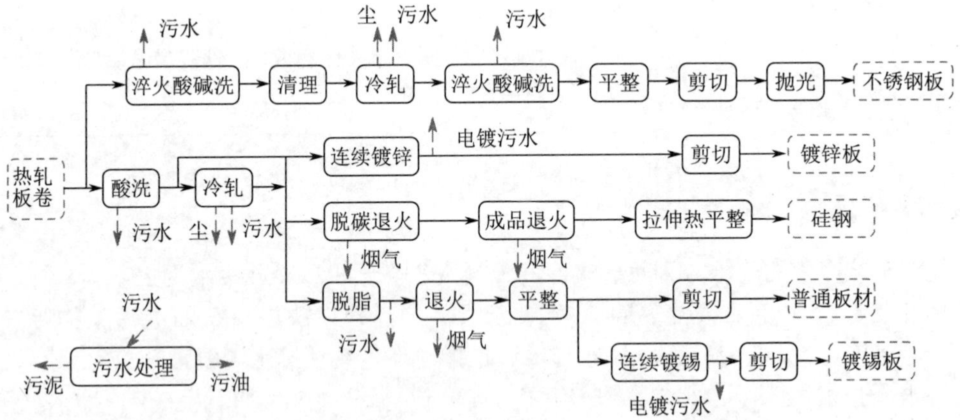

图3-9 冷轧生产流程与排污节点

（三）轧钢工序的排污节点分析

轧钢工序的排污节点分析见表3-23。

表 3-23　轧钢工序的排污节点分析

生产工序	生产设施	污染产生原因	排污节点和主要环境因素	控制措施
热轧工艺	加热炉、热轧机组、运输辊道、除磷装置、水冷却系统、冷却水处理系统、卷取机、飞剪、热轧成品库、天车等	钢坯经煤气加热的加热炉加热产生废气；加热后钢坯经粗轧，再经精轧，精轧采用水直接冷却，产生冷却废水；加热和初轧后分别用高压水除去鳞皮，产生除磷废水；冷却水处理系统产生含氧化皮污泥	加热炉产生燃烧废气，含颗粒物、NO_x、SO_2；除磷废水和直接冷却水含SS、石油类、COD；废氧化皮、水处理池污泥、废油	加热炉废气引气除尘；加热炉减少炉气泄漏；除磷废水和直接冷却水经沉淀池去除氧化皮和浮油后循环使用；污泥、废油综合利用
冷轧工艺	运输辊道、酸洗槽、脱脂槽、冷轧机、退火炉、水冷却系统、冷却水处理系统、平整机、剪切机、卷取机、冷轧成品库、天车等	钢坯酸洗、碱洗产生废水；冷轧、水冷却系统产生含尘废气和废水；退火炉产生燃烧烟气；镀槽产生电镀废水；冷却水处理系统产生废油、含氧化皮污泥	酸碱洗废水含SS、pH、石油类；冷轧、水冷却系统废水含SS、石油类；电镀废水含COD、pH、金属锌；退火炉产生燃烧烟气，含颗粒物、SO_2、NO_x，冷轧产生含尘废气；废油、电镀废渣、废液、废酸、废碱均属危险废物；含氧化皮污泥属一般废物	废油、电镀废渣、废液收集、贮存、外运建台账，按危险废物管理；电镀废水和冷却水处理系统外排废水、酸碱洗废水排污水站；冷轧、水冷却系统废水排污水处理系统经隔油、沉淀后循环利用；退火炉烟气引气除尘；含氧化皮污泥属一般废物，综合利用

第六节　钢铁工业的环境管理

一、环境规划要求

钢铁工业应控制总量，淘汰落后产能，推进结构调整，优化产业布局。鼓励钢铁工业大力发展循环经济，提高资源能源利用率以及消纳社会废弃资源的能力，减少污染物排放总量和排放强度。

钢铁企业采用的生产工艺、装备应符合国家相关产业政策，不支持建设独立的炼铁厂、炼钢厂和热轧厂，不鼓励建设独立的烧结厂和配套建设燃煤自备电厂（符合国家电力产业政策的机组除外）。

项目建设符合国家和地方环境保护的相关法律法规，符合落后产能淘汰的相关要求。实行铁、钢产能等量或减量置换，其中辽宁、河北、上海、天津、江苏、山东等省（市）实行省内铁、钢产能等量或减量置换。不予批准未按期完成淘汰任务地区的项目。要求普钢企业粗钢年产量达到 100 万 t 及以上规模，特钢企业 30 万 t 及以上规模，且合金钢比大于 60%（不含合金钢比 100% 的高速钢、工模具钢等专业化企业）。

采用资源利用率高、污染物产生量小的清洁生产技术、工艺和设备，单位产品的物耗、能耗、水耗、资源综合利用和污染物排放量等指标达到清洁生产先进水平，京津冀、长三角、珠三角等区域的项目单位产品能耗达到国际先进水平。固体废物综合利用率不低于 94%。

二、环境管理与监督要求

1. 环境管理的要求

要将排污许可制度纳入企业环境责任管理和行为登记评价考核指标；建立健全相应台账和档案制度；建立健全自我监测管理体系；建立健全污染治理设施运行管理制度；建立健全颗粒物、SO_2、NO_x 的总量和污染物排放量核算制度；不断完善对危险化学品和污染治理设施的应急预案报备和管理体系。

2. 环境监督管理要求

（1）企业应按照有关规定，安装化学需氧量、颗粒物、SO_2、NO_x、重点重金属等主要污染物在线监测和传输装置，并与环境保护行政主管部门的污染监控系统联网。

（2）企业应加强厂区环境综合整治，厂区绿化植物品种设计应因地制宜，最大限度满足抑尘、吸收有毒有害气体及隔声吸声要求，原辅燃料场绿化隔离带应合理密植或复层绿化。

（3）企业应加强对原料场及各生产工序无组织排放的控制。

3. 排放污染物总量控制

钢铁企业排污须持有排污许可证，达标排放。污染物排放总量满足国家和地方的相关控制指标要求，有明确的总量来源和具体的平衡方案。不予批准超过污染物排放总量控制指标或未完成环境质量改善目标地区新增污染物排放的项目。

钢铁企业吨钢烟（粉）尘排放量不超过 1.19 kg，吨钢二氧化硫排放量不超过 1.63 kg。企业污染物排放总量不超过环保部门核定的总量控制指标。有单项污染物减排任务的企业，须落实减排措施，满足减排指标要求。实施钢铁烧结机烟气脱硫，到 2015 年，所有烧结机和位于城市建成区的球团生产设备烟气脱硫效率达到 95% 以上。

三、大气污染防治要求

原料场、烧结（球团）、炼铁、炼钢、石灰（白云石）焙烧、铁合金、炭素等工序各产尘源，均应采取有效的控制措施。鼓励以干法净化技术替代湿法净化技术，优先采用高效袋式除尘器。

烧结烟气应全面实施脱硫。治理技术的选择应遵循“经济有效、安全可靠、资源节约、综合利用、因地制宜、不产生二次污染”的总原则。脱硫工艺应是干法、半干法和湿法等多技术方案的比选优化，特别是对于在大气污染防治重点区域的钢铁企业，宜兼顾氮氧化物、二噁英等多组分污染物的脱除。鼓励采用烟气循环技术、余热综合回收利用等技术集成。

鼓励高炉煤气干法除尘。高炉炼铁车间应采取有效的一、二次烟气净化措施，高炉出铁场（出铁口）烟气优先采用顶吸加侧吸方式捕集，摆动流嘴烟气和铁水罐烟气优先采用顶吸罩捕集。

鼓励转炉煤气干法除尘。转炉、电炉炼钢车间应采取有效的一、二次烟气净化措施，电炉烟气宜采用“炉内排烟＋大密闭罩＋屋顶罩”方式捕集，并应优先采用覆膜滤料袋式除尘器净化。鼓励对炼钢车间采取屋顶三次除尘技术。

鼓励轧钢工业炉窑采用低硫燃料、蓄热式燃烧和低氮燃烧技术。冷轧酸洗及酸再生焙烧废气优先采用湿法喷淋净化技术，硝酸酸洗废气优先采用湿法喷淋与选择性催化还原脱硝相结合的二级净化技术，有机废气优先采用高温焚烧或催化焚烧净化技术。

四、水污染防治要求

长流程钢铁企业原料场、烧结（球团）、炼铁以及转炉炼钢工序，各类生产性废水优先在本生产单元内循环使用，排出废水（烟气脱硫废水除外）送原料场、高炉冲渣等串级使用。

热轧废水处理后应循环和串级使用。冷轧废水应分质预处理后再综合处理。含铬废水优先采用碳钢酸洗废酸或亚硫酸氢钠还原处理，低浓度含油废水优先采用生化法处理。

铁合金煤气洗涤废水和含铬、钒废水应单独处理，可采用硫酸亚铁、亚硫酸钠、焦亚硫酸钠等还原处理后循环使用。

鼓励对循环水系统的排污水及其他外排废水，统筹建设全系统综合废水处理站，有效处理并回用。

五、固体废物处置及综合利用要求

鼓励各类固体废物优先选用高附加值利用方式或返回原系统利用。

鼓励烧结（球团）、炼铁、炼钢工序收集的含铁尘泥造球后返回烧结（球团）工序，锌及碱金属含量较高时应先脱除处理后再利用；含油较高的含铁尘泥、氧化铁皮应脱油处理后再利用。

高炉渣应全部综合利用，水渣优先生产矿渣微粉，干渣优先生产矿渣棉、保温材料等。

钢渣应采用滚筒法、热闷法、浅盘热泼法、水淬法等工艺处理，处理后的钢渣宜用于生产钢渣微粉（水泥）或替代石灰（石灰石）熔剂用于烧结等。

连铸、热轧氧化铁皮、含铁尘泥、废酸再生回收的金属氧化物，宜优先作为原料生产高附加值产品。

轧钢废酸、废电镀液和废油优先处理后回用，活性炭类废吸附剂宜优先用于高炉喷煤或其他方式安全利用。

使用废旧钢材时，应采取必要的监测措施，防止放射性物质熔入钢铁产品。

六、符合二次污染防治要求

生产及废水处理过程产生的废油、废酸、废碱、废电镀液、含铬（镍）污泥以及含铅、铬、锌等重金属的废渣（尘泥）等，应妥善贮存、回收利用或安全处置。

脱硫副产物应合理处置和安全利用，严格预防和控制二次污染的产生。

（一）烧结工艺的主要环境问题

（1）破碎、筛分、转运站以及原料场等工序都会造成较大的无组织排放。

（2）钢铁行业的 SO_2 主要产生于烧结过程，要求采取有效的脱硫措施和装置。

（3）钢铁行业的 NO_x 主要产生于烧结过程，要求采取有效生产技术措施减少 NO_x 的排放量。

（4）钢铁行业的二噁英和氟化物主要产生于烧结过程，要求采取有效的生产技术措施减少二噁英和氟化物的排放量。

（二）炼铁工艺的主要环境问题

（1）炼铁废气有组织和无组织排放问题。

在高炉炼铁生产工艺中，废气的有组织和无组织排放都比较严重，冶炼车间烟粉尘和气态污染物的逸出或泄漏，会造成较大的无组织排放，都应采取有效防控措施。

（2）炼铁生产废水回用问题。

炼铁生产废水主要来自：

①高炉煤气洗涤水。废水中的主要污染物为SS，浓度1 000 ～ 3 000 mg/L。其次含少量酚、氰、Zn、Pb、硫化物和热污染；

②炉渣粒化水。废水中的主要污染物为SS，浓度200 ～ 300 mg/L；

③高炉、热风炉间接冷却水。水质未受污染，经冷却和水质稳定处理后即可回用。炼铁废水一般经沉淀、过滤、冷却处理后，再循环到煤气洗涤器循环利用，为稳定水质，该系统将有少量外排水，可作为高炉冲渣补充水。

（三）炼钢工艺的主要环境问题

（1）转炉一次烟气净化和转炉煤气回收利用问题；
（2）转炉二次烟气和电炉烟气的治理问题；
（3）转炉烟气和电炉烟气余热回收利用、高温钢渣的显热回收利用问题；
（4）电炉炼钢工序二噁英的减排和污染治理问题；
（5）使用氟系熔渣进行重熔冶炼的特钢企业氟化物控制问题；
（6）转炉煤气洗涤废水和连铸直接冷却浊环水的处理和回用问题；
（7）钢渣（转炉渣、电炉渣、精炼渣、脱硫渣等）的处理和综合利用问题；
（8）含铅、锌等重金属电炉粉尘的处理和综合利用问题。

思考与练习

1. 分析烧结、炼铁、炼钢和轧钢的排污节点的主要环境要素。
2. 分析烧结、炼铁、炼钢和轧钢的 SO_2 产生机理。
3. 分析烧结、炼铁、炼钢和轧钢的有组织颗粒物的产生与排放。
4. 分析烧结、炼铁、炼钢和轧钢的无组织颗粒物的产生与排放。
5. 分析烧结、炼铁、炼钢和轧钢的 NO_x 产生机理。

第四章　有色金属冶炼和压延加工业生产工艺环境基础

本章介绍我国有色金属冶炼和压延加工业存在的主要环境问题；以有色金属冶炼行业中的典型行业铅冶炼、锌冶炼和氧化铝、电解铝工业为例，介绍了这些行业的主要环境问题、原辅材料、基本能耗、主要生产设备与基本工艺、排污节点和环境要素分析。

专业能力目标：

1. 了解有色金属冶炼和压延加工业的主要环境问题。
2. 了解铅冶炼的原料结构。
3. 了解氧化铝工业的原辅料结构与生产工艺。
4. 基本掌握铅冶炼的基本生产工艺。
5. 掌握铅冶炼的排污节点分析、主要大气污染来源及环境要素分析。
6. 基本掌握电解铝加工的原料、生产工艺、主要大气环境要素分析。

第一节　有色金属冶炼和压延加工业的环境问题

有色金属冶炼和压延加工业是对有色金属进行冶炼、压延加工等一系列工作的生产部门的总称。有色金属分为重金属、轻金属、贵金属、半金属和稀有金属五类。

在《国民经济行业分类》（GB/T 4754—2017）中有色金属冶炼和压延加工业属制造业（C 大类 32 中类）。包括常用有色金属冶炼（321，包括铜、铅、镍、锡、锑、铝、镁等）、贵金属冶炼（322，包括金、银等）、稀有稀土金属冶炼（323，钨钼、稀土等）、有色金属合金制造（324）、有色金属铸造（325）、有色金属压延加工（326）。本章只介绍铅锌冶炼（3212）、铝工业（3216）。

一、有色金属冶炼和压延加工业现状

有色金属是重要的基础原材料，广泛应用于国民经济和国家建设的各个领域。随着经济的快速发展，我国已成为有色金属生产大国，有色金属总产量和主要有色金属生产量居世界前列，我国 10 种常用有色金属总产量自 2001 年超过美国位居世界第一后，2001—2016 年又从 883.7 万 t 增至 5 283 万 t，年均增长 31.1%，占全球总产量的 40% 以上，连续 15 年位居世界第一。其中，精炼铜、原铝、铅、锌产量分别为 844 万 t、3 187 万 t、467 万 t、627 万 t。2003—2015 年我国 10 种常用有色金属产量见表 4-1。

表 4-1 2003—2015 年我国 10 种常用有色金属产量 单位：万 t

年份	总计	铜	铝	铅	锌	镍	镁	海绵钛	汞	精锡	精锑
2000	775	137	289	105	195	5.0	19	0.190 5	0.020	9.16	11.13
2005	1 632	258.34	780	239.1	277.6	9.53	46.96	0.951 1	0.036 1	11.94	14.55
2006	1 915.21	300.21	926.6	271.5	316.3	10.8	52.42	1.803 7	0.035 0	13.81	15.01
2007	2 370.05	344.28	1 234	278.8	374.3	21.4	67	4.52	0.079 8	15.5	15.29
2008	2 550.73	379.46	1 316.5	325.80	404.23	13.26	63.12	4.14	0.133 3	12.95	18.36
2009	2 624.54	413.49	1 288.6	370.79	428.63	16.48	50.08	6.15	0.142 5	13.45	16.58
2010	3 120.98	458.65	1 577.1	426	520.89	17.1	65.4	7.4	0.158 5	16.4	14.2
2011	3 435.44	524.02	1 767.9	465	516.83	18.5	66.1	6	0.149 3	15.6	12.08
2012	3 691.2	582.35	1 985.8	464.57	484.50	22.92	69.83	7.69	0.134 7	14.81	12.99
2013	4 028.78	685.59	2 195.64	456.75	536.78	34.44	76.97	8.11	—	15.85	12.48
2014	4 417	796	2 438	422	583	35.36	87.39	6.26	—	17.2	13.55
2015	5 156	796	3 141	440	615	23.2	85.3	6.02	—	17.8	—

资料来源：中国有色金属科技信息网，2015 年产量为国家统计局公报数据。

有色金属原料成分复杂，工艺类型繁多，生产规模差距明显，生产中产生的污染物种类和数量差别悬殊。有色金属冶炼和压延加工业一直被视为高污染行业，其一个重要的环境特征是原料中含有多种有毒物质，如砷、氟、硒、碲等，多数有色金属本身就有毒性，如铅、汞、镉、镓、铊、锌、铜等。从有色金属的采矿、选矿、冶炼到加工，都会产生和排放含有有毒金属成分的污染物。1 t 有色金属冶炼对环境产生的影响要远远大于钢铁工业的冶炼。

据中国有色金属协会统计，有色金属冶炼和压延加工业企业数量从 1978 年的 602 家增长到 2015 年的 4 231 家，其中有相当一部分企业是中小型企业，工艺设备落后，污染防治措施不到位。

我国有色金属冶炼和压延加工业虽然有了很大的发展，但在满足 2020 年实现国民经济总产值再翻两番目标的需求、保障经济稳定持续的发展上，还存在资源、能源、环境等方面制约自身发展的重大瓶颈问题。

《工业和信息化部关于印发〈有色金属工业发展规划（201 6 － 2020 年）〉的通知》（工信部规〔2016〕316 号）提出，严控铜、电解铝、铅、锌、镁等冶炼产能扩张，尤其是电解铝要严格落实等量或减量置换方案。同时，大力发展高端材料，着力发展高性能轻合金材料、有色金属电子材料、有色金属新能源材料、稀有金属深加工材料等。

二、有色金属冶炼和压延加工业存在的环境问题

有色金属冶炼和压延加工业是以开发利用矿产资源为主的基础原材料产业，也是我国能源资源消耗和污染物排放的重点行业之一。有色金属冶炼和压延加工业经过节能减排取得初步成效，铜冶炼、铅锌冶炼、镁冶炼、稀土冶炼等综合能耗都大幅降低，重金属污染物、化学需氧量、二氧化硫等排放量都有不同程度下降，尾矿、冶炼渣等大宗固体废物综合利用水平不断提高，但在资源能源、产业结构和环境保护方面还存在相当大的问题。

2016 年我国有色金属冶炼和压延加工业能源消耗平稳增长，增幅为 1.02%。2016 年，有色金属冶炼和压延加工业用电 925.95 亿 kW · h，同比增长 3.48%，用电量占全部规模以上工业用电量的 82.8%。

1. 行业集中度不高，产能落后

我国有色金属冶炼和压延加工业能源消耗主要集中在矿山、冶炼和压延加工三大领域。有色金属行业产业结构性矛盾依然突出，虽然我国有色金属冶炼和压延加工业的单位能耗在下降，但总能耗却在不断增加。部分产品产能过剩，行业内部竞争激烈；产业区域布局不尽合理，资源综合利用水平不高；产业集约化程度低，中小企业数量较多，行业集中度不高；部分中小企业的生产工艺技术落后，再生金属企业规模小，资源、能源和环境对产业的发展制约因素突出。尽管有色金属工业在淘汰落后生产能力方面已取得积极进展，但从整体上看，技术设备落后、能源消耗高、环境污染大的落后产能在有色金属和压延加工业中仍占相当比例，尤其是铅锌冶炼行业，中小企业居多，淘汰落后产能任务艰巨。

2. 单位能耗与国外先进水平差距较大

有色金属冶炼和压延加工业由于其矿物伴生结构的特点，致使分离提纯的生产工艺较其他工业要复杂得多，属高耗能产业。我国部分有色金属产品单耗与世界先进水平仍存在一定差距。2015 年，我国铅冶炼综合能耗 400.1 kW · h/t，与国外先进水平 300 kW · h/t 相比，仍然存在较大差距；原铝平均综合交流电耗为 13 562 kW · h/t，发达国家企业为 13 000 kW · h/t 左右。国内企业间能耗水平也相差悬殊，如我国电解铝综合交流电耗已处于世界先进水平，但是国内电解铝企业之间差距较大，最好的企业为 13 000 kW · h/t 左右，最差的企业仍为 15 000 kW · h/t，相差 2 000 kW · h/t。

3. 环境污染问题突出

有色金属冶炼和压延加工业环境污染问题突出。有色金属冶炼和压延加工业的行业特征决定了其在生产过程中重金属污染物产生和排放量较大，铜冶炼、铅锌冶炼、镍钴

冶炼、锡冶炼、锑冶炼、钼冶炼、稀土冶炼和汞冶炼等重金属污染防治重点行业面临新增污染源防治与历史遗留污染解决的双重任务，工作难度和压力较大。

我国有色金属矿物品位较低，并常与多种有毒金属和非金属元素共生，所以在采、选、冶、压延加工各工序产生大量废渣（石），废水、废气和废渣中都含有有毒物质，污染治理工艺复杂，成本高昂，如治理措施不力，排入环境，极易造成严重污染危害。重金属污染仍是有色金属行业极为突出的环境问题。

部分企业无组织排放问题突出，锑等部分小品种及小再生冶炼企业生产工艺和管理水平低，难以实现稳定达标排放，重点流域和区域砷、镉等重金属污染治理、矿山尾矿治理以及生态修复任务繁重。

4. 固体废物整体综合利用率不高

我国有色金属冶炼和压延加工业固体废物整体综合利用水平偏低，约有 2/3 具有共伴生有用组分的矿山未开展综合利用；废石、原矿利用率仅为 5%。其中，共伴生矿综合利用率仅为 50%，比发达国家低 20% 左右，铅、锌、钨、钼等金属选矿回收率以及铜、镍冶炼等回收率与国外先进水平仍有较大差距。有色金属尾矿的综合利用是一个重要问题。我国有色金属矿山尾矿和赤泥累积堆存量越来越大，不仅造成资源浪费，还引发环境污染、安全隐患、土地占用等较大的社会危害。目前，我国尾矿累积堆存量大约为 120 多亿 t。其中，铁尾矿占比较大，其次是铜尾矿、黄金尾矿以及有色金属和稀贵金属尾矿。

三、有色金属冶炼和压延加工业的污染减排途径

1. 结构减排

提高行业准入门槛，加快淘汰落后产能——提高有色金属行业准入门槛，严格控制新建高耗能、高污染项目。严格执行国家产业政策，严格执行准入标准和备案制，严格控制铜、铅、锌、钛、镁新增产能、规模和技术装备。依靠法律、经济和必要的行政手段以及技术进步，按期淘汰落后产能。

2. 技术减排

加大科技创新投入，积极推行清洁生产——加强对污染产业密集、历史遗留污染问题突出、风险隐患较大的重金属污染区域的整治力度，建设重金属污染治理设施，鼓励企业在达标排放的基础上进行深度处理。大力推广不仅环保达标、安全高效，而且能耗物耗低、资源综合利用效果好的先进生产工艺。

开发节能减排技术，大力发展循环经济——鼓励低品位矿、共伴生矿、难选冶矿、尾矿和熔炼渣等资源开发利用。促进冶炼企业原料中各种有价金属元素的回收、冶炼渣综合利用，以及冶炼余热利用。

采用先进工艺和设备，提高能源利用效率。鼓励企业采用自热强化熔炼和电解工艺、设备和自动控制技术、湿法冶金节能技术和有色金属加工节能技术等，加强循环经济共性技术研究，通过依靠科技进步和加强管理来实现技术节能。

3. 管理减排

加大政府部门监督力度。各级政府要对限期淘汰的落后设备严格监管，禁止擅自扩容改造和异地转移。对违法违规建设、擅自扩容改造或异地转移落后设备的企业，继续实施限制融资等措施，并且国土资源部门不予办理用地手续。相关部门还应当适时向社会发布有色金属产业政策、项目核准、产能利用、淘汰落后产能等信息。

严格有色金属废渣废液减量化、资源化、无害化管理，防止矿渣、冶炼废渣和回收尘泥的随意堆放和处置，严格防范由这方面产生的环境事故。

4. 工程减排

加大烟气和工艺废气的除尘技术水平，有色金属冶炼项目的原料处理、中间物料破碎、熔炼、装卸等所有产生粉尘部位，均要配备除尘及回收处理装置进行处理，严格控制无组织排放含重金属粉尘的数量。加快生产工艺设备更新改造；加大冶炼烟气中硫的回收利用率，低浓度烟气和制酸尾气排放超标的必须进行脱硫处理。

通过节能推动减排。提高二氧化硫利用率、工业用水循环利用率、尾矿及冶炼渣综合利用率。减少有色金属外排废水量，力争实现含重金属废水的零排放。严禁有色金属冶炼厂废水中重金属离子、苯和酚等有害物质超标排放。

四、有色金属冶炼和压延加工业的污染物排放

从国家2013—2015年环境统计年报数据可以分析出我国有色金属冶炼和压延加工业的“三废”污染比较严重，废水中的污染物主要是多项重金属污染物指标产排放量占全国工业排放总量的比例非常高，如镉（69.71%）、铅（41.59%）、汞（32.14%）、砷（23.81%）、六价铬（4.87%）等；废气排放和废气污染物排放也比较高，全行业SO_2排放量占全国工业总排放量的8.63%；NO_x排放量占全国工业总排放量的3.01%；烟粉尘排放量占全国工业总排放量的3.53%；危险废物产生量占全国工业总产生量的15.57%。2013—2015年我国有色金属冶炼和压延加工业“三废”产排污量见表4-2。

表4-2 2013—2015年我国有色金属冶炼和压延加工业“三废”产排污量

污染物	2013年			2014年			2015年		
	排放（产生）量	单位	占工业比例/%	排放（产生）量	单位	占工业比例/%	排放（产生）量	单位	占工业比例/%
废水量	27 600.5	万m^3	1.44	30 986.3	万m^3	1.66	32 106.3	万m^3	1.77
COD年产生量	15.239 7	万t	0.73	14.504 1	万t	0.723	11.267 9	万t	0.618

污染物	2013 年			2014 年			2015 年		
	排放（产生）量	单位	占工业比例 /%	排放（产生）量	单位	占工业比例 /%	排放（产生）量	单位	占工业比例 /%
COD 年排放量	2.827 1	万 t	0.99	2.896 0	万 t	1.06	3.062 0	万 t	1.20
氨氮年产生量	7.654 5	万 t	5.79	6.408 7	万 t	5.20	4.032 5	万 t	3.64
氨氮年排放量	1.283 7	万 t	5.71	1.208 8	万 t	5.74	0.963 6	万 t	4.91
石油类年产生量	0.370 3	万 t	1.42	0.340 5	万 t	1.38	0.354 1	万 t	1.52
石油类年排放量	0.048 2	万 t	2.77	0.340 5	万 t	5.09	0.079 4	万 t	5.29
氰化物年产生量	311.9	t	5.40	267.8	t	5.40	257.4	t	5.33
氰化物年排放量	31.1	t	19.20	2.3	t	1.40	17.7	t	1.21
汞年产生量	4.981	t	23.79	5.997	t	29.74	7.085	t	40.83
汞年排放量	0.226	t	28.86	0.215	t	32.14	0.291	t	32.14
镉年产生量	2 056.6	t	91.69	1 964.6	t	90.3	2 574.6	t	95.55
镉年排放量	12.428	t	69.53	11.928	t	70.70	10.778	t	69.71
六价铬年产生量	33.378	t	1.03	44.802	t	1.49	115.405	t	3.76
六价铬年排放量	2.698	t	4.64	1.328	t	3.82	1.143	t	4.87
总铬年产生量	80.036	t	1.15	418.607	t	5.83	143.924	t	2.10
总铬年排放量	5.141	t	3.18	3.208	t	2.43	1.953	t	1.87
铅年产生量	2 383.6	t	80.46%	2 078.021	t	73.84	2 964.691	t	84.31
铅年排放量	32.366	t	43.69	30.176	t	42.04	32.394	t	41.59
砷年产生量	9 338.3	t	83.16	9 638.107	t	85.13	6 363.778	t	80.65
砷年排放量	25.322	t	22.69	25.645	t	23.48	26.564	t	23.81
废气量	3.263 6	亿 m^3	9.62	3.616 6	亿 m^3	5.21	3.980 7	亿 m^3	5.81
SO_2 产生量	1 168.3	万 t	19.24	1 208.2	万 t	19.55	1 387.9	万 t	23.06
SO_2 排放量	122.3	万 t	7.24	123.0	万 t	7.76	120.9	万 t	8.63
NO_x 产生量	28.4	万 t	1.57	40.3	万 t	2.22	43.3	万 t	2.46
NO_x 排放量	26.4	万 t	1.80	32.8	万 t	2.49	32.7	万 t	3.01
烟粉尘产生量	1 497.6	万 t	2.04	1 621.8	万 t	2.14	1 942.2	万 t	2.73
烟粉尘排放量	36.0	万 t	3.52	38.5	万 t	3.04	39.1	万 t	3.53
一般固体废物产生量	11 181	**万 t**	3.57	11 924	**万 t**	3.83	13 180	**万 t**	4.24
危险废物产生量	564	**万 t**	17.87	584	**万 t**	16.07	619	**万 t**	15.57

注：数据摘自《环境统计年报》。

第二节 金属铅冶炼工业生产工艺环境基础

我国铅的主要用途是生产铅酸蓄电池，其次是氧化铅，其他还包括铅材和铅合金、铅盐、电缆等。金属铅冶炼行业是我国高耗能、高污染、高环境风险的行业之一，铅污染是重金属污染中危害最为严重的环节之一。我国已是世界最大精铅生产国，2015 年金属铅产量达到 386 万 t，已超过居 2 ～ 5 位的美国、德国、日本和英国等四个国家精铅总产量。东北、湖南、两广、滇川、西北等五大铅锌采选冶和加工配套的生产基地，铅产量占全国总产量的 85% 以上。

2015 年工业和信息化部发布了《铅锌行业规范条件（2015）》《铅蓄电池行业规范条件（2015 年本）》和《铅蓄电池行业规范公告管理办法（2015 年本）》，以规范铅锌和铅蓄电池行业的投资行为，制止盲目投资和低水平重复建设，随着准入条件的推行，有超过 90% 的铅锌企业和超过 70% 的铅蓄电池生产企业被淘汰。近年来，我国铅酸蓄电池和再生铅行业发展快速，成为全球铅酸蓄电池生产、消费和出口大国。部分企业规模小、工艺技术落后，污染治理水平低，导致铅污染事件频发，环境风险巨大。我国铅蓄电池生产企业从 2011 年近 2 000 家到 2015 年仅剩下不足 200 家，生产铅酸蓄电池耗用铅约占我国铅消费总量的 83%，占全球铅消费总量的 40% 以上。

一、原生铅冶炼的原辅料

1. 原生铅冶炼的原料

炼铅原料主要为硫化铅精矿和少量块矿，一般铅含量为 40% ～ 70%。铅精矿含铅和伴生元素 Zn、Cu、Fe、As、Sb、Bi、Sn、Au、Ag 以及脉石氧化物 SiO_2、CaO、MgO、Al_2O_3 等。

熔炼产出的粗铅纯度为 96% ～ 99%，其余 1% ～ 4% 为贵金属金、银，硒、碲等稀有金属以及铜、镍、硒、锑和铋等杂质。

2. 原生铅冶炼的辅料

铅冶炼的辅料包括烧结熔剂（主要有石灰石、白云石、菱镁石、生石灰、消石灰）、NaOH、硫酸等。烧结使用的燃料主要有焦粉、无烟煤、煤气等。

二、原生铅冶炼的基本工艺

（一）原生铅冶炼原理

铅冶炼是先通过烧结工艺将精矿粉和返矿烧结成块状；再通过熔炼还原工艺，将烧结块与还原剂（焦炭）、熔剂在熔炼设备内氧化还原，得到金属铅水；再通过火法精炼分离工艺，在精炼锅内将粗铅水精炼，将粗铅液中的其余重金属元素逐一分离；或通过电解精炼分离工艺，在电解槽内将粗铅液中的其余重金属元素分离到阳极泥中。

（二）粗铅火法冶炼工艺

原生铅的冶炼方法有火法和湿法两种，目前世界上以火法为主。火法炼铅基本上采用烧结焙烧—鼓风炉熔炼流程，占铅总产量的 85% ～ 90%；其次为反应熔炼法，其设备可用膛式炉、短窑、电炉或旋涡炉；沉淀熔炼很少采用。铅的精炼主要采用火法精炼，其次为电解精炼，但我国由于习惯原因未广泛采用电解法。

对难以分选的硫化铅锌混合精矿，一般采用同时产出铅和锌的密闭鼓风炉熔炼法处理。目前世界上采用火法精炼的厂家较多，约占世界精铅产量的 70%，只有加拿大、秘鲁、日本和我国的一些炼铅厂采用电解精炼。

烧结—鼓风炉炼铅法工艺流程如表 4-3 所示。

表 4-3 原生铅冶炼工艺过程

工序	工艺过程
原料烧结	配料、混合、制粒、烧结及返粉破碎、筛分和冷却等；烧结焙烧使精矿中的 PbS 氧化为 PbO，并烧结成块
熔炼工艺	通过加入焦炭，进行高温熔炼，炉料中的氧化铅还原成铅
烟化工艺	将熔炼的前床分离的铅渣，通过烟化炉，分离出氧化锌
精炼工艺	火法精炼：在反射炉和熔析锅中进行除杂（除铜，除砷、锑、锡，除锌、除铋和除钙镁）及熔铸，制取半精铅； 电解精炼：硅氟酸和硅氟酸铅电解液中进行粗铅或半精铅电解精炼产出精铅，在阴极形成阴极泥将半精铅中杂质（锑、砷、铋、铜、碲、金和银）析出，制取精铅
烟气制酸	高浓度含硫烟气经除尘、制酸（SO_2 转化、吸收），制取硫酸
返矿	粗炼渣经分离、筛分，制得返矿

1. 精矿烧结

细粒精矿粉须先加入冶金熔剂（去除矿石中的脉石氧化物、有害杂质氧化物），加热至低于炉料的熔点烧结成块；或压制或加水混捏成型再烧结成球团；以便入炉内冶炼。

在烧结过程中，95% 以上的汞进入烟气，70% 的铊，30% ～ 40% 的镉、硒、碲，以及一小部分砷、锑、铋等金属进入烟尘，其余留在烧结块和返粉中。从烧结机烟气中可回收汞，烟尘一般返回配料，经循环富集后，回收镉和铊。处理鼓风炉烟尘可回收镉、锌、铟、铊等金属。

2. 还原熔炼

（1）浮渣熔炼

粗铅炼制有还原冶炼、氧化吹炼和造锍熔炼三种冶炼方式。

还原熔炼——加入鼓风炉内的炉料，除富矿、烧结块或球团外，还有熔剂（石灰石、石英石等），以便造渣，加入焦炭作为发热剂产生高温和作为还原剂。可还原铁矿为生铁，还原氧化铜矿为粗铜，还原烧结块为粗铅。

（2）浮渣烟化

浮渣熔炼时产出粗铅、冰铜(包括砷冰铜)、炉渣和烟尘，可从冰铜和炉渣中回收铜和铅，从烟尘中回收铟和砷。低品位铅锌氧化矿在鼓风炉化矿过程中，一部分铅、锌、镉、锗挥发进入烟尘，一部分进入粗铅，大部分留在熔渣。熔渣经烟化炉挥发，铅、锌、镉、锗进入烟尘，再从烟尘中回收。

处理含锡较高的粗铅时，高锡浮渣可经重选得到铅精矿和锡精矿，分别回收铅、锡。粗炼渣经分离、筛分，制得返矿。

3. 火法粗铅精炼

为提高粗铅纯度，需再对粗铅进行提纯精炼。精炼锅内分别进行除铜，除砷、锑、锡，加锌除银脱锌，加钙、镁除铋精炼。

在鼓风炉熔炼过程中，几乎全部的金、银和大部分铜、砷、锑、铋、锡、硒、碲进入粗铅，95% 以上的锌、锗，50% 以上的铟进入炉渣，80% ～ 90% 的镉进入烟尘。在火法初步精炼过程，粗铅中的铜、锡、铟大部分进入浮渣，金、银、铋等金属留在铅中。

（1）除铜

粗铅除铜精炼除铜有熔析和加硫两种方法

熔析法除铜——基于在低温下铜及其某些（As、Sb、Sn、S 等）化合物在铅水中的溶解度变小。熔析除铜浮渣一般含 Cu（10% ～ 20%）和 Pb（60% ～ 80%）。各炼铅厂均用苏打 - 铁屑法专门处理铜浮渣。熔析锅用铸钢制成，容量 30 ～ 370 t，以重油作燃料。熔析温度 500 ～ 600℃，熔析渣浮出铅液面用捞渣器捞出。

加硫法除铜——熔析除铜后的粗铅还需加硫进一步脱铜，至铅含铜降至 0.001% ～ 0.003%。在除铜作业时，先将粗铅入锅加热熔化，加热到 500℃可用捞渣机捞渣。铅渣再淋水降温至 330℃左右，撇净稀渣并打净锅帮后，搅拌加入硫黄粉进一步除铜。

（2）除砷、锑、锡

粗铅精炼除砷、锑、锡有氧化精炼和碱性精炼两种方法，设备有除砷锑锡锅（精炼锅）、搅拌机、捞渣机、铅泵等。

氧化精炼——借助于空气中的氧对杂质进行氧化造渣去除；

碱性精炼——利用硝酸钠（$NaNO_3$）做氧化剂将杂质进行氧化造渣去除。分离砷、锑、锡后的粗铅开始变软，所以将除砷、锑、锡的粗铅精炼称为软化精炼，精炼后的铅称为软铅。

（3）加锌除银脱锌

在适当的温度下将锌加入到含金、银的铅水中不断搅拌，形成锌、金和银的化合物。以“银锌壳”形态浮至铅水表面与铅分离。银锌壳一般比粗铅含银高 20 倍，是提取银的原料。铅液中残存的锌（0.6% ～ 0.7%），可用碱性精炼法或氯化精炼法除去。真空蒸馏除锌法也已被一些工厂采用。

加锌提银后的铅中常有残锌，须进一步精炼除去。铅的脱锌精炼有氧化法、氯化法、碱法和真空法。

氧化法——锌比铅更易氧化，向铅液中鼓入空气，锌氧化生成不溶于铅的氧化锌而被除去。

氯化法——向铅液中通入氯气，将 $ZnCl_2$ 除去，其缺点是有氯逸出，造成污染，仍要加 NaOH 除去残留的锌。

碱法——与碱法除砷、锑、锡大致相同，采用 NaOH 和 NaCl 做反应剂，锌的氧化剂为空气。

真空法——利用在同一温度下铅和锌的蒸气压差别大的条件使铅与锌分离。

采用的设备有除银锅（精炼锅）、搅拌机、捞渣机、冷凝设备、真空脱锌锅、反射炉、真空泵等。

（4）加钙、镁除铋

在一定温度下，铋与钙、镁化合，析出铋。火法精炼在精炼锅内，在一定温度下铋与钙、镁合成，可使铅中的铋降至 0.01% ～ 0.02%。火法精炼作业都可在铸铁制的精炼锅内进行。氧化法除锌也可使用反射炉。采用的设备有除铋锅（精炼锅）、搅拌机、捞渣机等。

（5）脱铋精炼

加钙镁与铋化合，从而以硬壳状的不熔铋质浮渣浮至铅面而被除去。

4. 电解精炼

在铅电解精炼过程，比铅更正电性的金属如金、银、铜、锑、铋、砷、硒、碲等不溶解而留在阳极泥，比铅负电性的金属如铁、锌、镍、钴与铅一道溶解，进入电解液，但不在阴极析出，达到精炼目的。

将脱除铜、锡并调整含锑量后的精铅制成阳极，用纯铅铸成阴极，通过电解槽（电解液则为硅氟酸铅和硅氟酸水溶液）将阳极铁、锌、锡、镍、钴等杂质与铅一道溶解析出。

铅电解精炼工艺是除铜、锡后粗铅铸成阳极，把阴极铅吊装入电解槽。铅自阳极溶析入电解液，并在阴极（纯铅板）放电析出。电位比铅负的金属如锌、铁、镉、钴、镍、锑、砷、铋、铜、碲、金和银等则不溶解而形成阳极泥。

电解过程阳极逐渐溶解变薄，Pb 的析出使阴极逐渐变厚，通过清除阳极泥层，控制厚度。

5. 铸锭

最终精炼后的铅液含铅 99.95% 以上，铅液加热到 450 ～ 500℃时，可以用铅泵打入直线铸锭机浇铸成精炼铅锭，也可直接在铅液中加入其他金属元素配制成铅基合金后再浇铸成合金锭。

我国有许多冶炼企业特别是小冶炼企业，这些伴生的金属物质都没有精炼回收，而是进入了冶炼废渣，造成了浪费和污染。我国大型铅冶炼厂，实现了 SO_2 烟气从直接排放到回收率 92% 以上。

6. 烟气制酸

硫酸车间是利用铅冶炼产生的 SO_2 烟气制硫酸。从氧气底吹炉出来的 SO_2 烟气分别经余热锅炉、旋风除尘、电除尘器降温除尘后，进入硫酸车间，再经过净化工段、转化工段、干吸工段回收烟气中的 SO_2 制成硫酸。

净化工段——除尘后的 SO_2 烟气，进入净化工段的洗涤器，去除烟气中大部分 As、尘及 SO_3，进入循环酸中。洗涤出来的稀酸小部分进入沉降槽，在沉降槽底经脱吸、过滤后用泵送往污酸处理站，上清液溢流至一级洗涤器循环槽或滤液坑；绝大部分再用泵扬至一级洗涤器逆喷管喷淋。净化后的烟气则送往干吸工段。

转化工段——SO_2 烟气经热交换器升温，进入转化器（催化剂五氧化二钒或铂催化剂）转化形成的 SO_3 烟气，再经降温，送往干吸工段吸收塔。烟气残余的 SO_2，返回转化器转化，再进行二次吸收。

干吸工段——从电除雾器出来的 SO_2 烟气进入干燥塔，在塔内与塔顶喷淋下来的 93% 硫酸逆向接触，烟气中的水分被浓酸干燥至 0.1 g/m^3 以下，送往转化工段，进行第一次转化。

7. 酸罐

干吸工段产出的成品酸泵至贮酸罐，贮酸罐的成品酸经计量后用泵送至汽车槽车。

（三）铅冶炼生产企业的主要生产设备

铅冶炼生产企业的主要生产设备见表 4-4。

表 4-4 铅冶炼企业主要生产设备

项目	设备（设施）名称
备料	破碎机、磨机、链板输送机、斗式提升机、皮带输送机、螺旋输送机、贮料仓、皮带输送机、预热器等
烧结	破碎机、筛分设备、配料设备、拌合设备、胶带传输机、鼓风烧结机、干燥设备、冷却设备
粗铅炼制	各类鼓风炉、熔炼竖炉、卧式底吹转炉、热风炉、铅雨冷凝器、除尘器、烟化炉、干燥窑、捞渣机等
熔析精炼和加硫除铜	精炼锅、除铜精炼池、捞渣机、搅拌机、淋水设备、压渣坨等
碱性精炼除砷、锡、锑	除砷锑锡锅（精炼锅）、搅拌机、捞渣机、铅泵等
加锌除银脱锌精炼	除银锅（精炼锅）、搅拌机、捞渣机、冷凝设备、真空脱锌锅、反射炉、真空泵
加钙、镁除铋	除铋锅（精炼锅）、搅拌机、精炼锅、捞渣机
电解精炼	电解槽、循环槽、循环泵、过滤压滤机
制酸	除尘器、洗涤器、热交换器、转化器（催化剂）、吸收塔、电除雾器、干燥塔、硫酸罐
铸锭	铅泵、铸锭机、水冷却槽
辅助工程	锅炉、除尘器、脱硫装置、污水处理厂等

三、铅冶炼生产企业的排污节点

（一）铅冶炼生产的环境要素

铅冶炼生产企业的主要污染指标见表 4-5。

表 4-5　铅冶炼生产企业主要污染指标

污染类型		主要污染指标
废气	无组织	原辅料进厂：精矿装卸、输送、配料、造粒、干燥、给料等过程，产生无组织扬尘，含颗粒物、重金属（Pb、Zn、As、Cd、Hg） 烧结：破碎、筛分、配料、拌合、传输、烧结产生无组织扬尘；破碎、筛分、配料、拌和、料仓产生有组织废气，含颗粒物；干燥、焙烧、冷却泄漏烟气，含颗粒物、重金属（铅、锌、汞等）、SO_2、NO_x。 粗铅炼制（冶炼、吹炼和熔炼）：熔炼炉、还原炉排气口；加料口、出铅口、出渣口、溜槽、铸锭、水冷粒化、渣场运输以及皮带机受料点等处泄漏烟气、产生无组织废气，含颗粒物、SO_2、重金属（Pb、Zn、As、Cd、Hg）、CO 烟化：烟化炉排气口、加料口、出渣口以及皮带机受料点等处泄漏烟气，含颗粒物、SO_2、重金属（Pb、Zn、As） 火法粗铅精炼：精炼泄漏烟气，含颗粒物、重金属（铅、锌、汞等）、SO_2、NO_x、氟化物 铅电解精炼：精炼泄漏废气，含酸雾 烟气制酸和酸罐区：制酸的净化、转化、干吸过程及酸罐区泄漏废气，含酸雾、SO_2 等
	有组织	烧结、备料：破碎、筛分、配料、拌和、干燥、焙烧、冷却产生有组织烟气，含颗粒物、重金属（铅、锌、汞等）、SO_2、NO_x 等，需除尘、净化后，含硫烟气制酸。 粗铅炼制（冶炼、吹炼和熔炼）：进料、出铅水、铸锭、出渣、水冷粒化产生有组织烟气，含颗粒物、重金属（铅、锌、汞等）、SO_2 等，需除尘、净化后，含硫烟气制酸 火法粗铅精炼：精炼产生有组织烟气，含颗粒物、重金属（铅、锌、汞等）、SO_2、NO_x 铅电解精炼：电解精炼产生有组织烟气，含酸雾，需集气除酸
废水		原辅料进厂：地面冲洗水含有悬浮物、重金属（铅、锌、镉、镍、汞、铬等）、砷等 烧结：湿式除尘排水、地面冲洗废水，含悬浮物、重金属（铅、锌、镉、镍、汞、铬等）、砷、COD、pH 等 粗铅炼制（冶炼、吹炼和熔炼）
固体废物		主要包括烟化炉水淬渣、浮渣处理炉渣（含 Pb、Zn、As、Cu）、阳极泥、废催化剂（主要为五氧化二钒），烧结、熔炼、精炼过程收集的尘灰、污水处理站污泥均属危险废物；煤渣、粉煤灰等属一般固体废物
噪声		主要噪声源包括运输车辆、鼓风机、烟气净化系统风机、余热锅炉排气管及氧气站的空气压缩机等；在采取控制措施前，其噪声声级可达到 85 ～ 120 dB(A)

（二）还原铅冶炼生产企业排污节点图

还原铅冶炼生产企业生产工艺及排污节点如图 4-1 至图 4-3 所示。

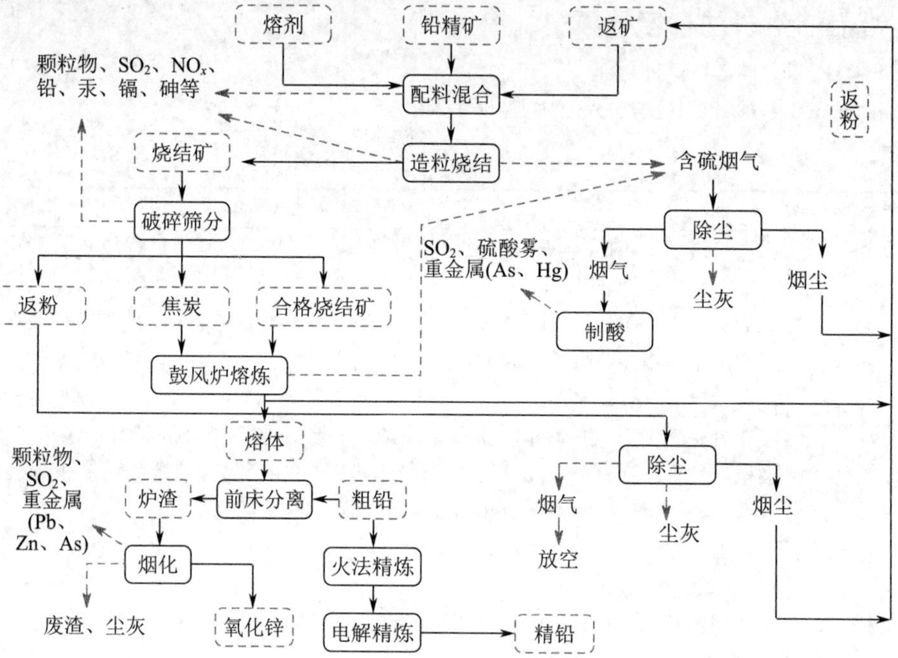

图 4-1　烧结—鼓风炉炼铅法工艺及排污节点

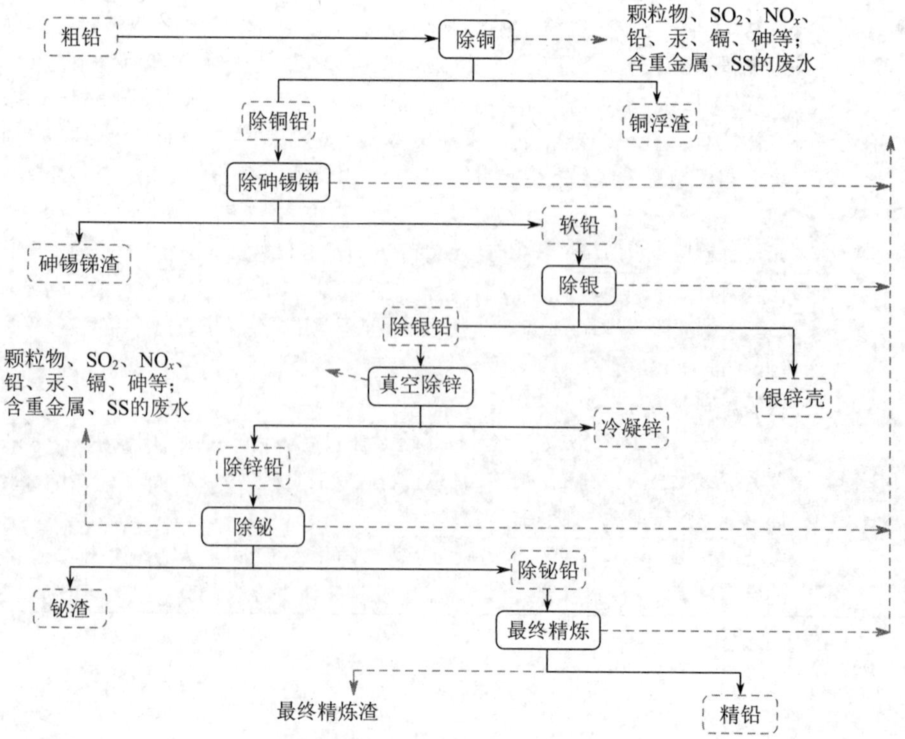

图 4-2　还原铅火法精炼工艺及排污节点

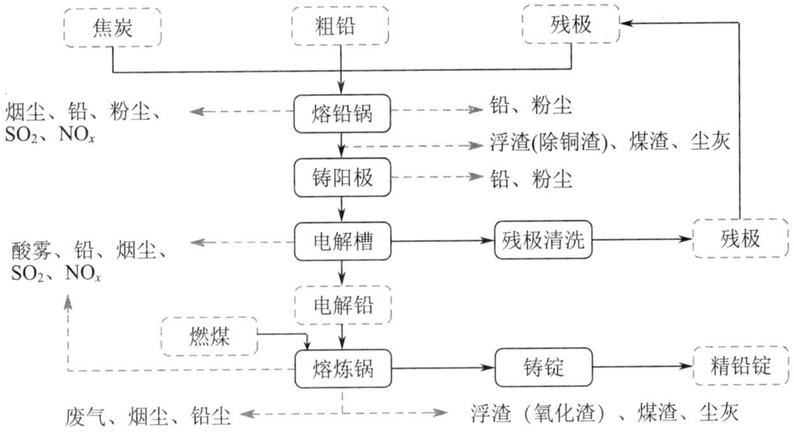

图 4-3　铅电解精炼工艺及排污节点

（三）还原铅冶炼生产企业排污节点分析

铅冶炼生产企业排污节点分析如表 4-6 所示。

四、再生铅生产工艺环境概况

每生产 1 t 再生铅，可节约 1 360 kg 标准煤，减排固体废物 98.7 t，节水 208 m^3，减排 SO_2 0.66 t，大大减少了铅废料对环境的污染和资源的浪费。用简单的落后技术加工再生铅，会产生严重的环境污染。再生铅产量占总产量的比值，美国在 70% 以上，欧洲占 78%，全球平均为 50%。我国仅占 30% 左右，低于世界平均水平。我国每年产生的废铅蓄电池数量超过 260 万 t，但正规回收的比率不到 30%。

（一）我国再生铅工业现状

我国再生铅企业存在数量多、规模小的特点，技术水平不高，大部分小型企业技术落后，有些再生铅厂采用传统的小反射炉、鼓风炉熔炼再生铅。我国再生铅行业还有一些企业甚至没有环保设备，不能对产生的废酸、废水、烟气进行处理，造成极为严重的环境影响。许多再生铅企业技术落后，废铅酸蓄电池拆解后无分选处理技术，板栅金属和铅膏混炼，导致废旧蓄电池中的铅金属回收率低，综合利用率低。专家估计，当前国内再生铅企业有 250 ～ 300 家，但是规模以上企业不到 20 家，美国、法国、英国、德国再生铅生产厂家总共才有 25 家左右，生产规模却是我国的 300 倍。2005—2015 年我国再生铅产量见表 4-7。

表 4-6 铅冶炼生产企业的排污节点分析

生产工序	生产设施	污染产生原因	排污节点和主要环境因素	控制措施
原辅料进厂	破碎机、磨机、链板输送机、斗式提升机、皮带输送机、螺旋输送机、贮料仓、皮带输送机、预热器等	原辅料、燃料、废铅运输、卸车、聚堆产生扬尘； 原辅料、燃料、废铅在堆场贮存、上料、传输产生扬尘； 运输车辆和机械作业产生噪声	废气：运输、卸车、聚堆、贮存、上料、传输产生扬尘； 原辅料遗撒产生粉尘；预热过程产生挥发性气体、粉尘 废水：地面冲洗废水 固体废物：废料、废物垃圾（危险废物） 噪声：运输车辆和装载机械产生噪声	堆场建防风抑尘网或围墙，最好建封闭式仓棚； 运料、卸料、上料喷洒水雾降尘； 皮带输送机、斗式提升机设封闭防尘廊道； 收集的烟气送脱硫处理系统； 废水导入污水站； 废料、废物垃圾分类处理
烧结	破碎机、筛分设备、配料设备、拌合设备、胶带传输机、鼓风烧结机、干燥设备、冷却设备	破碎、筛分、配料、拌合、传输、烧结、干燥、冷却产生大量废气； 湿式除尘产生水、地面冲洗产生废水； 修炉产生废耐火材料，烧结产生废物、除尘器产生尘灰	废气：破碎、筛分、配料、拌合、输运、烧结产生无组织扬尘；破碎、筛分、配料、拌合、料仓产生无组织废气，含颗粒物；干燥、焙烧、冷却泄漏烟气，含颗粒物、重金属（铅、锌、汞等）、SO_2、NO_x； 破碎、筛分、配料、拌合、料仓产生有组织废气，含颗粒物、重金属（铅、锌、汞等）、SO_2、NO_x； 废水：湿式除尘排水、地面冲洗废水，含悬浮物、重金属（铅、锌、镉、镍、汞、铬等）、砷、COD、pH； 固体废物：修炉产生废耐火材料，烧结产生废物、除尘器产生尘灰	输运、破碎、筛分、配料、拌合、烧结、冷却过程加强设备的密闭，减少废气外泄； 破碎、筛分、配料、拌合、烧结、冷却拌合设备的排放口安装除尘器； 机头机尾烟气引气除尘后倒入制酸工艺； 修炉产生废耐火材料外运处置（危险废物），烧结废物、除尘器产生尘灰进入返矿

生产工序	生产设施	污染产生原因	排污节点和主要环境因素	控制措施
粗铅炼制	各类鼓风炉、熔炼竖炉、卧式底吹转炉、热风炉、铅雨冷凝器、浮渣处理炉窑、烟化炉等。干燥窑、捞渣机	熔炼工艺将烧结矿、焦炭、溶剂等入炉熔化还原，液体铅和炉渣流入炉缸分离；熔炼过程产生、收集大量烟气，也泄漏部分烟气； 浮渣处理炉窑和烟化工艺是对熔炼浮渣的烟化处理，也会收集大量烟气，也泄漏部分烟气； 湿式除尘产生水、地面冲洗产生废水。余热锅炉产生含盐废水； 产生烟化水淬渣和浮渣处理炉渣，收集尘灰、修炉产生废耐火材料	废气：熔炼过程的原辅料输运、装卸，熔炼炉、还原炉排气口；加料口、出铅口、出渣口、铅水倾倒、转运、炉体泄漏，烟罩提升、铅水运输、铅渣水冷粒化、渣场运输装卸、炉体修复、溜槽以及皮带机受料点等处泄漏烟气产生大量无组织含颗粒物、SO_2、NO_x 重金属（Pb、Zn、As、Cd、Hg）、CO； 浮渣处理炉窑加料口、放冰铜口、出渣口等处泄漏烟气和烟化工序的烟化炉排气口；加料口、出渣口以及皮带机受料点等处泄漏烟气产生，颗粒物，SO_2、重金属（Pb、Zn、As）； 废水：产生压渣废水、湿法除尘废水、地面冲洗废水，含 SS、重金属（Pb、Zn、As）等。余热锅炉废水属含盐废水； 固体废物：产生烟化炉水淬渣（含 Pb、Zn、As、Cu）、浮渣处理炉渣（含 Pb、Zn、As、Cu）尘灰（属危险废物），废耐火材料等	熔炼过程、烟化过程汇入浮渣处理炉窑的原辅料输运应设置防尘封闭设施，熔炼烟气、出铅口、撇渣、铅渣水冷粒化、出渣口均应设置集烟罩；在熔炉进出口、出铅、撇渣、出渣、铅渣水冷粒化设集气装置，除尘净化，收集的烟气送脱硫除尘处理系统； 压渣废水循环使用；定期送污水站处理；废水循环使用； 尘灰综合利用，烟化水淬渣和浮渣处理炉渣按危险废物委托危废处置机构处理，废耐火材料按一般固体废物处置
熔析精炼和加硫除铜	精炼锅、除铜精炼池、捞渣机、搅拌机、淋水设备、压渣坨等	熔铅锅熔铅过程产生燃烧烟气和熔铅烟气； 熔析降温除铜和加硫除铜，除铜后的铅液经熔融的氢氧化钠和氯化钠，同时加入硝石 ($NaNO_3$) 作氧化剂，使砷、锡、锑分别氧化，溶于氢氧化钠和氯化钠，与铅分离，产生，废渣	废气：燃烧烟气（含烟尘、SO_2、NO_x），精炼锅产生颗粒物、铅烟（Pb）、SO_2； 废水：地面清洗水，含 SS、重金属铅等； 废渣：熔析金属渣（危险废物）	应设置集烟罩，收集的烟气除尘、酸吸收净化处理； 清洗废水导入污水站处理； 除尘灰、熔析渣含多种贵重金属，回收综合利用
碱性精炼除砷、锡、锑	除砷锑锡锅（精炼锅）、搅拌机、捞渣机、铅泵等			

生产工序	生产设施	污染产生原因	排污节点和主要环境因素	控制措施
加锌除银脱锌精炼	除银锅（精炼锅）、搅拌机、捞渣机、冷凝设备、真空脱锌锅、反射炉、真空泵	反射炉、真空脱锌锅、除银锅精炼产生燃烧烟气和熔铅烟气； 锌加于铅液，使银生成浮于铅液表面的“银锌壳”。铅液中残存的锌，可用碱性精炼法或氯化精炼法（真空蒸馏除锌法）除去； 除尘器产生铅灰	废气：燃烧烟气（含烟尘、SO_2、NO_x），除银锅产生颗粒物、铅烟（Pb）、SO_2； 废水：地面清洗水，含 SS、重金属铅等； 废渣：熔析金属渣（危险废物）	应设置集烟罩，收集的烟气除尘、酸吸收净化处理； 清洗废水导入污水站处理； 除尘灰、熔析渣（“银锌壳”）含多种贵重金属，回收综合利用
加钙、镁除铋	除铋锅（精炼锅）、搅拌机、精捞渣机	除铋锅精炼产生燃烧烟气和熔铅烟气； 在一定温度下，铋与钙、镁可生成化合物，析出铋	废气：燃烧烟气（含烟尘、SO_2、NO_x），除铋锅产生颗粒物、铅烟（Pb）、SO_2； 废水：地面清洗水，含 SS、重金属铅等； 废渣：熔析金属渣（危险废物）	应设置集烟罩，收集的烟气除尘、酸吸收净化处理； 清洗废水导入污水站处理； 除尘灰、熔析渣含多种贵重金属，回收综合利用
电解精炼	电解槽、循环槽、循环泵、过滤压滤机	铅电解车间处理介质含 $PbSiF_6$、H_2SiF_6、氢氟酸； 电解槽泄漏酸雾； 电解槽产生阳极泥	废气：电解过程有 HF 酸雾等逸出； 废水：废水含酸、重金属（Pb、Zn、As）、SS； 固体废物：阳极泥（危险废物）	配备废气收集处理装置，一般采用碱液中和处理，电解车间底部应建有足够容量的事故集液池； 清洗废水预处理后导入污水站处理； 铅阳极泥含有大量的锑、铅、铋、砷、银和少量金、铜等，可以综合利用

生产工序	生产设施	污染产生原因	排污节点和主要环境因素	控制措施
制酸	除雾器、循环酸泵、干燥塔、吸收塔	含硫烟气除尘净化；干燥、转化、吸收、冷却过程产生废气。制酸过程产生尾气排放； 转化、吸收、冷却及地面清洗过程产生废水，含重金属（铅、锌、镉、镍、汞、铬等）、砷； 催化剂更换、除尘灰	废气：含颗粒物、SO_2、NO_x、硫酸雾、重金属（铅、锌、As、Hg）； 废水：含重金属（铅、锌、镉、镍、汞、铬等）、砷、SS、氟化物、pH； 固体废物：除尘灰、废催化剂、酸渣均为危险废物	加强车间封闭，减少无组织排放；制酸尾气需统一经收集送除酸净化装置； 废水经预处理后进入污水厂处理； 除尘灰可掺入返矿回收用于冶炼，废催化剂、酸渣均为危险废物，交由危险废物处理单位回收处理
辅助工段	液态辅料	重油、柴油储备用罐，其运输采用封闭槽车，卸料和上料用泵	在卸料、贮存和上料时可能产生跑冒滴漏、遗洒，与空气接触产生VOCs；如发生罐体泄漏会产生严重事故	卸料和上料要检查接口的密封，要经常检查罐体阀门和运输管道，防止破损泄漏
	污水处理厂	湿法除尘废水； 炼铅工艺废水； 冲渣压渣废水； 车间地面冲洗水； 电解车间废水 制酸车间废水； 厂区污雨水	综合污水处理系统进口废水含pH、重金属（Pb、Zn、As、Cd、Hg）、SS、COD、氨氮、石油类、氟化物等	废水达标后排放
	废渣库（场）	运输车辆、装载机、渣场、危险废物仓库	铅渣、精炼炉渣； 废渣、废液、酸碱废渣、废油（危险废物）	铅渣、精炼炉渣综合利用； 废渣、废液、酸碱废渣的收集、贮存、外运严格按危险废物管理

表 4-7　2005—2015 年我国再生铅产量

年份	2005	2006	2007	2008	2009	2010	2011	2012	2013	2014	2015
全国再生铅产量 / 万 t	54	59	65	89	123	136	140	137	150	154	250
占当年铅产量比例 /%	22.46	21.6	23	25.8	33	32.17	29.3	29.4	33.5	33	40

注：数据来源于《中国有色金属工业年鉴》。

（二）国家对再生铅工业的政策

2007 年 3 月 10 日发布的《铅锌行业准入条件》分别从生产规模、工艺装备、能源消耗、资源综合利用、环境保护、安全生产与职业危害等方面对再生铅行业提出了明确的要求：现有再生铅企业的准入规模应大于 1 万 t/a；改造、扩建再生铅项目，准入规模必须在 2 万 t/a 以上；新建再生铅项目，准入规模必须大于 5 万 t/a。铅再生利用项目资本金比例要达到 35% 及以上。新建及现有再生铅项目，废杂铅的回收、处理必须采用先进的工艺和设备。必须有节能措施，确保符合国家能耗标准。每吨再生铅冶炼能耗应低于 130 kg 标准煤，电耗低于 100 kW · h 时。新建再生铅企业铅的总回收率大于 97%，现有再生铅企业铅的总回收率大于 95%，冶炼弃渣中铅含量小于 2%，废水循环利用率大于 90%。

2011 年 1 月 24 日，工业和信息化部、科学技术部、财政部印发《再生有色金属产业发展推进计划》，通知规定："再生铅行业，淘汰土烧结盘、简易高炉、烧结锅、烧结盘以及直燃煤式反射炉、冲天炉、坩埚炉熔炼等落后炼铅工艺和设备。"

（三）再生铅工业的主要生产工艺

我国再生铅工业采用的主要工艺为：机械破碎 - 分选 - 湿法转化 - 熔炼工艺、固定式熔炼炉技术、传统熔炼技术等。再生铅冶炼过程中产生的污染包括大气污染、水污染、固体废物污染和噪声污染，其中大气污染（颗粒物、重金属、SO_2、二噁英等）和水污染（重金属、污酸及酸性废水）是主要环境问题。

再生铅的主要原料是废铅酸电池，也是危险废物。再生利用过程的主要污染物为废酸液、酸雾、二氧化硫、铅蒸汽和颗粒污染物。为减少污染，目前清洁生产的途径是规范拆解，对废酸进行有效收集，避免外溢；对铅膏泥单独熔炼或者转化后再熔炼；对产生的烟气进行脱硫处理和有效收集；生产过程中采用负压操作，避免含铅烟气的外溢。

（1）*破碎分选工序*。

破碎分选是在水中或重介质中运用物理方法进行解离，获得板栅、铅膏及有机物（塑料、橡胶等）。破碎分选系统包括破碎单元、水动力浮选单元、压滤单元、洗涤单元、酸性废水处理单元、自动控制单元及其他辅助单元等功能单元。

破碎分选过程会产生二次污染，主要是酸雾、含重金属废水、噪声等。

（2）预脱硫工序。

预脱硫装置一般包括一次脱硫单元、二次脱硫单元、压滤单元、脱硫液浓缩结晶单元、自动控制单元及其他辅助单元等功能单元。废铅蓄电池预脱硫过程会产生二次污染物，主要是含重金属废水、噪声等。

（3）还原熔炼—精炼工艺。

经过预脱硫，板栅直接低温熔炼、精炼，通过调整成分生产铅合金；铅膏经脱硫处理后进入还原炉熔炼产出粗铅，粗铅进入精炼系统产出精炼铅。

（4）再生铅和矿产铅混合熔炼工艺。

废铅蓄电池经破碎分选后得到的铅膏与铅精矿混合熔炼产出粗铅，粗铅经电解精炼和熔铸产出精炼铅。工艺包括混合配料、熔炼得一次粗铅和高铅渣，高铅渣再经还原熔炼得二次粗铅，粗铅再经精炼熔铸得到精炼铅，烟气要进行制酸回收。

（5）湿法冶炼工艺。

废铅蓄电池经破碎分选后得到的铅膏经脱硫处理后采用湿法处理产出电解铅，电解铅经电铅锅精炼产生铅锭。一般分为两种工艺：一是电解沉积工艺；二是固相电还原工艺。

电解沉积工艺——包括焙解单元、浸出单元（酸浸）、电解沉积单元制得电解铅，再经精炼熔铸单元制取精铅锭。

固相电还原工艺——包括阴极填充单元、固相电还原单元制得电解铅，再经精炼熔铸单元制取精铅锭。

（四）再生铅冶炼排污节点

1. 大气污染

再生铅工业废气中的污染物主要是含再生铅冶炼过程中产生的大气污染物，主要为颗粒物、铅烟、重金属（铅、锑、砷、镉及其氧化物）、SO_2、酸雾、二噁英。铅蒸汽在烟道中被氧化成氧化铅，形成颗粒污染物。再生铅冶炼主要大气污染物及来源如表 4-8 所示。

表 4-8　再生铅冶炼主要大气污染物及产污节点

污染物来源	产污节点	主要污染物
破碎分选工序	破碎、分选过程	颗粒物、酸雾
脱硫工序①	脱硫设备	酸雾
熔炼工序	配料车间、加料口、出渣口、出铅口、熔炼炉排气口等	颗粒物、重金属（铅、锑、砷、镉等）、SO_2、二噁英
制酸工序②	制酸尾气	SO_2、硫酸雾、重金属（砷、汞、铅、镉）
湿法冶炼工序	浸出槽、电解槽、循环槽、储液槽、高位槽等	酸雾或碱雾
火法精炼工序	精炼锅	颗粒物、重金属（铅及其氧化物）

污染物来源	产污节点	主要污染物
电解精炼工序	熔铅锅、电解槽等	颗粒物、重金属（铅及其氧化物）、酸雾
无组织排放	熔炼车间、制酸车间、湿法冶炼车间、精炼车间、电解车间等	颗粒物、重金属（铅、锑等）、SO_2、酸雾或碱雾

①预脱硫—还原熔炼—精炼工艺、湿法冶炼工艺；②再生铅和矿产铅混合熔炼工艺。

2. 水污染

根据估算，我国再生铅企业平均每生产 1 t 再生铅产生废水 3 ～ 4 m^3/t。

采用机械化破碎、分选、膏泥转化技术的再生铅企业产生工业废水，根据调查分析，产生废水为 0.5 ～ 1 m^3/t 铅，先进的企业还会低些。再生铅冶炼过程中产生的废水主要包括破碎分选废水、预脱硫废水、污酸及酸性废水、炉窑设备冷却水、冲渣废水、冲洗废水、烟气净化废水等。再生铅冶炼主要水污染物及其来源如表 4-9 所示。

表 4-9　再生铅冶炼主要水污染物及产污节点

污染物来源	产污节点	主要污染物
破碎分选工序	破碎、分选过程	重金属（铅、锑、砷、镉等）、废硫酸
脱硫工序①	脱硫母液	重金属（铅、锑、砷、镉等）、废硫酸
熔炼工序	炉床（水淬渣溜槽、渣包）、炉窑设备冷却水套、余热锅炉	重金属（铅、锑、砷、镉等）、悬浮物（SS）、盐类
制酸工序②	酸系统烟气净化装置	重金属（铅、锑、砷、镉等）、污酸
湿法冶炼工序	脱硫铅膏浸出槽、电解槽、循环槽、储液槽、高位槽、阴极板冲洗水、阳极板冲洗水、地面冲洗水	重金属（铅、锑、砷、镉等）、硅氟酸、碱
火法精炼工序	炉窑设备冷却水套、车间冲洗水	重金属（铅、锑、砷、镉等）、悬浮物（SS）、盐类
电解精炼工序	阴极板冲洗水、地面冲洗水	重金属（铅、锑、砷、镉等）、硅氟酸、悬浮物
湿式除尘	淋洗塔、脱硫塔、湿式除尘器	重金属（铅、锑、砷、镉等）、碱
污水处理	水池、水泵等跑、冒、滴、漏	重金属（铅、锑、砷、镉等）、酸/碱、盐类

①预脱硫—还原熔炼—精炼工艺、湿法冶炼工艺；②再生铅和矿产铅混合熔炼工艺。

3. 固体废物

再生铅冶炼过程中产生的固体废物主要包括废有机物、熔炼渣、精炼渣、浸出渣、烟尘灰、废水处理污泥及脱硫石膏渣等。再生铅冶炼主要固体废物及来源如表 4-10 所示。

表 4-10　再生铅冶炼主要固体废物及产污节点

污染物来源	产污节点	主要污染物
破碎分选工序	破碎、分选过程	废塑料、废橡胶、废隔板、废酸（含铅、锑、砷、镉等）等

污染物来源	产污节点	主要污染物
脱硫工序[①]	脱硫罐、重金属脱出、蒸发结晶	滤渣（含铅、锑、砷、镉等）、残渣（含铅、锑、砷、镉等）
熔炼工序	配料车间、炉床、熔炼炉	粉尘（含铅、锑、砷、镉等）、熔炼渣（含铅、锑、砷、镉等）、烟尘（含铅、锑、砷、镉等）
制酸工序[②]	制酸系统、污酸处理系统	含重金属污泥（污酸体系渣）、废触媒等
湿法冶炼工序	浸出槽、电解液净化槽	浸出渣（含铅、锑、砷、镉等）
火法精炼工序	精炼炉	精炼渣（含铅、锑、镉、铜、砷、锡等）、烟尘（含铅、砷、镉、锑等）
烟气脱硫除尘	除尘器、脱硫塔	烟尘、脱硫副产物（含硫酸钙、铅、砷、镉、锑等）
污水处理	固液分离装置	污水处理废水处理污泥（含铅、砷、镉、铜等）

①预脱硫—还原熔炼—精炼工艺、湿法冶炼工艺；②再生铅和矿产铅混合熔炼工艺。

4. 噪声污染

再生铅冶炼过程产生的噪声主要为机械噪声和空气动力噪声，主要噪声源有破碎分选设备、鼓风机、除尘风机等各类除尘风机及各种泵类，其噪声声级可达到 85 ～ 120 dB（A）。

五、铅蓄电池生产工艺环境概况

（一）原辅材料

1. 原料

铅蓄电池加工生产的原料主要有电池壳（ABS）、正负极板（铅）、隔板（AGM GEL）、电解液（硫酸、纯水）、安全阀、端子。

【正负极板（铅）】正极板采用二氧化铅（PbO_2）铅板制作（占重量的 45% ～ 46%），负极板采用海绵状铅制作（占重量的 24% ～ 25%）。

【电池壳】电池槽和电池盖采用 ABS 树脂制成（占重量的 7% ～ 9%）。ABS 树脂一般采用无机填料、玻璃纤维、颜料、抗氧化剂、抗紫外线剂、塑化剂等。无机填料和玻璃纤维类本身是性质稳定的矿物和玻璃，对人体没有毒性。

【隔板】铅酸蓄电池隔板有 PE 塑料材料隔板、AGM 玻璃纤维材料隔板和复合隔板。主要采用 PE 塑料材料制成的隔板，PE 塑料分解温度在 380℃以上，不易产生毒性。

【电解液】铅蓄电池的内充电解液一般采用稀硫酸（浓硫酸用水稀释，占重量的 4% ～ 5%）。硫酸有腐蚀性，酸和酸雾对人体皮肤、消化器官和呼吸器官会产生灼伤伤害。

2. 辅料

【封盖胶】采用 AB 胶（占重量的 0.5% ～ 0.6%），用于将电池盖和电池槽之间的缝进行密封。

【极柱胶】采用红黑胶（占重量的 0.3% ～ 0.4%）。俗称电子灌封胶（环氧树脂胶）。环氧树脂及环氧树脂胶粘剂本身无毒，但由于在制备过程中添加了溶剂及其他有毒物，不少环氧树脂因此“有毒”。

【电解铅】材料是铅，用于连接线（占重量的 6% ～ 7%）。有金属铅的化学性质和危害。

【添加剂】主要是制作铅膏，包括腐殖酸、超短纤维、软木粉、木质素、硫酸钡、胶体石墨粉剂、栲胶。

3. 能耗、水耗

铅蓄电池生产水耗 0.032 m^3/（kW·h），电耗 80 kW·h /（kV·A·h），废水产生量 0.015 m^3/（kV·A·h）废渣产生量 0.39 kg/（kV·A·h），水中铅排放量 0.7 mg/L，空气中铅排放量 0.54 mg/m^3，硫酸雾排放量 0.32 mg/m^3。

一个近 5 kg 重的废旧铅蓄电池，经过脱硫、废酸回收、结晶和低温熔炼等工序可产生 3 kg 多再生铅。再生铅能耗仅为原生铅能耗的 25.1% ～ 31.4%，与开发利用原生铅矿资源相比，每生产 1 t 再生铅可节约 1 360 kg 标准煤，减排固体废物 98.7 t，节水 208 t，减排二氧化硫 0.66 t，大大减少了铅废料对环境的污染和资源浪费。

（二）铅蓄电池工业生产工艺流程

铅蓄电池工业生产工艺流程包括原辅材料进厂、制粉工序、板栅工序、和膏工序、涂板工序、极板固化工序、极板分片和叠片工序、装配工序、化成工序。

1. 原辅材料进厂

合金铅、电解铅卸车入库，要防止铅屑和铅尘遗撒。

2. 制粉工序

将电解铅用专用设备铅粉机通过氧化筛选制成符合要求的铅粉。

我国生产铅粉多采用岛津法，生产过程为：①将电解铅经铸造加工成铅球或铅段（产生铅烟、铅尘）；②将铅球或铅段置于铅粉机内经过氧化粉筛制成氧化铅粉（产生铅尘）；③将铅粉放入指定的容器或储粉仓（产生铅尘），经 2 ～ 3d，化验合格即可使用。

3. 板栅工序

板栅工序包括重力浇铸式板栅和拉网式板栅两种。原料是铅合金。

重力浇铸法是先将铅合金在铅锅内熔化，后注入格栅成型，用水冷却（产生铅烟、铅尘），制得板栅。

拉网法是将一定宽度的铅带在冲床上冲压出长方形的孔，再经拉伸、成型，制成板栅。

4. 和膏工序

铅蓄电池的生产需要正极用铅膏（主要成分为氧化铅，含量为85%）和负极用铅膏（海绵状金属铅）。和膏所需材料有氧化铅、金属铅、硫酸、水和其他添加剂。和膏是将几种所需材料按比例调匀，形成膏状混合物，然后送极板制造工序做涂板材料。

5. 涂板工序

调好的正负极铅膏要分别涂抹于铅合金板栅表面，制成正负极板。涂板有手工涂板和机械涂板两种方式，机械涂板在涂布机上进行，大多带有淋酸装置（产生酸雾）。

6. 极板固化工序

涂布的极板经过固化和表面干燥，形成具有均匀微孔的固态物质，此过程为固化。

7. 极板分片和叠片工序

通过机械化操作，将成卷的极板经分片机切割成规范的极板。分片后的极板需经打磨后装箱（产生铅尘）。部分蓄电池厂还需对极板称重分类，然后将正极、负极和隔板进行叠片组成集群。

8. 装配工序

电池装配工序主要包括极板配组、焊集群、装槽、装电池盖、焊接链条、焊端子等主要步骤。

不同型号、不同片数的极板根据不同的需要组装成各种不同类型的蓄电池。

步骤：①将化验合格的极板按工艺要求装入焊接工具内；②铸焊或手工焊接的极群组放入清洁的电池槽；③汽车蓄电池需经过穿壁焊和热封。而阀控密封式铅酸蓄电池若采用 ABS 电池槽，需用专用黏合剂黏接。

9. 化成工序

化成工序即生极板在以硫酸为主要成分的电解质溶液中通过电化学反应，转化为极板（俗称熟极板），干铅膏转化为活性物质，正极上生成 α-PbO_2 和 β-PbO_2，负极上生成海绵状金属铅的过程。

化成工序主要分为槽化成（也称外化成）和电池化成（也称内化成）。外化成是将生极板熟化后再进行电池组装和充电；内化成是先将极板装配成蓄电池，再注入电解液化成。外化成与内化成相比还要经过水洗极板、浸渍极板、干燥极板等工序，不仅产生废水，还会产生硫酸雾。目前鉴于环保要求，多采用环境污染较小的内化成工艺。

（三）铅蓄电池生产企业的主要生产设备

铅蓄电池生产企业的主要生产设备见表 4-11。

表 4-11 铅蓄电池生产企业主要生产设备

项目	设备（设施）名称
原辅材料进厂	装载机、皮带输送机、原辅料仓库、硫酸罐区、运输车辆等
制粉工序	铅粉机、熔铅炉、铸机、氧化筛、运输储存系统、除尘器等
板栅工序	熔铅炉、铸板机生产线、各种模具、水冷却槽、格栅冲压生产线、除尘器等
和膏工序	配料机、和膏生产线等
涂板固化工序	传送带、涂布机、淋酸装置、酸储罐、表面固化系统、固化干燥系统、酸雾回收净化装置等
极板分片、叠片工序	传送带、分片机、磨边机、切边机、称重装置、集群装配线
装配工序	传送带、焊机、装配生产线、注酸装置、酸储罐等
化成工序	水冷化成系统、充放电机、电池内化成生产线、环保设备等
其他生产辅助设施	硫酸储罐区、铅原料库、危险废物仓库、污水处理厂等

（四）铅蓄电池生产环境要素分析

铅蓄电池生产企业主要污染要素见表 4-12。

表 4-12 铅蓄电池生产企业主要污染要素

污染类型		环境污染指标与来源
废气	有组织废气	在板栅铸造、合金配制、铅零件、铅粉制造等工序，有加热、铸型、磨粉、切边、打磨等作业，都不可避免地产生含铅烟、铅尘废气，应采用袋式除尘器进行净化
	无组织废气	在铅酸蓄电池生产过程中，有加热、铸型、磨粉、切边、打磨等作业，都不可避免地产生含铅尘和铅烟的无组织排放； 在和膏、涂板、灌酸、化成过程使用硫酸，不同程度地产生酸雾
废水	生产废水	铅蓄电池生产企业在涂板工序、化成工序以及电池清洗等工序产生废水，主要污染物为铅及其化合物、SS、石油类等； 在和膏、涂板、灌酸、化成工序使用硫酸，产生酸性废水，主要污染物为铅及其化合物、pH、SS、石油类等
	生活污水	主要来源于食堂、办公区、浴室，主要污染物为 COD、SS、氨氮、色度等
固体废物	生产废物	一般固体废物：废纸箱、废木料、废金属、废包装泡沫、废劳保用品等； 危险废物：废电池、废酸、废油、废铅渣、铅泥、污泥等
	生活垃圾	主要产生于办公区，作为一般固体废物经环卫部门收集填埋

（五）铅蓄电池生产企业排污节点说明

1. 废气

（1）制粉工序的熔铸、制粉，板栅工序的熔铸、铸板，和膏工序的配料、调膏，涂板固化工序的涂板和干燥，装配工序的焊接都会产生铅尘、铅烟或燃烧烟气，应设高效集气除尘设施，减少颗粒物尤其是铅及其化合物的排放量。

（2）原辅材料进厂卸车入库，制粉工序熔铸和制粉，板栅工序熔铸和制板，和膏工序配料和和膏，涂板固化工序涂板和固化，极板分片、叠片工序分片、磨边、切边过程都会产生含铅粉尘的泄漏，应增加设备的密闭性或采用有效的集气措施，防止含铅废气无组织外泄。

（3）和膏、涂板、装配、化成工序生产过程会产生酸雾，已采取有效的集气除酸措施，防止酸雾外泄。

2. 废水

（1）各生产车间的地面冲洗废水，含有铅及其化合物、SS、石油类、pH、COD 等污染物。

（2）和膏工序、涂板固化工序、装配工序、极板化成工序的设施清洗废水，含有铅及其化合物、SS、石油类、pH、COD 等污染物。

（3）在和膏、涂板、灌酸、化成过程使用硫酸，产生酸性废水。

3. 固体废物

铅蓄电池企业生产过程产生的主要固体废物是各排放口设置的除尘器去除的铅烟、铅尘和熔铸产生的铅渣、铅屑，污水处理或预处理产生的污泥，都必须按危险废物收集、贮存、送往有资质的专业单位处置和综合利用，转运应严格执行转移联单制度。

对铅蓄电池企业的危险废物管理，环保部门重点要关注以下三方面：

一是危险废物堆放场所。各车间产生的铅渣、铅泥、报废电池和废劳保用品等危险废物须定时清理，分类收集，堆存于规范贮存场所，检查危险废物的容器和包装物是否设置危险废物识别标志，危险废物堆存场所是否设置统一识别标志。

二是危险废物台账。危险废物的产生、流向、贮存、处置等行为须及时登记，记录符合规范，并定时向环境保护行政主管部门进行申报。重点检查工业危险废物管理台账登记的规范性和真实性。

三是危险废物转移。检查企业是否填报危险废物年度转移计划表，并经环境保护行政主管部门批准，危险废物是否按照《危险废物转移联单管理办法》有关规定进行合法转移，重点检查转移联单单据是否保存完整，转移批次和转移量是否与实际相符。

铅蓄电池生产企业的排注节点见表 4-13。

表 4-13　铅蓄电池生产企业的排污节点说明

工序	生产设施	污染产生原因	排污节点和主要环境因素	控制措施
原辅材料进厂	装载机、皮带输送机、原辅料仓库、硫酸罐区、运输车辆等	原料铅或铅板栅运输装卸产生铅尘或铅屑遗撒； 硫酸在卸车入罐过程产生酸雾或酸遗撒	原料铅卸车入库产生含铅粉尘； 硫酸入罐产生酸雾或酸遗撒	原料铅装卸场地洁净，洒水防扬尘； 硫酸入罐尽量封闭，减少酸挥发，还要减少酸遗撒

工序	生产设施	污染产生原因	排污节点和主要环境因素	控制措施
制粉工序	铸粒机或切段机、铅粉机运输储存系统、除尘器等	电解铅铸造、切段产生铅烟、铅渣、烟气；铅球或铅段经过氧化筛粉产生铅尘；冲洗地面产生废水	熔铸产生铅烟、铅渣，如采用燃料，还产生烟气（烟尘、SO_2、NO_x）；制粉、铸造产生铅尘；冲洗地面产生含铅酸废水	铸粒机和铅粉机密闭，同时引气高效除尘，严禁产生无组织排放；熔铸烟气除尘；铅渣按危险废物管理，回收利用；废水进污水站
板栅工序	熔铅炉、铸板机生产线、各种模具、水冷却槽、格栅冲压生产线、除尘器等	熔铅加热熔化产生铅烟、铅渣、烟气；浇铸板栅产生铅烟冲洗地面产生废水	熔铸产生铅烟、铅渣，如采用燃料，还产生烟气（烟尘、SO_2、NO_x）；铸板产生铅烟；冲洗地面产生含铅酸废水	熔铅炉密闭，引气除尘；熔铸烟气除尘；铸板采用负压集气，高效除尘，严禁产生无组织排放；铅渣按危险废物管理，回收利用；废水进污水站
和膏工序	配料机、和膏生产线等	铅粉、稀硫酸、添加剂调制成铅膏产生烟尘和酸雾；冲洗地面产生含铅酸废水	配料、和膏产生铅尘和酸雾；冲洗地面产生含铅酸废水	含铅尘和酸雾废气集气除尘、除酸净化；废水进污水站
涂板固化工序	传送带、涂布机、淋酸装置、酸储罐、表面固化系统、固化干燥系统、酸雾回收净化装置等	铅膏涂布到板栅上产生铅尘；极板固化、干燥产生烟气；冲洗地面产生废水	涂板产生铅尘；淋酸装置产生酸雾；干燥炉产生烟气（烟尘、SO_2、NO_x）；冲洗地面产生含铅酸废水	涂板产生的含铅废气采用负压集气，高效除尘，严禁产生无组织排放；淋酸装置集气除酸净化；干燥炉产生烟气除尘；废水进污水站
极板分片、叠片工序	传送带、分片机、磨边机、切边机、称重装置、集群装配线	分片、磨边、切边工序产生铅尘和铅屑	产生含铅尘废气和铅屑	含铅尘废气应集气除尘；铅屑应按危险废物管理
装配工序	传送带、焊机、装配生产线、注酸装置、酸储罐等	焊接的极群组产生铅烟；灌酸产生酸雾；冲洗地面产生废水	焊接产生铅烟；灌酸产生酸雾；冲洗地面产生含铅酸废水	焊接铅烟采用负压集气，高效除尘，严禁产生无组织排放；酸雾集气除酸；废水进污水站
极板化成工序	水冷化成系统、充放电机、电池内化成生产线、直流电源、充放电机、环保设备等	灌酸产生废水化成产生酸雾；冲洗地面产生废水	灌酸和冲洗地面产生含铅酸废水；化成产生酸雾	含铅酸废水进污水站；酸雾用负压集气，高空排放；废水进污水站

六、铅冶炼和加工行业的污染源环境管理

铅冶炼行业的废气污染问题突出，回收的固体废物除了废弃的炉体材料外，大多可以回用，生产废水经简单处理也可循环利用。

（一）符合环境规划要求

1. 产业布局要求

①新建、改扩建项目应在依法批准设立的县级以上工业园区内建设，符合产业发展规划、园区总体规划和环评规划，符合《铅蓄电池厂卫生防护距离标准》（GB 116 59）和批复的建设项目环境影响评价文件中大气环境防护距离要求。有条件的地区应将现有生产企业逐步迁入工业园区。重金属污染防控重点区域应实现重金属污染物排放总量控制，禁止新建、改扩建增加重金属污染物排放的铅蓄电池及其含铅零部件生产项目。所有新建、改扩建项目必须有所在地地市级以上环境保护主管部门确定的重金属污染物排放总量来源。②《建设项目环境影响评价分类管理名录》（环境保护部令第 33 号）第三条规定的各级各类自然保护区、文化保护地等环境敏感区，重要生态功能区，因重金属污染导致环境质量不能稳定达标区域，以及土地利用总体规划确定的耕地和基本农田保护范围内，禁止新建、改扩建铅蓄电池及其含铅零部件生产项目。

2. 生产规模要求

①新建、改扩建铅蓄电池生产企业（项目），建成后同一厂区年生产能力不应低于 50 万 kV · A · h（按单班 8 h 计算，下同）。②现有铅蓄电池生产企业（项目）同一厂区年生产能力不应低于 20 万 kV · A · h；现有商品极板（指以电池配件形式对外销售的铅蓄电池用极板）生产企业（项目），同一厂区年极板生产能力不应低于 100 万 kV · A · h。③卷绕式、双极性、铅碳电池（超级电池）等新型铅蓄电池，或采用连续式（扩展网、冲孔网、连铸连轧等）极板制造工艺的生产项目，不受生产能力限制。

3. 工艺与装备要求

新建、改扩建企业（项目）及现有企业，工艺装备及相关配套设施必须达到表 4-14 所示要求。

表 4-14 铅冶炼工业新建、改扩建企业工艺与装备要求

1	应按照生产规模配备符合相关管理要求及技术规范的工艺装备和具备相应处理能力的节能环保设施；节能环保设施应定期进行保养、维护，并做好日常运行维护记录；新建、改扩建项目的工程设计和工艺布局设计应由具有国家批准工程设计行业资质的单位承担

2	熔铅、铸板及铅零件工序应设在封闭的车间内，熔铅锅、铸板机中产生烟尘的部位，应保持在局部负压环境下生产，并与废气处理设施连接，熔铅锅应保持封闭，并采用自动温控措施，加料口不加料时应处于关闭状态。禁止使用开放式熔铅锅和手工铸板、手工铸铅零件、手工铸铅焊条等落后工艺。所有重力浇铸板栅工艺，均应实现集中供铅（指采用一台熔铅炉为两台以上铸板机供铅）
3	铅粉制造工序应使用全自动密封式铅粉机；铅粉系统（包括贮粉、输粉）应密封，系统排放口应与废气处理设施连接，禁止使用开口式铅粉机和人工输粉工艺
4	和膏工序（包括加料）应使用自动化设备，在密封状态下生产，并与废气处理设施连接；禁止使用开口式和膏机
5	涂板及极板传送工序应配备废液自动收集系统，并与废水管线连通，禁止采用手工涂板工艺；生产管式极板应当采用自动挤膏工艺或封闭式全自动负压灌粉工艺
6	分板刷板（耳）工序应设在封闭车间内，使用机械化分板刷板（耳）设备，做到整体密封，保持在局部负压环境下生产，并与废气处理设施连接，禁止采用手工操作工艺
7	供酸工序应采用自动配酸系统、密闭式酸液输送系统和自动灌酸设备，禁止采用人工配酸和灌酸工艺
8	化成、充电工序应设在封闭的车间内，配备与产能相适应的硫酸雾收集装置和处理设施，保持在微负压环境下生产；采用外化成工艺的，化成槽应封闭，并保持在局部负压环境下生产，禁止采用手工焊接外化成工艺，应使用回馈式充放电机实现放电能量回馈利用，不得用电阻消耗；所有新建、改扩建项目，禁止采用外化成工艺
9	包板、称板、装配焊接等工序，应配备含铅烟尘收集装置，并根据烟尘特点采用符合设计规范的吸气方式，保持合适的吸气压力，并与废气处理设施连接，确保工位在局部负压环境下
10	淋酸、洗板、浸渍、灌酸、电池清洗工序应配备废液自动收集系统，通过废水管线送至相应处理装置进行处理
11	新建、改扩建项目的包板、称板工序必须使用机械化包板、称板设备；现有企业的包板、称板工序应使用机械化包板、称板设备
12	新建、改扩建项目的焊接工序必须使用自动烧焊机或自动铸焊机等自动化生产设备，禁止采用手工焊接工艺；现有企业的焊接工序应使用自动化生产设备
13	所有企业的电池清洗工序必须使用自动清洗机

（二）符合环境管理要求

要将排污许可制度纳入企业环境责任管理和行为登记评价考核指标；建立健全相应台账和档案制度；建立健全自我监测管理体系；建立健全污染治理设施运行管理制度；建立健全总量和污染物排放量核算制度；不断完善对危险化学品和污染治理设施的应急预案报备和管理体系。

①现有铅蓄电池及其含铅零部件生产企业应达到《电池行业清洁生产评价指标体系（试行）》（发展改革委公告第 87 号）中规定的“清洁生产企业”水平，新建、改扩建项目应达到“清洁生产先进企业”水平。②安装废水重金属在线监测设备。③具备自行环境监测能力；对污染物排放状况及其对周边环境质量的影响开展自行监测。④排污口符合《排污口规范化整治技术要求（试行）》相关要求。

（三）符合危险废物处理处置要求

①一般固体废物按照《一般工业固体废物贮存、处置场污染控制标准》（GB 18599—2001）相关规定执行。②对危险废物（如含重金属污泥、含重金属劳保用品、含重金属包装物、含重金属类废电池等），应按照《危险废物贮存污染控制标准》（GB 18597—2001）相关规定进行危险废物管理，应交持有危险废物经营许可证的单位进行处理。应制定并向所在地县级以上地方人民政府环境行政主管部门备案危险废物管理计划（包括减少危险废物产生量和危害性的措施以及危险废物贮存、利用、处置措施），向所在地县级以上地方人民政府环境保护行政主管部门申报危险废物产生种类、产生量、流向、贮存、处置等有关资料。应针对危险废物的产生、收集、贮存、运输、利用、处置，制定意外事故防范措施和应急预案，向所在地县以上地方人民政府环境保护行政主管部门备案。

（四）符合环境风险要求

①按《突发环境事件应急预案管理暂行办法》制定企业环境风险应急预案，应急设施、物资齐备，并定期培训和演练。②符合《危险化学品安全管理条例》相关要求。

第三节　铝工业生产工艺环境基础

一、我国铝工业现状

截至 2016 年 6 月底，我国氧化铝生产企业建成产能总计 7 215 万 t，2015 年我国电解铝产量为 3 141 万 t，目前世界上 1/4 以上的电解铝在我国生产。我国氧化铝生产企业的地域分布较为集中。2016 年我国氧化铝企业主要分布于山东、山西、河南、广西、贵州、重庆、内蒙古和云南 8 个省（市）（表 4-15）。我国已成为世界氧化铝和电解铝生产大国，仅次于澳大利亚，居世界第二位。同时，铝工业也是高耗能产业。我国已成为世界铝生产、消费大国，但我国铝工业资源配置、产业集中度、技术装备水平、环保控制技术等方面与世界铝工业强国相比，仍有一定差距。

表 4-15　我国氧化铝产能较大省份建成产能

省份	建成产能 / 万 t	省份	建成产能 / 万 t
山东	2 350	贵州	425
山西	1 865	重庆	175
河南	1 320	内蒙古	160
广西	840	云南	80

我国及世界的电解槽型和铝厂生产规模正向大型化发展。国际最大槽容量已达 500

kA 以上，主流槽型在 300 kA 左右。目前世界金属铝主要采用预焙阳极电解槽生产。

我国铝工业产业链，见图 4-4。

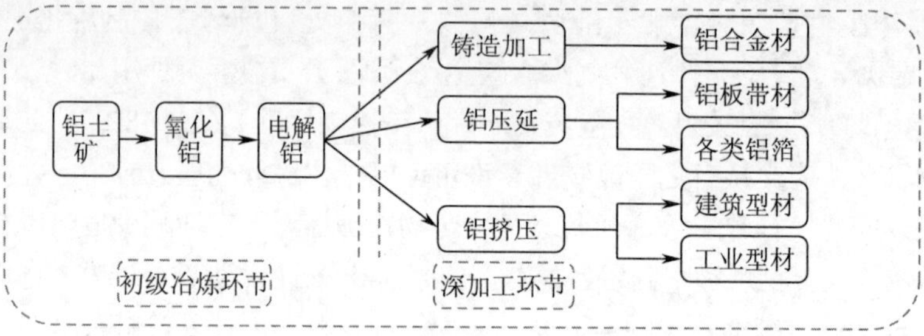

图 4-4　我国铝工业产业链

二、氧化铝生产的基本工艺

金属铝生产分为两大步骤：一是以铝土矿为原料生产氧化铝；二是将氧化铝进行熔盐电解生产金属铝。我国铝矿石 (A/S) 相对较低，而且以一水硬铝石为主，80% 以上铝土矿的 A/S 为 4 ～ 8。受矿石品种和技术水平的限制，我国六大氧化铝厂仅有一家（红土型铝土矿）采用纯拜耳法工艺，其余铝厂多采用联合法、烧结法工艺（近年增加了选矿拜耳法、石灰拜耳法等）。因为矿石类型和品位的原因，我国普遍采用烧结法和联合法氧化铝生产工艺。近年建设的拜耳法氧化铝厂（尤其是中国铝业公司下属氧化铝厂生产线）的技术装备水平已达国际领先水平，如铝土矿采用双流法、管道化溶出；赤泥分离洗涤采用高效沉降技术；氢氧化铝焙烧采用流态化焙烧技术等。

（一）原辅材料

目前，工业上从铝土矿提取氧化铝的生产工艺，主要原料是铝土矿，辅料是碱、石灰石、白煤和选矿药剂。氧化铝生产需消耗大量蒸汽，因此我国氧化铝厂均建有自备热电厂。

1. 原料

【铝土矿】铝土矿是目前氧化铝生产的主要矿石资源，是以三水铝石、一水软铝石或一水硬铝石为主要矿物所组成的矿石的统称，铝土矿中氧化铝的含量通常为 45% ～ 75%。氧化铝生产要求铝土矿的铝硅比和氧化铝含量越高越好。

2. 辅料

【石灰石】主要成分是碳酸钙。石灰石呈块状或粉状，其主要性质为烧失量 40.79%，含硅 4.62%、铝 1.21%、铁 0.52%、钙 50.16%、镁 1.10%。石灰石平均含硫 0.025%。用于拜耳法苛化反应和烧结法配料。

【烧碱】学名氢氧化钠（NaOH），俗称火碱、苛性钠，为一种具有强腐蚀性的强碱，易溶于水形成碱性溶液，另有潮解性。用于拜耳法溶出铝土矿中的氧化铝。

【纯碱】学名碳酸钠（Na_2CO_3），俗名苏打、石碱、洗涤碱，为强电解质，具有盐的通性和热稳定性，易溶于水，其水溶液呈碱性。用于烧结法配料过程。

【选矿药剂】分散剂：六偏磷酸钠；捕收剂：脂肪酸＋氢氧化钠。

3. 能耗、水耗

氧化铝生产工艺的能耗、水耗的比较如表 4-16 所示。

表 4-16　氧化铝生产的铝矿成分分析及能耗、水耗比较

项目		拜耳法			烧结法		联合法	
		常规拜耳法	石灰拜耳法	选矿拜耳法	常规烧结法	强化烧结法	混联法	串联法
铝矿要求	铝矿类型	三水铝石 一水铝石	一水硬铝石		一水硬铝石		一水硬铝石	
	适用 A/S	>8	>7	>5	4 ～ 6	>8	4 ～ 8	3 ～ 6
单位产品消耗指标	石灰 /t	0.054 ～ 0.3	0.3 ～ 0.5	0.433	0.896	0.054	0.812	0.812
	碱耗 /kg	53 ～ 95	60 ～ 80	72	85 ～ 102	38 ～ 95	78 ～ 87	78 ～ 87
	综合能耗 /（kg·标煤）	375 ～ 615	420 ～ 717	510	1 196	665	1 000 ～ 1 115	800
	蒸汽 /t	2.6 ～ 3.2	3.2	3.36	5	2.8	5.89	5.89
	新水 /m^3	6 ～ 10	3 ～ 8	11.5	14 ～ 25	8 ～ 10	10 ～ 16	17
	氧化铝回收率 /%	72 ～ 82	75 ～ 81	74.4	90.7	72 ～ 82	91 ～ 92	81

（二）氧化铝生产工艺流程

氧化铝生产工艺流程如图 4-5 所示。

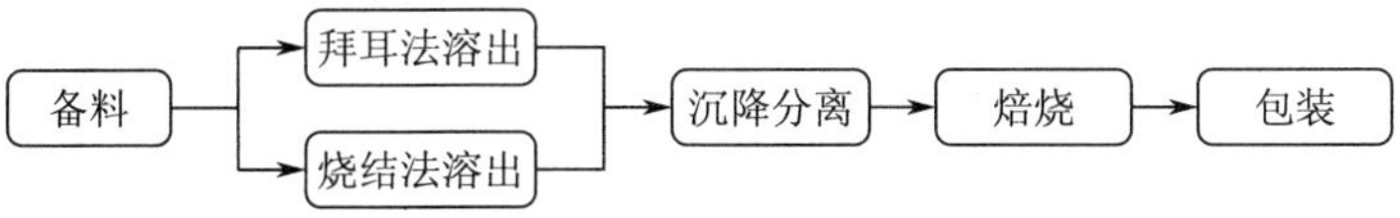

图 4-5　氧化铝生产工艺流程

我国氧化铝的主要生产工艺有拜耳法、烧结法和联合法。各种生产工艺中，拜耳法工艺最简单，没有熟料烧成工序，因此能耗低，大气污染物排放量小，是氧化铝生产的最佳工艺。国际上 90% 以上的氧化铝采用拜耳法生产，能耗一般为 11 ～ 15 GJ/t Al_2O_3，最低的甚至不到 10 GJ/t Al_2O_3。

1. 进料备料

（1）原辅料进厂

原料铝土矿、辅料石灰石、燃料进厂，送至封闭的储料仓库；辅料烧碱、纯碱、其他药剂包装密封完整进厂入库，储存于干燥的仓库或货棚内，严防雨水潮湿，远离易燃、可燃物及酸类物质。

（2）铝土矿备料

铝土矿用自卸汽车转运至原料车间卸入原矿槽，由铲车给入受料斗，再由给料机出料，皮带输送至破碎系统。原矿经破碎后筛分，送至均化堆场堆存。均化堆场为防风防雨密闭厂房。

（3）石灰石备料

外购石灰石由汽车运进厂分别卸入石灰石库。由装载机卸入受料仓，通过胶带机输送至料仓或仓库，再由输送系统进入上料装置及炉顶布料器加入石灰炉窑中，炉料向下通过预热带、煅烧带、冷却带，将石灰石分解为石灰，经破碎、筛分制成石灰粉，再输运、提升至封闭石灰仓。

2. 溶出

在矿浆或熟料中加入碱液，溶出其中的铝酸钠。

（1）拜耳法溶出

拜耳法生产的主要原料有铝土矿、苛性碱、石灰石、种分循环母液。现有拜耳法氧化铝生产系统综合能耗应在500 kg标准煤/t氧化铝左右。将铝土矿磨制成矿浆，经选矿后，与制备好的石灰乳混合，送入预脱硅槽，并加配入碱液，加热进行预脱硅后，继续加热高温溶出。铝土矿内所含氧化铝溶解成铝酸钠进入溶液，而氧化铁和氧化钛以及大部分的二氧化硅等杂质进入固相残渣即赤泥中。溶出所得矿浆称压煮矿浆，经自蒸发器减压降温后送入稀释槽（溶出后槽）。

（2）烧结法溶出

烧结法生产的主要原料有铝土矿、石灰石、纯碱、循环母液、白煤。现有拜耳法氧化铝生产系统综合能耗应在900 kg标准煤/t氧化铝左右。将铝土矿、碳酸钠和石灰石按一定比例混合配料，在回转窑内烧结成由铝酸钠、铁酸钠、原硅酸钙和钛酸钠组成的熟料。熟料经破碎到一定粒度后，用稀碱溶液（调正液）进行粉碎溶出，Na_2O 和 Al_2O_3 转入溶液中成为铝酸钠溶液，$2CaO \cdot SiO_2$ 和 Fe_2O_3 等杂质进入赤泥。

（3）联合法氧化铝生产工艺

联合法又分为串联法、并联法和混联法，联合法由拜耳法和烧结法组合而成（表4-17）。

表4-17 联合法氧化铝生产工艺类型

工艺类型	工艺特点
串联法	烧结系统不使用原矿，而是利用拜耳法产生的赤泥做生产原料，提高氧化铝回收率
并联法	可处理高、低两种不同A/S的矿石，其拜耳系统和烧结系统各自处理矿石原料，在种分工序后合成同一生产线

工艺类型	工艺特点
混联法	烧结系统既处理拜耳系统的赤泥，又重新加入铝土矿，加入量依熟料配方中的铝硅比要求确定。因此，混联法组织生产灵活，氧化铝回收率较高，其能耗和大气污染物排放量较烧结法低，是我国氧化铝厂采用较多的工艺

3. 沉降分离

溶出浆液降温后加入赤泥洗液稀释、再经沉降槽沉降分离赤泥与铝酸钠，分离的铝酸钠溶液送精滤处理。精滤所得精液送下步工序；①分离和过滤所得赤泥浆经洗涤回收所含附碱后排到赤泥脱水车间，压滤脱水后排入赤泥堆场；赤泥洗液回收用于稀释溶出浆液。②烧结法溶出的铝酸钠因含 SiO_2 多被称为粗液，需脱硅处理，脱硅处理后的铝酸钠溶液称为精液，脱硅固体产物称硅渣（含较多 Na_2O 和 Al_2O_3），可返配料回收利用。

4. 蒸发焙烧

精液经降温后与晶种同时进入机械搅拌分解槽，经搅拌，铝酸钠分解析出氢氧化铝，经过滤分离、洗涤和蒸发脱水，部分作晶种再用，剩余送焙烧车间，焙烧后产出的氧化铝通输送机送至氧化铝贮仓，装袋贮存。

分离所得溶液称为分解母液，分解母液经蒸发浓缩后，补加一部分苛性碱配入到矿浆中，作为循环母液准备溶出下一批铝土矿；母液蒸发过程有部分 $NaCO_3 \cdot H_2O$ 结晶析出，为了回收这些碱，将 $Na_2CO_3 \cdot H_2O$ 水解后加石灰配成石灰乳进行苛化使生成 NaOH 送入洗涤沉降槽。

烧结法精液一部分作为种分母液，通入 CO_2 后析出氢氧化铝，剩余母液经蒸发后回收纯碱。

（三）氧化铝生产企业的主要生产设备

氧化铝生产企业的主要生产设备见表 4-18。

表 4-18　氧化铝企业主要生产设备

项目	设备（设施）名称
进料备料	运输车辆、矿石堆场、给料机、传送带、振动筛、破碎机、球磨机、均化堆场、原矿仓、原矿浆槽、石灰仓、石灰窑、化灰机、石灰乳槽
溶出	预脱硅槽、机械搅拌槽、高压泵、溶出器、蒸煮器、回转窑、溶出后槽
沉降分离	赤泥分离洗涤沉降槽、压滤机、叶滤机、赤泥泵、赤泥浆液输送管道、赤泥附液回水管、脱水压滤系统、赤泥库、换热器、搅拌分解槽、过滤机
蒸发焙烧	蒸发器、过滤机、盐沉降槽、过滤机、焙烧炉
辅助系统	煤棚、热电锅炉、除尘器、压缩机、污水站、灰渣堆场、赤泥堆场、空压站、工业废水处理设施、生活污水处理设施

三、氧化铝生产的排污节点

（一）氧化铝生产的主要环境问题

（1）*产生碱度高、悬浮物含量高的废水*

氧化铝生产企业在铝土矿选矿、石灰乳制备、原矿浆磨制、溶出、预脱硅、赤泥分离洗涤、母液蒸发、氢氧化铝过滤等工艺排放出的废水碱度高、悬浮物含量高，如处理不当，会对环境水域和土壤产生污染。

（2）*产生含尘废气*

原料铝矿石、石灰石、燃料煤、成品氧化铝在贮运、输送、破碎、筛分、磨粉、下料过程产生含尘废气无组织排放；烧结、石灰烧制、氧化铝焙烧等工序产生大量废气有组织排放，主要含粉尘、SO_2、NO_x，如处理不当，对车间工作环境和大气环境都会造成危害。

（3）*产生固体废物*

一般固体废物：铝土矿选矿后的尾矿；燃煤锅炉产生的煤灰渣；废纸箱、废木料、废金属、废包装泡沫等。

危险废物：氧化铝生产过程产生赤泥，有害成分为含 Na_2O 的附液；石灰消化产生消化渣，含 Al_2O_3、SiO_2、CaO、$CaCO_3$ 等；污水站产生污泥。氧化铝企业的赤泥产生量巨大，堆存填埋赤泥的尾矿库也有很大的环境风险。

（二）氧化铝生产的污染要素分析

氧化铝生产企业生产过程产生的污染物包括废水、废气、固体废物和噪声。氧化铝生产企业的主要环境指标如表 4-19 所示。

表 4-19　氧化铝生产企业主要污染要素

污染类型		环境污染指标与来源
废气	有组织废气	原辅料进厂、装卸、输送、配料、上料等过程，产生无组织扬尘，含颗粒物； 燃煤锅炉烟气，主要污染物为烟尘、SO_2、NO_x 等； 石灰烧制产生石灰粉尘、SO_2、NO_x； 氢氧化铝焙烧产生氧化铝粉尘、SO_2、NO_x
	无组织废气	铝矿石在贮运、输送、破碎、筛分、磨粉、下料过程产生粉尘； 石灰贮运、石灰乳制备过程产生粉尘； 锅炉燃料煤在贮运、输送、破碎、筛分、磨粉、下料过程产生粉尘； 氧化铝贮运过程产生粉尘

污染类型		环境污染指标与来源
废水	生产废水	铝土矿选矿废水，含悬浮物等； 石灰乳制备、原矿浆磨制、溶出、预脱硅、赤泥分离洗涤、母液蒸发、氢氧化铝过滤等工艺废水，主要含碱； 热电站化学处理时产生酸碱废水； 凝汽机、空冷机、油冷机等设备冷却水； 氢氧化铝焙烧炉、空压机、石灰炉等设备间接冷却水
	生活污水	主要来源于食堂、办公区、浴室，主要污染物为 COD、SS、氨氮、色度等
固体废物	生产废物	一般固体废物：铝土矿选矿后尾矿；燃煤锅炉产生煤灰渣；废纸箱、废木料、废金属、废包装泡沫、废劳保用品等；石灰消化产生消化渣，含 Al_2O_3、SiO_2、CaO、$CaCO_3$ 等；污水站产生污泥 危险废物：氧化铝生产过程产生赤泥，有害成分为含 Na_2O 的附液
	生活垃圾	主要产生于办公区，作为一般固体废物经环卫部门收集填埋
噪声		运输车辆、破碎机、原料磨、真空泵、鼓风机、排烟机、汽轮机、发电机、风机、空压机等的噪声

（三）氧化铝生产企业排污节点

1. 氧化铝生产排污节点

氧化铝生产工艺及排污节点见图 4-6。

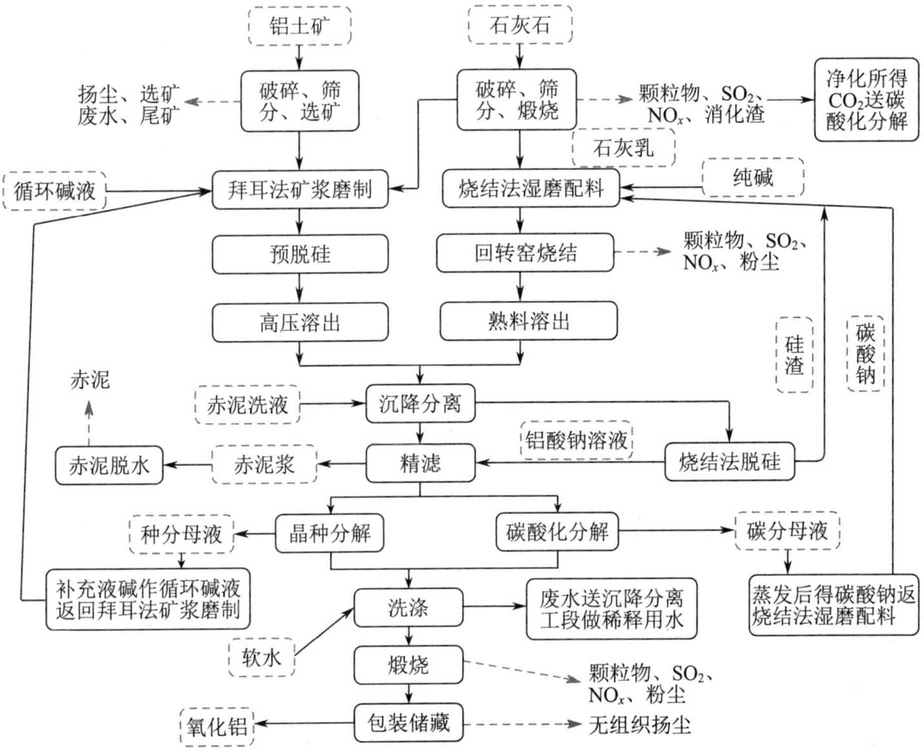

图 4-6　氧化铝生产工艺及排污节点

2. 氧化铝生产排污节点分析

氧化铝生产排污节点分析见表4-20。

表4-20 氧化铝生产排污节点分析

		生产设施	污染产生原因	主要污染物	控制措施
进料备料		运输车辆、矿石堆场、给料机、提升机、传送带、振动筛、破碎机、球磨机、均化堆场、原矿仓、湿磨、原矿浆槽	铝矿石、锅炉燃料煤在贮运、输送、破碎、筛分、磨粉、下料过程产生扬尘无组织逸散； 厂区地面和设备冲洗废水； 运输车辆、破碎机、球磨机噪声	运输和卸车时遗撒原辅料，产生扬尘； 原辅料在破碎、筛分、磨粉、下料、传送、贮存过程产生扬尘； 废水中浊度、碱度较高，悬浮物含量高； 机械设备和运输车辆噪声污染	烧碱、纯碱等危险物品包装密封完整进厂，储存于干燥防潮的仓库内，远离易燃、可燃物及酸类物质； 煤场、矿石堆场储存于封闭储仓，及时洒水防止扬尘，皮带输送机设封闭防尘廊道； 严格控制原辅料在运输和卸料时产生遗撒，遗撒的原辅料应及时清理； 破碎、筛分过程产尘点设置集尘罩，送袋式除尘器除尘； 备料仓库设置除尘装置； 碱性废水统一收集处理
进料备料	石灰制备	运输车辆、矿石堆场、给料机、提升机、传送带、破碎机、堆场、石灰仓、石灰炉、化灰机、石灰乳槽、提升机、传送带	石灰石贮运、破碎石灰乳制备产生粉尘； 石灰石在石灰窑中煅烧产生废气，有组织排放； 石灰乳制备后冲洗设备地面产生废水，制备过程中跑冒漏滴或操作不当产生废水； 石灰消化产生消化渣； 破碎、筛分产生噪声	贮运、传送、破碎、下料过程产生扬尘； 石灰煅烧废气主要为石灰尘、SO_2、NO_x； 废水含SS、碱（pH）； 消化渣主要含Al_2O_3、SiO_2、CaO、$CaCO_3$等，渣中含水约20%； 机械噪声	严格控制石灰石在运输和卸料时产生遗撒和扬尘，输送机封闭； 煅烧、破碎、筛分废气加装脱硫除尘装置； 碱性废水统一收集处理； 消化渣运往赤泥堆场，与赤泥一起堆存

	生产设施		污染产生原因	主要污染物	控制措施
溶出	拜耳法溶出	预脱硅槽、机械搅拌槽、高压泵、溶出器、蒸煮器、自蒸发器、溶出后槽	矿浆制备、预脱硅、溶出等生产过程中由于跑冒漏滴或操作不当泄漏少量料液； 选矿废水； 车间设备冲洗废水； 溶出过程产生冷凝水； 铝土矿精选后产生尾矿	泄漏的料液含大量原料物质，碱性大、悬浮物含量高； 选矿废水中含有少量的悬浮物和捕收剂及分散剂； 废水中浊度、碱度较高，悬浮物含量高； 冷凝水受污染程度小； 尾矿主要含 Al_2O_3、Na_2O、SiO_2、CaO、Fe_2O_3、TiO_2 等，属于一般工业固体废物	碱性废水统一收集处理； 选矿废水处理后循环使用； 冷凝水受污染程度小，可送到其他工序回用； 尾矿送尾矿库
	烧结法溶出	料浆调正槽、搅拌器、回转窑、破碎机、湿磨、料浆泵、脱硅槽、过滤器	回转窑排放废气； 熟料破碎产生扬尘； 矿浆制备、脱硅、溶出等生产过程中由于跑冒漏滴或操作不当泄漏少量料液； 车间设备冲洗废水； 粗液脱硅产生固体硅渣，也称为白泥	烧结废气主要含煤粉、铝土矿粉尘、石灰尘、SO_2 等； 扬尘无组织排放； 废水主要含碱和悬浮物等； 硅渣中含有相当数量的 Na_2O 和 Al_2O_3，不宜直接排放	废气排出口设置脱硫除尘装置； 破碎过程产尘点设置集尘罩，统一经集尘管送除尘装置，一般采用袋式除尘器； 碱性废水统一收集后处理； 硅渣需返回配料，加以回收
沉降分离	换热器、搅拌分解槽、过滤机、赤泥分离洗涤沉降槽、压滤机、叶滤机、赤泥泵、赤泥浆液输送管道、赤泥附液回水管、脱水压滤系统、赤泥库		加入赤泥洗液稀释后，铝酸钠溶液与赤泥通过沉降分离，上清液送过滤，赤泥浆排出； 赤泥浆送赤泥库洗涤、脱水处理，赤泥送赤泥堆场，赤泥洗涤液送回沉降槽稀释料浆； 洗涤、脱水后的赤泥，仍含有一定量的赤泥附液	赤泥属于危险废物，含水量较高，主要成分为 Al_2O_3、Na_2O、SiO_2、CaO、Fe_2O_3、TiO_2； 赤泥附液主要含 SS、Cl^-、SO_4^{2-}、CO_3^{2-}、OH^-、F^-、Al^{3+} 等	赤泥浆必须进行脱水、洗涤处理，一方面减少污染，另一方面回收赤泥洗液； 赤泥送赤泥堆场存放； 赤泥处置场应采取相应的防治附液流失、渗漏的防渗和回收措施
蒸发焙烧	板式换热器、分解槽、蒸发器、过滤机、盐沉降槽、焙烧炉、冷却器		焙烧炉有组织排放废气； 生产中泄漏少量料液； 氢氧化铝洗涤废水； 地面设备冲洗水	焙烧废气主要含氧化铝粉尘、SO_2 等； 废水主要含碱和悬浮物等	碱性废水统一收集后处理； 洗涤废水回收利用； 废气排出口设置脱硫除尘装置

	生产设施	污染产生原因	主要污染物	控制措施
包装贮运	氧化铝仓、传送带、包装机	包装、贮运过程中产生扬尘	扬尘主要为氧化铝粉尘，无组织排放	严格控制包装、贮运过程中产生遗撒，应及时清扫，保持地面整洁，氧化铝仓顶设置除尘设施； 皮带输送机设封闭防尘廊道

四、电解铝生产的基本工艺

（一）原辅料

1. 原料

金属铝的主要生产原料是氧化铝，又称三氧化二铝、刚玉、矾土、铝氧。氧化铝是难溶于水的白色固体，无臭、无味、质极硬，易吸潮而不潮解（灼烧过的不吸湿）。属两性氧化物，能溶于无机酸和碱性溶液中，几乎不溶于水及非极性有机溶剂。

2. 辅料

【氟化盐】氟化盐是各种氟化物的统称，有冰晶石、氟化铝、氟化钠、氟化钙等，在电解铝生产过程回收的氟化物统称氟化盐。冰晶石又名六氟合铝酸钠或氟化铝钠，分子式为 Na_3AlF_6，为白色细小的结晶体，无气味，易吸水受潮。冰晶石为铝电解中的助溶剂。氟化铝为无色或白色结晶体，略溶于冷水，溶于热水。难溶于酸及碱溶液，不溶于大部分有机溶剂，也不溶于氢氟酸及液化氟化氢。不溶于水，加热条件下可水解。可由三氯化铝与氢氟酸、氨水作用制得。

【碳素电极】主要以炭质材料（如无烟煤、石油焦等）为原料，以沥青（沥青焦、煤沥青等）为黏结剂，经煅烧、配料、混捏、压型、焙烧、石墨化、机加工制成，是在电弧炉中以电弧形式释放电能对炉料进行加热熔化的导体。在电解铝生产中主要用于碳素阳极（预焙阳极）、碳素阴极（铝槽底部和侧部炭块）、阳极糊（作为自焙式铝槽导电阳极）。

电解铝生产主要技术经济指标见表 4-21。

表 4-21　电解铝生产主要技术经济指标对比

项目	消耗	项目	消耗
氧化铝 /（kg/t 铝）	1 920 ～ 1 940	碳素阳极 /（kg/t 铝）	430 ～ 480
冰晶石 /（kg/t 铝）	5 ～ 15	电能 /（kW · h/t 铝）	13 000 ～ 15 000
氟化铝 /（kg/t 铝）	20 ～ 30	铝锭（99.5% ～ 99.8%）/kg	1 000

3. 能耗物耗

用电解法制取金属铝吨铝消耗氧化铝约 1.93 t、氟化盐 35 kg、碳素阳极约 570 kg（阳极毛耗约 560 kg/t，阴极仅 10 ～ 15 kg/t）。节能减排，2009 年相关资料显示 1 t 铝电耗 14 177kW・h/t。

（二）熔盐 - 电解法生产工艺

电解铝生产中排出的废气主要是粉尘、HF、SO_2、CO_2 为主的气 - 固氟化物等。现代电解铝工业生产普遍采用冰晶石 - 氧化铝熔盐电解法。以熔融冰晶石作为溶剂，氧化铝作为溶质，碳素材料作为阳极，铝液作为阴极，经整流车间出来的强大直流电流由阳极导入，经过电解质与铝液层，由阴极导出，在电解槽内的两极上进行电化学反应，阳极产物主要是 CO_2 和 CO 气体，但其中含有一定量的氟化氢等有害气体和固体粉尘。对阳极气体进行净化处理，除去有害气体和粉尘后，排入大气中，回收的氟化物（主要是冰晶石）返回电解槽。阴极产物是铝液。

1. 原料入库

包括冰晶石和氧化铝的运输、装卸、贮存、上料。

2. 电解

电解车间由电解槽（电解槽系列、槽控箱、出铝端、烟管、槽盖板、集气罩）、供料系统（天车、天车收料口、料箱）、空压站组成。将电解铝原辅料氧化铝和氟化盐加入电解槽中，通过电解槽的阳极导入强大直流电，溶解在电解质中的氧化铝在直流电作用下被分解，在电解槽底部析出液态金属铝。电解槽的铝液由压缩空气造成的负压吸入铝抬包，送往铸造车间。生产过程的残极块从电解槽卸下后送阳极组装车间处理。

3. 铸造

铸造车间有拖车、喷射真空铝抬包、混合炉、连续铸机、冷却池等设备。从电解车间通过铝抬包件将铝液注入混合炉进行精炼和静置，再通过铸造机浇铸成铝锭，经冷却水池冷却后倒坯。

4. 阳极组装

阳极组装车间包括装卸站、清刷站、压脱站、电解质破碎区、残极清理区、中频炉区、组装区。残极运至装卸站；用喷刷或钢刷清理残极上电解质；压脱残极炭块、磷铁环；铝导杆校直、清理钢爪、清刷铝导杆；涂石墨、烘干钢爪；浇注组装成新阳极组供电解车间使用，并将换下的残极压脱破碎后送至碳素厂作阳极骨料，磷生铁返炉溶化后重新浇铸使用。残极黏附的电解质清理后破碎成电解质块，可供天车换极用。

5. 烟气净化回收

利用设置于电解槽上部的集气罩捕集烟气进入净化设施，在净化设施中利用电解原料氧化铝吸附烟气中的氟化氢，再通过布袋除尘器实现气固分离，达到净化烟气同时去除气态氟和固态氟的目的，净化之后的干净烟气通过烟囱排入大气。

（三）电解铝生产企业主要生产设备

电解铝生产企业主要生产设备见表4-22。

表4-22 电解铝生产企业主要生产设备

项目	设备（设施）名称
原料车间	运料车、装载机、胶带输运机、吊车、原料库、辅料库等
电解车间	电解槽、铝抬包、载氟氧化铝贮槽、风动溜槽、定量加料器、氧化铝输送管道、氧化铝贮槽、排烟管道、风机等
铸造车间	拖车、喷射真空铝抬包、混合炉、连续铸机、冷却池、风机等
阳极组装车间	装卸站、破碎机、胶带输送机、斗式提升机、振动筛、清刷站、中频炉、天车、自动浇注系统、风机等
其他生产辅助设施	含氟废气净化回收系统、除尘器、污水处理厂等

五、电解铝生产排污节点

（一）电解铝行业的主要环境问题

1. 大气污染

电解铝在生产过程中产生电解烟气，其主要污染物有SO_2、含铝粉尘、CO、氟化物、沥青烟等。如果不采取有效的处理措施，将对环境产生严重影响，明显的污染是氟污染。

沥青烟主要是在煅烧工段的上料系统、排料系统、混捏机、预热螺旋机等产生，其危害表现在两个方面：一是沥青中存在蒽等光感物质，长时间接触，并加之阳光照射，会导致皮炎等症状；二是沥青对皮肤及黏膜等有刺激作用，属于III级中度危害。

SO_2主要产生于阳极氧化，碳素阳极中的硫分受热转化为SO_2，因为碳素阳极中是由石油焦制成的，硫分较高。生产电解铝消耗的碳素阳极数量较大，因而产生的SO_2的量也不小。

2. 固体废物

一般运行1 800 d后都要进行电解槽的大幅度调整维修，在这个过程中便会产生大量的废料，这也成为固体废物的主要来源。而电解铝废槽衬是其中的主要危险废物。

3. 水污染

电解铝企业生产废水含有少量的氟化物和氰化物，若不经净化处理而直接排放将会污染地下水。

（二）电解铝生产主要污染要素

电解铝企业生产过程产生的污染物包括废水、废气、固体废物和噪声。电解铝生产企业的主要环境指标如表 4-23 所示。

表 4-23　电解铝生产主要污染要素

<table>
<tr><th colspan="2">污染类型</th><th>主要污染指标</th></tr>
<tr><td rowspan="2">废气</td><td>无组织废气</td><td>原辅料运输、装卸、上料过程，混合炉、连续铸机、冷却池产生粉尘无组织逸散；
废电极清刷、压脱、破碎、清理过程产生粉尘无组织逸散；
电解槽体泄漏、添料、出铝、铸锭、冷却等过程存在无组织废气排放，主要污染物有载氟粉尘、氟化氢、SO_2、沥青烟等</td></tr>
<tr><td>有组织废气</td><td>电解槽集气废气，含氟化氢、载氟粉尘、沥青烟、SO_2、NO_x；
混合炉、连续铸机、冷却池集气除尘系统废气，含烟粉尘；
在中频炉和浇注过程产生废气，含烟粉尘、SO_2、NO_x；
清刷、压脱、破碎、清理过程集气除尘系统废气，含粉尘</td></tr>
<tr><td rowspan="2">废水</td><td>生产废水</td><td>主要来自机械冷却水和地面冲洗废水，含氟化物、COD、SS、石油类</td></tr>
<tr><td>生活污水</td><td>污染物主要为 SS、COD、氨氮、总氮、总磷等</td></tr>
<tr><td rowspan="2">固体废物</td><td>生产废物</td><td>主要有废阴极炭块、废阳极炭粒、废耐火砖（含氟化物和氰化物）、除尘灰</td></tr>
<tr><td>生活垃圾</td><td>一般固体废物</td></tr>
<tr><td colspan="2">噪声</td><td>机械噪声、运输车辆噪声、空压机噪声</td></tr>
</table>

（三）电解铝生产的排污节点

电解铝工业的六大生产系统包括备料系统、制粉车间、化合车间、压滤车间、电解车间、冷却水系统。电解铝生产流程及排污节点见图 4-7。

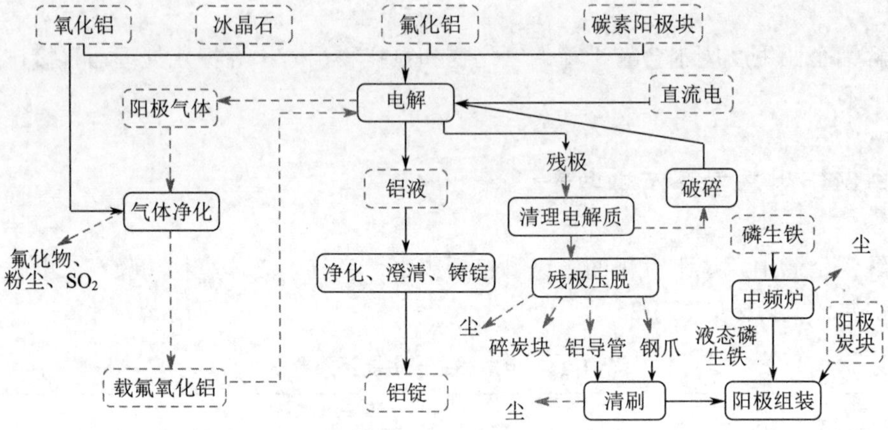

图 4-7 电解铝生产流程及排污节点

（四）电解铝生产的排污节点分析

电解铝生产的排污节点分析见表 4-24。

表 4-24 电解铝生产的排污节点分析

	生产设施	污染产生原因	主要污染物	控制措施
原料仓库	运料车、装载机、胶带输运机、吊车、原料库	运料车运输氧化铝和萤石等原辅料，卸车后由装载机和吊车将袋装原辅料堆料；加料时用吊车将袋装原辅料导入料池，经胶带输运机运输上述过程中产生扬尘	运输和卸车时遗撒原辅料，产生扬尘；加料和倒料时产生扬尘	严格控制原辅料在运输和卸料时产生遗撒，已撒的原辅料及时清扫，保持原料仓库地面整洁；皮带输送机设封闭防尘廊道
电解车间	电解槽系列、槽控箱、出铝端、烟管、槽盖板、集气罩	电解过程产生大量含氟化物的烟气；在出铝、换阳极、清理废极块、加料过程产生扬尘	电解槽产生的烟气含粉尘、氟化物、SO_2，如采用自焙阳极还会产生沥青烟；产生含氟尘泥	电解过程扣严电解槽的盖板，减少电解槽烟气泄漏；在出铝、换阳极、清理废极块、加料过程采取措施降低扬尘或加集气罩
铸造车间	拖车、喷射真空铝抬包、混合炉、连续铸机、冷却池	铝抬包运输、混合炉、铸机、冷却池产生烟气；冷却铝锭产生直接冷却水	烟气含颗粒物；冷却水含 SS；除尘器产生尘泥	铝抬包、混合炉、铸机、冷却池产生粉尘，应有引气、集气、除尘装置，减少扬尘；冷却水应循环使用，严禁直接排放

	生产设施	污染产生原因	主要污染物	控制措施
阳极组装车间	装卸站、破碎机、胶带输送机、斗式提升机、振动筛、清刷站、中频炉、天车、自动浇注系统	清刷、压脱、电解质破碎、残极清理过程产生粉尘；中频炉熔磷铁和浇注过程产生烟气	清刷、压脱、破碎、清理过程产生粉尘；中频炉和浇注过程产生烟粉尘、SO_2、NO_x；除尘器产生尘泥	清刷、压脱、破碎、清理过程设集气罩，引气采用除尘器除尘；中频炉和浇注过程设集气罩，引气采用除尘器除尘
氟净化回收系统		电解槽废气经除尘、氟吸附后排放	排放的废气含尘、氟化物、SO_2	经干法除尘氟净化回收，使尘、氟化物达标排放

六、再生铝加工工业的环境污染分析

再生铝是以回收来的废铝零件或生产铝制品过程中的边角料以及废铝线等为主要原材料，经熔炼配制生产出来的符合各类标准要求的铝锭。国内以废杂铝为原料生产再生铝的企业规模普遍偏小、技术水平低下，以人工操作为主，许多企业没有采取相应的环境治理措施，环境问题极为突出。

（一）原料

再生铝熔炼采用的原料主要是废杂铝料（目前国内废铝回收占总利用量的40%，进口的废铝占60%。）、熔剂（氯化钠、氯化钾、冰晶石）。采用的燃料主要有煤、焦炭、重油、柴油、煤气、天然气等。

在熔炼过程中，为了减少烧损、提高铝的回收率并保证铝合金的质量，还要加入一定数量的覆盖剂、精炼剂和除气剂，这些添加剂与铝熔液中的各种杂质进行反应，产生大量的废气和烟尘，这些废气和烟尘中含有各种金属氧化物和非金属氧化物，同时还可能含有有害物质，这些都可能对环境产生污染。

再生铝生产技术路线如图 4-8 所示。

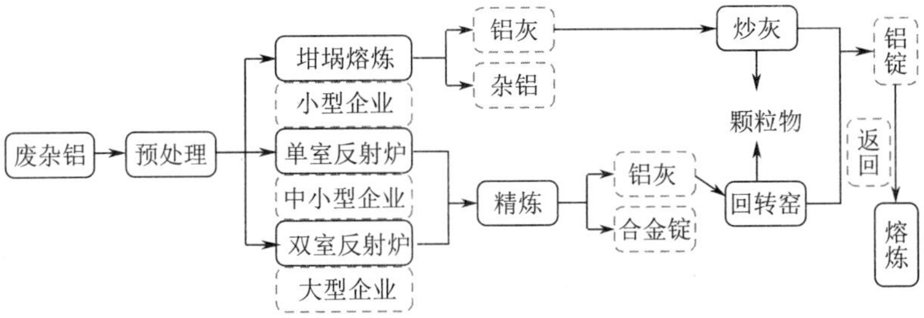

图 4-8 再生铝生产技术路线

（二）冶炼工艺

废铝料的再生冶炼一般采用火法冶金工艺。熔炼设备有坩炉、反射炉、竖炉、电炉、回转炉等。主要生产工艺流程为：

原料预处理→熔炼→成分调整→铝液处理→铸造

（三）再生铝熔炼的废气污染

1. 熔炼炉窑产生的烟气污染

炉窑采用的燃料主要有煤、焦炭、重油、柴油、煤气、天然气等，产生的烟气中主要污染物有 SO_2、NO_x、烟尘、HCl、氟化物、二噁英等。

2. 夹杂物燃烧产生的污染

废杂铝中夹杂着诸如橡胶、塑料、树脂、油漆等杂物，在熔炼过程除了产生烟气污染外，还会产生其他气态污染物，有些还有严重的异味。

3. 添加剂的污染

在熔炼过程中，一般会加入多种熔剂和精炼剂，熔炼过程会产生氟化物、氯化物等。

4. 炒灰产生的烟粉尘

再生铝熔炼过程产生大量浮渣（铝灰），一般中小企业多采用大锅炒灰的方式回收其中的铝，炒灰过程产生大量烟尘和粉尘。

（四）再生铝熔炼的废水污染

生产废水主要是冷却水和洗涤水，目前大中型企业都有废铝的水洗系统或喷淋系统，规模生产企业基本可以做到废水循环利用，不外排。但许多小企业还不能做到废水回用。

（五）再生铝熔炼的废渣污染

在预处理过程中分选出一般固体废物，其大部分是可利用的资源，如废塑料、废橡胶、废钢铁等。

七、铝工业的环境管理

（一）符合环境规划要求

1. 环评要求

冶炼（含再生有色金属冶炼）项目全部编写环境影响评价报告书。

2. 生产规模要求

新建电解铝项目，必须以煤（水）电铝一体化模式或铝电一体化模式建设，同时有氧化铝原料供应保证，并落实交通运输等内外部条件。鼓励现有电解铝企业通过改造、重组等方式实现煤（水）电铝一体化或铝电一体化。

3. 工艺与装备要求

重点推广新型阴极结构铝电解、低温高效铝电解等先进节能生产工艺技术。

4. 资源利用要求

新建和改造的电解铝生产项目，氧化铝单耗应低于 1 920 kg/t 铝，原铝液消耗氟化盐应低于 15 kg/t 铝，碳素阳极净耗应低于 410 kg/t 铝，新水消耗应低于 1.5 t/t 铝，占地面积应小于 3 m^2/t 铝。现有的电解铝企业，氧化铝单耗应低于 1 920 kg/t 铝，原铝液消耗氟化盐应低于 18 kg/t 铝，碳素阳极净耗应低于 420 kg/t 铝，新水消耗应低于 2 t/t 铝。现有企业要通过提高技术水平、加强管理降低资源消耗。

（二）符合环境管理要求

要将排污许可制度纳入铝工业企业环境责任管理和行为登记评价考核指标；建立健全相应台账和档案制度；建立健全自我监测管理体系；建立健全污染治理设施运行管理制度；建立健全总量和污染物排放量核算制度；不断完善对危险化学品和污染治理设施的应急预案报备和管理体系。

按照《清洁生产标准 电解铝业》（HJ/T 187—2006）中的一级标准：①符合国家和地方有关环境法律、法规、总量控制和排污许可证管理要求；污染物排放达到国家和地方排放标准（如《工业炉窑大气污染物排放标准》（GB 9078）、《大气污染物综合排放标准》（GB 16297）等。②设专门环境管理机构和专职管理人员。③按照电解铝行业企业清洁生产审核指南的要求进行审核；按照 GB/T 24001 建立并运行环境管理体系，环境管理手册、程序文件及作业文件齐备；近 3 年无重大环境污染事故。

（三）符合污染减排要求

铝冶炼企业污染物排放要符合《铝工业污染物排放标准》（GB 25465—2010），污染物达标排放，污染物排放总量不超过环保部门核定的总量控制指标。氧化铝厂、电解铝厂、再生铝厂要做到工业废水深度处理后循环利用，减少排放。电解铝项目氟排放量必须低于 0.6 kg/t 铝，铝电解厂、铝用碳素厂应按环保部门要求开展自行监测，在烟尘净化系统烟囱尾气排放点安装污染物自动监控设施，定期向社会公告自行监测结果；应对电解车间、焙烧车间天窗等部位定期进行无组织排放监测；新建及现有再生铝项目配套生产设备中需配备废铝熔炼烟气、粉尘高效处理装置，做到烟气、粉尘收集过滤后达标排放；同时对所产生的固体废物进行无害化处置，防止产生二次污染；对赤泥进行浸出毒性鉴别，如属于危险废物应严格执行危险废物管理相关规定。

（四）符合危险废物处理处置要求

对于无法资源化利用的危险废物，应按照《中华人民共和国固体废物污染环境防治法》，委托具有资质的危险废物处置单位，统一收集处置，危险废物的收集、运输、贮存、处置应遵守《废弃危险化学品污染环境防治办法》《危险废物转移联单管理办法》等相关规定。

严禁在环境敏感区域、重金属污染防治重点区域及大气污染防治联防联控重点地区新建、扩建增加重金属排放的项目。推进重金属污染区域联防联控，以国家重点防控区及铅锌、铜、镍、二次有色金属资源冶炼等企业为核心，以铅、砷、镉、汞和铬等 I 类重金属污染物综合防治为重点，严格执行国家约束性减排指标，确保重金属污染物稳定、达标排放。鼓励在有色金属工矿区和冶炼区周边土壤污染严重地区开展重金属污染现状调查，在有色金属企业聚集区集中建设重金属固废处理处置中心。推进资源枯竭地区的老工业区、独立工矿区改造转型，加大历史遗留问题突出、生态严重破坏、重金属污染风险隐患较大地区的综合整治。

（五）符合环境风险要求

①每个生产装置要有操作规程，对重点岗位要有作业指导书；易造成污染的设备和废物产生部位要有警示牌；对生产装置进行分级考核。②建立环境管理制度：开停工及停工检修时的环境管理程序；新、改、扩建项目环境管理及验收程序；环境监测管理制度；污染事故的应急程序；环境管理记录和台账。③近 3 年无重大环境污染事故。

思考与练习

1. 从网上查找资料分析我国有色金属工业的主要环境问题。

2. 到电解铝企业或铅冶炼企业调查或在网上调研其主要设备和工艺流程(要求配图)。
3. 分析铅冶炼的排污节点和主要环境要素。
4. 分析铅蓄电池生产的排污节点和主要环境要素。
5. 结合网上资料分析铅冶炼 SO_2 产生和排放量高的原因。
6. 分析电解铝氟化物和 SO_2 产生的原因。
7. 分析氧化铝生产工艺类型与污染的关系。

第五章　非金属矿物制品业生产工艺环境基础

本章介绍我国非金属矿物制品业中主要大气污染行业水泥制造业、平板玻璃工业、陶瓷制品业的节能减排基本要求；这三个行业的原辅材料结构、产品、基本能耗；这三个行业的主要生产设备与基本工艺；这三个行业的排污节点和环境要素分析；这三个行业的主要污染来源与污染机理分析。

专业能力目标：

1. 了解水泥制造业的节能减排途径。
2. 了解水泥制造业的原料结构和产业布局。
3. 了解平板玻璃工业的原料结构与平板玻璃的生产工艺。
4. 了解陶瓷制品业的原料结构与建筑陶瓷的生产工艺。
5. 基本掌握新型干法水泥的基本生产工艺。
6. 掌握水泥加工的排污节点分析、主要大气污染来源及环境要素分析。
7. 掌握平板玻璃加工的主要大气污染来源及环境要素分析。
8. 掌握建筑陶瓷加工的主要大气污染来源及环境要素分析。

第一节　非金属矿物制品业的环境问题

在《国民经济行业分类》（GB/T 4754—2017）中非金属矿物制品业属制造业（C大类30中类）。包括水泥、石灰和石膏制造（301），石膏、水泥制品及类似制品制造（302），砖瓦、石材等建筑材料制造（303），玻璃制造（304），玻璃制品制造（305），玻璃纤维和玻璃纤维增强塑料制品制造（306），陶瓷制品制造（307），耐火材料制品制造（308），石墨及其他非金属矿物制品制造（309）。本章只介绍水泥制造、玻璃制造和陶瓷制品。

非金属矿物制品业是重要的基础原材料工业，为建筑业及相关产业的发展提供支撑和产品，在国民经济发展中具有重要的地位和作用。

一、我国非金属矿物制品业的现状

改革开放以来我国基础设施和房地产建设快速发展，非金属矿物制品的市场需求急剧增加。目前我国已成为世界上最大的非金属矿物制品业生产与消费国家，主要建材产品水泥、平板玻璃、建筑卫生陶瓷、石材和墙体材料等产量多年居世界第一位。

截至 2016 年年底，我国建材行业规模以上企业达到 35 113 家，与上年相比增加 1 133 家。2016 年，水泥、平板玻璃等传统产业主要产品产销量保持稳定，水泥产量 24 亿 t，同比增长 2.5%，平板玻璃产量 7.7 亿重量箱，增长 5.8%，混凝土水泥制品、砖瓦、钢化玻璃、新型建材、玻璃纤维等产品仍保持相对高速增长。石材等其他建材产品也基本保持稳定增长。

2016 年我国非金属矿物制品业主要产品产量如表 5-1 所示。

表 5-1　2016 年我国非金属矿物制品业主要产品产量

行业	水泥	建筑陶瓷	卫生陶瓷	日用陶瓷
年产量	24 亿 t	111 亿 m^2	2.04 亿件	430 亿件
约占世界比重	60.4%	73%	70%	62%
行业	平板玻璃	耐火材料	玻璃纤维	
年产量	7.7 亿重量箱	2 391 万 t	592.7 万 t	
约占世界比重	57.3%	＞ 60%	71%	

资料来源：中商情报网、中国产业信息网。

二、非金属矿物制品业的结构性问题

1. 总体能耗高

我国非金属矿物制品业能源消耗量约占全国能源消费总量的 1/10 以上，非金属矿物制品业能源消耗总量在全国工业部门中位于电力、冶金、石化之后，居第四位。我国非金属矿物制品业各类产品平均能耗高于世界先进水平 50% ～ 150%，行业的高速发展是以万元产值耗煤 5t、消耗矿山资源逾 100 t、排放 CO_2 20 t 为代价获得的。非金属矿物制品业能源消耗主要集中在水泥、建筑陶瓷、平板玻璃、砖瓦、石灰、玻璃纤维等行业，其能耗总量占非金属矿物制品业能耗总量的 95%，其中，水泥、建筑陶瓷、平板玻璃三个行业能耗占 86.56%。因此，这三个行业也是非金属矿物制品业节能减排的重点行业。

非金属矿物制品业高能耗的三大原因，是结构不合理、单位能耗高、总量增长快。2015 年有关资料显示，我国非金属矿物制品业消耗的煤炭占全国总消耗量的 15.13%，其中水泥生产用煤占 51%，墙体材料生产用煤 26.4%，石灰生产用煤 6.86%，玻璃、陶瓷等生产用煤 15.72%。

2. 企业平均规模小，生产集中度偏低，落后产能规模大

虽然经过“十二五”的节能减排，非金属矿物制品业中的水泥、玻璃、陶瓷等行业的企业平均生产规模有了大幅提高，但从全行业看，砖瓦、石灰、耐火材料、石墨碳素、石材加工还有大量中小型企业存在，甚至玻璃、陶瓷工业也有一定数量的中小企业，设备落后、工艺落后、缺少必要的环保措施，造成非金属矿物制品业整体的集中度偏低。

我国非金属矿物制品业整体技术装备水平依然落后，落后的生产技术和生产设备导致主要技术经济指标与世界先进水平相比还存在很大差距；全行业集约化程度还较低，目前我国非金属矿物制品业的劳动生产率仅为世界先进水平的 1/5。

3. 资源消耗大、污染排放多，环保措施不到位

非金属矿物制品业的污染减排是针对高资源消耗、高能耗、高污染的现实情况，采用高效的污染控制技术和污染治理技术，实现主要污染物的减排。非金属矿物制品业主要是以窑炉为主要生产设施，目前个体小企业和落后生产技术在一些行业仍占较大比重，“三高”现象比较普遍。同时非金属矿物制品业生产和使用过程中产生的各类废弃物和污染物总量非常大，烟尘和 NO_x 排放量在全国各工业部门中排名第二，尤其是无组织排放的粉尘数量非常大，对大气环境造成严重影响。非金属矿物制品业 SO_2 排放量占全国工业 SO_2 排放量的 9%，成为国家节能减排工作的重点监控行业。

水泥、建筑陶瓷、平板玻璃这三个行业，属于典型的“两高一资”（高污染、高能耗、资源浪费型）行业，对大气环境质量的影响较大，环境问题较为突出。

三、非金属矿物制品业的污染物排放

2013—2015 年我国非金属矿物制品业污染物排放情况见表 5-2。

表 5-2　2013—2015 年我国非金属矿物制品业“三废”产排量

污染物	2013 年			2014 年			2015 年		
	排放（产生）量	单位	占工业比重 /%	排放(产生)量	单位	占工业比重 /%	排放（产生）量	单位	占工业比重 /%
废水量	29 032.6	万 m^3	1.52	283 33.1	万 m^3	1.52	28 420.8	万 m^3	1.57
COD 年排放量	3.322 7	万 t	1.17	3.629 9	万 t	1.32	3.601 9	万 t	1.41
氨氮年排放量	0.173 1	万 t	0.77	0.189 4	万 t	0.90	0.211 3	万 t	1.08
石油类年排放量	0.025 0	万 t	1.44	0.020 5	万 t	1.28	0.017 7	万 t	1.19
废气量	17.300 3	亿 m^3	25.85	12.846 0	亿 m^3	18.51	12.468 7	亿 m^3	18.201
SO_2 产生量	230.1	万 t	3.79	248.2	万 t	4.02	275.7	万 t	4.59
SO_2 排放量	196.0	万 t	11.6	208.6	万 t	13.17	203.8	万 t	14.55
NO_x 产生量	301.0	万 t	16.60	350.4	万 t	19.26	357.0	万 t	20.30
NO_x 排放量	271.6	万 t	18.54	291.0	万 t	22.11	267.1	万 t	24.55
烟粉尘产生量	226 20.4	万 t	30.74	235 49.8	万 t	31.01	229 90.3	万 t	32.37

污染物	2013 年			2014 年			2015 年		
	排放（产生）量	单位	占工业比重 /%	排放(产生)量	单位	占工业比重 /%	排放（产生）量	单位	占工业比重 /%
烟粉尘排放量	258.8	万 t	25.31	264.5	万 t	20.85	240.3	万 t	21.68
一般固体废物产生量	707 3	万 t	2.26	691 5	万 t	2.22	755 1	万 t	2.43
危险废物产生量	24	万 t	0.76	28	万 t	0.77	26	万 t	0.65

资料来源：环境统计年报。

四、非金属矿物制品业的污染减排途径

“十二五”以来，非金属矿物制品业围绕“减量化、调结构、降负荷、优资源、促循环”的低碳化发展思路，大力发展循环经济，取得积极成效。主要体现在以下五个方面：

一是减量化，淘汰落后产能。截至 2013 年，我国新型干法水泥产量占全国水泥总产量的 97%，且新型干法水泥生产线的装备和工艺均达到国际先进水平。

二是调结构，提高产业集中度。例如，中国建材集团水泥产能 4.5 亿 t，拥有 475 条水泥生产线，成为全球最大的水泥企业。

三是降负荷，节能减排。着力提高能效水平，减少污染物排放，并高效回收利用废弃能源，水泥余热发电约可以满足自身用电量的 1/3。

四是优化资源配置，协同处置废弃资源。目前，非金属矿物制品业固体废物综合利用和垃圾协同处置能力显著并逐年提高。

五是大力发展循环经济。十年来，水泥工业积极发展和成功实施包括高效节能的新一代烧成系统、高效节能的料床粉磨系统以及依托信息化的智能化控制等先进技术，加快了非金属矿物制品业发展循环经济的步伐。

第二节 水泥制造工业生产工艺环境基础

我国水泥工业的主要污染物为颗粒物和有害气体，颗粒物主要来自前期原材料矿山开采，水泥生产过程中原料、燃料和水泥成品包装储运，物料的破碎、烘干、粉磨、均化、焙烧等工序。水泥熟料焙烧生产产生的有害气体主要是 SO_2、NO_x、CO_2、HF 等，近年来 NO_x 排放呈加重趋势，我国水泥工业 SO_2、NO_x 等有害气体排放远高于国际先进水平。水泥工业是继电力、机动车之后的 NO_x 第三大排放源。目前我国新型干法水泥窑 NO_x 的产生浓度普遍高于 800 mg/m^3。水泥工业属于窑炉行业，除了烧煤外，还大量使用石灰石、铁粉、黏土等。焙烧需高温，水泥窑熟料烧成火焰温度高达 1 700℃，这也是水泥烧制过程中产生大量 NO_x 的主要原因。

一、水泥生产的原辅料能耗与水耗

（一）原料

水泥熟料生产的原料主要包括钙质原料、硅铝质原料和铁质原料。钙质原料主要有石灰石、电石渣等；硅铝质原料主要有砂岩、页岩、黏土、粉煤灰、煤矸石等；铁质原料主要有铁矿石、铁矿粉、硫酸渣等。

1. 钙质原料

【石灰石】石灰石主要成分是 $CaCO_3$，纯石灰石的 CaO 最高含量为 56%，其品位由 CaO 含量确定。有害成分为 MgO、K_2O、Na_2O 和游离 SiO_2。

【电石渣】电石渣为电石和水反应制取乙炔过程中排出的浅灰色细粒渣，主要成分为氢氧化钙。

2. 硅铝质原料

【页岩】页岩是一种由黏土物质硬化形成的沉积岩，成分复杂，除黏土矿物（如高岭石、蒙脱石、水云母等）外，还含有碎屑矿物（石英、长石、云母等）和自生矿物（铁、铝、锰的氧化物与氢氧化物等），形成具有薄页状层理结构的黏土岩。

【砂岩】砂岩由石英颗粒（沙子）形成，通常呈淡褐色或红色，主要含硅、钙、黏土和氧化铁。主要成分为石英（成分占 52% 以上）、黏土（占 15% 左右）、针铁矿（占 18% 左右）、其他物质（占 10% 以上）。

【黏土】一般的黏土都由硅酸盐矿物在地球表面风化后形成，黏土的成分主要为氧化硅与氧化铝。

【粉煤灰】粉煤灰是煤燃烧后的烟气中收捕下来的细灰，是燃煤电厂排出的主要固体废物。我国火电厂粉煤灰的主要氧化物组成为 SiO_2、Al_2O_3、FeO、Fe_2O_3、CaO、TiO_2 等。

【煤矸石】煤炭采选过程产生的固体废物，是与煤层伴生的含碳量较低、比煤坚硬的黑灰色岩石。其主要成分是 Al_2O_3、SiO_2，还含有数量不等的 Fe_2O_3、CaO、MgO、SO_3 等。

3. 铁质原料

【铁矿石】主要有磁铁矿（Fe_3O_4 为主）、赤铁矿（Fe_2O_3 为主）、菱铁矿（$FeCO_3$ 为主）等。

【硫酸渣】硫酸渣又称黄铁矿渣，是黄铁矿制酸过程排出的化工废渣，其主要化学成分为 Fe_2O_3（20% ～ 50%）、SiO_2（15% ～ 65%）、Al_2O_3（10%）、CaO（5%）、MgO（$<5\%$）、S（1% ～ 2%），还含有 Cu、Co 等。

（二）辅料

辅料主要有石膏和混合材，混合材主要指粉煤灰、粒化高炉矿渣、火山灰质材料等。

【石膏】石膏是一种矿物，主要化学成分是硫酸钙（$CaSO_4$）。

【粉煤灰】见硅铝质原料中的粉煤灰。

【粒化高炉矿渣】高炉冶炼生铁时，得到以硅酸盐与硅铝酸盐为主要成分的熔融物，经淬冷成粒后，即为粒化高炉矿渣。

【火山灰质材料】天然的及人工的以氧化硅、氧化铝为主要成分的矿物。它磨成细粉加水后并不硬化，但与石灰混合后再加水拌和，则不但能在空气中硬化，而且能在水中继续硬化。

水泥工业原辅料消耗见表 5-3。

表 5-3　水泥工业原辅料消耗

生料	石灰石	黏土	铁粉	熟料	石膏	混合材	水泥
1.520	1.228	0.272	0.020	1.000	0.O67	0.269	1.333
100%	80%	18%	2%	75%	5%	20%	100%

（三）产品

水泥工业的产品有三种：由生料经制备、焙烧成熟料产品；由生料制备、焙烧、磨配成水泥产品；由熟料磨配成水泥产品。不同的水泥产品的原料、生产工艺流程、能耗均有差异，因此单位产品的产排污强度不尽相同。

（四）能耗和水耗

1. 能耗

与新型干法水泥窑相比，小立窑、湿法窑等落后工艺能耗高。水泥熟料煅烧过程需要较高的煅烧温度，消耗大量的天然能源——煤炭，每生产 1 t 水泥熟料约消耗 120 kg 标煤，我国水泥工业整体能耗还比较高。

表 5-4 是各种水泥生产工艺单位煤耗的对比，表 5-5 是水泥生产各工艺过程的电力消耗。

表 5-4　全国水泥行业各类窑型平均煤耗

生产方法	熟料标煤耗 /（kg/t）	熟料标煤耗（折原煤）/（kg/t）（原煤热值 20 934 kJ/t）
新型干法窑	115	161
立窑	160	224
中空干法窑	186	260
湿法旋窑	200	280

注：数据参照袁文献等著《水泥生产工艺和规模与单位产品废气排放量的关系探讨》和《水泥工业发展专项规划》。

表 5-5 水泥生产各工艺过程的电力消耗

工艺过程	单位水泥电耗 /（kW·h/t）	占电力总消耗比例 /%
原料开采	3.6	3.96
生料制备	27.3	24.8
生料煅烧	25.6	23.3
熟料磨配、包装、输运	42.0	38.2
其他	11.5	10.5
总计	110.00	100

注：数据摘自《水泥工艺网》。

2. 水耗

综合水耗立窑约为 0.15 m^3/t 熟料，新型干法窑为 0.08 ～ 0.1 m^3/t 熟料，粉磨站约为 0.05 m^3/t 水泥。

二、新型干法水泥生产工艺

我国水泥熟料煅烧主要有两种方式：一种以回转窑为主要生产设备，包括新型干法窑、预热器窑、余热发电窑、干法中空窑、立波尔窑、湿法回转窑；另一种以立式窑为主要生产设备，包括普通立窑和机械化立窑。不同的水泥生产工艺与设备在规模效益、能源消耗、资源利用、污染排放等方面存在较大差别。在落实国家节能减排产业政策和淘汰落后产能要求的过程中，中空干法窑（生产高铝水泥的除外）、立波尔窑、湿法回转窑（主要用于处理污泥、电石渣等的除外），窑径 3.0 m 以下的机械化立窑、普通立窑等近年来已逐步淘汰。新型干法窑外预分解技术已成为我国水泥生产的主导工艺，我国水泥工业正向着大型化、集约化方向迈进，我国最大规模的新型干法水泥生产线日产熟料 1.2 万 t，已达到国际领先水平。

水泥生产分为三个阶段：原料经破碎后按一定比例配合、磨细并调配为成分合适、质量均匀的生料，此阶段称为生料制备；生料经预热器或预分解系统预热 / 分解后，在水泥窑内煅烧至部分熔融得到以硅酸钙为主要成分的水泥熟料，此阶段称为熟料煅烧；第三阶段为水泥配磨包装，即熟料加入适量石膏，有时还有一些混合材料或外加剂共同磨细成为水泥成品。水泥在贮存时应进行检验，合格的水泥才可包装或散装出厂。

（一）新型干法水泥工艺流程

1. 生料制备

（1）*破碎工艺*

将石灰石通过破碎机进行一次和二次破碎，碎成粒径 20 mm 的石块。常用的破碎设备有锤式破碎机、颚式破碎机、反击式破碎机、冲击式破碎机、辊式破碎机、圆锥式破碎机等。为了提高效率，通常在破碎机上加选粉设备，即将开路破碎机改为闭路破碎机。破碎会产生粉尘污染，破碎废气量约为 200 m^3/t 料，粉尘浓度为 10 g/ m^3。

（2）预均化工艺

石灰石的储存多采用圆形预均化堆场，黏土或砂岩的储存多采用长形堆场，堆料机和取料机进行机械程序化作业，能有效控制生料储存和均化过程产生的无组织粉尘排放，粉尘浓度为 25 g/ m^3。

（3）烘干工艺

将生料通过烘干机加热干燥（中空干法窑需烘干，其他旋窑主要烘干煤），烘干设备有回转式和悬浮式烘干机、烘干塔等，烘干温度约 700℃，排放废气量约 1 300 m^3/t 料。水泥厂采用的烘干方法有磨外烘干和磨内烘干两种。烘干设备有两种：一种是烘干兼粉磨的磨机，如循环提升磨、风扫式磨、立式磨，这种磨机能同时进行烘干与粉磨；另一种是采用热风炉烘干。烘干产生的粉尘浓度高于 60 g/ m^3。现在许多新型干法水泥生产多采用窑磨一体化的烘干方式，不仅节约了燃煤，还减少了废气排放量。

（4）生料粉磨

主要有球磨、管磨、立式磨和烘干与研磨同时进行的中间卸料磨等。分别通过生料磨和煤磨将混合料和煤磨成粒径为几十微米的粉料。生料磨分干法和湿法两种。干法磨一般采用闭路操作系统，即原料经磨机磨细后，进入选粉机分选，粗粉回流再进行粉磨操作，多数采用物料在磨机内同时烘干并粉磨的工艺，所用设备有管磨、中卸磨及辊式磨等。湿法磨制通常采用管磨、棒球磨等一次通过磨机不再回流的开路系统，但也有采用带分级机或弧形筛的闭路系统的。粉磨和煤磨经选粉后的废气量约 800 m^3/t 料，粉磨选粉后产尘浓度一般为 20 ～ 30 g/m^3，煤磨选粉后产尘浓度一般为 60 g/m^3。

目前绝大多数水泥熟料加工企业都利用焙烧工艺的废气余热进行物料烘干，既降低了烘干燃煤能耗，又减少了烘干烟气量，实现了窑磨一体化。

（5）生料粉均化

来自生料磨的生料粉，经提升机送入库顶，经物料分配器后，均匀进入斜槽输送入库。均化库中有一中心室，位于库底六个出料口，每次不少于两个出料口出料，中心室底部充气，初次混合后生料再次混合，达到粉料的均化作用。均化后生料经计量由窑尾提升机和锁风装置，喂入预热器。

（6）煤粉制备

进场的原煤堆存在煤棚，经皮带输送机、提升机入煤仓，再喂入煤磨机烘干和粉磨，磨后的煤粉进入旋风分离器收集，再送入煤粉仓，废气净化后排放，经由风机将 40% 的煤粉送入窑头，60% 的煤粉送入预分解炉。烘干的热源多采用篦冷机热风。

2. 熟料煅烧

（1）新型干法旋窑煅烧

新型干法旋窑煅烧的核心是窑外预分解技术，它是在悬浮预热技术的基础上发展起来的，不同形式的分解炉与各种预热器组成了不同类型的窑外分解系统。与在回转窑内完成预热、分解、烧结多个过程的传统工艺相比，它将熟料煅烧过程变成为在两套独立的设备内进行的两阶段操作：即在悬浮预热器和分解炉内完成生料预热和石灰石分解（$CaCO_3 \longrightarrow CaO + CO_2$，900℃）；在回转窑内高温条件下（1 400 ～ 1 500℃）完成熟料烧成（生成硅酸三钙、硅酸二钙、铝酸三钙等）。由于在分解炉内引入第二热源（使用约60% 的燃料），降低了烧成带热负荷，提高了回转窑运转率和生产能力，同时也使能源消耗、污染物（特别是 NO_x、SO_2）产生量大大降低。产生的废气量约 3 400 m^3/t 熟料，窑尾粉尘浓度 60 g/m^3，窑头冷却（一般采用篦冷机）废气粉尘浓度也在 60 g/m^3 以上。

（2）熟料冷却

高温熟料从窑口自然落入篦床，通过篦板推动后移，鼓风机由下鼓入冷空气冷却熟料，再经破碎机破碎至粒径小于等于 25 mm 后落入输送机。热交换后的热风可作为二次风入窑，三次风入分解炉及作为生料或煤粉烘干的热风，其余废气经除尘后经排气筒排放。

（3）熟料库

出篦冷机的熟料与篦冷机回收的粉尘经封闭的链斗输送机送至熟料库贮存，外运的熟料装车运输，冷却后的水泥熟料经输送机送往熟料库贮存。

3. 水泥配磨包装

（1）水泥配磨

熟料、混合材和石膏由输送系统分别送入配料库，经计量，按比例送入辊压机、水泥磨进行配磨。辊压机、水泥磨产生的废气需安装除尘器，保证排放达标。磨配后的水泥由提升机提入水泥库。

（2）储存包装

水泥库为圆形筒仓，仓顶排放口有除尘器，库底可卸出水泥。如卸入水泥槽车运输出厂，属于水泥散装出厂；如采用包装机装袋、堆存，并通过输送机装车运输，属于袋装出厂。

1 t 袋装水泥包装运输，排放粉尘 4.48 kg，其中水泥粉尘 3.96 kg。散装水泥采用机械化密闭运储，可改善劳动条件，净化环境，保障工人身体健康，使用相同散装水泥，排放粉尘 0.28 kg，其中水泥粉尘仅 0.13 kg。

（二）水泥生产企业的主要生产设备

水泥生产企业的主要生产设备见表 5-6。

表 5-6 水泥生产企业的主要生产设备

项目	设备（设施）名称
备料系统	装载机、皮带输送机、运输车辆、预均化库、黏土堆棚、煤堆棚、铁质原料堆棚、配料库、石膏库等
生料制备系统	破碎机、磨机（辊式、球磨、立磨）、链板输送机、斗式提升机、皮带输送机、贮料仓、配料库、均化库、生料库、除尘器
熟料煅烧系统	预热器、新型干法旋窑、分解炉、篦式冷却机、破碎机、熟料库、输送机（拉链式、链斗式）、烘干机、风机、除尘器、低氮燃烧器

项目	设备（设施）名称
水泥配磨系统	配料库、辊压系统、水泥粉磨、除尘器、水泥库
水泥储运系统	水泥库（罐）、袋装水泥库、水泥槽罐车、包装机、水泥运输车辆、输送机（皮带、拉链式、链斗式）
其他生产辅助设施	氨水罐区、脱硝装置、污水处理厂、余热发电站

三、水泥生产排污节点分析

（一）水泥工业环境要素分析

水泥工业环境要素见表 5-7。

表 5-7　水泥工业环境要素

污染类型		环境污染指标与来源
废气	有组织废气	主要来源于生料制备、熟料煅烧、水泥配磨、水泥储运系统，主要污染物为粉尘、二氧化硫、氮氧化物、氟化物等
	无组织废气	主要来源于备料、生料制备、熟料煅烧、水泥配磨、水泥储运、氨水罐区系统和厂区道路，主要污染物为粉尘、氨气
废水	生产废水	主要来源于生料制备、熟料煅烧、水泥配磨、机修车间、污水厂，主要污染物为石油类、COD、SS 等
	生活污水	主要来源于食堂、办公区、浴室，主要污染物为 COD、SS、氨氮、色度等
固体废物	生产废物	主要来源于生料制备、熟料煅烧、水泥配磨、水泥储运系统、机修车间和污水站，其中生料制备、熟料煅烧、水泥配磨、水泥储运系统的固体废物为尘灰，其与污水站污泥都属于一般固体废物，而机修车间产生的含油废物属于危险固体废物
	生活垃圾	主要产生于办公区，作为一般固体废物经环卫部门收集填埋
噪声		主要来源于备料、生料制备、熟料煅烧、水泥配磨、水泥储运产生的机械噪声，[<85 dB（A）]

（二）水泥工业主要污染物

1. 水泥工业废气

水泥工业是大气的重污染行业，大气特征污染物有粉尘、SO_2、NO_x、氟化物、CO_2 等。在水泥制造（含粉磨站）过程中，原料进厂后需要经过原料破碎、原料烘干、生料粉磨、煤粉制备、生料预热 / 分解 / 烧结、熟料冷却、水泥粉磨及成品包装等多道工序，每道工序都存在不同程度的颗粒物排放（有组织或无组织），而水泥窑系统则集中了 70% 的颗粒物有组织排放和几乎全部气态污染物（SO_2、NO_x、氟化物等）排放。

按生产流程，水泥厂的主要大气排放源有：

①原料贮存与准备：破碎机、烘干机、烘干磨、生料磨、储料场或原料库、喂料仓、生料均化库。

②燃料贮存与准备：破碎机、煤磨（烘干 + 粉磨）、煤堆场、煤粉仓。

③熟料煅烧系统：窑尾废气、冷却机废气（窑头）、旁路气体（预热器旁路，控制挥发性元素 S、Cl、碱金属的含量）。

④水泥粉磨和贮存：熟料库、混合材库、水泥磨、水泥库。

⑤包装和配送：包装机、散装机。

（1）颗粒物的排放

粉尘一直被认为是水泥厂最主要的污染物，粉尘产生的部位较多，既有有组织排放，也有无组织排放。其中烘干及煅烧工序的粉尘排放最为严重，占水泥厂粉尘总排放量的 70% 以上。水泥熟料烧成过程，由于原料和燃料中含有硫、氮和氟，燃烧时还会产生 SO_2、NO_x 和氟化物新型干法悬窑的高温还会使空气中的氮转变为热力型氮氧化物；燃料中的 C 氟化和生料中 $CaCO_3$ 的分解，也会产生大量 CO_2，生产吨熟料会产生 NO_x 2 kg 多，产生 CO_2 900 kg，使水泥行业成为我国第二大 NO_x 和 CO_2 排放行业；为了便于煅烧，近年来在水泥立窑上普遍推广了矿化剂技术，但由于萤石的掺入，使立窑的废气当中又增加了 HF 等诸多毒性氟化物。据中国环境科学研究院、中国水泥协会介绍，水泥行业是重点污染行业，其颗粒物排放占全国颗粒物总排放量的 20% ～ 30%，而这些颗粒物中 PM_{10} 约占 80%，NO_x 排放总量占全国 NO_x 排放总量的 12% ～ 15%。

水泥烟粉尘的排放主要来自于生料的粉磨、煤磨，熟料的水泥磨，窑头窑尾烟气，以及各个库、仓顶的排放口（一般水泥企业有几十个之多），都可以采用高效的袋式除尘器，将排放浓度降至 10 ～ 30 mg/m^3。水泥粉尘无组织排放主要来自于水泥包装、散装和运输环节，尤其以装运环节居多。据浙江省水泥散装办引用北京环科院测定散装水泥粉尘排放计算数据，散装水泥粉尘排放为 0.28 kg粉尘 /t 水泥，使用袋装水泥时，水泥粉尘排放为 4.48 kg粉尘 /t 水泥，两者粉尘排放量差 4.2 kg 粉尘 /t 水泥。如果按水泥运输无组织粉尘排放水泥厂内外各占 50% 计算，在水泥厂内散装水泥粉尘排放为 0.14 kg粉尘 /t 水泥，使用袋装水泥时，水泥粉尘排放为 2.24 kg粉尘 /t 水泥，袋装比散装多排放 2.1 kg粉尘 /t 水泥。某水泥企业各设施排放口废水污染物初始质量浓度见表 5-8，水泥生产过程的无组织除尘措施见表 5-9。

表 5-8　某水泥企业各设施排放口废气污染物初始质量浓度

产生部位	除尘器进口颗粒物质量浓度 /(g/m^3)	SO_2 质量浓度 / (mg/m^3)	NO_x 质量浓度 / (mg/m^3)
破碎机	2 ～ 5		
配料库	4 ～ 5		
生料均化库	3 ～ 5		
输送设备出口	2 ～ 5		
煤破碎	6 ～ 10		
煤磨	30 ～ 50		

产生部位	除尘器进口颗粒物质量浓度 /(g/m³)	SO_2 质量浓度 / (mg/m³)	NO_x 质量浓度 / (mg/m³)
生料磨	20 ～ 30		
窑尾	10 ～ 30	30 ～ 200	700 ～ 1 200
窑头（篦冷机）	2 ～ 5		
熟料库	2 ～ 3		
石膏混合材破碎	2 ～ 5		
水泥磨	30 ～ 45		
水泥库	2 ～ 4		
水泥包装	3 ～ 4		

表 5-9　水泥生产过程的无组织除尘措施

工艺	除尘措施
转筒式烘干机与吸风罩的连接处	必须严格密封
卸料口和除尘器出灰口	均须装锁风器
烘干机排气端筒	工况风速不得超过 4 m/s，在确定系统排风量时，漏风量不超过 40%
立窑卸料系统	应有防尘措施
包装机	应有集尘措施，袋装水泥的包装破损率应不大于 1%
水泥散装库	散装头须有除尘措施，以减少库底扬尘
料库（仓）	一般的排气，设置简易袋除尘器；对于气力输送入库的以及空气搅拌的粉料库，均须设置袋除尘器

（2）NO_x 的排放

水泥在水泥窑煅烧过程均会产生一定数量的 NO_x，新型干法窑由于窑温超过 1 600℃，且高温区域比较长，水泥生产过程产生的热力型 NO_x 量很大。新型干法窑与立窑相比，NO_x 产生量和浓度要高得多。

新型干法窑窑尾 NO_x 产生的初始质量浓度为 700 ～ 1 000 mg/m³，产生量为 1.8 ～ 2.5 kg/m³；立窑 NO_x 产生的质量浓度为 150 ～ 200 mg/m³，NO_x 产生量为 0.4 ～ 0.6 kg/m³。

新型干法水泥生产用燃料分别从窑头和分解炉喷入，窑头煤粉燃烧最高温度可达 1 600℃以上，且烧成废气在高温区滞留时间较长；煤粉在预分解炉处于无焰燃烧状态，燃烧温度约为 900℃。因水泥窑内的烧结温度高、过剩空气量大，不仅有一定数量的燃料型 NO_x，还有较多的热力型 NO_x。调查统计的初始质量浓度范围大多在 700 ～ 1 200 mg/m³（80% 都在 1 000 mg/m³ 以下）。一些新型干法窑采用了低 NO_x 燃烧器和 SCR 喷氨脱硝技术，排放质量浓度可降低到 500 ～ 800 mg/m³。

目前开发的 NO_x 控制技术主要有低 NO_x 燃烧器、预分解炉分级燃烧、添加矿化剂、工艺优化控制（系统均衡稳定运行）等炉窑内环保措施措施，如采用选择性催化还原技术（SCR）等二次措施，去除 NO_x 的效果会更加显著。

（3）SO_2 的排放

水泥生料和燃料煤中都含有硫，由煤带入的 SO_3 最多占生料量的 0.54%，通常燃料带入水泥生产的 SO_3 折算量不超过生料量的 0.3%，系统吸硫率很高（可以达到 98% 以上），一般不采用脱硫措施的 SO_2 排放质量浓度只有 30 ～ 60 mg/ m^3。

（4）CO_2 的排放

据估计，1 t 水泥熟料生产消耗约 1 600 kg 石灰石，产生 CO_2 约 600 kg，燃料产生 CO_2 约 300 kg，水泥行业成为我国 CO_2 排放的第二大行业。

（5）氟化物的排放

水泥生产中，如不特意把含氟高的矿物（如萤石）用于水泥生产过程以降低烧成温度，一般窑尾排放的氟化物会很低。立窑普遍使用了萤石等矿化剂，氟化物排放量很高。由于立窑被淘汰，以及人们对氟化物危害的认识，氟化物排放有了显著削减。2012 年排放标准的抽样调查显示新型干法窑废气中的氟化物平均浓度为 2.48 mg/m^3。

2. 水泥工业废水

水泥厂生产废水主要为煤粉制备、生料磨、生料库和水泥库风机、窑尾、窑中、窑头、水泥磨、空压机等处的设备轴承冷却水；化验室、机修、冲洗等辅助生产用水。设有循环供水设施，大部分生产冷却水可循环使用。综合水耗立窑约为 0.15 m^3/t 熟料、新型干法窑为 0.08 ～ 0.1 m^3/t 熟料、粉磨站约为 0.05 m^3/t 水泥，主要水污染物为 SS、石油类。由于水泥工业废水以生产废水为主，废水中主要含有不同粒径的细小颗粒。此外还包括少量办公、食堂的生活污水，含 SS、BOD_5、COD、氨氮、总氮、总磷（表 5-10）。

表 5-10　某水泥厂综合废水水质　　单位：mg/L

污染物	COD	BOD_5	SS	NH_3–N	TP
综合废水进水质量浓度	320	80	2 100	20	4

3. 水泥工业的固体废物和噪声

水泥生产过程产生的主要固体废物是各排放口设置的除尘器（一般水泥厂有几十个除尘器）去除的尘灰，可以回收利用作为生产原料。

水泥生产过程中大型设备产生噪声，如破碎机、磨机、风机等对周边的噪声污染比较突出。

（三）水泥生产排污节点

水泥工业的环境污染要素中，大气污染十分突出；水污染较小，也可回用；产生的固体废物主要是回收的粉尘，基本都会被水泥厂综合利用；水泥设施的环境噪声一般都比较高，对周围环境影响较大。

水泥生产的特点为物料处理量大，粉状物料或成品输送环节多。在物料破碎、输送、粉磨、煅烧、包装、储存等环节都伴随着粉尘的产生和排放。产生的粉尘类型主要有：

①原料粉尘；②煤粉尘；③水泥窑粉尘；④熟料粉尘；⑤水泥存贮运输粉尘。粉尘的排放方式分为有组织排放和无组织排放两大类。有组织排放包括从热力设备烟囱和各种通风设备排气筒排放的粉尘；无组织排放包括各种物料在装卸、运输、堆存过程中自由散发出来的粉尘。粉尘最大的有组织排放源为窑尾、窑头和篦冷机废气。SO_2、NO_x、氟化物等产生于熟料煅烧过程，由窑尾烟囱排入大气。

水泥生产企业排污节点如图 5-1 所示。

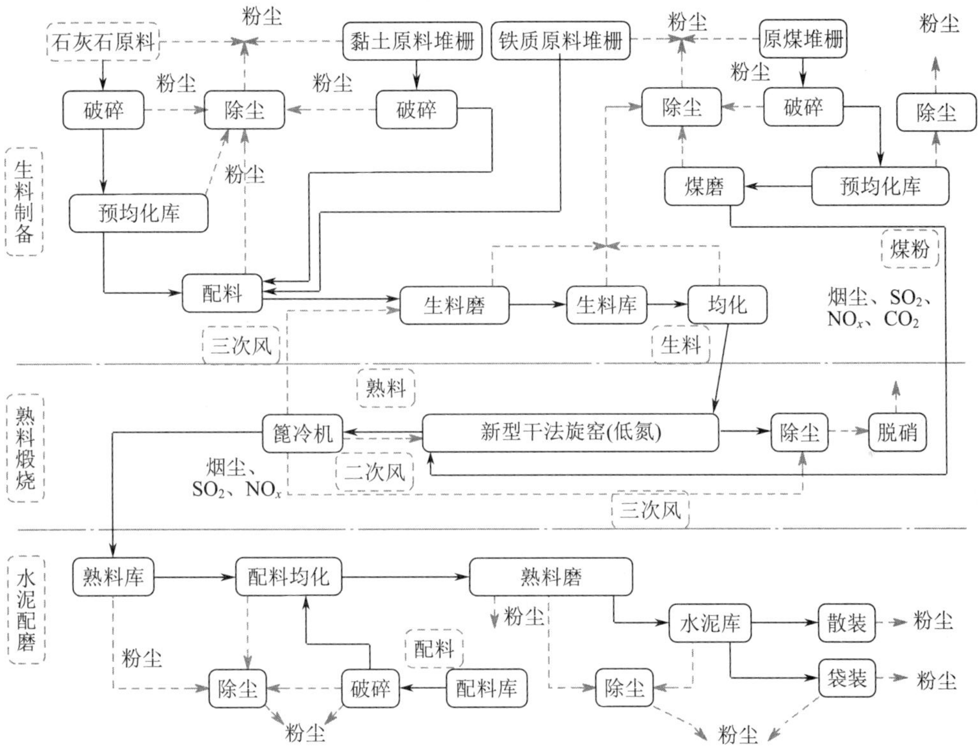

图 5-1　水泥生产排污节点

（四）水泥生产排污节点分析

水泥生产的排污节点分析见表 5-11，水泥厂废气排放源见表 5-12，水泥生产主要设备噪声见表 5-13，水泥生产主要生产设备的废水排放性质见表 5-14，水泥生产过程的无组织除尘措施见表 5-15。

表 5-11 水泥生产的排污节点分析

	生产设施	污染产生原因	排污节点和主要环境要素	控制措施
备料系统	运料车、装载机、皮带输送机、预均化库（或料库）、配料库和堆棚	通过运料车和皮带输送机将石灰石、黏土原料、煤炭、铁质原料、配料运至预均化库、配料库和堆棚，产生粉尘和噪声	原料、煤炭、配料在运料、卸料、堆料、上料、储料过程都会产生粉尘、煤尘污染； 原料、煤炭、配料装卸会因遗撒、扬散产生扬尘； 运输车辆和装载机械会产生噪声	皮带输送机设封闭防尘廊道； 加强预均化库、棚库、堆栅、配料库的封闭性，减少无组织粉尘排放； 装卸减少遗撒，库棚和道路如有遗撒及时收集以防扬尘
生料制备系统	破碎机、磨机（辊式、球磨、立磨）、链板输送机、斗式提升机、皮带输送机、贮料仓、配料库、均化库、生料库、除尘器	破碎机、磨机、配料库、均化库、生料库进出料口、排气口产生粉尘污染； 输送机、提升机在推动物料移动过程产生扬尘； 磨机冲洗产生废水； 除尘器收集尘灰； 破碎机、磨机工作产生噪声	破碎机、磨机、配料库、均化库、生料库会产生含尘有组织废气； 破碎机、磨机、配料库、均化库、生料库进出料口，输送机、提升机工作过程会产生扬尘泄漏； 产生磨机冲洗废水； 除尘器产生尘灰； 破碎机、磨机等产生较强噪声	破碎机、磨机、配料库、均化库、生料库排气口装置袋式除尘器，进出口加强密闭措施，减少废气泄漏； 磨机冲洗废水进污水厂； 除尘器尘灰回用； 破碎机、磨机采取一定降噪措施
熟料煅烧系统	预热器、新型干法旋窑、分解炉、篦式冷却机、破碎机、熟料库、输送机（拉链式、链斗式）、烘干机、风机、除尘器、低氮燃烧器	窑头、窑尾、篦式冷却机、烘干机产生燃烧烟气； 破碎机、熟料库进出口、排气口产生含尘废气； 输送机、提升机输送物料产生含尘废气； 除尘器收集尘灰； 风机等设备工作产生噪声	窑头、窑尾、篦式冷却机、烘干机产生燃烧烟气，主要污染为物烟尘、SO_2、NO_x、氟化物、CO_2 等； 破碎机、熟料库排气口产生有组织含尘废气； 输送机、提升机、破碎机、熟料库进出口产生无组织含尘废气； 产生冷却废水，主要污染物为 SS； 除尘器产生尘灰； 风机、破碎机等设备产生较强机械噪声	窑头、窑尾、篦式冷却机、烘干机、破碎机、熟料库收集外排废气除尘，水泥旋窑废气采取脱硝措施； 记录和检查窑头、窑尾废气排放的自动监控数据，并定期校验； 破碎机、熟料库排气口安装袋式除尘器； 输送机、提升机、破碎机、熟料库进出口加强封闭防扬尘措施； 氨水在运输、卸车、使用中严格控制氨气泄漏； 除尘器尘灰回用； 冷却废水应经处理回用； 风机、破碎机采取降噪措施

	生产设施	污染产生原因	排污节点和主要环境要素	控制措施
水泥配磨系统	配料库、辊压系统、水泥粉磨、除尘器、水泥库、输送机	配料库、水泥粉磨、水泥库排气口产生含尘废气； 配料库、水泥库、辊压系统、水泥粉磨进出口、输送机产生无组织废气； 除尘器收集尘灰； 磨机冲洗产生废水； 水泥粉磨等设备工作产生噪声	配料库、水泥粉磨、水泥库排气口排放有组织粉尘； 配料库、水泥库、辊压系统、水泥粉磨进出口、输送机产生无组织扬尘； 除尘器产生尘灰； 产生磨机冲洗废水； 水泥粉磨等设备产生较强机械噪声	配料库、水泥粉磨、水泥库排气口设袋式除尘器； 配料库、水泥库、辊压系统、水泥粉磨进出口、输送机加强密闭措施，降低扬尘； 除尘器尘灰回用； 磨机冲洗废水进污水厂； 水泥粉磨等设备采取降噪措施
水泥储运系统	水泥库（罐）、袋装水泥库、水泥槽罐车、包装机、水泥运输车辆、输送机（皮带、拉链式、链斗式）	水泥库（罐）排气口产生有组织废气； 水泥槽罐车、包装机、水泥运输车辆、输送机产生无组织扬尘； 除尘器收集尘灰	水泥库（罐）排气口排放有组织粉尘； 水泥槽罐车、包装机、水泥运输车辆、输送机产生无组织扬尘； 除尘器产生尘灰	水泥库（罐）排气口设袋式除尘器； 包装机加强集气措施； 水泥槽罐车、水泥运输车辆在装车时减少遗撒，水泥库区及时清扫已撒的水泥，减少运输扬尘； 除尘器尘灰回用
辅辅助工段	氨水罐区	氨水罐在卸氨水、输送氨水过程产生泄漏	氨水在运输、卸车、使用过程产生氨气泄漏	严格氨水进出料的台账管理，设备维护管理，风险防范管理
	脱硝装置	脱硝装置在运行时，消耗氨水或尿素	脱硝装置运行和氮氧化物排放有自动监控	记录和检察脱硝装置运行的自动监控数据，并定期校验
	污水处理厂	来自旋窑冷却废水、磨机冲洗废水、地面冲洗废水、办公区生活污水	废水主要污染物有 SS、COD、BOD_5、总氮； 废水处理产生污泥	废水经处理水质达到回用水标准后，主要回用于厂区生产和生产循环冷却水以及设备喷水部分补充； 污泥回用

表 5-12 水泥厂废气排放源

排放源性质		生产设备（设施）	排放形式	污染物	GB 4915 的划分
热力过程	燃烧	水泥窑	排气筒	粉尘；气态污染物	水泥窑及窑磨一体机
	干燥	烘干机、烘干磨、煤磨	排气筒	粉尘	烘干机、烘干磨、煤磨及冷却机
	冷却	冷却机	排气筒	粉尘	

排放源性质		生产设备（设施）	排放形式	污染物	GB 4915 的划分
冷态操作	加工	破碎机、生料磨、水泥磨	排气筒	粉尘	破碎机、磨机、包装机及其他通风设备
	贮存	储料场、煤堆场	无组织	粉尘	
		原料库、喂料仓、生料均化库、煤粉仓、熟料库、混合材库、水泥库	排气筒	粉尘	
	其他	包装机、散装机、输送设备、装卸设备等	有些有排气筒，但无组织逸散较多	粉尘	

表 5-13　水泥生产主要设备噪声

	破碎机	原料磨	煤磨	空压机	高压风机	中、低压风机
声级 *LA*/dB	98 ～ 110	100 ～ 110	90 ～ 105	90 ～ 100	90 ～ 105	90 ～ 100

表 5-14　水泥生产主要生产设备的废气排放性质

设备	新型干法窑			篦冷机	生料立磨	水泥管磨	煤磨
污染物	PM	SO_2	NO_x	PM	PM	PM	PM
原始质量浓度 /（g/m^3）	30 ～ 80	0.05 ～ 0.2	0.8 ～ 1.2	2 ～ 20	400 ～ 800	20 ～ 120	250 ～ 500
气体温度 /℃	300 ～ 350			150 ～ 300	70 ～ 110	90 ～ 120	60 ～ 90
含湿量（体积）/%	6 ～ 8			—	10	—	8 ～ 15

资料来源：2012 年 10 月发布的《〈水泥工业大气污染物排放标准〉（GB 4915—2013）编制说明》。

表 5-15　水泥生产过程的无组织除尘措施

工艺	除尘措施
转筒式烘干机与吸风罩的连接处	必须严格密封
卸料口和除尘器出灰口	均须装锁风器
烘干机排气端筒	工况风速不得超过 4m/s，在确定系统排风量时，漏风量不超过 40%
立窑卸料系统	应有防尘措施
包装机	应有集尘措施，袋装水泥的包装破损率应不大于 1%
水泥散装库	散装头须有除尘措施，以减少库底扬尘
料库（仓）	一般的排气，设置简易袋式除尘器；对于气力输送入库以及空气搅拌的粉料库，均须设置袋式除尘器

四、水泥工业的环境管理

通过结构调整和技术进步，水泥工业虽然在节能减排方面取得了一定成效，并已成为国民经济中资源综合利用的关键环节和消纳固体废物的主要工业部门之一，但远未达到建设“两型社会”的要求，因此节能、减排、低碳、发展循环经济仍将是未来水泥工业发展的重要内容。

1. 符合环境规划要求

《水泥行业规范条件（2015 年本）》规定：

（1）水泥建设项目（包括水泥熟料和水泥粉磨），应符合主体功能区规划、国家产业规划和产业政策、当地水泥工业结构调整方案。建设用地符合城乡规划、土地利用总体规划和土地使用标准。

（2）禁止在风景名胜区、自然保护区、饮用水水源保护区、大气污染防治敏感区域、非工业规划建设区和其他需要特别保护的区域内新建水泥项目。

（3）建设水泥熟料项目，必须坚持等量或减量置换，遏制水泥熟料产能增长。支持现有企业围绕发展特种水泥（含专用水泥）开展提质增效改造。

（4）新建水泥项目应当统筹构建循环经济产业链。新建水泥熟料项目，须兼顾协同处置当地城市和产业固体废物。新建水泥粉磨项目，要统筹消纳利用当地适合用作混合材的固体废物。

2. 符合原辅料限制要求

选择和控制水泥生产的原（燃）料品质，采用合理的硫碱比，较低的 N、Cl、F、重金属含量等，以减少污染物的产生。合理利用低品位原料、可替代燃料和工业固体废物等生产水泥。淘汰使用萤石等含氟矿化剂。

3. 符合污染减排要求

（1）水泥窑窑头、窑尾烟气经余热利用或降温调质后，输送至袋式除尘器、静电除尘器或电袋复合除尘器处理，使排放烟气中颗粒物浓度达到排放标准要求。其他通风生产设备和扬尘点采用袋式除尘器。

（2）加强对除尘设备的设计与运行控制，提高设备运行率。

（3）逸散粉尘的设备和作业场所均应采取控制措施，在工艺条件允许的前提下，宜优先采用密闭、覆盖或负压操作的方法，防止粉尘逸出，或负压收集含尘气体净化处理后排放。通过合理工艺布置、厂内密闭输送、路面硬化、清扫洒水等措施减少道路交通扬尘。提高水泥散装比例，减少水泥包装及使用环节的粉尘排放。

（4）加强水泥窑 NO_x 排放控制，新建水泥窑鼓励采用 SCR 技术、SNCR-SCR 复合技术。

（5）SO_2、氟化物等大气污染物排放浓度较高的水泥窑，宜采取湿法洗涤、活性炭吸附等净化措施和窑磨一体化运行方式，实现达标排放。新建生产线必须配套建设效率不低于 60% 的烟气脱硝装置。

（6）对已建成的日产 4 000 t 及以上熟料的生产线，应尽快实施烟气脱硝改造。新建生产线必须配套建设效率不低于 60% 的烟气脱硝装置。进一步提高散装水泥使用比例。

4. 符合环境监督管理要求

（1）按照相关规定，在水泥生产设施安装大气污染物排放自动监测和传输设备，并与环境保护管理部门联网，保证设备正常运行。

（2）加强水泥生产企业原（燃）料品质检测与管理，防止挥发性 S、Cl、Hg 等含量较高的原（燃）料进入生产系统。加强生产工艺设备的运行与维护管理，保持生产系统的均衡稳定运行。

（3）污染治理设施应与生产工艺设备同时设计、同时建设、同时运行。

（4）符合国家和地方有关环境法律、法规，污染物排放达到国家和地方排放标准、总量控制和排污许可证管理要求。

5. 符合污染治理要求

（1）减少物料露天堆放，干物料应封闭储存；取消生产中各种车辆运输；消除生产中物料的跑、冒、漏、撒。

（2）水泥生产过程产生的固体废物应分类收集，无利用价值的滤袋等应在水泥窑中销毁，不得产生二次污染。

（3）施工工地禁止使用袋装水泥和现场搅拌混凝土、砂浆。

6. 提高水泥散装率

水泥散装率的提高不仅大大节约包装材料，而且可以大大减少水泥生产末端的无组织粉尘的排放。我国水泥散装率与世界平均 70% 的散装化要求和发达国家 90% 以上的散装化水平相比还有差明显距。

7. 开展协同处置

水泥行业虽是高消耗、高污染行业，但因其具有高温煅烧等生产工艺特点，可充分利用这些特点消化垃圾和废弃物，从而减少对自然资源的消耗，走出一条资源节约、环境友好之路。开展协同处置，利用水泥窑缓解城市生活垃圾处置压力，减少土地占用，实现城市垃圾无害化处置，加快水泥工业向绿色功能产业转变。在若干座大中型城市周边，依托并适应性改造现有水泥熟料生产线，配套建设城市生活垃圾、污泥和各类废弃物的预处理设施，开展协同处置试点示范和推广应用。大城市周边的水泥企业基本形成协同处置城市生活垃圾和城市污泥的能力，使水泥工业转变为兼顾污染物处置的新兴环保产业。目前水泥窑已经成为发达国家焚烧处理危险废物和城市生活垃圾的重要设施。而水泥工业替代燃料技术也成为发达国家水泥行业节能减排的重要手段。经过 30 多年的探索，德国、瑞士、法国、美国、日本等发达国家已经逐步建立起贯穿于废物产生、分选、收集、运输、储存、预处理和处置、污染物排放、水泥和混凝土质量安全等的一系列法规和标准，并取得了良好的社会、经济和环境效益。

第三节　平板玻璃制造工业生产工艺环境基础

我国是平板玻璃生产与消费大国，30 年来，我国的玻璃产量以超过年均 10% 以上的高速度持续增长，2015 年我国玻璃产量达到 7.386 亿重量箱，约占世界平板玻璃产量 60%，其中浮法生产玻璃比例超过 90%，我国涉及玻璃深加工的企业数千万家，其中规模以上企业仅 454 家。

玻璃行业是耗能大户，占玻璃生产制造成本的 35% ～ 40%，企业为了降低成本大多采用煤炭、石油焦作为能源，这些低质能源的使用造成了严重的环境污染，同时工艺技术、机械装备、运行管理的不匹配也加重了环境的恶化。

目前我国玻璃生产企业所用的燃料主要有 4 种，分别为天然气、重油、煤制气和石油焦，重污染燃料的使用比例占 60% 以上，石油焦和煤焦油的碳排放强度是天然气的两倍左右。玻璃的生产过程中要加入芒硝、纯碱等，导致烟气成分非常复杂，对脱硝、脱硫、除尘都有较大影响，玻璃生产的窑气中 SO_2、NO_x 的浓度特别高，平板玻璃生产企业的 SO_2、NO_x 的稳定达标有很大困难。

“控制总量、调整结构”将成为“十三五”期间平板玻璃制造工业节能减排的重点，在去产能和环境准入新形势下，一些规模小、能耗高、质量低、不达标、对环境污染严重和工艺落后的企业将被淘汰出局。

一、平板玻璃制造工业的原辅料与能耗

平板玻璃的制造方法主要有引上法、平拉法、压延法和浮法。引上法基本被淘汰。平拉法主要用于生产超薄玻璃，压延法主要用于生产夹丝玻璃。浮法是目前最为流行的平板玻璃生产方法，在目前玻璃生产中占 90% 以上，包括六个主要步骤：原料预加工、配合料制备、熔化、成形、热处理、切割和包装。

浮法玻璃生产的基本工艺流程如下：

备料—原料粉碎—原料称量配合—混合—入窑熔化—冷却均匀—锡槽摊平—拉薄或堆厚—退火—切割—检验—装箱—入库。

玻璃生产的反应原理见表 5-16。

表 5-16　玻璃生产的反应原理

阶段	反应	生成物	熔制温度
硅酸盐的形成	石英结晶的转化、Na_2O 和 CaO 的生成、各组分固相反应	硅酸盐和 SiO_2 组成的烧结物	800 ～ 900℃
玻璃的形成	烧结物熔化，同时硅酸盐与 SiO_2 互相熔解	带有大量气泡和不均匀条缕的透明玻璃液	1 200℃
澄清	玻璃液黏度降低，开始放出气态混杂物（加澄清剂）	去除可见气泡的玻璃液	1 400 ～ 1 500℃

阶段	反应	生成物	熔制温度
均化	玻璃液长期保持高温，其化学成分趋向均一，扩散均化	去除条缕的均匀玻璃液	低于澄清温度
冷却		玻璃液达到可成形的黏度	200～300℃

（一）平板玻璃（浮法）制造工业的原辅料

普通平板玻璃是用石英砂岩粉、硅砂、纯碱等原料，依照比例混合，再加入回收的玻璃小颗粒，按一定比例配制，经熔窑高温熔融，通过平拉法、压延法和浮法生产出透明无色的平板玻璃。普通平板玻璃按厚度分为 2 mm、3 mm、4 mm、5 mm、6 mm 五种。

1. 原料

生产一重箱普通浮法平板玻璃大约需要消耗石英砂 33.55 kg、石灰石 2.96 kg、白云石 8.57 kg、纯碱 11.39 kg、芒硝 0.55 kg、长石 3.45 kg、碳粉 0.03 kg。

生产普通平板玻璃主要原料有 50% 的沙子（硅砂），其他成分有纯碱、石灰石、白云石（碳酸镁）和碎玻璃等。

【石英砂】是石英石经破碎加工而成的石英颗粒，石英石是一种非金属矿物质，其主要矿物成分是 SiO_2。

【硅砂】硅砂，又名二氧化硅或石英砂。是以石英为主要矿物成分、粒径为 0.020～3.350 mm 的耐火颗粒物。

【纯碱】学名碳酸钠（Na_2CO_3），俗名苏打、石碱、洗涤碱，为强电解质，具有盐的通性和热稳定性，易溶于水，其水溶液呈碱性。

2. 辅料

【芒硝】芒硝（Na_2SO_4，占平板玻璃生产配料总量的 2%～5%），是含有结晶水的硫酸钠的俗称，是由一种分布很广泛的硫酸盐矿物经加工精制而成的结晶体。芒硝融化过程，硫分约 90% 参与分解产生 SO_2。

【着色剂】使玻璃制品着色的添加剂称为着色剂，通常使用锰、钴、镍、铜、金、硫、硒等金属或非金属化合物，其作用是使玻璃对光线产生选择性吸收，从而显现出一定的颜色。

【脱色剂】为了提高无色玻璃的透明度，常在玻璃熔制时向配合料中添加脱色剂以除去玻璃原料中所含的铁、铬、钛、矾等化合物和有机物的有害杂质。

【萤石】又称氟石、氟石粉、萤石粉。萤石是一种矿物，等轴晶系，其主要成分是氟化钙（CaF_2）。含杂质较多，Ca 常被 Y 和 Ce 等稀土元素替代，此外还含有少量的 Fe_2O_3、SiO_2 和微量的 Cl、He 等。

【碳粉】以碳为主要成分的粉末，在玻璃熔制过程起澄清作用。

（二）平板玻璃制造工业的能耗和水耗

平板玻璃生产的物耗、能耗、水耗、电耗见表 5-17 和表 5-18。

表 5-17　平板玻璃生产消耗的主要技术指标

序号	指标名称	单位	指标	备注
一	原材料			
1	硅砂	kg/ 重箱	34.53	
2	石灰石	kg/ 重箱	2.76	
3	白云石	kg/ 重箱	8.4	
4	纯碱	kg/ 重箱	10.65	
5	芒硝	kg/ 重箱	0.37	
6	长石	kg/ 重箱	2.0 ～ 5.0	
二	辅料	kg/ 重箱	2.0 ～ 4.0	
7	锡	g/ 重箱	1.00	
三	燃料和动力		10	电耗 /[（kW · h）/t]
8	天然气	m^3/ 重箱	10.87	
9	电	kW · h/ 重箱	6.5	
10	新水消耗	（m^3/t）	0.033	

表 5-18　我国玻璃工业生产企业实际平均综合能耗、电耗

熔化能力 / (t/d)	平均综合能耗	平均电耗	
	kg 标煤 / 重量箱	kg 标煤 / 重量箱	（kW · h）/ 重量箱
300	21.21	11.43	37.11
400	19.05	7.96	25.85
500	18.48	7.79	25.29
600	16.77	7.17	23.28
700	16.62	6.68	21.69
900	14.27	6.39	20.75

注：重油热值约 10 000 kCal/kg，石油焦热值约 8 800 kCal/kg（3.246 9 kW • h/kg 标煤）。

二、平板玻璃生产工艺流程

（一）平板玻璃生产工艺

1. 备料与预加工系统

（1）备料

散装或袋装的硅砂、钙石（长石、白云石、石灰石）、纯碱、芒硝通过火车或汽车运输进厂，经机械或人工卸货，通过胶带输送机和斗式提升机、装载机、起重机堆垛或入仓。

硅砂、钙石（长石、白云石、石灰石）等一般储存于棚库内。

芒硝、纯碱等袋装料储存于袋装料库。

原料上料要经筛分，碾机碾碎后进粉料库备用（如为粉料，则直接进入粉料库）。

燃料重油用油罐车将油卸至油槽，经卸油沟或油泵重油流入重油罐贮存备用。

燃煤由运煤车卸至建有防尘网的煤堆场或煤棚。

石油焦由运输车量运入厂，卸至封闭的储料棚。

天然气由管道或运气罐车运入厂内卸至天然气储气罐。

（2）配料

各种粉料（硅石、硅砂、钙石、芒硝）和纯碱通过胶带输送机和斗式提升机分别进入称量设备按一定比例通过带式输送机进入混合机进行配料混合，制成配合料，再由胶带输送机送至熔制工段。碎玻璃经电振给料机均匀加在配合料上由胶带输送机送入窑头料仓。配合料由投料机进行薄层投料。

2. 熔制

熔窑以煤、重油、煤气或天然气为燃料。燃煤的坩埚窑设火箱，煤燃烧后产生半煤气，在喷火筒内与二次空气混合燃烧，火焰在窑膛空间传递热量。燃油的坩埚窑设油喷嘴，喷出油雾在喷火筒内燃烧。燃煤气的池窑设有小炉，由空气通道、煤气通道、舌头、预热室和喷出口组成。池窑分连续式和间歇式，平板玻璃使用的池窑多为连续式。

窑头料仓的混合料经投料机推入熔窑投料口，在熔窑内熔化部经高温熔化、澄清、搅拌、冷却后的玻璃液经流液道进入锡槽。玻璃液的流量由流液道的分隔装置（玻璃液分隔与气体空间分隔）控制。熔窑玻璃液的温度达到 1 600℃。

将配合料熔化成玻璃液。为了加快熔化，有些企业还在配料中加入少量氟化盐。冷却到 1 100℃的玻璃液，从玻璃熔窑冷却部经流液道进入锡槽成形。

3. 成形及热处理

玻璃液在锡液面上，在重力、表面张力和机械拉力作用下，延展、拉平、抛光、展薄、冷却后，形成一定厚度和宽度的玻璃带，至 610℃离开锡槽进入退火窑。锡槽用电加热保持所要求的温度。为了防止锡的表面层氧化，在锡槽空间充满氮气加一定比例氢气的保护气体。液态玻璃在自身重量的作用下在锡液的表面铺开。其中的氮气采用空气分离法制得，氢气采用液氨分解制得。

连续的玻璃带经过渡辊台，以 610℃左右温度进入退火窑，在 200℃下离开退火窑，进入冷端机组。经机械拉引挡边和接边机的控制，形成均匀的玻璃板。

4. 包装入库

玻璃带在冷端经过切割掰断，加速分离、掰边、纵掰纵分后，通过斜坡道，并经吹风清扫然后进入分片线，人工取片装箱包装堆垛成品由叉车送入成品库。

退火窑出口设一应急高速横切机和落板辊道，可将不合格的玻璃带或非正常生产时的玻璃带，经落板辊道落入碎玻璃溜子，由锤式破碎机将其破碎后，用带式输送机、斗式提升机，送入冷端碎玻璃仓。碎玻璃通过胶带输送机由生产线后部向前部输送，经提升机进入窑头碎玻璃仓作为配料补给。

（二）浮法平板玻璃制造的主要生产设备

浮法平板玻璃制造的主要生产设备见表5-19。

表5-19　浮法平板玻璃制造的主要生产设备

项目	设备（设施）名称
备料预加工	运输车辆、提升机、装载机、起重机、胶带输送机、碾粉机、筛分机、粉料仓、煤场（煤棚）、储油罐、储气罐、仓库等
配料	提升机、混合机、带式输送机、计量设备、窑头料仓、碎玻璃仓
熔制	池窑（投料部分、熔化部、分隔设备、冷却部、成形部）、热源供给系统（小炉）、排烟供气（烟道、换向设备、烟囱）
成形及热处理	锡槽、拉引设备、接边机、过渡辊台、退火窑
包装入库	玻璃切割机、吊挂吸盘、搅碎机、破碎机、带式输送机、提升机、叉车、碎玻璃仓
其他生产辅助设施	重油罐、天然气罐、碎玻璃仓、污水站

熔窑类型主要有池窑和坩埚窑。

池窑属于较为先进的玻璃熔窑设备，其结构主要包括玻璃熔制、热源供给、余热回收和供气排烟四部分。池窑是由用耐火砖砌建的熔制池和蓄热室或换热室等组成。原料由熔制池的一端加入，经熔化、澄清、冷却等阶段后，由另一段引出而进行成形。常用气体燃料加热，火焰直接掠过熔制池的上面，并利用蓄热室或换热室预热燃烧所需的空气，以提高热能的利用率。操作连续，生产率大，燃料消耗省，且易于机械化和自动化。用于制造平板玻璃、瓶罐玻璃、玻璃管等。

坩埚窑是在窑内放置坩埚，在坩埚内将配合料熔化成玻璃的一种热工设备。窑膛内放置单只或多只坩埚。由于坩埚窑产量小，热效率低，污染严重，因此也有间歇式的小型池窑可用以代替坩埚窑。

三、平板玻璃生产的排污节点

（一）平板玻璃生产环境要素分析

平板玻璃生产的污染要素见表5-20。

表 5-20 平板玻璃生产的污染要素

污染类型		特征污染物
废气	有组织废气	筛粉机、碾粉机、混合机、窑头料仓、搅碎机、破碎机产生的粉尘；熔窑废气为燃料燃烧产物和玻璃原料分解产物的混合体，含 NO_x、SO_2、烟粉尘、氟化物、氯化氢等；锅炉产生的烟尘、SO_2、NO_x
	无组织废气	运输、卸货、拆包、燃料卸车、堆场、输运、提升、上料、入仓、出仓、包装入库、煤场、灰渣库（场）、运输车辆产生的粉尘；重油、天然气卸车入罐产生的 VOCs（异味）；成形及热处理的锡槽产生锡及其化合物；氨储罐产生泄漏氨气
废水	生产废水	重油站产生的清洗废水含石油类、COD、SS；车间冲洗地面产生废水、污染的雨水含石油类、COD、SS；冲渣、清洗锅炉废水含 SS；机修车间废水含有石油类、COD、SS
	生活污水	浴室、食堂、厕所废水，含 COD、SS、氨氮
固体废物	生产垃圾	熔窑产生的废耐火材料；锅炉房的灰渣；备料预加工废配合料；污水站的污泥；机修厂的废机油、油泥棉纱
	生活垃圾	办公室、食堂、浴室等产生的垃圾
噪声		配料工段运输车辆、碎玻璃仓噪声；包装入库玻璃破碎噪声；汽车运输噪声；破碎筛分噪声等

（二）浮法平板玻璃生产排污节点

浮法平板玻璃生产流程及排污节点如图 5-2 所示。

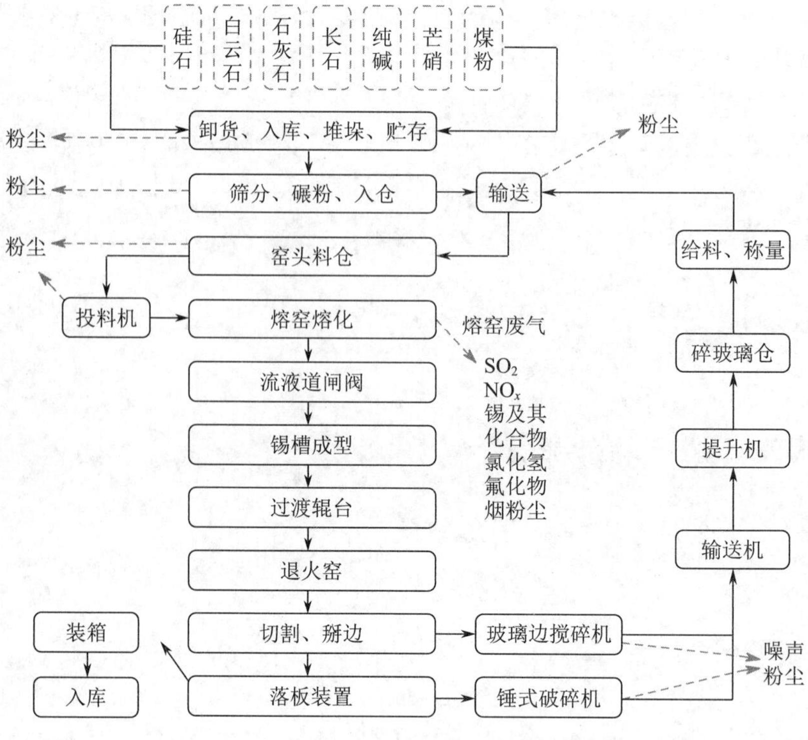

图 5-2 浮法平板玻璃生产流程及排污节点

（三）浮法平板玻璃生产排污节点分析

浮法平板玻璃生产排污节点分析如表 5-21 所示。

表 5-21　浮法平板玻璃生产排污节点分析

	生产设施	污染产生原因	主要污染物	控制措施
备料预加工	运输车辆、抓斗机、提升机、装载机、起重机、胶带输送机、碾粉机、筛分机、粉料仓、煤场（煤棚）、储油罐、储气罐、仓库、运输车辆等	原材料包括砂、白云石、石灰石、纯碱和芒硝，用汽车或火车袋装或散装方式运达，产生遗撒和扬尘；原料采用自卸或抓斗方式卸货，产生遗撒和扬尘；原料一般储存在棚仓或仓库，产生遗撒和扬尘；原材料经拆包、倒料、输运、提升进筛粉机和碾粉机处理成粉料，进粉料仓，产生遗撒和含尘气体；燃料重油、天然气卸车入罐，燃煤、石油焦卸车进堆场或储棚，产生遗撒和扬尘；运输车辆产生噪声	运输、卸货、拆包产生原料遗撒扬尘；输运、提升、上料、入仓产生扬尘；筛粉机和碾粉机工作时排气口和和进出料口产生含尘废气排放；燃煤、石油焦卸车、堆场贮存产生遗撒和扬尘；重油、天然气卸车入罐产生 VOCs 泄漏，有异味；运输车辆产生噪声	运输、卸货、拆包减少遗撒，及时清扫；输运、提升、上料、入仓设备、筛粉机和碾粉进出料口加强封闭和密闭，减少无组织含尘废气排放；筛粉机和碾粉排气口引气除尘；燃煤、石油焦卸车应采取控尘措施，如喷水雾；储料棚或堆场采用防风抑尘网减少扬尘；重油、天然气卸车入罐严格密闭，减少遗撒，降低 VOCs 泄漏
配料工段	提升机、混合机、带式输送机、计量设备、窑头料仓、碎玻璃仓	预加工的各种粉料出仓、提升、输运、计量、入仓产生含尘废气；混合机、窑头料仓排气口排放废气	粉料出仓、提升、输运、计量、入仓，混合机、窑头料仓进出口产生无组织粉尘排放；混合机、窑头料仓排气口排放含尘废气	粉料出仓、提升、输运、计量、入仓，混合机、窑头料仓进出口加强封闭和密闭，减少无组织含尘废气排放；混合机、窑头料仓排气口引气除尘
熔制工段	池窑（投料部分、熔化部、分隔设备、冷却部、成形部）、热源供给系统（小炉）、排烟供气（烟道、换向设备、烟囱）	熔窑产生的燃料燃烧烟气，温度较高；辅料中澄清剂、乳浊剂、助熔剂芒硝、氟化盐等含硫和氟，原料含的氮，氟、氯都会进入熔炉工艺废气中；熔炉大修产生废耐火材料	熔窑废气为燃料燃烧产物和玻璃原料分解产物的混合体，废气含 NO_x、SO_2、烟粉尘、氟化物、氯化氢等；熔窑产生的废气。NO_x、SO_2 浓度很高，一般 NO_x 浓度为 1 800 ～ 2 800 mg/m^3，SO_2 浓度为 400 ～ 3 000 mg/m^3；废耐火材料	熔窑产生的废气含 NO_x、SO_2、烟尘，浓度非常高，必须采取去除率高的除尘、脱硫、脱硝的废气净化措施；废耐火材料填埋处置或外运委托处置

	生产设施	污染产生原因	主要污染物	控制措施
成形及热处理	锡槽、拉引设备、接边机、过渡辊台、退火窑	锡槽密封不好，会产生有害气体泄漏	锡槽出口废气泄漏会产生含锡及其化合物废气	加强对流槽的密封，减少有害气体的泄漏
包装入库	玻璃切割机、吊挂吸盘、搅碎机、破碎机、带式输送机、提升机、叉车、碎玻璃仓	搅碎机、破碎机、碎玻璃仓产生较大噪声和少量尘	玻璃破碎和碎玻璃进仓产生较强噪声； 碎玻璃破碎与进仓产生少量的尘	采取降噪措施（吸声、隔声措施）； 碎玻璃进仓采取控制无组织尘的措施
辅助工段	锅炉房	燃烧产生烟气； 煤场、灰库产生扬尘； 锅炉废水、脱盐废水、冲渣废水； 锅炉和除尘产生灰渣	锅炉燃烧烟气，含烟尘、SO_2和NO_x； 煤场、灰库产生扬尘； 废水主要含SS、重金属； 锅炉和除尘产生灰渣	烟气除尘、脱硫； 煤场、灰库采用抑尘措施； 灰渣综合利用
	重油站	油罐进出口大小呼吸、泄漏产生废气； 清洗油罐、设备、地面产生废水	呼吸、泄漏排放VOCs； 废水含石油类、COD、SS	加强进出口的密封
	氢气站	氨储罐、氨分解制氢装置、氢压力罐	泄漏氨气	加强密闭，严格控制跑冒滴漏
	污水站	来自车间的冲洗废水； 重油站废水； 锅炉房废水	废水含石油类、COD、SS	废水进行物理—生化处理
	厂区环境管理	车间冲洗地面产生废水	废水含SS、COD 车辆运输产生扬尘； 地面的雨水会将含油的尘渣冲走，产生污水	厂区积水与雨水收集进行清污分流，污染的雨水和车间冲洗水进入污水厂处理； 厂区和道路严禁运输车辆遗撒，保持地面清洁，减少扬尘

四、平板玻璃制造工业环境管理

（一）平板玻璃制造工业主要污染物

1. 废气

平板玻璃生产过程最主要的废气污染源是玻璃熔窑。在熔化原料的过程中，燃料（国内浮法玻璃生产线目前主要采用重油、石油焦、发生炉煤气等作为燃料，只有少量使用天然气）燃烧产生大量 SO_2、NO_x、氟化物（表 5-22）。

表 5-22　平板玻璃烟气中污染物初始排放水平（标态、8% 含氧量状态下）

污染物	初始排放质量浓度（mg/m^3）	初始产品排放量	
		（kg/t）	（kg/ 重量箱）
颗粒物	99 ～ 280	0.2 ～ 0.6	0.01 ～ 0.03
硫氧化物（以 SO_2 计）	365 ～ 3 295	1.0 ～ 10.6	0.05 ～ 0.53
氮氧化物（以 NO_x 计）	1 800 ～ 2 870	1.7 ～ 7.4	0.085 ～ 0.37
HCl	7.0 ～ 85	0.06 ～ 0.22	
HF	1.0 ～ 25	0.002 ～ 0.07	
金属	1.0 ～ 5.0	0.001 ～ 0.015	

注：摘自《平板玻璃行业清洁生产评价指标体系》编制说明、《平板玻璃工业大气污染物排放标准》（GB 26453—2011）编制说明。

在原料装卸、堆放、破碎、配料混料过程及废玻璃输运和破碎过程也会产生较严重的扬尘污染，需采取控制措施。

（1）粉尘来源：由于平板玻璃原料主要为颗粒状、粉状物料。在贮存、搬运、混合工序中的原料飞散是产生粉尘排放的原因。

（2）烟尘来源：平板玻璃烟尘来源于三个方面：在加料过程中少部分原料被带入烟气中；熔炉中易挥发物质（部分金属氧化物，如 Na_2O 等）高温挥发后冷凝生成烟尘；化石燃料燃烧后生成烟尘。

（3）SO_2 来源：平板玻璃熔炉所用燃料中的含硫成分（如采用重油作为燃料）氧化；原料中芒硝分解，导致大量 SO_2 产生（表 5-23）。未对烟气脱硫情况下，采用重油为燃料，一般 SO_2 排放质量浓度在 1 800 mg/m^3 左右（表 5-24）。

表 5-23　不同芒硝含率的玻璃融化后 SO_2 产生量

项目	2%	2.5%	3%	3.5%	4%	4.5%	5%
重量箱玻璃 /kg	0.11	0.138	0.165	0.193	0.22	0.248	0.275
玻璃 kg/t	2.2	2.76	3.3	3.86	4.4	4.96	5.5

表 5-24　不同燃料 SO_2 排放水平（标态）　　单位：mg/m^3

燃料	天然气	含 S1% 的重油	含 S2% 的重油
SO_2 排放水平	300 ～ 1 000	1 200 ～ 1 800	2 200 ～ 2 800

（4）NO_x 来源：玻璃熔炉中 NO_x 是由空气燃烧和玻璃原料中少量硝酸盐分解产生的。由于平板玻璃熔炉火焰温度高达 1 650 ～ 2 000℃，空气中氮气便会与氧气反应生成大量 NO_x（表 5-25）。此外，原料中含有的硝酸盐（一般为 KNO_3）在高温下分解也会产生部分 NO_x。因此，平板玻璃烟气中有大量的 NO_x 排放，一般质量浓度高达 2 000mg/m^3 以上。

（5）氯化氢来源：由于原料、碎玻璃中含有氯化物杂质，燃烧时便会生成一定量的 HCl。一般初始排放质量浓度在 85 mg/m^3 以下。

表 5-25 玻璃池窑中 NO_x 的排放与工艺的关系 单位：mg/m^3

工艺		换热式	马蹄型	横火焰
NO_x 排放	燃油	1 200	1 800	3 000
	燃气	1 400	2 200	3 500

（6）氟化氢来源：由于平板玻璃一般不采用萤石作为原料，氟化氢排放主要来源于原料中的含氟杂质。

2. 废水

平板玻璃生产是耗水大户，在熔窑冷却、用余热生产蒸汽、空压机制造压缩空气等工业中，均需要大量水资源。平板玻璃生产企业的废水，按其来源可分为生产外排水和生活外排水。生产外排水包括车间地面冲洗废水、余热锅炉房废水、化验室废水、深加工车间和重油站废水等。主要污染物是 SS、COD、油类污染物、酚类污染物、含氟物质和重金属等（表 5-26）。

表 5-26 平板玻璃生产企业污水站进水水质 单位：mg/L

	COD_{Cr}	BOD_5	SS	石油类	含氟类物质
某企业污水厂进水	350	—	470	20	50

平板玻璃行业废水污染物相对简单，以 SS 为主，大部分可处理后回用。针对深加工废水，则鼓励企业进一步处理后回用。

3. 固体废物

固体废物包括除尘器回收的尘灰、污水站的污泥、废弃的耐火材料、废弃配合料等。

尘灰主要来源于原料的贮藏、粉碎、混合等工序。这些粉尘均可回收利用，重新作为原料使用。大部分企业均可回收利用废玻璃作为原料。清洁生产标准要求：废弃耐火材料应重新回收利用，要求为 100% 回收利用。此处的回收利用并非指回收重新作为熔窑的砌筑材料，而是指其他的利用途径，不得流失到环境中去。

4. 环境噪声

平板玻璃生产噪声及其污染控制措施见表 5-27。

表 5-27 平板玻璃生产噪声及其污染控制措施 单位：dB（A）

产生部位	噪声	采取措施
破碎机	85 ～ 95	车间封闭
磨机	90 ～ 110	车间封闭
锅炉排气阀	100 ～ 120	安装消声器
风机	90 ～ 115	车间封闭、安装消声器
余热发电机	90 ～ 100	车间封闭
胶带输送机	65 ～ 75	

产生部位	噪声	采取措施
铲车	70	
切割机	85	
锅炉房	90	车间封闭
载重运输车	79 ～ 85	
碎玻璃噪声	85 ～ 90	

（二）平板玻璃制造工业的环境管理

1. 符合生产布局要求

严禁在世界遗产地、风景名胜区、生态保护区、饮用水水源保护区、城市建成区和非工业规划区等区域建设平板玻璃项目。新建平板玻璃项目原则上要进入纳入规划的产业园区。现有平板玻璃企业通过异地搬迁“退城入园”。

2. 符合生产工艺和装备要求

采用抑制 NO_x、SO_2 产生的生产工艺和清洁燃料，配套建设高效、可靠的脱硫、脱硝、除尘装置，严格限制掺烧高硫石油焦。加强清洁生产技术改造，从源头上减少粉尘、氮氧化物、二氧化硫、二氧化碳产生，提高能源利用效率、质量保证能力和安全水平。

3. 符合环境管理要求

（1）符合国家和地方有关环境法律、法规，污染物排放达到国家和地方排放标准、总量控制和排污许可证管理要求。

（2）按照《平板玻璃行业清洁生产评价指标体系》规定，采取清洁生产技术，建立清洁生产机制，定期开展清洁生产审核。

（3）严格执行行业准入条件、污染物排放标准和淘汰落后产能计划。建立能源计量管理制度，开展能源管理体系认证和能效对标，对不达标企业实施节能改造。

（4）推广全氧燃烧、烟气脱硫脱硝、余热发电、变频调速等先进节能减排技术，提高节能减排综合水平。实施技术改造，推广清洁生产，建设 SO_2、NO_x 减排示范工程。

4. 符合环境监督管理要求

（1）大气污染物排放必须达到《平板玻璃工业大气污染物排放标准》（GB 26453—2011）和所在地相关环境标准要求。排放不达标的，应停产整改达标后方能恢复生产。

（2）建立 SO_2、NO_x 等主要污染物在线实时监控系统。易产生粉尘的原料储存、称量、输送、混合、投料等工段要密闭操作，采取有利于抑制粉尘飞扬的密闭和除尘装置，防止含尘气体无组织排放。配备智能化设施，减少含尘现场操作人员。

（3）使用溶剂或易产生挥发性有机化合物的工段，要建设配套设施，对含有挥发性有机化合物的气体进行收集处理。

（4）实施雨污分流、清污分流。生产用水循环使用，废水经收集处理达标后，尽可能循环利用。向城镇排水设施排放污废水的，应当取得污水排入排水管网许可证。排放不达标的，应停产整改达标后方能恢复生产。

第四节 陶瓷工业生产工艺环境基础

我国陶瓷工业常常被称为“三高一低”产业，即高耗能、高污染、高耗资源及低产出型行业。陶瓷工业是我国工业生产中的“耗能大户”之一，烧成窑炉耗能又占了该行业总耗能的50%以上，如果加上干燥设备耗能，则占到80%以上，高能耗还造成严重的环境污染。陶瓷生产在我国有悠久的历史，现在还有相当多的中小型企业采用传统的生产方式，使用高污染的燃料，又缺乏到位的环境污染的控制措施，陶瓷行业在区域上又相对集中，导致陶瓷行业对环境影响较大。

陶瓷工业是国家环保规划重点治理的行业之一。陶瓷行业本身属于高能耗、高污染行业，生产过程中消耗大量矿产资源和能源，如果生产过程不能使用清洁的气态能源和电源作为炉窑的燃料，其大气污染物中的SO_2、NO_x和烟尘、粉尘污染物的产生量非常大，如果生产过程的废水未能得到有效处理，废水的重复利用率不高，也会产生大量废水。

一、陶瓷工业的原辅料和能耗、水耗

目前，纳入工业统计的陶瓷产品主要有建筑陶瓷、卫生陶瓷和日用陶瓷三大类。陶瓷产品中产量最大的是建筑陶瓷和卫生陶瓷，本书只介绍建筑陶瓷和卫生陶瓷制造工业的生产工艺环境基础。

（一）陶瓷工业的原辅料

陶瓷是以黏土、长石、石英等天然原料为主要原料按不同配方配制，经加工、成型、干燥及烧成而得的陶器、炻器和瓷器制品的通称，这些制品亦统称为“普通陶瓷”。陶瓷产品虽有建筑陶瓷、卫生陶瓷和日用陶瓷等不同大类，但其生产工艺技术基本相近，均包括原料制备、坯体成形、烧成三大工序。

1. 原料

陶瓷的主要原料是黏土、石英、长石三大类矿山原料和一些化工原料。不同品种的陶瓷原料配方都会有所不同，根据需要添加辅料改善陶瓷制品的特性，以适应不同用途。

【黏土（高岭土）】黏土类原料为可塑性物质，主要化学成分为Al_2O_3，它们在生产中起塑性和结合作用，在配料中的用量占40%～60%，可用于陶瓷坯体、釉色、色料等配方。用作黏土的矿物有高岭土类、蒙脱石类、伊利石类等，另外还有少见的水铝英石。

【石英（硅砂）】属于瘠性材料（减黏物质），可降低坯料黏性，主要化学成分为 SiO_2。烧成过程部分石英溶解在长石玻璃中，可提高液相黏度，防止高温变形，冷却后在瓷坯中起骨架作用，石英还能提高瓷器的白度与半透明度。石英类原料有脉石英、砂岩、石英岩、石英砂、燧石、硅藻土等。

【长石（石粉）】属于熔剂原料，主要是含碱金属氧化物的矿物原料，主要化学成分为 K_2O、Na_2O、CaO、MgO。高温下熔融后可以溶解一部分石英及高岭土分解物，熔融后的高黏度玻璃可以起到高温胶结作用。在陶瓷生产中用于作坯料、釉料、色料溶剂等基本组分。

2. 辅料

【制釉原料】颜色釉料均采用金属氧化物颜料制备，过渡金属的无机化合物如钒、铬、锰、铁、钴、镍、和铜都是常用颜料。颜色釉的效果取决于基釉的化学组成、色料添加量、施釉厚度与均匀性和烧成时窑炉气氛。

制釉的原料分为天然原料和化工原料，如表 5-28 所示。

表 5-28　陶瓷制釉原料简介

色釉主要化学成分	烧成效果	色釉主要化学成分	烧成效果
红色氧化铁	氧化焰气氛时在陶瓷釉中能产生淡黄色、蜂蜜色与棕色；还原焰气氛时可以形成淡蓝灰色、绿色、蓝色或黑色	氧化镍	在釉中有很宽的成色范围，可以形成棕色、绿色、深蓝色
氧化铬	使某些釉呈现绿色，而在其他成分的釉中可以形成红色、黄色、粉红色或棕色	碳酸钡	形成粉红色、紫红色
黑色氧化钴	釉料中最强烈的着色剂，当含量低于 1% 时，能形成鲜艳的蓝色	含锰的高碱釉	经过高温烧成后会产生淡蓝色
二氧化锰	在颜色釉中能形成黑色，但也能形成红色、粉红色与棕色	钒与锆	可制成钒锆黄、钒锆蓝等成色稳定的色釉
氧化铜	配制的色釉，在氧化焰时呈现绿色，但在还原焰时则呈现红色	硫化镉与硒色料	可制成黄、橙黄与红釉
五氧化二钒	可产生棕色或黄色但在釉中即使用量增加也只是呈现中强度黄色		

【石膏】石膏是单斜晶系矿物，其主要化学成分为硫酸钙（$CaSO_4$）的水合物。在卫生陶瓷中用于注浆的模具生产。

（二）能耗和水耗

我国陶瓷工业能耗比发达国家高出许多，我国生产每平方米陶瓷砖耗能 2.5 ～ 7.8 kg 标煤、每吨卫生陶瓷耗能 200 ～ 720 kg标煤，发达国家生产每平方米陶瓷砖耗能 0.8 ～ 6.4

kg标煤、每吨卫生瓷耗能 238 ～ 476 kg标煤。

据估计，能源成本占陶瓷生产成本的比重超过 36%，我国有近 20% 的陶瓷企业（主要是中小型陶瓷企业），能耗超过国家规定的能耗标准，不仅增加了能源消耗，而且增加了污染排放。在陶瓷生产使用的燃料方面，北方的陶瓷企业以煤气、石油液化气和压缩天然气为主，南方地区则以油、煤和自制发生炉煤气为主，但同时一些手工作坊式的陶瓷企业仍以高污染的燃煤和重油为主。据调查分析，燃煤、重油、柴油等陶瓷辊道窑 SO_2 排放质量浓度为 800 ～ 5 000 mg/m^3、NO_x 排放质量浓度为 200 ～ 800 mg/m^3，目前大部分窑炉未进行脱硫处理。

2013 年 12 月，国家质量监督检验检疫总局、国家标准化管理委员会批准发布了强制性国家标准《建筑卫生陶瓷单位产品能源消耗限额》(GB 21252—2013)。建筑卫生陶瓷单位产品能源消耗限额如表 5-29 至表 5-34 所示。

表 5-29　现有建筑卫生陶瓷单位产品能耗限制

分类	综合能耗（标煤）/（kg/t）	综合电耗 /（kW·h/t）
卫生陶瓷	≤ 720	≤ 900
吸水率 E ≤ 0.5% 的陶瓷砖	≤ 310	≤ 360
吸水率 0.5% ＜ E ≤ 10% 的陶瓷砖	≤ 270	≤ 320
吸水率 E ＞ 10% 的陶瓷砖	≤ 290	≤ 320

表 5-30　新建建筑卫生陶瓷（含新生产线）单位产品能耗限额准入值

分类	综合能耗（标煤）/（kg/t）	综合电耗 /（kW·h/t）
卫生陶瓷	≤ 630	≤ 750
吸水率 E ≤ 0.5% 的陶瓷砖	≤ 300	≤ 340
吸水率 0.5% ＜ E ≤ 10% 的陶瓷砖	≤ 230	≤ 310
吸水率 E ＞ 10% 的陶瓷砖	≤ 250	≤ 300

现有建筑卫生陶瓷产品生产企业应通过节能技术改造和加强节能管理来达到表 5-31 所示的能耗限额。

表 5-31　建筑卫生陶瓷单位产品能耗限额先进值

分类	综合能耗（标煤）/（kg/t）	综合电耗 /（kW·h/t）
卫生陶瓷	≤ 500	≤ 540
吸水率 E ≤ 0.5% 的陶瓷砖	≤ 270	≤ 290
吸水率 0.5% ＜ E ≤ 10% 的陶瓷砖	≤ 200	≤ 250
吸水率 E ＞ 10% 的陶瓷砖	≤ 210	≤ 230

现有建筑陶瓷砖产品生产企业的单位产品综合能耗以平方米为计量单位和单位产品综合电耗符合表 5-32 的规定。

表 5-32　陶瓷砖产品以面积（m^2）为计量单位综合能耗

分类	综合能耗（标煤）/（kg/m^2）	综合电耗 /（$kW \cdot h/m^2$）
吸水率 $E \leqslant 0.5\%$ 的陶瓷砖	$\leqslant 7.8$	$\leqslant 9.0$
吸水率 $0.5\% < E \leqslant 10\%$ 的陶瓷砖	$\leqslant 5.4$	$\leqslant 6.4$
吸水率 $E > 10\%$ 的陶瓷砖	$\leqslant 5.2$	$\leqslant 5.8$

新建（含新生产线）陶瓷砖产品以面积（m^2）为计量单位能耗限额准入值符合表 5-33 的规定。

表 5-33　新建（含新生产线）陶瓷砖产品以面积（m^2）为计量单位综合能耗

分类	综合能耗（标煤）/（kg/m^2）	综合电耗 /（$kW \cdot h/m^2$）
吸水率 $E \leqslant 0.5\%$ 的陶瓷砖	$\leqslant 7.5$	$\leqslant 8.5$
吸水率 $0.5\% < E \leqslant 10\%$ 的陶瓷砖	$\leqslant 4.6$	$\leqslant 6.2$
吸水率 $E > 10\%$ 的陶瓷砖	$\leqslant 4.5$	$\leqslant 5.5$

现有建筑卫生陶瓷产品生产企业应通过节能技术改造和加强节能管理来达到表 5-34 中的能耗限额先进值。

表 5-34　陶瓷砖产品以面积（m^2）为计量单位综合能耗

分类	综合能耗（标煤）/（kg/m^2）	综合电耗 /（$kW \cdot h/m^2$）
吸水率 $E \leqslant 0.5\%$ 的陶瓷砖	$\leqslant 6.8$	$\leqslant 7.3$
吸水率 $0.5\% < E \leqslant 10\%$ 的陶瓷砖	$\leqslant 4.0$	$\leqslant 5.0$
吸水率 $E > 10\%$ 的陶瓷砖	$\leqslant 3.8$	$\leqslant 4.2$

新标准的发布将明显提高我国建筑卫生陶瓷行业的能耗限额水平，建筑陶瓷每平方米节约 1.86 kg 标准煤，年产量按 90 亿 m^2 计，每年将节约 1 700 万 t 标准煤；卫生陶瓷每吨产品节约 230 kg 标准煤，年产量按 400 万 t 计，每年将节约 90 万 t 标准煤。

《陶瓷工业污染物排放标准》（GB 25464—2010）规定了单位产品（瓷）基准排水量：日用及陈设艺术瓷中普通瓷为 2.0 m^3/t，骨质瓷为 1.8 m^3/t；建筑陶瓷中抛光陶瓷为 0.3 m^3/t，非抛光陶瓷为 0.1 m^3/t；卫生陶瓷为 4.0 m^3/t；特种陶瓷为 1.0 m^3/t。

二、陶瓷生产工艺流程

陶瓷产品虽有建筑陶瓷、卫生陶瓷和日用陶瓷等不同大类，但其生产工艺基本相近，生产工艺流程大致可分为坯料制备、釉料制备（制釉、施釉）、成型（包括干燥）、烧成四大工序。

其中建筑陶瓷生产工艺流程可以分为泥浆制备、釉料制备和生产线工艺流程三大工序；卫生陶瓷采用注浆法成形，生产工艺主要包括泥浆制备、釉料制备、注浆成形、干燥、施釉和烧成。

1. 备料贮存

散装或袋装的原料硅砂、黏土、长石等大宗原料（一般以土、砂、碎石状态）通过火车或汽车运输进厂，经机械或人工卸货，通过胶带输送机和斗式提升机、装载机、起重机堆垛或入仓。

硅砂、黏土、长石等一般储存于棚库或堆场内，如果进料是粉料则倒进粉料仓；

各种颜色釉料等袋装辅料卸车后储存于袋装料库；

燃料重油或柴油用油罐车将油卸至油槽、经卸油沟或油泵重油流入重油罐贮存备用。

燃煤由运煤车卸至建有防尘网的煤堆场或煤棚。

天然气由管道或运气罐车运入厂内卸至天然气储气罐。

2. 破碎磨粉

各种原辅料（硅砂、黏土、长石等）通过胶带输送机和斗式提升机，分别进入称量设备按一定比例通过带式输送机进入混合机进行配料混合，制成配合料，再由胶带输送机送至球磨机加水和添加剂磨制成泥浆。再经过柱塞泵喷入干燥塔（热风炉加热）制成所需粉料。制成粉料经过筛，送入陈腐仓陈腐。

3. 配制釉料

各种原辅料（化工色料、黏土、长石等）通过胶带输送机和斗式提升机，分别进入称量设备按一定比例通过带式输送机进入混合机（或人工）进行配料混合，制成配合釉料，再由胶带输送机送至球磨机加水和添加剂磨制成泥浆，再经过柱塞泵喷入干燥塔（热风炉加热），过筛制成所需釉料浆，装入釉料浆桶陈腐。

4. 建陶成型施釉

（1）建陶泥坯成型烘干

将经过陈腐后的粉料从陈腐仓送至压坯机压制瓷砖生坯，生坯经过传送带送至多层干燥窑进行人工干燥。

（2）建陶施釉印花

烘干的生坯经传送带送入施釉机，喷枪通过压缩空气将釉浆喷到生坯表面（喷釉）；或将釉浆从上流下覆盖在生坯表面（淋釉）；或通过转印花网孔或胶辊毛细孔转印到生坯上。施釉后的生坯由传送带送过上砖底粉装置（防止黏辊），之后将施釉瓷砖生坯传送进窑烧成。

5. 卫陶成型施釉

（1）模具制造

模具制造过程为：模胎原料配制（称取石膏粉加水浸泡、搅拌）、模胎制造（清理母模、打脱模剂、组合母模）、向母模浇铸石膏浆、定型脱模、模具清洗、剔除废品、生产模烘干、安装上线待注浆。

（2）卫陶注浆成型烘干

卫陶使用的泥浆制备与建陶的泥浆制备相似。一般用纯碱和水玻璃做稀释剂，用量控制在 0.4% ～ 0.6%。卫生瓷成形除传统的注浆方法外，目前广泛应用了“高位槽注浆—管道输送—立式成组浇注”的先进注浆工艺。

注浆成型工艺包括注浆、干燥、脱模、一次修坯、黏结、干燥、二次修坯，抛光送施釉工序。

卫生陶瓷的干燥一般采用隧道式或室式干燥设备，利用窑炉余热或蒸汽换热作为热源。

（3）卫陶施釉

卫生陶瓷施釉普遍采用喷釉和浸釉方法，使用的设备有浸釉机、喷枪等。

6. 烧成

目前建筑陶瓷的生产采用辊道窑烧成。卫生陶瓷烧成一般在隧道窑中进行，采用匣钵或棚板装烧或采用半隔焰 (或明焰) 无匣裸装直接烧成。燃料为煤、煤气和油。

辊道窑、隧道窑、梭式窑烧成都是在一条封闭的长距离的生产线完成，烧成的时间为 13 ～ 15 h，烧成温度 1 210 ～ 1 290℃，烧成过程包括预热、烧成、冷却。

7. 包装

将辊道窑或隧道窑烧成的建筑陶瓷或卫生陶瓷剔除废品和次品，包装入箱。

三、建陶（卫陶）主要生产设备

建陶（卫陶）的主要生产设备见表 5-35。

表 5-35 建陶（卫陶）的主要生产设备

	项目	设备 (设施) 名称
泥浆	备料贮存	运输车辆、提升机、装载机、起重机、胶带输送机、原料库、粉料仓、化学品辅料库、煤场（煤棚）、储油罐、储气罐等
	破碎磨粉	输运机、提升机、混合机、计量设备、筛分设备、球磨、柱塞泵、干燥塔（热风炉加热）、陈腐仓
釉料	配制釉料	输运机、提升机、混合机、计量设备、筛分设备、球磨、釉料浆桶
建陶成型施釉	建陶泥坯成型烘干	传送带、压坯机、多层干燥窑、抛光机
	建陶施釉印花	传送带、喷枪、淋釉、印花
卫陶成型施釉	模具制造	传送带、真空搅拌机、制冷设备、干燥房
	卫陶成型烘干	高位浆槽、组合台式浇注机械、高压注浆机组、隧道式、室式干燥设备、传送带
	卫陶施釉	传送带、浸釉机、喷枪
烧成	烧成	传送带、窑车、辊道窑、隧道窑、梭式窑

项目	设备（设施）名称
包装入库	传送带、包装生产线
其他生产辅助设施	重油罐、天然气罐、除尘器、脱硫设施、污水站

陶瓷的烧成窑炉分隧道窑、辊道窑和梭式窑。目前在我国 2 860 家建筑陶瓷厂家中，仍在生产的生产线共计有 3 200 条左右，拥有各种类型的窑炉总量为 3 600 座左右，其中辊道窑 2 150 座、隧道窑约 850 座，多孔窑约 300 座、其他窑炉约 300 座。

隧道窑工作过程为：窑炉预热、加热烧成、逐步冷却、制品推出窑外。

辊道窑是一种小截面的隧道窑。

梭式窑是间歇烧成的窑，跟火柴盒的结构类似，窑车推进窑内烧成，烧完了再往相反的方向拉出来，卸下烧好的陶瓷，窑车如同梭子，故而称为梭式窑。

陶瓷的粉碎多采用鹗式破碎机、轮碾机、施磨机、雷蒙磨、球磨机、振动磨、搅拌磨、气流磨等设备。

四、陶瓷生产排污节点

（一）陶瓷生产环境要素分析

陶瓷生产的主要污染要素见表 5-36。

表 5-36　陶瓷生产主要污染要素

污染类型		特征污染物
废气	有组织废气	备料贮存（粉尘）、破碎磨粉（粉尘）、配制釉料（有毒粉尘）、建陶泥坯成型烘干（粉尘）、卫陶泥坯成型烘干（粉尘）、烧成工段的燃烧烟气（烟尘、SO_2、NO_x）和窑炉废气（铅烟和铅尘，氯化氢，氟化氢，铅、镉、钴、镍的氧化物，颗粒物及粉尘）、锅炉房（烟尘、SO_2、NO_x）
	无组织废气	陶瓷的生产过程从原料堆存、制备、成型、施釉、喷涂、干燥、烧成、彩烤、检选到包装，以及与其配套的耐火材料加工、石膏模型制作等均会有无组织排放产生，主要污染物为粉尘。其中，以原料的配料以及耐火材料车间粉尘最为严重。 重油、天然气卸车入罐（VOCs、异味）、建陶施釉印花和卫陶施釉（含颗粒物和重金属废气）、卫陶模具制造和卫陶泥坯成型烘干（粉尘）、煤场和灰渣库（扬尘）、油罐进出口泄漏（VOCs、异味）
废水	生产废水	生产车间清洗设备和地面（清洗废水主要含大量悬浮物、pH、SS、COD、氨氮、色料中的重金属，监测的陶瓷企业生产车间排出废水中 SS、COD、总铅、总铜、总铬、总镍、总镉浓度高，且浓度变化大）；重油站清洗油罐、设备、地面（废水含石油类、COD、SS）；锅炉冲渣、清洗锅炉（SS）；机修车间（石油类、COD 、SS）；污水站（pH、SS、COD、氨氮、总锌、总铜、总铅、总镍、总汞、总镉、总砷、总铬）
	生活污水	浴室、食堂、厕所废水（COD、SS、氨氮）

污染类型		特征污染物
固体废物	生产固体废物	建陶泥坯成型烘干（废品泥坯）、卫陶模具制造（废品模具）、卫陶泥坯成型烘干（废品泥坯）、包装入库（废品陶瓷）、锅炉房（尘灰、炉渣）、污水站（污泥）、机修厂（废机油、油泥棉纱）
	生活垃圾	办公室、食堂、浴室等生活垃圾
噪声		备料贮存工序运输车辆、装载机器噪声；配料工段运输车辆、破碎机、球磨机、搅拌机噪声

（二）陶瓷生产排污节点图

陶瓷工业是国家环保规划重点治理的行业之一。陶瓷行业本身属于高能耗、高污染行业，生产过程中消耗大量矿产资源和能源，如果生产过程不能使用清洁的气态能源和电源作为炉窑的燃料，其大气污染物中的 SO_2、NO_x 和烟尘、粉尘污染物的产生量非常大，如果生产过程的废水未能得到有效处理，废水的重复利用率不高，也会产生大量废水。

建陶（卫陶）生产流程和排污节点见图 5-3 和图 5-4。

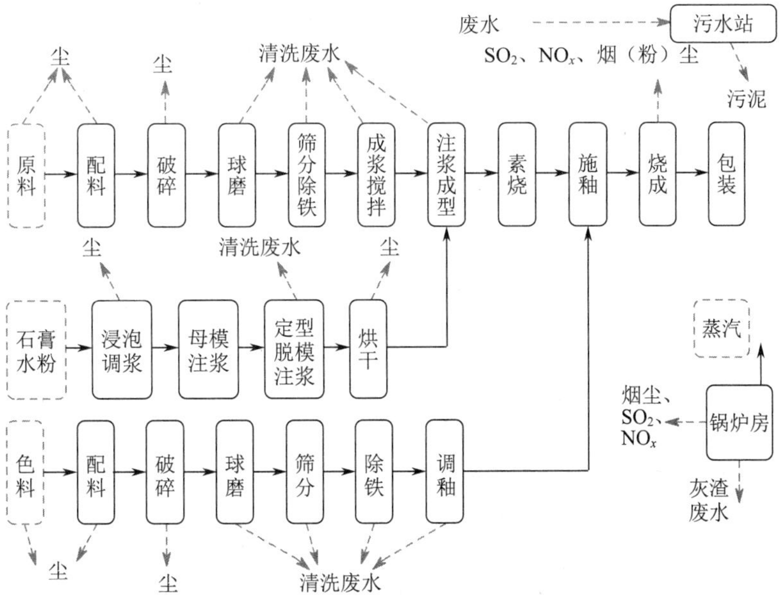

图 5-3　卫生陶瓷生产流程和排污节点

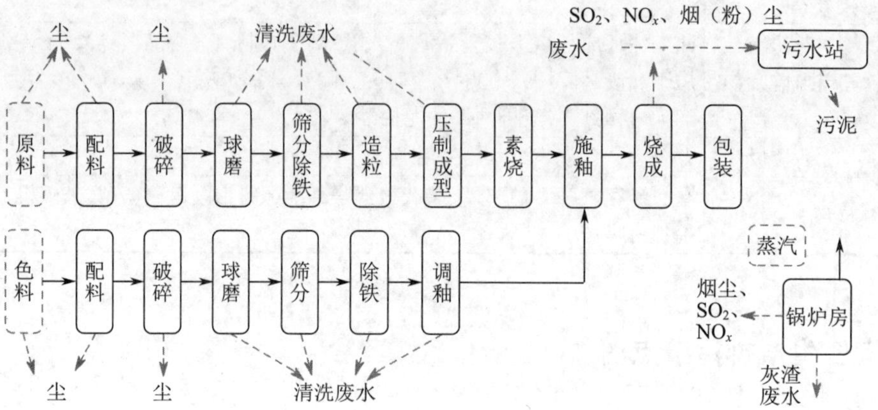

图 5-4 建筑陶瓷生产流程和排污节点

（三）陶瓷工业排污节点分析

陶瓷生产排污节点分析见表 5-37。

表 5-37 陶瓷制造企业的排污节点分析

工序	生产设施	污染产生原因	主要污染物	控制措施
备料贮存	运输车辆、提升机、装载机、起重机、胶带输送机、碾粉机、筛分机、粉料仓、煤场（煤棚）、储油罐、储气罐、仓库等	原辅料（一般以土、砂、碎石状态）用汽车或火车袋装或散装方式运达，产生遗撒、扬尘； 原料采用自卸或抓斗方式卸货，产生遗撒、扬尘； 原料一般储存在棚仓或仓库，产生遗撒、扬尘； 原材料经拆包、倒料、输运、提升进筛粉机和碾粉机处理成粉料，进粉料仓，产生遗撒、扬尘； 燃料重油、天然气卸车入罐，燃煤卸车进堆场或储棚，产生 VOCs、异味； 运输车辆产生噪声	运输、卸货、拆包产生原料遗撒和扬尘； 输运、提升、上料、入仓产生扬尘； 燃煤卸车、堆场贮存产生遗撒和扬尘； 重油、天然气卸车入罐产生 VOCs 泄漏、异味 运输噪声和机械噪声	运输、卸货、拆包减少遗撒，及时清扫； 输运、提升、上料、入仓设备、筛粉机和碾粉进出料口加强封闭和密闭，减少无组织含尘废气排放； 燃煤、石油焦卸车采取控尘措施，如喷水雾；储料棚或堆场采用防风抑尘网减少扬尘； 重油、天然气卸车入罐严格密闭，减少遗撒，降低 VOCs 泄漏

工序		生产设施	污染产生原因	主要污染物	控制措施
破碎磨粉		输运机、提升机、混合机、计量设备、筛分设备、球磨、干燥塔（热风炉加热）、陈腐仓	原料出仓、提升、输运、计量、混合、破碎、球磨产生含尘废气； 混合、破碎、球磨排气口排放含尘废气； 清洗设备和地面产生废水	粉料出仓、提升、输运、计量、入仓，混合机、破碎、球磨过程产生无组织粉尘排放； 混合机、破碎、球磨排气口排放含尘废气； 产生清洗设备和地面废水，主要含大量悬浮物	粉料出仓、提升、输运、计量、入仓，混合机、破碎、球磨过程加强封闭和密闭，减少无组织含尘废气排放； 混合机、破碎、球磨排气口引气除尘； 清洗设备和地面废水排污水站
配制釉料		输运机、提升机、混合机、计量设备、筛分设备、球磨、釉料浆桶	色料化学品出仓、提升、输运、计量、混合、破碎、球磨产生含尘废气； 混合、破碎、球磨排气口排放含尘废气； 清洗设备和地面产生废水	色料化学品出仓、提升、输运、计量、混合、破碎、球磨过程产生无组织粉尘排放； 混合机、破碎、球磨排气口排放废气，废气含颗粒物、色料中的重金属； 清洗设备和地面产生废水，主要含大量悬浮物、pH、SS、COD、氨氮色料中的重金属（总锌、总铜、总铅、总镍、总汞、总镉、总砷、总铬等）	色料化学品出仓、提升、输运、计量、混合、破碎、球磨过程加强封闭和密闭，减少无组织含尘废气排放； 混合机、破碎、球磨排气口引气除尘； 清洗设备和地面废水经预处理，重金属达标后排污水站
建陶成型施釉	建陶泥坯成型烘干	传送带、压坯机、多层干燥窑	粉料从陈腐仓送至压坯机压制瓷砖生坯，生坯经过传送带送至多层干燥窑进行人工干燥，产生粉尘； 清洗设备和地面产生废水； 产生废品泥坯	干燥废气含粉尘； 清洗废水含大量悬浮物； 产生废品泥坯	加强干燥窑的密封，减少有害气体的泄漏； 干燥废气通过排气口引气除尘； 清洗废水排污水站； 废品返回原料利用
	建陶施釉印花	传送带、喷枪、淋釉、印花	烘干的生坯送施釉机喷釉或淋釉产生含颗粒物和重金属废气； 清洗设备和地面产生废水	施釉产生含颗粒物和重金属废气； 清洗设备和地面产生废水，主要含大量悬浮物、pH、SS、COD、氨氮色料中的重金属（总锌、总铜、总铅、总镍、总汞、总镉、总砷、总铬等）	施釉过程，尤其喷釉要采取集气除尘； 清洗设备和地面废水经预处理，重金属达标后排污水站

工序		生产设施	污染产生原因	主要污染物	控制措施
卫陶成型施釉	模具制造	传送带、真空搅拌机、制冷设备、干燥房	石膏粉加水浸泡，搅拌、修模产生含尘废气； 清洗设备和地面产生废水； 产生废品	石膏粉加水浸泡，搅拌、修模产生含尘废气，废气含颗粒物； 清洗设备和地面产生废水，含悬浮物； 产生废品	石膏粉加水浸泡，搅拌、修模采取集气除尘，加强操作场所的封闭措施； 清洗废水排污水站； 废品回收利用
	成型烘干	高位浆槽、组合台式浇注机械、高压注浆机组、隧道式干燥设备、室式干燥设备、传送带	干燥产生含尘废气 修坯、抛光过程产生含尘废气； 清洗设备和地面产生废水； 产生废品泥坯	干燥废气、修坯废气含高质量浓度颗粒物； 清洗设备和地面产生废水，含悬浮物； 产生废品	干燥废气、修坯废气采取集气除尘，加强操作场所和设备的封闭措施； 清洗废水排污水站； 废品返回原料利用
	卫陶施釉	传送带、浸釉机、喷枪	烘干的生坯送施釉机喷釉或淋釉，产生含颗粒物和重金属废气； 清洗设备和地面产生废水	施釉产生含颗粒物和重金属废气； 清洗设备和地面产生废水，主要含大量悬浮物、pH、SS、COD、氨氮色料中的重金属（总锌、总铜、总铅、总镍、总汞、总镉、总砷、总铬等）	施釉过程，尤其喷釉要采取集气除尘； 清洗设备和地面废水经预处理，重金属达标后排污水站
烧成		传送带、窑车、辊道窑、隧道窑、梭式窑	焙烧窑产生燃烧烟气（燃料有天然气、燃油、燃煤）； 制釉原料中含有有毒化合物和重金属化合物，施釉后的坯体在加热的条件下会产生有毒、有害气体和烟尘	燃烧烟气含烟尘、SO_2、NO_x； 窑炉废气中含铅烟和铅尘，氯化氢，氟化氢，铅、镉、钴、镍的氧化物，颗粒物及粉尘	燃烧烟气集气除尘、脱硫、脱硝，烟尘、SO_2、NO_x 达标排放； 窑炉废气含有有毒成分可采用分离转化法回收、分级处理，除尘主要采用的治理方法是水膜除尘、水洗塔吸收、碱液吸收塔脱硫，固体制剂除尘器等
包装入库		传送带、包装生产线	产生废品陶瓷	废品陶瓷属一般固体废物	废品陶瓷送原料综合利用
辅助工段		锅炉房	燃烧产生烟气； 煤场、灰库产生扬尘； 锅炉废水、脱盐废水、冲渣废水； 锅炉和除尘产生灰渣	锅炉燃烧产生烟气，含烟尘、SO_2 和 NO_x； 煤场、灰库产生扬尘； 废水主要含 SS、重金属； 锅炉和除尘产生灰渣	烟气除尘、脱硫； 煤场、灰库采用抑尘措施； 灰渣综合利用； 废水排污水站

工序	生产设施	污染产生原因	主要污染物	控制措施
辅助工段	重油站	油罐进出口泄漏产生废气； 清洗油罐、设备、地面产生废水	泄漏排放 VOCs； 废水含石油类、COD、SS	加强进出口的密封； 废水排污水站
	污水站	车间的冲洗废水； 重油站废水； 锅炉房废水	废水中主要污染物为 pH、SS、COD、氨氮、总锌、总铜、总铅，总镍、总汞、总镉、总砷、总铬有检出	废水进行物理 - 生化处理，各项指标处理后达标排放
	厂区环境管理	车间冲洗地面产生废水	废水含 SS、COD； 车辆运输产生扬尘； 地面的雨水会将含油的尘渣冲走，产生污水	厂区积水与雨水收集进行清污分流，污染的雨水和车间冲洗水应进入污水处理厂进行处理； 厂区和道路严禁运输车辆遗撒，保持地面清洁，减少扬尘

五、陶瓷工业的环境管理

（一）陶瓷工业的主要污染物

1. 废气

根据陶瓷工业大气污染物排放特点并结合陶瓷厂实际生产工艺分析可知，陶瓷生产产生的废气大致可分为三大类：第一类以含 SO_2、NO_x、烟尘等为主的燃料废气，主要来源于喷雾干燥塔、窑炉、锅炉；第二类为以生产性粉尘为主的工艺废气，主要来源于原料堆存、制备、成型、施釉、喷涂、干燥、烧成、彩烤、检选、包装，以及与其配套的耐火材料加工、石膏模型制作等，这类废气温度一般不高；第三类为煤气车间废气。

陶瓷生产废气排放的污染物主要为常规控制因子（烟尘、粉尘、SO_2、NO_x）和特征污染因子（氯化氢，氟化氢，铅、镉、钴、镍的氧化物）。

烟气中含有燃料燃烧和制粉及砖坯烧成过程中物理化学反应产生的气相和固相物质，主要有 SO_2、NO_x；氟离子，氯离子，粉尘（颗粒物）；铅、镉、汞等重金属离子。

SO_2：一是燃料，如煤、煤气、重油等；二是坯料中的黄铁矿（FeS_2）、硫酸盐等。

氟离子、氯离子：一是坯料中的含氟矿物、含氯矿物在高温下分解为气态的氟离子、氯离子；二是釉料中添加的化工原料在高温下分解以气体的形态排放。目前的处理方法多为湿法脱硫一并去除。原理是烟气中氟离子、氯离子与吸收剂反应生成氟化物和氯化物而被除去。目前烟气脱硫采用的大多都是湿法技术，不同的吸收剂，生成不同的硫酸物质。

颗粒物：一是燃料燃烧，如煤、煤气等；二是坯料表面以及窑炉工况携带；三是烟气脱硫过程中产生的二次微尘。目前的处理方法是过滤或水洗涤。

重金属：坯料中的矿物质在高温下分解以离子状态析出，目前的处理方法是过滤和水洗涤，过滤通常采用布袋过滤，水洗涤通常采用水雾喷淋使重金属离子沉降。

NO_x：一是燃料中的氮和空气中的氮和氧在高温下生成的 NO_x，目前大都采用非催化还原法处理。

陶瓷炉窑烟气污染物初始质量浓度见表 5-38。

表 5-38　陶瓷炉窑烟气污染物初始质量浓度　　单位：mg/m^3

设备	燃料类型	颗粒物初始质量浓度	设备	燃料类型	SO_2 初始质量浓度	设备	燃料类型	NO_x 初始质量浓度
隧道窑	混合柴油	860	干燥塔	水煤气	285	干燥塔	水煤浆	400～900
	煤	3 000		水煤浆	250～1 000		水煤气	200～400
	水煤气	300		重油、煤	1 400～2 200	隧道窑	混合柴油	400
辊道窑	工业柴油	660	隧道窑	重油	2 000～3 000		水煤气	200～400
	混合柴油	560		煤	1 000～2 000	辊道窑	工业柴油	600
	重油	560	辊道窑	水煤气	400～1 000		混合柴油	600
				工业柴油	1 000		重油	1 000
				重油	1 500			

资料来源：《环境科学与技术》刊载的《陶瓷炉窑烟气污染物排放特征及治理技术现状》。

2. 废水

废水主要为生产过程中的球磨（洗球）、原料精制过程中压滤机滤布清洗，喷雾干燥塔冲洗和墙地砖抛光冷却水施釉、喷雾干燥、磨边抛光等工序废水，原料制备、釉料制备工序及设备和地面冲洗水，窑炉冷却水。

修坯废水水量较少，但悬浮物含量大。

抛光废水主要产生在研磨、抛光、磨边、倒角等工序中，主要含瓷砖粉末、抛光剂和研磨剂。

设备和车间地面冲洗水包括球磨机、浆池、料仓、喷雾干燥塔的冲洗，施釉、印花机械、除铁器的冲洗等，由于各车间各工序的不同及陶瓷产品的不同使得这类废水的污染物成分比较复杂。主要有硅质悬浮颗粒、矿物悬浮颗粒、化工原料悬浮颗粒、油脂、铅、镉、锌、铁等有毒污染物废水。设备间接冷却水无污染，主要为温度升高。

原料精制过程中的压滤水，主要污染物为悬浮物，通常悬浮颗粒较细；修坯废水水量较少，但悬浮含量大，可达到 5 000 mg/L；抛光废水主要产生在研磨、抛光、磨边、倒角等工序中，主要含瓷砖粉末、抛光剂和研磨剂；设备和车间地面冲洗水包括球磨机、浆池、料仓、喷雾干燥塔的冲洗，施釉、印花机械、除铁器的冲洗等，由于各车间各工序的不同及陶瓷产品的不同使得这类废水的污染物成分比较复杂，主要有硅质悬浮颗粒、矿物悬浮颗粒、化工原料悬浮颗粒、油脂、铅、镉、锌、铁等有毒污染物废水；设备间接冷却水无污染，主要为温度升高。

另外，在陶瓷生产的原料制备过程中，需要对球磨后的泥料进行过筛除铁，在对除铁器进行清洗时会产生废水，废水中的主要污染物还有 Fe^{2+} 或 Fe^{3+}、悬浮物，此外，由于受到废机油、乳化油等污染，陶瓷工业废水排放还含有一定量的石油类。

特种陶瓷需要加入涂层材料，其主要成分为金属氧化物、碳化物、硼化物、氮化物、硅化物等，主要涉及各种金属，如铝、硅、锆、铬、镍、锌、铍等。

陶瓷生产废水处理前污染物检测统计结果见表 5-39，日用陶瓷厂废水污染物抽查分析统计结果见表 5-40。

表 5-39　陶瓷生产废水处理前污染物检测统计结果　　单位：mg/L，pH 除外

分析项目	pH	SS	COD	总铜	总锌	氨氮	总镍
质量浓度范围	3.22 ~ 12.81	27 ~ 5458	20.2 ~ 496	0.05 ~ 44.0	0.02 ~ 37.6	0.247 ~ 20.07	0.05
分析项目	总汞	总镉	总砷	总铬	六价铬	总铅	
质量浓度范围	0.000 01 ~ 0.015 24	0.05 ~ 0.10	0.000 5 ~ 0.017 8	0.03 ~ 0.13	0.2 ~ 2.8	未分析	

注：摘自《陶瓷工业污染物排放标准》(编制说明)。

表 5-40　日用陶瓷厂废水污染物抽查分析统计结果　　单位：mg/L，pH 除外

分析项目	总铜	总锰	COD_{Cr}	SS	pH	氟化物	硫化物	石油类
质量浓度范围	2.06 ~ 1 325	0.07 ~ 0.74	10 ~ 348	21 ~ 22 261	6.4 ~ 8.16	未分析	0.053 ~ 4.0	0.5 ~ 1.98
分析项目	总汞	总镍	总镉	总砷	总铬	总铅	总铍	总铁
质量浓度范围	0.000 05 ~ 0.000 77	2.36 ~ 142	0.5 ~ 42.8	0.000 5 ~ 0.013	7.07 ~ 438	4.83 ~ 1 896	未分析	未分析

3. 固体废物

固体废物包括废品、废渣、废模具等，大部分可以在企业内部回收再利用。

废品分生坯废品和烧成废品、上釉废品和不上釉废品。陶瓷泥渣是在废水的净化过程中产生的。多数陶瓷生产过程中，成型都使用石膏模型（具），它们在反复使用、品种更新和破损后，都将成为废品，国内外处理一般是送至水泥厂作为原料来使用。陶瓷抛光废渣等主要由玻化瓷表面和特种陶瓷表面及接口的抛光冷却水所形成，因废渣中含有来自砂轮磨料中的碳化硅、碱金属化合物及可溶盐类，很难在本企业中消化掉，国内外目前都只能将其堆埋处理。

通常是将坯体废料与一定比例的陶瓷原料球磨成料再次利用达到节约原材料、降低生产成本的目的；还可以用于制备透水砖；用于生产水泥及混凝土材料；用于制备陶瓷滤料；用于制备多孔陶瓷材料；用于制备阻尼减震材料；此外，生产过程中产生的废釉料污水经沉淀得到的污泥，其中含有黏土釉料和粉尘等，通常含有一定量的重金属和稀有金属，可用于回收利用。

固体废物包括废品、废渣、废模具等，大部分可以在本企业内部回收再利用。

4. 噪声

噪声及其他污染控制措施见表 5-41。

表 5-41 噪声及其他污染控制措施

产生部位	噪声 /dB(A)	采取措施
破碎机	95 ～ 105	车间封闭
搅拌机	75 ～ 88	车间封闭
球磨机	95	车间封闭
抛光机	88	车间封闭
传送带	60	车间封闭
振动筛	82	车间封闭
锅炉房	90.3	车间封闭

（二）陶瓷工业的主要环境管理

通过结构调整和技术进步，陶瓷工业虽然在节能减排方面取得了一定成效，并已成为国民经济中资源综合利用的关键环节和消纳固体废物的主要工业部门之一，但远未达到建设“两型社会”的要求，因此节能、减排、低碳、发展清洁生产仍将是未来陶瓷工业发展的重要内容。

1. 符合环境规划与政策要求

（1）东南沿海地区控制产能增长，重点发展高品质、高附加值产品，加快发展生产性服务业，向中西部地区进行产业转移。中部和西部地区高起点、高水平、高质量因地制宜地承接产业转移，重点发展轻量化、节水型产品。

（2）严禁在非工业规划建设区和城市建成区等区域内新建和扩建项目。已在上述区域内投产运营的建筑卫生陶瓷项目，未达到本准入标准的，应通过整改在 2016 年年底前达到；整改仍未达到的，应依法迁出或关停。

严禁生产、使用有毒有害色釉料和原料，杜绝重金属污染和放射性超标。

（1）推广干法制粉、陶瓷砖塑性挤压成形、一次烧成等工艺技术，以及球磨机、干燥塔和窑炉等装备实施节能减排改造。

（2）推广高压注浆等技术。

2. 符合环境管理要求

（1）实施清洁生产审核制度。

（2）按照《企事业单位环境信息公开办法》，重点排污单位应主动公开基础信息、排污信息、防治设施建设运行情况、环评及行政许可情况、突发环境事件应急预案、其他应公开的环境信息。

（3）企业应建立排污许可证台账，完善环境监测制度、污染防治设施设备操作规程、污染防治设施设备操作规程等各项环境管理制度。

3. 符合环境监督管理要求

（1）采用清洁生产技术，固体废物资源化再利用，建筑陶瓷工艺废水全部回用，卫生陶瓷工艺废水回用率不低于 90%，污废水应处理达标后方可排放。

（2）环保设施完善可靠，粉尘、二氧化硫、氮氧化物等主要污染物排放达到《陶瓷工业污染物排放标准》（GB 25464）要求。

（3）防治粉尘无组织排放，原料、成品和固体废物运输应遮盖、防止遗撒，堆场应加围墙和顶盖。

（4）防治粉体制备、压坯成型、抛光修边等重点工段噪声，厂界噪声符合《工业企业厂界噪声排放标准》（GB 12348）。

4. 符合污染治理要求

（1）推动建材工业节能减排，到 2020 年水泥、玻璃、陶瓷、玻璃纤维等主要行业能耗和排放水平接近或达到世界先进水平。

（2）全行业单位工业增加值能耗降低 20%。生产过程产生的固体废物利用率达到 70%。单位工业增加值能耗和 CO_2 排放，以及 NO_x 和 SO_2 等主要污染物排放总量进一步降低。

思考与练习

1. 简述我国水泥工业的原料结构和产业布局。

2. 到企业或在网上调研新型干法水泥生产工艺的生料加工、熟料焙烧和水泥配磨三个阶段的主要设备和工艺流程。

3. 分析新型干法水泥生产的无组织排放源。

4. 分析新型干法水泥生产过程氮氧化物排放较高的原因。

5. 通过网上调研整理平板玻璃的主要生产设备和基本工艺流程（要求配图）。

6. 分析平板玻璃加工 SO_2 污染的主要来源。

7. 分析平板玻璃加工 NO_x 污染的主要机理。

8. 分析建筑陶瓷加工 SO_2 污染的主要来源。

第六章　采选矿工业生产工艺环境基础

本章介绍我国采选矿工业的现状、主要环境问题、主要排污节点。介绍了矿山开采、洗选的基本生产工艺、环境污染特征和环境管理要求。介绍了煤炭采选工业、铁矿石采选工业、铝土矿开采工业、铅锌矿开采工业的原料与辅料、基本生产工艺、排污节点分析。

专业能力目标：

1. 了解我国矿山采选工业的主要环境问题。
2. 了解矿山采选工业的基本生产工艺。
3. 了解煤炭采选工业、铁矿石采选工业、铝土矿开采工业、铅锌矿开采工业的原料与辅料及环境污染特征。

第一节　矿山开采工业的环境问题

一、我国的矿山开采工业分类

我国的矿山开采工业规模最大的有煤炭开采和洗选业、黑色金属矿采选业、有色金属矿采选业，还有非金属矿采选业。

1. 煤炭开采和洗选业

根据《国民经济行业分类》（GB/T 4754—2017），煤炭开采与洗选业属于 B- 采矿业大类中的 B06 小类。我国煤炭产业主要指煤炭采选业，包括无烟煤、烟煤、褐煤等原煤煤种的开采与洗选。从细分行业来看，煤炭采选业分为煤炭开采业和煤炭洗选业。煤炭开采和洗选是指对各种煤炭的开采、洗选、分级等生产活动；不包括煤制品的生产和煤炭勘探活动。主要产品包括烟煤、焦煤、1/3 焦煤、肥煤、气肥煤、气煤、贫瘦煤、瘦煤、贫煤、弱黏煤、不黏煤、长焰煤、1/2 中黏煤、无烟煤。

2. 黑色金属矿采选业

根据《国民经济行业分类》(GB/T 4754—2017)，黑色金属矿采选业属于 B- 采矿业大类中的 B08 小类。黑色金属矿指能供工业上提取的铁、锰、铬、钛、钒等黑色金属元素的矿物资源。黑色金属采选指含铁、锰、铬的矿石采选业。黑色金属矿采选业包括铁矿采选；锰矿、铬矿采选；其他黑色金属矿采选（指对钒矿等钢铁工业黑色金属辅助原料矿的采选活动)。

3. 有色金属矿采选业

根据《国民经济行业分类》(GB/T 4754—2017)，有色金属矿采选业属于 B- 采矿业大类中的 B09 小类。有色金属矿采选业包括常用有色金属矿采选(铜矿采选、铅锌矿采选、镍钴矿采选、锡矿采选、锑矿采选、铝土矿采选、镁矿采选等)、贵金属矿采选（金矿采选、银矿采选等)、稀有稀土金属矿采选（钨钼矿采选、稀土金属矿采选、放射性金属矿采选、其他稀有金属矿采选)。有色金属矿采选业种类繁多，且多种重金属元素和硫砷元素等伴生，采选过程的废水、废气和固体废物重金属和硫砷等可能超标。

4. 非金属矿采选业

根据《国民经济行业分类》(GB/T 4754—2017)，非金属矿采选业属于 B- 采矿业大类中的 B10 小类。非金属矿采选业包括土砂石开采、石灰石膏开采、建筑装饰用石开采、耐火土石开采、黏土及其他土砂石开采、化学矿开采、采盐、石棉及其他非金属矿采选（石棉矿、云母矿、石墨矿、滑石矿、宝石矿、玉石矿）的活动。

二、我国矿山开采工业的现状

据统计，我国 90% 以上的能源、80% 以上的工业原料、70% 以上的农业生产原料都来自矿产资源。目前，我国已发现 172 种矿产，探明有储量的矿产 168 种，已探明矿产资源储量潜在价值约占世界矿产总价值的 14.6%，居世界第 3 位。2003—2013 年是矿业高速发展的黄金十年，十年里，中国矿业的产值翻了四翻。

中国矿产资源禀赋具有“三多三少”的特点，即贫矿多富矿少，低品位难选冶矿石所占比例大；大型 - 超大型矿床少，中小型矿床多；单一矿种的矿床少，共生矿床多。

改革开放后我国矿业开发走向市场化，既有现代化的大矿，又有技术落后、设备落后个体经营的中小矿山采选企业，多数矿山采选的企业只重经济效益、轻资源综合利用、污染治理和生态保护，许多矿山企业远离城镇，环境监管不到位，再有严重的地方保护主义的庇护，导致了中国矿业整体粗放式经营、资源浪费、污染严重的现状。

数据显示：我国尾矿综合利用率仅为 18.9%，主要用于充填开采和建材，导致我国尾矿累积堆存数量巨大。近 5 年来，我国尾矿年排放量高达 15 亿 t 以上。最新统计数据显示：我国尾矿和废石累积堆存量已接近 600 亿 t，其中废石堆存 438 亿 t，75% 为煤矸石和铁铜开采产生的废石；尾矿堆存 146 亿 t，83% 为铁矿、铜矿、金矿开采形成的尾矿，综合利用潜力巨大。

采矿业环境问题是指矿业活动所产生的环境污染、环境破坏以及矿业安全卫生问题。矿业环境污染问题主要包括大气、水、土壤的污染。矿采选业产生大量的废水，如地下涌水、选矿废水等，含大量悬浮物、硫化物和金属元素，多项重金属和有毒有害物质指标的排放浓度都可能超标，采矿、选矿活动，矿山污水使地表水或地下水含酸性、含重金属和有毒元素，危及矿区周围地下、地表的水环境。采矿及地下开采工作面的钻孔、爆破、作业以及矿石、废石的装载、运输过程中产生大量粉尘；废石场废石（特别是煤矸石）的氧化和自然释放出大量粉尘及有毒有害物质；废石风化形成的细粒物质和粉尘，以及尾矿风化物等，造成区域性严重大气环境污染；矿区大量大型机械和大型运输车辆排放大量的尾气也产生严重的污染。许多矿山废石和尾矿未能按规定处置，露天堆放，有些更随意倾倒沟壑、河道或地表，造成了大面积的土地遭到破坏或被占用。根据已初步掌握的资料，各类主要的露天矿山有 1 000 多个，多属于小型露天矿，而对土地的破坏是十分可观的。

三、我国矿产资源利用状况

1. 概况

我国的矿产资源储备与经济发展相比明显不足。在主要矿产资源中，近 50% 的矿种的探明储量趋于减少，一些矿种可利用储量趋于衰竭；我国各种矿产资源总回收率平均仅有 30% 左右，与国际先进水平相比存在很大差距，产生了严重的资源、生态和环境破坏。

2. 能源资源利用状况

我国能源平均利用效率仅为 33%，比发达国家低 10 个百分点；单位产值能耗是世界平均水平的 2 倍多，比美国、欧盟、日本分别高 2.5 倍、4.9 倍、8.7 倍，我国 8 个行业（石化、电力、钢铁、有色、建材、化工、轻工、纺织）主要产品单位能耗平均比国际先进水平高 40%；燃煤工业锅炉平均运行效率比国际先进水平低 15% ～ 20%。

3. 重要矿产资源利用状况

我国目前矿产资源的总回收率只达 30% 左右，平均比国外低 20%。有色金属矿的采选回收率为 50% ～ 60%，采矿综合回收率为 33%，有益组分综合利用率达到 75% 的选矿厂只占选矿厂总数的 2%，而 70% 以上的伴生综合矿山矿产资源的综合利用率不到 2.5%。共生、伴生矿产资源综合利用率不到 20%，矿产资源总回收率只有 30%，而国外先进水平均在 50% 以上，差距分别为 30 个和 20 个百分点。

四、我国矿产资源开发利用中存在的主要问题

1. 资源消耗大、利用水平低

主要表现在资源利用效率低、效益差，与国际先进水平相比仍存在很大差距。从矿产资源的消耗强度看，我国矿产品消耗强度远高于发达国家，在现行汇率下，我国每万元 GDP 消耗的钢材、铜、铝、铅、锌分别是世界平均水平的 5.6 倍、4.8 倍、4.9 倍、4.9 倍和 4.4 倍。

2. 资源浪费惊人

我国矿产资源总回收率仅为 30%，小型煤矿的煤炭资源回收率只有 10% ～ 15%。资源浪费现象比比皆是，我国八个主要耗能工业单位能耗平均比世界先进水平高了 40% 以上，而这八个主要工业部门占工业 GDP 能效的 73%；我国工业用水重复利用率要比发达国家低 15 ～ 25 个百分点。

3. 再生资源的资源化水平低

目前循环经济在许多行业和企业只是一种口号。我国有色金属的再生率只有 20% 多，只能达到发达国家一半的程度。我国每年大量的矿山固体废物和工业固体废物回收和再生率也很有限，其中多数还是宝贵的资源。

4. 资源和能源的高消耗，污染物排放总量难以削减

由于大量的消耗和浪费了资源和能源，我国工业"三废"排放强度远远高于发达国家，每增加单位 GDP 的废水排放量比发达国家高 4 倍，单位工业产值产生的固体废弃物比发达国家高 10 多倍。污染物排放量与资源利用水平高低密切相关。

5. 环境污染严重

（1）土地资源破坏。

我国矿山生态环境污染与破坏十分严重，矿山开采和保护不当造成地表塌陷、崩塌、滑坡、泥石流、水体污染、矿震等各种地质灾害，露天采矿剥离的表土、井工采矿后的废石，以及选矿后的尾矿，都必然导致对矿区土地的破坏。矿业开发造成的生态破坏后果有占用和损毁土地、尾矿堆放占有大量土地、露天采坑占用土地、采矿塌陷破坏地表生态、每年新增废石占用大料耕地等。

（2）水资源破坏

采矿形成的矿坑水、选矿废水以及采矿废石、煤矸石、尾矿渣等堆放不当，构成了矿区水体和土壤的污染源。采矿活动对地表水资源和地下水资源造成极大影响。地下水位下降可能会造成地表植被死亡，造成区域或流域更大范围的水环境影响。

（3）生态环境破坏

除露天采掘直接破坏土地外，采矿排出的废石、废渣不仅侵占了大量土地，而且破

坏了植被，加剧了水土流失和土地沙化、地下水污染，破坏矿区生物多样性，受损生态系统的恢复非常缓慢，通常要 5 ～ 100 年，即使形成植被，质量也相对低劣。因此，矿区生物多样性的损失往往是不可逆的。

（4）环境污染

采选矿产生大量开采废石和洗选尾矿，废石和尾矿的大量堆存，不仅造成二次大气污染，而且会污染土壤和地表水、地下水。矿山开采和选矿过程产生的废渣等固体废物中含酸性、碱性、毒性、放射性或重金属成分，通过地表水体径流、大气飘尘污染周围的土地、水域和大气，其影响面远远超过废弃物堆置场的地域和空间。采矿的最大污染主要来自剥离物、尾矿和矿渣等固体废物的收集、堆存和二次污染。

矿山开采、爆破、作业、运输、固体废物的收集处置和选矿过程都会产生含有颗粒物和气态污染物废气的排放，矿山采选过程使用大量大型机械和运输装载车辆的尾气污染也很明显，含有颗粒物、SO_2、NO_x、总烃、CO_2、CO 等。大气污染是采矿行业第二位的污染。

矿山开采和洗选过程中产生大量矿坑涌水和选矿废水、尾矿库的渗漏和溢流废水，废水中不仅含有大量悬浮物、洗选药剂，还可能含有一定数量的硫化物、金属离子，尤其是重金属（包括类重金属）元素，增加废水的有毒有害污染。矿山开采和选矿过程产生的废水若未经达标处理就任意排放，甚至直接排入地表水体中，会使土壤或地表水体受到污染，此外，由于排出的废水入渗，也会使地下水受到污染。

在矿山开采和洗选过程中，各种机械和的交通运输车辆噪声影响也十分明显。

我国可利用的尾矿资源规模庞大，尾矿库有上万座。尾矿库通常由筑坝拦截谷口或围地而成，因具有高势能而成为泥石流灾害的危险源，一旦遇到洪水等灾害易导致溃坝，从而造成重特大事故。除了安全事故，以浆状体形态存在的尾矿，还容易对地下水和周边生态环境造成影响。

五、我国近年主要矿山开采工业的产排污数据

2015 年我国采矿行业废水排放量约 21.923 3 亿 m^3，占全国工业废水总量的 12.08%。一般固体废物产生量 14.082 8 亿 t，占工业行业一般固体废物产生量的 45.28%，其中煤炭采选业 3.904 5 亿 t、黑色金属矿采选业 6.070 7 亿 t、有色金属矿采选业 38 511 亿 t、非金属矿采选业 0.256 5 亿 t。露天开采和装载运输产生的粉尘和柴油机尾气多为无组织排放。我国部分采造矿行业排污数据见表 6-1。

表 6-1 我国部分采选矿行业产排污数据

指标	煤炭开采和洗选行业		有色金属矿采选业		黑色金属矿采矿业	
	2014 年	2015 年	2014 年	2015 年	2014 年	2015 年
废水产生量 / 亿 m^3	14.482 6	14.813 8	4.797 1	4.549 4	1.971 2	1.875 3
COD 年产生量 / 万 t	34.312 6	32.032 43	17.728 8	19.097 1	18.805 4	14.755 3
COD 年排放量 / 万 t	115 424.3	11.325 0	42 086.1	4.436 1	1.175 1	1.224 0

指标	煤炭开采和洗选行业		有色金属矿采选业		黑色金属矿采矿业	
	2014 年	2015 年	2014 年	2015 年	2014 年	2015 年
氨氮年产生量 /t	12 135.0	12 903.3	5 816.8	6 570.3	2 110.9	1 023.7
氨氮年排放量 /t	4 150.0	4 676.9	2 036.8	2 591.9	332.3	338.7
石油类年产生量 /t	5 493	5 493.2	162.5	189.8	162.5	447.1
石油类年排放量 /t	1 988.9	1 744.9	97.1	170.5	175.1	170.5
氰化物年产生量 /t	0.1	0.1	13.7	0.3	2.8	110.1
氰化物年排放量 /t	0	0	0.5	0.3	0.3	0.7
汞年产生量 /t	0.002	0.002	3.042	1.455	0.345	0.347
汞年排放量 /t	0.002	0.001	0.213	0.239	0.004	0.001
镉年产生量 /t	0.002	0.005	26.765	23.139	2.330 1	2.408
镉年排放量 /t	0.001	0.003	2.301	2.972	0.263	0.357
六价铬年产生量 /t	0.201	0.210	1.147	1.359	1.779	1.800
六价铬年排放量 /t	0.141	0.147	0.437	0.528	0.070	0.073
总铬年产生量 /t	0.548	0.652	1.949	4.009	8.840	8.877
总铬年排放量 /t	0.258	0.486	0.684	1.475	0.121	0.133
铅年产生量 /t	0.057	0.041	186.097	183.566	22.749	20.354
铅年排放量 /t	0.039	0.017	26.295	30.684	0.655	0.973
砷年产生量 /t	0.053	0.044	212.617	218.095	2.001	2.352
砷年排放量 /t	0.045	0.042	35.669	42.398	0.701	0.957
废气量 / 亿 m^3	2 087.9	1 908.3	1 281.7	919.9	3 157.7	3 002
SO_2 产生量 / 万 t	15.2	14.0	3.1	3.5	2.8	2.5
SO_2 排放量 / 万 t	11.4	10.5	1.5	1.5	2.4	2.2
NO_x 产生量 / 万 t	4.7	4.6	0.4	0.6	0.6	0.5
NO_x 排放量 / 万 t	4.6	4.6	0.4	0.4	0.6	0.4
烟粉尘产生量 / 万 t	117.3	72.2	8.4	37.8	31.4	23.6
烟粉尘产生量 / 万 t	38.5	23.5	2.0	2.4	9.4	7.0
一般固体废物产生量 / 亿 t	3.754 0	3.904 5	36 530	3.851 1	6.817 3	6.070 7
危险废物产生量 /t	3 634	1	137	238	0	0

资料来源：《环境统计年报》。

我国煤炭开发利用量以年均 2 亿 t 的速度增长，煤炭的大规模开发利用带来了严峻的生态环境破坏和污染物排放问题，对可持续发展和人身健康构成了严重的威胁。煤炭开采中比较突出的环境问题主要表现在地表沉陷（露天矿挖损）、地下水资源破坏、煤矸石堆存占地和自燃、工业场地废气、废水及噪声污染影响等方面。长期以来，我国煤炭的开采是粗放型的，在很大程度上是以牺牲资源、牺牲环境为代价而换取的，导致煤炭主要产区的环境、生态、资源问题普遍十分严重，已严重制约了煤炭行业的可持续发展，也制约了整个国民经济的发展。

六、矿山采选的环境管理

1. 严格环评审批手续办理

新建、改建和扩建矿山项目要严格进行环境影响评价报批程序管理；建设项目在执行“三同时”后，排污单位应进行建设项目的自我评估，以便申请排污许可证。

2. 严格排污许可证制度管理

排污单位必须报批排污许可证，在环境法律制度的落实、排污单位自主环境监测管理、排污许可证的台账管理、污染源总量管理、污染治理设施运行管理、环境应急预案管理等方面，严格自主监督管理。

3. 严格污染防治措施

在矿山的探矿、采矿、选矿等作业过程，加强废气的有组织控制、污染防治设施运行，严格控制无组织排放源的管理，检查矿场、堆场（尾矿干滩）和运输装载作业的抑尘措施及其效果。加强固体废物的收集、贮存和处置的管控措施，尤其要严格危险废物的管理措施。减少矿山废水外排的数量，严格控制矿井废水、选矿废水、尾矿库溢流水等的外排，减少废水中有毒有害物质的外排数量。加强环境恢复、土壤保护、植被和水资源的生态保护。

4. 防止尾矿库突发事件

检查尾矿库中的物质是否存在危险废物；检查尾矿库选址及尾矿设施防流失、防扬散、防渗漏等措施；检查尾矿库是否存在违法排污现象；检查尾矿库下游拦截坝或拦截沟的建设是否满足实际需求；检查尾矿产生企业是否制订尾矿污染防治计划，是否建立环境保护制度。了解尾矿库是否具有安全生产许可证，尾矿库回水系统、防控系统以及设计储存容量和服务期，是否存在可能导致垮坝、引发突发环境事件发生的风险。

5. 实施生态环境保护措施

（1）防止地表占压破坏。

矿山开发过程中，占压和破坏地表的情形主要包括：探矿作业便道建设对地表植被的影响和损毁；探矿会造成局部地表破坏；坑探和井下采矿出现地下水疏干漏斗，疏排相关地域（含河流、水库、湖泊、溪流、井泉、农田等）的地表水；坑探和井下开采，导致采空区地表塌陷、开裂，损毁或影响地表相关建（构）筑物及田土、植被；露采封闭圈范围内将原生态破坏成难以恢复的裸露采坑；露天开采废石堆场（排土场）和井下废石（含矸石）对地表植被和田土的占压。

（2）水土保持。

矿山开发过程中，造成水土流失的情形主要包括：槽探作业表土剥离倒置在槽坑旁未及时回填，造成水土流失；露天坑、废石场、尾矿库、矸石山等永久性坡面未进行稳定化处理，引起水土流失和滑坡。

（3）土地复垦。

矿山开发过程中，废石场、废尾矿库、废矸石山等固体废物堆场服务期满后，应及时封场和复垦，防止水土流失及风蚀扬尘等。复垦时应对土质进行监测并充分考虑对地下水的影响。对受污染的土地应进行风险评估和治理修复，禁止直接复垦开发。

（4）地质环境保护与治理恢复。

矿山开发过程中，以槽探、坑探方式勘查矿产资源，探矿权人在矿产资源勘查活动结束后未申请采矿权的，应采取相应的治理恢复措施，对其勘查矿产资源遗留的钻孔、探井、探槽、巷道进行回填、封闭，对形成的危岩、危坡等应进行治理恢复，消除安全隐患。采选固体废物专用贮存场所，应采取有效措施防止次生地质灾害发生。矿山关闭前，采矿权人应履行矿山地质环境治理恢复责任。

第二节　采选矿生产工艺与设备

因矿床埋藏条件的不同，矿山开采分为露天开采和地下开采两种工艺。

一、矿山开采生产工艺

（一）露天开采

我国露天开采工艺一般采用缓帮、全境界开采技术。运输方式目前为汽车—铁路、汽车—铁路—胶带机联合运输工艺。露天矿的装备主要有牙轮钻机、潜孔钻机、电铲和汽车以及装药车等设备。

露天开采有钻孔、爆破、铲装、运输、初次破碎、贮存等主要工序。

露天开采对自然环境的破坏性较大，开采矿石时要剥离大量的覆盖岩石，同时堆存这些废石又要占用很多土地。尽管如此，露天开采因其建设快、成本低、劳动条件好、生产率高、矿石回收率高等优点，成为国内外开采矿的主要形式。

（二）地下开采

地下采矿技术，主要有自然崩落法、深孔采矿法和中深孔采矿法等。为达到高强度、经济和安全作业，在急倾斜厚大矿体，普遍推广了无底柱分段崩落法；缓倾斜中厚矿体采用垂直平等密集束状孔阶段强制崩落法，都取得了较好的效果。地下采矿方式有平峒、斜井、竖井或这三种坑道组成的联合开采方式。主要生产工序有掘进（钻孔、爆破）、回采、铲装、运输、初次破碎、贮存等。

地下矿山设备主要有风钻、风动凿岩机、采矿台车、深孔凿岩、掘进、采矿台车、液压凿岩机、高风压潜孔钻机等在内的平巷与竖井掘进设备，以及棱式矿车、柴油铲运机、电动铲运机、双机采矿台车、井下装药车、混凝土喷射车等机组和双台板振动放矿机等。采矿工艺及污染物排放源见图 6-1。

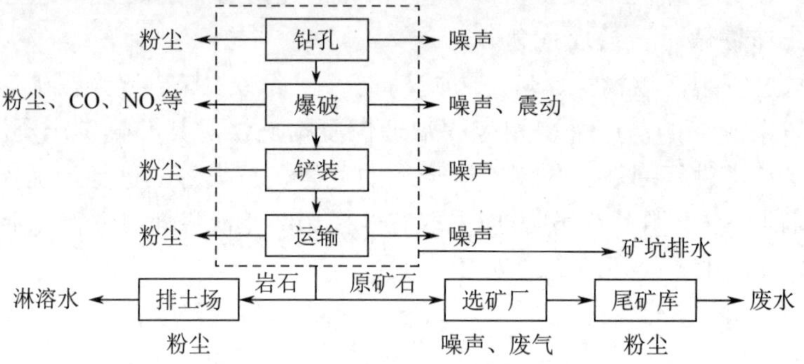

图 6-1　采矿工艺及污染物排放源

无论地下开采，还是露天开采，都会产生一定数量的剥离石和采掘废石。露天开采产生的剥离石数量更大。矿山堆存废石要占用大量土地，还会造成二次污染。堆存废石需要占地。废石场占地面积为露天采场总用地面积的 40% ～ 60%。破坏矿山生态环境，应该要求矿山将废石有计划地回填废矿井，并对废矿井进行覆土复垦恢复自然环境。

二、选矿生产工艺

我国的许多矿石都属于低品位矿，为了减少矿石冶炼的能耗和物耗，一般要将低品位矿石加工成高品位的精矿，这种矿石加工工艺称为选矿工艺。

选矿生产工艺包括重选、磁选、浮选、电选、风选及其联合工艺流程。选矿厂的主要生产工序有破碎、磨矿、选别、脱水等。选矿工艺及污染物排放源见图 6-2。

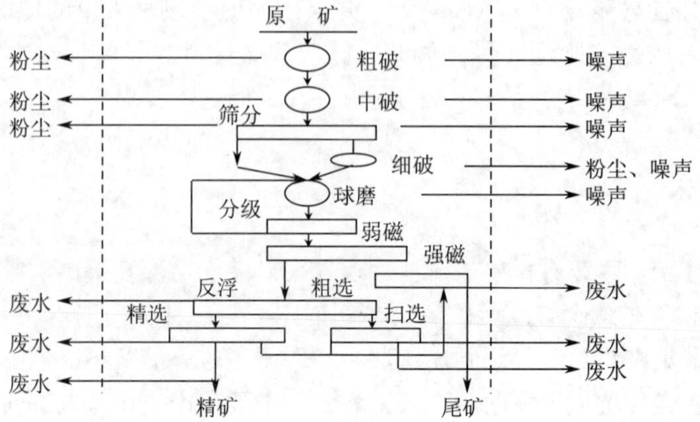

图 6-2　选矿工艺及污染物排放源

（一）重选工艺

重选是利用矿物与脉石的比重不同在各种运动的介质中实现分选的工艺过程。重选多用于锰、钨、锡等金属的选矿，其主要因素是设备和工艺，重选的实质概括起来就是松散—分层—分离过程。

重选的选别设备主要有跳汰、摇床、溜槽、离心机、皮带溜槽等。

（二）浮选工艺

浮选适用于分离有色金属、黑色金属、贵金属、非金属矿物和化工原料、回收有用矿物。浮选矿生产流程是将开采的矿石先由颚式破碎机进行初步破碎；再由提升机、给矿机送入球磨机对矿石进行粉碎、研磨；磨后的矿石细料进行分级（螺旋分级机借助固体颗粒的比重不同而在液体中沉淀的速度不同的原理，对矿石混合物进行洗净、分级）；经过洗净和分级的矿物混合料再被送入浮选机，根据不同的矿物特性加入不同的药物，使得所要的矿物质与其他物质分离开。精矿被分离后，因含有大量水分，再经烘干机烘干，得到干燥的精矿产品。

浮选选矿生产线由颚式破碎机、球磨机、分级机、磁选机、浮选机、浓缩机和烘干机等主要设备组成。

（三）磁选工艺

原矿先由颚式破碎机进行初步破碎至合理细度；后经提升机、给矿机送入球磨机进行粉碎、研磨；矿石细料进入分级机（螺旋分级机借助固体颗粒的比重不同而在液体中沉淀的速度不同的原理，对矿石混合物进行洗净和分级）；洗净和分级的矿物混合料经过磁选机，由于各种矿物的比磁化系数不同，经由磁力和机械力将混合料中的磁性物质分离开来。

三、采选矿的环境污染

（一）采选矿大气污染

采选矿大气污染源的特点是：①尘源污染量少，强度低；②数量多，一般矿山都有数十个污染源；③分散，分布在矿井、露天采场和选矿厂各个地段；④无组织排放源多，地下矿山、露天矿山的污染排放都属无组织面源排放，选矿厂除破碎、筛分、传输等除尘系统属有组织排放，有一定的控尘措施外，其他均属无组织排放。采选矿各工序的污染因子：地下采矿除爆破和使用柴油设备产生有害气体外，其他工序产生的都是粉尘（可能含有金属）。露天采矿除爆破和汽车运输产生有害气体外，其他工序产生的也都是粉尘

（可能含有金属）。选矿厂各工序产生的污染物都是粉尘。

1. 采选无组织排放粉尘污染

地下采矿在井下作业，井下有巷道、采场和工作面，凿岩爆破、矿石运输等作业产生大量粉尘和有害气体，作业空间狭小。无组织排放点多，对环境的主要影响是地面生产场所的储存、装卸和运输污染，地下生产环境污染属于劳保问题。

露天采矿作业钻孔、爆破、装矿也产生大量粉尘和有害气体，产尘点虽少，但产尘强度大。近年来引进大型运矿汽车，采场路面扬尘、扬撒造成的污染极其严重，若不严加治理，对大气环境造成严重影响。废石场和尾矿坝也都是主要的尘源，尤其是北方气候干旱地区，地面干燥，扬尘十分严重。爆破产生的有害气体有 CO、H_2S 和 NO_x 等，井下柴油设备产生的有害气体有 CO、NO_x、SO_2、甲醛等，露天矿汽车运输产生有害气体有 CO、NO_x、SO_2、甲醛等。这些污染物都是无组织排放，爆破产生的有害气体为间断性的。

选矿厂的矿石运输、转载等也产生大量粉尘无组织排放。

2. 采选有组织排放粉尘污染

主要指破碎、筛分作业和锅炉房烟气经除尘后的废气排放。破碎、筛分分级作业常采用温式除尘器或干式布袋除尘器，除尘效率较高。只是锅炉房排放的烟尘采用旋风除尘器，除尘效率有限，粉尘浓度约为 400 mg/m^3，对近距离可能造成粉尘污染。

矿山作业的有组织排放粉尘主要是破碎、筛分机械作业产生的，多数矿山因远离城镇，所以多不采取任何防治措施，使有组织排放变成了无组织排放。采选矿大气污染源及污染物见表 6-2。

表 6-2 采选矿大气污染源及污染物

生产类型	生产工序	污染源	主要污染物	排放方式
地下采矿	平巷掘进、天井掘进、采矿、切割等	凿岩机、凿岩台车	粉尘	无组织
	爆破	工作面	粉尘、CO、H_2S、NO_x	
	装矿	铲运机、柴油设备	粉尘、CO、NO_x、SO_2、甲醛	
	转运	溜井倒矿口、漏斗放矿处、翻笼处	粉尘	
	喷锚	喷浆机、搅拌机、打锚杆	粉尘	
	通风	出风井口	粉尘、废气	
露天采矿	钻孔	潜孔钻机、牙轮钻机	粉尘	无组织
	爆破	台阶、采场二次破碎点	粉尘、CO、NO_2、SO_2、甲醛	
	装矿	电铲	粉尘	
	运输	汽车尾气	颗粒物、CO、NO_x、SO_2	
		汽车扬尘	粉尘	

生产类型	生产工序	污染源	主要污染物	排放方式
	破碎大块	凿岩机	粉尘	
	排土	废石场	粉尘	
	倒矿	矿仓	粉尘	
选矿	运输转载	皮带转动点	粉尘	无组织
	破碎	破碎机	粉尘	无组织、有组织
	筛分	筛分机	粉尘	无组织、有组织
	废物处理	尾矿库	粉尘	无组织、有组织

（二）采选矿水污染

矿山废水主要来源于露天矿坑水、地下坑道水、废石堆场淋溶水及选厂排出的洗矿水和尾矿库溢流水等。矿山废水的性质随矿石的成分、生产条件、水文地质等情况的不同而各异。矿山废水中普遍存在的污染因子为pH、悬浮物、石油类及少量的金属离子，而酸性废水中除以上污染因子外，还含有锌、铜、铁、锰、氟化物、硫化物等；选矿废水中还含有多种残余药剂。值得重视的是矿山废水中常含有汞、镉、铬、铅、砷、镍等有毒有害物质。

1. 采矿废水

我国采矿活动产生的各种废水主要包括矿坑水和流经矿区的雨水等。其中煤矿、各种金属、非金属矿业的废水以酸性为主，并多含大量重金属及有毒、有害元素（如铜、铅、锌、砷、镉、六价铬、汞、氰化物）以及COD、BOD_5、悬浮物等；石油、石化业的废水中含挥发酚、石油类、硫化物、苯类、多环芳烃等物质。矿山产生的废水多未经处理就直接排放，使土壤或地表水体受到污染；由于矿山废水下渗，也会污染地下水。当矿山采掘一定深度时常会造成地下涌水，不仅破坏了地下水系平衡，还会造成矿床地下水的疏干，诱发地面沉降。而且，矿山涌水常含地下有毒有害成分，如酸性水、高盐分水、高氟水以及含重金属离子水等，会造成各种污染。

2. 选矿生产的废水

选矿多采用湿式作业，需消耗大量的工艺水，同时会有大量废水产生，磁选厂耗水率达3～4 m^3/t 原矿，重选厂耗水率达4～5 m^3/t 原矿，浮选厂耗水率达5～6 m^3/t 原矿。一般湿法选矿废水大多在尾矿库澄清后，还会抽回再用，但每次会有部分消耗，实际上湿法选矿新鲜水的消耗量仅0.3～0.7 m^3/t 原矿，如建有完备的尾矿库，新鲜用水多数都是消耗在尾矿库了，很少排放。对于没有尾矿库的小选矿厂则大部分直接外排。

因矿石性质和添加的浮选药剂的不同，选矿废水中也存在特殊污染物，产生高盐分水、酸性废水、含残存的浮选药剂以及矿岩溶于水中的金属离子废水等。因此，选矿厂的洗矿水、尾矿废水，除含有金属和非金属物质外，还残留有浮选作业添加的各种药剂。

（三）采选矿固体废物

1. 采矿产生的废渣

采矿产生大量采矿剥离石和废渣，不仅侵占大量土地，由于堆积的废矿石长期风化、空气氧化、自燃，矿尘还会产生二次废气污染，污染物不仅有尘，还有 SO_2、CO 和矿物中的金属和非金属有害物质。堆积的废石受到雨水冲刷，废石中的矿物质会受水侵蚀，使有害矿物质污染地表水、地下水和土壤。

2. 选矿产生的废渣

选矿过程会产生大量尾矿砂浆，其中含大量水（80% 重量为水），因此需要把尾矿砂浆排入尾矿库中进行澄清，澄清后的矿砂（一般称尾矿）沉淀在尾矿库，澄清水（澄清后的水 SS 质量浓度为 50 mg/L）一般再回用，尾矿库内坝基的渗透水一般悬浮物浓度较低，不会对地下水产生影响，但通过坝体泄漏的废水可能污染物浓度较高，容易产生严重污染。另外尾矿库的坝体的安全极为重要，应严防垮坝事故发生，尤其在多雨季节，更要严防尾矿库的环境安全。

选矿产生的尾矿数量与原矿含矿的品位有关，富矿产生的尾矿量较小，贫矿产生的尾矿量较多。随着富矿资源的日益减少，贫矿日益增多，选出 1 t 精矿所排出的尾矿越来越多。尾矿产生量如表 6-3 所示。

表 6-3　选矿的尾矿产生量　　单位：t/t

	铁矿选矿	磁铁贫矿选矿	铅矿选矿	锌矿选矿	镍矿选矿
尾矿产生量	1 ～ 3	3	0.9	0.95	3

通常用尾矿库堆存尾矿。大型矿山尾矿库占地高达几至十几平方公里。除占用大量土地外，因尾矿砂度很细，遇风扬尘又是一大污染，尾矿库外排水也会影响环境。当然，尾矿库发生溃坝时它的影响更具有灾难性。

（四）采选矿其他形式的污染

矿山因使用高噪声设备（如空压机、钻孔机、凿岩机、大型矿用汽车、电铲、球岩机、破碎机等），对周围环境产生噪声污染。矿山因使用炸药爆破，产生冲击波引起地面震动。有的矿山因矿岩中含有放射性元素引起放射性污染。

矿山环境污染是复杂的，有时带给如土壤、地下水、植被等环境生态的危害是很大的。

第三节　煤炭采选工业生产工艺环境基础

一、煤炭采选工业现状

我国是“富煤、贫油、少气”的国家，这一特点决定了煤炭将在一次性能源生产和消费中占据主导地位且长期不会改变。目前我国煤炭可供利用的储量约占世界煤炭储量的 11.67%。2015 年我国煤炭探明储量 15 663.1 亿 t，仅次于美国和俄罗斯，位居世界第三。我国是当今世界上第一产煤大国，煤炭产量占世界的 35% 以上，2015 年，我国煤炭产量为 35 亿 t，其次是美国 8.358 亿 t，印度 6.68 亿 t、澳大利亚 4.599 亿 t、印度尼西亚 4.25 亿 t、俄罗斯 3.748 亿 t。我国也是世界煤炭消费量最大的国家，煤炭一直是我国的主要能源和重要原料，2015 年我国煤炭消费量约为 33.8 亿 t，在一次能源生产和消费构成中煤炭始终占一半以上。

根据国家统计数据，2016 年全国规模以上煤炭企业原煤产量 33.64 亿 t，同比下降 9.4%。从全年煤炭产量月度变化情况看，随着年初煤炭去产能和煤矿减量化生产政策措施实施，4 月起产量降幅超过 10%，全国煤炭供需形势由严重供大于求逐渐转为供需基本平衡；9 月以来，逐渐取消煤矿减量化生产措施，煤炭产能逐渐释放，产量环比增加，降幅不断收窄。2016 年全国共进口煤炭 2.56 亿 t，同比增长 25.2%；出口 878 万 t，增长 64.5%；全年净进口煤炭 2.47 亿 t，同比增加 4 800 万 t，增长 24.2%。

二、煤炭采选原辅料和能耗水耗

（一）原料

煤炭采选的原料为煤矿石。

（二）辅料

煤炭采选的辅料为选矿药剂，选矿药剂的主要用途有：①加强矿物可浮性的差别，从而使矿物彼此间以及有用矿物和脉石间相互分离。②提高有用矿粒附着于气泡的速度和强度。③改善矿浆内细小而弥散气泡的形成条件，并为在矿浆表面形成稳定的矿化泡沫创造条件。

1. 浮选剂

常用的浮选剂分三大类：捕收剂、起泡剂、调整剂。

（1）捕收剂。

【黄药】即黄原酸盐，为淡黄色粉状物，有刺激性臭味，易分解。黄药是浮选常用的硫化矿捕收剂，对人畜有毒性，其分解物CS可以是硫污染物。

【黑药】黑药以二羟基二硫化磷酸盐为主要成分，所含杂质包括甲酸、磷酸、硫甲酚和硫化氢等。为黑褐色油状液体，微溶于水，有硫化氢臭味。黑药是浮选常用的硫化矿捕收剂，它也是选矿废水中酚、磷等污染的来源。

【白药】白药在化工领域是各种硫脲类硫化矿捕收剂的总称。白药多与黄药和黑药共用，它的主要特点是选择性高，对方铅矿，特别是含银方铅矿及银硫化矿捕收性较好，多用作Cu、Pb、Zn、Fe多金属硫化矿分选时浮选方铅矿的捕收剂。因其难溶解，多添加于球磨机中或以苯胺为溶剂配制。

（2）起泡剂。

具有亲水基团和疏水基团的表面活性分子，定向吸附于水—空气界面，降低水溶液的表面张力，使充入水中的空气易于弥散成气泡和稳定气泡。起泡剂和捕收剂联合在一起吸附于矿物颗粒表面，使矿粒上浮。常用的起泡剂有松树油，俗称二号油、酚酸混合脂肪醇，异构己醇或辛醇、醚类以及各种酯类等。

（3）调整剂。

调整剂可分为五类：① pH调整剂：用来调节矿浆的酸碱度，用以控制矿物表面特性、矿浆化学组成以及其他各种药剂的作用条件，从而改善浮选效果。在氰化过程中也同样要调节矿浆pH的。常用的有石灰、碳酸钠、氢氧化钠和硫酸等。在选金时，最常用的调节剂是石灰和硫酸。②活化剂：能增强矿物同捕收剂的作用能力，使难浮矿物受到活化而浮起。使用硫化钠活化含金的铅铜氧化矿，然后用黄药等捕收剂浮选。③抑制剂：提高矿物的亲水性和阻止矿物同捕收剂作用，使其可浮性受到抑制。如在优先浮选过程中使用石灰抑制黄铁矿，用硫酸锌和氰化物抑制闪锌矿，用水玻璃抑制硅酸盐脉石矿物等，利用淀粉、拷胶（单宁）等有机物作抑制剂达到多金属分离浮选的目的。④絮凝剂：使矿物细颗粒聚集成大颗粒，以加快其在水中的沉降速度；利用选择性絮凝进行絮凝—脱泥及絮凝—浮选。常用的絮凝剂有聚丙烯酰胺和淀粉等。⑤分散剂：阻止细矿粒聚集，处于单体状态，其作用与絮凝剂恰恰相反，常用的有水玻璃、磷酸盐等。

浮选剂的种类和用量随矿石性质和浮选条件及流程特点而各异，可用试验单位提供药方（或称药剂制度），在生产实践过程中也可根据上述各种条件的变化而加以改变。

2. 表面活性剂

这一类浮选剂常用的主要是硫代表面活性剂和碳氢系表面活性剂，用做煤和矿物的捕收剂、起泡剂、抑制剂、絮凝剂及乳化剂等。硫代表面活性剂是硫化矿的主要浮选药剂，如硫醇、硫代碳酸盐(黄药等)、硫代磷酸盐等。此外，还有品种繁多的硫代酸(RCOSH)、硫代酰胺（$RCS \cdot NH_2$）等。硫代表面活性剂的非极性基主要是短链的烃基：乙基至已基、酚基、环已基和烷基—芳基的各种组合。黄药、黑药和DOW公司的Z－200是浮选中最常用的硫代化合物。大多数硫代化合物的共同特性为：对酸、氧化剂和金属离子有很高的化学活性，当不同的金属离子与性基作用时，硫代化合物的疏水—亲水性能会剧烈变化。因此，尽管许多不溶的黄原酸或二硫代磷酸的金属盐有很强的偶极矩，但这些盐的短链同系物却是憎水性的。

3. 炸药

煤矿许用炸药又称安全炸药，是准许在一切地下和露天爆破工程中使用的炸药，包括有沼气和矿尘爆炸危险的矿山，应保证不会引起瓦斯和煤尘的爆炸。

许用炸药中各成分的作用或特点：

（1）硝酸铵：含氧丰富，物理状态好，来源丰富，价格低，安全性好，是制造混合炸药的主要原料。

（2）梯恩梯（TNT）：三硝基甲苯，有机化合物，黄色片状结晶，一般含量为10%～17%，用6～8号工业雷管起爆。

（3）木粉：锯末，作松散剂，其作用是防止炸药结块。

（4）食盐：氯化钠，主要作消焰剂。主要作用是快速吸热，缓慢放热，降低爆温，消除火焰。

（5）石蜡、沥青：作防潮剂，含量为6%～14%。

（三）能耗、水耗

煤炭采选的能耗和水耗如表6-4所示。

表6-4　煤炭井工开采企业资源能源利用指标

清洁生产指标等级		一级	二级	三级
原煤生产电耗 /（kW · h/t）		≤ 15	≤ 20	≤ 25
原煤生产水耗 /（m^3/t）		≤ 0.1	≤ 0.2	≤ 0.3
选煤补水量 /（m^3/t）		≤ 0.1		
选煤电耗 /（kW · h/t）	洗动力煤	≤ 5	≤ 6	≤ 8
	洗炼焦煤	≤ 7	≤ 8	≤ 10

三、基本生产工艺

（一）煤炭地下开采工艺

煤炭地下开采也称井工开采，需要开凿一系列井巷（包括岩巷和煤巷）进入地下煤层，然后才能进行采煤。由于是地下作业，工作空间受限制，采掘工作地点不断移动和交替，并且受到地下的水、火、瓦斯、煤尘以及煤层围岩塌落等威胁，因此，地下开采比露天开采要复杂和困难。

煤炭地下开采方式为井筒形式，可分为立井开拓、斜井开拓、平硐开拓和综合开拓四种方式。

在采煤工作面内主要有破煤、装煤、运煤、支护工作空间和采空区处理等项工作。各项工作的进行方法和它们在空间和时间上的配合，叫作采煤工艺。

采煤工艺又分综合机械化采煤工艺（简称综采工艺，属机械化连续作业，是目前最先进的采煤工艺）、普通机械化采煤工艺（也称普采工艺，采煤机同时完成破煤和装煤工序，实现机械化运煤但需人工支护作业）、爆破采煤工艺（采用爆破方法落煤，机械化运煤，机械或人工装煤，运煤、支护同普通采煤工艺）、连续采煤工艺（破、装、运、支等工艺过程全部实现机械化作业）。

（二）煤炭地下开采井下生产系统

包括运煤系统、通风系统、运料排矸系统、排水系统。

（三）煤炭地下开采地面生产系统

包括井口受煤仓（临时储存原煤）→筛分加工车间（筛选、分级、排矸、矸石场）→带式输送机栈桥（将原煤直接从主井井口运输至筛分车间，加工后再将精煤运输至贮煤场）→贮煤系统（所有煤矿均需设立贮煤场，一般包括储煤场、贮煤仓和贮煤筒仓）→排矸场地（如外运利用应设置临时排矸场地，如永久储存应设置矸石填埋场，按要求堆放矸石，并进行复垦绿化矸石场地）→计量与煤质化验车间（计量和对煤样进行灰分、水分、挥发分、硫分和发热量的测定）→矿井修理车间（承担设备修理）→坑木加工房（矿井坑木材料的加工，木料加工）。

（四）煤炭洗选工艺

原煤筛分破碎（矿井原煤含有铁器、木料等杂物，需要设置除铁器和手选系统，再破碎分级筛分）→块煤系统（块精煤经脱水、脱介、分级）→末煤系统（末精煤经脱介脱水后作为洗混煤的一部分）→矸石脱水（矸石经脱水、脱介后，作为最终矸石）→介质回收（块、末两个介质系统分别进行介质回收）→粗煤泥回收系统（煤泥水经旋流器分级，离心脱水机脱水，压过滤机脱水，得到的煤泥混入洗混煤）。

四、煤炭地下开采排污节点

煤炭地下开采排污节点如表 6-5 所示，煤炭地下开采环境要素分析如表 6-6 所示。

表 6-5　采选矿污染源及污染物

<table>
<tr><th>工段</th><th>生产设施</th><th>污染产生原因</th><th>排污节点和主要环境因素</th><th>控制措施</th></tr>
<tr><td rowspan="6">地下采矿</td><td>凿岩机、凿岩台车</td><td>平巷掘进、天井掘进、采矿、切割等</td><td>粉尘、瓦斯、噪声、废弃表土、泥浆水、废油液、生态破坏</td><td rowspan="6">采取封闭式降低扬尘；采取隔声、消声、隔振措施；减少作业面，减少临时施工占地，对生态破坏采取及时恢复补偿措施；瓦斯抽排；运输过程采取封闭式降低扬尘、采取洒水抑尘、筛分和破碎采取防爆除尘器；废水进入污水处理站</td></tr>
<tr><td>工作面</td><td>爆破</td><td>粉尘、CO、H_2S、NO_x、噪声、生态破坏</td></tr>
<tr><td>铲运机、柴油设备</td><td>装矿</td><td>粉尘、CO、NO_x、SO_2、甲醛、噪声</td></tr>
<tr><td>溜井倒矿口、漏斗放矿处、翻笼处</td><td>转运</td><td>粉尘、噪声</td></tr>
<tr><td>喷浆机、搅拌机、打锚杆</td><td>喷锚</td><td>粉尘、噪声、废水</td></tr>
<tr><td>出风井口</td><td>通风</td><td>粉尘、废气</td></tr>
<tr><td rowspan="5">选矿</td><td>皮带转动点</td><td>运输转载</td><td>粉尘、噪声</td><td rowspan="5">运输过程采取封闭式降低扬尘、采取洒水抑尘、筛分和破碎采取防爆除尘器；噪声治理采取隔声、消声、隔振措施</td></tr>
<tr><td>破碎机</td><td>破碎</td><td>粉尘、噪声、灰渣</td></tr>
<tr><td>筛分机</td><td>筛分</td><td>粉尘、噪声、矸石</td></tr>
<tr><td>机修废弃物</td><td>机修车间</td><td>危险废物（废机油、油泥棉纱）、机械加工废水（石油类、COD 、SS）</td></tr>
<tr><td>尾矿库</td><td>废物处理</td><td>粉尘、噪声</td></tr>
</table>

表 6-6　煤炭地下开采环境要素分析

<table>
<tr><th colspan="2">污染类型</th><th>环境污染指标与来源</th></tr>
<tr><td rowspan="2">废气</td><td>有组织废气</td><td>探矿、破碎、筛分产生粉尘；汽车尾气产生 NO_x 、CO 、THC；锅炉产生烟尘、二氧化硫、氮氧化物、氟化物；锅炉产生烟尘、二氧化硫、NO_x、氟化物</td></tr>
<tr><td>无组织废气</td><td>挖掘车辆、传送带产生粉尘；煤炭、矸石堆场产生煤尘和粉尘</td></tr>
<tr><td rowspan="2">废水</td><td>生产废水</td><td>锅炉冲渣水、机修废水、钻井泥浆水、钻井废油液</td></tr>
<tr><td>生活污水</td><td>浴室、食堂、厕所废水（COD、SS、氨氮）</td></tr>
<tr><td rowspan="2">固体废物</td><td>生产废物</td><td>开采工段挖掘产生废弃表土；破碎筛分机产生灰渣；洗选工段产生矸石；脱硫除尘系统沉渣；污水站产生污泥；机修车间废物（废机油、油泥棉纱）</td></tr>
<tr><td>生活垃圾</td><td>办公室、食堂、浴室等产生生活垃圾</td></tr>
<tr><td colspan="2">噪声</td><td>探矿、采矿、选矿、运输机械产生噪声；<85 dB（A）</td></tr>
<tr><td colspan="2">生态破坏</td><td>场地平整、煤炭开采产生地表植被破坏、水土流失、土壤污染</td></tr>
</table>

第四节 铁矿石采选工业生产工艺环境基础

一、铁矿石采选工业的现状

铁矿是钢铁工业基本和重要的基础原料，我国是铁矿石生产与消费大国，15 年来，随着我国钢铁工业的迅猛发展，我国铁矿石产量以超过年均 45.4% 以上的高速度持续增长，成为世界上最大的铁矿石生产国。我国 2015 年铁矿石（原矿）产量达到 13.812 9 亿 t，约占世界铁矿石产量的 41.16%（2015 年全球铁矿石产量约 33.2 亿 t）。我国是世界第一大铁矿石生产国和消费国。2000—2015 年我国铁矿石产量见表 6-7。

表 6-7 2000—2015 年我国铁矿石产量 单位：亿 t/a

年份	2000	2005	2010	2011	2012	2013	2014	2015
铁矿石（原矿）总产量	2.225 6	4.204 9	10.715 6	11.435 9	13.096 4	14.510 1	15.142 4	13.812 9

我国铁矿石生产企业主要有三类：一是大型钢铁企业自有矿山；二是地方重点独立矿山；三是民营地方铁矿开采企业。我国铁矿石生产企业多为小型矿山企业，铁矿石生产集中度较低，地下开采居多，铁矿资源平均含铁品位仅有 33%（铁矿出口大国品位为 55% ～ 65%）。选矿厂生产技术水平差，资源综合回收不够（铁的回收率仅为 60%）。采选矿厂绝大多数不重视环保，环保设施和措施远未到位，尾矿库和矿山排土场复垦率低，中小型选矿厂尾矿排放管理不佳、尾矿水超标，生态破坏和环境保护不达标是普遍现象。

工信部《钢铁产业调整政策（2015 年修订）》提出了我国钢铁产业发展总体目标、产品结构调整、组织结构调整、产业布局调整目标以及技术经济指标等具体要求。为降低铁矿采选工业的环境污染，我国制订了《铁矿采选工业污染物排放标准》（GB 28661—2012）和《清洁生产标准 铁矿采选业》（HJ/T 294—2006）。

二、铁矿石开采原辅料与能耗

（一）原料

我国铁矿石分布主要在东北、华北、中南、华东等地。我国铁矿资源多而不富，以中低品位矿为主，富矿资源储量只占 1.8%，而贫矿储量占 47.6%。中小矿多，大矿少，特大矿更少。矿石类型复杂，难选矿和多组分共（伴）生矿所占比重大。难选赤铁矿和多组分共生铁矿石储量各占全国总储量的 1/3，其共（伴）生组分主要包括 V、Ti、Cu、Pb、Zn、Co、Nb、Se、Sb、W、Sn、Mo、Au、Ag、S、稀土元素等 30 余种，最主要的有 Ti、V、Nb、Cu、Co、S 和稀土元素等。

采选矿的原料是各种铁矿（磁铁矿、复合铁矿、赤铁矿等），最终产品是铁精矿。

【磁铁矿】主要成分为 Fe_3O_4，颜色为铁黑色，具强磁性，是目前开采的主要矿源，保有储量占全国总保有储量的 55.4%。磁铁矿中常有钛磁铁矿，或钒钛磁铁矿；或铬磁铁矿；或镁磁铁矿。钒钛磁铁矿矿石保有储量占全国总保有储量的 14.1%，成分相对复杂，是目前开采的重要矿石类型之一。

【赤铁矿】赤铁矿中主要成分为 Fc_2O_3。常含类质同象混入物 Ti、Al、Mn、Fe^{2+}、Ca、Mg 及少量 Ga 和 Co。

【褐铁矿】褐铁矿是针铁矿、纤铁矿、水针铁矿、水纤铁矿以及含水氧化硅、泥质等的混合物。

【钛铁矿】主要成分为 $FeTiO_3$，密度为 4 ～ 5 g/mL，弱磁性。

【菱铁矿】主要成分为 $FeCO_3$，密度为 3.96 g/mL 左右。

【黄铁矿】主要成分为 FeS_2，是铁的二硫化物。一般将黄铁矿作为生产硫黄和硫酸的原料，而不是用作提炼铁的原料。

【红矿】即赤铁矿、菱铁矿、褐铁矿、镜铁矿及混合矿的统称，这类铁矿石一般难选，目前部分选矿问题有所突破，但总体来说，选矿工艺流程复杂，精矿生产成本较高。

我国铁矿石查明资源储量绝大部分为贫矿，平均品位约为 33%。我国绝大多数开采的铁矿石必须经过选矿才能为高炉利用。品位大于 48% 的富铁矿查明资源储量，仅占我国铁矿查明资源储量的 1.9%。

（二）辅料：选矿药剂

铁矿洗选的选矿药剂如表 6-8 所示。

表 6-8　选矿药剂

药剂类型	用途	药剂名称
捕收剂	提高矿物表面疏水性，使目的矿物附着于气泡上	黄药、黑药、白药、脂肪酸、胺类捕收剂等
起泡剂	提高气泡的稳定性	松醇油、甲酚油、醇类等
抑制剂	增大矿物的亲水性，降低矿物的可浮性	石灰、氰化物、硫酸锌、水玻璃、淀粉等
活化剂	促进矿物的捕收作用或消除抑制作用	硫酸铜、硫化钠等
调整剂	调整矿浆的 pH； 分散矿泥的作用； 促进矿泥的絮凝作用	石灰、硫酸钠、硫酸、水玻璃、偏磷酸钠等

（1）捕收剂。

黑色金属矿采选使用的捕收剂主要有黄药、黑药和白药。

（2）抑制剂。

【氰化物】剧毒物质。

【水玻璃】水玻璃是一种无机胶体，是浮选作业最常使用的抑制剂。

（3）起泡剂。

起泡剂一般均为表面活性剂。

【松醇油】即为2# 浮选油，主要成分为萜烯醇。为黄棕色油状透明液体，不溶于水，属无毒选矿药剂，但具有松香味，因此能引起水体感观性能的变化。由于松醇油是一种起泡剂，易使水面产生令人不快的泡沫。

【甲酚】一种化学物质，无色结晶，有芳香气味。对人畜有高毒，对环境有污染。

（4）活化剂。

【硫酸铜】白色或灰白色粉末，水溶液呈弱酸性，为蓝色。硫酸铜属于重金属盐，有毒。

【硫化钠】俗称硫化碱，无水纯品为等轴晶系白色结晶。有腐蚀性，遇酸分解产生硫化氢，在空气中易氧化，有毒。纯硫化钠吸潮性强，易溶于水。

（5）调整剂。

【硫酸】硫酸是腐蚀性最强的化工产品之一，具有爆炸性和燃烧性，对人体有毒性。

【石灰】石灰是一种以氧化钙为主要成分的气硬性无机胶凝材料，石灰粉尘或悬浮液滴对人体黏膜有刺激作用，石灰水呈弱碱性。

（三）水耗

铁矿采选使用大量水，同时产生相当数量的废水，水中循环使用率也比较高（表6-9）。

表6-9　各种铁矿采选工艺排放的废水量和废渣量

采选工艺	废水量/（m^3/t 铁精矿）	废石或尾矿量/（t/t 铁精矿）	采选工艺	废水量/（m^3/t 铁精矿）	废石或尾矿量/（t/t 铁精矿）
地下开采	0.7 ~ 1.7	0.13 ~ 0.16	露天开采	0.3 ~ 0.35	2.6 ~ 2.8
一段磁选	5 ~ 15	1.2 ~ 1.7	多段磁选	14 ~ 18	1.6 ~ 1.8
弱磁—浮选（降硫）	5.4	1.8	弱磁—强磁—浮选	6.6	1.8
弱磁—浮选（降硅）	6.2	1.5	强磁—细筛	6.0 ~ 8.0	1.7
弱磁—浮选（降铜）	8.5	1.5	强磁—浮选	6.6 ~ 14.3	1.6
弱磁—浮选（降氟）	13.6	1.2	重选—强磁浮选	4.6	1.5
			焙烧—磁选	5.6	1.5

三、基本生产工艺

矿山开采分为露天开采和地下开采两种工艺，我国露天开采工艺一般采用缓帮、全境界开采技术。近年来，在陡帮开采、高台阶开采和分期开采方面取得了一些进展，在一些矿山得到了应用。运输方式目前为汽车——铁路、汽车——铁路——胶带机联合运输工艺。

露天开采的装备主要有牙轮钻机、潜孔钻机、电铲和汽车以及装药车等设备。

地下采矿技术，国内已研究应用了多种大规模高效地下采矿方法，如自然崩落法、深孔采矿法和中深孔采矿法等。为达到高强度、经济和安全作业，在急倾斜厚大矿体，普遍推广了无底柱分段崩落法；缓倾斜中厚矿体采用垂直平等密集束状孔阶段强制崩落法，都取得了较好的效果。地下矿山设备主要有风钻、风动凿岩机、采矿台车、深孔凿岩、掘进、采矿台车、液压凿岩机、高风压潜孔钻机等在内的平巷与竖井掘进设备，以及梭式矿车、柴油铲运机、电动铲运机、双机采矿台车、井下装药车、混凝土喷射车等机组和双台板振动放矿机等。

选矿生产工艺包括重选、磁选、浮选及其联合工艺流程。我国选矿技术有重大突破，磁铁矿选矿技术达到世界先进水平。由单一弱磁选机和电磁选机选别单一磁铁矿，发展为重磁筒式磁选机及磁选厂的永磁化，同时推广应用了细筛再磨工艺，使铁精矿品位由设计的60%左右提高到66%以上，达到世界先进水平。

（一）铁矿采选生产工艺（图6-3）

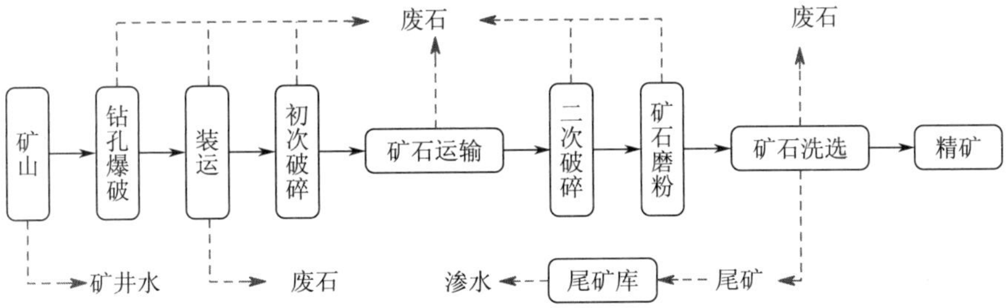

图6-3　矿山采选的典型流程

（二）铁矿采选的生产工艺

1. 铁矿开采的生产工艺

铁矿开采包括地下采矿工艺和露天采矿工艺。

（1）铁矿的地下开采工艺

地下采矿方式有平峒、斜井、竖井或这三种坑道组成的联合开采方式。主要生产工序有掘进（钻孔、爆破）、回采、铲装、运输、初次破碎、贮存等。地下采矿设备主要有风钻、凿岩机、采矿台车、掘进设备、高风压潜孔钻机等在内的平巷与竖井掘进设备，以及梭式矿车、柴油铲运机、电动铲运机、双机采矿台车、井下装药车、混凝土喷射车等机组和双台板振动放矿机等。

（2）铁矿的露天开采工艺

露天开采有钻孔、爆破、铲装、运输、初次破碎、贮存等主要工序。露天矿的装备主要有牙轮钻机、潜孔钻机、电铲和汽车以及装药车等设备。

露天开采对自然环境的破坏性较大，开采矿石时要剥离大量的覆盖岩石，同时堆存这些废石又要占用很多土地。露天开采属于全开放式作业，爆破、铲装、运输、堆存大作业量产生的粉尘对周围环境的影响极为严重。

（3）*铁矿石的储运*

铁矿石储运的装备主要有装载机、传输设施和汽车，还有铁矿石堆场或储库，废石场。

铁矿石和废石的储运、装卸全过程会产生较大的扬尘污染，如采用露天堆场，矿石堆上还要有防尘的苫罩，废石场和道路及施工作业时应喷洒水雾降尘。

2. 铁矿石的洗选工艺

铁矿选矿首先要对矿石进行破碎和磨粉，将铁矿石与脉石分开。铁矿石的选矿工艺包括重选、磁选、浮选、电选、风选及其联合工艺流程。选矿厂的主要生产工序有破碎、磨矿、选别、脱水等。

（1）*破碎工艺*

我国选矿厂一般采用粗破、中破和细破三段破碎流程破碎铁矿石，多采用旋回式破碎机、颚式破碎机、圆锥式破碎机。通过粗破、中细破碎，再筛分成最终产品送磨矿槽。破碎工艺必须进行集气除尘，矿石的输运采取严格的密闭措施，以减少无组织扬尘。

（2）*磨矿工艺*

我国铁矿多采用两段磨矿流程，近年来一些选矿厂已由两段磨矿改为三段磨矿。采用的磨矿设备有球磨机、棒磨机、自磨机、砾磨机等。磨矿后的分级基本上使用的是螺旋分级机，为了提高效率，部分选矿厂用水力旋流器取代二次螺旋分级机。

3. 铁矿的选矿工艺

（1）*磁选工艺*

国内磁选厂使用的设备主要有磁选机和细筛。

（2）*重选工艺*

重选是利用矿物与脉石的密度不同在各种运动的介质中实现分选的工艺过程。重选多用于金属锰、钨、锡等金属的选矿，包括重介质选矿、跳汰选矿、摇床选矿、溜槽选矿、螺旋选矿、离心力选矿等，重选的选别设备主要有跳汰、摇床、溜槽、离心机、皮带溜槽、给料机、振动筛、高频筛等。

（3）*浮选工艺*

浮选即泡沫浮选，适用于分离有色金属、黑色金属 、贵金属、非金属矿物和化工原料，回收有用矿物。浮选的主要设备是浮选机（机械搅拌式浮选机、充气式浮选机、混合式浮选机或充气搅拌式浮选机、气体析出式浮选机）、分级机、搅拌桶、浓缩机和烘干机、提升机、皮带输送机等。

4. 铁矿的尾矿处理

铁矿选矿后的尾矿一般采用尾矿库填埋处理。

选矿后剩余的大量尾矿（浆状）通过尾矿砂泵站、管道输送至尾矿坝内，尾矿沉积于尾矿坝内，在坝体底部设置排渗盲沟排出渗透水。排渗盲沟的水从最低处采用盲沟排入坝外的回水池，返回选矿厂循环使用。

尾矿库设备包括尾矿砂泵站、管道、尾矿库、排渗盲沟、回水溜槽、截渗坝、排水井等。在选矿过程矿砂中的重金属离子、选矿加入的药剂等都会残留在尾矿中，尾矿中还含有各种有毒有害物质，对地下水和地表水可能造成影响。尾矿库是一种人造的具有高势能的泥石流形成区，不仅影响生态环境，而且溃坝极易产生高势能的泥石流威胁下游人民的生命财产安全和库区周边环境。尾矿库灾害事故频繁发生。

应对尾矿进行脱水处理，尾矿经水力旋流器后，浓缩后形成的脱水干性尾矿浓度可达 70% 以上，所用设备包括水力旋流器、分泥斗、浓密机等。尾矿进入旋流给料桶，经给料桶絮凝处理后，絮凝、沉淀、过滤、压滤，达到脱水。处理后的尾矿浓度可达 40% ～ 70%。所用设备主要有絮凝剂添加装置、给料槽、稳流圈、溢流槽、稳流板、倾斜板、搅拌器、刮料器和排料装置。

四、主要设备

我国铁矿采选具体使用的设备见表 6-10。

表 6-10 铁矿石采选主要生产设备

生产工艺	生产工序	主要生产设备
地下采矿	平巷掘进、天井掘进、采矿、切割等	凿岩机、钻机、凿岩台车、掘进设备
	装矿	铲运机、柴油设备、棱式矿车、混凝土喷射车
	转运	翻笼、运输设备
	喷锚	喷浆机、搅拌机、打锚杆
	通风	风机
	排渣	废石场
露天采矿	钻孔	潜孔钻机、牙轮钻机
	装矿	电铲
	运输	大型装载汽车、推土机
	破碎大块	凿岩机
	排渣	废石场
	倒矿	矿仓
存贮场	装卸、倒堆、运输、废石场	装载机、传输设施和汽车，铁矿石堆场或储库，废石场
选矿厂	转载、贮存	胶带输送机、斗式提升机、给料机、精矿堆场
	破碎、磨机	破碎机（颚式破碎机、圆锥式破碎机等）、球磨机、棒磨机、自磨机、砾磨机、筛分机（振动筛、高频筛）
	选矿设备（分级）	磁选机、跳汰机、摇床、溜槽、浮选机、水力旋流器、螺旋分级机
	分离	脱水槽、过滤机、真空过滤机、高效浓缩设备
	废渣处理	尾矿砂泵站、尾矿库、回水溜槽（沟）、排渗盲沟、截渗坝、深锥浓缩机、水力旋流器

五、铁矿采选工业排污节点

（一）铁矿石采选污染要素分析

采选矿包括露天采矿、地下采矿和选矿。露天采矿的大气污染源如钻孔、装矿、运输等都属无组织排放，污染物排放于露天坑内，严格讲并未进入大气，尚属作业环境的岗位浓度。地下采矿作业点在井下，各污染源排放在井下，只有排风井一处将井下污染空气排入大气，但此处排出大量炮烟，所含 CO、CO_2、NO_x 等目前国内外尚无有效的治理措施。同时铁矿石开采行业还存在选矿、采矿中产生的废水以及大量的剥离石和废渣。同时在生产过程中大型机械作业和大型运输、装载活动，都会产生噪声污染，但由于矿山开采一般距市区较远，因此噪声污染影响不大。铁矿石开采生产企业主要污染要素见表 6-11。

表 6-11　铁矿石开采生产企业主要污染要素

污染类型		主要污染指标
废气	无组织	采矿井下废气抽排、露天现场采掘、爆破、崩塌、堆场、料仓产生大量含尘废气，废气含粉尘、重金属、CO、SO_2、NO_x，甲醛等；露天矿汽车运输、装卸产生含粉尘、重金属、CO、SO_2、NO_x、甲醛等污染物的废气（要考虑柴油机及柴油车的尾气排放）
	有组织	采矿井下废气抽排产生含粉尘废气，可以除尘；选矿破碎、粉磨产生含粉尘废气，需要除尘
废水		采矿废水（矿坑水、井下水（涌水）、排土场及废石堆场的淋溶废水）；选矿废水；设备、车间冲洗废水；尾矿库溢流水等。污染物主要为 COD、SS、硫化物、氟化物、石油类、pH、氨氮、总磷、多种重金属元素等
固体废物		采矿产生大量采矿剥离石和废渣（尾矿）；选矿产生大量尾矿
生态破坏		采矿区、废弃的矿井、废弃的矿场、废土场、废石场、尾矿库，植被破坏、水源枯竭、土壤污染、地面塌陷等
噪声		大型采掘设备、运输设备和选矿设备产生机动车噪声和机械噪声污染

（二）大气污染

铁矿采选大气污染源及污染物见表 6-12。

表 6-12　铁矿采选大气污染源及污染物

生产企业	生产工序	污染源	主要污染物	排放方式
地下采矿	平巷掘进、天井掘进、采矿、切割等	凿岩机、凿岩台车	粉尘	无组织
	爆破	工作面	粉尘、CO、H_2S、NO_x	无组织
	装矿	铲运机、柴油设备	粉尘、CO、NO_x、SO_2、甲醛	无组织

生产企业	生产工序	污染源	主要污染物	排放方式
地下采矿	转运	溜井倒矿口、漏斗放矿处、翻笼处	粉尘	无组织
	喷锚	喷浆机、搅拌机、打锚杆	粉尘	无组织
	通风	出风井口	粉尘、废气	无组织
露天采矿	钻孔	潜孔钻机、牙轮钻机	粉尘	无组织
	爆破	台阶、采场二次破碎点	粉尘、CO、NO_x、SO_2、甲醛	无组织
	装矿	电铲	粉尘	无组织
	运输	汽车尾气	颗粒物、CO、NO_x、SO_2	无组织
		汽车扬尘	粉尘	无组织
	破碎大块	凿岩机	粉尘	无组织
	排土	废石场	粉尘	无组织
	倒矿	矿仓	粉尘	无组织
选矿厂	运输转载	皮带转动点	粉尘	无组织
	破碎	破碎机	粉尘	无组织
	筛分	筛分机	粉尘	有组织、无组织
	废物处理	尾矿库	粉尘	有组织、无组织

第五节　铝土矿开采工业生产工艺环境基础

一、铝土矿开采工业的现状

我国铝土矿储量占世界第五位，主要集中在贵州和广西两省区。贵州已探明储量约为 2.1 亿 t，适于集中开采，贵阳是我国最大的氧化铝和金属铝生产基地。广西铝土矿已探明储量在 1 亿 t 以上，平果铝土矿是全国大型铝土工业基地之一，可以露天开采，是我国目前最好的富铝厂。另外，宁夏青铜峡、内蒙古包头是电解铝生产基地，云南铝厂是铝冶炼和加工的综合性企业。

二、原辅料

1. 铝土矿主要矿物组成

铝土矿实际上是指工业上能利用的，以三水铝石、一水软铝石或一水硬铝石为主要矿物所组成的矿石的统称。

【三水铝石】三水铝石是铝的氢氧化物矿物，在铝土矿床中它是主要成分。一般为白色，有玻璃光泽，如果含有杂质则发红色。它们主要是长石等含铝矿物风化后产生的次生矿物。

【一水软铝石】也称薄水铝矿或勃姆铝矿，呈白色，有玻璃光泽。软水铝石主要为外生成因，是组成铝土矿的主要矿物成分。

【一水硬铝石】呈白色、灰色、黄褐或黑褐色，有玻璃光泽，解理面呈珍珠光泽。广泛分布于铝土矿矿床中。

2. 辅料

铝土矿开采主要辅料消耗情况，如表 6-13 所示。

表 6-13　铝土矿开采主要辅料消耗情况

序号	名称	掘进	采矿
1	2# 岩石炸药	2.5 kg/m	0.50 kg/t
2	雷管	3.5 发 /m	0.35 发 /t
3	导爆管	14.76 m/m	0.95 m/t
4	钎子钢	0.02 kg/m	0.016 kg/t
5	钎头	0.05 个 /m	0.003 个 /t
6	机油	0.5 kg/m	0.02 kg/t
7	胶管	0.04 m/m	0.008 m/t

三、基本生产工艺

（一）铝土矿开采工艺

铝土矿开采包括地下采矿工艺和露天采矿工艺。

（1）铝土矿的地下开采工艺

地下采矿方式有平峒、斜井、竖井或这三种坑道组成的联合开采方式。主要生产工序有掘进（钻孔、爆破）、回采、铲装、运输、初次破碎、贮存等。地下采矿在井下作业，井下有巷道、采场和工作面，凿岩爆破、矿石运输等作业产生大量粉尘和有害气体，作业空间狭小。无组织排放点多，生产环境污染严重。地下采矿设备主要有风钻、凿岩机、采矿台车、掘进设备、高风压潜孔钻机等在内的平巷与竖井掘进设备，以及梭式矿车、柴油铲运机、电动铲运机、双机采矿台车、井下装药车、混凝土喷射车等机组和双台板振动放矿机等。

（2）铝土矿的露天开采工艺

露天开采有钻孔、爆破、铲装、运输、初次破碎、贮存等主要工序。露天矿的装备主要有牙轮钻机、潜孔钻机、电铲和汽车以及装药车等设备。

露天开采对自然环境的破坏性较大，开采矿石时要剥离大量的覆盖岩石，同时堆存这些废石又要占用很多土地。露天开采属于全开放式作业，爆破、铲装、运输大作业量产生的粉尘对周围环境的影响极为严重。

（二）铝土矿洗选工艺

铝土矿的洗选工序为大块矿石破碎（破碎、筛分）→磨粉（球磨机、分级机）→浮选（浮选机、分离）→提纯烘干（烘干机）→铝土精粉。

（三）铝土矿选别工艺

从铝土矿矿石中分选出铝土矿精矿的过程其实就是一个除去脉石矿物和有害杂质，分离高铝矿物和低铝矿物，以获得高铝硅比的精矿的过程。铝土矿的主要选矿方法有洗矿、浮选、磁选、化学选矿等。

浮选法可用于分离水铝石和高岭石，用氧化石蜡皂和塔尔油作捕收剂，在碱性介质中进行。磁选用于分离含铁矿物。化学选矿主要有焙烧脱硅，这是基于矿石中主要含硅矿物是含水铝代硅酸盐，焙烧后部分 SiO_2 转变为无晶形易溶于碱的氧化硅微粒而提高了物料的铝硅比。如三水铝石 - 高岭石类铝土矿的选矿流程，常先进行泥砂分选，粗级别磨矿后用磁选除铁，矿泥磨矿后浮选。浮选药剂用油酸、塔尔油、机油按 1 ：1 ：1 配制。

铝土矿浮选精矿品位含氧化铝 49.65%，回收率 45.3%。Al_2O_3/SiO_2 为 12.3。而高硅铝土矿脱硅选矿，则采用浮选法较有效，铝矿物捕收剂有脂肪酸和磺酸盐类，调整剂有六偏磷酸钠、丹宁酸、焦磷酸钠、苏打、碳酸钠。高铁铝土矿选矿会根据铁矿物的含量、种类及嵌布特性，采取不同的除铁方法，常见的有磁选、焙烧磁选、载体浮选脱铁。

（四）铝土矿的尾矿处理

选矿后的尾矿（浆状）通过尾矿砂泵站、管道输送至尾矿坝内，尾矿沉积于尾矿坝内，在坝体底部设置排渗盲沟排出渗透水。排渗盲沟的水从最低处采用盲沟排入坝外的回水池，返回选矿厂循环使用。尾矿库采用回水溜槽（沟）将澄清水送至尾矿库外的回水泵池，由水泵输送回选矿。尾矿库设备包括尾矿砂泵站、管道、尾矿库、排渗盲沟、回水溜槽、截渗坝、排水井等。

尾矿库排出的澄清水，部分通过回水系统返回选矿厂回用，部分排放河道。一般选矿厂尾矿水回水率达 60% ～ 80%，有的可达 90% 以上。选矿厂的尾矿水所含有害物质，来源于选矿过程中加入的浮选药剂、矿石中的金属元素和可溶性化合物，常见的有氰化物、黄药、黑药、松根油、酚、煤油、柴油等及铜、铝、砷、锌、汞、磷、铬、镉等离子。

选矿厂的尾矿量很大，堆存尾矿需占用大量土地，自然干燥后的尾矿随风飞扬，造成污染，应设法综合利用，途径有返矿、作井下充填料、尾矿制砖、制水泥或作建筑材料的掺合料、作玻璃、陶瓷原料和其他材料（耐火材料、陶粒、铸石、型砂）的原料。

四、铝土矿采选排污节点

（一）环境要素

铝土矿采选生产企业主要污染要素见表 6-14。

表 6-14 铝土矿采选生产企业主要污染要素

污染类型		主要污染指标
废气	无组织	采矿井下废气抽排、露天现场采掘、爆破、崩塌、堆场、料仓产生大量含尘废气，废气含粉尘、重金属、CO、SO_2、NO_x，甲醛等；露天矿汽车运输、装卸产生含粉尘、重金属、CO、SO_2、NO_x、甲醛等污染物的废气（要考虑柴油机及柴油车的尾气排放）
	有组织	采矿井下废气抽排产生含粉尘废气，可以除尘；选矿破碎、粉磨产生含粉尘废气，需要除尘
废水		采矿废水（矿坑水、井下水（涌水）、排土场及废石堆场的淋溶废水）；选矿废水；设备、车间冲洗废水；尾矿库溢流水等。污染物主要为 COD、SS、硫化物、氟化物、石油类、pH、氨氮、总磷、多种重金属元素等
固体废物		采矿产生大量采矿剥离石和废渣（尾矿）；选矿产生大量尾矿
生态破坏		采矿区、废弃的矿井、废弃的矿场、废土场、废石场、尾矿库，植被破坏、水源枯竭、土壤污染、地面塌陷等
噪声		大型采掘设备、运输设备和选矿设备产生机动车噪声和机械噪声污染

（二）主要环境问题

采矿引起的环境污染是巨大的，并依矿种不同而不同。采矿产生大量剥离石、废石、尾矿和矿渣等固体废物，矿山开采和选矿过程产生的固体废物中含酸性、碱性、毒性、放射性或重金属等多种有害成分，处置不当会通过地表水体径流、大气飘尘污染周围环境，其影响范围远远超过废弃物堆置场的地域和空间。矿山废水主要来源于露天矿坑水、地下坑道水、废石堆场淋溶水及选厂排出的洗矿水和尾矿库溢流水等，在开采过程中，矿石中的多种金属如汞、镉、铬、铝土、镍、铝土、锰、铁以及非金属如硫、磷、砷、氟的化合物等溶出，产生有毒有害废水；选矿厂的洗矿水、尾矿废水，则不仅含有以上的金属和非金属物质而且含有选矿的残余药剂。采选矿生产企业包括地下采矿、露天采矿和选矿厂。地下采矿在井下作业，井下有巷道、采场和工作面，凿岩爆破、矿石运输等作业产生大量粉尘和有害气体，作业空间狭小。无组织排放点多，大气环境污染严重。采矿场和选矿厂大型机械和大型运输车辆和各种大型机械产生的噪声影响也很大。

第六节　铅锌矿开采选工业生产工艺环境基础

我国铅锌采矿企业众多，生产规模普遍偏小，生产集中度低。除部分大中型以上企业的技术装备水平较高外，为数众多的小型企业采用的生产工艺和设备仍相当落后，整体技术装备水平与世界先进水平相比还有较大差距。我国铅锌矿山以地下开采为主、露天开采为辅；地下铅锌矿山仍以空场法、充填法为主要采矿方法，地方小型铅锌矿山由于规模小、矿体不大，主要采用工艺简单的浅孔留矿法、全面法及房柱法，贫化率和损失率都较高，资源浪费和损失严重；我国选矿整体水平方面落后于发达国家。我国铅锌业生产布局现已形成东北、湖南、两广、滇川、西北五大铅锌采选冶和加工配套生产基地，其铅产量占全国总产量的 85% 以上、锌产量占全国总产量的 95%。

一、原辅料与能耗

目前已发现有 250 多种铅锌矿物，但可供工业利用的仅有 17 种。其中，以方铅矿、闪锌矿最为重要，还有菱锌矿、白铅矿等。

【方铅矿】方铅矿（即硫化铅）是一种比较常见的矿物，它是提炼铅的重要矿物，是分布最广的铅矿物。方铅矿呈立方体形状，很多立方体晶体聚在一起形成粒状或块状。它们具有金属光泽。方铅矿中常含有银，因此也被用来作为提炼银的资源。

【闪锌矿】内部主要的化学成分为 ZnS、晶体属等轴晶系的硫化物矿物。成分相同而属于六方晶系的则称纤锌矿。闪锌矿含锌 67.1%；通常含铁，铁含量最高可达 30%，含铁量大于 10% 的称为铁闪锌矿。

【菱锌矿】菱锌矿颜色有白、灰、黄、蓝、绿、粉红及褐色等多种，条痕则为白色。成分中的锌有时会被铁或锰所置换，偶尔也被少量的镁、钙、镉、铜、钴或铅所取代。

【白铅矿】白铅矿成分为碳酸铅，铅有时会被银或铬部分取代，属碳酸盐类、霰石族。晶体为板状或假六方双锥状，贯穿双晶常见，一般多为致密块状集合体、钟乳状或土状。白色或浅黄、褐色。

铅锌矿山开采回采率、选矿回收率和综合利用率三项指标应符合国土资源部颁布的《关于铁、铜、铅、锌、稀土、钾盐和萤石等矿产资源合理开发利用“三率”最低指标要求（试行）的公告》（2013 年第 21 号）中的相关要求。现有选矿企业废水循环利用率应达到 80% 及以上，新建及改造选矿企业废水循环利用率应达到 85% 及以上。2007—2011 年铅锌矿新用水量见表 6-15。

表 6-15　2007—2011 年铅锌选矿新水用量统计　　单位：t/t

年份	2007	2008	2009	2010	2011
新水用量	4.36	4.11	3.67	3.35	3.15

二、基本生产工艺

(一)铅锌矿开采工艺

铅、锌矿开采包括地下采矿工艺和露天采矿工艺。地下采矿方式有平峒、斜井、竖井或这三种坑道组成的联合开采方式，主要生产工序有掘进（钻孔、爆破）、回采、铲装、运输、初次破碎、贮存等。露天开采采用高效率地下采矿方法，如自然崩落法、深孔采矿法和中深孔采矿法等。露天开采有钻孔、爆破、铲装、运输、初次破碎、贮存等主要工序。

(二)铅锌矿选矿工艺

与黑色金属矿采选相近。生产工艺主要包括矿石破碎→磨粉→浮选→提纯烘干。铅锌矿的分选，目前仍以浮选法为主，使用十分广泛。氧化铅锌矿浮选工艺主要有：重介质选矿工艺；重选 - 浮选联合工艺；浮选回收硫化矿 - 重选回收氧化矿联合工艺；泥砂分选的硫化胺法全浮选新工艺；泥砂分选 - 氧化铅锌常温全浮选新工艺；不脱泥浮选新工艺；不脱泥硫化电位控制浮选。

1. 硫化铅锌矿选择性捕收剂

烷基烯丙基乙氧羰基硫代氨基甲基酯和乙氧羰基硫脲类捕收剂；高效选铅药剂；铅优质捕收剂 36 号黑药；新药剂 K202 和硫氮与丁黄药配合使用；A3 抑制锌、M3 作铅捕收剂优先选铅；T-534 和丁基铵黑药作铅捕收剂；捕收剂 A6 与丁黄药配合；BK320 是铅锌银硫化矿石的一种有效捕收剂，可显著提高铅锌银的浮选回收率。

2. 氧化铅锌矿捕收剂

硫化 - 黄药法（捕收剂：戊基黄药 + 磷酸钠、丁基黄药 + 乙硫氮）；硫化 - 胺法浮锌；不脱泥浮选工艺（阳离子胺类捕收剂、胺类组合捕收剂、基于改性胺的磺酸盐新浮选捕收剂、用燃料油和起泡剂乳化脂肪胺作捕收剂）；螯合捕收剂（巯基苯骈噻唑与苯胺硫酚两系列作捕收剂）。

主要辅料消耗情况见表 6-16。

表 6-16　主要辅料消耗情况

名称	掘进	采矿
2# 岩石炸药	2.5 kg/m	0.50 kg/t
雷管	3.5 发 /m	0.35 发 /t
导爆管	14.76 m /m	0.95 m/t
钎子钢	0.02 kg/m	0.016 kg/t
钎头	0.05 个 /m	0.003 个 /t

名称	掘进	采矿
机油	0.5 kg/m	0.02 kg/t
胶管	0.04 m /m	0.008 m/t
丁黄药	—	0.12 kg/t
乙黄药	—	0.04 kg/t
乙硫氮	—	0.06 kg/t
硫酸铜	—	0.25 kg/t
2# 油	—	0.15 kg/t
石灰	—	2.5 kg/t

（三）铅锌矿的尾矿处理

（1）尾矿库——选矿尾矿（浆状）输送至尾矿坝内沉积，坝体底部设置排渗盲沟，排渗盲沟的水回用。

（2）尾矿库排出的澄清水——部分回用，部分排放。选矿厂的尾矿水所含有害物质，来源于选矿过程中加入的浮选药剂、矿石中的金属元素和可溶性化合物，常见的有氰化物、黄药、黑药、松根油、酚、煤油、柴油等及铜、铝、砷、锌、汞、磷、铬、镉等离子。

（3）尾矿的综合利用——矿再选，井下充填料，制砖，玻璃、陶瓷、耐火材料等的原料。

三、排污节点分析

采选矿包括露天采矿、地下采矿和选矿。露天采矿的大气污染源如钻孔、装矿、运输等都属无组织排放，污染物排入露天坑内，尚属作业环境的岗位浓度。地下采矿作业点在井下，各污染源排放在井下，只有排风井一处将井下污风排入大气，但此处排出大量炮烟，所含 CO、CO_2、NO_x 等目前国内外尚无有效的治理措施。

同时铅锌矿石采选行业还存在着选矿、采矿中产生的废水以及大量的剥离石和废渣，在生产过程中会产生噪声污染，但由于矿山开采一般距市区较远，因此噪声污染影响不大。铅锌矿采选企业主要污染要素见表 6-17。

表 6-17　铅锌矿采选企业主要污染要素

污染类型		主要污染指标
废气	无组织	采矿井下废气抽排、露天现场采掘、爆破、崩塌、堆场、料仓产生大量含尘废气，废气含粉尘、重金属、CO、SO_2、NO_x，甲醛等；露天矿汽车运输、装卸产生含粉尘、重金属、CO、SO_2、NO_x、甲醛等污染物的废气（要考虑柴油机及柴油车的尾气排放）
	有组织	采矿井下废气抽排产生含粉尘废气，可以除尘；选矿破碎、粉磨产生含粉尘废气，需要除尘
废水		采矿废水（矿坑水、井下水（涌水）、排土场及废石堆场的淋溶废水）；选矿废水；设备、车间冲洗废水；尾矿库溢流水等。污染物主要为 COD、SS、硫化物、氟化物、石油类、pH、氨氮、总磷、多种重金属元素等

污染类型	主要污染指标
固体废物	采矿产生大量采矿剥离石和废渣（尾矿）；选矿产生大量尾矿
生态破坏	采矿区、废弃的矿井、废弃的矿场、废土场、废石场、尾矿库，植被破坏、水源枯竭、土壤污染、地面塌陷等
噪声	大型采掘设备、运输设备和选矿设备产生机动车噪声和机械噪声污染

第七节 矿山采选工业的环境管理

一、环境规划要求

（1）禁止在自然保护区、风景名胜区、森林公园、地质遗迹保护区、国家重点保护的不能移动的历史文物和名胜古迹所在地采矿。

（2）禁止在崩塌滑坡危险区、泥石流易发区和易导致自然景观破坏等地质灾害危险区开采矿产资源。

（3）禁止在基本农田保护区内采矿。

（4）禁止在饮用水水源保护区内采矿。

（5）禁止在港口、机场、国防工程设施圈定地区以内采矿。

（6）禁止在重要工业区、大型水利工程设施、城镇市政工程设施附近一定距离以内采矿。

（7）禁止在铁路、重要公路两侧一定距离以内采矿。禁止在铁路、国道、省道等其他重要道路两侧的直观可视范围内进行对景观破坏明显的露天开采。

（8）禁止在重要湖泊、河流、堤坝两侧一定距离以内采矿。

（9）禁止在风景名胜区、自然保护区和其他需要特殊保护的区域内建设产生尾矿的企业。

（10）禁止在林区、基本农田、河道中开采砂金项目。

对露天开采来说，生产过程中造成生态影响的环节包括剥离、排土、钻孔、爆破、采装、选矿、排尾砂（矸石）、修路、运输、生活办公区建设、电力设施建设、通信设施建设、排水设施建设等，对所有这些造成生态影响的环节，均应规定减轻生态影响的技术要求。

对破坏后的生态恢复，除采空区、排土场、尾砂库、矸石堆等主要地区外，对开采期间所使用的临时设施，包括道路、排水沟、挡渣墙等，均应作出技术规定。矿山企业应按规定编制并执行矿山生态环境保护与恢复治理方案，提缴矿山环境恢复治理保证金。

二、环境管理与监督要求

1. 环境管理要求

要将排污许可制度纳入矿山采选企业环境责任管理和行为登记评价考核指标；建立健全相应台账和档案制度；不断完善对危险废物和污染治理设施的应急预案报备和管理体系。在矿山建设过程中严格执行“三同时”制度，即环境保护治理措施与主体工程同时设计、同时施工、同时投用，否则不准生产，或者吊销采矿许可证。对生产矿山要加大监管力度，规范矿山开采行为，确保环保投入，达到“三废”的合理排放与潜在隐患的及早防治。

矿产资源的开发应推行循环经济的“污染物减量、资源再利用和循环利用”的技术原则，具体包括：

（1）发展绿色开采技术，实现矿区生态环境无损或受损最小。

（2）发展干法或节水的工艺技术，减少水的使用量。

（3）发展无废或少废的工艺技术，最大限度地减少废弃物的产生。

（4）矿山废物按照先提取有价金属、组分或利用能源，再选择用于建材或其他用途，最后根据无害化处理处置的技术原则进行处理。

2. 环境监督管理要求

应加强对探矿、采矿、选矿、污染防治设施及生态保护等有关情况的环境监督。

严格矿山废水的排污管理：①严控一类污染物产生，如果有一类污染物产生，检查是否在适当的位置（如车间、生产装置排放口或进入常规污水处理设施前）进行处理及监控并达标排放。②加强对矿山污水收集管网布设管理，监督各产生源废水的收集和去向。检查矿井废水、选矿废水（含尾矿库溢流水）是否循环利用并实现闭路循环。未循环利用的部分是否进行收集并经处理达标后排放。

严格管理矿山的无组织排放污染：①无组织排放的扬尘，检查堆场（尾矿干滩）的抑尘措施及其效果。②破碎机产尘口集尘罩是否密闭。③颗粒物是否达标排放。

严格矿山的固体废物管理：包括坑探方式探矿的坑下废石（含矸石）、井下开采产生的井下废石（含矸石）、矿井废水处理设施产生的污泥、破碎机产尘口集尘罩收集的灰渣、选别作业产生的尾矿等。检查尾矿库中的物质是否存在危险废物；检查尾矿库选址及尾矿设施防流失、防扬散、防渗漏等措施；检查尾矿库是否存在违法排污现象。

三、污染防治要求

（一）大气污染防治

（1）施工现场土石方应喷洒水雾降尘，完工后及时回填，做好路面硬覆盖；减少施工过程扬尘。矿物和矿渣运输道路应硬化并洒水防尘，运输车辆应采取围挡、遮盖等措施。

（2）矿山运营期地面运输系统应采取有效的防尘措施。输煤系统带式输送机栈桥露天部分均加设皮带罩棚，筛上设布袋除尘器集尘；在其周围设置彩色防风挡板，阻挡煤尘的扩散。储煤设施应采用圆筒仓储煤方式；转载点、原煤卸载站设置通风除尘装置和喷雾洒水装置。

（3）勘探、采矿及选矿作业中所用设备应配备粉尘收集或降尘设施。采场、排土场扬尘治理。对采掘工作面，合理布置炮孔，正确选择爆破参数和加强装药、冲填等作业的管理，爆破前向岩体注射高压水，或利用洒水装置、袋式集尘器收尘。

（4）矿物堆场和临时料场应采取防止风蚀和扬尘措施。

（二）水污染防治

（1）充分利用矿井水、选矿废水和尾矿库废水，避免或减少废水外排。

（2）可能产生酸性废水的采矿废石堆场、临时料场等场地的矿山，应采取有效隔离和覆盖措施，减少降水入渗，并采用沉淀法、石灰中和法、微生物法、膜分离法等方法处理矿区酸性废水。

（3）矿井水和露天采场内的季节性和临时性积水应在采取沉淀、过滤等措施去除污染物后重复利用。

（4）现有国家严格控制的重金属采选企业应完善废水治理设施，实现选矿废水全部循环利用。

（三）固体废物处置及综合利用

对采矿活动所产生的固体废物，应使用专用场所堆放，并采取有效措施防止二次环境污染及诱发次生地质灾害。

（1）应根据采矿固体废物的性质、贮存场所的工程地质情况，采用完善的防渗、集排水措施，防止淋溶水污染地表水和地下水。

（2）宜采用水覆盖法、湿地法、碱性物料回填等方法，预防和降低废石场的酸性废水污染。

（3）煤矸石堆存时，宜采取分层压实，黏土覆盖，快速建立植被等措施，防止矸石山氧化自燃。

四、环境应急要求

（1）应有主要危险化学品的运输、贮存和使用发生突发环境事件的环境应急预案。

（2）应有应对矿山开采过程产生的滑坡、地面塌陷、泥石流等环境突发事件的环境应急预案。

（3）应有尾矿库防治发生溃坝的环境风险防范措施和预案。

（4）应有应对尾矿库渗漏和溢流产生的污染，重金属污染地表水和地下水的环境应急预案。

思考与练习

1. 简述我国当前矿产资源的现状和所存在的问题。
2. 简述我国当前矿产采选中较为共性的排污节点。
3. 简述我国煤炭采选的主要工艺过程、主要排污节点。
4. 分析有色金属采选中的主要环境污染。
5. 分析黑色金属采选中的主要环境问题。
6. 分析矿山采选生产对生态环境的影响。

第七章　制浆造纸工业工艺环境基础

本章介绍我国制浆造纸工业原辅料、基本生产工艺、产排污节点、主要污染来源与污染机理。

专业能力目标：

1. 了解造纸工业的原料结构和物耗能耗。
2. 基本掌握制浆造纸基本生产工艺。
3. 掌握制浆造纸工业的主要污染来源。
4. 了解制浆造纸行业主要环境问题。
5. 掌握制浆造纸工业的环境管理现状。

第一节　制浆造纸工业的环境问题

制浆造纸工业在《国民经济行业分类》（GB/T 4754—2017）中属制造业（C 大类 22 中类）中的纸浆制造（221）、造纸（222）、纸制品制造（223），本章只介绍纸浆制造业和造纸业。

一、我国制浆造纸行业的现状

造纸工业，是制造各种类别的纸制品的行业，造纸工业是一个与国民经济发展息息相关的重要产业，涉及林业、农业、机械制造、化工、电气自动化、交通运输、环保等多个产业。同时，造纸工业又是一个技术密集、工艺复杂、资源消耗量大、产生污染物多的工业。

据中国造纸协会调查资料，截至 2016 年 9 月底，制浆造纸及纸制品业企业数量 6 677 家。其中，纸浆制造业 52 家、造纸业 2 730 家、纸制品制造业 3 895 家。2016 年，全国纸及纸板生产量 10 855 万 t，较上年增长 1.35%。消费量 10 419 万 t，较上年增长 0.65%，人均年消费量为 75 kg（13.83 亿人）。2007—2016 年，纸及纸板生产量年均增长率 4.43%，消费量年均增长率 4.05%（表 7-1）。

表 7-1 2001—2015 我国年造纸工业指标

年 份	2001 年	2005 年	2010 年	2011 年	2012 年	2013 年	2014 年	2015 年	2016 年
全国造纸总产量 / 万 t	3 050	5 600	10 036	11 034	11 375	11 515	11 786	10 710	10 855
全国人均纸消费量 /kg	29	45	67	73	74	74	75	75	75
规模以上造纸企业数量 / 家	4 000	3 342	3 724	2 620	2 752	2 934	2 962	2 900	2 800
平均规模 / 万 t	0.76	1.68	2.70	4.21	4.13	3.93	3.98	3.69	3.88
年产超百万吨的重点造纸企业数量 / 家		6 家	10	10	14	15	17	18	19

资料来源：中国造纸化学品工业协会。

2015 年我国纸及纸板的产量为 1.085 5 亿 t，占全球产量的 26.43%，居世界第一位，纸浆产量世界第四位。2015 年全球纸浆产量 1.81 亿 t，纸浆产量最大的前五位国家分别为美国（4 840.5 万 t）、巴西（1 722.6 万 t）、加拿大（1 700 万 t）、中国（1 683.3 万 t）和瑞典（1 108.7 万 t），我国造纸协会数据显示，2016 年我国进口纸浆消耗量高达 1 881 万 t，为全球第一大进口国。进口纸浆（尤其是木浆），仍是国内各大造纸企业的首选。

2015 年全球纸及纸板需求 4.13 亿 t，中国需求占全球需求的 26%。全球 65% 的需求增长来自中国。我国已成为世界造纸工业生产、消费和贸易大国。

纸浆按原料分为木浆、非木浆和废纸浆。木浆又分针叶浆（包括马尾松、落叶松等）和阔叶浆（包括杨木、桉木等），针叶浆比阔叶浆有更强的韧度与拉伸性，木浆中常掺一定比例的针叶浆；废纸浆是回收后废纸经分类筛选、水浸，重新打成可再用的纸浆；非木浆主要有禾科纤维原料浆（如稻麦草、芦苇、竹、蔗渣等）、韧皮纤维原料浆（如麻类、桑皮、棉杆皮等）和种毛纤维原料浆（如棉纤维等）。

原料资源和水资源消耗巨大，水污染问题突出是造纸工业的主要环境特征，一直是环境保护的热点。造纸行业的水污染在各种工业中名列前茅。制浆造纸生产过程产生的水污染物主要来源于化学法制浆的蒸煮废液、漂白废水、碱回收黑液、蒸发污冷凝水，废纸制浆洗筛、脱墨废水，高得率制浆预处理、筛选净化、漂白废水，造纸白水。这些废水中的主要污染物是流失的纤维、原料中溶出的有机物及其降解产物、过程中添加的化学药品。其中纤维淤积会堵塞河道，有机物会消耗水中的溶解氧、产生颜色和泡沫，甲醇、萜烯、硫醇、硫醚有一定的毒性，含氯漂白剂漂白过程中生成的有机氯化物有较重的毒性，特别是其中的二噁英对人体具有强烈的致畸、致突变和致癌作用。

大气污染物及污染源主要是备料的粉尘，制浆蒸煮和碱回收过程产生的 H_2S、CH_3SH、CH_3SCH_3 等臭气，漂白过程中散逸的 Cl_2、ClO_2，燃烧炉、石灰窑和电站锅炉产生的粉尘、SO_2 和 NO_x。

造纸工业排放的一些固体废物如腐烂浆料、浆渣、树皮、碎木片、草根、煤灰渣等，占用场地，发酵变质，产生二次污染，散放臭气，流出有毒臭水，严重污染地表水和地下水。

2007 年 10 月 15 日颁布的《造纸产业发展政策》（发改委公告 2007 年第 71 号）明

确产业准入条件，对纤维原料（木浆、废纸浆、非木浆）结构、技术与装备、产品结构、组织结构、资源节约、环境保护提出了目标要求。提出制浆造纸废水排放要实行许可证管理，严格执行国家和地方排放标准及污染物总量控制指标。提出造纸产业的环境保护要以水污染治理为重点，采用封闭循环用水、白水回用，中段废水处理及回收、废气焚烧回收热能、废渣燃料化处理等“厂内”环境保护技术与手段，加大废水、废气和废渣的综合治理力度。要采用先进成熟的废水多级生化处理技术、烟气多电场静电除尘技术、废渣资源化处理技术，减少“三废”的排放。

2011 年 12 月 30 日颁布的《造纸工业发展“十二五”规划》（发改产业〔2011〕3101 号）提出 2015 年木浆、非木浆、废纸浆比重由 2010 年 22.0%、15.3%、62.7% 调整为 24.3%、11.7%、64.0%。国内废纸浆比重由 38.0% 提高到 41.0%，国产木浆比重由 8.4% 提高到 10.3%。到 2015 年，年产 100 万 t 以上大型综合性制浆造纸企业集团达到 20 余家，到 2015 年年底，吨纸浆、纸及纸板的平均取水量由 2010 年的 85 m^3 降至 70 m^3，减少 18%；吨纸浆平均综合能耗（标准煤）由 2010 年的 0.45 t 降至 0.37 t，比 2010 年降低 18%；吨纸及纸板平均综合能耗（标准煤）由 2010 年的 0.68 t 降至 0.53 t，比 2010 年降低 22%。通过管理减排、工程减排、结构减排三项措施，2015 年，主要污染物化学需氧量（COD）排放总量比 2010 年降低 10% ～ 12%，氨氮排放总量比 2010 年降低 10%，实现增产减排。

2016 年 8 月 5 日颁布的《轻工业发展规划（2016—2020 年）》（工信部规〔2016〕241 号）提出推动造纸工业向节能、环保、绿色方向发展，充分利用开发国内外资源，加大国内废纸回收体系建设，提高资源利用效率，降低原料对外依赖过高的风险。到 2020 年年底，全国纸及纸板消费总量预计达到 11 100 万 t，年人均消费量预计达到 81 kg，淘汰现有落后产能约 800 万 t。造纸行业积极配合完成我国“十三五”期间全社会万元 GDP 用水量下降 23%，单位 GDP 能源消耗降低 15%，主要污染物 COD、氨氮排放总量减少 10%，二氧化硫、氮氧化物排放总量减少 15% 的社会发展目标。

二、我国造纸工业的原料结构

在世界造纸工业中，木浆比例平均为 70%，而美国、加拿大、芬兰等世界纸业强国，木浆比例更是高达 95%。由于资源限制，我国造纸企业自产浆仍以废纸浆和非木浆为主，生产过程水污染物产生量巨大。2015 年我国造纸工业的原料结构中，木浆比重为 28%（其中进口干 / 浆为 18%），废纸浆比重为 59.4%（国内废纸浆占 32.7%，进口占 26.7%），非木浆比重为 19.2%（其中国内非木浆占 13%，其余为进口干浆）。各类浆所占比例见表 7-2。

表 7-2　2005—2015 年我国造纸工业纸浆生产情况

年　份	2005 年		2010 年		2013 年		2014 年		2015 年	
	量 / 万 t	比例 /%	量 / 万 t	比例 /%	量 / 万 t	比例 /%	量 / 万 t	比例 /%	量 / 万 t	比例 /%
纸浆总计	4 441	100.0	7 318	100.0	7 651	100.0	7 906	100	7 974	100
国产木浆	371	8.3	716	9.8	882	11.5	962	12.2	956	10 （进口 18）

年　份	2005 年		2010 年		2013 年		2014 年		2015 年	
	量 / 万 t	比例 /%	量 / 万 t	比例 /%	量 / 万 t	比例 /%	量 / 万 t	比例 /%	量 / 万 t	比例 /%
废纸浆*	2 810	63.3	5 305	72.5	5 940	77.6	6 189	78.3	6 338	65
非木浆	1 260	28.4	1 297	17.7	829	10.8	755	9.5	680	7
其中：苇（荻）浆	138		156		126		113			
竹浆	86		194		137		154			
蔗渣浆	63		117		97		111			
禾草浆	929		719		401		336			
其他浆	44		111		68		41			

资料来源：中国造纸协会调查资料及中国造纸工业年度报告。

* 废纸浆 = 废纸量 ×0.8，非木浆包括稻草浆、竹浆、蔗渣浆等。

2015 年我国漂白木浆需求 1 652 万 t，占全球 31%。木浆需求大，但国内木浆供应量仅能满足 20% ～ 22%。虽然我国非木浆产能大，但因质量差、成本高、难以满足环保要求等问题，市场份额逐年减少。目前除竹浆相对稳定外，其余非木浆厂生存压力较大，都将逐步被淘汰。

三、制浆造纸工业的结构性问题

我国造纸企业规模仍然偏小，具有国际竞争力的大型企业集团和骨干企业数量少，其影响力、带动力有待提高，小企业、散乱污企业多，行业规模效益低。造纸工业技术落后、原料结构不合理、散乱污企业多的局面急需改观。

1. 环保倒逼产业升级

2010—2015 年，已有 3 731 万 t 产能的纸厂因环保要求被政府部门勒令关停。我国政府计划“十三五”期间再关停 800 万～ 1 000 万 t 落后造纸产能，主要淘汰的是目前停产的企业或环保不符合要求的企业。中央环保督查组检查各地环保情况，预计严格执法检查下，100 家以上的企业将关门。持续的政府干预意味着产能较小、使用废纸和非木浆的生产线将被迫关闭。应优化产业布局，淘汰落后产能，鼓励企业兼并重组，实现产业升级。

2. 供给侧改革

供给侧改革鼓励提质增效，预计 200 万 t 进口纸中，部分将逐渐由国产替代；去产能将去除僵尸企业，为有优势的厂家腾出市场空间；海外消费有望回流，带动中国包装纸市场进一步增长。

3. 加快推进林纸发展，充分利用其他资源

积极利用国内外两种资源，加快推进林纸一体化工程建设，提高木纤维比重，扩大国内废纸回收利用，科学合理利用非木纤维原料。

4. 充分利用“一带一路”政策

我国布局“一带一路”，鼓励优势产能走出去，这将带动全球纸浆消费新市场。2014 年我国向“一带一路”沿线国家出口纸及纸制品 398.7 万 t；2015 年我国出口制浆和造纸专用设备产值 12.22 亿美元，同比增长 15.51%。

5. 未来我国制浆产业形式严峻

未来国内非木浆厂家将出现大规模的停机。

四、制浆造纸工业的污染减排途径

1. 大力推进节能降耗，实现资源的高效利用

在生产、流通和消费领域大力节约各种资源，最大限度地对各环节产生的废弃物进行回收利用，实现以最少的资源消耗创造最大的经济效益。

一是严格执行国家相关法律、法规和标准，新建、扩建及技术改造项目要采用节约资源能源的保障措施，实现生产过程的减量化。二是增强全行业节约和保护水资源意识，全面推行总量控制和定额管理，大力开发和推广应用新技术、新工艺、新设备，提高水的重复利用率。三是推进制浆造纸企业采用先进的回收利用技术，对生产过程中产生的废气（余压、余热）、废渣、废液进行综合利用，最大限度地实现资源化。四是鼓励发展高得率纸浆和废纸浆造纸，节约纤维资源。

2. 推广清洁生产技术，防治污染

推广应用先进、成熟、适用的制浆造纸环保新技术、新工艺、新设备。推进低能耗蒸煮、碱回收、封闭筛选、氧脱木素、无元素氯漂白、全无氯漂白、低白度纸浆及其纸产品生产、未漂白纸浆及其纸产品生产等技术的广泛应用。以水污染物防治为重点，兼顾废气、废渣处理，采用封闭循环用水、白水回收、中段废水多级生化处理、烟气高效净化、废渣资源化处理等技术，提高综合防治水平，减少“三废”的排放。现有企业通过技术改造，加快技术装备更新，降低单位产品资源消耗和污染物排放量，提高清洁生产水平。

3. 增强环境保护意识，严格监管

一是增强全行业的环保意识和社会责任感。二是推进政府为主导、企业为责任主体、社会监督协调的监督管理体系建设，加强监督管理，严格执行环境保护绩效考核制度、环境执法责任制度和责任追究制度，积极推行环境认证和环境标识制度，实行清洁生产

审核、环境质量公告和企业环保信息公开制度，促进社会公众参与并监督企业环境保护措施的落实。三是严格造纸行业准入条件，落实项目建设环境影响评价及水土保持方案报告制度，严格执行“三同时”制度和目标责任制，从源头防止环境污染和生态破坏。

4. 加快淘汰落后产能，减排减污

着力加快解决重点流域和重点区域的造纸工业结构调整和污染问题。现有制浆造纸企业要进一步加大力度淘汰污染严重的落后工艺与设备，抓紧技术改造，淘汰年产 5.1 万 t 以下的化学木浆生产线、单条年产 3.4 万 t 非木浆生产线和单条年产 1 万 t 及以下废纸浆生产线，以及窄幅、低车速、高消耗、低水平造纸机。禁止采用石灰法地池制浆（宣纸除外）、限制新上项目采用元素氯漂白工艺（现有企业逐步淘汰），禁止进口国外落后的二手制浆造纸设备。完善“三废”治理设施，严格控制污染物排放。对经限期治理仍不能达标的企业或生产线要依法整顿或关停。“十二五”期间，继续实行产业退出机制，调整和明确淘汰标准，量化淘汰指标，加大淘汰力度。新增日处理污水能力 300 万 t，淘汰纸及纸板落后产能 1 000 万 t 以上。

5. 加速推进二噁英类持久性有机污染物和氨氮的减排进程

根据《中华人民共和国履行关于持久性有机污染物的斯德哥尔摩公约国家实施计划》，推进我国造纸工业二噁英类持久性有机污染物减排进程。根据《制浆造纸工业水污染物排放标准》（GB 3544—2008）新增加氨氮、总氮、总磷限值的要求，加强造纸工业氮、磷污染物的调研，摸清情况，采取措施，升级改造污水处理设施，强化脱氮除磷功能，推进氨氮等污染物减排。

五、制浆造纸工业的污染物排放

1. 废水及主要污染物排放情况

2011—2015 年造纸及纸制品业废水排放及处理情况见表 7-3。2015 年全国造纸及纸制品业废水排放量、COD、氨氮和挥发分排放量分别占全国工业排放总量的 13.04%、13.54%、6.29% 和 3.93%。2005—2015 年我国造纸及纸制品业用水情况见表 7-4。

表 7-3　2011—2015 年我国造纸及纸制品业废水排放及处理情况

项　目	2011 年	2012 年	2013 年	2014 年	2015 年
汇总工业企业数量 / 家	5 871	5 235	4 856	4 664	4 180
工业废水排放量 / 万 t	382 264.6	342 717.3	285 451.9	275 501.3	236 684.0
废水治理设施 / 套	5 122	4 574	4 006	3 648	3 194
废水治理设施处理能力 /（万 t/d）	2 709.1	2 821.2	2 409.5	2 192.3	2 047.7
工业废水中主要污染物排放量 /t					
其中：化学需氧量	741 672.3	623 220.5	533 014	478 190.0	335 420.4

项 目	2011 年	2012 年	2013 年	2014 年	2015 年
氨氮	25 052.7	20 698.9	17 779.0	16 319.4	12 354.4
挥发酚	90.7	59.9	54.3	51.5	38.2

表 7-4 2005—2015 年我国造纸及纸制品业用水情况

年 份	用水总量 / 万 t	取水量 / 万 t	重复用水量 / 万 t
2005	766 593.0	424 978.0	341 615.0
2010	1 233 873.6	461 484.6	772 389.0
2011	1 287 691.7	455 926.1	831 765.6
2012	1 212 955.4	407 844.2	805 111.2
2013	1 211 333.1	344 578.2	866 754.8
2014	1 196 529.8	335 512.4	861 017.4
2015	1 183 509.4	289 756.5	893 752.9

2. 废气及主要污染物排放情况

2015 年造纸及纸制品业共拥有废气治理设施 4 723 套。2015 年全国造纸及纸制品业废气污染物 SO_2、NO_x 和烟粉尘排放量分别占全国工业排放总量的 2.65%、1.55%、1.25%，在工业行业中分别居第七位、第六位、第八位。2010—2015 年造纸及纸制品业废气排放及处理情况见表 7-5。

表 7-5 2010—2015 年我国造纸及纸制品业废气排放及处理情况

项 目	2010 年	2011 年	2012 年	2013 年	2014 年	2015 年
废气排放总量 / 亿 m^3	7 697.0	17 093.9	6 146.0	6 720.6	6 700.4	6 657.0
废气治理设施数 / 套	5 281	6 052	5 489	4 961	4 856	4 723
二氧化硫排放量 / 万 t	50.8	54.3	49.7	44.9	41.2	37.1
氮氧化物排放量 / 万 t	23.6	22.1	20.7	19.3	19.4	16.9
烟（粉）尘排放量 / 万 t	19.7	20.7	16.7	14.9	14.2	13.8

3. 工业固体废物排放及处理情况

2014 年造纸及纸制品业一般工业固体废物产生量为 2 170 万 t，同比增长 5.6%；利用量为 1 812 万 t，同比增长 4.5%；处置量为 347 万 t，同比增长 9.5%；综合利用率为 83.5%，同比减少 0.9 个百分点。危险废物产生量为 491 万 t，同比增长 59.4%；危险废物综合利用量为 474 万 t，同比增长 64.6%；危险废物处置量为 17 万 t，同比减少 15.0%。2011—2015 年造纸及纸制品业工业固体废物排放及处理情况见表 7-6。

表 7-6　2011—2015 年我国造纸及纸制品业工业固体废物排放及处理情况

项　目	2011 年	2012 年	2013 年	2014 年	2015 年
一般工业固体废物产生量 / 万 t	1 482	2 168	2 055	2 170	2 248
一般工业固体废物综合利用率 /%	85.9	88.7	84.4	83.5	89.3
危险废物产生量 / 万 t	746	715	308	491	506

4. 工业煤炭消耗和炉窑、锅炉情况

2015 年造纸及纸制品业工业煤炭消耗量为 5 138.5 万 t。其中，燃料煤消耗量 5 132.6 万 t。2015 年造纸及纸制品业有工业炉窑 307 台，其中，35 蒸吨及以上工业锅炉 523 台、20（含）～35 蒸吨锅炉 242 台、10（含）～20 蒸吨锅炉 760 台、10 蒸吨以下锅炉 2 513 台。2013—2015 年我国造纸和纸质品业“三废”产排污量数据见表 7-7。

表 7-7　2013—2015 年我国造纸和纸制品业“三废”产排污量数据

污染物	2013 年			2014 年			2015 年		
	排放（产生）量	单位	占工业比重 /%	排放（产生）量	单位	占工业比重 /%	排放（产生）量	单位	占工业比重 /%
废水量	285 451.9	万 m^3	14.91	275 501.3	万 m^3	14.74	236 684.0	万 m^3	13.04
COD 年产生量	507.941 4	万 t	24.30	470.893 5	万 t	23.46	402.874 8	万 t	22.10
COD 年排放量	53.301 4	万 t	18.68	47.819 0	万 t	17.42	33.542 0	万 t	13.54
氨氮年产生量	5.230 6	万 t	3.96	5.366 1	万 t	4.35	4.449 7	万 t	4.02
氨氮年排放量	1.777 9	万 t	7.91	1.631 9	万 t	7.75	1.235 4	万 t	6.29
挥发酚年产生量	1 259.0	t	1.80	223.6	t	0.34	196.8	t	0.33
挥发酚年排放量	54.3	t	4.31	51.5	t	3.78	38.2	t	3.93
废气量	6 720.6	亿 m^3	1.00	6 700.4	亿 m^3	0.97	6 657.0	亿 m^3	0.97
SO_2 产生量	69.1	万 t	1.14	73.2	万 t	1.18	73.4	万 t	1.22
SO_2 排放量	44.9	万 t	2.66	41.2	万 t	2.60	37.1	万 t	2.65
NO_x 产生量	19.6	万 t	1.08	20.7	万 t	1.14	22.0	万 t	1.25
NO_x 排放量	19.3	万 t	1.32	19.4	万 t	1.47	16.9	万 t	1.55
烟粉尘产生量	472.1	万 t	0.64	438.0	万 t	0.58	475.2	万 t	0.67
烟粉尘排放量	14.9	万 t	1.46	14.2	万 t	1.12	13.8	万 t	1.25
一般固体废物产生量	2 055	**万 t**	0.66	2 170	**万 t**	0.70	2 248	**万 t**	0.72
危险废物产生量	308	万 t	9.76	491	万 t	13.51	506	万 t	12.73

第二节 化学浆造纸工业生产工艺环境基础

一、化学浆造纸工业的原辅料与能耗

（一）原料

造纸原料有植物纤维和非植物纤维（无机纤维、化学纤维、金属纤维）两大类。目前国际上的造纸原料主要是植物纤维，一些经济发达国家所采用的针叶林或阔叶林木材占其总用量的95%以上。

我国常用的木材纤维原料有两大类：一是针叶林木材，如落叶松、红松、马尾松、云南松、樟子松等；二是阔叶林木材，如杨木、桦木、桉木等；以这些为原料的称为木材制浆造纸。

常用的非木材纤维原料有：①禾本科植物。稻麦草、芦苇、荻苇、甘蔗渣、芒草、竹、龙须草等，芦苇、荻苇适于制造印刷纸类。蔗渣适于制造胶版纸和人造纤维浆粕。禾本科植物制浆容易，灰分含量高，影响碱回收。②韧皮植物（麻类、树皮、棉秆皮等），是造纸的高级原料，如制造宣纸、复写原纸等。③棉纤维（棉短纤维、废棉、破布等），可生产高级生活纸、钞票纸、油毡纸等。以上这些为原料的称为非木材制浆造纸。

植物纤维原料主要由纤维素、半纤维素和木素三个部分组成，其质量占到植物纤维原料的80%～95%，是构成植物纤维原料的主要化学成分（表7-8）。其中纤维素形成微细纤维，进而构成纤维，木素和半纤维素则作为微细纤维和纤维细胞间的填充剂或黏合剂，使植物保持直立，具有一定的刚性并且能够完成特定的生理功能（表7-9）。造纸工业中制浆时要尽可能多地保留纤维素，尽量或适当保留纸浆中的半纤维素，除去大部分木素。

表7-8 各种植物性造纸原料的组分比例 单位：%

	纤维素	半纤维素	木素	灰分	NaOH抽出物
针叶木材	50～55	15～20	25～30	0.2～0.4	23
阔叶木材	50～55	20～25	20～25	0.3～0.5	13～20
毛竹	41～42	22.7	23.8	2	19
蔗渣	50.4	28.5	19	3.7	26.3
芦苇	44	30	19.2	5.5	33
荻苇	45	30	19.6	2.8	39
麦草	38	38.8	22.3	8.2	43
稻草	35～36	35.8	18	17.2	41
麻类	70～80	很少	0～12	2～5	20～30
树皮类	40～55	很少	9～12	3～4.5	33～35
棉秆皮	63	很少	23	5.6	34
棉花	90～98	很少	很少	很少	很少

表 7-9　植物纤维成分与其对制浆的影响

成分		化学组分	对制浆的影响
主要成分	纤维素	纤维素是由葡萄糖构成的直链状高分子有机物	纤维素是组成细胞壁的主要成分，是制浆应尽量保留的，纤维素在大气环境中非常稳定，所以纸张能够保存多年而不变质
	半纤维素	由数量不同的几种糖基组成的带支链的高分子有机物，聚合度低于纤维素，应保留	除特种浆外，制浆过程中要尽量保留；浆中半纤维素含量高，滤水性差，难洗浆，易打浆，成纸紧密度高，但纸发脆
	木素	一种芳香族高分子聚合物，由苯基丙烷结构单元以碳键和醚键构成的网状高分子有机化合物分子；能与多种化合物反应，这些反应构成了制浆工艺的理论基础	制浆过程中除去木素的程度，视浆种不同而异；化学制浆就是用化学药品使细胞之间黏结物质溶去一部分，使纤维互相分离成浆。原料中含木素越多，则制浆越困难，所要消耗的化学药品也越多
次要成分	树脂脂肪	一般原料中都低于 1%，只有在松属木材中含量较多；黏性大，影响抄纸，但易与碱反应生产皂化物溶于水，皂化溶出	含树脂多的松木一般都用碱法制浆，以减少其危害，脂肪一般危害不大，可以被皂化溶出
	丹宁、色素	一般原料含量少，易被热水抽出	当丹宁、色素含量较多时，应先抽出，否则会使纸浆的颜色变深，不易漂白
	淀粉、果胶、蛋白质	淀粉为细胞腔内的贮存物质，含量不多，易溶于热水；果胶在植物中以果胶酸盐的形式存在，被认为是植物中灰分的来源	淀粉易溶于热水，对制浆没什么影响。果胶易被稀碱液分解溶出；只需少量碱蒸煮即可脱胶；韧皮类的纤维细胞介质主要是果胶质，只需少量碱煮即可脱胶，对制浆影响不大
	灰分	灰分是植物纤维原料中的无机盐类，65% 以上是 SiO_2；草类原料灰分较高，木材灰分较少	灰分属不溶于中性有机溶剂中的物质，一般纸张对原料中的灰分含量没有什么特殊要求；灰分中的 SiO_2 的含量较高，蒸发时结垢，造成碱回收困难

（二）辅料

在制浆过程使用的化学辅料有为离解浆料而使用的火碱、芒硝、亚硫酸钠、亚硫酸铵等（表 7-10）；根据制浆方法不同，使用的化学品也不同。如碱法（包括硫酸盐法、苛性钠法、石灰法）以氢氧化钠、芒硝、石灰等为蒸煮剂；酸性亚硫酸盐法以亚硫酸氢钙（或镁）为蒸煮剂；中性亚硫酸盐法以亚硫酸钠和碳酸钠为蒸煮剂；氧碱法以氧和氢氧化钠等为蒸煮剂。

有漂白过程使用的过氧化氢、氯气、漂白粉等；有抄纸过程使用的填料氧化镁、氧化钙、滑石粉等；有作为施胶剂的淀粉、松香、酪素、三聚氰胺等；有作为颜料的染料等。

表 7-10 制浆辅料理化性质

辅料名称	理化性质
1. 离解用化学辅料	
火碱	也称氢氧化钠。具有很强腐蚀性的强碱，一般为片状或颗粒形态，易溶于水（溶于水时放热）并形成碱性溶液，有潮解性，易吸取空气中的水蒸气
芒硝	芒硝是自然界中含钠硫酸盐类化合物的总称，可以以含水芒硝和无水芒硝两种形式出现，也可与其他化合物形成复盐，如钙芒硝、钾芒硝、碳酸芒硝等
亚硫酸钠	是常见的亚硫酸盐，无色、单斜晶体或粉末。对眼睛、皮肤、黏膜有刺激作用，可污染水源。受高热分解产生有毒的硫化物烟气
亚硫酸铵	无色晶体，易潮解，在空气中易被氧化为硫酸铵，受热后分解为氨和二氧化硫；易溶于水，呈弱碱性。亚硫酸铵主要用于造纸工业，生产亚硫酸盐纸浆，也被用作还原剂
2. 漂白用化学辅料	
过氧化氢	是一种强氧化剂，水溶液俗称双氧水，为无色透明液体。广泛用于造纸工业机械浆和化学浆的漂白过程
氯气	常温常压下为黄绿色，有强烈刺激性气味的有毒气体，密度比空气大，可溶于水，易压缩，可液化为金黄色液态氯，在造纸工业用于漂白
漂白粉	主要成分是次氯酸钙。漂白粉为白色或灰白色粉末或颗粒，有显著的氯臭味，很不稳定，吸湿性强，易受光、热、水和乙醇等作用而分解。漂白粉溶解于水，其水溶液可以使石蕊试纸变蓝，随后逐渐褪色而变白。遇空气中的二氧化碳可游离出次氯酸，遇稀盐酸则产生大量的氯气
3. 填料	
氧化镁	氧化镁是碱性氧化物，具有碱性氧化物的通性，属于胶凝材料；在造纸工业用于填料
氧化钙	俗名生石灰，属碱性氧化物。物理性质是表面白色粉末，不纯者为灰白色，含有杂质时呈淡黄色或灰色，具有吸湿性；在造纸工业用于填料
滑石粉	滑石主要成分是含水的硅酸镁。滑石具有润滑性、抗黏耐火性、抗酸性、绝缘性、熔点高、化学性不活泼等理化性质；在造纸工业用于填料
4. 施胶剂	
淀粉	淀粉是葡萄糖分子聚合而成的，它是细胞中碳水化合物最普遍的储藏形式。淀粉在造纸工业用于打浆机上胶、轧光机上胶、表面上胶
松香	指以松树松脂为原料，通过不同的加工方式得到的非挥发性天然树脂。松香的主要成分为树脂酸，占 90% 左右。松香在造纸工业上用作抄纸胶料
酪素	动物乳汁中所含的蛋白质遇酸凝固析出的粉末，黄白色。酪素是造纸和纺织工业中的施胶剂
三聚氰胺	几乎无味，微溶于水，可溶于甲醇、甲醛、乙酸、乙二醇、甘油、吡啶等，不溶于丙酮、醚类、对身体有害。三聚氰胺甲醛树脂是造纸工业中广泛使用的湿强剂，且往往与其他胶料一起使用，以获得较好的效果

（三）能耗与原料消耗

一般生产 1 t 草浆需要 2.5 t 左右干禾草；生产 1 t 芦苇浆需要 2.7 t 左右干禾草；生产

1 t 纸浆需要 2 t 左右干蔗渣（或 4 ～ 5t 湿蔗渣）；生产 1 t 竹浆需要 4 ～ 5 t 鲜竹（2 t 干竹）；生产 1 t 木浆需要 2 m^3 左右木材；生产 1 t 再生浆需要 1.2 ～ 1.4 t 废纸。

生产 1 t 纸，需消耗烧碱 300 kg（考虑碱回收，实际消耗 70 ～ 100 kg）。1 t 纸中含填料 10% ～ 30%；需取水 100 ～ 200 m^3（如循环利用可减少用量），耗电 2 000 ～ 2 500 kW · h，耗煤 300 ～ 400 kg；1t 再生浆需 1.5 ～ 3 t 蒸汽（折消耗煤炭 0.5 t）。

《造纸工业发展"十二五"规划》要求到 2015 年年底，吨纸浆、纸及纸板的平均取水量由 2010 年的 85 m^3 降至 70 m^3，减少 18%；吨纸浆平均综合能耗（标准煤）由 2010 年的 0.45 t 降至 0.37 t，比 2010 年降低 18%；吨纸及纸板平均综合能耗（标准煤）由 2010 年的 0.68 t 降至 0.53 t，比 2010 年降低 22%。国际上水耗先进水平吨纸水耗仅为 10 ～ 20 m^3，甚至低于 10 m^3，吨浆纸综合水耗为 35 ～ 50 m^3，比我国吨浆纸耗水量的一半还低，与国际先进水平相比仍有很大的差距。

《制浆造纸单位产品能源消耗限额》（GB 31825—2015）规定的单位能耗见表 7-11。

表 7-11　制浆造纸主要生产系统单位产品能耗限定值　单位：kg 标准煤 / 大风干浆

产品分类		现有企业能耗限定值	新建改扩建企业准入值	制浆企业能耗先进值
漂白化学木浆	自用浆	≤ 280	≤ 240	≤ 200
	商用浆	≤ 400	≤ 360	≤ 320
未漂化学浆	自用浆	≤ 220	≤ 180	≤ 150
	商用浆	≤ 340	≤ 300	≤ 270
漂白化学非木浆（自用浆）		≤ 400	≤ 310	≤ 280

二、化学浆造纸工艺

（一）化学浆造纸主要工艺

化学法制浆的实质是通过化学药液与植物纤维原料在高温下的反应，使胞间层的木素尽可能多地溶出，原料分离成浆。化学法制浆所用的化学药品种类很多，但是工业生产上常用的有碱法制浆及亚硫酸盐法制浆两大类。碱法制浆主要包括硫酸盐法和烧碱法。碱法制浆约占世界纸浆产量的 90%。

1. 碱法制浆工艺

碱法制浆生产工艺流程如图 7-1 所示。

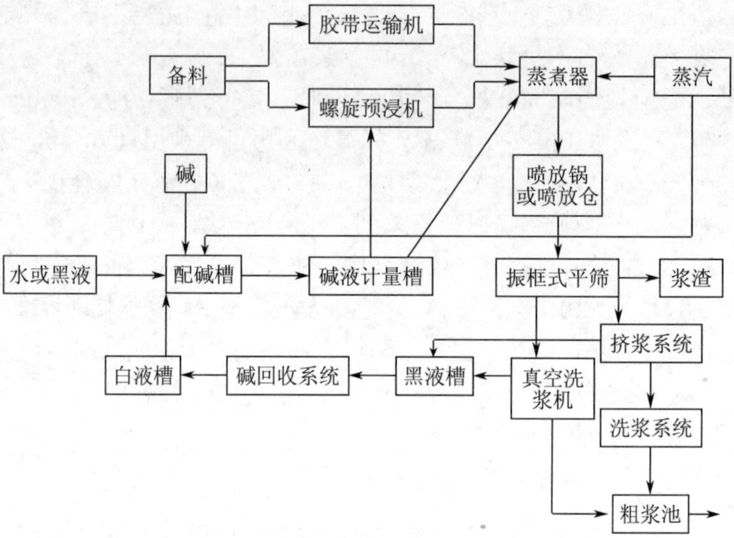

图 7-1 碱法制浆生产工艺流程

（1）硫酸盐法制浆生产工艺

硫酸盐木浆生产工艺为备料加工的木片进入蒸煮器进行蒸煮，发生化学反应，去除木素并使纤维离解成浆。对于有碱回收的制浆系统，蒸煮液就是回收的白液，一般不再另加化学药剂，损失碱用芒硝补充；蒸煮一般分为间歇蒸煮和连续蒸煮两种。硫酸盐草浆生产工艺除了原料为稻麦草外，其他生产工艺过程和原理均与硫酸盐木浆生产工艺相同。

（2）烧碱法制浆生产工艺

工艺过程与硫酸盐法基本相同，但使用烧碱溶液进行蒸煮，并且在碱回收系统中以碳酸钠或烧碱来补充生产过程中碱的损失。本法常用以蒸煮阔叶木和非木材植物纤维原料，所得纸浆的质量接近硫酸盐浆。

备料车间的原料进入螺旋预浸机被蒸煮药液浸润后进入蒸煮设备，经高温蒸汽蒸煮后浆料喷入喷放锅。

蒸煮设备有蒸球和间歇式蒸煮器（这类设备主要是中小造纸厂使用）、立式蒸煮锅和连续蒸煮设备（分横管式和斜管式）。间歇式蒸球是我国中小型草浆纸厂应用较多的设备，一般采用 25 m^3 和 40 m^3 的小型蒸球，该设备生产能力小，占地面积大，一般大厂很少采用。

喷放设备有喷放锅和喷放仓，喷放锅主要用于木浆厂，喷放仓多用于中小型草浆厂，喷放时会产生大量废气，如不回收，会造成热能浪费并污染环境。

2. 酸法草浆生产工艺

酸法草浆是指以亚硫酸氢盐为主要蒸煮药液，对草类原料进行处理得粗浆的制浆工艺，该工艺的原料前处理和粗浆后处理与碱法草浆基本类似，除蒸煮药液不同外，还有蒸煮酸的制备过程，如图 7-2 所示。

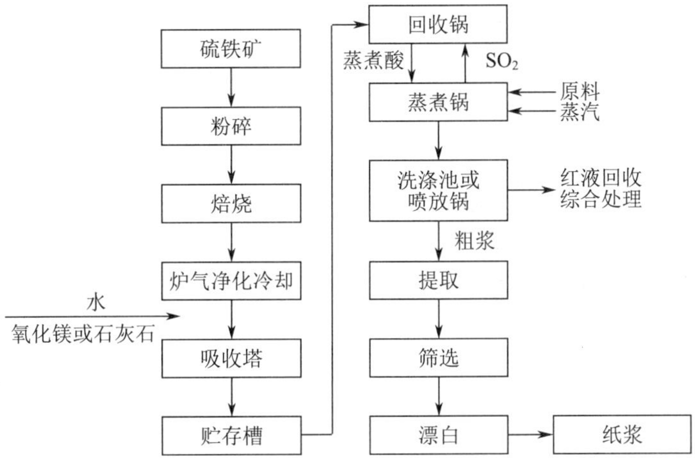

图 7-2　酸法制浆生产工艺流程

（二）化学浆造纸工业主要生产设备

化学浆造纸工业主要生产设备见表 7-12。

表 7-12　化学浆造纸工业主要生产设备

车间名称	生产设备
麦草备料	辊式切草机、除尘器
蒸煮工段	杂物分离器、水洗碎草机、草片泵、斜螺旋脱水机、销鼓计量机、预热螺旋、螺旋喂料机、蒸煮管、御料器、喷放塔、洗草水净化系统
洗筛及氧脱木素工段	混合箱、鼓式真空洗浆机、压榨洗浆机、贮浆机、黑液槽、黑液过滤机、氧化塔、中浓泵、混合器、加热器、封闭筛选系统、热水槽、真空泵
漂白工段	鼓式真空洗浆机、压榨洗浆机、预处理塔、中浓泵、混合器、加热器、漂白塔、贮浆塔、药业制备系统、桥式起重机
抄纸工段	抄纸机、复卷机
碱回收车间	稀黑液槽、板式蒸发器、板式冷凝器、黑液燃烧炉、圆盘蒸发器、静电除尘器、引风机、溶解槽、浓黑液槽、除氧加药系统、石灰粉碎系统、消化提渣机、苛化器、澄清器、洗渣机、白泥洗涤机
废纸浆系统	转鼓式碎浆机、除砂机、粗筛、纤维分离机、精筛、多盘浓缩机

三、化学浆造纸工业排污节点分析

（一）化学浆造纸主要环境要素分析

化学浆造纸工业主要环境要素见表 7-13。

表 7-13 化学浆造纸工业环境要素分析

污染类型		主要污染指标
废气	有组织废气	运输和备料工段产生颗粒物；蒸煮系统和碱回收系统产生恶臭；锅炉产生的二氧化硫、氮氧化物、烟尘；食堂产生的油烟
	无组织废气	运输和备料工段产生的颗粒物；蒸煮系统和碱回收系统产生的恶臭
废水	生产废水	备料工段产生的产生的洗涤废水；蒸煮工段、碱回收工段、中段水等产生的可吸附有机卤化物 AOX、pH、SS、COD、BOD、氨氮、总氮、总磷、石油类、动植物油、阴离子表面活性剂、色度、氯化物、硫酸盐
	生活污水	浴室、食堂、厕所废水（COD、SS、氨氮）
固体废物	生产废物	备料废渣、蒸煮产生的浆渣、白泥、造纸工段产生的废过滤网、废毛布、锅炉产生的炉渣、污水站污泥
	生活垃圾	办公室、食堂、浴室等产生的垃圾
噪声		碎浆机和振筛 80 ～ 85 dB(A)、造纸机 75 ～ 80 dB(A)、锅炉房引风机 82 ～ 90 dB(A)、鼓风机 90 ～ 95 dB(A)

（二）化学浆造纸行业排污节点

1. 碱法草浆产污节点

草浆企业是制浆造纸行业中污染最为严重的一类企业，我国草浆企业的特点是规模小、环保设施不完备、污染严重。图 7-3 为典型碱法草浆生产工艺产污节点，可知碱法草浆产生废水主要来自蒸煮、提取；固体废物主要是碱回收白泥和绿泥、污水站污泥、锅炉煤渣，废气主要是草尘、锅炉废气。

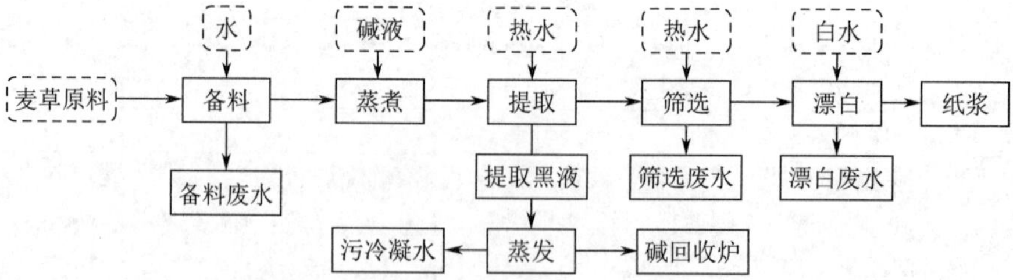

图 7-3 典型碱法草浆生产工艺产污节点

2. 酸法草浆产排污节点

酸法草浆企业也是制浆造纸行业中污染严重的一类企业，在我国所占比例较小，并有逐步淘汰的趋势。图 7-4 为典型酸发草浆生产工艺产污节点，可知酸法制草浆产生废水主要来自蒸煮、提取，固体废物主要是污水站污泥、红液过滤滤渣、锅炉煤渣，废气主要是草尘、锅炉废气以及少量未回收 SO_2。

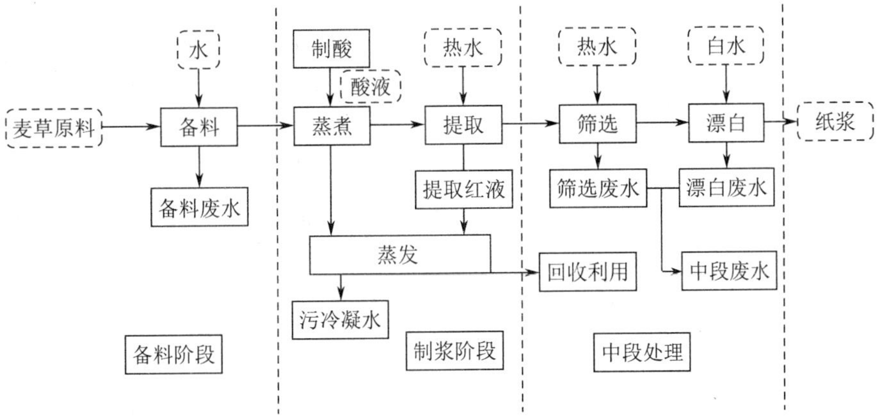

图 7-4　典型酸法草浆生产工艺产污节点

（三）化学浆造纸行业排污节点（表 7-14）

表 7-14　化学浆造纸行业排污节点

工序	工艺设施	污染产生原因	排污节点和环境因素	控制措施
准备工段	备料过程	洗草	洗草水（SS）	洗草水经洗草水处理系统处理后循环使用
		粉碎	粉尘	粉尘采用除尘器去除
		分拣、清洗、破碎	草屑、分拣物等	草屑、分拣物等堆肥、出售
		清洗机、粉碎机	噪声	减振、隔声
蒸煮工段	蒸煮过程	蒸煮废液	黑液（强碱、高 COD）	送碱回收车间
		碱回收	绿泥	填埋
		碱炉	烟尘	静电除尘器
漂白、清洗工段	漂洗过程	纸浆洗涤、筛选、漂白、浓缩	中段水	进污水处理系统
			白泥	填埋
造纸工段	造纸过程	抄纸	纸机白水	部分回用到碎浆、调浆等工段，部分排入污水处理系统
			噪声	减振、隔声
污水站	蒸煮工段	碱回收	黑液	先单独处理，处理达标后进入污水站
	格栅、沉淀、过滤、厌氧生化、好氧生化、二沉池、污泥压滤机等	来自车间的工艺废水、冲洗废水、设备洗水；罐区地面冲洗废水；锅炉房废水	废水含 COD、SS、碱、硫化物、pH、氨氮等； 污水处理的污泥； 污水和污泥恶臭	废水进行物理 - 厌氧 - 好氧处理后，废水含 COD、SS、硫化物、pH、氨氮等处理达标回用； 污泥经鉴定后确定是否属于危险废物，如果是则委托有危险废物资质的单位处理； 恶臭采取投加或者喷洒化学除臭剂

工序	工艺设施	污染产生原因	排污节点和环境因素	控制措施
污水站	风机、泵	机械运行噪声	噪声	消声、隔声、减振
机修车间	机器大修和日常维修保养	废水，机修车间地面的雨水会产生含油废水；产生清洗零件或车辆的废水固体废物：机修车间产生的废机油和含油废棉纱等固体废物	含油废水含污染物SS、COD、石油类等； 机修车间产生的废机油和含油废棉纱，属于危险废物	机修车间地面的雨水应事先雨污分流，污染的雨水和机修生产废水应收集经隔油、沉淀进入污水处理系统，以防含油废水进入雨水系统； 机修车间产生的废机油和含油废棉纱应符合危险废物的收集、贮存、转移运输的管理要求
锅炉房	煤场、锅炉、灰渣场、除尘器、脱硫设施、脱盐水站等	燃烧产生烟气； 煤场、灰库产生扬尘； 锅炉废水、脱盐废水、冲渣废水； 锅炉和除尘产生灰渣	锅炉燃烧烟气，污染物包括烟尘、SO_2和NO_x； 煤场、灰库产生扬尘； 废水主要含SS、重金属； 锅炉和除尘产生灰渣	烟气应除尘、脱硫； 煤场、灰库应采用抑尘措施； 锅炉灰渣外运综合利用

四、化学浆造纸工业环境管理

（一）主要污染来源

1. 污水来源及处理

（1）黑液。

黑液是碱法制浆（烧碱法与硫酸盐法）过程中产生的废液，是通过提取工段（多段逆流洗涤）提取出来的。黑液中含有有机物与无机物两大类物质。有机物主要是碱、木素、半纤维素的降解产物；无机物中绝大部分是各种钠盐，如硫酸钠、碳酸钠、硅酸钠，以及NaOH和Na_2S（硫酸盐法）。黑液主要通过碱回收进行处理，使得制浆厂总产污负荷减少85%～95%，是解决制浆废水污染的重要途径之一。也可以从黑液中提取木素进行资源化利用。

（2）红液。

红液是酸法过程中产生的废液，是通过提取工段（多段逆流洗涤）提取出来的。红液中残酸、木素、半纤维素的降解产物。利用红液可以生产酒精、酵母、香兰素、木精、黏合剂、扩散剂等。

（3）白水。

白水是造纸过程中废液，主要成分是SS、COD、BOD等，其中SS（纤维和填料）量大，主要通过过滤、沉淀和气浮等工艺技术进行处理。

（4）中段水。

中段水来源于制浆造纸企业的除黑液、红液和白水（单独处理）之外的所有生产废水，主要成分是 COD、BOD、SS 等，常用的处理工艺有物化、生化及深度综合处理。

2. 废气的来源及处理

（1）锅炉及碱回收炉。

采用静电除尘 + 袋式除尘系统、石灰石 + 石膏湿法脱硫处理系统、低温燃烧技术、选择性非催化还原法脱硝技术、炉内脱硫以及双碱法脱硫除尘等技术。

（2）制浆废气。

根据生产过程分阶段、分装置分别进行收集和处理。从硫酸盐木浆的蒸煮废气中可提取松节油等，也可以使用离子氧发生器进行无害化处理。

（3）粉尘。

备料粉尘采用袋式除尘或水膜除尘；煤场和道路采用定期洒水，保持表面湿润，大型料场、堆场应建设全封闭或防风抑尘设施。

3. 噪声的来源及处理

产生噪声的设备尽量安排在独立室内，且采用消声及降噪措施。

4. 固体废物的来源及处理

（1）一般固体废物。

主要包括备料废物、锅炉炉渣和煤灰、生化污泥、白泥（硫酸盐木浆生产工艺）、生活垃圾等，备料废物、锅炉炉渣和煤灰，要进行综合利用，生化污泥、生活垃圾要进行无害化处理，其中脱水污泥可与燃煤混合后燃烧，也可用于生产有机肥。

（2）危险废物。

制浆造纸过程中产生的脱墨渣、废弃染料、碱回收工艺故障或停用时产生的白泥、绿泥等应依据《国家危险废物名录》和《危险废物鉴别标准》（GB 5058—2016）进行判断，属于危险废物的严格按照危险废物相关管理要求管理，不得将不相容的废物混合或合并存放。

（二）主要环境管理

1. 环境规划

充分利用竹类、甘蔗渣和芦苇等资源制浆造纸，严格控制禾草浆生产总量，加快对现有禾草浆生产企业的整合，原则上不再新建禾草化学浆生产项目。限制木片、木浆和非木浆出口。

2. 环境管理

（1）符合国家和地方的有关环境法律、法规，污染物排放达到国家和地方排放标准、总量控制和排污许可证管理制度。

（2）按照要求实习清洁生产审核。安装仪表对主要环节的水、电、气进行计量。

（3）对一般废物进行妥善处理，对危险废物（脱墨污泥）按照有关要求进行无害化处理。

（4）对原材料供应方、生产协作方、相关服务方提出环境管理要求。

3. 环评要求

纸浆、溶解浆、纤维浆等制造，造纸（含废纸造纸）都应做环境影响报告书。

4. 环境监督管理

企业排放废水应执行《制浆造纸工业水污染物排放标准》（GB 3544—2008）和排污许可证的要求，必须采取措施保证污染防治设施正常运行。环保部门可以现场及时检查或监测是否排放达标。在发现企业有用排水异常变化时，应核定企业的实际产量和排水量，换算水污染物基准水量排放浓度。

5. 原辅料限制

原则上不再兴建化学草浆生产企业。

6. 生产、运输、贮存、使用限制

限制新上项目采用元素氯漂白工艺（现有企业逐步淘汰），禁止进口国外落后的二手制浆造纸设备。完善“三废”治理设施，严格控制污染物排放。

7. 污染治理要求

（1）新建制浆造纸项目必须从源头防止和减少污染物产生，消除或减少厂外治理。

（2）要以水污染治理为重点，采用封闭循环用水、白水回用，中段废水处理及回收、废气焚烧回收热能、废渣燃料化处理等“厂内”环境保护技术与手段，加大废水、废气和废渣的综合治理力度。

8. 污染减排

（1）推进制浆造纸企业在生产过程中使用串联用水系统和循环用水系统，提高水的重复利用率，减少新鲜水用量。到“十二五”末，单位产品平均取水量比 2010 年降低 18%。

（2）采用先进成熟适用的回收利用技术，对生产过程中产生的废气（余压、余热）、废渣、废液进行综合利用处理。

（3）鼓励发展高得率纸浆和废纸浆造纸，节约纤维资源。

（4）加速推进二噁英类持久性有机污染物和氨氮的减排进程。根据《中华人民共和国履行关于持久性有机污染物的斯德哥尔摩公约国家实施计划》，推进我国造纸工业二噁英类持久性有机污染物减排进程。

（5）升级改造污水处理设施，强化脱氮除磷功能，推进氨氮等污染物减排。

第三节　废纸制浆造纸工业生产工艺环境基础

一、废纸制浆造纸工业主要环境问题

1. 未建立有效的废纸分类体系，回收率低

近年来，虽然我国利用废纸造纸发展迅速，废纸分类国家标准已颁布，但仍然存在废纸回收体系不健全、非正规化分拣等问题，使大量回收的废纸未得到充分利用。造纸纤维原料自给率难以提高，供需矛盾日益加剧。目前，废纸回收率美国为52.4%、日本为71%、德国为75.2%，我国为36%，与以上国家有较大的差距。

2. 节能减排任务艰巨

我国造纸工业中技术装备比较落后的产能仍占35%左右，物耗、水耗、能耗高，是造纸行业的主要污染源，其COD排放量约占行业排放总量的47%，产品质量、物耗、污染负荷均与国际先进水平存在相当大的差距，难以达到《制浆造纸工业水污染物排放标准》（GB 3544—2008）的要求，急需加大改造或淘汰的力度。

3. 废纸原料对外依存度大

我国废纸原料的对外依存度极高，据统计，我国造纸工业对进口纤维原料的依存度高达45%，废纸进口量居世界第一位。主要原因是国产废纸回收率低，数量不足，质量差。

4. 集约度低，大部分为中小企业，技术装备落后

我国造纸工业具有国际竞争力的大型企业集团和骨干企业数量少，其影响力、带动力有待提高，小企业、弱势企业多，行业规模效益水平低。规模以上造纸企业销售总额仅与世界前四强合计数相当，目前的原料结构、规模结构和技术装备水平决定了我国造纸工业废水污染负荷大，水资源消耗总量和废水排放总量较大，环境污染相当严重，企业面临的环保压力增大，污染防治任务十分艰巨。我国多数废纸造纸企业由于缺乏科学的生产过程成本核算与控制方法，普遍存在纤维流失严重、废水回用量少等问题，导致物料循环利用率低。

二、废纸制浆造纸工业的原辅料和能耗物耗

（一）原料

废纸纤维类，我国习惯划为一等废纸（未经印刷从有关加工单位挑的白纸边、破残纸）、二等废纸（经印刷的废旧书刊、报纸）、三等废纸（除了以上两种外的一切废纸、旧纸板、破纸箱）等。

（二）辅料

脱墨过程中使用的脱墨剂；漂白过程中使用的过氧化氢、氯气、漂白粉等；抄纸过程中使用的填料氧化镁、氧化钙、滑石粉等；作为施胶剂的淀粉、松香、酪素、三聚氰胺等；作为颜料的染料等。辅料性质参照表 7-10。

（三）废纸制浆造纸过程的原料消耗

生产 1 t 再生浆需 1.2 ～ 1.4 t 废纸。废纸脱墨制浆粗浆得率和 COD 产生量见表 7-15。

表 7-15　废纸脱墨制浆粗浆得率和 COD 产生量

浆种	粗浆得率 /%	COD 产生量 /(kg/t 浆)
废纸脱墨制浆	80 ～ 85	150

（四）废纸制浆造纸工业的能耗和水耗

1. 能耗

再生浆需 0.2 ～ 0.3 t 蒸汽（折消耗煤炭 0.05 t）。国际上造纸工业平均能耗为吨浆纸综合能耗 0.9 ～ 1.1 t 标煤 /t 浆，2005 年我国造纸平均综合能耗为 1.38 t 标煤 /t 浆。2010 年，我国造纸工业吨产品综合平均能耗（标煤）1.10 t。

2. 水耗

再生浆的吨浆水耗为 20 ～ 80 m^3，再生浆的生产不脱墨工艺和脱墨工艺水耗差距很大。

三、废纸制浆造纸工艺

废纸制浆造纸又称为再生纸生产，废纸制浆主要工序为碎浆、筛选、除渣、脱墨、浓缩、

分散和漂白。可分为两类，一类是脱墨浆，主要用于生产新闻纸、印刷书写纸、杂志纸和涂布纸板等（多一道脱墨工序）；另一类是不脱墨浆，主要用于生产包装纸、瓦楞纸和箱纸板等。

（一）脱墨制浆生产工艺

脱墨生产工艺流程见图 7-5。

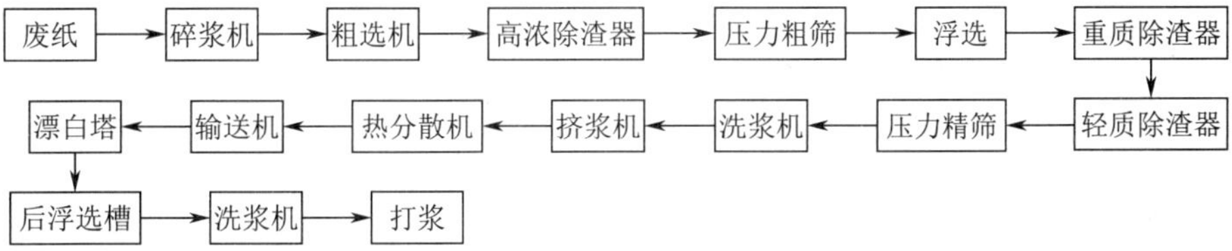

图 7-5　脱墨生产工艺流程

（二）非脱墨制浆生产工艺

非脱墨生产工艺流程见图 7-6。

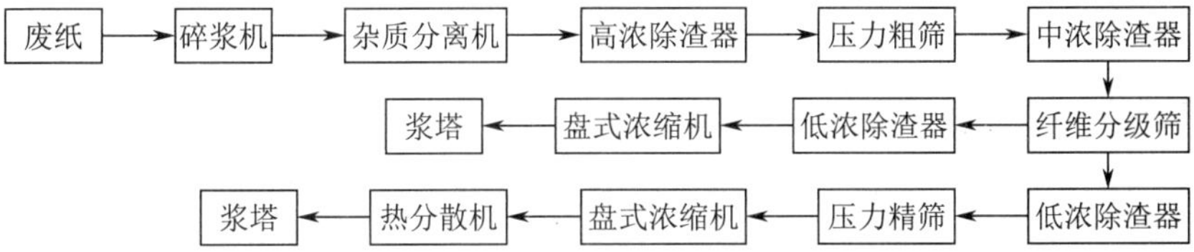

图 7-6　非脱墨生产工艺流程

（三）废纸造纸生产工艺

废纸造纸生产工艺流程见图 7-7。

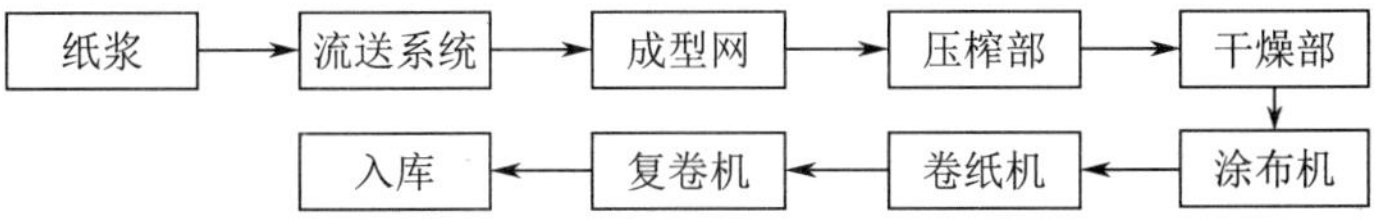

图 7-7　废纸造纸生产工艺流程

（四）废纸制浆造纸生产工艺说明

1. 碎浆

碎浆是废纸制浆的第一步，目的是将废纸分散成纤维悬浮液，同时将废纸中固体污染物如砂、石、金属等重杂质及绳索、破布条、塑料等体积大的杂质有效分离。不同的碎浆工艺和设备对生产的水耗、能耗、纤维的流失影响较大。碎浆一般采用连续或间隙式，设备通常有两种：水力碎浆机和圆筒疏解机。水力碎浆机从结构形式上分为立式和卧式，从操作方法上分为连续式和间歇式，从碎浆浓度上分为低浓、中浓和高浓，高浓碎浆浓度可达 15% ～ 20%，中浓碎浆浓度一般为 8% ～ 12%，低浓碎浆浓度在 6% 以下。目前国内投产的大规模生产线一般采用圆筒疏解机进行高浓碎浆，圆筒疏解机为高浓连续碎浆设备，高浓碎浆对纤维损伤小，水耗、能耗低。

2. 筛选及净化

筛选及净化的目的是分离碎浆后纸浆中的重、轻杂质，杂质包括：薄片、塑料、胶黏物、其他杂质颗粒。筛选是为了从废纸浆中将大于纤维的杂质碎片和固体污染物去除，并尽量减少处理过程中纤维的流失，废纸处理流程中使用的筛绝大多数为压力筛。净化是利用杂质与废纸浆悬浮液的密度不同，将杂质分离，净化的设备一般采用锥形除渣器。筛选及净化系统应有较高的净化效率，并减少纤维的流失。

3. 洗涤和浓缩

洗涤的目的是从有用的纤维中将悬浮固形物和废杂质除去，故其滤液中的固形物含量一般都比较高。洗涤去除颗粒大小在 30 ～ 40 μm 以下的废杂质，如白土或填料、细小油墨、细小胶黏物等废杂物，还有片状油墨、胶印油墨也有一些可以通过洗涤除去。洗涤设备有带式洗浆机、喷淋式圆盘过滤机、鼓式洗浆机等，在洗涤的同时，也实现了浓缩的功能。

浓缩是提高出口纸浆浓度，浓缩目的是：①回收流程水和化学品以增加运行效率；②将纸浆浓缩以供后续工序（如漂白、分散与搓揉）处理。这一类的设备有多盘浓缩机、夹网挤浆机、双辊脱水压榨机等，这类设备滤液中固形物含量少。

4. 脱墨

废纸的脱墨是废纸脱墨制浆过程中一个非常关键的过程。废纸脱墨过程是一个化学反应和物理反应相结合的过程，一般是通过脱墨化学品来破坏印刷油墨对纤维的黏附，在适当的温度和机械力的作用下，将油墨从纤维上分离下来。为了提高脱墨效率，从纤维上分离出来的油墨粒子，必须及时清除。

分离油墨粒子一般有两种方法：洗涤法和浮选法。

洗涤法是将油墨粒子预先在碎浆机中进行预洗涤，然后送到除渣、筛选、洗涤设备中进一步除去。洗涤法脱墨时须加入分散剂和沉淀剂。洗涤法脱墨比较干净，所得纸浆白度高，灰分含量低，操作方便，工艺稳定，电耗低，设备投资少。缺点是用水量大、纤维流失大、得率低。

浮选法脱墨是向浆料中通入空气，送入的空气产生气泡，发泡剂又使这些气泡凝聚不散，油墨粒子和杂质吸附在泡沫上，聚集在浆料表层，不断地刮去这些附有油墨粒子的泡沫，即可达到除去油墨的目的。浮选法的优点是纤维流失小，纸浆得率可达 85% ~ 95%，使用的脱墨剂少；缺点是纸浆白度低，灰分含量高，所用设备比洗涤法复杂、昂贵，动力消耗大。但是浮选法脱墨自 20 世纪 90 年代以来发展很快。

5. 漂白

由于废纸纤维成分复杂，大多经过印刷，废纸浆的白度较低。用于生产白纸的废纸浆一般需要进行漂白。漂白方法一般有：含氯漂白、氧气漂白、臭氧漂白、过氧化氢漂白等。含氯漂白在漂白过程中会产生 AOX 等有机氯化物，污染严重，已逐渐减少使用。废纸浆中一般含有机械浆，不适采用含氯漂白，在废纸制浆清洁生产中应禁止采用。过氧化氢等无氯漂白方式是废纸制浆工业中广泛采用的一种漂白方法，漂白效果好，废水对环境污染小。

6. 废纸造纸

抄纸是制造纸张的一个步骤，详细方法是：纸浆在抄造纸张前需再除去其中泥沙及粗纤维等杂质。传统的净化方法是：浆料经加水稀释后，缓慢地流经沉砂槽，将砂粒、杂质沉析出，再经过平板筛浆机筛去较粗纤维。净化处理后的浆料即可流向抄纸机，经过成型、脱水、烘干等工序抄成纸张。造纸机的流浆箱及脱水的网部称“成型”部分，在此形成“纸胎”，是成纸结构的基础。一般可分为湿法造纸和干法造纸两大类。目前大多数纸和纸板采用湿法造纸，干法造纸多用于特种纸的制造。纸和纸板的生产过程大体可分为打浆、调料、造纸机前纸料的处理、纸或纸板的抄造四个阶段。

（五）废纸制浆造纸生产主要设备

废纸制浆造纸企业主要生产设备见表 7-16。

表 7-16　废纸制浆造纸企业主要生产设备

项目	设备（设施）名称
碎浆系统	水力碎浆机、圆筒疏解机、浆泵
筛选及净化	压力筛、锥形除渣器、立式旋翼筛
洗涤和浓缩	带式洗浆机、喷淋式圆盘过滤机、鼓式洗浆机、多盘浓缩机、夹网挤浆机、双辊脱水压榨机等
脱墨	除渣机、筛选机、洗涤设备、浮选机
漂白	漂浆机、氯化塔、碱处理塔、漂白塔
造纸	长网造纸机、夹网造纸机、叠网造纸机、圆网造纸机、流浆箱、压榨机、烘干机、压光机、卷纸机
其他生产辅助设施	锅炉、引风机、鼓风机

四、废纸制浆造纸排污节点分析

（一）废纸制浆造纸环境要素分析

废纸制浆产生最大的污染物是废水，因废纸的种类、来源、处理工艺、脱墨方法及废纸处理过程的技术装备情况不同，所排放的废水特性差异很大。废水主要来自废纸的碎浆、疏解，废纸的洗涤、筛选、净化、脱墨及漂白过程。一般情况下，非脱墨浆废水排放量及废水的 BOD、COD 排放负荷均比脱墨浆低。废纸制浆造纸污染物还包括固体废物、噪声，见表 7-17。

表 7-17 废纸制浆造纸污染要素分析

类别	污染物	特征
废水	废纸制浆废水	总固体悬浮物：包括细小纤维、无机填料、涂料、油墨微粒及微量的胶体和塑料等；可生化降解有机物：主要是纤维素或半纤维素的降解物，或是淀粉等碳水化合物及蛋白质、胶黏剂等形成废水中的 BOD_5； 还原性物质：包括木素及衍生物和一些无机盐等形成 COD； 有色物质：由油墨、染料及木素等化合物形成废水的色度
	造纸白水	主要来源于纸机湿部系统，含有 SS、COD 等物质，污染较轻
固体废物	脱墨污泥	来源于脱墨工段，主要成分是油墨粒子和细小纤维，还含有小部分填料和涂料，热值较高
	废纸	造纸过程中产生的废纸，一般回收利用
噪声	机械噪声	来源于造纸机、压榨机、烘干机、压光机、卷纸机，<85dB（A）

（二）废纸制浆排污节点

废纸制浆废水中含有的污染物及其特征见表 7-18。

表 7-18 废纸制浆废水中含有的污染物说明

污染物	特征
总固体悬浮物	包括细小纤维、无机填料、涂料、油墨微粒及微量的胶体和塑料等
可生化降解有机物	主要是纤维素或半纤维素的降解物，或是淀粉等碳水化合物及蛋白质、胶黏剂等形成废水中的 BOD_5
还原性物质	包括木素及衍生物和一些无机盐等形成 COD
有色物质	由油墨、染料及木素等化合物形成废水的色度

废纸制浆有非脱墨和脱墨两种工艺，其中脱墨法污染相对严重，废水可生化性较强，图 7-8、图 7-9 为典型废纸制浆生产工序及产排污流程。

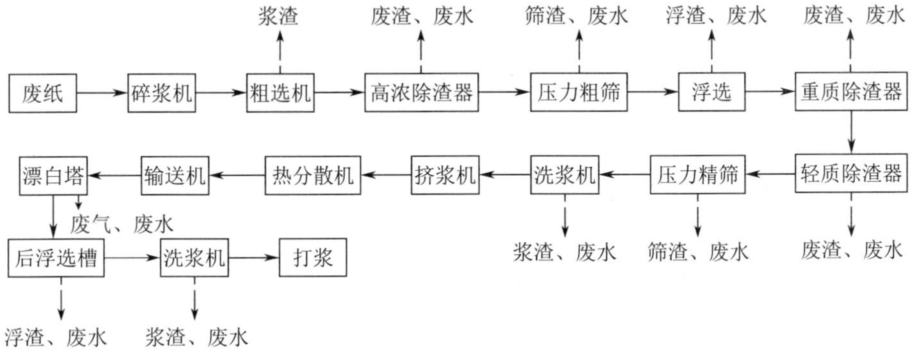

图 7-8　脱墨生产工艺产排污节点

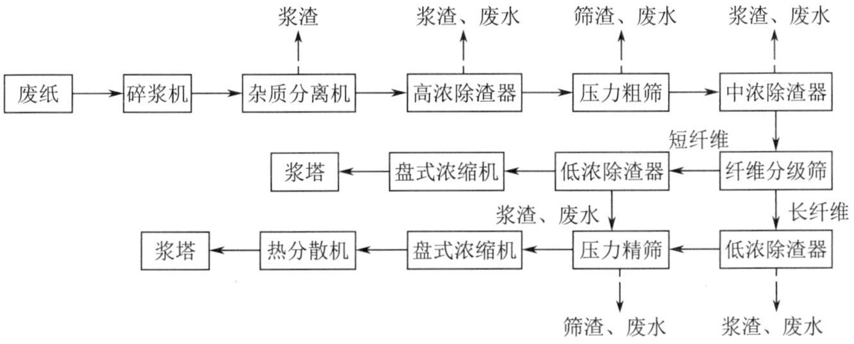

图 7-9　非脱墨生产工艺产排污节点

（三）废纸造纸排污节点（图 7-10）

造纸车间废水又可分为造纸系统排放废水和造纸辅助系统排放废水，造纸系统排放废水又包括重污水、轻污水、临时性（事故性）排放废水。重污水主要来自压力筛和除砂器等浆料净化系统排“渣”，而轻污水则主要来自白水回收处理系统多余白水。临时性（事故性）排放废水主要是指系统不平衡时浆槽、白水槽、水封槽等的溢流水以及控制失灵导致的事故性排放和地面冲洗水。通常白水系统废水占废水总量的 80% 以上。对于涂布纸生产，回收涂料会带出部分废水，这部分废水通常 COD_{Cr} 排放浓度较高，除此之外各纸种造纸厂其他部分废水水量不大，污染负荷不高。

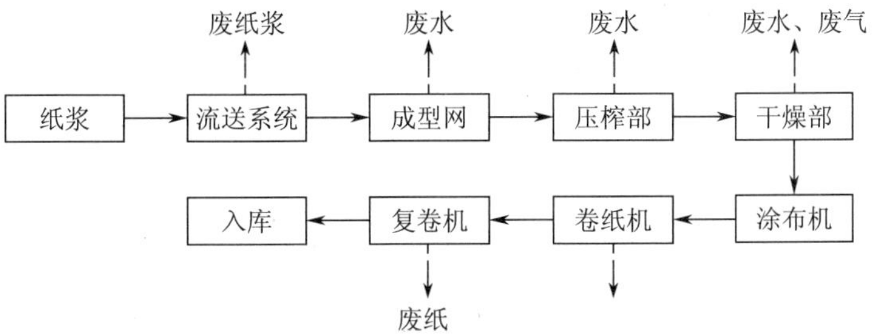

图 7-10　废纸造纸生产工艺产排污节点

（四）废纸制浆造纸排污节点分析（表 7-19）

表 7-19 废纸制浆造纸排污节点分析

工段	生产设施	污染产生原因	排污节点和主要环境因素	控制措施
碎浆	碎浆机、磨浆机	废水主要来自废纸的碎浆、疏解	废水、废渣、噪声	废水进废水处理站，废渣填埋或者制作有机肥，噪声采用减振措施
筛选净化	筛浆机	筛选过程产生的不能利用的废物	废水、废渣、噪声	废水进废水处理站，废渣填埋或者制作有机肥，噪声采用减振措施
洗涤浓缩	洗涤设备	洗涤过程产生	废水、废渣、噪声	废水进废水处理站，废渣填埋或者制作有机肥，噪声采用减振措施
脱墨	脱墨设施	来源于脱墨工段，主要成分是油墨粒子和细小纤维，还含有小部分填料和涂料，热值较高	废水、脱墨污泥	废水进废水处理站，脱墨污泥干化焚烧
漂白	漂白设施	漂白过程产生漂白废水以及刺激性气体	废水、氯气	废水进废水处理站，采取负压措施
造纸	网部、压榨、烘干、卷取	主要是成形、压榨、干燥过程产生的废物	纸机白水（SS 和有机物）、纤维性浆渣、废纸等固体废物，机械噪声	白水采取过滤气浮后回用，废纸回用，浆渣填埋或者回收利用，噪声采取隔振措施

五、废纸制浆造纸工业环境管理

（一）废纸制浆造纸主要污染来源

废纸制浆工艺产生的污染包括水污染、固体废物污染、大气污染和噪声污染，其中水污染是主要环境问题。

1. 水污染

废纸制浆产生的废水主要来自废纸的碎浆、疏解，废纸浆的洗涤、筛选、净化、脱墨及漂白过程。通常无脱墨工艺的废纸浆比有脱墨工艺的废纸浆的废水排放量及有机物浓度均低很多。废水中含有的污染物主要包括：总固体悬浮物：包括纤维、细小纤维、粉状纤维、矿物填料、无机填料、涂料、油墨微粒及微量的胶体和塑料等。可生物降解的有机污染物（BOD_5）：主要由纤维素或半纤维素的降解物，或淀粉等碳水化合物构成。其他有机污染物（COD_{Cr}）：由木素的衍生物及一些有机物组分包括蛋白质、胶黏剂、涂布胶黏剂等形成。色度：由油墨、染料、木素的衍生物，及一些有机物组分包括蛋白质、胶黏剂、涂布胶黏剂等组成。可吸附有机卤化物（AOX）：采用氯漂白的造纸漂白废水中会含有可吸附的有机卤化物。污染物主要控制指标为SS、BOD_5、COD_{Cr}、色度、pH等。

2. 固体废物

废纸制浆产生的固体废物主要包括废纸碎浆时分离出的砂石、金属、塑料等废物，净化、筛选、脱墨过程分离出的矿物涂料、油墨微粒、胶黏剂、塑料碎片、流失纤维等，浮选产生的脱墨污泥和废水处理产生的污泥。固体废物的产生量与所用回收废纸的种类及生产的再生纸或纸板的品种有关。

3. 大气污染

主要为漂白工序产生的少量污染物质，污染物的排放量因漂白方法、漂白剂的种类、未漂浆的种类及质量不同而异。

（二）废纸制浆造纸主要环境管理

1. 环境管理

（1）符合国家和地方的有关环境法律、法规，污染物排放达到国家和地方排放标准、总量控制和排污许可证管理制度。

（2）按照要求实施清洁生产审核。

（3）安装仪表对主要环节的水、电、气进行计量。

（4）对一般废物进行妥善处理，对危险废物（脱墨污泥）按照有关要求进行无害化处理。

（5）对原材料供应方、生产协作方、相关服务方提出环境管理要求。

2. 环境规划

充分利用竹类、甘蔗渣和芦苇等资源制浆造纸，严格控制禾草浆生产总量，加快对现有禾草浆生产企业的整合，原则上不再新建禾草化学浆生产项目。限制木片、木浆和非木浆出口。

3. 环评要求

废纸造纸都应做环境影响报告书。

4. 环境监督管理

企业排放废水应执行《制浆造纸工业水污染物排放标准》（GB 3544—2008），必须采取措施保证污染防治设施正常运行。环保部门可以现场及时检查或监测是否排放达标。在发现企业有用排水异常变化时，应核定企业的实际产量和排水量，换算水污染物基准水量排放浓度。

5. 生产、运输、贮存、使用限制

限制新上项目采用元素氯漂白工艺（现有企业逐步淘汰），禁止进口国外落后的二手制浆造纸设备。完善“三废”治理设施，严格控制污染物排放。

6. 工艺与装备

推进封闭筛选、氧脱木素、无元素氯漂白、全无氯漂白、低白度纸浆及其纸产品生产、未漂白纸浆及其纸产品生产等技术的广泛应用。

7. 污染治理要求

（1）新建制浆造纸项目必须从源头防止和减少污染物产生，消除或减少厂外治理。

（2）要以水污染治理为重点，采用封闭循环用水、白水回用，中段废水处理及回收、废气焚烧回收热能、废渣燃料化处理等“厂内”环境保护技术与手段，加大废水、废气和废渣的综合治理力度。

8. 污染减排

《中国造纸协会关于造纸工业“十三五”发展的意见》提出，造纸行业积极配合完成我国“十三五”期间全社会万元 GDP 用水量下降 23%，单位 GDP 能源消耗降低 15%，主要污染物 COD、氨氮排放总量减少 10%，二氧化硫、氮氧化物排放总量减少 15% 的社会发展目标。

（1）推进制浆造纸企业在生产过程中使用串联用水系统和循环用水系统，提高水的重复利用率，减少新鲜水用量。

（2）采用先进成熟适用的回收利用技术，对生产过程中产生的废气（余压、余热）、废渣、废液进行综合利用处理。

（3）鼓励发展高得率纸浆和废纸浆造纸，节约纤维资源。

（4）加速推进二噁英类的持久性有机污染物和氨氮的减排进程。根据《中华人民共和国履行关于持久性有机污染物的斯德哥尔摩公约国家实施计划》，推进我国造纸工业二噁英类的持久性有机污染物减排进程。

（5）升级改造污水处理设施，强化脱氮除磷功能，推进氨氮等污染物减排。

9. 环境风险要求

（1）根据生产及周围环境情况，制定各种可能突发事故的应急预案。

（2）废水治理工程发生异常情况或重大事故，应及时分析启动应急预案。

（3）应设置危险气体（甲烷或硫化氢）和危险化学品的应急控制与防护措施。

10. 固体废物处理处置要求（危险废物）

对一般固体废物进行妥善处理，对危险废物（脱墨污泥）按照有关要求进行无害化处理。应制订并向所在地县级以上地方人民政府环境行政主管部门备案危险废物管理计划（包括减少危险废物产生量和危害性的措施以及危险废物贮存、利用、处置措施），向所在地县级以上地方人民政府环境保护行政主管部门申报危险废物产生种类、产生量、流向、贮存、处置等有关资料。应针对危险废物的产生、收集、贮存、运输、利用、处置，制定意外事故防范措施和应急预案，并向所在地县以上地方人民政府环境保护行政主管部门备案。

思考与练习

1. 请在网上整理今年我国造纸工业的原料结构。
2. 详细论述制浆基本生产工艺。
3. 简述制浆造纸工业的主要污染来源。
4. 分析制浆造纸工业水污染物排污节点。
5. 分析制浆造纸工业的大气污染和固体废物污染情况。

第八章 纺织印染工业生产工艺环境基础

本章介绍我国纺织印染工业现状、主要环境问题、产业结构、污染特征、节能减排的途径；对我国棉与化纤纺织印染工业、毛与丝纺织印染工业的概况、基本生产工艺和排污节点进行分析。

专业能力目标：

1. 了解我国纺织印染工业的主要环境问题。
2. 掌握我国纺织印染工业节能减排的途径。
3. 掌握我国防治棉与化纤印染工业的排污节点。
4. 掌握我国毛纺织印染工业废水的主要来源。
5. 了解我国丝绸纺织印染工业废水的主要来源。
6. 掌握我国丝绸纺织印染工业的主要污染特征。

第一节 纺织印染工业的环境问题

在《国民经济行业分类》（GB/T 4754—2017）中纺织业属制造业（C 大类 17 中类）。包括棉纺织及印染精加工（171）、毛纺织和染整精加工（172）、麻纺织及染整精加工（173）、丝绢纺织及印染精加工（174）、化纤织造及印染精加工（175）、针织或钩针编织物及其制品制造（176）、家用纺织制成品制造（177）、产业用纺织制成品制造（178）。本章只介绍棉纺织及印染精加工（171）、毛纺织和染整精加工（172）、化纤织造及印染精加工（175）。

在我国的纺织行业中，纤维的类型和加工染整的工艺不同，产品的类型不同，使环境污染与治理也有差别，一般分为棉纺织及印染精加工业、毛纺织和染整精加工业、麻纺织染整行业、丝绢纺织及印染精加工业、化纤织造及印染精加工业等。我国纺织行业生产和出口规模迅速扩张，已具有世界上规模最大、产业链最完整的纺织工业体系，棉纱、棉布、呢绒、丝织品、化纤产品和服装等主要产品产量居世界第一位。

一、我国纺织印染工业的规模

我国是世界最大的纺织品生产和加工基地，目前已经形成上、中、下游互相衔接、门类齐全的纺织工业体系。2015 年全球纤维加工量约为 9 800 万 t，我国纤维加工量约为 5 300 万 t，占全球的 54% 左右，是世界上最大的纺织品生产国。2014 年，规模以上印染企业印染布产量为 536.74 亿 m。1—12 月，浙江、江苏、福建、广东、山东等东部沿海五省产量为 507.43 亿 m，占全国总产量的 94.54%。

中商产业研究院通过纺织业监测数据显示，截至 2016 年 12 月底，我国纺织业规模以上企业数量达到 20 201 家（其中纺织染整企业数量为 8 546 家）。2000—2015 年我国纺织工业纤维加工量、企业数见表 8-1。

表 8-1　2000—2015 年我国纺织工业纤维加工量、企业数资料

年　份		2000 年	2009 年	2010 年	2011 年	2012 年	2013 年	2014 年	2015 年
纤维加工量 / Mt		13.60	37.8	41.30	43.10	52.7	48.50	51.50	53.00
全球纤维加工量 / Mt	棉	—	21.90	24.87	27.28	26.67	26.28	26.23	22.89
	化纤	—	42.39	47.69	50.93	55.42	58.80	61.89	66.47
	毛与丝	—	1.24	1.27	1.27	1.27	1.30	1.29	1.23
占全球的比例 /%		25	—	55	55	55	56	56	54
规模以上企业户数 / 万户		1.94	5.4	320 92	2.224 84	2.037 0	2.077 6	—	—
化学纤维产量 / Mt		6.9542	27.47	30.90	33.62	38.76	41.14	44.33	43.90
纱产量 / 万 t		660.11	2 406	2 717	2 895	3 333	3 611	3 898	4 048
布产量 / 亿 m		277	567	656	620	660	684	704	710

资料来源：中国纺织工业协会统计中心。

我国纺织染整企业主要分布在浙江、江苏、山东、广东和福建 5 省，其中，浙江以涤纶染整为主，江苏以棉印染为主，山东以棉印染和针织为主，广东以服装后整理和牛仔染色水洗为主。县域内纺织产业特色鲜明，分布集中，形成了多个特色产业镇，其中浙江绍兴市柯桥区纺织业拥有全国最完整的产业链。

棉纺织工业，主要分布在黄河中下游的北京、石家庄、郑州、太原、济南、天津、青岛和长江中下游的上海、无锡、武汉等城市，这是中国第一棉产区和第二棉产区。

麻纺织工业，主要分布在东北的哈尔滨和钱塘江口的杭州，这是亚麻和黄麻的最大产区。

毛纺织工业，主要分布在北京、呼和浩特、西安、兰州、西宁、乌鲁木齐，这里主要是畜牧业区和接近畜牧业区的羊毛产地。

丝纺织工业，主要分布在杭州、苏州、无锡、太湖流域及四川盆地，这里是蚕丝产地或柞蚕丝产地。

化纤工业，主要分布在长三角地区，因为其原料来自石油化工。

二、我国纺织印染工业的产业结构

纺织业属于高污染行业，主要污染要素是废水及废水所含污染物。2007 年 5 月，国务院办公厅印发了《第一次全国污染源普查方案》(国办发〔2007〕37 号)，纺织业被列为重点污染行业。据环境保护部统计，2011—2015 年，印染行业污水排放总量居全国制造业排放量的第 3 位。纺织印染行业产生的污水排放量大、污染重、处理难度高，废水的回用率低。化纤行业在生产过程中，有些产品大量使用酸和碱，最终产生硫磺、硫酸、硫酸盐等有害物质，对环境造成严重污染；有些则是所用溶剂、介质对环境污染较为严重。2015 年，纺织业废水排放量达到 18.4271 亿 m^3，在当年统计的 39 个工业行业中居第三位，占重点调查统计企业废水排放量的 10.15%。其中，COD 排放量约为 20.5743 万 t，污染贡献率占 8.05%; 氨氮排放量 1.4823 万 t，占重点调查统计企业氨氮排放量的 7.55%。在纺织行业中，染整 (印染和后处理) 废水约占 80% 以上，化纤生产废水量约占 12%，另外 8% 是其他纺织废水。

COD、色度和 pH 是纺织染整废水的主要特征指标，染整工艺中染料的平均上染率为 90%，有 10% 的染料残留于废水中，不同的染料和工艺的废水处理前色度在 200 ～ 500 倍。染整废水绝大部分是碱性，综合废水 pH 在 10 ～ 11（丝绸和毛染整采用酸性染料，总废水偏酸性，pH 为 5)。染整废水主要污染物是有机物，主要来源于前处理工序的浆料、棉胶、纤维素、半纤维素和碱，以及染色、印花工序使用的助剂和染料。染整废水的 BOD/COD 一般小于 0.2，不易生物降解。染整废水是一个大类，棉、毛、丝、麻、各种化学纤维染整的工艺不同，所用染料不同，废水类别和浓度相差很大。脱胶、洗毛和碱减量废水是一些染整工艺或前处理过程产生的不易处理废水。

我国纺织染整企业数量较多，且相对集中，已造成某些区域严重的环境污染。如某县级市有几千家纺织、化纤企业，甚至半径 1 km^2 范围内竟有十几家印染厂，在这种情况下即使全部处理达标排放，COD 的污染负荷总量也很高。由于我国的执法部门加强了纺织厂和染料厂废水的管理和执法，大量中小型纺织企业因污染问题被迫关闭。

印染行业所面临的环境保护和节能减排方面的压力很严峻。首先，不断趋严的行业准入条件的压力加大，“十三五”时期国家对纺织工业节能减排提出了更为严格的约束要求。从水污染防治到全方位污染防治一系列针对纺织行业的环境保护标准和产业政策对行业企业的环境保护绩效和管理水平提出了空前严格的要求。浙江杭州萧山区出台的《萧山区“十三五”工业污染防治规划》要求，在 2016 年年底前，拟关闭 370 家污染企业，1 628 家企业将进行整治，其中涉及的印染企业不在少数。

三、纺织印染行业节能减排的途径

1. 加强生产过程的控制和管理

纺织印染企业推行节能减排首要的条件是鼓励全员参与，加强员工节能减排意识，制定相关奖惩制度推动员工节能、降耗、减排的行为。

2. 应用新工艺和新技术，节能减排

对于新工艺和新技术的应用主要包括三个阶段：①印染前处理技术，传统的处理方式具有废水排放量大、pH 高、污染物浓度高、能耗大的特点，而目前应缩短加工流程、降低处理温度、以生化酶代替化学品，基本选用冷轧堆一步法工艺和酶氧一步法工艺。②染色节能减排技术，目前染色节能减排技术多是从研制新型的低浴比染色机、降低染色温度、采用非水介质进行染色和开发新型染料等方面寻求突破，同时采用涂料染色和印花的新技术。③后整理节能减排技术，低给液技术代替刮刀、轧液、给湿等，采用泡沫方式进行涂层及功能性整理的技术已趋于成熟，这对于节水、节能、降低成本等都具有十分重要的作用，如对于功能性整理(防污、防水、抗菌等)节约化学品 10% 以上，在进行涂层时节约烘干时间 30% 以上，另外使用泡沫整理可减少很多污水。

3. 加大辅料和水资源的利用率

首先，染化料的回收后和利用包括染料的回用和丝光后的淡碱回用。对残留在染槽中的染料同时采用专业设备回收，将淡碱浓缩或沉淀过滤后回用，既可提高资源的利用率又能减少废水中的污染负荷。其次，加强印染废水的处理和回用，对轻度污染废水进行清浊分流、深度处理后回用；而对重度污染污水进行相关处理，达标后排放。染色机冷却水应回用。

4. 优化产品结构 . 转变经济增长方式

按走新型工业化道路的要求，把节能减排和结构调整紧密结合，加快产品、技术、工艺和组织结构调整，优化生产工艺流程，提高运行效率，提高产品附加值，切实转变经济增长方式。

5. 全面推行清洁生产，促进产业结构调整

推行清洁生产是从源头治理污染的根本举措，是循环经济在企业层面的具体体现。政府有关部门根据《清洁生产促进法》，编制纺织印染业实施清洁生产技术导向目录，建立纺织印染行业清洁生产评价指标体系；开展清洁生产试点，并给予一定的资金支持。

四、纺织印染行业的辅料与能耗、水耗

（一）辅料

1. 染料

染料一般能直接溶于水或通过化学处理而溶于水，对纤维有一种结合能力(亲和力)，并在织物上有一定的色牢度。染料对纤维的染色，涉及面很广，而且不同染料对各种纤维的染色情况也各不相同（表 8-2）。

表 8-2 各种纤维印染使用的染料

纤维品种	常用染料
纤维素纤维（如棉、麻、黏胶纤维及混纺）	直接染料、活性染料、暂溶性还原染料、还原染料、硫化染料、不溶性偶氮染料
毛	酸性染料、酸性媒料、酸性含媒染料
丝	直接染料、酸性染料、酸性含媒染料、活性染料
涤纶	分散染料、不溶性偶氮染料
涤棉混纺	分散 / 还原、分散 / 不溶性偶氮染料
腈纶	阳离子染料（碱性）、分散染料
腈纶 - 羊毛混纺	阳离子 / 酸性染料先后染色
维纶	还原染料、硫化染料、直接染料、酸性含媒染料
锦纶	酸性染料、分散染料、酸性含媒染料、活性染料

2. 助剂

在染整过程中投加的助剂，主要包括表面活性剂、金属络合剂、还原剂、树脂整理剂和染色载体等，其种类繁多，按其应用可列举为以下几类：

润湿剂和渗透剂类，乳化剂和分散剂类，起泡剂和消泡剂类，金属络合剂类，匀染剂、染色载体和固色剂类，还原剂、拔染剂、防染剂和剥色剂类，黏合剂和增稠剂类，柔软剂和防水剂类，上浆硬挺整理剂类，树脂整理剂荧光增白剂类，防静电类，阻燃整理类，羊毛防缩和防蛀类，防霉防臭整理剂类，防油易去污类（表 8-3）。

表 8-3 印染工艺各类染料使用的主要化学助剂

染料品种	主要化学助剂
直接染料	硫酸钠、碳酸钠、食盐、硫酸铜、表面活性剂
硫化染料	硫化碱、食盐、硫酸钠、重铬酸钾、双氧水
分散染料	保险粉、载体、水杨酸酯、苯甲酸、邻苯基苯酚、一氯化苯、表面活性剂
酸性染料	硫酸钠、醋酸钠、丹宁酸、吐酒石、苯酚、间二苯酚、醋酸、表面活性剂
不溶性偶氮染料	烧碱、太古油、纯碱、亚硝酸钠、盐酸、醋酸钠
阳离子染料	醋酸、醋酸钠、尿素、表面活性剂
还原染料	烧碱、保险粉、重铬酸钾、双氧水、醋酸
活性染料	尿素、纯碱、碳酸氢钠、硫酸铵、表面活性剂
酸性媒染	醋酸、无明粉、重铬酸钾、表面活性剂

（二）纺织印染行业的能耗、水耗

纺织染整行业能耗主要有燃料油、原煤、电和蒸汽，尤以蒸汽为主，蒸汽能耗约占总能耗的 60% 以上。烧毛所用能耗约占总能耗的 9.5%；退煮漂主要耗用蒸汽，约占总能耗的 28.2%；丝光约占 19.3%；前处理的热能约占总能耗的 57%。

棉与化纤纺织印染行业按能源消耗的平均比例，油品能源消耗占能源总消耗的比例约为3.6%，电力约占57.1%，燃气约占0.9%，煤炭约占33%，万元产值能耗约为0.55 t标煤，水耗为18.76 m^3。

中国印染行业协会在《中国印染行业运行现状及发展趋势》中指出：“十二五”期间，印染布生产新鲜水取水量由2.5 t/100 m下降到1.8 t/100 m，下降28%；印染布生产水回用率由15%提高到30%，提高15个百分点；印染布生产综合能耗由50 kg标煤/100 m下降到41 kg标煤/100 m，下降18%，这凸显出印染行业在这期间取得了不俗的成绩。

2017年10月1日起实施的《印染行业规范条件（2017年版）》和《印染企业规范公告管理暂行办法》要求：印染企业单位产品能耗和新鲜水取水量要达到表8-4规定要求。

表8-4　新建或改扩建印染项目印染加工过程综合能耗及新鲜水取水量

分类	综合能耗（以标煤计）	新鲜水取水量
棉、麻、化纤及混纺机织物	≤ 30 kg/100 m	≤ 1.6 t/100 m
纱线、针织物	≤ 1.1 t/t	≤ 90 t/t
真丝绸机织物（含练白）	≤ 36 kg/100 m	≤ 2.2 t/100 m
精梳毛织物	≤ 150 kg/100 m	≤ 15 t/100 m

注：1. 机织物标准品为布幅宽度152 cm、布重10～14 kg/100 m的棉染色合格产品，真丝绸机织物标准品为布幅宽度114 cm、布重6～8 kg/100 m的染色合格产品，当产品不同时，可按标准进行换算。

2. 针织或纱线标准品为棉浅色染色产品，当产品不同时，可参照《针织印染产品取水计算办法及单耗基本定额》（FZ/T 01105—2010）进行换算。

3. 精梳毛织物印染加工是指从毛条经过条染复精梳、纺纱、织布、染整、成品入库等工序加工成合格毛织品精梳织物的全过程。粗梳毛织物单位产品能耗按精梳毛织物的1.3倍折算，新鲜水取水量按精梳毛织物的1.15倍折算。毛针织绒线、手编绒线单位产品能耗按纱线、针织物的1.3倍折算，新鲜水取水量按纱线、针织物的1.3倍折算。

五、我国纺织印染行业污染特征

目前纺织印染行业的环境污染主要来自其生产过程中的污水、废气和噪声。

（一）纺织印染废水的特征

历年的中国环境统计数据表明，在重点调查的工业行业中，纺织业是排污大户。2015年，纺织废水排放量达到18.42亿 m^3，在当年统计的39个工业行业中居第3位，占重点调查统计企业废水排放量的10.15%。其中，COD排放量约为20.57万t，污染贡献率占8.05%；氨氮排放量为1.48万t，占重点调查统计企业氨氮排放量的7.54%。在纺织行业中，染整（印染和后处理）废水占80%以上，化纤生产废水量约占12%，另外8%是其他纺织废水。

本章重点介绍纺织印染行业废水的污染情况。纺织废水主要包括印染废水、化纤生产废水、洗毛废水、脱麻胶废水和化纤浆粕废水五种。纺织染整俗称印染，其中印染废水是纺织工业的主要污染类型。

COD、色度和 pH 也是染整废水的特征指标，染整工艺中染料的平均上染率在 90%，有 10% 的染料残留在废水中，根据不同染料和工艺，一般处理前色度在 200 ～ 500 倍。由于生产工艺的原因，染整废水绝大部分属碱性，总废水 pH 在 10 ～ 11（丝绸和毛染整采用酸性染料，总废水偏酸性，pH 为 5）。脱胶废水、洗毛废水和碱减量废水也是一些染整或前处理过程产生的不好处理的废水。染整废水主要污染物是有机污染物，主要污染物来源于前处理工序的浆料、棉胶、纤维素、半纤维素和碱，以及染色、印花工序使用的助剂和染料。染整废水的 BOD/COD 一般小于 0.2，属于难生物降解的废水，BOD 小于 500 mg/L。各类纺织品生产工艺产生废水平均水质见表 8-5，三类纺织品废水的环境特征见表 8-6。

表 8-5　各类纺织品生产工艺产生废水平均水质

废水类型	pH	色度 / 倍	化学需氧量 / （mg/L）	五日生化需氧量 / （mg/L）	悬浮物 / （mg/L）
棉及混纺机织	8 ～ 11	100 ～ 500	400 ～ 1000	100 ～ 500	100 ～ 400
棉及混纺针织	7 ～ 11	50 ～ 400	300 ～ 600	100 ～ 250	100 ～ 300
化纤织物	8.0 ～ 10.0	100 ～ 200	500 ～ 800	100 ～ 200	50 ～ 150
洗毛	9.0 ～ 10.0	—	15 000 ～ 30 000	6 000 ～ 12 000	8 000 ～ 12 000
炭化后中和	5.0 ～ 6.0	—	300 ～ 400	80 ～ 150	1 250 ～ 4 800
毛粗纺染色	6.0 ～ 7.0	100 ～ 200	450 ～ 850	150 ～ 300	200 ～ 500
毛精纺染色	6.0 ～ 7.0	50 ～ 80	250 ～ 400	60 ～ 180	80 ～ 300
绒线染色	6.0 ～ 7.0	100 ～ 200	200 ～ 350	50 ～ 100	100 ～ 300

表 8-6　三类纺织品废水的环境特征差别

		植物类纤维	动物类纤维	化学类纤维
平均水量消耗 / （m^3/t 产品）		200 ～ 280	400 ～ 500	100 ～ 200
产污特征	COD 质量浓度 / （mg/L）	1 200 ～ 1 800	500 ～ 800	300 ～ 600
	pH	10.5 显碱性	5.5 ～ 6.5 略显酸性	一般显中性 若有碱减量工艺，显强碱性， pH 可达 13
	色度 / 倍	500 ～ 800	400 ～ 500	300 ～ 400
说明： （以上平均特征水平不包括说明中的特殊工艺）		麻类纤维废水不包括脱胶废水及污染物	毛类纤维不包括洗毛废水及污染物	人造纤维不包括化学浆粕废水及污染物；合成纤维不包括合成纤维的单体合成、聚合、洗丝废水及污染物；合成纤维不包括碱减量废水及污染物

为更好地适应“十二五”环境保护工作的新要求，进一步加大纺织印染工业污染防治工作力度，2012 年，环境保护部对《纺织染整工业水污染物排放标准》（GB 4287—2012）进行了修订，同时新制定了《缫丝工业水污染物排放标准》（GB 28936—2012）、《毛纺工业水污染物排放标准》（GB 28937—2012）、《麻纺工业水污染物排放标准》（GB 28938—2012）。这 4 项标准构成了纺织工业水污染物排放系列标准，形成行业全过程环

境控制。

（二）纺织印染废气的特征

纺织行业的废气主要来源于两个方面。①行业内的供热锅炉，这些锅炉除供给纺织行业所需的热能外，还会产生大量的烟尘、SO_2 和 NO_x，严重污染环境。②来自纺织生产工艺过程产生的废气。

纺织工业的工艺废气主要来源于：

（1）化学纤维尤其是黏胶纤维的生产过程。化纤的纺丝工序：先将原材料制成纺丝液，制造纺丝液的过程需加入黏胶，致使在纺丝过程黏胶的加入会释放出醛类气体（以甲醛为主）；有些化纤如黏胶纤维的黄化过程中也会伴随 CS_2、SO_2、H_2S 等恶臭气体产生。

（2）在纺织品的前处理工艺，特别是在高温热定型过程中，在热定型机的排气管道口有有机气体主要是一些苯类、芳烃类等挥发气体。

（3）在纺织品功能性后整理过程中，废气来源于纺织品特别是涤纶分散染料热熔染色和棉织物免烫整理以及普通织物的阻燃整理的焙烘工艺。在涤纶分散染料热熔染色工艺中，高温导致部分染料随废气排放；在棉织物的焙烘工艺中，由于添加化学助剂，在整理中会出现甲醛等有机气体和氨气释放的现象。

纺织废气对于大气的危害远比废水更加严重。根据《环境经济预测研究报告：2011—2020 非常规性控制污染物排放清单分析与预测研究报告》，我国纺织印染行业 VOCs 排放量分担率为 8.8%。

（三）纺织印染固体废物的特征

纺织行业的固体废物主要来源于能源消耗过程产生的固体废物，生产过程中的固体废物（如废纱、废布等下脚料），印花及染色过程中产生的废染料及染料桶等，粉尘处理过程中产生的粉尘；废水处理过程中产生的固体废物。

纺织产品印染过程中一般染料的上染率为 80% ～ 90%，剩余染料残留在废水中。废水处理后，有微量染料存在于污泥中，按照 2016 年修订的《国家危险废物名录》的规定，这类污泥已被划为危险固体废物（代号：HW12）（表 8-7）。

表 8-7 纺织行业固体废物（污泥）的类别、来源及组成

编号	废物类别	废物来源	常见危害组分或废物名称
HW12	染料、涂料废物	其他油墨、染料、颜料、油漆（不包括水性漆）生产过程中产生的废水处理污泥、废吸附剂（264-012-12）； 油漆、油墨生产、配制和使用过程中产生的含颜料、油墨的有机溶剂废物（264-013-12）； 使用各种颜料进行着色过程中产生的染料和涂料废物（900-255-12）； 使用酸、碱或有机溶剂清洗容器设备过程中剥离下的废油漆、染料、涂料（900-256-12）； 生产、销售及使用过程中产生的失效、变质、不合格、淘汰、伪劣的油墨、染料、颜料、油漆（900-299-12）。	废酸性染料、碱性染料、媒染染料、偶氮染料、直接染料、冰染染料、还原染料、硫化染料、活性染料、醇酸树脂涂料、丙烯酸树脂涂料、聚氨酯树脂涂料、聚乙烯树脂涂料、环氧树脂涂料、双组分涂料、油墨、重金属颜料

另外，由于化纤企业的特殊性质，化纤行业生产过程及清洗过程产生的有机溶剂也会存在于废水处理后的污泥中，这类污泥也属于《国家危险废物名录》中规定的危险废物（HW06）（表 8-8）。

表 8-8 化纤行业危险废物（污泥）的类别、来源及组成

编号	废物类别	废物来源	常见危害组分或废物名称
HW06	废有机溶剂	从有机溶剂的生产、配制和使用中产生的其他废有机溶剂（不包括 HW41 类的卤化有机溶剂）——生产、配制和使用过程中产生的废溶剂和残余物。包括化学分析，塑料橡胶制品制造、电子零件清洗、化工产品制造、印染染料调配，商业干洗和家庭装饰使用过的废溶剂	含糠醛，环已烷，石脑油，苯，甲苯，二甲苯，四氢呋喃，乙酸丁酯，乙酸甲酯。硝基苯，甲基异丁基酮，环已酮，二乙基酮，乙酸异丁酯，丙烯醛二聚物，异丁醇，乙二醇，甲醇，苯乙酮，异戊烷，环戊酮，环戊醇，丙醛，二丙基酮，苯甲酸乙酯，丁酸，丁酸丁酯，丁酸乙酯，丁酸甲酯，异丙醇，N，N- 二甲基乙酰胺，甲醛，二乙基酮，丙烯醛，乙醛，乙酸乙酯，丙酮，甲基乙基酮，甲基乙烯酮，甲基丁酮，甲基丁醇，苯甲醇的废物

2013 年 1 月 1 日实施的《纺织染整工业水污染物排放标准》（GB 4287—2012）后，印染企业的污泥量大幅增加。如以前印染污泥大概在 1 t/d，一般可通过自行焚烧处置；现在达到 5 ～ 6 t/d，如何处理就成了问题。

（四）纺织印染环境噪声的特征

噪声污染曾经是纺织行业尤其是棉纺行业存在的比较严重的问题之一，但近年来由于工艺设备的改进，噪声污染问题已基本得到有效的控制。

（五）我国纺织印染行业近年主要污染物排放的环境统计数据

印染废水是纺织工业的主要污染源。纺织废水主要包括印染废水、化纤生产废水、洗毛废水、麻脱胶废水和化纤浆粕废水五种。印染厂每加工 100 m 织物，废水产生量为 2 ～ 5m^3。2013—2015 年我国纺织业“三废”产排污量见表 8-9。排放的废水中含有纤维原料本身的夹带物，以及加工过程中所用的浆料、油剂、染料和化学助剂等。印染废水具有以下特点：① COD 变化大，高时可达 2 000 ～ 3 000 mg/L，BOD 也高达 800 ～ 1 000 mg/L；② pH 高，如硫化染料和还原染料废水 pH 可达 10 以上；③色度大，有机物含量高，含有大量的染料、助剂及浆料，废水黏性大。④水温水量变化大，由于加工品种、产量的变化，可导致水温一般在 40℃以上，从而影响了废水的处理效果。

表 8-9　2013—2015 年我国纺织业“三废”产排污量数据

污染物	2013 年			2014 年			2015 年		
	排放（产生）量	单位	占工业比重 /%	排放（产生）量	单位	占工业比重 /%	排放（产生）量	单位	占工业比重 /%
废水量	214 573.6	万 m^3	11.21	196 145.1	万 m^3	10.49	184 271.4	万 m^3	10.15
COD 年产生量	177.996 0	万 t	8.52	164.474 0	万 t	8.19	153.632 6	万 t	8.43
COD 年排放量	25.418 0	万 t	8.91	23.941 0	万 t	8.72	20.574 3	万 t	8.05
氨氮年产生量	5.574 6	万 t	4.22	4.947 7	万 t	4.01	4.465 2	万 t	4.303
氨氮年排放量	1.791 9	万 t	7.97	1.687 8	万 t	8.02	1.482 3	万 t	7.55
废气量	2 875.1	亿 m^3	9.62	2 863.6	亿 m^3	0.41	2 782.7	亿 m^3	0.41
SO_2 产生量	30.8	万 t	0.51	28.9	万 t	0.47	29.5	万 t	0.49
SO_2 排放量	25.5	万 t	1.51	23.5	万 t	1.48	22.7	万 t	1.62
NO_x 产生量	7.3	万 t	0.40	7.2	万 t	0.40	7.5	万 t	0.43
NO_x 排放量	7.3	万 t	0.50	7.0	万 t	0.53	6.9	万 t	0.63
烟粉尘产生量	123.0	万 t	0.17	89.9	万 t	0.12	98.4	万 t	0.14
烟粉尘产生量	9.0	万 t	0.88	8.3	万 t	0.65	8.1	万 t	0.73
一般固体废物产生量	687	万 t	0.22	666	万 t	0.21	679	万 t	0.22

资料来源：环境统计年报。

印染废气是纺织工业的主要污染源，纺织印染行业涉及的有毒有害大气污染物主要有颗粒物、染整油烟、挥发性有机物、苯系物、丁酮、二甲基甲酰胺（DMF）、甲醛、氮氧化物、二氧化硫、氨、氯气、二硫化碳、硫化氢等。这些大气污染物都会对人体健康造成严重的危害。黏胶纤维行业每年使用百万吨 CS_2 作为原料，CS_2 是一种剧毒物质，在黏胶纤维生产过程中同时会产生 H_2S 毒性气体，在不处理的情况下每生产 1 t 黏胶短纤要排放约 280 kg 的毒性气体，这些毒性气体都会进入大气。

传统的印染加工过程会产生大量的有毒污水，加工后废水中一些有毒染料或加工助剂附着在织物上，对人体健康有直接影响。如偶氮染料、甲醛、荧光增白剂和柔软剂具有致敏性；聚乙烯醇和聚丙烯类浆料不易生物降解；含氯漂白剂污染严重；一些芳香胺染料具有致癌性；染料中具有有害重金属；含甲醛的各类整理剂和印染助剂对人体具有毒害作用等。废水中的这类污染物如不经处理或经处理后未达到规定排放标准就直接排放，或这类污染物经物理处理沉淀到污泥中，不仅直接危害人体健康，而且严重破坏水体、土壤及其生态系统。

第二节　棉、化纤纺织印染工业生产工艺环境基础

一、棉与化纤纺织印染的基本原料

坯布是供印染加工用的本色棉布。工业上的坯布一般是指布料，或者是层压的坯布、上胶的坯布等。

纯棉面料是以棉花为原料，经纺织工艺生产的面料，具有吸湿、保湿、耐热、耐碱、卫生等特点。

化纤面料主要是指由化学纤维加工成的纯纺、混纺或交织物，也就是说由纯化纤织成的织物，不包括与天然纤维间的混纺、交织物，化纤织物的特性由织成它的化学纤维本身的特性决定。化纤类型包括涤纶、腈纶、丙纶、锦纶、维纶、氨纶、氯纶、芳纶等，统称化学纤维，分别由不同的化学过程合成的单体，经聚合反应生成化学聚合物，再经拉丝形成纤维，也称合成纤维。

各类化纤的化学成分和主要用途见表 8-10。

表 8-10　各类化纤的化学成分和主要用途

化纤类型	单体和聚合体成分	纤维用途
涤纶	以精对苯二甲酸（PTA）或对苯二甲酸二甲酯（DMT）和乙二醇（EG）为原料经酯化或酯交换和缩聚反应，生产出聚酯切片（PET）	涤纶纤维分长丝和短纤，强度高、弹性好、热稳定性好，吸湿性和透气性、染色性差，用于包履纱、袜子、纱线、手套、地毯、窗帘
腈纶	丙烯腈、丙烯酸甲酯、甲基丙烯磺酸钠等单体聚合制取聚丙烯腈聚合体。聚丙烯腈聚合体浆液经湿抽丝、水洗、上油烘干、定型等后处理制得	腈纶纤维强度比羊毛高 1 ～ 2.5 倍，柔软、膨松、易染、抗菌、耐晒性能优良，有人造羊毛之称。可用于混纺毛线，毛衣、毛毯、地毯，也可用于窗帘、幕布、篷布、炮衣等
丙纶	丙烯的聚合体聚丙烯。熔体纺丝制得的丙纶纤维	用于生产地毯、装饰布、家具布、各种绳索、条带、渔网、吸油毡、建筑增强材料、包装材料和工业用布，如滤布、袋布等
锦纶	锦纶也称为尼龙。已二胺和已二酸经缩聚、结晶生成锦纶盐	用于帘子线、传动带、软管、绳索、渔网等生产
维纶	维纶又称维尼纶 即醋酸乙烯为单体聚合生成聚乙烯醇，纺丝后再用甲醛处理得到耐热水的维纶	性能接近棉花，吸湿性好。多和棉花混纺：细布、府绸、灯芯绒、内衣、帆布、防水布、包装材料、劳动服等

化纤类型	单体和聚合体成分	纤维用途
氨纶	聚氨基甲酸酯纤维的简称。氨纶有干纺丝和熔融纺丝	法弹性优异。裸纱一般不直接用于织物，多与其他纤维混纺，常用于针织品
氯纶	以氯乙烯单体经悬浮聚合法聚合成聚氯乙烯。可掺入增塑剂后，熔融纺丝；多数还是用丙酮为溶剂，以溶液纺丝而制得氯纶	不吸湿、静电效应显著，染色较困难。常用于制作防燃的沙发布、床垫布和其他室内装饰用布，耐化学药剂的工作服、过滤布、针织品以及保温絮棉衬料等
芳纶	聚对苯二甲酰对苯二胺	超高强度、高模量和耐高温、耐酸耐碱、重量轻、绝缘、抗老化。用于复合材料、防弹制品、建材、特种防护服装、电子设备等领域
黏胶纤维	由纤维素材料制得化学浆粕，用烧碱、二硫化碳处理，得到橙黄色的纤维素黄原酸钠，再溶解在稀氢氧化钠溶液中，成为黏稠的纺丝原液，称为黏胶	又称为人造丝，分为黏胶长丝和黏胶短纤。吸湿性好，易于染色，不易起静电，有较好的可纺性能。适于制作内衣、外衣和各种装饰用品。长丝织物质地轻薄，除用作衣料外还可织制被面和装饰织物

二、棉与化纤纺织印染的基本工艺

棉与化纤纺织染整厂实际上是分为三部分独立的生产工艺：纺纱厂—织布厂—染整厂。

纺纱厂主要为清棉—梳棉—条卷—精梳—并条—粗纱—细纱—络筒—捻线—摇纱工艺过程。

织布厂主要为整经—浆纱—穿经—织造工艺过程。

染整厂主要为原布准备—烧毛—退浆—煮练—漂白—丝光—染色（印花）—后整理（分为机械整理和化学整理）—检测—打包工艺过程。

（一）纺纱厂

把棉花与化纤纺成纱，一般主要经过清花、梳棉、并条、粗纱、细纱等主要工序。纺纱厂基本没有湿作业，因此，除办公生活污水外，基本上很少产生废水，在棉花的运输、装卸、拆包、清花、梳棉生产过程产生含尘废气，在清花、梳棉生产过程产生废棉絮，在清花、梳棉、粗纱生产过程设备产生较大噪声。

（二）织造厂（织布厂）

把纱织成布，一般主要经过整经、织布等主要工序。织造厂基本没有湿作业，因此，除了办公生活污水外，基本上很少生产废水，在整经、织布生产过程产生含尘废气，产生废棉纱，产生较大噪声。

（三）棉染整前处理工序

染整的前处理是除去织物上的各类杂质，使织物成为洁白、柔软并有良好湿润性能的印染原料。前处理是印染加工的准备阶段，也称为练漂，对棉和棉混纺织物的前处理有烧毛、退浆、煮练、漂白、丝光等工序，对涤纶还有碱减量工序。

1. 原布准备

包括原布检验、翻布（分批、分箱、打印）和缝头，检查坯布质量，原布的长度、幅度、重量、经纬纱线密度和密度、强力等，后者如纺疵、织疵、各种班渍及破损等。

经过原布准备后，坯布还要经过烧毛，去除织物表面的毛絮。工序主要包括进布—刷毛—烧毛—灭火—落布，烧毛主要通过气体（火焰）烧毛，由于基本没有污染，不作单独工序介绍。

2. 退浆

烧毛后织物进退浆槽处理。退浆槽采用碱、酸、酶或氧化剂为退浆助剂，采用表面活性剂为精炼剂，去除坯布中的浆料和部分杂质。

退浆废水中含大量浆料和少量植物有机物质，其中含有各种浆料及其分解物、织物上的杂物、碱和各种助剂等。退浆废水量约占总废水量的15%，呈淡黄色，pH为12左右，每升废水中COD、BOD、SS浓度含量达数千毫克，退浆废水中的COD约占整个印染过程加工废水中COD的45%，如采用天然浆料废水中BOD/COD大于0.6，如采用化学浆料，则BOD/COD小于0.3，不利于生物降解处理。

3. 煮练

为了进一步去除杂质，退浆后的坯布进煮练槽高温处理。煮练槽内有高温的加表面活性剂的碱液，除去织物纤维残存的天然杂质（腊质、果胶等），可以增加织物对染料的吸附能力。

煮练废水水量大，煮练废水量约占总废水量的18%，呈深褐色，污染物浓度高，其中含有烧碱、表面活性剂、纤维素、果酸、蜡质和油脂等。废水呈强碱性、水温高，同时含大量植物有机物（如生物蜡、浆料分解物、纤维、酶等），COD、BOD质量浓度高达5 000 mg/L以上。丝光废水碱性很强，pH高达12～13，但COD值较低，经中和处理后可排放。漂白废水有机物含量低，可循环使用。

4. 漂白

煮练后的坯布还有一定色度，有些还需要排入漂白槽处理，漂白或增白。漂白槽内用双氧水或次氯酸钠漂白或用增白剂增白。

漂白废水水量大，但污染物和色度较低，主要含有残余的漂白剂、少量醋酸、草酸、硫代硫酸钠等。双氧水的漂液pH在10左右。采用次氯酸钠漂白的还要进行脱氯。

5. 丝光

为了提高坯布的吸附能力，漂白后的坯布还需进丝光槽处理。丝光槽内有浓碱液，织物在一定张力下，经浓碱液处理，可获得蚕丝样光泽和较高吸附能力。

丝光废水含碱量高，NaOH 含量在 3% ～ 5%，多数印染厂通过蒸发浓缩回收 NaOH，所以丝光废水一般很少排出，经过工艺多次重复使用，最终排出的废水仍呈强碱性，BOD、COD、SS 均较高。

（四）化纤类产品纺织印染工艺

化纤针织布工艺流程见图 8-1。

图 8-1　化纤针织布工艺流程

染纱或部分纤维染纱针织布工艺流程见图 8-2。

图 8-2　染纱或部分纤维染纱针织布工艺流程

涤纶、锦纶和腈纶是合成纤维中产量最大的三种纤维，涤纶的染色用分散染料，锦纶除用分散染料外还可用酸性染料进行染色，腈纶用阳离子染料染色。在织造过程中，化纤本身易带静电，故加入的化纤油剂量一般在 3% ～ 5%，化纤油剂在常温下与机械高速摩擦挥发出有机物，主要是一些酮类（甲基乙基酮）、烯类（C8 ～ C10 烯烃）、醛类等。

（五）碱减量工序

碱减量工艺主要是涤纶织物或涤纶混纺植物的一种前处理工艺，采用浓碱液刻蚀减量 18% 的织物量，使纤维变细，透气性、光泽等性能有所改善。涤纶碱减量染整工艺流程包括预缩—预定型—碱减量—染色—后处理几个工序。

碱减量工艺：缝头进布→浸轧碱液→汽蒸→热水洗→皂洗→水洗→中和→水洗。

（六）染色 / 印花工序

1. 染色

纺织品的染色有两种主要的方法——浸染和卷染（漂染）。浸染是一种常规染色方法，将被染物浸渍于含染料及所需助剂的染浴中，通过染浴循环或被染物运动或挤压，使染料逐渐上染被染物的方法；卷染是采用卷染机在高温高压或常温常压下浸在染液中染色。

染色废水一般色度很高，含有染料、助剂、表面活性剂等，一般呈强碱性，COD/

BOD 比较高，可生化性较差。

2. 印花

纺织品的印花有筛网印染法（又分水浆印染和胶浆印染），通过手工或印花机，将调好的色浆印到织物上，色浆一般由浆料、染料、碱（氨水、尿素）、助剂调制成；喷墨印花和热转移印花采用喷墨染料墨水，进行喷墨印染或热转移印花机印染。

印花废水量大，浓度高，色泽深，有时还会有高温度，处理难度较大。染料品种的变化以及化学浆料的大量使用，使废水含难生物降解的有机物，可生化性差。因此，印花废水是较难处理的工业废水之一，部分废水含有毒有害物质，如印花雕刻废水中含有六价铬，有些染料（如苯胺类染料）有较强的毒性。

（七）后整理工序

根据产品和染整要求，不同织物不尽相同，后整理主要有手感整理、柔软整理、定型整理、外观整理、电光整理、增白整理等工艺，多数基本流程是对植物进行喷湿—挤压—烘干加工（表 8-11）后整理产生的污染物见表 8-12。

表 8-11　部分常见后整理工艺过程

工艺类型		工艺过程
手感整理	硬挺整理	也称上浆整理。浆料有淀粉及淀粉转化制品的糊精、可溶性淀粉，以及海藻酸钠、牛胶、羧甲基纤维素（CMC）、纤维素锌酸钠、聚乙烯醇（PVA）、聚丙烯酸等
	柔软整理	适当降低操作温度、压力，加快车速进行机械柔软整理，可获得较柔软的手感（三辊橡胶毯预缩机、轧光机）；也可采用柔软剂（乳化液蜡、丝光膏、表面活性剂等）进行化学柔软整理
定型整理	拉幅定型	使湿织物经过拉伸保持一定尺寸，加热到一定温度后，保持固定尺寸冷却定型过程（拉幅机）
	机械预缩	织物在松弛状态下被水润湿，在松弛状态下干燥定型（三辊橡胶毯预缩机、轧光机）
外观整理	轧光整理	在轧光机上通过机械压力、温度、湿度的作用，借助于纤维的可塑性，将织物表面压平
	电光整理	在电光机上刻有斜纹线钢棍（内部可加热）和弹性的软辊在加热及一定含湿条件下轧压织物，在织物表面压出平行而整齐的斜纹钱
	轧纹整理	与电光整理相似
增白整理	上蓝增白	将少量蓝色或紫色染料或涂料使织物着色，利用颜料色的互补作用增白
	荧光增白	将荧光增白剂溶于水，上染织物，荧光增白剂的蓝色荧光颜料色的互补作用增白
磨毛整理		使布料通过磨毛机裹了金刚砂皮的滚筒的摩擦，在织物表面上磨出一层绒毛

表 8-12　后整理产生的污染物

后整理工序	污染物质
拉毛	棉尘、噪声
防水整理	铅化合物、乙醇、环氧树脂、高温、高湿
防缩整理	硫酸、锰化合物、高温、高湿
印染织物涂层整理	甲苯、二甲苯、四氯化碳、二甲基甲酰胺、汽油、醋酸乙酯、高温、高湿
液氨整理	氨、高温、高湿
树脂整理	甲醛、高温、高湿
漂洗、烘干	高温、高湿

后整理的物质大多数产生于印染过程中的无组织排放，也意味着织物表面会吸附着上述有机污染物。在后整理过程中，织物表面的污染物质在定型机的高温作用下挥发形成含有毒有害物质的废气。

（八）检测包装

染整之后，还要抽样经过织物的各项检测，包括外观质量检测、色牢度检测等。检测项目及主要检测方法见表 8-13。

表 8-13　检测项目及主要检测方法

项目	检测方法		产生污染物
外观质量	疵点检测	主要通过目测检验	
	色差检测	通过目测检验或仪器检测	
	熨烫质量	主要通过目测检验	
色牢度	耐光色牢度	模拟日光照射检测织物颜色的坚牢程度	
	耐摩擦色牢度	采用摩擦方式检测织物颜色的坚牢程度	
	耐汗渍色牢度	采用类似汗液的浸渍方式检测织物颜色的坚牢程度	废水
	耐洗色牢度	采用水洗方式检测织物颜色的坚牢程度	废水
	耐熨烫色牢度	采用熨烫方式检测织物颜色的坚牢程度	
理化性能	缩水率	采用水洗方式检测织物尺寸稳定率	废水
	强力	采用断裂、撕裂、顶破等方式产生强力，检测织物耐受各种负荷作用的能力	
	起球	采用外力摩擦检测纤维气球的多少	
	纤维成分	天然纤维（植物纤维、动物纤维、矿物纤维）、化学纤维。采用手感目测法、燃烧鉴别法、熔点鉴别法、红外吸收光谱法、着色实验法、双折射率测定法等	废气

项目	检测方法		产生污染物
安全性能	甲醛含量	乙酰丙酮法、亚硫酸品红法、间苯三酚法、变色酸法	废水、废气
	pH 残留	纺织品水萃取液检测	废水
	可分解芳香胺染料	采用气相色谱 - 质谱联用法。样品的预处理偶氮染料的还原方式有三种——强碱性条件下还原：Na_2SO_4/NaOH；强酸性条件下还原：$SnCl_2$/HCl；弱酸性条件下还原：柠檬酸盐 /NaOH 缓冲溶液（pH=6.0）	废水
	重金属	试剂（硫酸、硝酸等），采用一定量纺织品加试剂灰化，采用光谱分析，测量重金属含量	固体废物、酸性废水、酸性废气
	含氯有机载体	采用有机溶液试剂，气相色谱 - 质谱 (GC-MS) 测定方法。	有机废气、固体废物

（九）纺织染整的主要生产设备（表 8-14）

表 8-14　纺织染整的主要生产设备

项目		设备（设施）名称
纺纱厂		运输车辆、提升机、胶带输送机、仓库、混棉机械、开棉机、梳棉机、纺纱机、打包机等
织布厂		浆纱机、拉经机、卷纬机、打包机等
染整前处理	原布准备	堆布板、烧毛机等
	退浆	退浆机、精炼槽、喷射溢流染色机、净洗机等
	煮练	煮练机（煮练锅）、连续式练漂机、净洗机等
	漂白	连续式练漂机或漂白机、净洗机等
	丝光	连续式练漂机或碱槽、丝光机
	碱减量	精练槽、高温高压喷射溢流减量机
染色印花	染色	分浸染机、卷染机、轧染机、蒸化机等
	印花	筛网印花机、滚筒印花机、转移印花机、数码印花机、蒸化机等
后整理		拉幅定型机、烘干机、预缩机、烫熨平机带、喷砂机、三辊橡胶毯预缩机、轧光机、磨毛机、电光机
检测包装		监测分析实验室、打包机、仓库
其他生产辅助设施		锅炉房、污水站

三、棉与化纤纺织染整排污节点

（一）棉与化纤纺织染整工业环境要素分析（表 8-15）

表 8-15　棉与化纤纺织染整工业主要污染要素

污染类型	主要污染指标
废气	主要污染物有蒸汽锅炉烟气（颗粒物、NO_x、SO_2），锅炉房煤场、灰场的扬尘废气，纺织开松和梳毛产生含尘废气（棉絮和尘）；纺织染整印花（染料、助剂）有机废气、新的激光和热转移法印花产生的油墨挥发后整理产生颗粒物、油烟和有机废气（如热定型排放的芳烃物质、化学后处理、如甲醛、氨气等），这些都会产生一定量的 VOCs
废水	主要来自退浆废水、煮炼废水、漂白废水、丝光废水、染色印花废水、整理废水、碱减量废水、车间冲洗地面废水等，主要污染物有 COD、pH、色度、SS，染料、助剂、整理剂流失产生的氨氮、总氮、总磷、六价铬、苯胺类、硫化物、可吸附有机卤素（AOX）、二氧化氯等
固体废物	主要包括除尘器尘灰、尘絮、污水处理站污泥、锅炉房的灰渣等，这些属于一般固体废物，还有废染料、废助剂、废碱液等危险废物
噪声	主要是纺纱、织布的机械噪声，运输机械的运输噪声等

纺织染整工业主要废水见表 8-16。

表 8-16　纺织染整工业主要废水

废水来源	污染来源	主要污染物	污染特点
退浆废水	织物浆料、天然杂质、烧碱	COD、聚乙烯醇、碱、SS	水量较小，污染物浓度高，主要含有浆料及其分解物、纤维屑、酸、淀粉碱和酶类污染物，浊度大。废水呈碱性，pH 为 12 左右。用淀粉浆料时 BOD、COD 均高，可生化性较好；用合成浆料时 COD 很高，BOD 小于 5mg/L，可生化性较差
煮炼废水	天然杂质、浆料、烧碱、助剂	COD、碱、SS、TP	水量大，污染物浓度高，主要含有纤维素、果酸、蜡质、油脂、碱、表面活性剂、含氮化合物等。废水碱性很强，水温高，呈褐色，COD 与 BOD 很高，达每升数千毫克。化学纤维煮炼废水的污染较轻
漂白废水	漂白剂、织物杂质	COD、SS	水量大，污染较轻，主要含有残余的漂白剂、少量醋酸、草酸、硫代硫酸钠等
丝光废水	烧碱	COD、碱	含碱量高，NaOH 含量在 3% ~ 5%，多数印染厂通过蒸发浓缩回收 NaOH，一般很少排出，经过工艺多次重复使用最终排出的废水仍呈强碱性，BOD、COD、SS 均较高

废水来源	污染来源	主要污染物	污染特点
碱减量废水	烧碱、对苯二甲酸、乙二醇	COD、碱	是由涤纶仿真丝碱减量工序产生的，主要含涤纶水解物对苯二甲酸、乙二醇等，其中对苯二甲酸含量高达75%。碱减量废水不仅pH高（一般大于12)，而且有机物浓度高，碱减量工序排放的废水中COD_{Cr}可高达9万mg/L，高分子有机物及部分染料很难被生物降解，此种废水属高浓度难降解有机废水
染色废水	染料、助剂、表面活性剂	色度、COD、硫化物、总氮、苯胺类、可吸附有机卤素（AOX）、二氧化氯、重金属	水质多变，有时含有使用各种染料时的有毒物质（硫化碱、吐酒石、苯胺、硫酸铜、酚等），碱性，pH有时达10以上（采用硫化、还原染料时），含有有机染料、表面活性剂等。色度很高，而SS少，COD较BOD高，可生化性较差
印花废水	染料、助剂、浆料	色度、COD、硫化物、总氮、苯胺类、可吸附有机卤素（AOX）、二氧化氯、重金属	含浆料，BOD、COD高
后整理废水	柔软剂、防水剂、阻燃剂、抗静电剂、抗紫外线剂等	色度、COD、SS、总氮	主要含有纤维屑、树脂、甲醛、油剂和浆料，水量少
检测废水		pH、COD、SS、总氮、重金属	

（二）棉纺织染整工业排污节点（图8-3至图8-5）

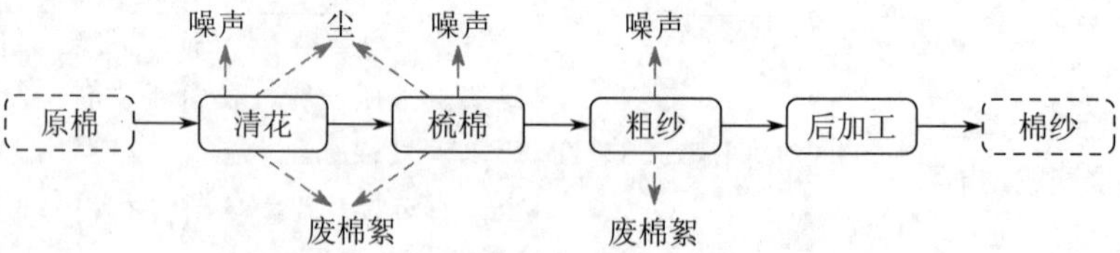

图8-3　棉纺纱工艺与排污节点

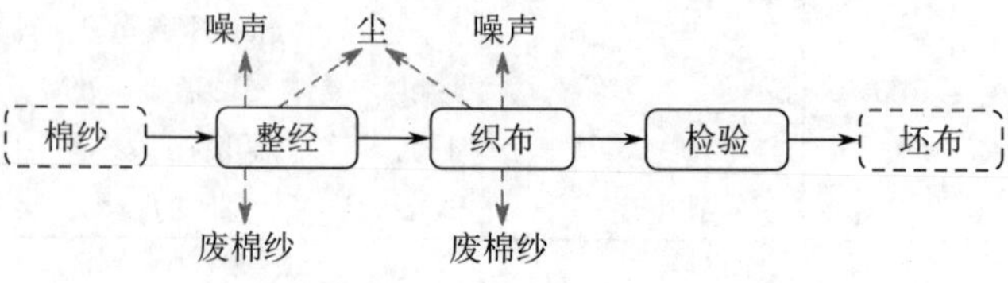

图8-4　棉织造工艺与排污节点

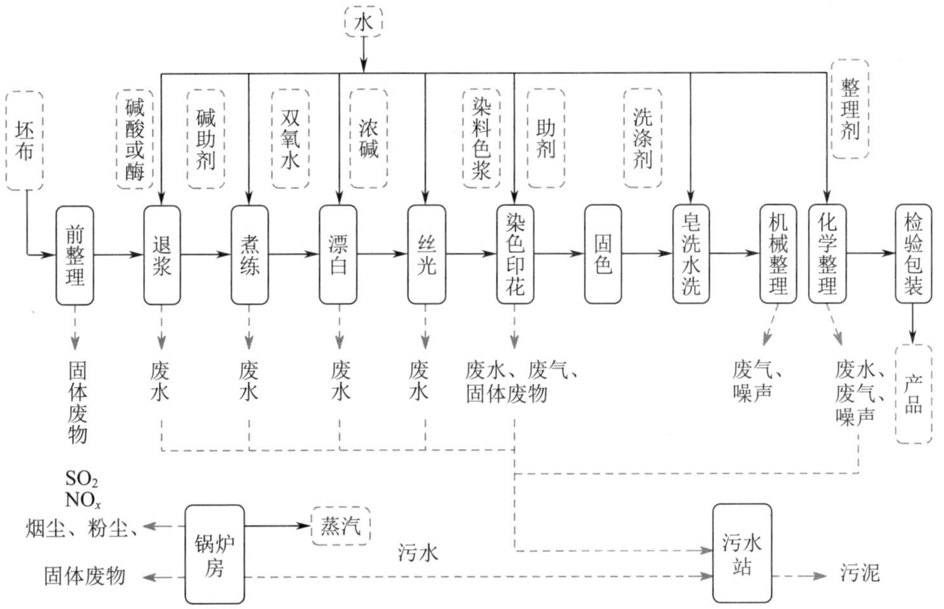

图 8-5 棉与涤纶染整的生产流程

（三）棉与化纤纺织染整工业排污节点（表 8-17）

表 8-17 棉与化纤纺织染整工业的排污节点

工序	生产设施	污染产生原因	主要污染物	控制措施
纺纱厂	运输车辆、提升机、胶带输送机、仓库、混棉机械、开棉机、梳棉机、纺纱机、打包机等	运输、卸货、码垛、拆包； 清花、梳棉、粗纱、细纱生产过程； 产品包装，入库	车间、仓库废气含纤维尘； 车间除尘和生产产生含尘废纤维； 车间冲洗地面废水含COD、SS、石油类等； 纺纱车间机械产生较强噪声，运输车辆产生运输噪声	车间通风排气口设除尘设施； 含尘废纤维收集外运综合利用； 冲洗废水导入污水站处理； 纺纱车间加强封闭和采取降噪技术措施
织布厂	浆纱机、拉经机、卷纬机、打包机等	运输、卸货、码垛、拆包； 整经、织布生产过程； 产品包装，入库	车间、仓库废气含纤维尘； 车间除尘和生产产生含尘废纤维； 车间冲洗地面废水含COD、SS、石油类等； 织布车间机械产生较强噪声，运输车辆产生运输噪声	车间通风排气口设除尘设施； 含尘废纤维收集外运综合利用； 冲洗废水导入污水站处理； 织布车间加强封闭和采取降噪技术措施

工序		生产设施	污染产生原因	主要污染物	控制措施
染整前处理	原布准备	堆布板、烧毛机等	烧毛	烧毛产生少许烟气	应在烧毛机加集气装置
	退浆	退浆机、精炼槽、喷射溢流染色机、净洗机等	退浆使用酸、碱、酶、氧化剂等处理织物，产生废水	退浆废水含 COD、BOD、SS、pH、色度等，废水量约占总废水量的 15%，pH ＞ 10	退浆废水导入污水处理站
	煮练	煮练机（煮练锅）、连续式练漂机、净洗机等	煮练使用加表面活性剂的碱液处理织物，产生煮练废水	煮练废水含 COD、BOD、SS、pH、色度等，废水量约占总废水量的 18%，pH 高达 12 ～ 13	煮练废水导入污水处理站，也可循环利用
	漂白	连续式练漂机或漂白机、净洗机等	漂白使用双氧水或次氯酸钠处理织物，产生漂白废水	漂白废水含污染物较少，pH 在 10 左右	漂白废水导入污水处理站，使用次氯酸钠的废水要采用脱氯预处理，漂白废水可回收利用
	丝光	连续式练漂机或碱槽、丝光机	丝光使用浓碱浴液处理织物，产生丝光废水	丝光废水含 COD、BOD、SS 等，pH 高达 12 ～ 13	丝光废水回收碱液，综合利用
	碱减量	精炼槽、高温高压喷射溢流减量机等	碱减量使用浓碱液刻蚀涤纶织物	碱减量水含 COD、BOD、SS 等，pH 高达 13，COD 高达 3 000 ～ 6 000 mg/L	碱减量废水应经过预处理再导入污水处理站
染色印花	染色	分浸染机、卷染机、轧染机、蒸化机等	染色使用染料、助剂、表面活性剂等	染色废水含色度、COD、BOD、SS、总氮、苯胺类、可吸附有机卤素（AOX）、二氧化氯、重金属等，色度高； 废气含苯胺、氨、硫酸、甲醛、硫化氢； 废染料和废助剂属于危险废物	染色废水导入污水处理站； 染料槽应密闭或设集气装置，引气净化，去除 VOCs； 废染料和废助剂的收集、贮存、转移按危险废物管理

工序		生产设施	污染产生原因	主要污染物	控制措施
染色印花	印花	筛网印花机、滚筒印花机、转移印花机、数码印花机、蒸化机等	印花使用色浆、浆料、染料、碱、氨水、尿素、助剂等调制成； 喷墨印花是采用喷墨染料墨水印染； 热转移印花采用含有机溶剂的墨水印染	色浆印花主要产生印花废水，含色度、COD、BOD、SS、总氮、苯胺类、可吸附有机卤素（AOX）、二氧化氯、重金属等，色度高，COD 高； 产生含氨和有机废气（VOCs）； 印花产生有机溶剂（甲醛、苯、甲苯、二甲苯、苯胺、氨、氮氧化物）的废气（VOCs）； 废染料和废助剂、废色浆属于危险废物	印花废水导入污水处理站； 印花产生 VOCs，应在印花机加集气装置，收集净化； 废染料、废助剂、废色浆的收集、贮存、转移按危险废物管理
后整理		拉幅定型机、烘干机、预缩机、烫熨平机带、喷砂机、三辊橡胶毯预缩机、轧光机、磨毛机、电光机	化学后整理有湿处理，废水较少； 污染废气较少； 热定型和化学后整理工序产生颗粒物、油烟和VOCs； 后整理带入废水树脂、甲醛、表面活性剂等	机械整理有定型和烘干废气，化学整理会产生含颗粒物、油烟和 VOCs 废气； 热定型和化学整理会产生废水很少量废水，废水含色度、COD、SS、总氮等	后整理废水导入污水处理站； 热定型和化学整理工序产生颗粒物、油烟和有机废气，（VOCs）应设集气装置，收集净化
检测包装		分析检测室、打包机、仓库	分析检测产生废水较少； 废气、固体废物，数量较少； 包装入库产生含尘废气	检测废水含 pH、色度、COD、SS、重金属等； 打包、入库产生含尘废气； 检测废物（危险废物）	检测废水导入污水站处理； 检测废物的收集、贮存、转移按危险废物管理

（四）黏胶纤维企业排污节点说明

黏胶纤维又分为黏胶长丝和黏胶短纤维，主要生产原理一致，均以木浆、棉浆或其他天然纤维为原料。黏胶长丝相对于黏胶短纤维而言，生产流程更长，要求更高。生产过程中的主要污染物均为含硫化合物，但是在黏胶长丝的生产过程中，由于不涉及含硫化合物的回收，不产生二氧化硫，只产生二硫化碳和硫化氢；而在黏胶短纤维的生产过程中，则会产生二硫化碳、硫化氢和二氧化硫。

（1）黏胶短纤维生产主要工艺及污染物分析（图 8-6）

黏胶短纤维是以天然纤维素为原料，经碱化、老成、黄化等工序制成可溶性纤维素磺酸酯，再溶于稀碱液制成黏胶，经湿法纺丝而制成的。主要由原液、纺练、酸站、公用工程等部分组成。黏胶纤维生产存在的废气污染问题，主要是在黏胶纤维生产过程中使用二硫化碳作为溶剂，在制胶过程中，部分二硫化碳同氢氧化钠发生副反应生成三硫代碳酸钠（Na_2CS_3）；黏胶在纺丝凝固中形成丝条时，三硫代碳酸钠同硫酸发生反应，从而产生硫化氢气体，其他与纤维结合的二硫化碳在纤维再生时，又重新被释放出来。在黏胶纤维生产过程中，原液、纺丝、酸站、后处理等生产工序均有硫化氢、二硫化碳排出。

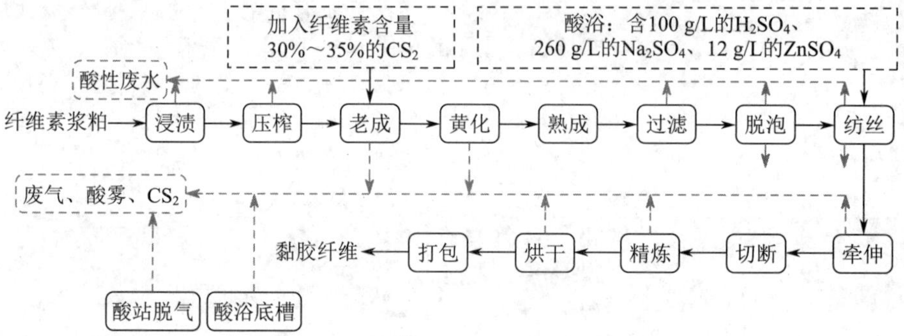

图 8-6 黏胶短纤生产工艺与排污节点

从图 8-6 可以看出，黏胶短纤维的主要排污点为：

①碱纤维素与二硫化碳反应生成纤维素磺酸酯的黄化工段中，有未反应完残留的二硫化碳及副反应产生的硫化氢；

②脱泡过程中排放的不凝气体中含有二硫化碳；

③纺丝成形过程中黏胶与酸浴中的硫酸反应，释放出二硫化碳和硫化氢；

④牵伸、切断时排放的废气中含有硫化氢、二硫化碳；

⑤精炼后处理排放的废气中含有二硫化碳、硫化氢；

⑥酸浴真空脱气过程中排放的不凝气体中含有硫化氢、二硫化碳；

⑦酸浴底槽排风中含有硫化氢、二硫化碳。

除上述排污点外：采用冷凝法进行冷凝回收后的尾气中含有二硫化碳、硫化氢；采用吸附法进行废气回收的尾气会有二硫化碳超标情况。

（2）黏胶长丝生产主要工艺及污染物分析（图 8-7）

黏胶长丝与黏胶短纤维的制作工艺流程会有所区别，黏胶长丝与黏胶短纤维在原液制胶、酸浴调配上所采用的设备基本相同，主要区别在纺练工序，长丝采用半连续纺丝机或连续式纺丝机，而短纤维生产采用组合式喷丝头，另外长丝在纺丝机上即可完成牵伸、加捻成筒，送精炼处理，而短纤维生产则采用组合式喷丝头，纤维的牵伸、成形在相应独立的设备上完成。

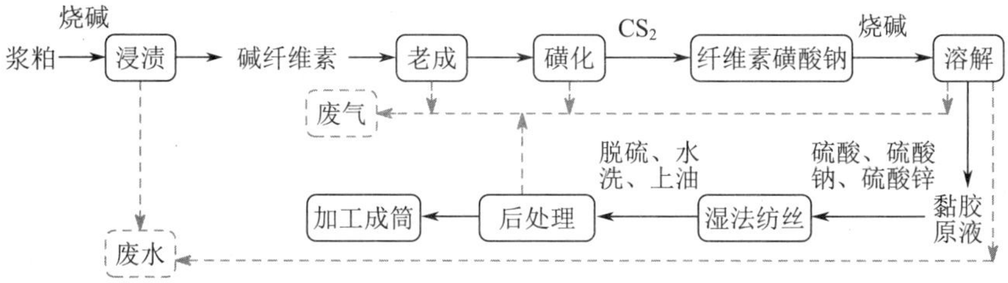

图 8-7　黏胶长丝生产工艺及大气污染物排放节点

黏胶纤维生产废水主要包括酸性和碱性废水两大类，其中酸性废水主要来源于纺丝车间和酸站，包括塑化浴溢流水、洗纺丝机水、酸站过滤器洗涤水、洗丝水和后处理酸洗水等；碱性废水主要来源于碱站排水、原液车间废水胶槽及设备洗涤水、滤布洗涤水、换喷丝头时的带出水和后处理的脱硫废水等。黏胶纤维生产混合废水中的特征污染物为硫酸、硫化物、锌盐和纤维素。其中硫酸、硫化物 (主要是 H_2S、CS_2 等) 和锌盐污染主要来自黏胶成形工段废水，且锌盐主要以硫酸锌和纤维素磺酸锌的形式存在；纤维素主要是由于碱性废水中的黏胶纤维素与酸性废水混合后酸析而产生。

黏胶纤维生产过程中老成、黄化过程会有含 CS_2、H_2S 等的废气产生和泄漏，造成废气污染，并可能产生安全问题。黏胶纤维生产过程中会使用大量蒸汽，锅炉会排放大量燃料燃烧产生的烟气。

第三节　毛与丝纺织印染工业生产工艺环境基础

一、毛纺织印染的基本工艺

（一）毛纺织生产原料

现在我国羊毛年加工量达到 40 万 t（净毛），约占世界羊毛加工总量的 35%，我国毛纺织工业产能居世界第一位。我国毛纺织纤维的加工量约占纺织工业纤维加工量的 5% ～ 8%。

毛纺织企业是指以羊毛纤维或其他动物毛（也包括山羊绒、兔毛、马海毛、牦牛毛等特种动物毛）纤维为主要原料，进行洗毛、梳毛；也有相当数量的毛织物是由羊毛纤维或其他动物毛纤维（山羊绒、驼毛、兔毛等）与一定比例的化学纤维混合做毛纺原料（毛条）。经洗毛和梳毛后的毛纺原料或混纺原料再通过纺纱、织造、染整等工序加工而成的各种混纺毛印染织物。毛纺织生产主要分为两大部分，即洗毛和毛纺染整，毛纺染整又分毛粗纺和毛精纺（绒线属于毛精纺产品之列）。毛纺织过程也可用于毛型化纤纯纺、混纺以及与其他天然纤维混纺。毛粗纺产品或毛精纺产品乃至绒线产品加工的原料为毛条，毛条是原毛经洗毛加工后得到的初级产品。

毛纺织印染的环境污染主要是废水污染，毛纺织废水包括洗毛和毛纺织染整两部分废水。

（二）洗毛工艺（图 8-8）

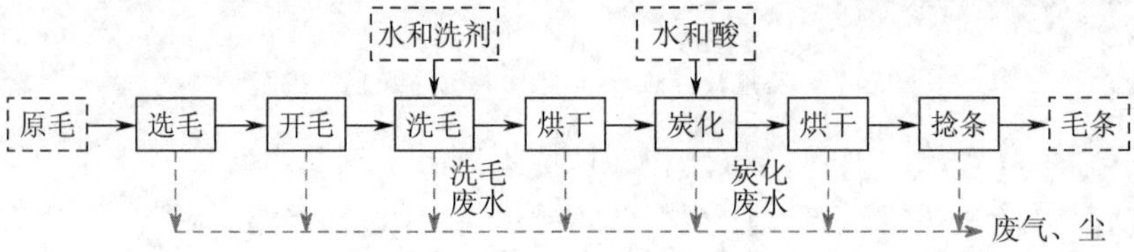

图 8-8 洗毛工艺与排污节点

有的洗毛工作是在单独洗毛厂完成的，还有的是在毛纺厂附设洗毛车间进行洗毛。根据具体的生产工艺，可以把洗毛分为碱性、中性和酸性三种，其中碱性洗毛使用得最广泛。碱性洗毛，羊毛在 pH 为 8.5 ～ 9.5 的洗液中进行洗涤，其可纺性、抗静电性和吸水性都比较有利，因此碱性洗毛方法在生产中使用也比较普遍。碱性洗毛的操作温度不得超过 60℃，洗液的 pH 为 8.5 ～ 10。

碱性洗毛目前主要为皂液洗毛。皂液洗毛是沿用较久的洗毛方法，即肥皂与纯碱配合使用的方法。皂洗工艺装置是由多个洗涤槽和漂洗槽组成的。洗涤槽中皂碱的浓度按各种羊毛中所含油脂的性质、数量和其他杂质多少面而定。一般皂液浓度达 0.2% 即可乳化羊毛脂，pH 控制在 11 以下，温度在 50℃以下。漂洗槽 pH 应在 9 以下，以免对羊毛纤维造成损伤。总的洗毛流程时间为 10 ～ 20 min。

中性洗毛，洗液的 pH 为 6 ～ 7，洗液的温度可适当提高至 50 ～ 60℃，这不仅能减少羊毛的损伤，还能提高洗涤效果。

酸性洗毛，此在洗毛过程中，在使用合成洗涤剂的同时，加入少量醋酸、甲酸或磷酸，控制 pH 在 4.8 ～ 6，这种洗毛方法叫酸性洗毛。它的手感、弹性比碱性洗毛较好，色泽也较鲜明。

洗毛设备也有多种型式，在乳化洗毛中广泛使用的是耙式洗毛机，并常和开毛、烘毛设备相联，称为开洗烘联合机。此外，还有喷射洗毛机、滚筒洗毛机、超声洗毛机等。

洗毛以水为溶剂，加入一定量的纯碱及清洗剂，经过一定的物理化学作用，去除羊毛所含的羊汗、羊毛脂等物质。国产洗毛机一般多为五槽式联合洗毛机，进口洗毛机大多为六槽甚至七槽。

如果原毛中草杂较多，还需要经过炭化，炭化过程主要是去除羊毛中含有的植物性杂质（草籽、草叶等），将含杂质的洗净毛在酸液中通过，再经烘焙，使杂质变为易碎的炭质，再经过机械搓压打击，最后利用风力将其分离。去除杂质的羊毛再采用中和的办法，去除羊毛上过多的酸，经烘干成为炭化洗净毛。

洗毛废水属生化降解性能较好的高浓度有机废水。控制槽水的回用，洗毛排水量在 10 ～ 30 m^3/t。洗毛废水属高浓度废水，COD 在 15 000 ～ 30 000 mg/L，BOD 在

8 000 ～ 10 000 mg/L，SS 在 5 000 ～ 6 000 mg/L。

现在许多洗毛工艺，增加了回收羊毛脂工艺，经脱脂的洗毛废水 COD 可降至 6 000 ～ 10 000 mg/L，经过回收羊毛脂和厌氧处理，再与毛纺染色废水混合进行耗氧处理。回收的羊毛脂，经过精细加工，可获得高附加值的精制羊毛脂，可以作为高级润滑油和化妆品的原料。有些洗毛工艺不用炭化工序，采用梳毛（粗梳和精梳）工序代替，既可去掉剩余的杂物，又可减少污染。

炭化工序将含杂质的洗净毛通过酸液，再经烘焙、搓压，用风力分离已炭化的草屑。

（三）毛纺织染整生产工艺

1. 毛粗纺织染整生产工艺（图 8-9）

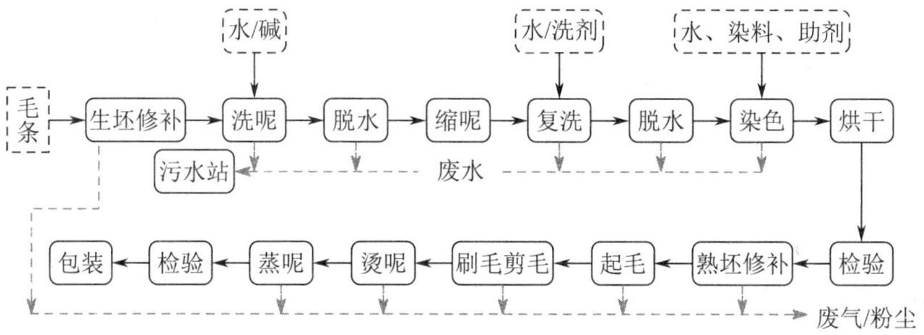

图 8-9　毛粗纺织物染整加工工艺流程及废水废气排污节点

洗呢工序使用水、纯碱、洗涤剂等去除呢坯中的油污、杂质等，产生一定洗呢废水。

缩呢工序是利用缩剂（以洗涤剂为主），在一定温度与压力下，使织物产生一定收缩，废水量很少。

染色使用的染料主要是媒介染料和酸性染料，如织物是毛混纺，还会使用部分分散染料、阳离子染料和直接染料等，产生的染色废水含染料残液和含染料的漂洗废水。

2. 毛精纺织染整生产工艺（图 8-10）

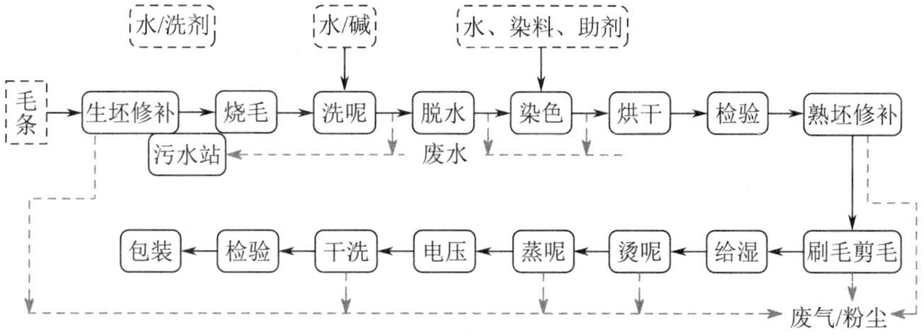

图 8-10　毛精纺织物染整加工工艺流程及废水废气排污节点

毛精纺产品一般为薄织物，属高档产品，是毛纺染色中废水量和污染物量最大的，染色工序的水量大，有大量的漂洗废水产生，煮呢、洗呢废水中含有表面活性剂类助剂。毛精纺使用的染料主要有酸性染料，还会使用部分分散染料、阳离子染料和直接染料等，废水除了含染料残液和含染料的漂洗水，洗呢废水还含一定量洗涤剂和渗透剂。染色主要使用酸性染料，毛混纺织物还使用分散、阳离子和其他染料等。其生产废水的 pH 一般在 5.8 ～ 6.5，污染物较低。

在毛纺织印染加工过程中，洗毛过程中主要是废水问题；烧毛工序中，由于羊毛是蛋白质纤维，会有较大浓度的含硫化合物产生；毛织物的染色过程中由于媒介染料的使用，会出现有害气体排放；毛织品的整理过程中，如果在加工羊毛产品过程中有化学定型工艺，则会出现污染，若没有化学定型工艺，后面几乎不会有污染，毛织品的热定型温度一般控制在 40℃，挥发性气体较少；毛织品的烘干工序中，一般烘箱的温度设置在 100℃，但是箱体内的温度一般最多 70℃，70℃以下挥发性气体相对较少。

3. 绒线纺织染整生产工艺（图 8-11）

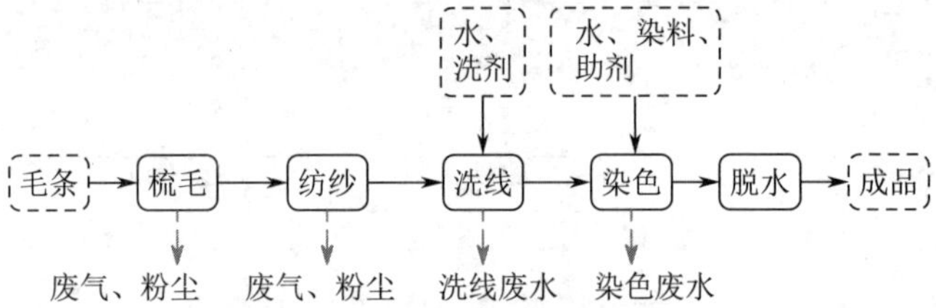

图 8-11 绒线纺织印染工艺与排污节点

洗线工序排放一定量的含洗涤剂的废水。

染色工序排放含染料残液和含染料的漂洗水。

毛绒线分为粗绒线和细绒线，染色通常采用酸性染料，毛腈纶则采用阳离子染料。染色工序产生的废水主要为漂洗废水和染色残液，其污染物浓度介于粗纺与精纺印染废水之间。

二、毛纺织印染污染要素分析

（一）毛粗纺染整生产环境污染

毛织物在纺织过程中会黏附毛油、浆料，并沾上尘埃、油污等杂质，上述工序中的洗呢就是洗去呢坯上的浆料、油剂和沾污的整理工艺过程，该过程产生一定洗呢废水。

染色是指将纺织材料染浴处理，使染料和纤维发生化学或物理化学结合，或在纤维上生成不溶性有色物质的工艺过程。羊毛常用染料有酸性染料、含有金属螯合结构的酸性含媒染料以及酸性媒染染料等。染色过程中产生染色废水包括染料残液和含染料的漂洗废水。

（二）毛纺织工业的环境污染

毛纺织染整生产除了锅炉排放的燃料燃烧废气，主要的环境污染还是染整废水，废水中的主要污染因子是 COD、pH 和色度。

毛纺织工业的废水包括染色残液及漂洗水、洗呢水、缩绒水等。

单位产品毛纺织用水量与排水量要比棉纺织产品多 2/3。毛纺织产品耗水量见表 8-18。

表 8-18　毛纺织产品耗水量

	单位	毛粗纺	毛精纺	纯毛绒线	洗毛
耗（新鲜）水量	m^3/hm	32 ～ 34	20 ～ 22		
	m^3/t	360 ～ 380	340 ～ 360	70 ～ 80	20 ～ 50

毛纺织物染整主要使用酸性染料、阳离子染料和分散染料，废水污染物质量浓度不高，大多呈中性，可生化性较好。其印染废水水质：COD 一般为 500 ～ 900 mg/L，BOD 一般为 250 ～ 400mg/L，pH 一般为 6 ～ 9，色度一般为 100 ～ 300 倍。

总体来看，毛纺织染整废水比棉纺废水污染强度低一些。毛粗纺比毛精纺废水中 COD 浓度要高一些。纯毛染色废水生化性较好，BOD/COD 在 40% 左右，毛混纺的 BOD/COD 在 30% 左右，均属于生化性较好和可生化的有机废水。

毛纺织在染色过程中使用的助剂有醋酸、硫酸、纯碱、红矾（重铬酸钾）、元明粉、硫酸铵、硫化钠、柔软剂、匀染剂、平平加等，助剂大部分进入染色后的残液中。助剂是毛纺织染色废水有机污染的主体。由于羊毛含羟基和氨基，染色的上染率较高，染色牢度也好，染料流失率比棉纺要低一些，废水色度较棉纺废水低一些。毛纺织染色过程多在偏酸性条件下进行，产生的混合废水 pH 一般略显酸性，废水 pH 为 5.0 ～ 6.5，取决于染料的流失率。

第四节　丝绸工业生产工艺环境基础

世界生丝生产主要集中在中国、印度、巴西等国，其中，中国和印度产量占世界总产量的 90% 以上。2016 年，国家统计局统计，规模以上企业主要产品产量有增有降。其中，生丝产量为 15.84 万 t，同比增长 0.51%；绢丝产量为 8 987t，同比下降 6.89%；绸缎产量为 66 756 万 m，同比增长 5.82%；蚕丝被产量为 2 074 万条，同比下降 14.62%。生丝是我国特有的在国际上占据垄断性资源的产品。茧丝绸行业涉及蚕桑、缫丝、绢纺、织绸、丝绸印染、丝针织、丝绸服装和制成品等多道生产和经营环节，丝绸加工环节多，每个环节加工时间较长，链条复杂，产品变化快。

一、丝绸纺织印染工艺

（一）丝绸纺织的原料

丝绸纺织的基本原料是生丝。丝织品具有悠久的历史，可分为天然丝织品、人造丝和合成纤维品三类。天然丝织物也称为真丝，主要是桑蚕丝，其次为柞蚕丝；人造丝是指人造纤维细丝，因以棉籽绒和木材为主要原料，所以也称作再生纤维，包括黏胶纤维、铜铵纤维和醋酸纤维等。合成纤维主要包括涤纶和锦纶两种纤维。

蚕丝中的长纤维很少上浆，可以生产绸、缎、绉、锦、罗、绫，蚕丝中的短纤维加工的织物称为绢。

丝绸印染分为真丝印染和仿真丝印染。天然丝绸是以蚕（桑蚕与柞蚕）丝为原料的纺织产品。丝绸纺织包括制丝、织造、印染。主要污染是制丝和印染的废水，废水中所含污染物主要来自原料中的蜡质、浆料，染色残余的染料和助剂，废水中的污染物浓度与毛精纺废水接近。化纤仿真丝染整过程中，产生碱减量废水和印染废水，碱减量废水中含一定量的残碱和不易生化降解的对苯二甲酸。

（二）缫丝工艺

缫丝企业是指以蚕丝为主要原料、经选剥、煮茧、缫丝、复摇、整理等工序生产生丝、土丝、双宫丝以及长吐、汰头、蚕蛹等副产品的企业，包括桑蚕缫丝企业和柞蚕缫丝企业。

缫丝加工是将蚕茧缫成蚕丝的工艺过程，即将干茧通过缫丝机缫成丝的加工过程。缫丝方法很多，按缫丝时蚕茧沉浮的不同，可分为浮缫、半沉缫、沉缫三种，工序主要包括煮茧、缫丝、绞丝等，产生脱胶废水（图 8-12）。

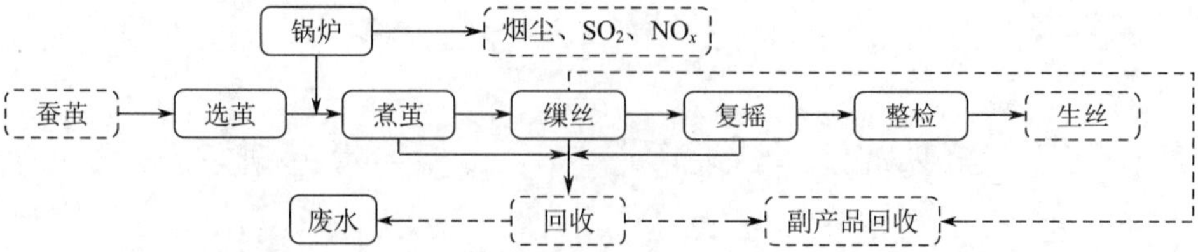

图 8-12　缫丝工艺

我国缫丝加工能力主要集中在江、浙、川等几个主产区，加工能力的集中度相对较高。

（三）丝绸印染工艺

真丝印染工艺包括炼漂、染印、整理等工序。

炼漂工艺：将坯绸或生丝放入装有肥皂（或合成洗涤剂）与纯碱（碳酸钠）的混合溶液内进行加热，丝胶加热后进行水解。

染印工艺：通过染色工艺或印花（色浆直接通过筛网印花版印在丝织品上）工艺使蚕、坯绸与染料液体接触发生化学反应，让坯绸染上各种色彩的工艺。由于蚕丝属蛋白质纤维，不耐碱，染色宜在酸性或接近中性的染液中进行。目前用于丝织物染料的主要是酸性染料、活性染料、直接染料与还原染料等。

整理工艺：机械整理有拉幅整纬整理，汽熨整理，轧光等方法；化学整理主要是添加化学药剂，如柔软剂、抗静电剂、防火剂、由纯碱及磷酸三钠组成的砂洗剂等，从而达到防皱、防缩、柔软、厚实的效果。

真丝产品的织造印染工艺如图 8-13 所示。

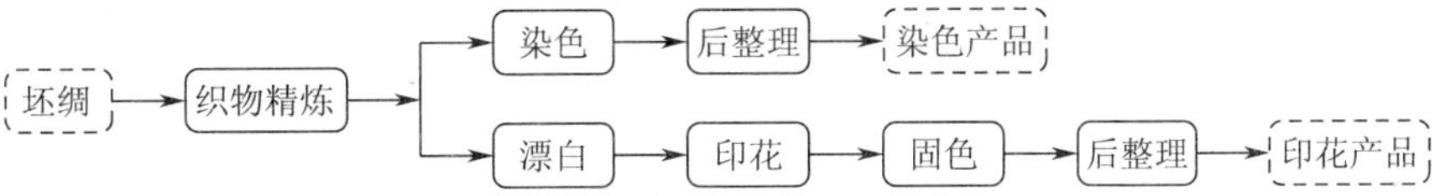

图 8-13　真丝产品的织造印染工艺

（四）人造丝织物印染工艺

人造丝产品的印染工艺的精炼、染色（印花）、后整理与丝绸印染工艺相仿，如图 8-14 所示。

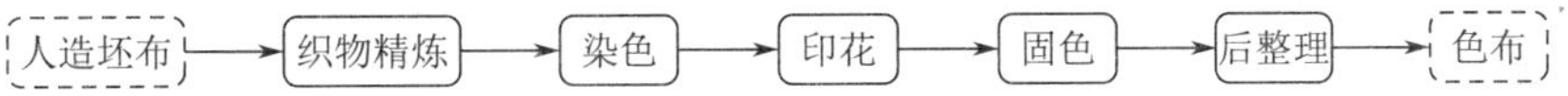

图 8-14　人造丝产品的印染工艺

（五）绢纺和丝织加工工艺

绢丝的加工工艺包括精炼、精梳、粗纺、精纺工序。

精炼是去除绢纺原料上大部分丝胶、油脂、蜡质、无机物及其他一些杂质。按精炼原理可分为化学精炼和生物化学精炼。精炼后处理包括洗涤、脱水和干燥等工序。

精梳是用精梳机将纤维中的的杂质和粗短纤维排除的工艺。

精纺是用精梳的丝纱织的丝织物，粗纺就是用普梳的丝纺得丝织物。

二、丝绸印染污染要素分析

（一）缫丝加工行业的污染分析

缫丝业的主产品为生丝，副产品为长吐、汰头及蚕蛹等。制丝生产过程所产生的废水中的污染物主要来源于煮茧过程中所溶解的丝胶，以及缫丝、复摇过程中蚕丝从蚕茧上剥离时脱落和溶解的丝胶，混合后 COD_{Cr} 为 150 ～ 250 mg/L，BOD_5 为 60 ～ 100 mg/L， pH 为 6.5 ~ 8.5。缫丝生产用水的 90% 左右消耗在这两个过程中。

缫丝副产品生产废水产生于蛹衬与蛹体的分离过程，水中污染物主要为丝胶、粗蛋白和破碎的蛹体。副产品生产耗水量较少，不到缫丝生产用水的 10%，一般占 5% 左右，但污染程度高，其污染物质量浓度为 COD_{Cr} 为 7 000 ~ 10 000 mg/L，BOD_5 为 3 500 ~ 4 000 mg/L，SS 为 3 000 ~ 5 000 mg/L，pH 为 10 ~ 11.5，是缫丝生产业重点水污染源（表 8-19）。

国内绝大多数缫丝厂的制丝生产与副产品处理是在同一厂区内进行的（但也有部分企业将副产品的生产外包）。两种污水混合后在一起后，COD_{Cr} 为 1 500 ~ 3 000 mg/L，BOD_5 为 600 ~ 1 200 mg/L，SS 为 300 ~ 600 mg/L，pH 为 7.5 ~ 9.5（表 8-20）。

脱胶废水中平均 COD 在 500 ~ 1 000 mg/L ，BOD 在 2 500 ~ 5 000 mg/L，属于生化降解性良好的有机废水。其中部分高浓度废水的 COD、BOD 会达到平均值的 10 倍。但脱胶废水冲洗量大，属中等污染。

表 8-19 缫丝副产品生产废水污染物主要指标

项　目	质量浓度
COD_{Cr}/（mg/L）	7 000 ~ 10 000
BOD_5/（mg/L）	3 500 ~ 4 000
SS/（mg/L）	3 000 ~ 5 000
pH	10 ~ 11.5

表 8-20 制丝生产与副产品处理废水混合后污染物主要指标

项　目	质量浓度
COD_{Cr}/（mg/L）	1 500 ~ 3 000
BOD_5/（mg/L）	600 ~ 1 200
SS/（mg/L）	300 ~ 600
pH	7.5 ~ 9.5

（二）丝绸印染工艺污染分析

真丝织物印染过程中织物精炼、漂白、染色和印花均产生废水。

精炼主要有化学法（包括碱精炼和酸精炼）和酶法，精炼废水含一定量丝胶、浆料和有机物，废水呈碱性；漂白一般用双氧水作为氧化剂，漂白废水浓度较低；染色过程中产生的废水量较少，有机污染物浓度也较低；印花废水量较少，浓度较高。

因真丝品轻薄，所用的染料和助剂较少，且上染率高，所以一般真丝产品印染废水的有机污染物浓度较低，可生化性较好，其废水一般呈弱酸性。

真丝绸印染炼漂工序使用醋酸、碱、洗涤剂、助剂，废水中含丝胶和化学有机物，呈碱性。印染以醋酸为匀染剂，醋酸生化降解性较好，上色率高，整体废水呈弱酸性，色度污染较轻。

真丝的印染废水水质：COD 一般为 500 ～ 800 mg/L，BOD 一般为 200 ～ 400 mg/L，pH 一般为 5 ～ 8，色度一般为 100 ～ 300 倍。

仿真丝废水的有机物浓度比真丝绸废水要高，与棉纺织废水相近，在 1 200 ～ 1 500 mg/L。

（三）人造丝织物印染工艺污染分析

人造丝织物印染过程中织物精炼、染色和印花均产生废水。人造丝的印染所使用的染料助剂等与棉纺织物的印染相类似，但是由于人造丝的杂质少，因而其印染废水的污染物浓度不高，可生化性较好。人造丝印染废水水质：COD 一般为 600 ～ 1 000mg /L，BOD 一般为 250 ～ 400 mg/L，pH 一般为 8 ～ 10，色度一般为 100 ～ 300 倍。纺丝织造工艺属于干法工艺，废水污染很少。

（四）绢纺和丝织加工工艺污染分析

绢丝废水分高浓度废水和低浓度废水，高浓度废水来自炼桶废水、槽洗废水和煮练废水，废水质量浓度达 4 000 ～ 5 000mg/L；低浓度废水来自水洗机、脱水机废水和地面冲洗废水，质量浓度约为 500 mg/L。

第五节　纺织印染工业的环境管理

一、环境规划要求

①风景名胜区、自然保护区、饮用水水源保护区和主要河流两岸边界外规定范围内不得新建印染项目；已在上述区域内投产运营的印染生产企业要根据区域规划和保护生态环境的需要，依法通过关闭、搬迁、转产等方式限期退出。②缺水或水质较差地区原则上不得新建印染项目。③水源相对充足地区新建印染项目，必须在工业园区内集中建设，实行集中供热和污染物的集中处理。

二、清洁生产要求

节约水资源消耗，实行生产排水清浊分流、分质处理、分质回用，水重复利用率要达到 35% 以上。

要求坯布生产所使用的浆料，采用易降解的浆料，限制或不用难降解浆料，减少对环境的污染；要求提供绿色环保型和高吸尽率的染料和助剂，减少对环境的污染；要求提供无毒、无害和易于降解或回收利用的包装材料。

三、环境管理要求

排污许可证制度执行，在依法实施污染物排放总量控制的区域内，企业应依法取得《排污许可证》，并按照《排污许可证》的规定排放污染物；对已经安装在线监测设备的企业，应定期计算其主要污染物的排污总量或可根据在线数据核定企业总量，再对照《排污许可证》规定的排放总量许可，确定企业废气和污水某种污染物是否总量达标。

企业应当建立自我环境监测体系，完善排污许可台账管理体系，污染治理设施运行记录和排污量记录，实施清洁生产审核制度。

四、环境监督管理要求

1. 无组织排放检查

（1）检查原辅料卸车、输运、传送、入库、含棉纱尘的收集、打包入库过程产生扬尘；

（2）检查纺纱、织布厂车间产生的无组织尘（纤维尘、棉纱尘）是否收集除尘；

（3）检查染整前处理烧毛产生烟气、热定型是否收集除尘；

（4）检查染色印花过程印花机产生有机溶剂废气（VOCs）是否收集净化；

（5）检查后整理、热定型、检测过程产生有机溶剂、油烟或氨水等挥发性废气是否收集净化；

（6）检查燃煤运输、卸车、堆存、产生遗撒和扬尘控制措施；

（7）检查污水处理站格栅、调节池、生物池和污泥处理单元的臭味是否采取了收集吸附的治理措施，或者通风设施。

2. 检查污水来源

（1）检查各车间地面冲洗废水和设备清洗废水去向；

（2）检查丝光废水是否进行回收预处理；

（3）检查退浆废水、煮练废水、漂白废水、丝光废水，碱减量废水、染色印花废水去向。

五、污染治理要求

（1）发展涂料印染、微悬浮体印染、转移印花、数码印花等无水或少水印染工艺技术；

（2）推广麻类织物染色、防皱、柔软等先进后整理技术；高档丝绸产品印染后整理技术；

（3）推广环保型染料、助剂、浆料开发应用；自动制网技术、数码印花新技术、印染生产废水治理技术；

（4）重点发展智能化在线检测与控制技术；

（5）印染废水治理宜采用生物处理技术和物理化学处理技术相结合的综合治理路线，不宜采用单一的物理化学处理单元作为稳定达标排放治理流程；

（6）棉机织、毛粗纺、化纤仿真丝绸等印染产品加工过程中产生的废水，宜采用厌氧水解酸化、常规活性污泥法或生物接触氧化法等生物处理方法和化学投药（混凝沉淀、混凝气浮）、光化学氧化法或生物炭法等物化处理方法相结合的治理技术路线；

（7）棉纺针织、毛精纺、绒线、真丝绸等印染产品加工过程中产生的废水，宜采用常规活性污泥法或生物接触氧化法等生物处理方法和化学投药（混凝沉淀、混凝气浮）、光化学氧化法或生物炭法等物化处理方法相结合的治理技术路线；

（8）洗毛回收羊毛脂后废水，宜采用预处理、厌氧生物处理法、好氧生物处理法和化学投药法相结合的治理技术路线。或在厌氧生物处理后，与其他浓度较低的废水混合后再进行好氧生物处理和化学投药处理相结合的治理技术路线。

六、处理处置要求

（1）纺纱厂和织布厂车间除尘和生产产生含尘废纤维属于一般固体废物，可以外运综合利用；

（2）锅炉灰渣、污水站污泥、厂区或车间垃圾为一般固体废物应外运填埋处置；

（3）染色和印花产生的废染料和废助剂、废色浆，检测包装的检测废物属于危险废物，应交有资质的单位处理或回收利用；

（4）纺织染整企业的环境风险源主要是染料、助剂、碱、酸多属危险化学品，废弃的染料助剂属危险废物，在运输、贮存和使用过程要严格防止发生泄漏事故，造成突发事件。

思考与练习

1. 简述我国纺织印染工业存在的主要环境问题。
2. 简述我国纺织染整工业废水的来源及主要污染特征。
3. 简述我国毛纺织工业废水的来源及主要污染特征。
4. 简述我国麻纺工业废水的来源及主要污染特征。
5. 简述我国缫丝工业废水的来源及主要污染特征。

第九章　制革工业生产工艺环境基础

本章介绍我国制革工业主要的环境问题以及节能减排基本要求；皮革、裘皮和塑料合成革、人造革的加工原理、原辅料；加工的生产工艺；生产过程的排污节点、污染物来源及机理。

专业能力目标：

1. 了解制革工业主要环境问题和节能减排途径。
2. 了解制革工业的原料结构和产业布局。
3. 了解皮革、毛皮工业的原料结构和生产工艺。
4. 掌握皮革鞣质加工的排污节点分析、主要废水污染来源及环境要素分析。
5. 掌握毛皮加工的排污节点分析、主要废水污染来源及环境要素分析。

6 了解制革废水处理的难点。

第一节　制革工业的环境问题

在《国民经济行业分类》（GB/T 4754—2017）中皮革、毛皮、羽毛及其制品和制鞋业属制造业（C 大类 19 中类）。包括皮革鞣制加工（191）、皮革制品制造（192）、毛皮鞣制及制品加工（193）、羽毛（绒）加工及制品制造（194）、制鞋业（195）。本章只介绍皮革鞣制加工（191）。

一、制革工业的现状

20 世纪 60 年代，世界皮革制造中心在意大利，70 年代转移到日本和韩国，80 年代转移到我国台湾地区，90 年代转移到我国东部沿海，目前亚州地区皮革生产量占世界生产总量的 53% 以上。我国已经成为世界皮革加工和销售中心，也是世界公认的皮革生产大国。2015 年我国轻革产量为 6.00 亿 m^2，约占世界轻革产量的 45%，皮革、毛皮制品产量均居世界第一位。

中国皮革行业涵盖了制革、制鞋、皮衣、皮件、毛皮及其制品等主体行业，以及皮革化工、皮革五金、皮革机械、辅料等配套行业。制革行业处于产业链的中间环节，其上游为畜牧养殖，下游为皮革产品生产企业。皮革工业主要包括制革工业、皮鞋制造业、皮革制品业、毛皮业等。目前从原料皮来源看，以牛皮为主，约占 70%，羊皮占 18%，猪皮占 10%，其他占 2%。从产品用途来看，以鞋面革为主约占 53%，家私革约占 16%，汽车革约占 10%，服装革约占 10%，其他占 11%。

由表 9-1 可知 2015 年，全国轻革产量约为 6.00 亿 m^2。其中，浙江轻革产量约为 1.38 亿 m^2，占全国轻革产量约 23.0%，成为全国轻革产量最高的地区。

表 9-1　2005—2016 年我国轻革产量

年份	2005	2006	2007	2008	2009	2010	2011	2012	2013	2014	2015	2016
轻革面积 / 亿 m^2	5.45	7.24	6.83	6.42	6.92	7.49	6.80	7.47	5.50	5.94	6.00	6.20

数据来源：中国产业信息网。

皮革行业作为传统的劳动密集型产业，经过 30 多年的发展，我国已经成为世界上名副其实的皮革生产大国。我国制革行业快速发展在产业快速发展过程中，长期积累的一些深层次问题也日益显现，行业结构性矛盾突出。首先，制革生产集中度较低，企业规模小、数量多，多数中小企业采用落后的传统工艺，淘汰落后生产能力任务较重；其次，节水减排任务艰巨，许多企业污染治理措施不到位，污染治理投入不足，污染物排放超标；最后，企业自主创新能力不强，中国皮革产品在国际市场上仍处在价值链的中低端。

皮革加工、毛皮加工工业是轻工行业继造纸和酿造工业之后的第三大污染工业，制革废水的污染是制革、毛皮工业主要污染源之一。我国一些制革集中地区，如河南、河北、浙江等省的一些地区的地下水已遭受严重污染。所以，能否有效地解决制革、毛皮工业的污染问题，已成为关系我国制革、毛皮工业能否继续生存、健康稳定发展的瓶颈，也直接关系到我国皮革行业能否健康可持续发展。2015 年，中国皮革协会发布了《制革行业节水减排技术路线图》，提出了未来 5 ～ 10 年节水减排工作规划和方向：到 2020 年，通过“十三五”节水减排技术的普及，在全行业皮革产量不变的情况下，年废水排放量、COD_{Cr}、氨氮、总氮和总铬的排放量比 2014 年分别削减 9.7%、30.5%、39.8%、35.5% 和 27.7%；到 2025 年，年废水排放量、COD_{Cr}、氨氮、总氮和总铬的排放量比 2014 年分别削减 19.3%、37.9%、59.6%、53.9% 和 48.3%。

我国有 2 400 多家制革企业，多是年产 10 万标张以下的作坊式小厂，年产值超过 500 万元的制革企业不满 300 家。制革行业生产集中度较低，布局分散，企业规模小、数量多，规模以下企业约为 1 000 家，淘汰落后生产能力的任务仍然较重。全行业年废水排放量约为 2.1 亿 t，化学需氧量排放量约为 15 万 t，氨氮排放量约为 1.5 万 t。

二、制革工业节能减排途径

工业和信息化部于2009年12月发布了《工业和信息化部关于制革行业结构调整的指导意见》,对改善产业布局、促进结构调整和制革行业绿色发展,发挥了积极的引导作用。2011年9月，中国皮革协会第七次会员代表大会暨七届一次理事扩大会在上海隆重召开。其间,备受业界关注的《皮革行业“十二五”规划指导意见》(2011—2015年）正式发布。该指导意见提出了“十二五”时期皮革行业八大发展目标，其中第七条提出：“节能减排取得实效。在全国有条件的地区形成5～8个比较成熟完善的制革集中生产基地，全面推进清洁化生产技术；水循环利用比‘十一五’末期提高10%，主要污染物COD排放减少8%，氨氮排放减少10%，废水排放减少10%，基本实现固废无害化处理。”

2014年5月4日，工业和信息化部正式发布《制革行业规范条件》，从企业布局、企业生产规模、工艺技术与装备、环境保护、职业安全卫生、监督管理6个方面来规范我国境内的所有新建或改扩建和现有的制革企业，但不包括毛皮加工企业。环境保护部发布的《制革及毛皮加工工业水污染物排放标准》(GB 30486—2013)，于2014年3月1日起实施。该标准可谓制革及毛皮加工工业史上最严厉标准，对于我国加强重金属等有毒有害污染物排放控制具有重要意义。

皮革行业的污染重点在制革工艺过程，《制革行业规范条件》鼓励制革企业集中生产和集中治污。单一、分散的小制革企业单独建立一套污水处理设施在成本上是无法接受的,因此，对于制革业来说，集中生产、统一治污是一条必须选择的现实路径。这种模式反映了制革行业的发展趋势，意大利、西班牙等制革强国的成功经验也证明了这种发展模式是行之有效的。集中生产和集中治污要求提升现有制革园区水平,在具备环保承载能力、资源充足的地区建立制革园区，聚集制革企业集中生产或承接制革企业转移；要求制革园区内建设污水集中处理设施,统一收集、集中处理；要求新建园区应纳入当地总体规划,按照当地环境容量合理规划规模和产能，并依法开展环境影响评价；等等。集中生产和集中治污对于政府部门加强对行业的监督管理、提升行业生产水平、避免低水平重复建设、提高资源利用率、保护生态环境、保障行业可持续发展具有重要意义。

越来越多的制革企业通过采用清洁化生产技术，采取集中生产、统一治污、中水循环使用等措施，节约了水资源，减少了污水和污染物的排放量，实现了达标排放。“进一步强化行业环保措施，加大对清洁化制革技术、末端污染治理技术以及环境友好型皮革化学品的研发和推广力度；严格执行国家相关污染物排放标准，合理利用各类污水处理设施，制革企业和接受制革废水的各类公共污水处理单位，必须实现污水达标排放，固体废物及危险废物基本实现安全处置。

三、制革工业存在的环境问题

(1）制革推行清洁生产工艺和循环经济的研究是全行业面临的重要课题，加快新技术和清洁生产技术的推广工作，使污染尽量消除在生产工艺中，在生产工艺过程中尽量减少污染物产生量。我国制革行业的结构性问题既有经济结构问题，又有环境结构问题，高消耗高污染的传统工艺普遍，清洁生产技术推进缓慢。

（2）制革生产过程中铬的回收利用技术研究十分重要，在制革过程中有 1/3 的铬随污水排出，不仅浪费了资源，而且造成严重的环境污染。我国污水处理方面不存在铬回收难题，制革过程使用的金属铬，在制革过程中使用的金属铬被回收后往往再次利用，这将影响成品革的质量。处理沉淀进污泥的铬又会产生危险废物，这些工艺的二次处理成本较高，这些都是困扰制革行业的重大难题。

（3）制革生产的湿加工又多以水为介质，许多皮革化工辅料都加入水中，制革过程（中）原料皮不能完全吸收水中的化工原辅料和有些化工原辅料利用率特别低，导致原辅料在工艺废水中流失量特别大。制革过程中的浸灰脱毛工序就能充分证明这一问题，在这个工艺过程中，石灰、硫化钠和硫氢化钠吸收率仅为 10% ～ 30%，在转鼓过程中排出的废水中的硫化物则高达 3 000 mg/L 以上，COD 更是高达十几万 mg/L，六价铬的质量浓度达到 1 000 mg/L 以上，废水中的色度也很高。

（4）我国制革行业每年产生的制革污泥约有 5 000 万 t。多数环保部门只要求制革行业污水排放达标，对制革污泥的排放几乎没有特殊要求。制革污泥中如不含铬，每千克干污泥含有约 12 570 kJ 的热量，这些热量可以进行回收，我国制革行业每年产生的制革污泥约有 5 000 万 t,这些污泥的回收利用前景是非常广阔。但如果污泥中含铬,在焚烧时，Cr^{3+} 会被转化成毒性更大的 Cr^{6+}，加大毒性；污泥综合利用的前提是铬必须回收。

（5）成品皮革和毛皮是由原料皮加工而来，原料皮的加工过程就是加工胶原蛋白和角蛋白的过程，加工过程中大量胶原和毛发被分解，以蛋白质形式进入废液中，加大了废水氨氮污染负荷。制革工业中存在的又一问题是污水处理后废水中的有机氮经过化学分解，释放出高浓度的氨氮，可能使废水中的氨氮含量比处理前还高。

（6）皮革加工过程使用的表面活性剂排放到废水中，不仅去除难度大，还影响了微生物的成长，降低了生化效果。

（7）原料皮在制革加工过程只能吸收部分化工原辅料，制革生产中的浸灰脱毛工序，对使用的石灰、硫化钠和硫氢化钠吸收率较低；在铬鞣和复鞣工序中使用三价金属铬为鞣剂，也会排入废水中，排放的含铬废水中 Cr^{3+} 质量浓度可达 2 500mg/L。这些导致制革及毛皮加工废水处理难度大、成本高。由于制革生产还使用大量的脱脂剂、加脂剂和表面活性剂，污水采用曝气好氧活性污泥法处理，还容易产生大量泡沫，活性污泥会随泡沫损失。

（8）我国制革工业是产生大量污水的行业（表 9-2），在生产过程中会产生成分复杂、高浓度的有机废水，其中含有大量石灰、染料、蛋白质、盐类、油脂、氨氮、硫化物、铬盐以及毛类、皮渣、泥砂等有毒有害物质，COD、BOD、硫化物、氨氮、SS 等污染物排放浓度非常高。目前我国制革企业配套的污染治理设施运行成本很高。根据目前的污水治理技术，企业要使 COD 达到 100 mg/L，污水处理工程投资费用，特别是日常管理费用很高（即便投资很高，也很难达到一级标准要求）。在这种情况下，企业往往宁愿罚款不愿治理，甚至存在偷排、漏排的现象。

表 9-2 2013—2015 年我国皮革、毛皮羽毛及其制品和制鞋业“三废”产排污量数据

污染物	2013 年			2014 年			2015 年		
	排放(产生)量	单位	占工业比例/%	排放(产生)量	单位	占工业比例/%	排放(产生)量	单位	占工业比例/%
废水量	24 465.0	万 m^3	1.28	22 628.4	万 m^3	1.21	25 868.1	万 m^3	1.43
COD 年产生量	35.062 7	万 t	1.68	31.165 8	万 t	1.55	41.800 1	万 t	2.29
COD 年排放量	5.482 3	万 t	1.92	4.855 6	万 t	1.77	5.346 6	万 t	2.09
氨氮年产生量	1.832 3	万 t	1.39	1.699 2	万 t	1.38	1.988 0	万 t	1.80
氨氮年排放量	0.438 6	万 t	1.95	0.370 4	万 t	1.76	0.473 5	万 t	2.41
石油类年产生量	0.391 7	万 t	1.50	0.315 6	万 t	1.28	0.326 4	万 t	1.40
石油类年排放量	0.034 0	万 t	1.96	0.035 4	万 t	2.21	0.042 5	万 t	2.83
六价铬年产生量	146.235	t	4.50	135.378	t	4.50	44.11 1	t	1.44
六价铬年排放量	2.037	t	3.50	1.693	t	4.86	2.122	t	9.05
总铬年产生量	775.010	t	11.09	749.108	t	10.43	729.113	t	10.64
总价铬年排放量	66.741	t	41.23	55.245	t	41.90	52.025	t	49.83
废气量	327.4	亿 m^3	0.04	364.5	亿 m^3	0.05	380.1	亿 m^3	0.06
SO_2 产生量	2.8	万 t	0.05	2.8	万 t	0.05	3.2	万 t	0.05
SO_2 排放量	2.6	万 t	0.15	2.6	万 t	0.16	2.6	万 t	0.19
NO_x 产生量	0.6	万 t	0.03	0.6	万 t	0.03	0.8	万 t	0.05
NO_x 排放量	0.6	万 t	0.04	0.6	万 t	0.05	0.8	万 t	0.07
烟粉尘产生量	5.4	万 t	0.007	7.4	万 t	0.010	6.1	万 t	0.009
烟粉尘排放量	1.1	万 t	0.1	1.1	万 t	0.09	1.3	万 t	0.12
一般固体废物产生量	57	万 t	0.02	59	万 t	0.02	62	万 t	0.02
危险废物产生量	3	万 t	0.10	3	万 t	0.08	4	万 t	0.10

第二节 皮革工业生产工艺环境基础

中国皮革行业是由制革、制鞋、皮具、皮革服装、毛皮及制品五个主体行业组成。皮革工业由于所用鞣剂不同，可将皮革分为轻革和重革，重革主要用于制作鞋底和工业革，轻革是以铬盐为鞣剂制作的，如鞋面革、服装革、皮包革、沙发革等。

一、皮革生产的原辅料与水耗

（一）皮革工业的原料

皮革的原料是动物皮，大多数动物皮都可以用于制革，如牛皮、羊皮、猪皮、马皮、爬行动物皮、鱼皮、鹿皮、骆驼皮、袋鼠皮、鸵鸟皮等。实际上，只有牛皮、猪皮和羊皮的质量好且产量大（表 9-3），是制革的主要原料。

表 9-3　不同原料皮折算牛皮标张数

皮种	牛皮	猪皮	山羊皮	绵羊皮	马皮	鹿皮
折合比例	1	5	8	5	1.2	3

注：折合比例 = 标张牛皮单位重量 ÷ 其他皮种的单位重量。

天然皮革的构造分为表皮层、真皮层和皮下组织。表皮层约占皮厚的 1%，没有使用价值，在准备工段通过灰碱处理除去，皮下组织约占皮厚的 15%，在准备阶段通过机械处理除去。真皮层位于表皮层和皮下组织之间，主要由胶质蛋白纤维编织而成，约占皮厚的 84%，皮革由真皮层加工而成的。真皮层又分为粒面层和网状层，粒面层靠近表皮，厚度约为真皮层厚的 20% ～ 50%，在整张皮上厚度一致，由细纤维编织而成；网状层由较粗的纤维束编织而成，厚度约为真皮层皮厚的 50% ～ 80%，在皮上不同部位的厚度不同，颈部、背部较厚，边肷部位较薄。

从动物身上剥下，没有经过任何化学处理和机械加工的生皮，称为皮，又称原料皮。皮的特点：柔软，干燥后板硬且易断裂，卫生性能差，不宜存放，耐湿热性差，在 66℃以上的热水中就会发生收缩。

制革生产过程物料消耗量特别大，原料皮中只有 20% 原料转化成皮革，80% 转化成副产品和废物。制革准备阶段各工序生产过程清理掉大量的制革杂质（肉渣、油脂及各种杂质），其中大部分的蛋白质和油脂被处理废弃，进入制革废渣和废水中，造成废水中 COD、BOD、氨氮浓度很高。大量的物料流失使得制革废水成为一种高浓度有机废水。

（二）产品

皮革主要有三种分类方法：第一种是按动物皮的种类分，如牛皮革、猪皮革、羊皮革等。第二种是按用途分，如生活用革、工业用革等。第三种是按皮革的张副和轻重分，如轻革、重革、绒面革等。通过鞣剂使生皮变成革的物理化学过程称鞣制，是制革的重要工序。按鞣制方法可将皮革分为铬鞣革、植鞣革、油鞣革、醛鞣革、有机鞣革、结合鞣革等。

（三）制革工业的化学辅料

皮革行业化学辅料及其用途分别见表 9-4 和表 9-5。

表 9-4　皮革行业化学辅料包括八大类

化学辅料类型	化学辅料种类
基本化工材料	酸类、碱类、盐类、氧化剂、还原剂、其他
酶制剂	主要是水解酶类，如蛋白酶、脂肪酶等
表面活性剂	有阴离子型、非离子型、两性型及其他类型的表面活性剂
皮革助剂	皮革助剂属于功能性皮革助剂，其本身可以赋予皮革某种特定性能，主要有填充剂、蒙囿剂、防霉剂、防腐剂、防水剂、防污剂、防绞剂等
鞣剂及复鞣剂	无机鞣剂：铬鞣剂、锆鞣剂、铝鞣剂、铁鞣剂、钛鞣剂、硅鞣剂等 有机鞣剂：植物鞣剂、芳香族合成鞣剂、树脂鞣剂、醛鞣剂、油鞣剂等
皮革用染料	酸性染料、直接染料、碱性染料、活性染料和金属络合染料
皮革加脂剂	加脂剂：天然油脂加脂剂，天然油脂的化学加工产品，合成加脂剂，复合型和功能性加脂剂等
皮革涂饰剂	涂饰剂由成膜剂、着色剂、涂饰助剂和溶剂组成 成膜剂：蛋白质类成膜剂、硝化（醋酸）纤维类成膜剂、乙烯基聚合物类成膜剂、聚氨脂类成膜剂 着色剂：颜料、颜料膏和染料 溶剂：有水和有机溶剂两大类 涂饰助剂：手感剂、光亮剂、消光补伤剂、增塑剂、增稠剂、渗透剂、流平剂、发泡剂、消泡剂、稳定剂、填料、交联剂、防腐剂、防水剂等

表 9-5　皮革行业辅料用途分析

项目	材料名称	用途
制革助剂类	浸水酶	打开皮板纤维
	脱脂剂	去脂肪进行皂化和乳化，去除多余脂肪
	脱脂酶	和脱脂剂配合，进行高效脱脂
	甲酸、硫酸、纯碱、小苏打	调整 pH
	预鞣剂	鞣制，提高成革的 TS
	合成鞣剂	补充鞣制效果，提高成革的丰满度
	蒙囿剂	利于铬粉的深度渗透
	盐	预防原料皮酸肿
	漂白粉	漂白皮张
	双氧水	漂白皮张
制革助剂类	铬鞣剂	鞣制，提高成革的 TS
制革染料类	染色匀染剂	提高染色的匀染性
	黄、红、棕	染料

铬鞣制生产需消耗大量硫化物和铬鞣剂。其中少部被皮革吸收，大部分进入废水中，硫化物和铬均属有毒物质，在加工过程中皮革对这些原料的吸收率，决定了这些化学物质的排放浓度。生产中染料和鞣剂的流失，造成废水有较高的色度，废水中的硫化钠和蛋白质分解会产生臭味。

另外，制革过程使用了大量的化工材料。皮革化工材料主要包括：鞣剂和复鞣剂，加脂剂，涂饰剂丙（烯酸树脂类），专用助剂（防腐剂、浸水剂、浸灰剂、脱灰剂、脱毛剂、软化剂、浸酸剂、脱脂剂、匀染剂、中和剂、提碱剂、固色剂、流平剂、固化剂、缓冲剂、手感剂等），专用染料（皮革染料主要使用进口产品）。

（四）水耗和能耗

一般情况下，制革企业每加工 1 t 盐湿皮需耗用硫化物 40 kg，耗用铬盐约 50 kg。不同种类皮革加工的吨原皮耗水量和排水量见表 9-6 和表 9-7。

表 9-6　不同种类皮革加工的吨原皮（从生皮到蓝湿革）耗水量和排水量调研值

皮革种类	牛皮	猪皮	山羊皮	绵羊皮
耗水量（按原皮计）/（m^3/t）	40 ～ 50	40 ～ 65	32 ～ 48	32 ～ 45
排水量（按原皮计）/（m^3/t）	36 ～ 45	36 ～ 60	29 ～ 45	29 ～ 40

资料来源：《〈制革及毛皮加工工业水污染物排放标准〉编制说明（征求意见稿）》。

表 9-7　不同种类皮革加工的吨原皮（从蓝湿革到成品革）耗水量和排水量调研值

皮革种类	牛皮	猪皮	山羊皮	绵羊皮
耗水量（按原皮计）/（m^3/t）	20 ～ 40	35 ～ 55	32 ～ 40	30 ～ 40
排水量（按原皮计）/（m^3/t）	17 ～ 35	32 ～ 50	29 ～ 36	27 ～ 36

资料来源：《〈制革及毛皮加工工业水污染物排放标准〉编制说明（征求意见稿）》。

皮革生产各环节分项给水情况见表 9-8。

表 9-8　皮革生产各环节分项给水百分率　　单位：%

<table>
<tr><th>生产单元</th><th>浸水</th><th>脱脂</th><th>浸灰 / 脱毛</th><th>脱灰 / 软化</th><th>浸酸鞣铬</th><th>复鞣加脂</th><th>整饰</th></tr>
<tr><td rowspan="3">指标</td><td>10 ～ 25</td><td>0 ～ 6</td><td>8 ～ 15</td><td>10 ～ 25</td><td>5 ～ 10</td><td>20 ～ 25</td><td>3 ～ 8</td></tr>
<tr><td colspan="4">55 ～ 70</td><td>5 ～ 10</td><td>20 ～ 25</td><td>3 ～ 8</td></tr>
<tr><td colspan="5">65 ～ 80</td><td colspan="2">20 ～ 35</td></tr>
</table>

通常，羊革制革生产的总耗水量为 0.2 ～ 0.3 t/ 张。

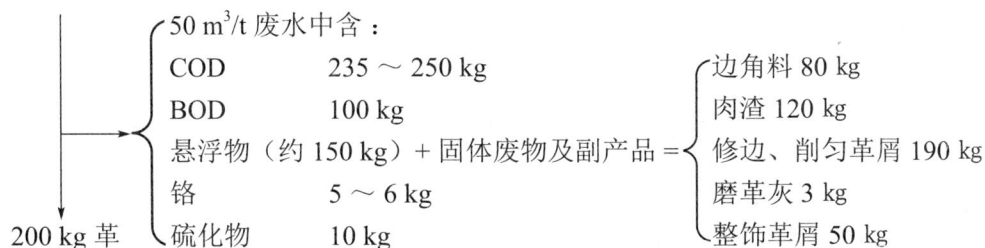

1 吨原料皮

50 m^3/t 废水中含：

COD　235 ～ 250 kg

BOD　100 kg

悬浮物（约 150 kg）+ 固体废物及副产品 =

铬　5 ～ 6 kg

硫化物　10 kg

边角料 80 kg

肉渣 120 kg

修边、削匀革屑 190 kg

磨革灰 3 kg

整饰革屑 50 kg

200 kg 革

羊革企业资源能源利用情况见表 9-9 至 9-11。

表 9-9　羊革企业资源能源利用指标

清洁生产指标等级	一级	二级	三级
得革率（成品革 / 原料皮）/（m^2/m^2）	≥ 0.99	≥ 0.98	≥ 0.95
单位产品取水量 /（m^3/m^2）	≤ 0.15	≤ 0.27	≤ 0.3
单位产品综合能耗（折合标准煤）/（kg/m^2）	≥ 85	≥ 70	≥ 60

资料来源：《制革行业清洁生产评价指标体系》。

表 9-10　猪轻革企业资源能源利用指标

清洁生产指标等级	一级	二级	三级
耗电量 /（kW · h/t）	≤ 360	≤ 450	≤ 540
耗水量（按原皮计）/（t/t）	≤ 47	≤ 52	≤ 62
水回用率 /%	≥ 65	≥ 60	≥ 60
耗煤量（按原皮计）/（t/t）	≤ 0.33	≤ 0.35	≤ 0.38
综合耗能（标准煤 / 原皮）/（kg/t）	≤ 440	≤ 480	≤ 540

资料来源：《清洁生产标准　制革行业（猪轻革）》（HJ/T 127—2003）。

表 9-11　牛轻革企业资源能源利用指标

清洁生产指标等级		一级	二级	三级
得革率	粒面革 /（m^2/m^2）	≥ 0.92	≥ 0.90	≥ 0.85
	二层革 /（m^2/m^2）	≥ 0.63	≥ 0.60	≥ 0.56
取水量（按原皮计）/（m^3/m^2）		≤ 0.32	≤ 0.36	≤ 0.40
水重复利用率 /%		≥ 65	≥ 50	≥ 35
综合能耗（折合标准煤）/（kg/m^2）		≤ 2.0	≤ 2.2	≤ 2.4

资料来源：《清洁生产标准　制革行业（牛轻革）》（HJ 448—208）。

二、皮革工业基本生产工艺

制革是指将生皮鞣制成革的过程。制革工艺是除去原皮中的毛和非胶原纤维等，使真皮层胶原纤维适度松散、固定和强化，再加以整饰等一系列化学（包括生物化学）、机械处理。制革工艺过程通常分为准备、鞣制和整饰（理）三阶段（表 9-12）。制革过程使用最多的设备是转鼓，浸水、浸灰、脱毛、软化、浸酸、鞣制、染色、乳液加油等，主要工序都要在转鼓中完成，通过转鼓的机械作用，促进各种化工材料的均匀渗透，从而完成制剂对皮的化学作用。

由于皮革制品在鞣前准备、鞣制、鞣后湿加工工段基本上都是在水溶液中进行的，因此上述三大工段的所有操作工序成为湿加工工序。干燥及整饰（包括整理和涂饰）操作基本上是在干燥状态进行的，因此称为干加工操作。一些制革企业四个工序都有；一些企业只有准备和鞣制工序，即加工到蓝湿革；还有一些企业只有鞣后湿加工和干整饰工序，即从蓝湿革加工到坯革或成品革。制革企业由于加工工序不一样，在制革过程中消耗的水量差别很大。皮革鞣制工艺全过程工序见表 9-12。

表 9-12　皮革鞣制工艺全过程工序

编号	工段	主要工序
1	准备工段Ⅰ	预浸水→主浸水→脱脂
2	准备工段Ⅱ	浸灰→去肉（或剖层）→脱灰→软化
3	鞣制工段	浸酸→鞣制（铬鞣）或植鞣
4	湿整理工段	静置→剖层→削匀→复鞣→水洗→中和→填充→染色加脂→挤水
5	干整理工段	干燥→振软→喷中层→干燥→振软→摔软→喷顶层→成品革

（一）准备工段

鞣前准备工段是将原料皮加工为适合于鞣制状态的裸皮的生产过程。鞣前准备包括组织生产批、洗皮、湿剪、浸水、去肉、脱脂、浸酸等工序。准备工段的主要目的是为鞣制创造条件，具体讲有以下几个方面：

去掉皮上的无用之物如皮下组织、油脂、脏物（如血渍、尿渍、粪便等）、防腐物、有些皮的头尾腿蹄灯；使经过防腐处理的原料皮水分含量及水分在皮内的分布情况、皮纤维的结构恢复到鲜皮状态；除去皮内的纤维间质，破坏弹性纤维和肌肉组织，松散胶原纤维；调节皮板纤维上的电荷情况，为鞣制创造条件。

这些目的要通过以下工序逐步完成：

洗皮：洗皮在划槽内进行，目的是清除羊皮上附着的盐、防腐剂、泥沙、杂草等，为后续加工做好准备。

湿剪：对于大毛羔皮，由于毛较长，需将其剪至规定长度，以便下一步工序的进行，剪去的羊毛可作为副产品出售。

浸水：浸水在划槽中进行，主要目的是使原料皮回鲜，要求皮板浸软浸透，接近鲜皮状态，并溶解皮中的可溶性蛋白质如白蛋白、球蛋白，初步松散纤维。

去肉：在去肉机上进行去肉，以除去皮下组织层和浮肉，使脂肪暴露出来，有利于乳化或皂化。同时去肉过程的机械拉伸作用可以把皮纤维拉活，使皮柔软。

脱脂：通过投加脱脂剂和表面活性剂，改变油脂与水之间的表面张力以产生乳化、分散作用，使油脂转变为亲水的乳粒，分散于水中。脱脂的目的是清洗皮板上和毛被上的油脂，减轻油脂对化工材料向皮内渗透的阻碍作用。

浸酸：主要投加甲酸、硫酸和盐，降低 pH。目的是松散毛皮的胶原纤维，使皮纤维松散，提高皮板的柔软性，为鞣剂渗透和结合创造条件。

（二）鞣制工段

鞣制工序包括鞣制和鞣后湿处理两部分，其鞣制剂与适用产品见表 9-13。以铬鞣为例，一般指鞣制到加油之前的操作，是将裸皮制成革的质变过程。鞣制工序是将原料皮加工为适合于鞣制状态的裸皮的生产过程，其工作原理是要用能够与皮胶原蛋白结合并能够在肽链间产生交联缝合作用的物质与胶原反应，在胶原肽链之间形成新的更牢固的交联，使皮板结构的稳定性大幅提高，使生皮转变成熟皮。铬鞣制工艺概括如下：

表 9-13　皮革鞣制剂与适用产品

鞣制方法	鞣制剂	适用产品	鞣制方法	鞣制剂	适用产品
植鞣革	荆树皮、坚木、栗木、杨梅、塔拉栲胶	多用于制重革	铬鞣革	铬盐作为主鞣剂	多用于制轻革
脑鞣革	乳化的脂肪如鳕鱼等鱼油、动物的脑髓	用于鞣制麂皮或仿麂皮	油鞣革	鞣剂为海产动物油	主要有油蜡皮，是油鞣的牛皮革
醛鞣革	鞣剂多为甲醛或戊二醛水溶液	醛鞣革耐水性好	铝鞣革	鞣剂为硫酸铝	皮革特点是洁白、柔软
树脂鞣革	鞣剂为丙烯酸树脂、聚氨酯树脂	多用于革的鞣制和复鞣，产生聚合反应或填充作用	合成鞣革	鞣剂为芳香族合成鞣剂、氨基树脂合成	多用于鞋面革、服装革类的预鞣或复鞣

1. 铬鞣

由生裸皮、水与鞣剂在转鼓中制成熟皮的过程。当然鞣剂有许多的种类，但当前还是以铬鞣剂为最好也较经济。经过鞣制已将皮身由生皮转变为熟皮。

2. 鞣制工序

（1）**脱皮**：在脱灰的过程中，首先洗去灰裸皮中未结合的石灰质，然后添加脱灰剂（如氯化铵、硫化铵、重亚硫酸钠等）和一些脱脂剂，以除去灰裸皮中沈淀和结合性的石灰，使灰裸皮不再存有灰膨胀的状况，也就是完全脱灰。同时也去除一些可溶解的蛋白质和污垢，并且乳化动物本身的天然油脂。

（2）**酵解**：又称软化。在脱灰后的同水浴中，添加酵解剂和乳化脱脂剂，以除去非组织胶原和非胶原蛋白质，以促进皮质的柔软度和皮面的弹性，亦可增进脱灰的功效，改进皮面的清洁度与平滑。

（3）**浸酸**：在脱灰、酵解完成后，必须调降 pH，以适应鞣制工程。先添加食盐与防霉剂，食盐可以防止浸酸时的酸膨胀，防霉剂可以预防以后沙发皮的发霉。先加蚁酸，再加硫酸（稀释冷却后添加）以利铬鞣剂均匀的渗透和分布。

（4）**铬揉**：此阶段是由生裸皮转变成熟皮的过程。当然鞣剂有许多的种类，但当前还是以铬鞣剂为最好也较经济。虽然铬鞣剂有其污染环境的缺点，但由于制革技术的提升，以及铬鞣剂制造商的研发，已使铬鞣过程的污染降到最低。

制造过程进行至此，已将皮身由生皮转变为熟皮。

3. 复鞣、加脂与染色工序

首先将蓝湿皮挤水、剖层或者削里到所需要的厚度。

（1）**水洗**：以回湿皮身和去除皮面一些过多铬沉积物和杂物。

（2）**再鞣和预加脂**：添加聚合体再鞣剂 与稳定性的合成油脂，继续添加高吸收性之铬单宁，以加强皮身的饱满、结实和柔软度。

（3）**中和**：在前回浴中，添加中和剂（如 TANIGAN PAKN、蚁酸钠、小苏打等）以改变皮身的带电荷性（由阳电性变成阴电性），以适应后续阴电性再鞣剂、油脂和染料的渗透与吸收。

（4）**染色**：先添加染料渗透剂，然后加耐光性好的染料和均染剂，以确定染料完全渗透和染色的均匀度。

（5）**合成再鞣剂再鞣**：在染色之回浴中，加合成再鞣剂或配合一些树脂再鞣剂，以适度饱满与结实皮身。

（6）**固酸**：在染色再鞣之后，添加些许的蚁酸，以初步固定染料和合成再鞣剂。

（7）**主加脂**：在热水新浴中加油脂，以达到沙发皮所需的良好柔软度。

（8）**固酸**：加脂后再次以蚁酸固定。

（9）**表面染色**：高档沙发皮一般后段的涂饰较轻，故表面染色的均匀度、耐光性以及物性都非常重要，所以在此过程所用的染料必须选择耐光性极佳和耐吐色的染料，而且必须溶解均匀后以液状添加，确定染料完全吸收和均匀。

（10）**干燥**：排出后的皮，挂马过夜，隔晨伸展，按着湿夹网干燥之后，回湿、打软、鼓中摔软、夹网、完成后的皮称为半成品皮。

（三）整饰工段

整饰工段包括干燥、整理、涂饰，是使成革在外观和使用性能上能达到用户要求的生产过程。

革的整理和涂饰是将皮革进行干燥，使用涂饰剂（目前我国使用的涂饰剂 70% 是丙烯酸树脂类）进行涂饰，涂饰是在皮革表面涂施一层高分子薄膜，使皮革更具防水、防油、防污、耐光、耐溶剂、透明度高、真皮感。

鞣制后的皮张已经具备了一些基本特性，而整饰是在这个基础之上，对皮张进一步进行修饰，赋予更多的感官特性，具体工序如下：

磨革：用磨革机将皮板的里面磨平、磨光。

染前脱脂：针对一些含油脂多的毛皮，经过前道脱脂工序后仍未达到要求的，可在染色前再进行一次脱脂，以进一步去除皮板上以及毛被上的油脂。

干洗：对于含油脂多的皮，用干洗机再脱一遍油脂，在干洗机中通入蒸汽，通过转动滚筒将油脂洗出。

染色：染色工段主要根据产品的要求，对毛皮进行上色，使毛皮产品色彩丰富，呈现多样性，增加毛皮的表观性能。在转鼓和划槽中进行，一定时间内，皮可将水中染料大部分吸收，达到质量要求后清洗一遍，然后送离心机甩干水分。

烫剪毛：烫毛机控制在一定温度下，通过机器上的梳毛板和刮刀（主要起分散毛的作用），将毛烫直，使毛被变得松散而灵活，光亮滑爽有弹性。然后用剪机将毛剪平，所留毛的长短根据需要操作。

裁制：将皮裁剪、缝制成需要的形状和大小。

（四）皮革工业的主要生产设备（表 9-14）

表 9-14 皮革工业主要生产设备

车间名称		生产设备
生皮库		冷库、转笼、叉车、自动晾干线
湿加工车间	鞣前预处理	划槽、去草籽机、甩干机、去肉机、湿剪机
	铬鞣	倾斜转鼓、划槽、伸展机、挤水伸展机、去肉机、湿磨机、输送机、去草籽机
	植鞣	自动划槽、滚涂机、湿磨机、喷淋设备、去草籽机、撒粉机、伸展机、甩干机
烘干车间		绷板机、挂晾线、木转鼓、除尘机组、拉软机、磨革机、转笼
后整理车间	植鞣烫剪	拉软机、粗剪机、旋风除尘器、震荡拉软机、梳毛机、烫机、涂湿机
	磨革	磨革机、拉软机
	烫剪	烘干设备、除尘设备、剪机、梳毛机、烫机、涂湿机、拉软机、磨革机、木转鼓
染色车间		挤水伸展机、划槽、甩干机、转鼓
皮型车间（成品分厂）		梳毛机、粗剪机、震荡拉软机、烫机、涂湿机
皮革成品车间		裁断机、削皮机、热压机、打磨机、包缝机、定型机

三、皮革工业生产的排污节点分析

（一）皮革工业环境要素分析（表 9-15 和表 9-16）

表 9-15 皮革工业环境要素

污染类型		主要污染指标
废气	有组织废气	锅炉产生的二氧化硫、氮氧化物、烟尘；食堂产生的油烟
	无组织废气	磨革废气：革屑革灰；刷胶废气：苯、甲苯、二甲苯、VOCs
废水	生产废水	准备工段：废水主要来自水洗、浸水、脱脂、脱毛、浸灰、脱灰、软化等工序。废水中含有大量有机废物（污血、蛋白质、油脂等）、无机废物（盐、硫化物、石灰、Na_2CO_3、NH_4^+ 等）、有机化合物（表面活性剂、脱脂剂、浸水浸灰助剂等）、还含有大量的毛发、泥沙等固体悬浮物等。污染物指标主要是 COD、BOD、SS、S^{2-}、pH、油脂、氨氮、总氮等，废水排放量约占制革总水量的 55% ～ 70%，污染负荷占总排放量的 70% 左右，是制革废水的主要来源。 鞣制工段：废水主要来自浸酸和鞣制、复鞣、水洗等工序。废水含大量无机盐、三价铬、有机物、悬浮物等。污染物指标主要是 COD、BOD、SS、Cr 等。 整饰工段：废水主要来源于中和、复鞣、染色、加脂、喷涂、除尘等工序。废水中含有大量有机化合物（如表面活性剂、染料、各类复鞣剂等，废水色度也很高，污染物指标主要是 COD、BOD、SS、Cr 等，废水排放量占制革总水量的 20% ～ 35 左右
	生活污水	浴室、食堂、厕所废水（COD、SS、氨氮）

污染类型		主要污染指标
固体废物	生产废物	蓝湿皮削匀边角料、磨革革屑、修边下脚料、复鞣废水碱沉淀处理废渣、污水处理站污泥（属危险废物）、职工生活垃圾、锅炉灰渣（属一般性固体废物）
	生活垃圾	办公室、食堂、浴室等产生的垃圾
噪声		转鼓、引风机、空压机、泵类

表 9-16　皮革工业的主要污染物来源

污染物	来源
硫	全部来自脱毛浸灰，加工 1 t 盐湿牛皮需耗 40 kg 硫化物，排放 15 ～ 18 kg 的 S^{2-}，当 pH 小于 7 时，可全部转化为硫化氢
油脂	准备工段中由于原料皮的油脂含量在 25% ～ 35%，其中脱脂时会去除 10%，产生脱脂废液。脱脂废液占制革总废水量的 5%，其中油脂含量 1% ～ 2%（1 g 油脂相当 3 g COD），COD 质量浓度约为 3 000 mg/L。对脱脂废液应回收油脂
氨氮	氨氮产生量主要来自浸灰、脱灰、鞣制等残液。浸灰工序产生的废灰液中含大量蛋白质，主要是角质蛋白质，从灰液中分离蛋白可以大大减少废水中的污染物。1 t 盐湿皮可回收 30 ～ 40 kg 角蛋白
碱性废水	碱性主要来自脱毛膨胀用的石灰、烧碱和硫化物
高盐废水	大量的氯化物、硫酸盐等中性盐主要来源于原批保藏、脱灰、浸酸和鞣制工艺，废水中含盐量可达 2 000 ～ 3 000 mg/L
悬浮物	主要有油脂、碎肉、皮渣、毛、血污等
高色度	色度由植鞣、染色、铬鞣废水和灰碱液形成，稀释倍数一般为 600 ～ 3 600 倍
含酚废水	主要来自于防腐剂，部分来自于合成鞣剂
COD	主要来自浸灰、脱灰、鞣制、复鞣、染色等工序残液；BOD_5/COD 在 0.40 ～ 0.50，可生化性好
三价铬	三价铬有 70% 来自铬鞣，26% 来自复鞣，废水中三价铬含量一般在 60 ～ 100 mg/L，加工 1 t 盐湿牛皮耗铬盐 50 kg，排放总铬 3 ～ 4 kg

（二）皮革工业的排污节点（图 9-1）

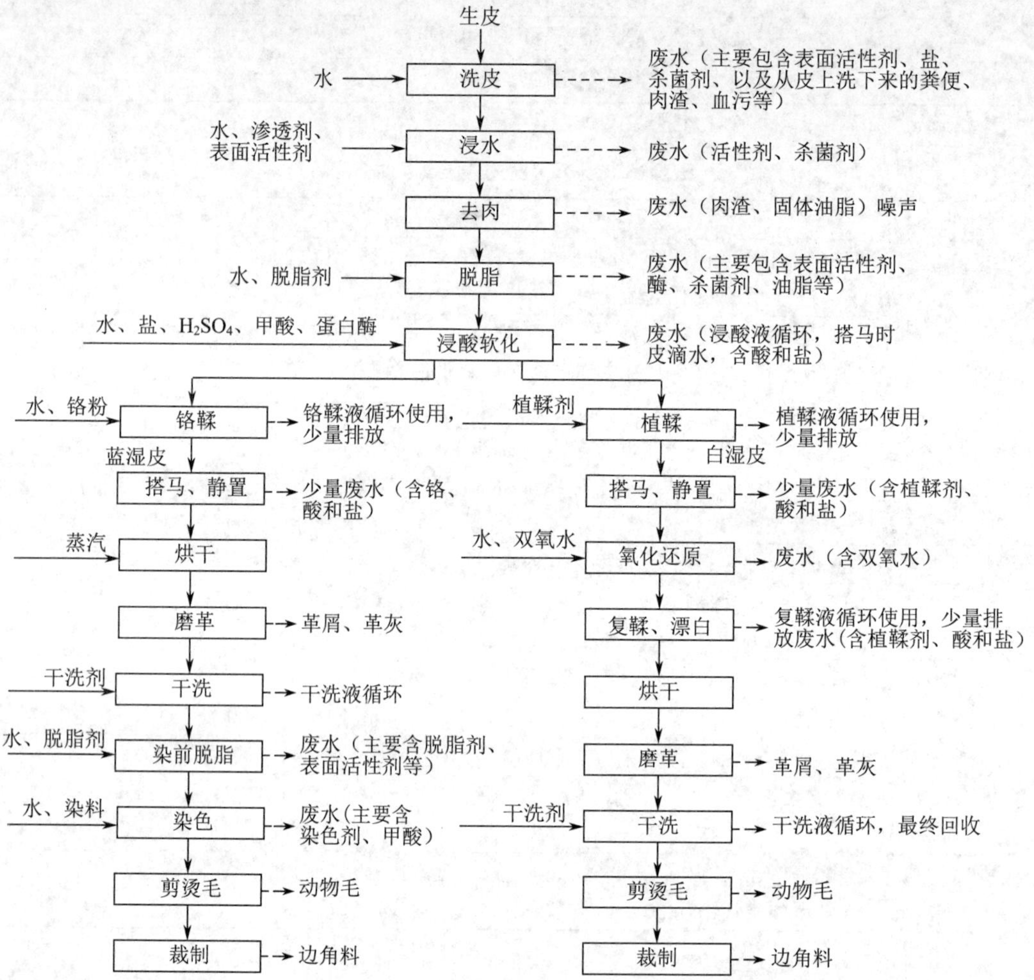
生皮
水
洗皮
废水（主要包含表面活性剂、盐、杀菌剂、以及从皮上洗下来的粪便、肉渣、血污等）
水、渗透剂、表面活性剂
浸水
废水（活性剂、杀菌剂）
去肉
废水（肉渣、固体油脂）噪声
水、脱脂剂
脱脂
废水（主要包含表面活性剂、酶、杀菌剂、油脂等）
水、盐、H_2SO_4、甲酸、蛋白酶
浸酸软化
废水（浸酸液循环，搭马时皮滴水，含酸和盐）
水、铬粉
铬鞣
铬鞣液循环使用，少量排放
蓝湿皮
搭马、静置
少量废水（含铬、酸和盐）
蒸汽
烘干
磨革
革屑、革灰
干洗剂
干洗
干洗液循环
水、脱脂剂
染前脱脂
废水（主要含脱脂剂、表面活性剂等）
水、染料
染色
废水(主要含染色剂、甲酸）
剪烫毛
动物毛
裁制
边角料
植鞣剂
植鞣
植鞣液循环使用，少量排放
白湿皮
搭马、静置
少量废水（含植鞣剂、酸和盐）
水、双氧水
氧化还原
废水（含双氧水）
复鞣、漂白
复鞣液循环使用，少量排放废水(含植鞣剂、酸和盐）
烘干
磨革
革屑、革灰
干洗剂
干洗
干洗液循环，最终回收
剪烫毛
动物毛
裁制
边角料

图 9-1 皮革工业排污节点

（三）皮革工业排污节点（表 9-17）

表 9-17　皮革工业排污节点

<table>
<tr><th>工序</th><th>工艺设施</th><th>污染产生原因</th><th>排污节点和主要环境因素</th><th>控制措施</th></tr>
<tr><td rowspan="6">准备工段</td><td rowspan="6">洗皮、浸水、脱脂、脱毛、浸灰、脱毛、软化等</td><td>洗皮废水主要包含表面活性剂、盐、杀菌剂，以及从羊皮上洗下来的粪便、肉渣、血污等</td><td rowspan="5">有机废物：污血、蛋白质、油脂等；无机废物：盐、硫化物、石灰、Na_2CO_3、NH_4^+ 等；有机化合物：表面活性剂、脱脂剂、浸水浸灰助剂等；此外还含有大量的毛发、泥沙等固体悬浮物。
污染要素包括：COD、SS、色度、硫化物、动植物油、pH、氨氮；废水排放量约占制革总水量的 55% ～ 70%。污染负荷占总排放量的 70% 左右，是制革废水的主要来源</td><td rowspan="5">脱脂废水和含硫废水先单独预处理，然后与其他废水合并后排入污水处理站，一般采取生化法为主的工艺。
格栅 + 初沉 + 水解酸化 +UASB+ 兼氧 + 曝气 + 二沉 + 气浮</td></tr>
<tr><td>浸水废水包括活性剂、杀菌剂</td></tr>
<tr><td>浸灰废水包括肉渣、固体油脂</td></tr>
<tr><td>脱脂废水主要包含表面活性剂、酶、杀菌剂、油脂等</td></tr>
<tr><td>软化废水主要包括浸酸液循环，搭马时皮滴水，含酸和盐</td></tr>
<tr><td>去肉、脱脂过程产生固废</td><td>碎肉、油脂等</td><td>外售生产洗涤剂、工业胶和肥皂原料</td></tr>
<tr><td>鞣制工段</td><td>浸酸和鞣制</td><td>皮革鞣制过程产生</td><td>废水：无机盐、铬、悬浮物、色度、有机化合物（如表面活性剂、染料、各类复鞣剂、树脂）等，污染要素包括：COD、BOD、SS、Cr、pH、油脂、氨氮；废水排放量约占制革总水量的 5% ～ 10%；
固体废物：复鞣废水碱沉淀处理废渣（危险废物）</td><td>铬鞣废液单独处理，通过碱沉淀池处理后，上清液送往污水处理站与全厂综合废水混合后进行处理，沉淀下来的铬渣送临时贮放间安全存放，同时建铬液事故池</td></tr>
<tr><td>整饰工段</td><td>中和、复鞣、染色、加脂、磨革、喷涂、裁制等</td><td>中和、复鞣、染色、加脂、喷涂过程产生废水</td><td>色度、有机化合物（如表面活性剂、染料、各类复鞣剂、树脂）、悬浮物、挥发性有机化合物；污染要素包括：COD、BOD、SS、Cr、pH、油脂、氨氮；废水排放量占制革总水量的 20% ～ 35%</td><td>收集后排入污水处理站，一般采取生化法为主的工艺；
格栅 + 初沉 + 水解酸化 +UASB+ 兼氧 + 曝气 + 二沉 + 气浮</td></tr>
</table>

工序	工艺设施	污染产生原因	排污节点和主要环境因素	控制措施
整饰工段	中和、复鞣、染色、加脂、磨革、喷涂、裁制等	磨革废气	革屑和革灰	采用负压抽吸法，把机械磨革中产生的革屑和革灰随着空气一起进入吸风罩内，经布袋除尘器处理，除尘灰作为危废处理
		刷胶废气	苯、甲苯、二甲苯、VOCs	设置集气罩，通过引风机送入活性炭吸附装置
		磨革固体废物	革屑和革灰	作为危废处理
		裁制固体废物	皮革边角料	外售下游皮革厂做劳保手套、挂件等
		湿剪过程产生	动物毛等	作为副产品外售
污水站	含铬废水预处理	碱沉淀处理过程	重金属铬（一类污染物）	处理达标后进入污水站； 含铬废水预处理产生的铬渣污泥属于危废，委托有危废资质的单位处理； 恶臭采取投加或者喷洒化学除臭剂
	含硫废水预处理	催化氧化或者化学混凝或者酸化回收	硫离子	
	脱脂废水预处理	酸提取和气浮	油脂	
	格栅、沉淀、过滤、厌氧生化、好氧生化、二沉池、污泥压滤机等	来自车间的工艺废水、冲洗废水、设备洗水；罐区地面冲洗废水；锅炉房废水	废水含 COD、SS、总铬、硫化物、动植物油、pH、氨氮等；污水处理的污泥（危险废物）；污水和污泥恶臭	废水进行物理 - 厌氧 - 好氧处理后，废水含 COD、SS、总铬、硫化物、动植物油、pH、氨氮等处理达标回用； 污泥经鉴定后确定是否属于危废，如果是则委托有危废资质的单位处理； 恶臭采取投加或者喷洒化学除臭剂

第三节　毛皮工业生产工艺环境基础

一、毛皮工业使用的原辅材料和产品

（一）毛皮加工原料

毛皮工业使用的原料是动物皮毛，如绵羊皮、水貂皮、狐狸皮、兔皮、貉皮、水獭皮等。由于毛皮加工方式与皮革加工相似，也是有准备、鞣制、整饰基本工序，使用的化学辅料基本相似可以参考皮革加工的化学辅料相关资料。各类牛皮折算羊皮的比例见表 9-18。

表 9-18　各类毛皮折算羊皮的比例

皮种	羊皮	绵羊皮	羔皮	山羊皮	貉子皮	狐狸皮	水貂皮	黄狼皮	滩羊皮	兔皮
折合比例	1	1	3	1.6	8	3	5	8	2	8

注：折合比例是以标张羊皮单位重量 / 其他皮种的单位重量，标张牛皮以 25 kg/ 标张折算。

（二）毛皮加工的产品

毛皮加工的产品有貉子毛皮、狐狸毛皮、水貂毛皮、羊毛皮、兔毛皮、羊剪绒毛皮、其他动物毛皮等。

（三）毛皮加工的用水消耗（表 9-19）

表 9-19　毛皮加工各环节分项给水百分率　　单位：%

<table>
<tr><th>生产单元</th><th>浸水</th><th>去肉</th><th>脱脂</th><th>浸酸鞣铬</th><th>复鞣加脂</th></tr>
<tr><td rowspan="3">指标</td><td>10 ～ 35</td><td>10 ～ 15</td><td>15 ～ 20</td><td>10 ～ 15</td><td rowspan="3">15 ～ 30</td></tr>
<tr><td colspan="3">55 ～ 70</td><td>10 ～ 15</td></tr>
<tr><td colspan="4">70 ～ 85</td></tr>
</table>

二、毛皮加工的生产工艺

首先，毛皮鞣制行业不同产品的加工过程有较大的差异，主要表现在原料皮来源、化工原料、鞣制（硝染）类型、产品特殊性要求等方面的差异上；其次，由于毛皮加工企业以小型居多，生产技术和管理水平差异非常明显，特别是节水工艺技术水平差异较大。牛皮鞣制工艺过程如表 9-20 所示。

表 9-20　毛皮鞣制工艺过程

编号	工段	主要工序
①	准备工段	组批→抓毛→浸水→脱脂→软化
②	鞣制工段	浸酸→鞣制→复鞣
③	整理工段	干燥→回潮→拉软→成品
④	染色工段	复鞣→脱脂→染色→加脂→干燥
⑤	剪绒工段	剪毛→浸复水→复鞣→脱脂→脱水→加脂→干燥

（1）鞣（硝）制工艺：从原料皮加工成毛皮的工艺过程，即依次进行①→②→③工段；

（2）染色工艺：从原料皮加工染色成品的工艺过程，即依次进行①→②→③→④工段，对于本工艺在实际调查中应根据毛皮是否染色而定；

（3）剪绒工艺：从原料皮加工成剪绒羊皮的工艺过程，即依次进行①→②→③→④→⑤工段。

（1）毛皮鞣制工艺流程（图 9-2）

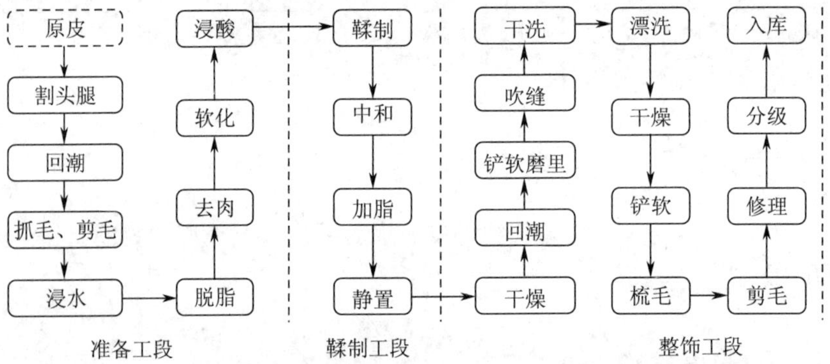

图 9-2　毛皮鞣制生产工艺流程

（2）毛皮染色工艺流程（图 9-3）

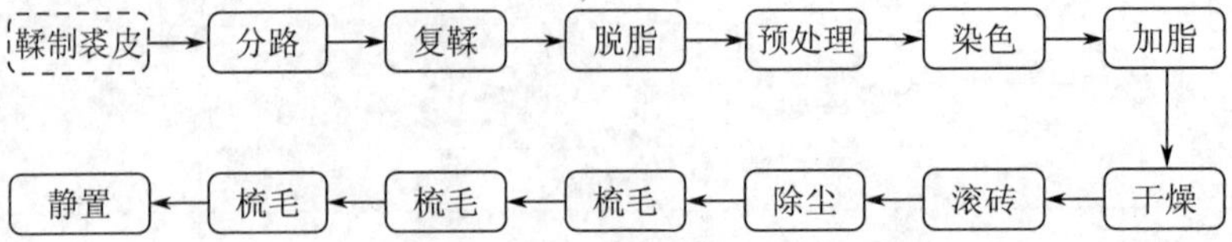

图 9-3　毛皮染色工艺流程

（3）毛皮剪绒工艺流程（图 9-4）

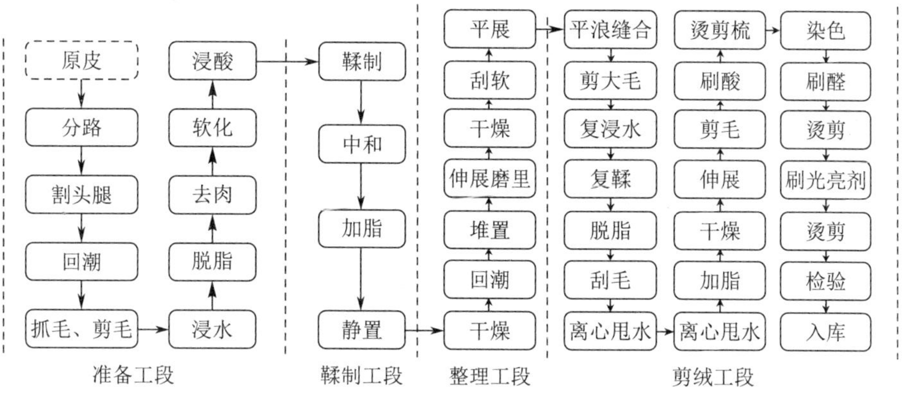

图 9-4　毛皮剪绒生产工艺流程

毛皮加工的污染物和污染物的浓度与制革污水类似，但是毛皮加工过程没有脱毛工序，因此不用硫化碱，同时减少了很大一部分 COD、悬浮物，水的用量也相对减少。毛皮加工各工段的污水来源和污染物等有关情况毛皮加工虽然没有脱毛工序，可以减少脱毛是产生大量的 COD，但由于加工工艺更加烦琐，所使用的化工材料也很多，同时由于用水量也比制革少，因此最终综合污水的污染物的浓度并不低，跟制革污水相差无几。表 9-21 为毛皮加工综合污水各类污染物的浓度情况。毛皮加工废水水质调查见表 9-21。

表 9-21　毛皮加工废水水质调查

指标	pH	COD/（mg/L）	BOD/（mg/L）	SS/(mg/L)	色度/倍	油脂/（mg/L）	氨氮/（mg/L）	铬/（mg/L）
综合废水	8 ～ 10	2 000 ～ 3 500	1 200 ～ 2 000	1 000 ～ 2 500	600 ～ 4 000	300 ～ 1 500	60 ～ 120	10 ～ 20

第四节　皮革工业的污染源环境管理

一、皮革工业主要污染物

（一）皮革工业的废水

皮革废水主要来源于准备和鞣制工段，以及整饰工段的部分工序（复鞣、染色、加脂等）。

制革及毛皮加工工业污水成分复杂，污染物浓度高，含有石灰、染料、蛋白质、盐类、油脂、氨氮、硫化物、铬盐以及毛、皮渣、泥砂等对环境有害的物质。污染物主要有 COD、BOD、硫化物、氨氮、三价铬等。

制革和毛皮加工的前工序基本都是在水中进行的，因此耗水量较高。化工原料加到浴液中，原料皮不可能将化工原料吸收完全，而且有的化工原料吸收率很低，如制革生产中的浸灰脱毛工序，所使用的石灰、硫化钠和硫氢化钠的吸收率只有 10% ～ 30%，从转鼓中排出时硫化物质量浓度高达 5 000 mg/L，COD 达数万 mg/L；成品皮革和毛皮是由原料皮加工而来，原料皮的加工过程就是加工胶原蛋白和角蛋白的过程，加工过程中大量胶原和毛发被分解，以蛋白质的形式进入废液中，增加了废水中的污染负荷，特别是氨氮浓度很高；在制革过程中还使用了三价铬作为鞣剂，虽然可以回收，但回收铬用到制革过程中影响成品革的质量，利用率较低。废水主要有含硫废水（制革工艺中采用灰碱法脱毛时产生的浸灰废液及相应的水洗工序废水）、脱脂废水（制革及毛皮加工工序中，采用表面活性剂对原皮油脂进行处理过程中形成的废液及相应的水洗工序废水）、含铬废水（在铬鞣及铬复鞣工序中，未被皮革吸收的废铬液及相应的水洗工序形成的废水）等。

制革废水通常是间歇式排出，由于不同工序在每天的生产中都将出现生产高峰，高峰排水量为日均排量的 2 ～ 4 倍。每周末，准备工段剖皮以前各工序可能停止，周日排水为最低峰。

由于生产品种、生皮种类、工序交错运行，使废水水质波动很大，一天中 pH 最高可达 11，最低为 2 左右。COD、BOD 浓度值亦随水量变化而较大变动。

（1）准备工段废水。

鞣前准备工段在水洗、浸水、脱毛、浸灰、脱脂、软化等生产过程产生大量废水，废水量占总水量的 70% 以上，废水中含大量有机废物（污血、蛋白质、脂肪、泥沙等）、无机废物（酸、碱、硫化物、无机盐类）、有机化学物质（表面活性剂、脱脂剂等）。废水中 COD、BOD、SS 等污染物浓度很高，COD 质量浓度高达 3 000 mg/L 左右、BOD 质量浓度 1 500 mg/L 左右、SS 质量浓度达 3 000 mg/L、pH 平均在 10 左右，呈碱性。

制革生产的脱毛工序多采用硫化碱脱毛技术，脱毛使用的化工原料主要是硫化钠和石灰，其废水占总水量的 10%，脱毛废液废水的 COD 量占污染总量的 50%，硫化物污染占 95%，该部分废水属高浓度，高毒性废水，废水中硫化物质量浓度在 1 300mg/L，废水中 SS 浓度很大。

（2）鞣制工段废水。

鞣制工段在浸酸、鞣制、水洗过程产生大量有毒废水，废水量占总水量的 8%，其废水中含高浓度铬盐、COD 等，色度液会严重超标。含铬质量浓度为 1 500 ～ 2 000 mg/L，COD 质量浓度为 2 000 mg/L 左右、SS 质量浓度为 2 500 mg/L。鞣后湿整饰工序在水洗、挤水、染色、加脂过程产生污水，废水量占总水量的 20%，废水中含表面活性剂、酚类、有机溶剂等，COD 质量浓度为 4 000 mg/L、SS 质量浓度为 3 000 mg/L。

目前，铬鞣是广泛使用的鞣制方法，有些行内人士认为革鞣工序使用的红矾量越多，制成的革性能越好，一般红矾用量为裸皮的 5%，对铬鞣进行物料分析，革吸收了食用量的 77%（按使用量 5% 计），剩余的铬则流失于鞣制废水中。鞣制 1 t 裸皮需 50 kg 红矾，排放 10 kg 左右铬盐，过多使用的红矾都会排入废水。

铬鞣的废水量约为 1t 原料皮排放 1.8 m^3 铬鞣废水，废水中含铬质量浓度为 3 500 mg/L；

铬复鞣的废水量约为 1 t 原料皮排放 2.2 m^3 铬鞣废液，废水中含铬质量浓度为 1 500 mg/L；制革中的铬鞣和复鞣工序铬污染占总铬污染的 95%，其后的水洗、挤水铬污染占总铬污染的 5%。

（3）整饰工段废水。

整饰工段属于干操作，污水很少。整饰过程的磨革会产生粉尘，喷涂会产生有机溶剂挥发产生的废气污染。

（二）皮革工业的废气

制革企业在生产过程中也会产生部分气体，皮革加工过程产生的硫化氢、氨水和其他一些易挥发的有机废气，以及蛋白质固体废料分解产生的有毒气体或不良气味，企业废水综合池在高温天气下也产生部分臭气（胶头堆放产生的臭气）。

（三）皮革工业的固体废物

制革工业固体废物主要包括动物油脂、动物毛、革屑革渣、蓝湿皮削匀边角料、复鞣废水碱沉淀处理废渣、污水处理站污泥（属危险废物）、职工生活垃圾、锅炉灰渣（属一般性固体废物）。

一般来讲制革厂在对污水进行预处理时，污泥含量占污水的 5% ～ 10%，而同时产生与污泥等量的其他固体废物。沉降污泥以大量含水的形态存在，其中的固体干物质为 3% ～ 5%。

以生化方法处理废水所产生的污泥比用物理方法处理废水所产生的污泥多 50% ～ 100%。皮革厂在处理污泥前，一般要对污泥进行脱水，脱水后的污泥其固体干物质的含量为 20% ～ 40%。

（四）典型生产工艺制革及毛皮加工废水单位原皮污染物产生量

制革及毛皮加工废水单位原皮污染物产生量见表 9-22。

表 9-22　典型生产工艺制革及毛皮加工废水单位原皮污染物产生量　单位：kg/t 原皮

污染物指标	COD_{Cr}	SS	BOD_5	氨氮	总氮	总铬	硫化物	硫酸盐
制革废水	100 ～ 250	100 ～ 150	60 ～ 110	15 ～ 30	20 ～ 40	2 ～ 5	3 ～ 10	30 ～ 70
毛皮加工废水	70 ～ 120	50 ～ 80	35 ～ 60	2 ～ 5	7 ～ 12	1 ～ 3	—	15 ～ 20

制革废水各生产单元产污率见表 9-23。

表 9-23 制皮革生产单元产污率 单位：%

生产单元	COD_{Cr}	SS	氨氮	总氮	总铬	硫化物	硫酸盐
浸水	15	15		5			
浸灰	45	55	10	40		95	
脱灰 / 软化	10	10	70	40		5	20
浸酸鞣铬	5	5	8	10	70 ～ 80		60
复鞣加脂	15	15	2	5	20 ～ 25		20

毛皮加工废水各生产单元产污率见表 9-24。

表 9-24 毛皮加工生产单元产污率 单位：%

生产单元	COD_{Cr}	SS	氨氮	总氮	总铬	硫酸盐
前处理	65 ～ 75	70 ～ 80	65 ～ 75	65 ～ 75	0	0
浸酸鞣铬	15 ～ 20	10 ～ 15	15 ～ 20	15 ～ 20	80 ～ 85	80 ～ 85
整饰等	10 ～ 15	10 ～ 15	10 ～ 15	10 ～ 15	15 ～ 20	15 ～ 20

二、皮革行业的主要环境管理

我国是皮革大国，皮革行业特别是制革由于其本身加工特点，被列入重点水污染监控行业。国家环保总局曾先后颁布了《制革工业水污染物排放标准》(GB 3549—1983）和《污水综合排放标准（皮革工业)》(GB 8978—1988)，并随后进行修订，由 GB 8978—1996 代替 GB 3549—1983 和 GB 8978—1988。以上标准的颁布实施对提高制革企业的环保意识、控制我国制革污染、改善环境质量等方面起到了积极的作用。

(一) 环境政策要求

严格落实国家和地方关于制革、毛皮工业产业技术政策和环境保护相关政策，重点关注《制革、毛皮工业污染防治技术政策》等政策性文件。从行业准入、落后工艺淘汰、污染治理要求、有害污染物控制、清洁生产工艺等方面严格管理。

我国制革工业发展迅速，国营、外资、集体、私营企业并存，有些地区已形成制革工业区域，但我国皮革厂多属于中小企业，工艺落后，缺少有效的治理措施，污染严重。国家规定年折牛皮 3 万张以下的制革厂属于“十五小”，应予以取缔和关停；淘汰自制鞣剂加工生产皮革产品的生产工艺和传统的脱毛生产工艺；新建皮革企业生产规模不低于 10 万张，逐步淘汰或降低低档次产品的生产比率。

制革污染防治应使用清洁工艺，如采用现代生物技术或生物制剂进行浸水、脱毛及使用硫化钠替代材料低硫、无硫脱毛工艺技术；鞣制采用高铬鞣制剂，采用高铬吸收技术、清洁涂饰技术；废液循环使用等。由于皮革工业多属于中小型企业，将分散的企业集中管理，统一治理，统一排放，采用先进的制革废水治理技术。

（二）环境规划要求

自然保护区、风景名胜区、饮用水水源保护区、文化保护地等环境敏感区内，以及土地利用总体规划确定的耕地和基本农田保护范围内，禁止新建（改扩建）制革企业。

新建制革园区，应纳入所在城市、镇的总体规划，并严格按照当地环境容量合理规划园区规模和产能，依法开展园区的规划环境影响评价工作；实施 5 年以上的制革园区规划，规划编制部门应组织开展环境影响的跟踪评价。合理进行安全布局，建立园区综合管理机制，实现应急事故的处置。

现有年产 3 万～ 10 万标张皮的制革企业，应集中制革，污染集中治理。现有的已采取集中制革的企业，总规模不宜低于 10 万标张，建设统一的集中式能达标的污水处理设施。

新（改、扩）建独立制革企业，年产量应在 10 万（含 10 万，下同）标张皮以上。鼓励年产量在 10 万标张皮以上的制革企业集中制革，污染集中治理。

制革企业比较集中的区域，需加强管理、统筹安排，必要时制订规划，并进行规划环评。

（三）清洁生产要求

（1）企业使用固体盐对原料皮进行防腐处理的，原料皮浸水前需进行转笼抖盐，并对废盐回收利用或者单独规范处理，以减少进入制革废水中的食盐。

（2）新建（改、扩建）制革企业应采取节水工艺，减少用水量和排水量。应实施以快速浸水为核心的浸水工艺；在湿加工工段各工序中采用小液比工艺，水洗采用闷水洗和流水洗相结合，以闷水洗为主的方法；在保证加工需要的前提下合并相关工序的用水操作；在浸灰、鞣制等工序采用废液循环使用技术。

（3）新建（改、扩建）制革企业应采取各种清洁生产技术，减少 COD、氨氮、挥发性有机物、氯离子和三价铬的产生量。应采用低硫或无硫保毛脱毛工艺，低灰浸灰工艺，少氨或无氨脱灰工艺，低盐或无盐浸酸或浸酸废液循环工艺，铬循环利用或高吸收铬鞣、低铬、无铬鞣制工艺等清洁生产技术。

（4）现有企业应进行节水和清洁生产技术改造。积极采用节水工艺，采用低硫或无硫保毛脱毛，少氨或无氨脱灰，低盐或无盐浸酸，高吸收铬鞣或低铬鞣制工艺；在条件允许的情况下，采用浸灰废液或铬鞣废液的循环使用技术，减少废水及污染物的产生量。

（5）新建（改、扩建）制革企业应采用超载转鼓、Y 型转鼓等能实现节能减排的水场加工设备，精密型片皮机、削匀机及磨革机等促进制革节能减排降耗的机械设备；现有企业在技术改造过程中应积极采用以上节能减排降耗机械设备。鼓励企业采用自动化装备，提升制革行业自动化水平。

（6）企业在生产过程中应采用低毒、易降解的环境友好型皮革化学品，鼓励采用水性涂饰材料，如采用有机溶剂型涂饰材料时，应安装 VOCs 收集处理装置，不得采用游离甲醛、禁用偶氮染料等有毒有害化学物质。

（7）鼓励企业采用富铬污泥和含铬皮革碎料资源化利用技术。

（四）环境管理要求

在依法实施污染物排放总量控制的区域内，企业应依法取得《排污许可证》，并按照《排污许可证》的规定排放污染物。

主要污染物排放达到总量控制指标要求。化学需氧量、氨氮、二氧化硫、烟粉尘、挥发性有机物、总铬等污染物排放量达到分配下达给该企业的总量控制指标要求；废水、废气、噪声、恶臭等各项污染物排放达到国家或地方污染物排放标准要求；建立排污监测档案并做好自测的质量管理工作。

企业应当建立自主环境监测体系，完善排污许可台账管理体系，污染治理设施运行记录和排污量记录，实施清洁生产审核制度。

环境管理制度与环境风险预案健全并有效实施。制定完善的企业环境管理制度并有效运转；制定切实可行的突发环境事件应急预案并定期开展应急演练；应急工程设施建设、应急物资储备等符合规定。

（五）环境监督管理要求

（1）制革企业应集中生产和集中治污。提升现有制革园区水平；在具备环保承载能力、资源充足的地区建立制革园区，聚集制革企业集中生产或承接制革企业转移；新建（改扩建）制革企业应进入依法合规设立的制革园区或工业园区，鼓励园区外的企业迁入园区；制革园区或工业园区，应建设污水集中处理设施，对园区内企业污水统一收集、集中处理，稳定达标排放；在制革园区建立集中供热系统，逐步淘汰分散燃煤锅炉。

（2）重金属铬污染防治符合规定。含铬废水收集处理工艺合理、设施完备，保证含铬废水与综合污水的有效分离并单处理达标。

（3）重点检查皮革、毛皮企业废水的分质管理情况。皮革、毛皮企业生产过程产生的高浓度含三价铬废水、硫化物废水应进行分离收集和预处理，以减少对有机废水处理的影响，减少综合废水量，保证达标排放。

（4）关注在污水生化处理过程氨氮不降反升的特殊行业问题。由于皮革、毛皮企业生产过程产生大量蛋白质，蛋白质在生化处理过程中分解产生大量氨氮，导致氨氮污染物超标排放。

（5）检查皮革、毛皮企业的废水处理工艺、设施和运行。皮革、毛皮企业的废水由于污染物种类多、浓度高、毒性大的特点，重点检查皮革、毛皮企业的预处理、综合废水处理设施能否保证达标排放，实际运行情况。检查污染防治设施和自动在线监控设施是否正常有效运行。环保设施完备，企业污染治理设施应当保持正常使用；按规定安装主要污染物和特征污染物自动监测设备，并通过环保部门验收，实现与环保部门联网，保证监测设备运行率、监测数据传输率和数据有效率不低于 90%；按期如实向当地环保部门提供自动监测数据有效性审核自查报告，配合自动监测数据有效性审核。

（6）检查皮革、毛皮企业的生产过程、废水处理过程产生的恶臭以及防治措施。皮革、毛皮企业生产过程、废水处理过程产生的大量硫化物，导致恶臭的产生，企业在污水处理过程的厌氧处理也会产生强烈的恶臭污染，应要求企业采取相应的方恶臭措施，以防由此产生的民事纠纷和投诉。

（7）检查皮革、毛皮企业污水处理产生的污泥。皮革、毛皮企业污水处理会产生大量含铬污泥，关注含铬污泥中的 Cr^{3+} 的浓度，要求对皮革、毛皮企业污水进行无害化处理，再进行填埋。

思考与练习

1. 简述我国制革工业的原料结构和产业布局。
2. 调研常规的羊皮、猪皮、牛皮鞣质的主要设备和工艺流程及排污节点。
3. 调研含铬废水的最新治理工艺并进行经济技术比较。
4. 总结和归纳制革行业肉质废水的铬回收方法。
5. 为什么制革行业的工业布局要求制革企业要集中成工业小区统一管理和治理？
6. 总结排污许可制下我国制革工业的环境管理要点。

第十章　酿造行业生产工艺环境基础

本章介绍我国酿造行业的现状、主要环境问题、产业结构与污染特征；白酒、酒精、啤酒等生产行业的基本生产工艺以及排污节点。

专业能力目标：

1. 了解我国酿造和发酵工业的现状、子行业分类、主要环境问题。
2. 掌握啤酒工业的基本生产工艺和废水排污特征。
3. 了解白酒工业的基本生产工艺和废水排污特征。
4. 掌握酒精工业的基本生产工艺和废水排污特征。
5. 了解味精工业的基本生产工艺和废水排污特征。
6. 掌握酿造和发酵工业的异味和恶臭废气的来源，总结控制的措施。

第一节　酿造和发酵工业的环境问题

在《国民经济行业分类》（GB/T 4754—2017）中酒饮料（C 大类 15 中类）和调味品、发酵制品制造业（C 大类 14 中类 146）属制造业。包括味精制造（1461）、酱油、食醋及类似制品制造（1462）、其他调味品发酵制品制造（1469）、酒精制造（1511）、白酒制造（1512）、啤酒制造（1513）、黄酒制造（1514）、葡萄酒制造（1515）。本章只介绍酒精制造（1511）、白酒制造（1512）、啤酒制造（1513）。

一、发酵、酿造行业现状

酿造和发酵都是以粮食为原料，借助微生物的代谢产生的酶对原料进行生化加工（发酵），分离和提取产品的工业。在有氧或无氧条件下的酿造和发酵过程中，生命活动制备微生物菌体，直接产生代谢产物或次级代谢产物的过程。酿造行业习惯上分为若干小类（子行业），如酿酒工业（如白酒、啤酒、黄酒、葡萄酒）和调味品工业（酱油、酱、食醋、豆腐乳等），生物发酵主要包括新型发酵、传统发酵、抗生素、生物发酵等，其中新型发酵行业包括氨基酸、有机酸、酒精、酶制剂、酵母、淀粉糖、多元醇、功能发酵制品、酵素、其他如生物基材料等分行业。最早的工业分类，是笼统地称为“酿造工业”，后来又称为“发酵酿造工业”。再后来又称为“食品酿造工业”和“发酵工业”。按照《国民经济行业分类》（GB/T 4754—2017）的规定，生化工业制品（农药、医药、有机化工原料、化工助剂、添加剂等）归并到相应工业行业，与食品有关的发酵产品的制造归类于食品制造工业。

由淀粉和糖开始的生物降解反应，可以得到一系列的微生物代谢产物，即醇、酸、醛、酮、醚等简单化合物。将经过纯种细菌培养、提炼、精制获得的成分单一的抗生素，维生素、色素、柠檬酸、乳酸、赖氨酸、味精（谷氨酸）、氨基酸等有机酸，酒曲、酵母等，淀粉酶、蛋白酶、酶制剂等功能发酵制品，酒精（乙醇）、多元醇、二甲醚等有机溶剂的生化产品制造业统称为发酵行业。

我国大宗发酵产品中的味精、赖氨酸、柠檬酸等产品的产量和贸易量位居世界前列；淀粉糖的产量在美国之后，居世界第二位；其他如山梨醇、葡萄糖酸钠、木糖醇、麦芽糖醇、甘露糖醇、酵母和酶制剂等产品处于快速发展阶段；生物基材料、化学中间体等的生物制造业都达到一定规模。生物发酵产业在生物制造产业所占比重大约 80% 以上。和生物医药、生物农业一样，生物制造亦是生物产业的重点领域。同时，生物发酵产品已广泛渗透到纺织、造纸等多个行业。与酿造、发酵工业相关的产业及产品见表 10-1 至表 10-4。

表 10-1 与酿造、发酵工业相关的产业及产品

行业		产品
酿造工业	饮料酒	啤酒、白酒、黄酒、葡萄酒、果酒、酒制饮料等
	调味品	酱油、酱、食醋、豆腐乳等
发酵工业	氨基酸	谷氨酸（单谷氨酸钠又称味精）、赖氨酸、亮氨酸、异亮氨酸、缬氨酸、精氨酸、丝氨酸、丙氨酸、酪氨酸、苏氨酸、色氨酸、苯丙氨酸、脯氨酸等
	有机酸	醋酸、乳酸、葡萄糖酸、柠檬酸、酒石酸、衣康酸、长链二元酸（以十三碳到十八碳的直链烷烃为原料的发酵产品）
	淀粉糖	果糖、葡萄糖、麦芽糖（浆）、海藻糖、果葡糖（浆）、糊精、啤酒用糖浆等
	酶制剂	糖化酶、淀粉酶、蛋白酶、纤维素酶、植酸酶、凝乳酶等
	酵母	高活性干酵母、鲜酵母、药用酵母、饲料酵母、酵母提取物等
	有机溶剂	山梨醇、麦芽糖醇、甘露醇、低聚异麦芽糖、木糖醇及乙二醇、环氧乙烷、丙二醇、酒精、丙酮、丁醇、甘油等
	核苷酸	鸟嘌呤核苷酸（5'-GMP）、肌苷酸（5'-IMP）、腺嘌呤核苷酸（5'-AMP）、黄嘌呤核苷酸（5'-XMP）等
	功能发酵制品	低聚果糖、低聚木糖、香菇多糖、灵芝多糖、红曲色素、辅酶 Q_{10} 等
	抗生素	医药和农药的药用抗生素，如青霉素、头孢霉素、链霉素、四环素、土霉素、红霉素、稻瘟素、井岗霉素、春日霉素等

表 10-2 2015 年生物发酵产业主要产品产量 单位：万 t

产品	产量	产品	产量	产品	产量
氨基酸	370	有机酸	212	淀粉糖	1 200
多元醇	157	酶制剂	120	酵母	31.8
功能发酵制品	335	味精	221	发酵产业总计	2 426

表 10-3 2010—2015 年生物发酵产业产品产量及增长率

年份	2010	2011	2012	2013	2014	2015
产量 / 万 t	1 800	2 230	2 364	2 423	2 420	2 426
年增长率 /%		23.9	6.0	2.6	−0.1	0.2

表 10-4 2015 年酿酒工业主要产品产量 单位：万 kL

产品	产量	产品	产量	产品	产量
啤酒	4 715.72	白酒	1 257.13	黄酒	290
酒精	1 016.74	葡萄酒	114.8	酿酒产业总计	7 429.33

2015 年我国酿酒行业中啤酒产量已连续 11 年位居全球首位；发酵酒精产量居世界第三位；葡萄酒产量居世界第九位。我国是人口大国，酿造行业和发酵行业产品的生产量和消费量也是全球大国。

截至 2014 年年末，全国酿酒行业规模以上企业为 2 689 家（其中大中型企业 617 家），全年完成酿酒总产量 7 528.27 万 kL（饮料酒产量 6 543.99 万 kL）。2015 年我国生物发酵行业规模以上企业数量达 1 088 家，其中，发酵酒精产量为 984.28 万 kL，味精产量 221 万 t，主要发酵行业产品产量为 2 426 万 t。

二、发酵、酿造行业主要环境问题

我国酿造及发酵产业的发展很快，其环境问题也日趋严重。我国酿造及发酵行业大多是中小型企业，生产技术水平平均较低，物料流失量大、用水量大，属于粗放型、重污染型行业，这些行业使用的原料基本是以粮食、薯类、淀粉等农副产品为主，利用特殊的微生物进行发酵，因此环境污染特性都有相近之处，在发酵生产过程中都会排出含渣（糟、浆）废水（如酒精糟、啤酒醪、白酒糟、废母液、玉米浆、薯干渣、黄浆水、大米浆等），其中含有大量糖类、蛋白质、氨基酸、维生素和多种微量元素，这些物质随污水排放会严重污染环境。如果回收又是理想的饲料原料，同时也是生化降解过程微生物增殖的营养源。

酿造及发酵工业在消耗大量粮食的同时，由于原料利用水平低，生产过程排放的废水、废渣污染负荷极高，是典型的高浓度、重污染有机废水，对环境的危害非常严重（表 10-5）。酿造及发酵工业排放的主要废渣水来自原料处理后剩下的废渣、分离与提取主要产品后废液与废糟，以及加工过程中各种冲洗水、洗涤水、分离水、冷凝水和冷却水。对于该行业排放废水的治理，目前国内多采用末端治理手段，不仅污水难以达标，而且污水处理过程产生严重的恶臭废气。采用清洁生产技术、清污分流、高低浓度污染物分质处理是降低酿造废水处理难度、降低污染治理成本的有效途径，也是酿造废水处理工程今后的技术发展趋势。多数企业已经将营养丰富的酒糟、废酵母等回收利用，经过加工可作为高价值的副产品出售。含糟废水通过回收饲料和厌氧降解，不仅能实现综合利用，而且大大降低污染负荷。

表 10-5　2013—2015 年我国饮料和精制茶制造业“三废”产排污量数据

污染物	2013 年			2014 年			2015 年		
	排放（产生）量	单位	占工业比例 /%	排放（产生）量	单位	占工业比例 /%	排放（产生）量	单位	占工业比例 /%
废水量	72 674.9	万 m^3	3.80	68 898.9	万 m^3	3.69	67 838.7	万 m^3	3.74
COD 年产生量	252.716 4	万 t	12.09	247.061 2	万 t	12.31	175.896 9	万 t	9.65
COD 年排放量	20.055 1	万 t	18.68	18.710 2	万 t	6.81	17.970 0	万 t	7.03
氨氮年产生量	3.404 5	万 t	2.58	3.522 1	万 t	2.86	3.046 5	万 t	2.75
氨氮年排放量	0.947 6	万 t	4.22	0.832 3	万 t	3.96	0.838 0	万 t	4.27
废气量	2 031.8	亿 m^3	0.30	2 145.4	亿 m^3	0.31	2 352.0	亿 m^3	0.34
SO_2 产生量	16.9	万 t	0.28	15.8	万 t	0.26	15.3	万 t	0.25
SO_2 排放量	13.1	万 t	0.78	12.0	万 t	0.76	11.8	万 t	0.84
NO_x 产生量	4.0	万 t	0.22	4.1	万 t	0.23	4.6	万 t	0.26
NO_x 排放量	3.9	万 t	0.27	4.0	万 t	0.30	4.5	万 t	0.41
烟粉尘产生量	92.7	万 t	0.13	76.0	万 t	0.10	84.8	万 t	0.12
烟粉尘排放量	6.8	万 t	0.67	6.4	万 t	0.51	7.3	万 t	0.66
一般固体废物产生量	962	万 t	0.31	901	万 t	0.29	857	万 t	0.28
危险废物产生量	2	万 t	0.06	2	万 t	0.06	506	万 t	0.08

资料来源：中国环境统计年报。

第二节　啤酒行业生产工艺环境基础

一、行业环境现状

啤酒是世界通用性饮料酒，以优质大麦为主要原料，啤酒花为香料，经过制麦芽、糖化、发酵等工序制成的富含营养物质和二氧化碳的酿造酒。为了降低成本，提高出酒率，改善啤酒风味和色泽，增强啤酒的保存性，在糖化操作时，常用大米、玉米和蔗糖等中的某一种代替部分麦芽，我国一般用大米为辅料，欧美国家用玉米。现在啤酒厂的吨酒麦芽用量已从最早的 120 kg 降到 100 kg，现在又进一步减少到 85 kg 左右，啤酒酒精含量为 3% ～ 6%，是世界产量最大的酒种。2016 年我国的啤酒产量达 4 506 万 kL/a，已经居世界第一位（表 10-6）。相对其他酿酒行业啤酒行业的产能集中度较好，相对生产技术和污染治理技术水平也较高。

表 10-6 2001—2016 年我国啤酒年产量 单位：万 kL/a

年份	2001	2005	2006	2007	2008	2009	2010	2011	2012	2013	2014	2015	2016
年产量	2 274	3 062	3 515	3 931	4 103	4 236	4 483	4 899	4 902	5 062	4 922	4 716	4 506

资料来源：中国产业信息网、中商情报网。

啤酒行业用水和排水量都较高。据统计，每生产 1 t 啤酒需要 4 ～ 10 m^3 新鲜水，相应地产生 3 ～ 8 m^3 废水。在啤酒产量大幅度提高的同时，也向环境中排放了大量的有机废水，我国现在每年排放的啤酒废水已达 1.5 亿 m^3。由于这种废水含有较高浓度的蛋白质、脂肪、纤维、碳水化合物、废酵母。酒花残渣等有机无毒成分，排入天然水体后将消耗水中的溶解氧，既造成水体缺氧，还能促使水底沉积化合物的厌氧分解，产生臭气，恶化水质。我国啤酒业的某些企业为了获得利润不惜降低成本，忽略节能减排这一工作。我国啤酒行业多数企业仍处在高投入、高消耗、高排放和低效率粗放型经济模式中，这些企业在节能减排和清洁生产技术的运用上，与国家的要求还存在很大的差距。全国的啤酒行业，尚有部分的废水超标排放，不是技术上不能达标，实在是这些企业有意降低污染治理成本，造成环境的严重污染。

我国现有啤酒生产企业 500 多家，啤酒产量在世界保持第一位，占世界总产量的 1/4。从 2002 年起，我国啤酒产量就已超过美国，连续 13 年啤酒总产量居世界第一位，成为世界第一啤酒生产大国。

二、啤酒行业基本生产工艺

（一）原辅料

啤酒是以麦芽（包括特种麦芽）、酒花、酵母和水为主要原料，以大米或其他谷物为辅助原料，经麦芽汁的制备，加酒花煮沸，并由酵母发酵酿制而成的，含有二氧化碳、起泡的、低酒精度（2.5% ～ 12%）的饮料酒。

1. 原料

【大麦】大麦是一种坚硬的谷物，成熟比其他谷物快得多，正因为用大麦制成麦芽比小麦、黑麦、燕麦快，所以才被选作酿造的主要原料。没有壳的小麦很难发出麦芽，而且也很不适合酿酒之用。

【麦芽】麦芽由大麦制成。大麦经浸渍发芽后制成鲜麦芽，再经干燥和焙焦从除根后制成麦芽。

【酒花】酒花是属于荨麻或大麻系的植物。酒花生有结球果的组织，正是这些结球果给啤酒注入了苦味与甘甜，使啤酒更加清爽可口，并且有助消化。

【酵母】酵母是真菌类的一种微生物。在啤酒酿造过程中，酵母把麦芽和大米中的糖分发酵成啤酒，产生乙醇、二氧化碳和其他微量发酵产物。

【水】在啤酒产品中水占90%左右，啤酒酿造用水是指糖化用水和洗涤麦槽用水，这两部分水直接参与工艺反应，它是啤酒的主要成分，在麦汁制备以及发酵过程中，许多物理变化、酶反应、生物化学和生物学的变化都与水质直接有关。啤酒制造还要消耗酵母洗涤用稀释用水、冷却水及冲洗水、洗涤用水等，属于耗水量大的行业。啤酒酿造所需要的水质的洁净外，还必须去除水中所含的矿物盐。

2. 辅料

在糖化操作时，常用大米、大麦、玉米和蔗糖等中的某一种代替部分麦芽，我国一般用大米为辅料，欧美国家用玉米。

【大米】大米淀粉含量高于其他谷类，蛋白质含量低。用大米代替部分麦芽，不仅麦汁的浸出率高，而且可以改善啤酒风味、降低啤酒的色泽。我国啤酒厂用大米的数量一般在1/5～1/3，若采用外加酶糖化的工厂，大米的用量可达50%左右。

【玉米】淀粉的性质与大麦淀粉大致相同。但玉米胚芽含油质较多，影响啤酒的泡持性和风味。除去胚芽，就能除去大部分的玉米油。脱胚玉米的脂肪含量不应超过1%。以玉米为辅助原料酿造的啤酒，口味醇厚。玉米为国际上用量最多的辅助原料。

【糖类】大都在产糖地区应用，一般使用量为原料的10%～20%。添加的种类主要有蔗糖、葡萄糖、转化糖、糖浆等。

3. 产品

按生产方式分类：鲜啤酒（不经巴氏灭菌或瞬时高温灭菌的新鲜啤酒）、纯生啤酒（不经巴氏灭菌或瞬时高温灭菌的新鲜啤酒，而采用物理方法进行无菌过滤）、熟啤酒（经巴氏灭菌或瞬时高温灭菌的啤酒）。

（二）能耗和水耗

啤酒生产过程新鲜水和水蒸气的消耗量较大（表10-7和表10-8）。每生产1 kL 11%啤酒消耗4～9.5 m^3 的水，蒸汽消耗在0.5～0.7 t。

表10-7 生产1 t啤酒的资源消耗

	水耗 /m^3	综合能耗 /kg	煤耗（标准煤）/kg	电耗 /（kW·h）
国际一级标准	＜6		80	85
国内清洁生产一级标准	＜6	115	80	85
国内现有平均水平	5～12			70～120

表 10-8 啤酒生产企业资源能源利用指标

清洁生产指标等级	一级	二级	三级
取水量 / （m^3/kL）	≤ 6	≤ 8	≤ 9.5
标准浓度 11° 啤酒耗粮 / （kg/kL）	≤ 158	≤ 161	≤ 165
电耗 / （kW・h/kL）	≤ 85	≤ 100	≤ 115
耗标煤量 / （kg/kL）	≤ 80	≤ 110	≤ 130
综合能耗 / （kg/kL）	≤ 115	≤ 145	≤ 170

资料来源：参考《清洁生产标准 啤酒制造业》（HJ/T 183—2006）。

（三）基本生产工艺流程（图 10-1）

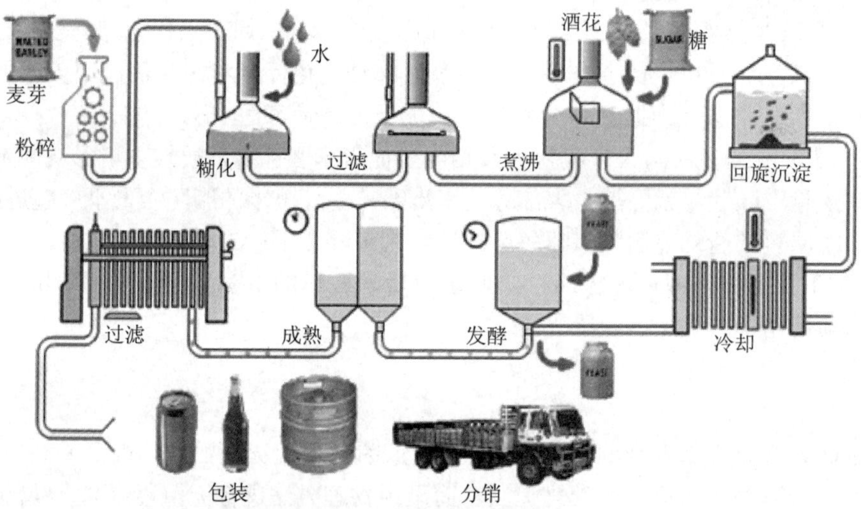

图 10-1 啤酒生产工艺流程

啤酒的生产过程大体可以分为四大工序：麦芽制造；麦汁制备；啤酒发酵；啤酒包装与成品啤酒。

1. 原料进厂

原料（袋装大麦或麦芽粉、酒花等）、辅料（袋装的大米、淀粉等）等通过运输车辆运输进厂，入库，倒袋、入仓。燃料（煤炭）等通过运输车辆卸入煤仓。主要产生扬尘废气。

2. 麦芽制备

麦芽制备工序整个浸渍周期长达 48 ～ 72 h。麦芽制备工段分为大麦贮存、筛选、浸渍、发芽、干燥和除根 6 个工序。用水浸渍大麦，俗称浸麦，浸麦用水中常投加化学药品，如饱和澄清石灰水、甲醛水溶液、高锰酸钾、氢氧化钠或氢氧化钾溶液。麦芽干燥过程分烘干和焙焦两个过程，使酶停止活动，干燥成干麦芽。除根是利用除根机加工。麦芽制备工序主要产生浸麦废水和冷却废水。

3. 原料粉碎

将麦芽、大米分别由粉碎机粉碎至适于糖化操作的粉碎度，制得麦芽粉。有些啤酒企业直接购入麦芽粉，以上工序就没有了。粉碎工序产生含尘废气和洗涤废水。

4. 糖化

将碎的麦芽和淀粉质辅料用温水分别在糊化锅、糖化锅中混合，调节温度。糖化锅先进行糊化（温度为 45 ～ 52℃）。再将糊化的醪液兑入糖化锅，糖化制造麦醪（温度为 62 ～ 70℃）。糖化后滤除麦糟得到麦汁。此工序中将产生麦汁冷却水、装置洗涤水、麦糟、热凝固物和酒花糟，装置洗涤水主要是糖化锅洗涤水，过滤槽洗涤水和沉淀槽洗涤水，除此之外，糖化过程还要排出酒花糟、热凝固物等大量悬浮固体。

5. 发酵

冷却后的麦汁添加酵母送入发酵池或圆柱锥底发酵罐中发酵（最高温度控制在 8 ～ 13℃），发酵过程分为起泡期、高泡期、低泡期，一般发酵 5 ～ 10 d。发酵成的啤酒称为嫩啤酒。

将嫩啤酒送入贮酒罐中或继续在圆柱锥底发酵罐中冷却至 0℃左右，调节罐内压力，使 CO_2 溶入啤酒中。贮酒期需 1 ～ 2 月，在此期间残存的酵母、冷凝固物等逐渐沉淀，啤酒逐渐澄清。

发酵工段中除产生大量的冷却水外，还产生发酵罐洗涤水、废消毒液、酵母漂洗水和冷凝固物。

6. 过滤

为了使啤酒澄清透明成为商品，啤酒在 -1℃下进行澄清过滤。对过滤的要求为：过滤能力大、质量好，酒和 CO_2 的损失少，不影响酒的风味。过滤方式有硅藻土过滤、纸板过滤、微孔薄膜过滤等。

7. 灌装

啤酒生产的最后一道工序，包括洗瓶、灌酒、封口、杀菌、贴标和装箱生产线。产品入库。

（四）啤酒工业主要生产设备（表 10-9）

表 10-9 啤酒工业主要生产设备

项目	设备（设施）名称
原料进厂	运输车辆、装卸机械、胶带输送机、原料仓、辅料仓、煤棚等
麦芽制备	筛选设备、输运设备、浸渍池、发芽室、风机、除根机、烘干机等
原料粉碎	运料车、粉碎机、皮带输送机、斗式提升机、螺旋式输送机等
糖化	糊化锅、糖化锅、过滤槽、煮沸锅、旋沉槽等

项目	设备（设施）名称
发酵	发酵罐、清酒罐等
过滤	过滤机等
灌装	灌装机、保鲜桶、封口机等
辅助工程	锅炉、污水厂、送风设备、制冷机组、冰水罐等

三、啤酒行业的排污节点分析

（一）啤酒行业的环境污染特征

啤酒行业的主要污染物是废水、废气、废渣。啤酒生产过程中，每道工序又都会有废水排出，除去同时排放的固体废物（热冷凝固蛋白、废酵母泥、废硅藻土、废麦糟等）、粉尘（粉碎的细粉）外，啤酒厂废水的主要来源有糖化过程的糖化、过滤洗涤水；发酵过程的发酵罐、管道洗涤、过滤洗涤水；灌装过程洗瓶、灭菌、破瓶啤酒及冷却水；除啤酒生产各工序排出废水外，动力部门还会排出冷却水。其中，包装工序排出的冲洗水属低浓度有机废水；酿造过程排出的废水一般污染物浓度较高，属高浓度有机废水。啤酒生产过程中产生的废气主要有发酵过程中产生的 CO_2 和锅炉废气等。当前啤酒行业主要环境问题是水污染。

1. 废水

啤酒生产过程用水量很大，特别是酿造、罐装工序过程，由于大量使用新鲜水，会产生大量废水。我国每吨啤酒从糖化到灌装总耗水量为 4 ～ 8 m^2。啤酒废水主要来自（表 10-10）：

（1）糖化车间的麦汁工序废水：糖化，过滤过程来自糖化锅和糊化锅冲洗水、过滤槽和沉淀槽洗涤水、麦汁煮沸、冷却会产生废酒花容器等的洗涤废水，冲渣废水、含渣废水如麦糟液、冷热凝固物、剩余酵母等，属于高质量浓度污水。废水量占总排水量的 5% ～ 10%，废水中 COD、SS 和氨氮污染物质量浓度最高可达 30 000 mg/L。

（2）发酵车间的发酵工序废水：来自发酵和贮酒过程产生的发酵罐洗涤水、过滤洗涤水、消毒废水、酵母漂洗水、酵母压缩机洗涤水，消毒废水、酵母漂洗污水，属于中质量浓度污水。其水量占总水量的 25%，其废水为 COD 质量浓度约为 2 500 mg/L。

（3）麦芽车间、灌装车间的灌酒、制麦芽废水：洗瓶，消毒、清洗废水，破瓶流出的啤酒、地面冲洗水。其水量占总排水量的 65%，属于低质量浓度废水。废水中有残酒、洗涤液、纸浆、染料、浆糊、残酒和泥沙等，COD 质量浓度约为 700 mg/L。

（4）冷却水一冷冻机、麦汁和发酵冷却水等，这类废水基本上未受污染。

（5）办公废水——其水量占总排水量的 10%，COD 质量浓度约为 300 mg/L。

表 10-10 啤酒生产废水的来源与质量浓度

<table>
<tr><th rowspan="2">废水种类</th><th rowspan="2">废水来源</th><th rowspan="2">排放方式</th><th rowspan="2">废水量占水量比例 /%</th><th colspan="3">COD /(mg/L)</th></tr>
<tr><th>各段废水</th><th>平均浓度</th><th>总排放口（综合废水）</th></tr>
<tr><td>高质量浓度废水</td><td>糖化工序</td><td>间歇排放</td><td>10</td><td>20 000 ～ 40 000</td><td rowspan="2">4 000 ～ 6 000</td><td rowspan="4">1 000 ～ 1 500</td></tr>
<tr><td>中质量浓度废水</td><td>发酵工序</td><td>间歇排放</td><td>25</td><td>2 000 ～ 3 000</td></tr>
<tr><td rowspan="3">低质量浓度废水</td><td>制麦工序</td><td>间歇排放</td><td>25</td><td>300 ～ 400</td><td rowspan="2">300 ～ 700</td></tr>
<tr><td>灌装工序</td><td>连续排放</td><td>40</td><td>500 ～ 800</td></tr>
<tr><td>冷却废水</td><td></td><td colspan="2">基本无污染物</td><td colspan="2"><100</td></tr>
</table>

啤酒废水中富含糖类、蛋白质、淀粉、果胶、维生素、废酵母等物质，属于中等浓度有机废水，可生化性较好，虽然无毒，但易于腐败，排入水体要消耗大量的溶解氧，对水体环境造成严重危害。啤酒废水的水质和水量在不同季节有一定差别，处于高峰流量时的啤酒废水，有机物含量也处于高峰。其中的主要污染因子是 pH、COD_{Cr}、BOD_5、悬浮物、氨氮，pH 在 5 ～ 12，COD 的质量浓度为 1 000 ～ 3 000 mg/L，BOD 的质量浓度为 600 ～ 1 500 mg/L，SS 的质量浓度为 300 ～ 1 000 mg/L，啤酒废水的可生化性较好，BOD/COD 为 0.5 ～ 0.7，属于可生化性较好的废水，生化处理去除效率高达 80% ～ 90% 以上，且处理成本较低。

2. 废气

啤酒生产的废气主要来自三方面：

（1）原料粉碎装卸、堆场、粉碎、输送机运料、配料产生的粉尘；

（2）蒸汽锅炉产生的燃料燃烧烟气，污染物主要取决于使用的燃料和锅炉；

（3）蒸煮糊化、发酵、蒸馏工艺过程，酒糟、污水、收集和处理过程产生的异味和恶臭。

3. 固体废物

（1）工业锅炉产生灰渣，灰渣产生量约为锅炉消耗煤炭的 30%。

（2）除尘收集的尘灰。

（3）酿酒废渣。啤酒生产的各道工序都会产生废渣，包括过滤出的废麦糟、酵母泥、废硅藻土、废酒泥等。废麦糟是麦汁制作过滤后的废物，湿麦糟中含有 0.5% ～ 2.0% 的可洗出浸出物（残糖），粗蛋白占 5%，可消化蛋白占 3.5%，可溶性非氮物占 10%，粗纤维占 5%，灰分占 1% 等；废酵母是洗涤酵母过程过滤后的废物，其中含有丰富的蛋白质（以干物质计，含量达 50%）、维生素（特别是 B 族维生素，含量及种类均较多）、核酸和其他含磷有机物等。

（4）污水处理与预处理产生的污泥。

啤酒行业的生产过程只利用了原料中的淀粉和糖，大部分蛋白质留在了麦糟及凝固物中，还排出废酒花、废酵母、废醪、CO_2 等，都是有营养无毒无害物质，每吨啤酒可回收固废包括：废麦糟 200 ～ 300 kg（含水 80%）、酵母 6 ～ 9 kg、废硅藻土 7 ～ 10 kg 等。当污水采用生化法处理时，每削减 1 t BOD_5 约产生污泥 0.6 t。

（二）啤酒行业环境要素（表 10-11）

表 10-11　啤酒行业环境要素分析

污染类型		环境污染指标与来源
废气	有组织废气	锅炉房产生含烟尘、SO_2、NO_x 烟气；在原料预处理破碎、筛分过程产生的含尘废气； 在制麦芽粉、糖化过程产生收集的异味废气。
	无组织废气	原料粉碎装卸、堆场、粉碎、输送机运料、配料产生的粉尘； 在制麦芽粉、糖化、酒糟收储运过程和废水处理、污泥贮运产生的异味和恶臭等气味
废水	生产废水	糖化车间的麦汁工序废水（糖化锅和糊化锅冲洗水、过滤槽和沉淀槽洗涤水、麦汁煮沸、冷却会产生废酒花容器等的洗涤废水，冲渣废水、含渣废水）含有麦糟液、冷热凝固物、剩余酵母等，属于高浓度污水。废水量占总排水量的 5% ～ 10% 发酵车间的发酵工序废水（发酵和贮酒过程产生的发酵罐洗涤水、过滤洗涤水、消毒废水、酵母漂洗水、酵母压缩机洗涤水，消毒废水、酵母漂洗污水），属于中浓度污水。其水量占总水量的 25%，麦芽车间、灌装车间的灌酒、制麦芽废水：洗瓶，消毒、清洗废水，破瓶流出的啤酒、地面冲洗水。其水量占总排水量的 65%，属于低浓度废水 冷却水—冷冻机、麦汁和发酵冷却水等，这类废水基本上未受污染 综合废水含主要污染物有 COD_{Cr}、BOD_5、SS、pH、色度、氨氮、总氮、总磷等
	生活污水	办公废水（办公室、浴室、食堂、厕所废水）其水量占总排水量的 10%，废水含 COD、SS、氨氮、总磷
固体废物	生产废物	工业锅炉产生的灰渣，灰渣产生量约为锅炉消耗煤炭的 30% 除尘收集的尘灰 酿酒废渣，啤酒生产的各道工序都会产生废渣，包括过滤出的废麦糟、酵母泥、废硅藻土、废酒泥等 污水处理与预处理产生的污泥
	生活垃圾	办公室、食堂、浴室等处的垃圾
噪声		风机、破碎机等设备产生较强机械噪声、运输车辆产生噪声

（三）啤酒行业排污节点

具体的排污节点见图 10-2。

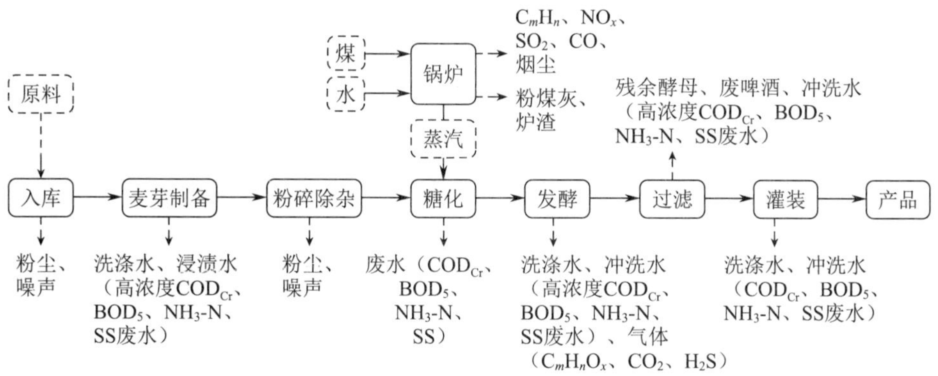

图 10-2　啤酒生产企业排污节点

（四）啤酒行业排污节点分析（表 10-12）

表 10-12　啤酒行业排污节点

	生产设施	污染产生原因	排污节点和主要环境因素	控制措施
备料	运输车辆、装卸机械、胶带输送机、原料仓、辅料仓、煤棚	原辅料和燃料进厂、卸货，贮存、上料过程产生废气和噪声	产生含粉尘废气，多属于过程无组织排放； 地面冲洗废水，主要含COD、SS等； 产生运输车辆噪声、装卸输运机械噪声	产尘多的工位要采取集气除尘； 废水引入污水站处理
麦芽制备	筛选设备、输运设备、浸渍池、发芽室、风机、除根机、烘干机等	大麦的筛选、输运、浸渍、发芽、除根、干燥、烘干过程产生废气和噪声	产生有异味的废气； 产生清洗、浸渍废水，地面清洗废水主要含COD、SS、氨氮等； 风机噪声较大	产尘多的工位要采取集气净化、除味； 废水引入污水站处理
原料粉碎	运料车、装载机、粉碎机、皮带输送机、斗式提升机、螺旋式输送机等	物料粉碎及运输，机械设备运行	原料、配料在运料、卸料、堆料、上料、储料都会产生粉尘污染；进出料口、排气口会产生粉尘污染； 地面冲洗废水，主要含COD、SS等； 运输车辆和装载机械会产生噪声，破碎机、磨机工作产生噪声	皮带输送机应设封闭防尘廊道； 应加强料库的封闭性，减少无组织粉尘排放； 装卸应减少遗撒；库棚和道路如有遗撒及时收集以防扬尘； 破碎机、磨机排气口应装置袋式除尘器，进出口应加强密闭措施，减少废气泄漏； 废水引入污水站处理； 破碎机、磨机应采取一定降噪措施

	生产设施	污染产生原因	排污节点和主要环境因素	控制措施
糖化	糊化锅、糖化锅、过滤槽、煮沸锅、旋沉槽等	设备清洗、车间清洗、蒸煮过程	冲洗水、冷凝水、洗涤水，废水，主要含COD、SS、氨氮等； 风机等设备工作产生噪声； 蒸煮过程中产生异味	加强设备的密封性，减少无组织泄漏，对大量排放异味废气的部位，采取集气净化处理措施； 废水收集、引入污水站处理； 风机应采取降噪措施
发酵	发酵罐、清酒罐等	设备清洗、车间清洗、发酵过程	清洗过程产生含有大量有机物的洗涤水、冲洗水，主要含COD、SS、氨氮等； 发酵过程中产生异味	加强设备的密封性，减少无组织泄漏，对大量排放异味废气的部位，采取集气净化处理措施； 废水收集、引入污水站处理
过滤	过滤机等	设备使用、清洗、车间清洗	过滤过程产生洗涤废水、洗涤水、冲洗水，主要含COD、SS、氨氮等； 产生酒醪	设置污水收集设施； 废水收集、引入污水站处理； 酒醪回收综合利用
灌装	灌装机、保鲜桶、封口机等	灌装设备使用	罐装废水、冲洗废水，主要含COD、SS、氨氮等； 产生噪声	废水收集、引入污水站处理； 采取降噪措施

第三节 白酒酿造行业生产工艺环境基础

一、行业环境现状

白酒也是我国发酵工业的主要行业之一，我国白酒与白兰地、威士忌、伏特加、朗姆酒、金酒并列为世界六大蒸馏酒之一。按香型分，我国白酒主要有浓香型、清香型、酱香型、米香型、凤香型、豉香型、特香型、芝麻香型、老白干香型。生产白酒的方法主要有固态法和液态法。

我国目前有18 000多家白酒生产企业，几千个白酒品牌。全国各地均有白酒企业，多数为中小型企业，许多是作坊性企业，采用传统工艺，手工操作、设备落后、缺乏必要的环境保护设施。白酒行业在生产过程中排放大量废水和污染物，污染物虽无毒性，但COD、BOD、氨氮、SS含量高，色度、pH偏差较大，生化性较差，较难降解。白酒废水主要来自蒸馏锅底水、发酵废液（又称黄水）、洗涤水、场地清洗废水、设备容器冲洗水、冷却水等。其中包装工序排放的冲洗废水属于低浓度废水，酿造工序蒸馏工序排出的废水浓度高，属于高浓度有机废水。我国白酒行业中上万家企业无序竞争，“散、乱、污”现象突出；设备、工艺落后，物耗、水耗、能耗偏高；许多企业污染控制措施不到位，多数地处边远农村监管不力，环境污染问题极为突出。

如表 10-13 所示，国家统计局发布 2016 年我国白酒行业数据，2015 年全国白酒产量 1 257 万 kL（折 65° 白酒产量），2016 年达 1 358 万 kL。目前国内有 18 000 多家酒企，获得生产许可的有 7 000 多家，2016 年纳入国家统计局范畴的规模以上白酒企业 1 578 家。白酒产量居全国前三位的省份为四川省、河南省、山东省，白酒年产量分别为 402.67 万 kL、117.50 万 kL、112.64 万 kL。

表 10-13　我国 2000—2016 年白酒年产量（折 65° 白酒产量）　单位：万 kL

年份	2000	2005	2006	2007	2008	2009	2010	2011	2012	2013	2014	2015	2016
年产量	476	350	397	494	569	706.9	890.8	1 025.6	1 153.2	1 226.2	1 257.1	1 313	1 358

资料来源：中国糖酒网、中国产业竞争情报网。

注：65° 白酒是指乙醇体积分数为 65%。

二、基本生产工艺

白酒是指以高粱等谷物为主要原料，以曲类、酒母为糖化发酵剂，利用淀粉质（糖质）原料，经蒸煮、糖化、发酵、蒸馏、陈酿和勾兑而酿制而成的各类蒸馏白酒。白酒生产主要分为液态发酵和固态发酵，我国主要采用以粮食为主要原料的固态发酵法生产白酒。原料配方凡含有淀粉和糖类的原料均可酿制白酒，但不同的原料酿制出的白酒风味各不相同。粮食类的高粱、玉米、大麦，薯类的甘薯、木薯，含糖原料甘蔗及甜菜的渣、废糖蜜等均可制酒。此外，高粱糠、米糠、麸皮、淘米水、淀粉渣、甘薯拐子、甜菜头尾等，均可作为代用原料。野生植物，如橡子、菊芋、杜梨、金樱子等，也可作为代用原料。

（一）辅料及产品

1. 辅料

我国传统的白酒酿造工艺为固态发酵法，在发酵时需添加一些辅料，以调整淀粉浓度，保持酒醅的松软度，保持浆水。常用的辅料有稻壳、谷糠、玉米芯、高粱壳、花生皮等。

【酒曲、酒母】酒曲、酒母除了原料和辅料之外，还需要有酒曲。以淀粉原料生产白酒时，淀粉需要经过多种淀粉酶的水解作用，生成可以进行发酵的糖，这样才能为酵母所利用，这一过程称为糖化，所用的糖化剂称为曲（或酒曲、糖化曲）。曲是以含淀粉为主的原料做培养基，培养多种霉菌，积累大量淀粉酶，是一种粗制的酶制剂。目前常用的糖化曲有大曲、小曲和麸曲，使用最多的是麸曲。

2. 产品

按香型分，白酒主要有浓香型、清香型、酱香型等。根据所用糖化、发酵菌种和酿造工艺的不同，它可分为大曲酒、小曲酒、麸曲酒三大类。

白酒生产主要产品是白酒，副产品还有酒糟及黄水（白酒丢糟水）。2013 年白酒行业丢糟量在 4 000 万 t 左右。

（二）能耗和水耗

【燃煤】每生产 1 kL 65% 白酒需要消耗 1 000 ～ 3 000 kg 标煤（燃煤）（表 10-14）。

【电】每生产 1 kL 65% 白酒消耗 60 ～ 80 kW · h 的电（表 10-14）。

【酿造用水】或称工艺用水，凡制曲时拌料，微生物培养，制曲原料的浸泡、糊化、稀释、设备及工具的清洗等因其与原料、半成品、成品的直接接触，故统称为工艺用水。通常要求具有弱酸性，pH 为 4.0 ～ 5.0。

【冷却用水】蒸煮醪和糖化醪的冷却，发酵温度的控制，需大量的冷却用水。因其不与物料直接接触，故只需温度较低；硬度适中。为节约用水，冷却水应尽可能予以回收利用。

【锅炉用水】通常要求无固体悬浮物，总硬度和碱度应尽可能低，pH 在 25℃时高于 7，含油量及溶解物等越少越好。

每生产 1 kL 65% 白酒消耗 25 ～ 35 m^3 的水。

【蒸汽】将常压蒸馏甑内发酵成熟醪中的酒蒸馏出来，每吨白酒的蒸汽消耗为 0.9 ～ 1.3 t。

表 10-14 综合能耗（标煤） 单位：kg/kL

生产方法	清香型	浓香型	酱香型
煤耗	1 000	2 000	3 000
电耗	100	200	100

【黄水】用固态发酵生产白酒所产生的含于酒醅中或渗漏而沉积于发酵器底的黄色液体称为黄水。白酒丢糟的再利用，成为白酒工厂持续发展循环经济的增长点。黄水含有酒醅中的所有成分及微生物，据此各厂对其应用分别有：①直接倒入底锅通过回蒸馏回收酒精及部分香气成分，或使用尾水蒸馏回收液用于勾调抵挡白酒。②将黄水配料经酯化后制得酯化液作为白酒调味液。③酿造食醋。④利用其残余营养成分及有益微生物用于人工发酵泥配料。

（三）基本生产工艺

1. 原料进厂及预加工

原料、辅料等通过运输车辆运输进厂，入库，倒车、倒袋、入仓。燃料（煤炭）等通过运输车辆卸入煤仓，主要产生扬尘废气。原料粉碎、筛分，原料粉碎的目的在于便于蒸煮，使淀粉充分被利用。

2. 配料

将新料、酒糟、辅料及水配合、均化。配料要根据甑桶、窖子的大小、原料的淀粉量、气温、生产工艺及发酵时间等具体技术要求而定，一般以淀粉浓度 14% ～ 16%、酸度 0.6 mg/g ～ 0.8 mg/g、润料水分 48% ～ 50% 为宜。

3. 蒸煮糊化

蒸煮使淀粉糊化，利于淀粉酶的作用，还可以杀菌。一般常压蒸料 20 ～ 30 min。将原料和发酵后的香醅混合，蒸酒和蒸料同时进行，称为“混蒸混烧”，前期以蒸酒为主，甑内温度要求 85 ～ 90℃，蒸酒后，应保持一段糊化时间。若蒸酒与蒸料分开进行，称为清蒸清烧。

4. 冷却

蒸熟的原料，用扬渣或晾渣的方法，使料迅速冷却，温度应降至 30℃左右。扬渣或晾渣同时还可起到挥发杂味、吸收氧气等作用。

5. 拌醅

固态发酵曲酒，是采用边糖化边发酵的双边发酵工艺，扬渣之后，同时加入曲子和酒母。酒曲的用量一般为酿酒主料的 8% ～ 10%，酒母用量一般为总投料量的 4% ～ 6%。为利于酶促反应正常进行，拌醅时应加水（工厂称加浆），控制入池时醅的水分含量为 58% ～ 62%。

6. 入窖发酵

入窖时醅料品温应在 18 ～ 20℃，入窖醅料应松紧适度，一般在 1 m^2 容积内装醅料 630 ～ 640 kg 为宜。装好后，在醅料上盖一层糠，用窖泥密封，再加一层糠。发酵过程要掌握品温、醅料水分、酸度、酒量、淀粉残留量的变化。发酵时间一般 3 d、4 ～ 5 d 不等。一般当窖内品温升至 36 ～ 37℃时，可结束发酵。

7. 蒸酒

发酵成熟的醅料称香醅。通过蒸酒把醅中的酒精、水、高级醇、酸类等有效成分蒸发为蒸汽，再经冷却即可得到白酒。蒸馏时应尽量把酒精、芳香物质、醇甜物质等提取出来，采用掐头去尾方法减少杂质。

8. 包装

原酒储存一段时间，勾兑成品，装瓶装箱，入库。

（四）白酒生产企业的主要生产设备（表 10-15）

表 10-15 白酒企业主要生产设备

项目	设备（设施）名称
原料粉碎	运料车、粉碎机、皮带输送机、斗式提升机、螺旋式输送机等
配料	有润料槽、拌料槽等
蒸煮糊化	连续蒸煮机（大厂使用）、甑桶（小厂使用）、送风设备等
冷却	晾渣机、通风晾渣设备、送风设备等
拌醅	搅拌设备
入窖发酵	发酵池（大厂用）、陶缸（小厂用）
蒸酒	蒸酒机（大厂用）、甑桶（小厂用）
勾兑及包装	灌装机
辅助工程	锅炉、污水厂、送风设备

三、白酒生产企业的排污节点

（一）白酒生产的污染来源

1. 废水来源

生产过程的废水主要来自蒸馏发酵成熟醪后排出的酒精糟，生产设备的洗涤水、冲洗水，以及蒸煮、糖化、发酵、蒸馏工艺的冷却水等。锅底废水、蒸馏冷却废水、曲盒清洗废水、引曲排放废水、洗瓶废水、设备容器清洗废水等，由于废水种类繁多水质不同，如锅底废水 COD_{Cr} 约为 4 200 mg/L、药酒废水 COD_{Cr} 高达 8 000 mg/L、冲瓶废水 COD_{Cr} 仅为 25 mg/L。

白酒废水从制酒到生产陈化过程产生的废水分为两部分：

一部分为高浓度废水，所含有机质质量浓度非常高，如白酒糟、蒸馏锅底水和蒸馏工段地面冲洗水、地下酒库渗漏水、发酵池盲沟水等，COD 质量浓度高达 20 000 ～ 100 000 mg/L、BOD 质量浓度高达 10 000 ～ 44 000 mg/L，但这部分废水量很小，只占总量的 4%。污水中的主要污染物有醇类、氨基酸、酯类、醛类等物质。这部分污水属高质量浓度有机污水，应先进行预处理再与低质量浓度污水混合。

其余如蒸馏工具清洗水和冷却水等属于低质量浓度废水，有机质质量浓度较低，COD 质量浓度只有 100 ～ 300 mg/L，如酿造车间的冷却水、洗瓶水、蒸馏操作工具的冲洗水、灌装车间酒瓶清洗水等。

高质量浓度和低质量浓度污水混合的综合污水 COD 质量浓度约为 900 mg/L、BOD 质量浓度约为 450 mg/L。废水中的污染物的成分大部分为可生化降解的有机物，但其他组分中低碳醇、脂肪酸含量大，需经很好的驯化才能使这部分物质为生物所氧化。

2. 废气来源

白酒生产的废气主要来自三方面：

（1）原料粉碎装卸、堆场、粉碎、输送机运料、配料产生的粉尘；

（2）蒸汽锅炉产生的燃料燃烧烟气，污染物主要取决于使用的燃料和锅炉；

（3）蒸煮糊化、发酵、蒸馏工艺过程，酒糟、污水、收集和处理过程产生的异味和恶臭。

3. 固体废物来源

（1）工业锅炉产生的灰渣，灰渣产生量约为锅炉消耗煤炭的 30%；

（2）除尘收集的尘灰；

（3）酒糟，每产出 1 t 的 60° 原酒，则有 3 ～ 4 t 丢糟；

（4）黄水是白酒发酵过程窖池底部的副产物，为黄褐色黏稠液体，其味酸中带涩。黄水中含有醇类、酸类、醛 类、酯类等有机物质，还含有微生物、糖类物质、含氮化合物和少量的单宁、色素及产香的前驱物质等；

（5）污水处理与预处理产生的污泥。

（二）白酒生产的环境要素

发酵酒精工业的污染以水的污染最为严重（表 10-16）。生产过程的废水主要来自蒸馏发酵成熟醪后排出的酒精糟，生产设备的洗涤水、冲洗水，以及蒸煮、糖化、发酵、蒸馏工艺的冷却水等。

表 10-16　白酒行业污染要素分析

污染类型		主要污染指标
废气	有组织	锅炉房产生含烟尘、SO_2、NO_x、烟气；在原料预处理破碎、筛分过程产生的含尘废气； 在蒸煮、发酵、蒸馏过程产生收集的异味废气
	无组织	原料粉碎装卸、堆场、粉碎、输送机运料、配料产生的粉尘； 在蒸煮、发酵、蒸馏、酒糟收储运过程和废水处理、污泥贮运产生的异味和恶臭等气味
废水	生产废水	发酵蒸馏生产工艺废水、锅底废水、蒸馏工段地面冲洗水、蒸馏发酵设备清洗废水、曲盒清洗废水、引曲排放废水、地下酒库渗漏水、发酵池渗滤水（积于盲沟内）属于高质量浓度废水； 原料预处理过程冲洗水、洗瓶废水、设备容器清洗废水、地面冲洗废水、蒸馏冷却废水等，属低质量浓度废水； 综合废水主要污染物有 COD_{Cr}、BOD_5、SS、pH、色度、氨氮、总氮、总磷等（COD 为 10 000 ～ 15 000mg/L，总氮为 150 mg/L），废水中还含有乙醇、戊醇、丙醇、丁醇等易产生 VOCs 的有机挥发物质； 酿酒车间冷却水、各车间地面洗涤水；灌装车间酒瓶清洗水；地下酒库渗漏水属于中低浓度有机废水
	生活废水	办公废水（办公室、浴室、食堂、厕所废水），废水含 COD、SS、氨氮、总磷

污染类型		主要污染指标
固体废物	工业废物	（1）工业锅炉产生的灰渣，灰渣产生量约为锅炉消耗煤炭的 30%； （2）除尘收集的尘灰； （3）酒糟，每产出 1 t 的 60° 原酒，则有 3 ～ 4 t 丢糟； （4）黄水是白酒发酵过程窖池底部的副产物，为黄褐色黏稠液体，其味酸中带涩。黄水中含有醇类、酸类、醛类、酯类等有机物质，还含有微生物、糖类物质、含氮化合物和少量的单宁、色素及产香的前驱物质等； （5）污水处理与预处理产生的污泥
	生活废物	办公室、食堂、浴室等处的垃圾
噪声		主要是运输车辆噪声、设备噪声等

（三）白酒生产排污节点（图 10-3）

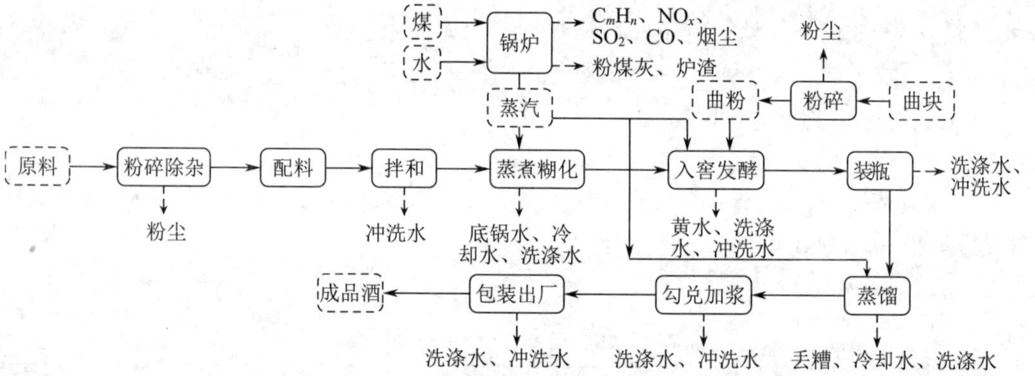

图 10-3 白酒生产企业排污节点

（四）白酒生产排污节点分析（表 10-17）

表 10-17 白酒生产企业的排污节点

	生产设施	污染产生原因	排污节点和主要环境因素	控制措施
原料粉碎	运料车、装载机、粉碎机、皮带输送机、斗式提升机、螺旋式输送机等	物料粉碎及运输，机械设备运行	原料、配料在运料、卸料、堆料、上料、储料都会产生粉尘污染；进出料口、排气口会产生粉尘污染； 运输车辆和装载机械会产生噪声，破碎机、磨机工作产生噪声	皮带输送机应设封闭防尘廊道； 应加强料库的封闭性，减少无组织粉尘排放； 装卸应减少遗撒；库棚和道路如有遗撒及时收集以防扬尘； 破碎机、磨机排气口应装置袋式除尘器，进出口应加强密闭措施，减少废气泄漏； 破碎机、磨机应采取一定降噪措施

	生产设施	污染产生原因	排污节点和主要环境因素	控制措施
配料	润料槽、拌料槽等	设备清洗、车间清洗	含有大量有机物的洗涤水、冲洗水	设置污水收集设施
蒸煮糊化	连续蒸煮机（大厂使用）、甑桶（小厂使用）、送风设备等	设备清洗、车间清洗、蒸煮过程	冲洗水、冷凝水、洗涤水 风机等设备工作产生噪声 蒸煮过程中产生异味	加强设备的密封性，减少无组织泄漏，对大量排放异味废气的部位，采取集气净化处理措施； 设置污水收集设施； 风机应采取降噪措施
冷却	晾渣机、通风晾渣设备、送风设备等	原料冷却过程及冷却设备使用	晾渣、送风设备产生噪声，原料产生异味	加强设备的密封性，减少无组织泄漏，对大量排放异味废气的部位，采取集气净化处理措施； 设置污水收集设施； 风机应采取降噪措施
拌醅	搅拌设备	搅拌设备使用	产生噪声、异味	加强设备的密封性，减少无组织泄漏，对大量排放异味废气的部位，采取集气净化处理措施； 采取降噪措施
入窖发酵	发酵池（大厂用）、陶缸（小厂用）	设备清洗、车间清洗、发酵过程	清洗过程产生含有大量有机物的洗涤水、冲洗水 发酵过程中产生异味	加强设备的密封性，减少无组织泄漏，对大量排放异味废气的部位，采取集气净化处理措施； 设置污水收集设施
蒸酒	蒸酒机（大厂用）、甑桶（小厂用）	设备清洗、车间清洗、蒸煮过程	生产过程中的洗涤水、冷却水、粗馏塔底部排放的蒸馏残留物风机等设备工作产生噪声，蒸煮过程中产生异味	加强设备的密封性，减少无组织泄漏，对大量排放异味废气的部位，采取集气净化处理措施； 设置污水收集设施； 风机应采取降噪措施

第四节　发酵酒精制造工业生产工艺环境基础

一、我国酒精行业环境现状

酒精工业是指以谷类、薯类、糖蜜为原料，经发酵、蒸馏而生产食用酒精、工业酒精和燃料乙醇的工业，是国民经济重要的基础原料产业。它作为酒基、浸提剂、洗涤剂、溶剂、表面活性剂等广泛应用于酿酒、化工、橡胶、油漆涂料、电子、照相胶片、医药、香料、化妆品等行业领域。在食品工业中，酒精是配制各类白酒、果酒、葡萄酒、露酒、药酒和生产食用醋酸及食用香精的主要原料；它也是许多化工产品不可缺少的基础原料和溶剂，利用酒精可以制造合成橡胶、聚氯乙烯、聚苯乙烯、乙二醇、冰醋酸、苯胺、乙醚、酯类、环氧乙烷和乙基苯等大量化工产品；它是生产油漆和化妆品不可缺少的溶剂；在医药工业和医疗事业中，酒精用来配制、提取医药制剂和作为消毒剂；染料生产、国防工业及其他工业部门也需要大量酒精。也可在汽油中加入 5% ～ 20% 无水酒精而得到乙醇汽油。

我国酒精工业的生产以发酵法为主，合成酒精已经停产，85% 以上的酒精都以淀粉质原料生产，其中 55% 左右的酒精采用玉米为原料。随着新技术及工艺的应用推广及农作物结构的变化，用谷物（主要是玉米）原料制酒精的企业发展速度较快，特别在东北地区最为明显。随着我国经济的快速发展，酒精的需求量将会进一步增加。截至 2015 年年底，我国规模以上酒精企业 138 家，2016 年我国发酵酒精产量 952.10 万 kL（表 10-18）。在统计的 21 省 (市、区，以下称省) 中，产量较多的分别是河南省、吉林省、江苏省、黑龙江省、广西壮族自治区、内蒙古自治区、山东省、安徽省、四川省等地酒精制造业较为发达，是目前中国酒精的主要产区。

表 10-18　2001—2015 年我国酒精年产量（折 96%）

年份	2005	2006	2007	2008	2009	2010	2011	2012	2013	2014	2015	2016
年产量 / 万 kL	368	546	636	550	732	825	834	821	912	984	1 017	952
发酵酒精规模以上生产企业数量 / 家					210	198	159	160	155	144	138	

注：酒精产量以含酒精浓度（体积分数）96% 计，密度为 0.807 5 kg /L。
资料来源：中企信息网。

同时，发酵酒精企业酒精糟的污染是食品与发酵工业最严重的污染源之一。发酵酒精工业的污染主要为水污染。生产过程的废水主要来自蒸馏发酵成熟醪后排出的酒精糟，生产设备的洗涤水、冲洗水，以及蒸煮、糖化、发酵、蒸馏工艺的冷却水等。每生产 1 t 酒精约排放 13 ～ 16 t 酒精糟。酒精糟呈酸性，COD_{Cr} 高达（5 ～ 7）$\times 10^4$ mg/ L，是酒精行业最主要的污染源。

目前我国有酒精生产企业年产 3 万 t 以上的酒精行业属大型企业，一般具有规模、技术和综合利用的优势，废渣实现回收生产蛋白饲料，经厌氧－好氧处理基本能够达标排放。年产酒精 1 万～ 3 万 t 的中型酒精企业具有综合利用，并建立和运行污水处理设施的优势。年产酒精 1 万 t 以下的企业属于小型企业，其生产规模属于国家淘汰的企业，其生产水平低、综合利用能力差，污水处理成本高，其生存的出路只能是以环境为代价，这部分企业有些必须淘汰。

酒精生产分为发酵法和化学合成法两种，世界酒精基本都是采用发酵法生产的，合成酒精的产量很少。燃料乙醇美国产量最高，其次是巴西。美国、巴西、欧盟及中国是当前全球酒精行业的主要经济体。

二、基本生产工艺

（一）原辅料、能耗水耗

我国食用酒精的生产工艺以发酵法为主。发酵法是将淀粉质、糖质原料，在微生物作用下，经发酵生产食用酒精。发酵法生产酒精根据原料不同，可分为淀粉质原料发酵法、糖蜜原料发酵法和纤维质原料发酵法。国内酒精生产以发酵法为主，合成酒精已基本停产，85% 以上的酒精都以淀粉质为原料，其中 55% 左右的酒精采用玉米为原料。

淀粉质原料发酵生产酒精（这是我国当前生产酒精的主要方法）是用薯类、谷物及野生植物等富含淀粉的原料，在微生物的作用下将淀粉水解为葡萄糖，再进一步发酵生成酒精。生产工艺包括原料蒸煮、糖化剂制备、糖化、酒母制备、发酵及蒸馏等工序。

糖蜜原料发酵生产酒精是直接利用糖蜜中的糖分，经稀释、酸化并添加部分营养盐，借酒母的作用发酵生成酒精。

亚硫酸盐纸浆废液发酵生产酒精是将造纸原料（纤维质）经亚硫酸盐液蒸煮后，废液中含有六碳糖，这部分糖在酵母作用下可以发酵生成酒精，主要是生产工业酒精。

1. 原料

我国酒精工业根据原料不同主要有玉米、薯类等淀粉酒精、废糖蜜酒精、合成酒精。每生产 1 t 酒精（95% 左右）耗用玉米、薯干、木薯等粮食原料为 3.0 ～ 3.2 t。目前我国淀粉生产酒精的出酒率一般在 52% 左右，较好的为 53% ～ 54%，最高可达 56%，而差的只有 50% 左右。其他原料出酒率一般在 32% 左右，好的 33% ～ 34%，最高可达 35%。吨酒精标煤耗量一般在 700 kg 左右，好的在 600 kg 左右，最低的在 420 kg，最高的在 1 300 kg。世界平均水平单位酒精能耗 300 ～ 400 kg 标煤。

【淀粉质原料】淀粉质原料酒精主要产地是北方，以薯类、玉米、谷物和农副产品为原料，利用其中的淀粉质发酵而成，其中发酵酒精的 80% 是以淀粉质原料生产的，其中以薯类为原料的占 45%，以玉米等谷类（包括玉米、小麦、高粱、大米等）为原料的占 35%。

【糖质原料】糖质酒精是以糖蜜为原料，经发酵后醪液从初馏塔蒸馏而出，许多糖厂都设有糖蜜制酒车间。废糖蜜的产量约为加工甘蔗和甜菜产量的 30% 和 3.5% ～ 5%，废糖蜜含糖量约为 50%。糖蜜原料发酵生产酒精 直接利用糖蜜中的糖分，经过稀释并添加部分营养盐，借酒母的作用发酵生成酒精。糖质酒精约占酒精生产总量的 18%。

【纤维质原料】以林业和木材工业的下脚料、秸秆、废纤维废料、甘蔗渣等为原料，发酵、蒸馏工业酒精。纤维质原料需要进行酸水解或酶水解，先把纤维质原料转化为葡萄糖，然后进行发酵；虽然该法在理论上是可行的，但在实际生产中由于成本太高而受到很大限制。亚硫酸盐纸浆废液发酵生产酒精，造纸原料经亚硫酸盐液蒸煮后，废液中含有六碳糖，这部分糖在酵母作用下可以发酵生成酒精，主要用于工业酒精产品，这部分酒精占总量的 2%。

【辅助原料】辅助原料是指糖化剂时用来补充氮源所需的原料主要有麸皮、米糠、玉米粉等富含碳源和氮源的物质。

2. 辅料

培养酵母菌和糖化剂制备所需营养盐、酸类、脱水剂、洗涤剂、消泡剂和消毒剂等。

3. 产品

酒精生产得到产品酒精外，还有副产品发酵成熟醪中的酒精酵母、杂醇油、甲醇、二氧化碳、酒精醪等（表 10-19）。

表 10-19 发酵酒精行业物料消耗

单位：kg

产 1 t 95% 酒精	糖蜜原料	淀粉质原料
原料	3 570	2 700
硫酸	25	5
磷酸	5	
硫酸铵	10	7
杂醇油	5	
淀粉酶、糖化酶		33

多个非粮原料（木薯、纤维素、粉葛）燃料乙醇项目编制的环境影响报告书“清洁生产部分”显示，生产 1 kL 燃料乙醇综合能耗为 130 ～ 890 kg 标煤、电耗为 114 ～ 210 kW · h、取水量为 7 ～ 22 t、废水产生量为 6 ～ 14 t、酒精糟产生量为 5 ～ 15 t、COD 产生量为 200 ～ 560 kg，发酵成熟醪酒精体积分数为 11% ～ 13%、淀粉出酒率为 54% ～ 56%，冷却水循环利用率为 96% ～ 98%。

（二）水耗和电耗

一般发酵酒精行业取水量为 7 ～ 22 t、废水产生量为 6 ～ 14 t。酒精行业清洁生产水耗指标的确定：根据国内企业调研数据（表 10-20），谷类酒精企业的耗水在 9 ～ 40 m^3/kL，以企业平均数作为标准的三级标准，在此基础上稍作调整，故确定一级指标为≤ 10 m^3/kL，二级指标为≤ 20 m^3/kL，三级指标为≤ 30 m^3/kL。薯类酒精企业一级指标为≤ 10 m^3/kL，二级指标为≤ 20 m^3/kL，三级指标为≤ 30 m^3/kL。糖蜜酒精企业一级指标为≤ 10 m^3/kL，二级指标为≤ 40 m^3/kL，三级指标为≤ 50 m^3/kL。

表 10-20 酒精制造业清洁生产标准指标要求

清洁生产指标		一级	二级	三级	国内一般
单位产品综合能耗（以标煤计）/（kg 标煤 /kL）	谷类	≤ 550	≤ 600	≤ 800	800
	薯类	≤ 500	≤ 550	≤ 650	650
	糖蜜	≤ 350	≤ 450	≤ 550	550

清洁生产指标		一级	二级	三级	国内一般
单位产品耗电量 /（kW•h/ kL）	谷类	≤ 140	≤ 260	≤ 380	380
	薯类	≤ 120	≤ 150	≤ 170	170
	糖蜜	≤ 20	≤ 40	≤ 50	50
单位产品取水量 /（m^3/kL）	谷类	≤ 10	≤ 20	≤ 30	28.7
	薯类	≤ 10	≤ 20	≤ 30	30.6
	糖蜜	≤ 10	≤ 40	≤ 50	51.7
单位产品废水产生量 /（m^3/kL）	谷类	≤ 10	≤ 15	≤ 20	20
	薯类	≤ 10	≤ 15	≤ 20	20
	糖蜜	≤ 10	≤ 20	≤ 30	30
单位产品 COD 产生量 /（m^3/kL）	谷类	≤ 250	≤ 300	≤ 350	620
	薯类	≤ 250	≤ 300	≤ 350	450
	糖蜜	≤ 800	≤ 1000	≤ 1200	1630
单位产品酒精糟液产生量 /（m^3/kL）	谷类	≤ 8	≤ 10	≤ 11	13 ～ 16
	薯类	≤ 8	≤ 10	≤ 11	13 ～ 16
	糖蜜	≤ 9	≤ 11	≤ 14	14 ～ 16

资料来源：《清洁生产标准　酒精制造业》（HJ 581—2010）。

【蒸汽】吨酒精耗蒸汽 4 ～ 6 t。

【水耗】吨酒精一次取水平均水平在 9 ～ 40 m^3。

以玉米酒精为例，技术水平较高的企业吨酒精粮耗平均水平在 3 t 甚至 3 t 以下；每吨酒精一次取水平均水平在 15 ～ 20 m^3，个别企业可以达到 5 ～ 10 m^3；吨酒精综合能耗 500 kg 左右标煤；吨酒精消耗蒸汽在 4 ～ 6 t（含酒精糟综合利用），发酵成熟醪酒精体积分数在 13% 左右，不少企业达到 15% 以上。

【电耗】电耗指标的确定：根据国内企业调研数据，谷类酒精企业的耗电在 120 ～ 400（kW · h）/kL，以企业平均数作为标准的三级标准，在此基础上稍作调整，故确定一级指标为≤ 140kW · h/kL，二级指标为≤ 260 kW · h/kL，三级指标为≤ 380 kW · h/kL。薯类酒精企业一级指标为≤ 120 kW · h/kL，二级指标为≤ 150 kW · h/kL，三级指标为≤ 170 kW · h/kL。糖蜜酒精企业一级指标为≤ 15 kW · h/kL，二级指标为≤ 40 kW · h/kL，三级指标为≤ 50 kW · h/kL。

（1）原料：2.9 ～ 2.95 t（玉米），2.7 ～ 2.9 t（瓜干、木薯）。

（2）蒸汽：3 ～ 3.5 t。

（3）电力：180 kW · h（包括循环水，污水处理）。

（4）新水消耗：25 ～ 35 m^3。

（5）糖化酶：3.65 kg/100 000 单位。

（6）干酵母：0.2 kg。

（7）青霉素：9 g/800 000 单位。

（8）淀粉酶：2 kg/20 000 单位。

酒精生产主要采用粉碎、搅拌、加热、蒸发、冷却、冷凝、液化、糖化、发酵、蒸馏、洗涤、灭菌等单元操作，这些操作将大量地使用原材料和耗能，产生不少冷却水、冷凝水、二次蒸汽、洗涤水。同时，生产工艺中有些工序有废弃物（酒精糟、炉渣）、废水（洗涤水等）排出。

（三）生产工艺

发酵法酒精是利用淀粉质、糖质或纤维质原料，在微生物的作用下生成酒精，根据原料的不同，又可分为：

淀粉质原料发酵生产酒精（这是我国当前生产酒精的主要方法）是用薯类、谷物及野生植物等含淀粉的原料，在微生物的作用下将淀粉水解为葡萄糖，再进一步发酵生成酒精。生产工艺包括原料蒸煮、糖化剂制备、糖化、酒母制备、发酵及蒸馏等工序。

糖蜜原料发酵生产酒精是直接利用糖蜜中的糖分，经稀释、酸化并添加部分营养盐，借酒母的作用发酵生成酒精。

亚硫酸盐纸浆废液发酵生产酒精是将造纸原料（纤维质）经亚硫酸盐液蒸煮后，废液中含有六碳糖，这部分糖在酵母作用下可以发酵生成酒精，主要是生产工业酒精。

1. 原料处理系统

1.1 原料的除杂

常用的除杂方法有筛选、风送除杂和电磁除铁三种，去除原料中的泥沙、石块和金属杂物等。

1.2 原料的粉碎

在酒精生产过程中淀粉原料都应进行粉碎处理，原料粉碎的设备有锤式粉碎机、辊式粉碎机，原料粉碎方法有干法和湿法粉碎两种。

（1）干法粉碎。干法粉碎多采用粗碎和细碎两级粉碎工艺。原料过磅称重后进入输送带电磁除铁后用粉碎机进行粗碎、筛机和细碎、筛机，制成粉状小颗粒。

（2）湿式粉碎。粉碎时将搅拌用水与原料一起加到粉碎机种进行粉碎。

1.3 原料的输送

酒精厂采用的原料输送方法有机械输送气流输送和混合输送 3 种。

（1）机械输送有皮带输送器、螺旋输送器和斗氏提升机 3 种。

（2）气流输送是利用气流在管子中输送物料。

（3）混合输送。粗碎后的原料输送用机械输送细碎后粉料输送用气流输送。

2. 蒸煮与糖化工序（淀粉质酒精）

在淀粉质酒精发酵前要对原料进行蒸煮和糖化预处理。

用淀粉质原料生产酒精的工厂多数采用连续蒸煮工艺，只有少部分小型酒精厂和白酒厂，还采用间歇蒸煮工艺。将原料经人工或运输机械输运经除杂后进入拌料罐，加温水拌料，拌匀后用泵打入蒸煮锅，通入直接蒸汽将醪液加热到预定蒸煮压力和温度，维持一定的蒸煮时间（放 2 ～ 3 次气）。蒸煮结束后，进行吹醪（蒸煮完毕的醪液利用蒸煮罐内的压力从蒸煮锅排出并送入糖化锅内）。连续蒸煮法是将间歇式蒸煮罐经改装后几个罐串联起来，并增加一个预煮锅和一个汽液分离器而投入酒精生产的。

目前我国酒精生成中糖化主要采用两种工艺方法：间歇糖化工艺和连续糖化工艺。连续糖化法是连续地将蒸煮醪冷却到糖化温度送至糖化锅内进行糖化，然后又连续泵送糖化醪经冷却至发酵温度后，用泵送入发酵或酒母车间的发酵罐。

3. 稀释与酸化工序（糖蜜酒精）

在糖蜜酒精发酵前没有去杂、破碎、筛分过程，也无须糖化，但要对原料（糖蜜）进行稀释和酸化预处理。

糖蜜一般含糖 50% 以上，需在稀释器内加水稀释，稀释分间歇稀释和连续稀释。在糖蜜稀释的同时，必须进行酸化、灭菌、澄清和添加营养盐。间歇稀释操作法则是逐项进行。酵母发酵最适 pH 为 4.0 ～ 4.5，所以工艺上要求糖蜜稀释时要加酸。目前我国糖蜜酒精工厂多采用连续稀释热酸法澄清处理糖蜜，把酸化（加硫酸）、灭菌、添加营养盐和澄清同时一道进行的处理程序包括稀释、酸化、灭菌、澄清和添加营养盐等过程。

4. 酒母制备工序

酵母在酒精生产过程中俗称酒母，酵母的扩大培养过程就是酒母的制备过程干酵母和水加入活化罐制得活化醪，再打入扩培罐，酒母醪中除了含一定量的糖分外，还要添加一定量的氮（尿素）和无机盐。入料培养过程中，通过酒母出料管线或罐顶加酸管路加酸（硫酸）调节罐内 pH。扩培过程酒母由卡氏罐到小酒母罐再到大酒母罐，制成成熟酒母通过管道送发酵车间。

5. 发酵工序

淀粉质原料经过蒸煮，使淀粉呈溶解状态，又经过曲霉糖化酶的作用，部分生成可发酵性糖，这还不是酒精生产的终了，在糖化醪中接入酵母菌；在酵母的作用下，将糖分转变为酒精和 CO_2。

根据发酵醪注入发酵罐的方式不同，可将酒精发酵的方式分为间歇式、半连续式、连续式 3 种。间歇式发酵法是指全部发酵过程始终在一个发酵罐中进行。

6. 蒸馏工序

醪液蒸馏和酒精精馏的主要设备是蒸馏塔，它把酒精从醪液中蒸馏分离出来，把酒精蒸馏到高浓度的同时分离出部分杂质。酒精发酵的成熟醪除含有固形物外，主要成分是酒精和水，并伴随许多微量物质如醛、醇、酮、酯等，这些微量物质在酒精蒸馏系统中统称杂质。

（四）发酵酒精工业的生产设备（表 10-21）

表 10-21 发酵酒精工业的主要生产设备

项　目	设备（设施）名称
原料处理	运输车辆、提升机、胶带输送机、锤式粉碎机、振动筛、粉料仓、煤场（煤棚）、仓库等
蒸煮工序	拌料罐、蒸煮锅、提升机、带式输送机、螺旋板换热器
糖化工序	糖化罐、冷却器
稀释与酸化	稀释器、泵
酒母制备	活化罐、扩培罐、酒母罐、泵
发酵工序	发酵罐
蒸馏工序	粗馏塔、精馏塔、水洗塔、杂质塔、酒槽
其他生产辅助设施	重油罐、天然气罐、碎玻璃仓、污水站

三、发酵酒精工业排污节点

（一）发酵酒精工业污染物来源

1. 废水来源

发酵酒精工业的污染主要为水污染。酒精生产主要采用粉碎、搅拌、加热、蒸发、冷却、冷凝、液化、糖化、发酵、蒸馏、洗涤、灭菌等单元操作，这些操作将大量地使用原材料和新鲜水，生产过程产生的废水主要来自蒸馏发酵成熟醪后排出的酒精糟，生产设备的洗涤水、冲洗水，以及蒸煮、糖化、发酵、蒸馏工艺的冷却水等。同时，生产工艺中有些工序有废弃物（酒精糟、炉渣）、废水（洗涤水等）排出。酒精工业的污染以水的污染最为严重，生产过程中的废水主要来自蒸馏发酵成熟醪后排出的酒精糟，生产设备的洗涤水、冲洗水，以及蒸煮、糖化、发酵、蒸馏工艺的冷却水等。

发酵法生产酒精过程会产生大量的蒸馏（粗馏塔底）残液（称为酒精废醪），这是酒精行业最主要的污水来源，属高浓度有机废水，每生产 1 t 酒精排放 13 ～ 16 t 酒精糟液，酒精糟呈酸性，COD_{Cr} 高达（5 ～ 7）$\times 10^4$mg/L，BOD 达（1.3 ～ 4）$\times 10^4$ mg/L，SS 高达（1 ～ 5）$\times 10^4$ mg/L、pH 为 3 ～ 5。生产设备的洗涤水、冲洗水，以及蒸煮、糖化、发酵、蒸馏工艺的洗涤废水等。生产设备的冲洗水、洗涤水属于中浓度污水，COD 质量浓度为 600 ～ 2 000 mg/L，BOD 为 500 ～ 1 000 mg/L；蒸煮、糖化、发酵、蒸馏工艺的冷却水属于低浓度污水，COD 质量浓度低于 100 mg/L。

2. 废气来源

（1）原料粉碎装卸、堆场、粉碎、输送机运料、配料产生的粉尘；

（2）蒸汽锅炉产生的燃料燃烧烟气，污染物主要取决于使用的燃料和锅炉；

（3）蒸煮、糖化、发酵、蒸馏、干燥过程产生的异味，废酒糟和废水收集和处理过程产生的异味和恶臭。

3. 固体废物来源

（1）工业锅炉产生的灰渣，灰渣产生量约为锅炉消耗煤炭的 30%；

（2）原辅料收储运及预处理除尘收集的尘灰；

（3）酒精糟、啤酒生产的各道工序都会产生废渣，包括过滤出的废麦糟、酵母泥、废硅藻土、废酒泥等。每生产 1 t 酒精副产酒精糟 12 ～ 15 t。酒精糟主要产生于酒精企业的蒸馏塔，产生量大，酒精糟呈酸性，有机负荷高，是酒精行业最主要的污染源；

（4）污水处理与预处理产生的污泥。

（二）环境要素（表 10-22）

表 10-22　发酵酒精行业污染要素分析

污染类型		主要污染指标
废气	有组织	工业锅炉产生烟气，污染物有颗粒物、NO_x、SO_2； 原辅料预处理破碎、筛分产生的含尘废气； 蒸煮、糖化、发酵、蒸馏、干燥过程集中收集的含异味废气
	无组织	原辅料收储运、预处理除尘收集的尘灰； 异味与恶臭（蒸煮、糖化、发酵、蒸馏、干燥过程和废水处理产生的气味）等
废水	生产废水	蒸馏（粗馏塔底）残液（称为酒精废醪），这是酒精行业最主要的污水来源，属高浓度有机废水，每生产 1 t 酒精排放 13 ～ 16 t 酒精糟，酒精糟呈酸性，COD_{Cr} 高达（5 ～ 7）$\times 10^4$ mg/L，BOD 达（1.3 ～ 4）$\times 10^4$ mg/L，SS 高达（1 ～ 5）$\times 10^4$ mg/L、pH 为 3 ～ 5； 生产设备的洗涤水、冲洗水，以及蒸煮、糖化、发酵、蒸馏工艺的洗涤废水等。生产设备的冲洗水、洗涤水属于中质量浓度污水，COD 质量浓度为 600 ～ 2 000 mg/L，BOD 为 500 ～ 1 000 mg/L； 蒸煮、糖化、发酵、蒸馏工艺的地面冲洗废水和冷却水属于低浓度污水，COD 质量浓度低于 100 mg/L； 综合废水主要污染物有 COD_{Cr}、BOD_5、SS、pH、色度、氨氮、总氮、总磷等
	生活废水	办公废水（办公室、浴室、食堂、厕所废水），废水含 COD、SS、氨氮、总磷

污染类型		主要污染指标
固体废物	工业固废	工业锅炉产生的灰渣，灰渣产生量约为锅炉消耗煤炭的 30%； 原辅料收储运及预处理除尘收集的尘灰； 酒精糟、啤酒生产的各道工序都会产生废渣，包括过滤出的废麦糟、酵母泥、废硅藻土、废酒泥等； 污水处理与预处理产生的污泥
	生活垃圾	办公室、食堂、浴室等处的垃圾
噪声		主要是运输车辆噪声、设备噪声等

（三）排污节点（图 10-4 和图 10-5）

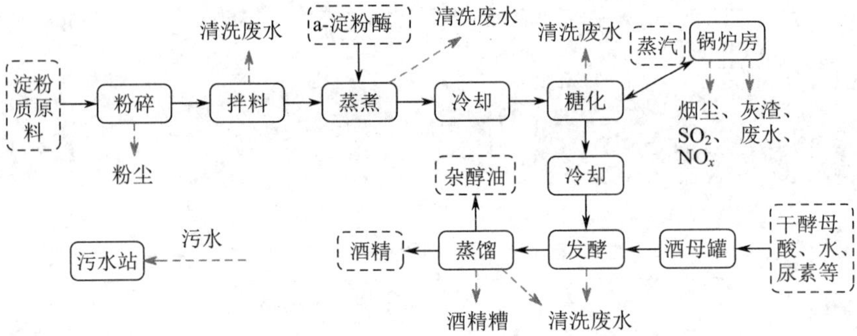

图 10-4　淀粉质发酵酒精生产流程

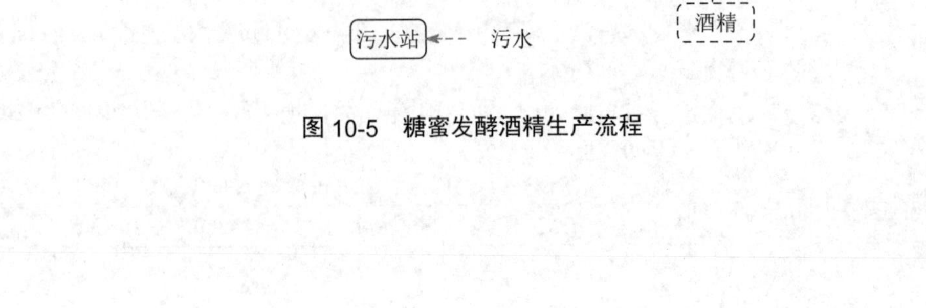

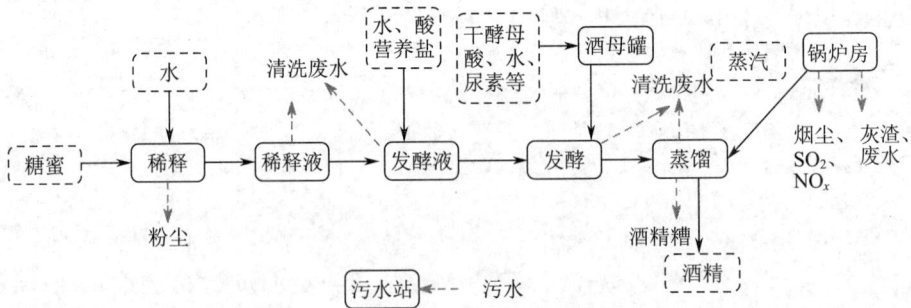

图 10-5　糖蜜发酵酒精生产流程

（四）排污节点分析（表 10-23）

表 10-23　发酵酒精企业的排污节点说明

项目	生产设施	污染产生原因	主要污染物	控制措施
原料处理系统	运输车辆、提升机、胶带输送机、锤式粉碎机、振动筛、粉料仓、煤场（煤棚）、仓库等	原料的的运输、装卸、入库、贮存； 原料的除杂； 原料的粉碎； 原料的输运、传送； 燃煤的运输、卸车、堆存； 硫酸、尿素等辅料运输、卸车、入罐、入库； 运输机动车和破碎机等机械作业产生噪声	原料运输、卸货、入库、贮存产生原料遗撒和扬尘； 原料的除杂、输运、传送、入仓产生扬尘； 原料粉碎和筛分的排气口产生含尘废气排放； 燃煤运输、卸车、堆存、产生遗撒和扬尘； 硫酸卸车、贮存产生遗撒和泄漏； 尿素等辅料卸车、入库产生遗撒和扬尘； 又机动车和机械噪声	原辅料卸车、输运、传送、入库、入仓、除杂过程严格控制遗撒和封闭措施，减少扬尘； 原料粉碎和筛分的排气口应采取引风和除尘措施； 燃煤运输、卸车、堆存，应减少遗撒、喷水雾、设防尘网，降低尘污染； 硫酸卸车、贮存产生控制跑冒滴漏
蒸煮与糖化	拌料罐、蒸煮锅、糖化罐、冷却器、提升机、带式输送机、螺旋板换热器	淀粉质原料制酒精的预处理； 产生蒸汽冷凝废水； 设备与地面清洗废水； 产生酿造废气	废水含 COD、SS、氨氮、总氮、总磷； 蒸煮产生异味废气	加强设备的密封性，减少无组织泄漏，对大量产生异味废气应引气除味净化； 废水导入污水处理站
稀释与酸化	稀释器、泵	糖蜜原料之酒精的预处理； 产生设备与地面清洗废水	废水含 COD、SS、氨氮、总氮、总磷、pH	废水导入污水处理站
酒母制备	活化罐、扩培罐、酒母罐、泵、使用酸和尿素	产生设备与地面清洗废水	废水含 COD、SS、氨氮、总氮、总磷、pH	废水导入污水处理站
发酵工序	发酵罐、泵	产生设备与地面清洗废水； 发酵产生发酵废气	废水含 COD、SS、氨氮、总氮、总磷、pH； 发酵产生异味废气	加强设备的密封性，减少无组织泄漏，对大量异味废气应引气除味净化； 废水导入污水站处理

项目	生产设施	污染产生原因	主要污染物	控制措施
蒸馏工序	粗馏塔、精馏塔、水洗塔、杂质塔、酒糟	产生酿造异味废气； 蒸馏产生冷凝废水； 产生设备与地面清洗废水	废水含 COD、SS、氨氮、总氮、总磷、pH； 蒸馏产生异味废气	加强设备的密封性，减少无组织泄漏，对大量异味废气应引气除味净化； 废水导入污水处理站； 酒糟贮存、处置和利用地面硬化，用容器贮存，严格控制气味和废水污染
辅助工段	锅炉房	燃烧产生烟气； 煤场、灰库会产生扬尘； 锅炉废水、脱盐废水、冲渣废水； 锅炉和除尘产生灰渣	锅炉燃烧烟气，污染物烟尘、SO_2 和 NO_x； 煤场、灰库会产生扬尘； 废水主要含 SS、重金属； 锅炉和除尘产生灰渣	烟气应除尘、脱硫； 煤场、灰库应采用抑尘措施； 灰渣综合利用； 废水排污水站
	硫酸罐区	硫酸罐跑冒滴漏产生酸性废气； 清洗罐区周围地面产生废水	呼吸、跑冒滴漏排放酸性气体； 废水含 pH、COD、SS	减少跑冒滴漏； 废水导入污水处理站

第五节　味精行业生产工艺环境基础

一、味精行业环境现状

味精是我国发酵工业的主要行业之一，味精有四大消费领域：食品加工占 37%，餐饮消费占 30%，家庭消费占 19%，出口占 14%。味精行业是发酵工业和调味工业的主导产业。2015 年，我国的味精产量达 221 万 t，味精产能占世界的 75%，供给量占全球近 60% 以上，我国是全球最大的味精生产国、消费国和出口国。由于产能过剩和淘汰落后，20 世纪 90 年代的 200 多家味精厂现在具有一定规模的只剩下 20 多家。

目前，国内需求饱和，出现产能过剩的局面，行业产能扩张步伐放缓。目前，我国味精行业（按谷氨酸产量计算）有效产能约在 357 万 t，年产量稳定在 220 万 t 左右。

味精是谷氨酸的钠盐，一种调味料，主要成分为谷氨酸钠。由创建之初的以面筋、豆粕为原料水解法生产工艺改变为现在以糖质为原料发酵法生产工艺。发酵法制造味精的生产技术进步较大，尤其近几年进展更快，无论菌种还是工艺方法及装备水平，逐步缩小与国际间的差距。目前国内的味精工业是以大米、淀粉、糖蜜为主要原料的加工工业。

味精行业属于高物耗、高污水排放、高污染行业，味精生产产能和味精行业被列为高污染行业等不利因素的影响，各省市均将味精生产企业列为重点的环保管理对象，定期检查和验收；另外由于原材料的大幅度涨价，迫使部分生产企业停止发酵生产。

味精工业发展所产生的环境问题也比较严重，尤其是味精生产过程中所产生的高浓废水问题，味精生产工艺产生的废水具有 COD 高、BOD_5 高、NH_3-N 高的特点，易造成水体富营养化，因此要严格处理以达标排放。生产 1 t 味精要产生 15 ～ 20 m^3 高质量浓度废水，其 pH 为 1.8 ～ 2.0，COD 质量浓度达 30 000 ～ 70 000 mg/L，SS 质量浓度达 12 000 ～ 20 000 mg/L，NH_3-N 质量浓度达 5 000 ～ 7 000 mg/L。此外，味精生产过程中洗涤水、冷凝水等中浓废水的 pH 为 3.5 ～ 4.5，COD 质量浓度达 1 000 ～ 2 000 mg/L，SS 质量浓度达 150 ～ 250 mg/L。

2007—2013 年国家数次出台淘汰落后产能的政策（表 10-24），大批中小味精生产企业尤其是以外购谷氨酸生产味精的低毛利率、高污染企业迅速倒闭，味精生产企业由 100 多家迅速下降至 20 多家。

表 10-24　2007—2013 年环保政策与味精行业整合

年份	环保政策	发布单位	针对味精行业政策	意义
2007	《节能减排综合性工作方案》	国务院	加大行业落后生产能力淘汰力度，淘汰年产 3 万 t 以下味精生产企业	淘汰落后生产能力，产业调整，保护环境和公众健康
2007	《关于做好淘汰落后造纸、酒精、味精、柠檬酸生产能力工作的通知》	国家发改委、国家环保总局	味精行业主要淘汰年产 3 万 t 以下生产企业 [适用《味精工业污染物排放标准》(GB 19431—2004)],“十一五”期间淘汰落后味精产能 20 万 t，实现减排化学需氧量（COD）10 万 t	推进行业结构调整，促进产业优化升级，减少对环境的污染，实现节能减排目标
2007	《关于印发关于促进玉米深加工业健康发展的指导意见的通知》	国家发改委	控制发展味精等国内供需基本平衡和供大于求的产品，并公布味精能耗、水耗、主要污染物排放量等技术指标	降低资源消耗，减少污染物排放
2009	《轻工业调整和振兴规划》	国务院	食品行业重点淘汰年产 3 万 t 以下味精生产工艺及装置。明确规定淘汰落后味精产能 12 万 t	加快结构调整，推进产业升级
2010	《关于下达 2010 年工业行业淘汰落后产能目标任务的通知》	工信部	淘汰味精行业落后产能 18.9 万 t	
2011	《关于下达 2011 年工业行业淘汰落后产能目标任务的通知》	工信部	淘汰味精行业落后产能 8.38 万 t	
2012	《关于下达 2012 年工业行业淘汰落后产能目标任务的通知》	工信部	淘汰味精行业落后产能 14.3 万 t	

年份	环保政策	发布单位	针对味精行业政策	意义
2013	《关于下达 2013 年 19 个工业行业淘汰落后产能目标任务的通知》	工信部	淘汰味精行业落后产能 28.5 万 t	

资料来源：产业信息网整理。

由于味精行业是高粮耗、高污染的行业，国内对味精行业落后产能的淘汰力度不断加大（表 10-25）。2010—2013 年四次缩减产能后，2013 年年底国内味精产能约为 211 万 t；其中阜丰、梅花、伊品产能合计占比达 66.3%。目前梅花味精产能达到 70 万 t、伊品 22 万 t，在行业产能不变的情况下阜丰 + 梅花 + 伊品市场占有率超过 70%，产量市场占有率超过 90%。在政策的高压之下自 2010 年年底开始了味精行业的第三轮淘汰整合，仅 2010 年到 2013 年味精产能淘汰就达到 75 万 t，涉及的味精生产企业淘汰产能规模也越来越大。到 2014 年，淘汰落后产能名单中已无味精生产企业，表明行业供需格局渐稳。

表 10-25　2000—2016 年以来我国味精产量　　单位：万 t/a

年份	2000	2005	2010	2011	2012	2013	2014	2015	2016
我国味精产量	84.5	105	216	214	212	211	209	221	224.6

资料来源：中国发酵工业协会网站。

二、味精生产工艺

（一）味精工业的原辅料

味精是谷氨酸的一种钠盐，为有鲜味的物质，学名叫谷氨酸钠，亦称味素。此外还含有少量食盐、水分、脂肪、糖、铁、磷等物质。味精工业原料主要是大米、玉米、淀粉、糖蜜为主要原料的加工工业。以小麦、大豆等含蛋白质较多的原料经水解法制得或以淀粉为原料经发酵法加工而成的一种粉末状或结晶状的调味品，也可用甜菜、蜂蜜等通过化学合成制作。

味精产品按谷氨酸的含量分类，有 99%、95%、90%、80% 四种。按外观形状分类，分为结晶味精、粉末味精。

（1）原料

味精的主要成分是谷氨酸钠，现在市场上的味精一般是由玉米深加工得来，还有大米，薯类和糖蜜等。玉米—淀粉—葡萄糖—谷氨酸—谷氨酸钠，经过这个过程出来的。

【玉米】含有丰富的蛋白质、脂肪、维生素、微量元素、纤维素等，是生产酒精、淀粉和味精的主要原料。可以生产玉米淀粉、玉米的发酵加工、玉米制糖、玉米油等。每 100 g 玉米中含蛋白质 4 ～ 6 g，脂肪 3 ～ 5 g，糖类 72.2 g，能量 1 398.4 kJ，钙 22 mg，磷 120 mg，铁 1.6 mg，维生素 B_1B_2，维生素 E，维生素 A 原（胡萝卜素），烟酸和微量元素硒、镁等；其胚芽含 52% 不饱和脂肪酸，是精米、精面的 4 ～ 5 倍；玉米油富含维生素 E、维生素 A、卵磷脂及镁等，含亚油酸高达 50%。

【大米】大米是稻谷经清理、砻谷、碾米、成品整理等工序后制成的成品。大米中含碳水化合物 75% 左右，蛋白质 7% ～ 8%，脂肪 1.3% ～ 1.8%，并含有丰富的 B 族维生素等。大米中的碳水化合物主要是淀粉，所含的蛋白质主要是米谷蛋白，其次是米胶蛋白和球蛋白，其蛋白质的生物价和氨基酸的构成比例都比小麦、大麦、小米、玉米等禾谷类作物高，是谷类蛋白质中较高的一种。

【淀粉】淀粉分为白色粉末，分子量比较大，是由数百个葡萄糖分子缩合而成的。水解后能生成葡萄糖。淀粉由约 80% 胶淀粉（支链淀粉，在热水中成粘胶状，遇碘液显紫色）与约 20% 糖淀粉（直链淀粉，可溶于水，遇碘液显蓝色）组成。

（2）辅料

辅料生产使用的辅料有液氨、碳酸钠、活性碳、液碱、盐、消泡剂、淀粉酶、玉米浆、尿素等。某味精厂每生产 1 t 味精需 0.8 t 浓硫酸和 0.4 t 浓氨水左右。

【液氨】又称为无水氨，是一种无色液体，有强烈刺激性气味。属于碱性溶液，多储于耐压钢瓶或钢槽中，且不能与乙醛、丙烯醛、硼等物质共存。液氨具有腐蚀性且容易挥发，化学事故发生率很高。

【碳酸钠】又叫纯碱，又名苏打或碱灰。属于盐类，不属于碱，是一种重要的有机化工原料，主要用于平板玻璃、玻璃制品和陶瓷釉的生产。还广泛用于生活洗涤、酸类中和以及食品加工等。

【活性炭】黑色粉末状或块状、颗粒状、蜂窝状的无定形炭。活性炭是由含炭为主的物质作原料，经高温炭化和活化制得的疏水性吸附剂。活性炭含有大量微孔，具有巨大无比的表面积，能有效地去除色度、臭味，可去除二级出水中大多数有机污染物和某些无机物，包含某些有毒的重金属。

【液碱】亦称烧碱、苛性钠。液碱的浓度通常为 30% ～ 32% 或 40% ～ 42%。是重要的化工基础原料，用途极广。化学工业用于制造甲酸、草酸、硼砂、苯酚、氰化钠及肥皂、合成脂肪酸、合成洗涤剂等。纺织印染工业用作棉布退浆剂、煮练剂、丝光剂和还原染料、海昌蓝染料的溶剂。冶炼工业用制造氢氧化铝、氧化铝及金属表面处理剂。仪器工业用作酸中和剂、脱色剂、脱臭剂。胶粘剂工业用作淀粉糊化剂、中和剂。另外，在搪瓷、医药、化妆品、制革、涂料、农药、玻璃等工业都有广泛应用。

【食盐】主要化学成份氯化钠。食盐的作用很广：杀菌消毒，护齿，美容，清洁皮肤，去污，医疗，重要的化工原料，食用。

【消泡剂】在食品加工过程中降低表面张力，抑制泡沫产生或消除已产生泡沫的食品添加剂。我国许可使用的消泡剂有乳化硅油、高碳醇脂肪酸酯复合物、聚氧乙烯聚氧丙烯季戊四醇醚、聚氧乙烯聚氧丙醇胺醚、聚氧丙烯甘油醚和聚氧丙烯聚氧乙烯甘油醚、聚二甲基硅氧烷等 7 种。主要适用于线路板（PCB）流程，化工，电镀，印染，造纸，医药，水性油墨，陶瓷分切，钢板的清洗，铝业的加工，各种污水处理以及各种工业等水体系方面的消泡和抑泡。

【淀粉酶】是水解淀粉和糖原的酶类总称，通常通过淀粉酶催化水解织物上的淀粉浆料。用作果汁加工中的淀粉分解和提高过滤速度以及蔬菜加工、糖浆制造、葡萄糖等加工制造。

【尿素】又称碳酰胺（carbamide），是由碳、氮、氧、氢组成的有机化合物，又称脲，是一种白色晶体。可以大量作为三聚氰胺、脲醛树酯、水合肼、四环素、苯巴比妥、咖啡因、还原棕BR、酞青蓝B、酞青蓝Bx、味精等多种产品的生产原料。

【玉米浆】是制玉米淀粉的副产物。制造玉米淀粉须将玉米粒先用亚硫酸浸泡，浸泡液浓缩即制成黄褐色的液体，叫作玉米浆。

（3）能源和水

【燃煤】每生产1 t味精需要消耗1.5～1.9 t标煤（燃煤）。

【电】生产1 t味精需要1 000～1 500 kW·h

【水】每生产1 t味精新水消耗55～120 m^3。

每生产1 t味精综合能耗需要2 t左右标煤。

（二）味精工业的生产工艺

味精的生产一般分为原料进厂、淀粉的制备、淀粉水解糖的制备、谷氨酸发酵提取、谷氨酸钠（味精）制取6个主要工序（图10-6）。

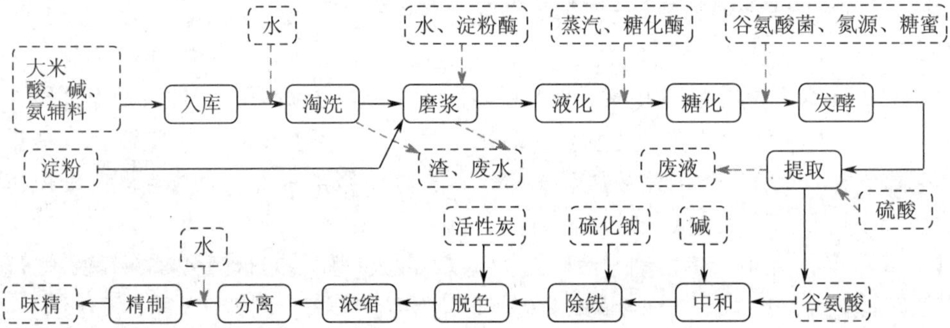

图10-6 味精生产工艺

1. 原辅料进厂

大米、玉米淀粉和糖蜜通过汽车运输进厂，经过卸车、输送、入库，辅料液氨、液碱通过汽车运输卸入储罐。辅料碳酸钠、活性碳、盐、消泡剂、淀粉酶、玉米浆、尿素等通过汽车运输卸入辅料库。

2. 淀粉浆的制备

目前大多数味精厂都使用淀粉作为原材料。淀粉先要经过液化阶段。味精生产基本原料湿淀粉，如以以大米、玉米淀粉为主要原料，就需先将大米、玉米淀粉、小麦等制备成淀粉浆。目前我国主要以大米、玉米淀粉为原料制备淀粉浆。大米制淀粉浆主要经过淘洗、磨碎、调浆；玉米淀粉经调浆浆制成淀粉浆。

3. 淀粉水解糖化

味精发酵采用的谷氨酸产生菌并不是直接利用淀粉，因此，以淀粉或大米为原料首先把淀粉浆在水解罐内转化成葡萄糖，才能供发酵使用。淀粉液化成淀粉浆。然后在与β-淀粉酶作用进入糖化罐进行糖化（用蒸汽加热），淀粉浆先转化为糊精，再进一步转化成淀粉糖，糖化后再升温灭酶，再经过滤得到发酵用的葡萄糖液。

4. 谷氨酸发酵

谷氨酸的发酵包括谷氨酸生产菌的育种、扩大培养和发酵等过程。

谷氨酸发酵培养基使用碳源（葡萄糖、醋酸、正烷烃）、氮源（氨水或尿素）、无机盐和生长因子，培养基和菌种在种子罐内进行培养。

消毒后的谷氨酸培养液在进入谷氨酸发酵罐，经过罐内冷却管冷却至32℃，再置入谷氨酸发酵菌种，氯化钾、硫酸锰、消泡剂及氮源（氨、尿素）、维生素等，通入消毒空气发酵。发酵罐内谷氨酸菌摄取原料营养，通过酶的生化反应。将反应物转化为谷氨酸产物。整个发酵过程一般要经历3个时期，即适应期、对数增长期和衰亡期。

5. 谷氨酸提取分离

该过程在提取罐中进行。利用氨基酸两性的性质，谷氨酸的等电点在为pH=3.0处，谷氨酸在此酸碱度时溶解度最低，可经冷冻提取（加硫酸调pH）、长时间的沉淀分离，得到粗制谷氨酸。谷氨酸经过干燥后分装成袋保存。

6. 制取味精

从发酵液中提取得到的谷氨酸，仅仅是味精生产中的半成品。谷氨酸与适量的碱进行中和反应，生成谷氨酸一钠，其溶液经过碳素脱色、硫化钠除铁、除去部分杂质，最后通过减压浓缩、结晶及分离，得到较纯的谷氨酸一钠晶体，即味精或味素。

（三）味精生产的主要设备（表10-26）

表10-26　味精企业主要生产设备

项目	设备（设施）名称
原辅料进厂	运输车辆、叉车、胶带输送机、仓库、酸罐、碱罐、氨水罐
淀粉浆的制备	筛选机、浸泡桶、盘磨机、粉碎机、输运机械等
水解糖化	调浆罐、液化罐、糖化罐、配料桶等
谷氨酸发酵	配料桶、种子罐、维持罐、冷却器、搅拌器、发酵罐、中和桶、沉淀池、甩干机、离子交换柱等
提取分离	提取罐、压滤机、碳柱、真空煮晶锅、离心机、干燥床、振动筛等
制取味精	中和脱色罐、离心分离机、结晶器、洗涤罐、干燥机
辅助设备	液氨罐区、液酸、液碱储罐区从、锅炉、污水处理设施等

三、味精行业的排污节点分析

（一）味精行业的污染来源

1. 废水来源

味精行业属于发酵行业，水污染问题突出。高浓度有机废水污染严重，是行业突出的共性问题。味精生产过程的淘洗、磨浆、液化、糖化、冷凝、发酵、洗涤、提取、脱色、浓缩等单元操作，大量地使用原材料和新鲜水，产生大量生产设备的洗涤水、地面冲洗水，以及蒸煮、糖化、发酵、蒸馏工艺的冷凝水、冷却水等。发酵废母液的 COD_{Cr} 高达 30 000 ～ 70 000 mg/L，属于高质量浓度有机废水。

味精生产工艺产生的主要污染物污染负荷见表 10-27，可见发酵废母液或离交尾液虽占总废水量的比例较小，但是 COD 质量浓度高达 30 000 ～ 70 000 mg/L，NH_3-N 为 5 000 ～ 7 000 mg/L，废母液 pH 为 3.2 左右，离交尾液 pH 为 1.8 ～ 2.0。中质量浓度有机废水的洗涤水、冷凝水排放量大，COD 质量浓度为 1 000 ～ 2 000 mg/L。味精生产废渣水的主要特点是有机物和悬浮物含量高，酸度高，易使受纳水体富营养化。如高质量浓度废水没有妥善的预处理，混合后的综合废水 COD、NH_3-N 质量浓度还是很高，这是发酵行业的废水的特点。味精废水对地表水源的污染影响很大，进场引发公众的举报和投诉，也会产生污染事故。

表 10-27 味精生产主要污染物产生状况

污染物分类	pH	COD_{Cr}（mg/L）	BOD_5/（mg/L）	SS/（mg/L）	NH_3–N/(mg/L）
高质量浓度（废母液、离交尾液）	1.8 ～ 2.0	30 000 ～ 70 000	20 000 ～ 42 000	12 000 ～ 20 000	5 000 ～ 7 000
中质量浓度（洗涤水、冷凝水）	3.5 ～ 4.5	1 000 ～ 2 000	600 ～ 1 200	1 500 ～ 2 500	200 ～ 500
低质量浓度（冷却水）	6.5 ～ 7	100 ～ 500	60 ～ 300	100 ～ 200	5 ～ 10
综合废水		1 000 ～ 4 500	500 ～ 3 000	1 000 ～ 1 500	250 ～ 300

2. 废气来源

（1）原辅料运输、装卸、入库过程，输送机运料、配料、破碎筛分工艺过程，产生含尘废气，多为无组织排放；

（2）生产所需的硫酸、液碱、氨水在运输、卸载、贮存过程中泄漏或蒸发酸、碱、氨气，也多为无组织排放；

（3）蒸汽锅炉产生的燃料燃烧烟气，污染物主要取决于使用的燃料和锅炉；

（4）蒸煮、糖化、发酵、干燥过程产生的异味，废酒糟和废水收集和处理过程（厌氧发酵反应器、污泥库、复合肥车间喷浆造粒工序）产生的异味和恶臭，恶臭主要来自硫化氢（H_2S），异味主要来自是醇类、酮类、有机胺类等 100 多种 VOCs 的无组织排放。

干燥工艺也会产生一定异味。恶臭、硫化氢、VOCs 是对周边环境影响最大的环境问题，也是百姓投诉的热点问题。

根据工程设计与类比调查监测，各污染源排放口污染物分别为：淀粉车间工艺废气中粉尘质量浓度为 463 mg/m^3，污水处理厂恶臭气体中硫化氢（H_2S）质量浓度为 70 000 mg/m^3，复合肥车间热风炉尾气中烟尘质量浓度为 315.7 mg/m^3，二氧化硫（SO_2）质量浓度为 0.02 mg/m^3。

3. 固体废物来源

（1）工业锅炉产生的灰渣，灰渣产生量约为锅炉消耗煤炭的 30%；

（2）原辅料收储运及预处理除尘收集的尘灰；

（3）淀粉渣、发酵废糟、废弃离子交换柱、废弃活性炭。废弃离子交换柱、废弃活性炭需要运出按一般固体废物处置；

（4）污水处理与预处理产生的污泥。

（二）味精行业环境要素（表 10-28）

表 10-28　发酵酒精行业污染要素分析

污染类型		主要污染指标
废气	有组织	工业锅炉产生烟气，污染物有颗粒物、NO_x、SO_2； 原辅料预处理破碎、筛分产生的含尘废气； 蒸煮、糖化、发酵、干燥过程集中收集的含异味废气
	无组织	原辅料收储运、预处理产生含陈废气； 蒸煮、糖化、发酵、干燥过程产生的异味，废发酵渣废水处理产生的含硫恶臭废气
废水	生产废水	发酵工序产生的废母液、离交尾液属于味精生产过程的高质量浓度废水，这是酒精行业最主要的污染污来源。每生产 1 t 味精约排放 15 t 高质量浓度废水，废水呈酸性，COD_{Cr} 高达（3 ～ 7）×10^4 mg/L，BOD 达（2 ～ 4）×10^4 mg/L，SS 高达（1.2 ～ 2）×10^4 mg/L、pH ＝ 3 ～ 5； 生产设备的洗涤水、冲洗水，冷凝废水等属于中质量浓度污水，COD 质量浓度为 1 000 ～ 2 000 mg/L，BOD 在 600 ～ 1 200 mg/L； 生产车间的地面冲洗废水和冷却水属于低质量浓度污水，COD 质量浓度低于 100 mg/L； 综合废水主要污染物有 COD_{Cr}、BOD_5、SS、pH、色度、氨氮、总氮、总磷等
	生活废水	办公废水（办公室、浴室、食堂、厕所废水），废水含 COD、SS、氨氮、总磷
固体废物	工业固废	工业锅炉产生的灰渣，灰渣产生量约为锅炉消耗煤炭的 30%； 原辅料收储运及预处理除尘收集的尘灰； 淀粉渣、发酵废糟、废弃离子交换柱、废弃活性炭属一般固废； 污水处理与预处理产生的污泥
	生活垃圾	办公室、食堂、浴室等处的垃圾
噪声		主要是运输车辆噪声、设备噪声等

（三）味精行业排污节点（图 10-7）

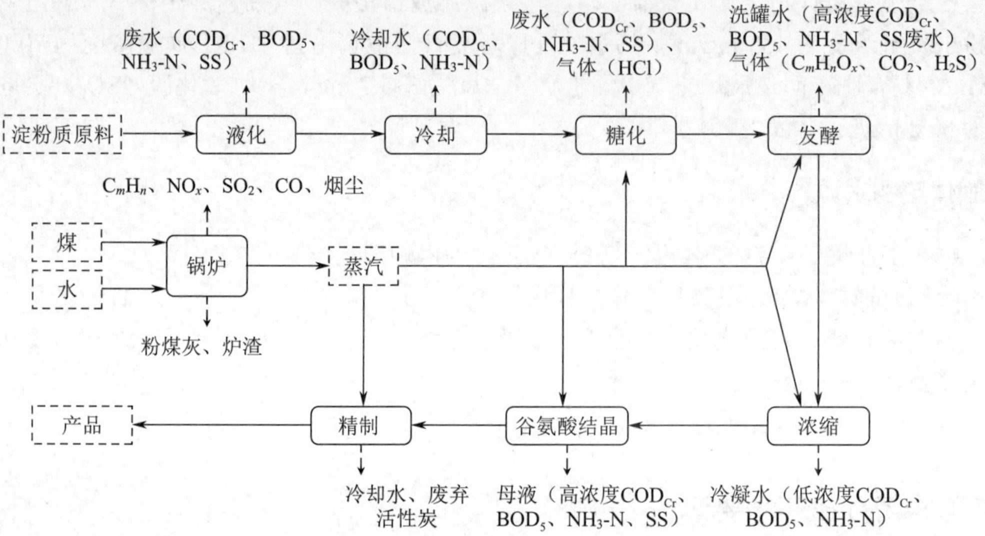

图 10-7 味精生产企业排污节点

（四）味精生产企业的排污节点（表 10-29）

表 10-29 味精生产企业的排污节点分析

项目	生产设施	污染产生原因	排污节点和主要环境因素	控制措施
原辅料进厂	运输车辆、叉车、胶带输送机、仓库、酸罐、碱罐、氨水罐	固态原辅料进厂，卸车、输送、入库； 液态辅料进厂，卸车、入罐； 冲洗地面	固态原辅料和燃料进厂产生扬尘； 液态辅料入罐产生蒸发和泄漏； 产生冲洗废水； 产生运输车辆的噪声	采取防扬尘措施，皮带输送机应设封闭防尘廊道；装卸应减少遗撒；库棚和道路如有遗撒及时收集以防扬尘； 减少暴露于空气时间，降低蒸发和泄漏； 冲洗废水打入污水处理站
淀粉浆制备	筛选机、浸泡桶、盘磨机、粉碎机、输运机械等	物料输运、破碎及制粉；机械设备运行； 车间冲洗、设备清洗等	上料、破碎、制粉、筛分过程都会产生含粉尘废气； 产生冲洗水、设备清洗水等； 产生淀粉渣、除尘器尘灰； 车间机械噪声	破碎机、磨机排气口应装置袋式除尘器，进出口应加强密闭措施，减少废气泄漏； 皮带输送机应有封闭措施； 破碎机、磨机应采取一定降噪措施； 废水收集导入污水处理站； 淀粉渣可以综合利用

项目	生产设施	污染产生原因	排污节点和主要环境因素	控制措施
水解糖化	调浆罐、液化罐、糖化罐、过滤机、配料桶等	淀粉在调浆罐调浆；液化罐液化；糖化罐加热糖化；车间冲洗、设备清洗等；过滤；机械设备运行	产生设备和地面清洗废水，过滤洗涤废水，冷凝水，冷却废水；糖化产生异味气体；在淀粉糖化、离交柱处理、味精末道母液水解时使用浓盐酸，会有氯化氢（HCl）气体逸出；设备运行会产生噪声；过滤产生滤泥	加强设备的密封性，减少无组织泄漏，对大量排放异味废气的部位，采取集气净化处理措施；废水收集导入污水处理站；滤泥可以综合利用
谷氨酸发酵	配料桶、种子罐、维持罐、冷却器、搅拌器、发酵罐、中和桶、沉淀池、甩干机、离子交换柱等。	制种；发酵；分离；干燥；车间冲洗、设备清洗等	发酵工序废气成分复杂、浓度较高，经检测，主要是醇类、酮类、有机胺类等100多种VOCs，还有氨气；干燥工艺也会产生一定异味；产生设备和地面清洗废水，产生发酵分离废水；离交柱处理废水，产生冷凝水；冷却废水；产生废弃离子交换柱	加强设备的密封性，减少无组织泄漏，对大量排放异味废气的部位，采取集气净化处理措施；离交柱处理废水、发酵属高浓度废水应进行预处理，再与其他废水收集导入污水处理站；废弃离子交换柱建台账管理，运出场外无害化处理
提取分离	提取罐、压滤机、碳柱、真空煮晶锅、离心机、干燥床、振动筛等	提取罐进行提取（加酸）；压滤脱水；加热结晶；离心干燥；筛分	产生含异味废气；产生设备和地面清洗废水；产生压滤废水；产生机械噪声	加强设备的密封性，减少无组织泄漏，对大量排放异味废气的部位，采取集气净化处理措施；废水收集导入污水处理站
制取味精	中和脱色罐、真空结晶器、洗涤罐、离心机、干燥床、振动筛等	加碱中和；加硫化钠脱铁；加活性炭脱色；洗涤罐加水洗涤；离心干燥	产生分离废水，洗涤废水；产生设备和地面清洗废水；过滤及脱色工序产生的废渣主要为废活性炭；产生机械噪声	加强干燥、脱色设备的密封性，减少无组织泄漏，对大量排放异味废气的部位，采取集气净化处理措施；所有废水收集导入污水处理站；废弃活性炭建台账管理，运出场外无害化处理或活性炭再生及处置

项目	生产设施	污染产生原因	排污节点和主要环境因素	控制措施
辅助工段	液氨罐区	液氨罐储运过程产生泄漏	液氨在运输、卸车、使用过程产生氨气泄漏	严格液氨进出料的台账管理，设备维护管理，风险防范管理
	机修车间	废水； 机修车间地面的雨水会产生含油废水； 产生清洗零件或车辆的废水固体废物； 机修车间产生的废机油和含油废棉纱等固体废物	含油废水含污染物SS、COD、石油类等； 机修车间产生的废机油和含油废棉纱，属于危险废物	机修车间地面的雨水应事先雨污分流，污染的雨水和机修生产废水应收集经隔油、沉淀进入污水处理系统，以防含油废水进入雨水系统； 机修车间产生的废机油和含油废棉纱应符合危险废物的收集、贮存、转移运输的管理要求
	锅炉房	燃烧产生烟气； 煤场、灰库会产生扬尘； 锅炉、除尘产生灰渣	锅炉燃烧烟气，污染物烟尘、SO_2和NO_x； 煤场、灰库会产生扬尘； 锅炉、除尘产生灰渣	烟气应除尘、脱硫； 煤场、灰库应采用抑尘措施； 灰渣外运处置或综合利用

第六节　酿造与发酵行业的环境管理

一、酿造和发酵行业产业政策

《产业结构调整指导目录（2011年本）》（2013年修订）行业限制目录中明确规定：白酒生产线、酒精生产线、5万t/a及以下且采用等电离交工艺的味精生产线都属于国家限制新建项目。

（1）对啤酒行业的要求

——提倡啤酒企业清洁生产。控制10万t以下新建啤酒企业，鼓励企业联合、兼并，实现集团化、集约化。

（2）对白酒行业的要求

——严格控制新建白酒企业项目。逐步取缔质量差、污染严重的小白酒企业。提倡液态法白酒生产，节约用粮，减少污染。

（3）对酒精行业的要求

——企业规模酒精生产和综合利用的最小经济规模为3万t/a。酒精生产原料结构由以薯类为主逐步调整为以玉米为主，实现有经济效益的综合利用和废水达标排放。提倡糖蜜酒精集中加工处理和综合利用。严格控制扩大酒精生产能力的基建和技改项目。

（4）对味精行业的要求

——味精行业主要淘汰年产 3 万 t 以下生产企业 [适用《味精工业污染物排放标准》（GB 19431—2004）]。加大行业落后生产能力淘汰力度，淘汰年产 3 万 t 以下味精生产企业；推进行业结构调整，促进产业优化升级，减少对环境的污染，实现节能减排目标；降低资源消耗，减少污染物排放。按照《清洁生产标准　味精工业》（HJ 448—2008）中二级标准的要求，回收利用指标：①玉米渣和淀粉渣生产饲料达 100%；②菌体蛋白生产饲料达 100%；③冷却水重复利用率≥ 80%；④发酵废母液综合利用率达 100%；⑤锅炉灰渣综合利用率达 100%；⑥蒸汽冷凝水利用率≥ 60%。

推动发酵产业由中东部和沿海地区向东北、内蒙古及中西部资源优势明显、能源丰富的地区转移，建设与资源相匹配的发酵工业基地。加快对山东、内蒙古氨基酸，山东有机酸和淀粉糖，湖南、湖北酶制剂，湖北、广西酵母，浙江功能性生物制品等行业的兼并重组和技术提升改造。

味精行业应采用厌氧—好氧治理技术或高浓度有机废水封闭循环清洁生产工艺和全浓缩干燥制饲料技术。

二、清洁生产要求

从末端治理转向清洁生产是酿造和发酵工业所有企业污染防控的必由之路。清洁生产技术应是无污染或少污染的工艺技术，即将污染物产生总量降至最小，使得必须进行末端治理的污染负荷降至最少；清洁生产应力求使“废物”资源化，是生产过程主产品外流失的其他物质尽最大可能回收或转化成副产品，同时也减少了末端治理的污染负荷。

1. 调整原料结构，降低生产成本，开展使用干法玉米粉，发酵企业可自设玉米淀粉车间途径，开发新产品，提高行业糖化转化率和原料利用率技术。

2. 应用先进的生产工艺提高产品收得率，同比低收得率，降低单位产品生产能耗和减少污染物排放。限制和淘汰糖转化率低、资源浪费严重的酸解法、酶酸法技术。大力推进封闭循环等清洁生产工艺的普及。

3. 提高味精、柠檬酸提取率，淀粉行业工艺用水循环利用率。

4. 推动经济规模，增强综合实力，节能降耗，坚持清洁生产工艺技术。

5. 适宜推广的生产技术——优化酿酒生产工艺与设备，以达到节能减排，味精行业等电母液封闭循环清洁生产；味精行业浓缩等电点提取谷氨酸及废母液浓缩生产蛋白饲料、有机肥料技术；柠檬酸行业厌氧 - 好氧处理有机废水技术；淀粉行业采用生产用水闭路循环工艺，先分离胚芽、蛋白粉、玉米浆等副产品生产蛋白饲料技术；淀粉行业生产工艺回水气浮法回收蛋白粉技术。

6. 鼓励在发酵工业中采用高新分离技术（膜分离、吸附分离），加快行业净化技术更新，促使发酵行业进一步节能减污。

三、节能减排要求

酿造发酵生产的取水主要是用于配料（包括糖蜜的稀释）液化、糖化、接种、发酵、蒸馏工艺的冷却，设备、反应器、包装容器、管道的洗涤，车间的冲洗，锅炉房用水生产蒸汽，及制备纯水。酒精、白酒等行业生产每吨产品的取水量（30 m^3）较大，主要原因是两产品有发酵（加热、液化、糖化）工艺，需用水冷却，以及有蒸馏工艺，需耗用大量水将蒸汽冷凝成液体。

酿造发酵生产涉及料液与中间产品的加热、液化、糖化、蒸馏、干燥、灭菌等工艺，均需消耗大量蒸汽。主要原因是酿造发酵的生产工艺有液化、加热、蒸馏、干燥生产单元操作。生产汽耗占其综合能耗的 50% 以上，因此除关注蒸汽消耗外，还应关注二次蒸汽（各种料液加热与蒸发时产生的蒸汽，也称低压蒸汽）汽化热回收利用工艺、回收率、经济效益是至关重要的，它反映了节约能耗、水耗的潜力。

该工业是以谷物、薯类、农副产品、淀粉质、糖质为主要原料，只是利用其中的淀粉或其他需要的部分，其余部分（蛋白、脂肪、纤维渣）也是可以利用的，如玉米、小麦等淀粉质原料，除淀粉以外的其他成分是不被微生物发酵所利用，为提高原料的经济效益，可将玉米和小麦先分离出胚芽（可提取食用油）、蛋白、纤维和麸皮、谷朊蛋白副产品后，再用淀粉乳发酵生产酒精产品。

酿造发酵生产废渣水，主要来自处理原料后剩下的废渣，如大米渣、玉米浆渣、纤维渣、葡萄皮渣、水果渣、薯干渣、发酵废液等废弃物；分离与提取主要产品后的渣水，这些废渣水含有丰富的蛋白质、氨基酸、维生素、糖类及多种微量元素，可生产饲料、饲料酵母、饲料添加剂、生化产品，还可提取与生产其他食品和食品添加剂。

四、环境管理要求

酿造发酵行业应严格执行新建、改扩建项目环保设施“三同时”制度，强化行业准入政策的落实。

在依法实施污染物排放总量控制的区域内，企业应依法取得《排污许可证》，并按照《排污许可证》的规定排放污染物；对已经安装在线监测设备的企业，应定期计算其主要污染物的排污总量或可根据在线数据核定企业总量，再对照排污许可证规定的排放总量许可，确定企业废气和污水某种污染物是否总量达标。

酿造发酵行业的企业应当建立自行环境监测体系，完善排污许可台账管理体系，污染治理设施运行记录和排污量记录，实施清洁生产审核制度。

落实国家对酿造发酵行业淘汰落后产能、落后工艺、落后设备的产业政策，控制和淘汰不符合产业政策的新建项目，立足于现有企业改组改造，进行产品结构调整和污染治理。

五、污染治理要求

1. 废水处理要求

在啤酒糖化，过滤过程来自糖化锅和糊化锅冲洗水、过滤槽和沉淀槽洗涤水属于高浓度废水。

在白酒在酿造过程中，白酒糟、蒸馏锅底水和蒸馏工段地面冲洗水、地下酒库渗漏水、发酵池盲沟水等，会产生高浓度废水。

在酒精生产过程中粗馏塔底残液（称为酒精废醪），这是酒精行业最主要的污水来源，属高浓度有机废水，每生产 1 t 酒精排放 13 ～ 16 t 酒精糟液属于高浓度农产品加工有机废水。

味精生产过程中发酵废母液或离交尾液虽占总废水量的比例较小（每生产 1 t 味精排 15 t 废水），但属于高浓度有机废水。

酿造发酵行业生产主要环境问题是是废水污染，高浓度废水主要是发酵液提取产品后的废醪液（废液）、发酵罐底水，过滤废水、主产品分离或萃取后的废液，这些废糟废液中 COD、氨氮和 SS 的浓度特别高，应采取清洁生产技术予以回收或综合利用，以降低综合废水 COD、氨氮和 SS 的浓度，利于资源回收和末端处理。

酿造发酵生产综合利用后的废水再与中低浓度废水（车间冲洗废水、冷凝水与洗涤水等）混合，采用生化和物化处理的不同单元组合处理后，可以达标排放，也可以处理到一定程度，排入地方污水处理厂继续处理。酿造发酵废水中营养物质丰富，对地方污水处理厂的运行有益处。目前，还有不少酿造发酵企业，特别是中小型企业的废水超标排放，主要是认识、投资、运行费用，废水处理技术并不存在多大难度。

2. 异味和恶臭的控制

酿造发酵生产除了产生锅炉烟气，原辅料收储运和预处理破碎、筛分、配料过程产生含尘废气外，主要是在酿造发酵过程的糖化、发酵、蒸馏、萃取、干燥过程产生强烈的含 VOCs 异味废气和含氨、硫化物的恶臭废气。

（1）啤酒生产中麦糟厂内干燥加工工序，主要异味恶臭污染源。味精生产工艺过程中产生异味废气，废气主要成为为主要含氨、胺、硫醇、硫醚、脂肪酸和硫酸盐类物质，并带有恶臭气味，对周边环境产生一定的影响。酒精厂恶臭废气主要成分为甲烷、氢硫醇、乙醇、丁醇及其他杂醇、硫化氢、氨气等，这些有机挥发气体（VOCs）和恶臭气体，对周围环境产生严重影响。白酒厂的恶臭废气主要成分为硫化氢（臭鸡蛋气味）、乙硫醚（焦臭味）、硫醇（萝卜辣味）、丙烯醛（催泪辣眼的气味）；

（2）生产所需的硫酸、液碱、氨水在运输、卸载、贮存过程中泄漏或蒸发酸、碱、氨气，也多为无组织排放；

（3）生产过程废糟废液和废水收集和处理过程业产生强烈的异味和恶臭。

应加强产生异味和恶臭废气的设备的密封性，减少无组织泄漏，对大量排放异味废气的部位及场所，采取集气净化处理措施。

3. 固体废物处理

在酿造和发酵生产过程处理产生锅炉灰渣、除尘尘灰、生化处理污泥均属一般性固体废物，处理处置和利用一般比较容易。生产过程产生大量产生的发酵废糟废渣，一般多采用综合利用，在在许多处置过程，采用干燥方式的，会产生强烈的异味和恶臭（二次污染），应予以重视。

思考与练习

1. 酿造行业和发酵行业主要包括哪些行业及产品？
2. 总结酿造行业和发酵行业主要的环境问题。
3. 分析啤酒行业水污染物的特点及污染物与其生产工艺之间的关系。
4. 啤酒生产的基本生产工艺是什么？废水来源及污染特征？
5. 分析白酒行业存在的主要环境问题及废水污染特点。
6. 味精生产的生产工艺主要包括哪些流程？主要产生哪些污染物？
7. 酿造和发酵行业工业生产的废气主要来源和控制措施。
8. 为什么对酿造和发酵行业清洁生产极为重要？

第十一章　食品加工工业工艺环境基础

本章介绍我国食品加工工业中的各行业的生产规模、主要生产方式、主要环境问题；这个行业中食糖加工业、植物食用油脂加工业、肉禽类屠宰加工业、水产品加工业、淀粉加工业、乳制品加工业六个代表行业的原辅材料、基本生产工艺；这些工序的排污节点分析。

专业能力目标：

1. 基本了解食品行业的主要环境问题。
2. 基本了解制糖业的主要产排污分析。
3. 基本了解植物食用油脂加工业的主要产排污分析。
4. 基本了解屠宰及肉类加工业的主要产排污分析。
5. 基本了解水产品加工业的主要产排污分析。
6. 基本了解淀粉及淀粉制品制造业的主要产排污分析。
7. 基本了解乳制品制造业的主要产排污分析。

第一节　食品加工工业的环境问题

在《国民经济行业分类》（GB/T 4754—2017）中农副食品加工业属制造业（C 大类 13 中类），包括谷物磨制（131）、饲料加工（132）、植物油加工（133）、制糖业（134）、屠宰及肉类加工（135）、水产品加工（136）、蔬菜、水果和坚果加工（137）、其他农副食品加工（139，淀粉及淀粉制品制造、豆制品制造等）。食品制造业属制造业（C 大类 14 中类），包括焙烤食品制造（141）、糖果、巧克力及蜜饯制造（142）、方便食品制造（143）、乳制品制造（144）、罐头食品制造（145）、调味品、发酵制品制造（146）、其他食品制造（149）。本章只介绍制糖业（134）、植物油加工（133）、屠宰及肉类加工（135）、水产品加工（136）、淀粉及淀粉制品制造（1391）、乳制品制造（144）。

一、我国食品加工工业的规模

食品工业是以农、牧、鱼、林业产品为主要原料进行加工的工业，包括许多与饮食有关的行业，有不同的分类方法。若按加工的原料分类，可以分为制糖工业、食用油脂加工业、屠宰及肉类加工业、水产品加工业、禽蛋加工工业、淀粉及淀粉制品制造业、乳制品制造业、豆制品制造业、罐头食品制造业、饮料制造业、谷物磨制业、饲料加工业、蔬菜、水果和坚果加工工业等。

1996年完成的全国《第三次工业普查》结果表明，食品工业总产值在全国工业部门总产值中所占的比重，首次上升到第一位。食品工业在国民经济中的有十分重要的地位，成为国民经济的重要支柱产业(表11-1)。2015年中国食品工业总产值预计达12.3万亿元，占当年全国工业总产值的13.61%。根据国家统计局数据，2015年上半年我国食品行业规模以上企业数量达到38 859家。

表11-1 2015年我国主要食品加工的生产规模

行业	含义	规模
制糖业	制糖工业是一门传统的农产品加工工业，属于轻化工业的范畴。制糖工业是食品行业的基础工业，又是造纸、化工、发酵、医药、建材、家具等多种产品的原料工业食糖工业主要粉甜菜制糖和甘蔗制糖	我国是世界第三产糖大国（仅次于巴西、印度）。2014—2015年我国食糖产量为1 248万t（其中蔗糖为1 173万t）
植物油加工业	动、植物油脂及其制取、精炼技术；油脂精深加工产品的生产技术及其应用。食用植物油加工指用各种食用植物油料生产油脂，以及精制食用油的加工活动。通常在常温下液态状的称为油，固态状的称为脂。包括豆油、花生油、芝麻油、菜籽油、棉籽油、葵花籽油、胡麻油等的加工	我国的食用油脂工业产量高居世界第一位，2015年产量为6 734万t。其中使用浸出工艺的食油生产企业产量约占总产量的80%以上。每年使用的浸出工艺专用溶剂油约8万t左右。除少量进口外，大部分是来自于国内石油加工过程中的抽提溶剂油。截至2013年年底，我国植物油加工规模以上企业数量达2 204家
屠宰及肉类加工业	肉禽类加工指猪、牛、羊、等畜类和鸡、鸭等禽类的屠宰和加工。肉禽加工业目前主要集中在宰杀加工、肉类分割、卫生检疫和冷冻储藏方面，肉禽加工页的工艺一般包括切制、解冻、绞肉、滚揉腌制、灌装、预煮、包装、杀菌等	我国肉禽类加工量2015年达8 625万t，居世界第一位。其中猪肉（占63.6%）、羊肉（占5.1%）产量居世界第一位，禽肉（占21.2%）居世界第二位，牛肉（占8.1%）居世界第三位

行业	含义	规模
水产品加工业	水产品一般包括鱼类、甲壳类（虾、蟹等）、软体动物（贝类、头足类等）、腔肠动物（海蜇等）、棘皮动物（海胆等）、水产兽类和藻类等。水产品加工包括冷冻制品、腌制品、盐渍品、干制品、熟制品、鱼糜制品等的生产，还包括海藻、凝胶食品、珍珠的加工	我国是世界第一大水产品生产国，养殖产量已占世界养殖总产量70%以上，是世界上唯一一个养殖产量超过捕捞产量的国家。2015年我国水产品总产量达6 699.65万t，其中，养殖产量为4937.90万t，捕捞产量为1 761.75万t；海水产品产量为3 409.61万t，淡水产品产量为3 290.04万t。2014年水产品加工行业企业数量为1 936家
淀粉及淀粉制品制造业	淀粉加工和制品是用玉米、高粱、小麦等谷物和马铃薯、甘薯、木薯等薯类农作物为原料，经浸泡、磨碎，将蛋白质、脂肪、纤维素等非淀粉物质分离除去而得	根据中国淀粉工业协会年报资料显示，2015年我国各类淀粉总产量合计2 171万t，深加工产品（液体淀粉糖、变性淀粉、结晶葡萄糖、糖醇）总量为1 112.1万t，截至2013年年底，我国淀粉及淀粉制品制造行业规模以上企业数量达825家，其中淀粉加工企业300多家
乳制品制造业	乳制品加工业是指为从事相关液体乳及乳制品生产加工的行业	2015年我国牛奶产量为3 870万t，乳制品产量为2 774万t，液体乳年产量为2 521万t。我国规模以上乳制品加工企业已达627家
豆制品制造业	豆制品是以大豆、小豆、绿豆、豌豆、蚕豆等豆类为主要原料，经加工而成的食品。大多数豆制品是大豆的豆浆凝固而成的豆腐及其再制品	目前我国有规模豆制品企业约为1 500家，豆制品产量迅速增长，年消耗大豆为300多万t
饮料制造业	饮料一般可分为含酒精和无酒精饮品。无酒精饮品又称软饮品，分为果蔬汁饮料类、蛋白饮料类、包装饮用水类、茶饮料类、咖啡饮料类、固体饮料类、特殊用途饮料类、植物饮料类、风味饮料类、其他饮料类10类	2015年我国全年饮料总产量为17 661万t，规模以上饮料制造企业为1 979家。包括碳酸饮料、瓶装水、茶饮料、果汁、凉茶、含乳饮料等
罐头加工业	将经过一定处理的食品装入镀锡薄板罐、玻璃罐或其他包装容器中，经密封杀菌，可以长期贮藏食品。罐头食品分肉类、禽类、水产类、水果类、蔬菜类、其他类（坚果类、汤类）罐头	2015年罐头年产量年总产量为1 213万t，2015年上半年我国罐头行业规模以上企业数量达到876家
米面制品业	包括将麦子、玉米、高粱米、大米、豆子等制粉等，还包括挂面、米粉等的生产（不包括糕点）	2015年米面加工28 026万t，粮食制品（速冻和方面食品）1 542万t
饲料工业	配合及混合饲料制造业：将多种饲料包括大豆、豆粕、玉米、鱼粉、氨基酸、杂粕、添加剂、乳清粉、油脂、肉骨粉、谷物、甜高粱等十余个品种的饲料原料经筛选、破碎、配料、混合加工制成	2015年全国商品饲料20 009万t。其中，配合饲料产量为17 396万t；浓缩饲料产量为1 961万t；添加剂预混合饲料产量为653万t。2015年年末，国内饲料企业还剩下6 000余家

二、食品加工工业主要生产方式

我国食品加工工业产品品种繁多，其原料、工艺、规模差别很大，但多以小型加工厂为主，很多企业仍然采用传统的手工方式进行生产，生产工艺简单、技术落后，物料消耗和流失比较大，导致食品加工工业废水中COD和氨氮产生量较大。我国食品工业所属行业众多，原料辅料与工艺也千差万别。例如，有食糖加工业、食用油脂加工业、肉禽加工业、水产品加工业、淀粉加工业、乳制品加工业、豆制品加工业、罐头加工业、饮料加工业、米面制品业、饲料工业等。还有一些食品行业如调味品加工业和乙醇类饮料加工行业，在生产工艺和污染特征上列入发酵及酿造行业。

食品工业的主要污染还是废水污染，废气主要是燃料燃烧废气和异味，废渣主要是垃圾。食品工业废水量因生产类型和生产工艺不同，差别很大。有些食品生产的季节性较强，很多属于间断性生产，如豆制品和饮食行业可能一天只有几个小时生产，废水排放水量和水质也呈间断性的。

三、食品加工工业的主要环境问题

食品加工工业存在粗放经营、资源浪费严重、环境污染突出等问题。食品加工工业废水排放对环境的影响比较突出。食品加工工业污水主要来源于原料处理、洗涤、脱水、过滤、各种分离精制、脱酸、脱臭和蒸煮等食品加工生产过程。污水中含有大量的蛋白质、有机酸和碳水化合物。由于很多浮游生物的存在，水中溶解性有机物增加很快，容易产生腐殖质，并伴有难闻气味；同时这些污水中铜、亚铅、锰、铬等金属离子含量较多，细菌、大肠菌群也常有超过国家排放标准，所以食品工业污水要经过处理后才能排放。食品加工工业产生的废渣水主要来自处理原料后剩下的废渣，如蔗渣、甜菜粕、大米渣、麦糟等；分离与提取主要产品后的各种废母液与废糟，如粮薯与糖蜜酒精糟、味精发酵废母液、糖蜜酵母发酵废母液等；加工和生产过程中的冲洗水、冷却水、冷凝水等。

食品工业废水属高有机物污染，一般浓度较高，其中主要物质是淀粉、脂肪、蛋白质、糖类等，不含有毒物质，生化性较好，BOD/COD高达0.8以上。食品工业废水中含多种微生物，包括致病性维生物，废水容易腐败发臭，容易大肠杆菌群超标。废水中氮、磷含量较高，容易引起水体的富营养化。

食品工业的废水主要来自三个生产阶段：

原料清洗——产生大量沙土杂物、叶、皮、鳞、肉、羽毛等，进入废水中，使污水中含大量悬浮物；

原料加工——原料在加工过程中不能充分利用，进入废水中，使废水中含有大量有机物；

产品成型——为增加食品的色、香、味，延长保质期，使用各种食品添加剂，部分流失，使废水中化学成分复杂。

食品加工企业规模有大型工厂，也有家庭作坊。产品众多，其原料、工艺、规模差别很大，生产随季节性变化明显，含有各种致病微生物。食品工业废水本身无毒，但高浓度废水多，可生物降解成分多，氮、磷含量高，若不经处理直接排入水体，会造成水体缺氧，产生臭气，污染环境。

据统计（表 11-2），酒精、味精、淀粉、淀粉糖、柠檬酸、酿酒、制糖、饮料等食品加工行业，2015 年排放废水（包括尚未利用的冷却水、冷凝水）达 26.1232 亿 m^3，其中废糟、废渣量达 3 亿～4 亿 m^3，有机物总量超过 484 万 t。2015 年环境统计数据显示，我国食品行业废水中 COD 的产生量和排放量在全国工业行业中都居首位，氨氮的产生量居第三位，排放量居第二位。

表 11-2　2013—2015 年我国食品加工工业“三废”产排污量数据

污染物	2013 年			2014 年			2015 年		
	排放（产生）量	单位	占工业比例 /%	排放（产生）量	单位	占工业比例 /%	排放（产生）量	单位	占工业比例 /%
废水量	272 111	万 m^3	1.44	265 176	万 m^3	14.18	261 232	万 m^3	14.39
COD 年产生量	575.751 3	万 t	27.55	557.298 3	万 t	27.77	483.872 9	万 t	26.54
COD 年排放量	78.288 1	万 t	27.44	73.678 1	万 t	26.83	68.994 4	万 t	27.00
氨氮年产生量	16.645 7	万 t	12.60	17.088 0	万 t	13.86	18.832 6	万 t	17.00
氨氮年排放量	3.808 7	万 t	16.95	3.559 2	万 t	16.91	3.460 2	万 t	17.63
石油类年产生量	0.134 3	万 t	1.42	0.134 8	万 t	0.55	0.169 6	万 t	0.73
石油类年排放量	0.026 6	万 t	1.53	0.025 9	万 t	1.61	0.032 0	万 t	2.13
废气量	9 599	亿 m^3	1.43	10 258	亿 m^3	1.48	9 670	亿 m^3	5.81
SO_2 产生量	67.6	万 t	1.11	66.5	万 t	1.08	79	万 t	1.31
SO_2 排放量	51.6	万 t	3.06	49.0	万 t	3.09	50.2	万 t	3.58
NO_x 产生量	18.5	万 t	1.02	18.7	万 t	1.03	20.1	万 t	1.14
NO_x 排放量	17.9	万 t	1.22	18.2	万 t	1.38	19.2	万 t	1.77
烟粉尘产生量	404.9	万 t	0.55	369.7	万 t	0.49	389.7	万 t	0.55
烟粉尘产生量	31.8	万 t	3.11	29.2	万 t	2.30	30.4	万 t	2.74
一般固体废物产生量	3 614	**万 t**	1.16	3 531	**万 t**	1.13	3 221	**万 t**	1.04
危险废物产生量	3	万 t	0.10	4	万 t	0.11	4	万 t	0.10

资料来源：环境统计年报。

第二节 食糖和食用油脂加工业生产工艺环境基础

一、制糖业的原辅材料

制糖工业主要原料为甜菜和甘蔗，辅料石灰、亚硫酸、硅藻土。制糖工业的主要产品是糖，副产品有废糖蜜和酒精。

我国平均甘蔗糖产糖率 8.5 t 甘蔗 /t 计算，每生产 1 t 糖消耗新水量为 80 ～ 150 m^3/t。1 t 甘蔗消耗新水量为 9 ～ 18 m^3/t。

我国平均甜菜糖产糖率 8.0 t 甜菜 /t 计算，现有企业和新建企业 1 t 糖消耗新水量分别为 120.0 m^3/t，80.0 m^3/t；或为 15.0 m^3/t，12.0 m^3/t。

二、制糖业的基本生产工艺

甜菜制糖和甘蔗制糖生产工艺是完全不相同的。

（一）蔗糖生产工艺

甘蔗制糖工艺包括：

提汁——甘蔗破碎、提汁（提汁方法分压榨法、渗出法、磨压法等）制取蔗汁；

清净——清净（依澄清剂不同分亚硫酸法、石灰法、碳酸法、电澄清法、离子交换法等），去除蔗汁中含有各种非糖分，得清汁，甘蔗制糖多用石灰法；

蒸发——经蒸发罐蒸发浓缩，制得糖浆；

结晶——煮糖、助晶、分蜜。结晶成糖，制得糖膏；

原糖精炼——分去母液、打水洗涤、分离、硅藻土过滤脱色得精糖液，经干燥结晶制得食糖。

（二）甜菜制糖

预处理工艺——包括甜菜的明渠水力输送、沉砂和除草等工艺。

切丝和渗出工艺——包括甜菜切丝，使用渗出器将甜菜丝与水接触，促使糖分扩散到水中，达到提汁目的，得到渗出汁。

纯化和蒸发工艺——渗出汁先经过纯化处理，尽可能去除非糖分，中和糖中的酸度，并经气态二氧化硫饱和、净化、脱色得到高纯度糖汁，然后经过蒸发浓缩成糖浆。

煮糖工艺——将糖浆进一步浓缩和结晶。

三、制糖业的环境污染分析

制糖工业主要是废水污染，废水污染物指标主要有 BOD、COD、SS、pH 和排水量。废气主要是锅炉的燃料燃烧废气，固体废物主要是锅炉灰渣、糖粕、蔗渣、废糖蜜、污水池污泥等。

（一）制糖的水污染

1. 甘蔗制糖的水污染

煮糖、蒸发、冷凝、冷却水占甘蔗制糖总废水量的 75% 左右；洗滤布水是甘蔗制糖工业主要污染源之一，通过改进清净工序工艺、设备可以减少洗滤布水的产生量，约占总废水量的 15%；锅炉排煤灰水，可进行絮凝沉降处理，约占总废水量的 10%，见表 11-3。

表 11-3 甘蔗制糖废水来源及污染负荷

废水名称	吨甘蔗排水量 /（m^3/t）	占总废水比例 /%	SS/ (mg/L)	BOD_5/(mg/L)	COD/(mg/L)
煮糖、蒸发冷却水	11.9	73.5	30	40	70
洗滤布水	2.6	16.0	1 500	3 900	6 500
冲煤灰水	1.7	10.5	5 000	150	250
平均值	16.2	100	787	671	1 121

2. 甜菜制糖的水污染

甜菜制糖生产工艺流程是以水作溶剂提取糖分，用双碳酸法清净糖汁并浓缩后以洁净方式提取产品。废水主要来自冷凝水、冷却水、原料预处理时的流送洗涤水工艺过程中的压粕水、冲滤泥水，各占废水总量的 50%、40%、5%、5%。其污染物主要是流失的糖分、甜菜带来的土壤等夹杂物，故 COD、BOD 和 SS 较高并呈强碱性。

低浓度废水主要包括指甜菜糖厂生产中的蒸发罐、结晶罐等的冷凝水和动力车间、汽轮发电机等设备的冷却水；中浓度废水主要包括糖厂甜菜流送洗涤废水以及锅炉排水；高浓度有机废水包括压粕水、洗滤布水。各浓度废水污染负荷见表 11-4。

表 11-4 甜菜制糖废水污染负荷

废水类型	吨甜菜排水量 /（m^3/t）	占总废水比例 /%	SS/(mg/L)	BOD_5/(mg/L)	COD/(mg/L)	pH
低浓度	7.5	50	20 ～ 60	15 ～ 35	40 ～ 100	6.8 ～ 7.2
中浓度	6.0	40	2 600 ～ 4 500	1 200 ～ 2 100	500 ～ 3 200	6.6 ～ 8.5
高浓度	1.5	10	5 800 ～ 27 000	3 000 ～ 11 000	550 ～ 3 500	5.5 ～ 10.5
平均值	15.0	100	1 630 ～ 4 530	787.5 ～ 1 957.5	275 ～ 1 680	

（二）制糖业的废气和废渣

制糖工业的废气主要是工业锅炉燃料燃烧废气，燃烧烟气中主要污染物是烟尘、SO_2、NO_x。

制糖工业的废渣包括废粕（甜菜渣）、滤泥和废糖蜜。糖厂废物中的蔗渣多综合利用，用于造纸；废物中的废糖蜜多综合利用，用于生产酒精，甜菜渣多用于生产饲料。糖厂中的废渣直接排放的很少，基本都能综合利用，但糖厂的综合利用的造纸和酒精生产会使糖厂的废水更加复杂，污染物的浓度更高。

废粕可加工成饲料；干滤泥的主要成分为碳酸钙（70% ～ 80%），可作橡胶填料或水泥的原料；废糖蜜可以加工酒精、柠檬酸、味精、甘油、酵母、丙酮、丁醇、乙酸、乳酸、草酸、葡萄糖、抗生素等。

四、植物油加工业的原辅材料

我国的大宗植物油料有大豆、油菜籽、棉籽、花生仁、芝麻、米糠和葵花籽等。我国特有的油料有桐籽、乌桕籽和油茶籽等。从天然植物油料中提取的油脂称为天然油脂或称粗油。本书不涉及动物油脂加工。

浸出法制油辅料还会用到溶剂，工业己烷或轻汽油等几种脂肪族碳氢化合物。除此之外，还有丙酮、丁酮、异丙醇、丁烷以及一些复合型溶剂都可用于油脂浸出，如稀碱、食盐、磷酸等。

从天然植物油料中提取的油脂称为天然油脂或称毛油，天然植物种子在成熟过程中由糖类转化而成。天然油脂中 95% 以上是由饱和及不饱和脂肪酸甘油三酯组成，还含有少量能溶于油脂的烃类、脂肪醇、蜡、甾醇、色素、生育酚、磷脂、糖脂、醚酯等非甘油三酯成分。

五、植物油加工业的生产工艺

植物油料经压榨法、水溶剂法、浸出法等加工，得到粗油或毛油产品，同时产生副产品豆粕和油角。

（一）油料清理工序

清理筛选（利用孔筛）→风选（去除金属、石块等重杂）→比重法去石（去石机）→磁选（清除磁性金属杂质）→并肩泥失误清选（胶辊磨泥机、立式圆打筛等）→除尘→净料。

（二）预处理工序

水分调节（干燥或增湿）→破碎（撞击、剪切、挤压及碾磨）→软化（加热至

70 ～ 80℃）→轧坯（轧坯机将油料由粒状压成片状）→大豆的挤压膨化（将经过破碎、轧坯或整粒油料转变成多孔的膨化粒料的过程）→原料胚。

（三）油脂提取工序

一般通过机械压榨法、水溶剂法、浸出法等，加工出粗油或毛油，同时产生豆粕。

1. 机械压榨法

采用压榨机制油。压榨机主要为水压机、螺旋榨油机。压榨取油分为三个阶段即进料（预压）→主压榨（出油）→成饼（重压沥油）。

2. 水溶剂法

水溶剂法制油是根据油料特性、水、油物理化学性质的差异，以水为溶剂，采取一些加工技术将油脂提取出来的制油方法。

3. 浸出法

利用能溶解油脂的有机溶剂，通过湿润、渗透、分子扩散的作用，将料坯中的油脂提取出来，然后再把混合油分离取得毛油，将含溶剂豆粕脱溶得到豆粕的过程。浸出法制油按用途分为预榨浸出、直接浸出和两次浸出三种方式。浸出法制油一般包括预处理、油脂浸出、湿粕脱溶、混合油蒸发和汽提、溶剂回收等工序。通过脱溶烤粕和混合油蒸发汽提工序，回收尾气，设备有冷凝器、分水器、蒸水罐及尾气回收装置等。回收溶剂的过程称为脱溶。

实际生产中应用最普遍的浸出溶剂有工业已烷或轻汽油等几种脂肪族碳氢化合物。除此之外，还有丙酮、丁酮、异丙醇、丁烷以及一些复合型溶剂都可用于油脂浸出。

烘干去水的过程称为烤粕（蒸汽）。

（四）毛油的精炼工序

油脂脱胶——水化脱胶将一定量的热水或稀碱、食盐、磷酸等电解质水溶液，在搅拌下加入热的毛油中，使其中的胶溶性杂质吸水凝聚，然后沉降分离毛油属于胶体体系，其中的磷脂、蛋白质、黏液质和糖基甘油二酯等。主要设备有水化器、分离器、干燥器及脱溶器等。

碱炼脱酸——脱除游离脂肪酸的过程叫脱酸，常用方法为碱炼法。使用添加剂烧碱（NaOH），用于中和游离脂肪酸和添加的磷酸。中和化学反应于混合装置、滞流反应罐和相关管线中完成，借助于离心分离机分离出皂脚（俗称脱皂）。脱皂油中的残皂通过淡碱液洗涤、复炼、热水洗涤、水洗，再借助于离心分离机分离出净油。

脱色——目前应用最广的是吸附法，即将某些具有强吸附能力的物质（酸性活性白土、漂白土和活性炭等）加入油脂，加热下吸附除去油中的色素及其他杂质（蛋白质、黏液、树脂类及肥皂等)。工艺流程：间歇脱色(油脂与吸附剂在间歇状态下通过一次吸附、脱色)，脱色油经贮槽转入脱色罐，真空下加热干燥后，与由吸附剂罐吸入的吸附剂在搅拌下充分接触，完成吸附平衡，经冷却泵入压滤机分离吸附剂；滤后脱色油汇入贮槽，用泵转入脱臭工序，压滤机中的吸附剂滤饼则转入处理罐回收残油。

脱臭——制油过程中也会产生臭味，如溶剂味、醛类有机物、肥皂味和泥土味等物质。除去油脂特有气味（呈味物质）的工艺过程称为脱臭，工艺参数达不到脱臭要求时称为脱溶。脱臭前，须先行水化、碱炼和脱色。脱臭的方法很多，有真空蒸汽脱臭法、气体吹入法、加氢法和聚合法等。目前国内外应用最广、效果最好的是真空蒸汽脱臭法。真空蒸汽脱臭法是在脱臭锅内用过热蒸汽（真空条件下）将油内呈味物质除去的工艺过程。

六、植物油加工业的环境污染分析

食用油脂加工业的主要环境污染是废水污染。

（一）植物油加工业的水污染

食用油脂加工业的废水主要来自浸出、精炼工段产生的废水，油脂生产废水主要来自浸出、精炼等工艺，其中炼油车间的废水只占总污水量的 20%，而有机物排放量占总排放量的 70%。在轧坯、浸出、碱炼、水洗、脱臭过程会产生高浓度废水其中含有大量油脂（在 200 ～ 2 000 mg/L），有机物含量高，COD 质量浓度可达 2 000 ～ 7 000 mg/L，悬浮物的质量浓度也比较高，为 1 000 ～ 2 000 mg/L，废水中磷酸盐的含量较高质量浓度可达 50 ～ 100 mg/L，废水各种指标浓度的高低与废水发生量、精炼工艺有关，一般情况下废水量越大，其浓度则越小。在正常的生产条件下，油脂浸出和精炼工艺工艺产生的废水产生量约为 $0.1m^3/t$。碱炼工序产生的皂角，COD 质量浓度可达 1 000 mg/L 以上，含油可达 2%。

油脂加工的废水包括工艺废水（制油车间浸出冷凝废水、精炼车间水化脱胶废水、汽提脱臭冷却废水）、冲洗废水（各车间设备、地面冲洗水）、冷却水（浸出车间间接冷却水，精炼车间直接冷却水）、其他废水（如毛油储存、油槽车请洗、油脂包装也会产生含油污水。罐区地面冲洗水、循环冷却系统排水、锅炉软水制备系统再生废水、锅炉排污水、水膜除尘废水和生活污水）。

浸出过程废水主要是含溶剂的冷凝水，经分离后回收系统循环使用。

精炼车间水化工序产生分离出的粗磷脂经脱水、浓缩冷凝排放的废水和离心机的洗涤水，其中含磷脂和油类物质。

精炼车间碱炼工序产生碱炼冲洗水、油水分离废水、冲洗地面废水，含大量油类，回收油类后排放。

浸出车间冷却水是间接冷却水，精炼车间冷却水是直接冷却水，一般冷却水的循环利用率约为 70%。

冷凝废水主要来自湿粕蒸脱、混合油汽提、矿物油解吸、含溶废水蒸煮等。

我国油脂工业每加工 1 t 食用油脂耗水为 0.8 ～ 3.0 m^3（循环使用消耗），相应的排水也在 0.05 ～ 0.3 m^3；如不循环使用，吨豆耗水量高达 10 ～ 35 m^3，其排水量也会成倍地增加。

（二）植物油加工的废气

油脂加工过程产生的废气主要是油料清理工序产生的粉尘，湿粕脱溶和混合油汽提工序产生的含溶剂尾气（VOCs），以及油粕冷却工序、脱臭工序、废水处理和污泥收集贮存设施都会产生的异味和臭味。还有蒸汽锅炉产生的烟气。

1. 含尘废气

油料清理工序的机械清理、分选、下料坑、清理筛、破碎机、去石机、提升倒料等过程都会产生含尘废气，投放白土时会产生白土粉尘，都需集气除尘。

2. 溶剂尾气

浸出车间的浸出工艺要使用工业乙烷等溶剂，在浸泡、萃取和溶剂回收过程都会产生含部分溶剂的不凝气尾气排放，在这个车间产生的废水和废渣中也会产生溶剂挥发，排放含 VOCs 的废气。据测算，一般浸出车间总的溶剂消耗量要求控制在 5 kg 以下，有近 1/3 是从尾气逃逸的。精炼车间的脱色和脱臭工序一般是在抽真空条件下进行，油脂中的馏出物（挥发性有机物）也会在系统中散逸。

3. 含异味和臭味废气

油粕冷却工序、脱臭工序，来自油料、油脂堆场（散落的油料、油脂及油角）。由于它们的主要成分是甘油三酸酯等有机物，逐渐会分解成短链脂肪酸和其他会挥发的有机物，产生令人厌恶的臭气。来自精炼车间的脱臭工段，在油脂油脂脱臭过程中，馏出物（脂肪酸的蒸馏冷凝液）中含有恶臭物质。由于多数植物油厂的脱臭真空设备都使用直接冷凝系统，臭味物质（低沸点油脂、脂肪酸及其他物质）将部分溶于水中，被细菌作用或氧化降解，散发出臭味。此外精炼车间的撇油池、废白土场、废水池等区域也会又产生臭味的物质。来自榨油车间蒸炒设备和预榨设备泄漏的蒸汽中都含有异味，精炼的脱臭设备泄漏的废气也含异味，焦糊和霉变的油饼也会产生异味。来自综合利用车间，如甘油回收、脂肪酸或谷氨酸生产都有煮沸或加热的操作，冷凝设备等封闭不严或蒸汽泄漏，都会产生强烈的异味。

废水处理站和污泥收集贮存设施都会产生的异味和臭味。

4. 锅炉烟气

油脂加工需要大量蒸汽，蒸汽锅炉产生的燃烧烟气，含大量烟尘、SO_2、NO_x。

（三）植物油加工业的固体废物

固体废物主要是精炼车间产生的废白土、工艺废渣（滤渣、油脚）、锅炉产生的粉煤灰、煤渣、除尘的尘灰、废水处理站回收的废油、废水处理站产生的污泥、清理过程产生的砂石等。

第三节 屠宰及肉类和水产品加工业生产工艺环境基础

一、屠宰及肉类加工业的原辅材料

我国肉类屠宰加工业生产使用的原料肉主要来源于活猪、活牛、活羊、活家禽等畜禽，工艺包括活畜禽静养、屠宰、分割、冷冻、肉制品加工。

二、屠宰及肉类加工的基本生产工艺

肉禽加工工艺过程如下：

活畜禽入场静养→宰杀→去毛或皮→去内脏→分割剔骨→冷藏→深加工→肉制品。

肉禽屠宰生产过程大致为：牲畜在宰杀前要进行检疫验收，在屠宰时进入屠宰区，致昏、刺杀放血、煺毛或剥皮、开膛解体、胴体修整、检验盖印等工序。致昏是通过物理方法如机械、电击、枪击，化学方法如吸入 CO_2 等使家畜在屠宰前短时间内处于昏迷状态。放血是决定肉的品质优劣及卫生质量的关键环节。放血前禽畜尽量减少惊吓，避免产生应急。放血时将禽畜悬挂后脚割断静脉将体内血液全部放出来，这样才能获得色鲜、味正、含水分少、耐储的优质肉品。

肉禽深加工通过腌、烹、酱、熏、制罐头等肉类加工工序，把生鲜的肉类加工成肉制品。

屠宰和肉类加工的生产过程大致为：在屠宰时进去屠宰区，首先用机械、电力或者化学方法将牲畜致晕，然后悬挂后脚隔断静脉宰杀放血。牛采用机械剥皮，而猪一般不去皮，猪体进入水温为60℃的烫毛池煮后去毛。而后剖肚取出内脏，将可食用部分和非食用部分分开，再冲洗胴体、分割、冷藏，以及加工成不同的肉类食品，如新鲜肉或花色配制品和腊、腌、熏、罐头肉等。

三、屠宰及肉类加工的环境污染分析

肉禽加工主要污染是废水污染，废水中含畜禽的血液、油脂、碎肉、骨渣、毛及粪便等，废水呈褐红色，具有较强的腥臭味，有机悬浮物含量高，易腐败。废气污染主要是锅炉燃料燃烧废气，畜禽粪便、内脏、污水和污泥散发的恶臭。废渣主要是粪便、废弃饲料和内脏杂物、皮、毛、肉渣等，数量有限。

（一）肉禽屠宰的水污染

在屠宰和肉类加工的过程中，要耗用大量的水，必然产生与排出大量废水。一般包括屠宰和肉类加工两部分，有的还附设副产品车间，生产食用油脂、明胶、肥皂等。其废水中含大量血、肉屑、油脂、粪便和食物、内脏杂物、毛、泥沙等，还可能含有多种对人体健康有关的细菌，带有令人不适的血红色和使人厌恶的血腥味。

屠宰和肉类加工厂的废水主要产生在屠宰工序和预备工序，来自屠宰、煺毛、解体、开腔、清洗各工序。废水来源主要有来自圈栏冲洗、宰前淋洗和屠宰、放血、脱毛、解体、开腔劈片、清洗内脏肠胃等工序的加工废水，油脂提取、剔骨、切割以及副食品加工等工序也会产生一定的废水。此外，在肉类加工厂还有来自冷冻机房的冷却水，以及车间卫生设备、洗衣房、办公楼和场内福利设施排放出的生活污水等。屠宰和肉类加工属于高浓度有机废水。

肉类屠宰加工过程产生的圈栏冲洗水、肉禽加工中屠宰废水、内脏清洗废水、烫毛废水、肉禽分割清洗水，还有加工设备和场地的冲洗废水等含有血污、油脂、毛、肉屑、畜禽内脏杂物、未消化的食料和粪便等污染物质，不仅含有大量有机物、氮磷，还含大量致病微生物。综合废水中 COD 为 2 000 ～ 5 000 mg/L，悬浮物为 600 ～ 3 000 mg/L，油脂含量为 200 ～ 1 000 mg/L，大肠杆菌 2.38×10^6 ～ 2.38×10^7 个 /L，废水量大。每屠宰 1 t 活牲畜约产生 10 m^3 废水。肉类加工废水所含污染物主要为呈溶解、胶体和悬浮等物理形态的有机物质，其污染指标主要有 pH、COD、BOD、SS 等，此外还有总氮、有机氮、氨氮、硝态氮、SS、总磷、硫酸根、硫化物和总碱度等。在微生物方面的指标为大肠杆菌。肉类加工各工序的废水污染物质量浓度见表 11-5。

表 11-5　肉类加工各工序的废水污染物质量浓度　　单位：mg/L

废水来源	BOD	COD	SS	脂肪	氨氮
饲养车间	700 ～ 800	1 400	900 ～ 1 000	240	850
屠宰	460 ～ 520	1 100	100 ～ 900	150	100
肉类加工	580 ～ 600	1 120	1180 ～ 1 230	240 ～ 320	200
牛羊肉车间	340 ～ 380	830	1 400 ～ 1 600	90 ～ 130	75
综合废水	1 200 ～ 1 500	1 500 ～ 2 500	1 000 ～ 1 500	200 ～ 400	100 ～ 200

肉类加工废水的水质由于受加工对象、生产工艺、用水量和废物清除方式的不同，变动范围较大，废水浓度的动态变化也很大。肉类加工厂的水量一般都较大，处理 1 t 活体家畜（或家禽），屠宰厂为 8 m^3/t 活体，屠宰及肉类加工厂为 10 m^3/t 活体。屠宰一头猪排水 0.4 ～ 0.8 m^3/ 头废水，平均 0.7 m^3/ 头废水，屠宰牛 1.0 ～ 1.5 m^3/ 头，屠宰羊 0.2 ～ 0.3 m^3/ 只，屠宰鸡鸭排水 2.3 m^3/ 百羽。屠宰废水中 SS 质量浓度为 2 000 mg/L、BOD 质量浓度为 800 ～ 1500 mg/L、脂肪为 600 mg/L、总氮为 400 mg/L，色度约为 500 倍，生化处理效果较好。

（二）屠宰及肉类加工业的废气

屠宰企业产生的废气主要有屠宰、去内脏和待宰圈、固体废物堆积地及污水、固体废物收集、贮存、处理设施产生的粪便、内脏、氨、硫化氢等恶臭气体。屠宰企业产生的废气不仅污染环境，而且会让附近居民感觉恶心、不舒服，有时候还会诱发一些疾病。屠宰废气中的一些物质如硫化氢等气体会对人体产生毒害，屠宰废气中的氮和磷也会对环境造成污染。

在屠宰生产的过程中要及时对待宰圈等设施进行清洗，把固体废物封盖堆放并及时运出，对于待宰圈、污水处理站等容易产生恶臭气体的设备要采用封闭加盖，屠宰车间内的粪便、胃内容物、碎肉等废弃物要及时清理，并设置活性碳吸附装置减少恶臭气味，对车间、待宰圈保持通风，保持厂区清洁卫生，及时清洗地面。

屠宰企业产生的废气还有锅炉燃烧烟气，含大量烟尘、SO_2、NO_x。

（三）屠宰及肉类加工业的固体废物

屠宰场产生的固体废物主要包括待宰圈清理产生的粪便，屠宰车间生产过程中割下的碎肉及碎骨、畜血和屠宰加工产生的副产物以及生活垃圾、锅炉废渣等。屠宰固体废物中畜禽粪便、副产物等一般携带有病毒和病菌，容易污染地下水。

四、水产品加工业的原辅材料

水产品加工的原料一般包括鱼类、甲壳类（虾、蟹等）、软体动物（贝类、头足类等）、腔肠动物（海蜇等）、棘皮动物（海胆等）、水产兽类和藻类等水产品的加工。水产品加工过程中的鱼头、内脏、鱼鳞、鱼骨、虾头、蟹壳及腐烂水产品等废弃物，可以用来生产饲料鱼粉，但许多水产品加工企业尚未充分提取和利用。

五、水产品加工业的基本生产工艺

水产品加工(不包括罐头加工)主要分为两大类：①初步加工,即将捕获的鱼类、贝类、藻类等鲜品经清洗、挑选，除去不需要的部位等处理后，制成干鲜品、腌制品、冷冻品、水产罐头等；②二次加工精制，制成鱼松、烤鱼片等。

（一）水产品的宰杀与冷冻加工

冷冻加工工艺包括宰杀（去磷、剖腹去内脏、清洗）、修整、盐业浸渍、冻结（-5℃）冷藏（-18℃）。

水产品的宰杀与冷冻加工的主要污染是废水污染，其中宰杀时排水量为原料鱼质量的 2 ～ 3 倍，处理虾会达到 12 倍。宰杀时冲洗鱼体排出的废水中 COD 质量浓度为

3 000 ～ 5 000 mg/L，属高浓度有机废水。

（二）水产品的腌制加工

腌制加工工艺—原料处理、盐水清洗洗去鱼体表面附着的黏液，剖割、洗涤去除鱼体残留血污和黏液，腌制、包装储运。

主要是原料处理和设备的洗涤废水。

（三）水产品的干制加工

干制加工工艺—原料处理(于淡水或海水中洗涤洁净)、去除内脏、洗涤洁净、沥干水待晒、烘晒、整形、分级、包装。

主要是原料处理和设备的洗涤废水。

（四）水产品肉糜加工

水产品肉糜加工工艺—冲洗原料、原料处理、冲洗全肉、挑选、漂白、脱水、磨碎、调制、成型、冷冻、包装。

主要是原料处理和设备的洗涤废水。

加工操作时洗涤废水量约为原料量的 4 倍。漂白和脱水操作排放废水量为原料量的 7 ～ 8 倍。在漂白废水中主要含有纤维状蛋白质(占 60% ～ 70%)，其次为水溶性蛋白质，废水中 BOD 质量浓度约为几千 mg/L。

（五）琼脂的加工

琼脂生产的原料是石花菜等海藻。

琼脂加工工艺——原藻、浸泡、冲洗、煮熟、过滤、凝固、冻结、注水解冻、脱水、干燥。

浸水和冲洗操作用水量为原藻的 10 ～ 20 倍，而注水解冻和脱水操作用水量为制品的 2 ～ 3 倍。琼脂加工废水的 BOD_5 为 1 200 mg/L。

（六）鱼粉的加工

鱼粉的加工工序一般由煮、压、烘干、磨碎、干燥和包装等作业单元组成。鱼粉的加工工艺主要包括湿料主要设备为蒸干釜、烘干炉，粉碎机、干燥机、传送装置、废气处理装置等。

六、水产品加工的环境污染分析

水产品加工的主要污染是污水，其废气污染主要来自燃烧废气，生产中产生的皮、壳、腐败原料和生产垃圾等，一般都能综合利用。船舶在港排放废气、车辆产生的尾气、水产品加工产生的恶臭、污水处理站产生的恶臭。

（一）水产品加工的水污染

水产品加工行业为典型的高耗水行业，其废水产生量大，对环境的污染严重。水产品加工厂的主要废水来自原料处理废水、水产品加工废水、水煮废水、设备地面冲洗水和除臭设备排水，还有机修油污水、码头冲洗污水、流动机械冲洗水、初期雨污水、船舶含油污水及洗舱水等。其废水有机物含量较高，其中有机氮含量特别高，废水 pH=6.5 ～ 8.5，COD 质量浓度可达 5 000 ～ 50 000 mg/L，BOD_5 为 200 ～ 2 000 mg/L，SS 为 150 ～ 1 000 mg/L，且含高浓度的盐类，其中 Cl^- 质量浓度达 8 ～ 19 g/L，Na^+ 质量浓度达 5 ～ 12 g/L，SO_4^{2-} 为 0.6 ～ 2.7 g/L。高浓度 Na^+ 和 SO_4^{2-} 对厌氧的产甲烷过程会产生毒性和抑制作用。

废水主要来自于水产品加工过程中的原料解冻和产品、设备、工作场所的清洗等过程，具有废水量大，有机物浓度高，蛋白质、油脂等大分子有机物质多、生化降解速率慢等特点。此外水中还含有泥砂、植物纤维、色素、胶体等成分。水产品加工产生废水。因工艺的不同，污染程度可分为低浓度废水（如冲洗工艺）、中浓度废水（如鱼类切片）和高浓度废水（如由鱼类储存罐中排放的血水和处理内脏废水）。

水产品加工废水的排水量、废水水质与原料的新鲜程度有很大关系，还因季节性捕捞及加工的原料不同、加工工艺不同而有很大变化。水产品加工废水中有机物和悬浮物含量高，蛋白质、油脂等大分子有机物质多；氨氮及磷浓度高，出水氮磷达标比较困难；水温低，生化降解速率慢；废水排放季节性较强，水质水量波动大；污泥量大，污泥成胶体状，难脱水，难降解。

（二）水产品加工的废气

1. 水产品加工过程的废气

水产品加工过程中产生的废气主要为加工过程的异味（腥臭气味）和污水固体废物收集、储存、处理转运过程产生的恶臭气体。水产品加工过程产生的异味化学组分复杂，且与原料新鲜程度相关，按目前行业治理的现状，暂无成分的全分析数据。根据调查和参考有关资料，异味主要环境污染指标为恶臭，主要是由三甲胺、氨、硫化氢等形成。

生产过程中去杂、熟化、干燥等工序产生的恶臭气体收集后集中处理，其他环节的恶臭气体无组织排放。类比同类行业，腌蒸、烘干工序及其间的输送环节三甲胺、氨、硫化氢的产生量较大，废气输送至除臭塔进行喷淋除臭，处理后的废气经 15 m 高的排气筒集中排放。

水产品加工企业产生的废气还有锅炉燃烧烟气，含大量烟尘、SO_2、NO_x。

2. 鱼粉加工的废气

受原料生物体腐烂的影响，整个加工过程中都会产生大量的含硫及有机胺类等难闻的恶臭废气，尤其是在干燥阶段，对周边空气环境造成了较大的影响。

1）有组织排放源：湿法烘干炉高温蒸煮废气、干燥机干燥尾气；

2）无组织排放源：料堆场、废水、废水处理站、生产中原料转输等。其中高温蒸煮、原料堆场、原料转输是最主要的恶臭来源。鱼粉厂加工过程产生的恶臭气体，其化学组分复杂，影响因素较多，目前还无全面的成分分析数据，已知的成分主要有丙烯醛、丁酸和戊酸、油类降解产物、硫化氢、氨，以及三甲胺等物质。据国外资料，水产品加工过程中排放的废气中三甲胺质量浓度可达 600 mg/m^3、硫化氢可达 30 mg/m^3，臭味强度为 4 000 ～ 10 000（新鲜鱼加工），若鱼变质，臭味强度急剧上升，高时可达 100 000 以上。

（三）水产品加工的固体废物

固体废物主要有加工车间生产过程中产生的鱼鳞及少数鱼内脏和污水处理产生的脱水污泥。加工车间产生的鱼鳞及鱼内脏在固废堆放间集中贮存后，可以送到鱼粉厂运去加工鱼粉，污水处理站产生的污泥可以作为有机肥料。

第四节　淀粉和乳制品制造业生产工艺环境基础

一、淀粉制品制造业的原辅材料

淀粉工业属于用淀粉质农产品加工淀粉和淀粉深加工产品 (淀粉糖、葡萄糖、淀粉衍生物等) 的工业。淀粉工业主要原料有玉米、木薯、甘薯、马铃薯、小麦粉等淀粉质农产品。淀粉工业约需 1.7 t 原料才能得到 1 t 产品，在生产过程中，需水量很大，废水排放量也大，而且废水都是含大量淀粉、蛋白质、糖类、脂肪等有机物的高浓度有机废水，每产 1 t 淀粉排放废水 10 ～ 20 m^3。

淀粉及淀粉糖由于原料不同，生产工艺有较大差别，主要有以玉米为原料生产淀粉；以薯类为原料生产淀粉；以小麦为原料生产淀粉和以淀粉乳为原料生产淀粉糖的工艺。市场研究显示食用淀粉是植物体中贮存的养分，存在于种子和块茎中，各类植物中的淀粉含量都较高，大米中含淀粉 62% ～ 86%，麦子中含淀粉 57% ～ 75%，玉蜀黍中含淀粉 65% ～ 72%，马铃薯中则含淀粉 12% ～ 14%。

辅料有硫黄（亚硫酸）、石灰。

二、淀粉制品制造业的基本生产工艺（表 11-6）

表 11-6 淀粉及制品制造的主要生产设备

项目		设备（设施）名称
玉米淀粉	入库、净化	提升机、胶带输送机、滚动筛、去石机、沙石分离槽、永磁滚筒、洗麦机、振动筛、粉料仓、煤场（煤棚）、玉米仓等
	玉米浸泡	浸泡罐、硫磺燃烧炉、亚硫酸吸收塔、亚硫酸钠贮罐、带式输送机
	玉米湿磨	盘式破碎机、旋液分离器、锤碎机、金钢砂磨、筛分设备、分离槽、清洗池、流槽
	淀粉分离、干燥	离心分离机、烘干机、破碎机、筛分设备
	副产品加工	压榨机、滚筒干燥机、粉碎机、筛分设备、三效蒸发器、榨油机等
薯类淀粉	清洗、浸泡	螺旋输送机、胶带输送机、斗式提升机、去石机、磁选机、水力流送池、洗净池、送洗涤机、洗涤桶
	破碎、磨浆	螺旋输送机、刨丝机、粉碎机、筛分设备、磨机等
	酸化、分离	旋流分离器、流槽、精筛、缸或池等
	脱水、干燥	离心分离机、气流干燥机、粉碎机、筛分设备等
小麦淀粉	淀粉浆制备	和面机、面筋筛、振动筛、离心筛、脱水机、螺旋输送机和沉淀池等
	洗涤干燥	螺旋输送机、干燥系统、粉碎机、筛分设备等
淀粉糖	液化、糖化	接收罐、制备罐、喷射蒸煮系统（板式换热器、喷射加热器）、内蒸罐、液化罐、泵
	精制系统	脱色罐、抽汁罐、调配罐、过滤器、离子交换器、泵、蒸发罐
其他生产辅助设施		锅炉房、污水站、仓库、煤场、灰库等

（一）玉米淀粉加工工艺

玉米入库、清理（去杂、去铁、清洗等）→浸泡（用亚硫酸氢钠水和玉米入浸泡罐）→湿磨（破碎机、金钢砂磨）→淀粉分离（分离机脱水）→干燥（干燥处理）→副产品加工（纤维和麸质生产饲料，胚芽精炼玉米油，油饼可作饲料，蛋白质水经过沉淀分离、过滤、干燥、粉碎、筛分，可做高级饲料）→成品（淀粉）。

（二）薯类淀粉加工工艺

原料的清洗（去铁、去砂石、去秸秆、去泥沙等）和浸泡（薯干用石灰乳浸泡）→原料的破碎（破碎机打碎，过筛）、磨浆（磨机细碎）分离（分离粉渣和淀粉乳）→酸化（酸浆兑浆、撇浆）、分离（沉淀、筛分、蛋白质流槽分离）→脱水（淀粉浆分离机脱水）、干燥（干燥机烘干）→筛分（粉碎机粉碎、筛机筛分）→成品（淀粉）。

（三）小麦淀粉加工工艺

淀粉浆制备（和面机、面筋分离、面筋干燥得蛋白粉、筛分去杂，得到淀粉浆、分离澄清水）→淀粉洗涤干燥（搅拌洗涤、脱水机脱水、干燥机干燥、）→粉碎和筛分（粉碎机粉碎、筛机筛分）→成品（淀粉）。

三、淀粉制品制造业的环境污染分析（表 11-7 和表 11-8）

表 11-7 淀粉行业污染要素分析

污染类型	主要污染指标
废气	主要有锅炉废气（污染物有颗粒物、NO_x、SO_2）；原料运输、装卸、去杂、输料、贮存和产品干燥、粉碎、筛分产生的粉尘；异味（蒸煮、糖化、发酵、蒸馏、干燥过程和废水处理产生的气味）、污水处理站污水池和污泥的恶臭等
污水	废水主要包含生产工艺废水（浸泡水、洗涤水、上清液、黄浆水）、蒸发冷凝水；设备和车间的洗涤水、冷却水；锅炉废水（冲渣水、脱盐水、锅炉清洗废水）等，主要污染物有 COD_{Cr}、BOD_5、SS、pH、氨氮、总氮、总磷、总氰化物等
固体废物	主要有包括酒精糟、锅炉灰渣、废酵母、除尘器尘灰、污水处理站污泥
噪声	主要是运输车辆噪声、设备噪声等

表 11-8 淀粉生产企业的排污节点说明

		生产设施	污染产生原因	主要污染物	控制措施
玉米淀粉	入库净化	提升机、胶带输送机、滚动筛、去石机、沙石分离槽、永磁滚筒、洗麦机、振动筛、粉料仓、煤场（煤棚）、玉米仓等	玉米的运输、装卸、拆包、入库、贮存；原料的除杂；原料的输运、传送；燃煤的运输、卸车、堆存；硫黄等辅料入库；玉米洗涤；运输机动车和破碎机等机械作业产生噪声	玉米运输、卸货、入库、贮存产生原料扬尘，燃煤运输、卸车、堆存、产生遗撒和扬尘；原料的除杂、输运、传送、入仓产生扬尘；原料粉碎和筛分的排气口产生含尘废气排放；玉米洗涤产生洗涤废水、设备和地面清洗水；废水含 COD_{Cr}、BOD_5、SS；机动车和机械噪声	原辅料卸车、输运、传送、入库、入仓、除杂过程严格控制遗撒和封闭措施，减少扬尘；原料粉碎和筛分的排气口应采取引风和除尘措施；燃煤运输、卸车、堆存，应减少遗撒、喷水雾、设防尘网，降低尘污染；玉米洗涤废水、清洗废水导入污水处理站

		生产设施	污染产生原因	主要污染物	控制措施
玉米淀粉	玉米浸泡	浸泡罐、硫黄燃烧炉、亚硫酸吸收塔、亚硫酸钠贮罐、带式输送机	硫黄燃烧，亚硫酸吸收、制备； 玉米浸泡； 设备和车间清洗	硫黄燃烧炉废气含 SO_2、颗粒物、NO_x； 玉米浸泡废水； 设备和地面洗涤废水； 废水含 COD_{Cr}、BOD_5、SS、pH、氨氮、总氮、总磷	硫黄燃烧炉废气引气脱硫和除尘； 控制硫黄燃烧炉烟气泄漏； 玉米浸泡废水、设备和地面洗涤废水导入污水处理站
	玉米湿磨	盘式破碎机、旋液分离器、锤碎机、金钢砂磨、筛分设备、分离槽、清洗池、流槽	玉米破碎、磨浆、筛分、分离、清洗、产生废水和废渣； 设备和车间清洗	胚芽分离、黄浆废水； 设备和地面洗涤废水； 废水含含 COD_{Cr}、BOD_5、SS、pH、氨氮、总氮、总磷	胚芽分离、黄浆工艺废水； 设备和地面洗涤废水导入污水处理站
	分离干燥	离心分离机、烘干机、破碎机、筛分设备	分离产生工艺废水； 设备和车间清洗； 烘干、破碎、筛分产生废气	分离工艺废水、设备和车间清洗产生废水含 COD_{Cr}、BOD_5、SS、pH、氨氮、总氮、总磷； 烘干、破碎、筛分产生含尘废气	分离工艺废水、清洗废水产生废水导入污水处理站； 烘干、破碎、筛分产生含尘废气加强设备的密闭，排气口废气导入除尘设施
	副产加工	压榨机、滚筒干燥机、粉碎机、筛分设备、三效蒸发器、榨油机等	设备和车间清洗，蒸发产生冷凝水； 烘干、破碎、筛分产生废气	设备和车间清洗废水，蒸发冷凝水含 COD_{Cr}、BOD_5、SS、pH、氨氮、总氮、总磷	清洗废水，蒸发冷凝水导入污水处理站； 烘干、破碎、筛分产生含尘废气加强设备的密闭，排气口废气导入除尘设施
薯类淀粉	清洗、浸泡	螺旋输送机、胶带输送机、斗式提升机、去石机、磁选机、水力流送池、洗净池、送洗涤机、洗涤桶	薯类原料的运输、装卸、拆包、入库、贮存； 原料的除杂； 原料的输运、传送； 鲜薯和薯干的洗涤； 运输机动车和破碎机等机械作业产生噪声	玉米运输、卸货、入库、贮存产生原料扬尘； 原料的除杂、输运、传送、入仓产生扬尘； 原料洗涤产生洗涤废水、设备和地面清洗水； 废水含 COD_{Cr}、BOD_5、SS； 产生机动车和机械噪声	原辅料卸车、输运、传送、入库、入仓、除杂过程严格控制遗撒和封闭措施，减少扬尘； 原料洗涤废水、设备和地面清洗水导入污水处理站
	破碎、磨浆	螺旋输送机、刨丝机、粉碎机、筛分设备、磨机等	设备和车间清洗废水	废水含 COD_{Cr}、BOD_5、SS、氨氮、总氮、总磷	设备和车间清洗废水导入污水处理站

		生产设施	污染产生原因	主要污染物	控制措施
薯类淀粉	酸化、分离	旋流分离器、流槽、精筛、缸或池、沉淀池等	设备和车间清洗废水； 沉淀池上清水（工艺废水）； 过滤的薯渣	清洗废水和沉淀池上清水含 COD_{Cr}、BOD_5、SS、pH、氨氮、总氮、总磷； 过滤的薯渣属一般固废	清洗废水和沉淀池上清水导入污水处理站； 薯渣经脱水可外运作饲料
	脱水、干燥	离心分离机、气流干燥机、粉碎机、筛分设备等	离心机脱水（工艺废水）； 设备和车间清洗废水； 淀粉干燥、粉碎、筛分产生含尘废气	分离废水和清洗废水，含 COD_{Cr}、BOD_5、SS、pH、氨氮、总氮、总磷； 淀粉干燥、粉碎、筛分产生含尘废气	离心机分离废水，设备和车间清洗废水导入污水处理站； 干燥机、粉碎机、筛分设备加强密闭措施，减少无组织排放，设备废气引气除尘
小麦淀粉	淀粉浆制备	和面机、面筋筛、振动筛、离心筛、脱水机、螺旋输送机和沉淀池等	面粉的卸车和倒袋产生粉尘； 清洗设备和地面产生清洗废水； 沉淀池上清水（工艺废水）	面粉的卸车和倒袋会产生粉尘； 清洗设备和地面产生清洗废水，沉淀池上清水（工艺废水）含 COD_{Cr}、BOD_5、SS、pH、氨氮、总氮、总磷	面粉的倒袋应有集气除尘； 清洗废水和沉淀池上清水（工艺废水）导入污水处理站
	洗涤干燥	洗涤筒、脱水机、螺旋输送机、干燥系统、粉碎机、筛分设备等	洗涤脱水产生洗涤废水； 清洗设备和地面产生清洗废水； 淀粉干燥、粉碎、筛分产生含尘废气	干燥、粉碎、筛分产生含尘废气； 洗涤废水和清洗废水含 COD_{Cr}、BOD_5、SS、pH、氨氮、总氮、总磷	洗涤废水和清洗废水导入污水处理站； 干燥、粉碎、筛分设备加强密闭措施，减少无组织排放，排气口采取引气除尘措施

淀粉加工的主要污染是污水，其废气主要来自燃烧废气和废水产生的恶臭问题，生产中产生的薯渣、湿胚芽、湿纤维渣、湿蛋白、油饼等，一般都能综合利用。淀粉工业生产过程废水排放量很大，物料流失量也大，生产 1 t 淀粉需 1.7 t 原料，排放废水量为 4 ～ 20m^3。

（一）淀粉加工的水污染（表 11-9）

表 11-9 淀粉加工业的废水

原料类型	废水来源
以玉米原料生产淀粉	主要来源于玉米浸泡、胚芽分离与洗涤、纤维洗涤、浮选浓缩、蛋白压滤等工段蛋白回收后的排水，以及玉米浸泡水资源回收时产生的蒸发冷凝水
以薯类原料生产淀粉	主要来源于脱汁、分离、脱水工段蛋白回收后的排水，以及原料输送清洗废水

原料类型	废水来源
以小麦原料生产淀粉	主要来源于沉降池里的上清液和离心后的黄浆水
以淀粉生产淀粉糖原料	主要来源于离子交换柱冲洗废水、各种设备的冲洗废水和洗涤水、液化糖化工艺的冷却水

（1）以玉米为原料生产淀粉时，废水主要来源于玉米浸泡、胚芽分离与洗涤、纤维洗涤、浮选浓缩、蛋白压滤等工段蛋白回收后的排水，以及玉米浸泡水资源回收时产生的蒸发冷凝水。

（2）以薯类为原料生产淀粉时，废水主要来源于脱汁、分离、脱水工段蛋白回收后的排水，以及原料输送清洗废水。

（3）以小麦为原料生产淀粉时，废水由两部分组成：沉降池里的上清液和离心后产生的黄浆水。

（4）以淀粉为原料生产淀粉糖时，废水主要来源于离子交换柱冲洗水、各种设备的冲洗水和洗涤水、液化糖化工艺的冷却水。

（5）淀粉废水主要污染物有悬浮物（SS）、化学需氧量（COD）、生化需氧量（BOD）、氨氮（NH_4^+-N）、总氮（TN）和总磷（TP）。

（二）淀粉加工业的废气

在淀粉生产企业的原燃料卸车、输运、入库、倒袋、堆场、去杂、破碎、筛分、配料、过程产生无组织的颗粒物污染破碎、筛分、酸化、干燥、污水与废渣处理过程中，产生影响环境的强烈异味排放，锅炉房生产过程中煤堆场、灰渣库（场）、脱硫的备料和灰渣都会产生无组织扬尘。

在淀粉生产企业干燥、破碎、筛分、去杂、选料的排气口、粉料仓排气口、锅炉烟气等产生大量含颗粒物的废气排放过程，应采取引气除尘处理。

淀粉生产企业排放废水中有机物浓度较高，淀粉废水易酸化产生恶臭气体，恶臭气体产生于污水处理站的污水及污泥处理设备在废水的贮输及生化处理过程，应采取相应的防控措施。

淀粉企业产生的废气还有锅炉燃烧烟气，含大量烟尘、SO_2、NO_x。

（三）淀粉加工业的固体废物

淀粉加工过程产生的固体废物有纤维渣、洗涤池污泥、污水站污泥、锅炉灰渣。除了污泥可以处置（填埋或焚烧），纤维渣和锅炉灰渣均可综合利用。

四、乳制品制造业的原辅材料

乳制品是以生鲜乳及其制品为主要原料，添加或不添加其他辅料，经加工制成的，供人们直接食用的产品，称为乳制品。乳制品大致可分为液体乳类、乳粉类、炼乳类、发酵乳类、乳脂类、干酪类、乳冰淇淋类、其他乳制品类（主要包括干酪素、乳糖、奶片等）。

辅料有糖、色素、香精、酸乳发酵剂、消毒剂。

各类乳制品的废水性质很接近，都属于高蛋白质含量的废水。乳制品厂的废水主要来自生产清洗水（洗容器、工作面、设备）属于高浓度废水，场地清洗水属于低浓度废水。

五、乳制品制造业的基本生产工艺

（一）液体乳加工工艺

验收→净乳→冷藏→标准化→均质→巴氏杀菌→冷却→灌装→冷藏。

（二）乳粉加工工艺

验收→净乳→标准化（分离脂肪）→（脱脂乳）冷藏→杀菌浓缩→喷雾干燥→筛粉晾粉或经过流化床→包装。

（三）炼乳加工工艺

验收→净乳→冷藏→标准化→预热杀菌→真空浓缩→冷却结晶→装罐→成品储存。

（四）酸乳加工工艺

验收→净乳→加配料→均质→灭菌→接种分装→发酵→冷藏→后熟→冷藏。

（五）奶油加工工艺

原料乳→净乳→脂肪分离→稀奶油→杀菌→发酵→成熟→搅拌→排除酪乳→奶油粒→洗涤→压炼→包装。

（六）干酪加工工艺

原料乳→净乳→冷藏→标准化→杀菌→冷却→凝乳→凝块切割→搅拌→排出乳清→成型压榨→成熟→包装。

六、乳制品制造业的环境污染分析

我国乳制品主要包括灭菌乳、奶粉、酸乳、乳酸菌饮料、奶油、干酪、乳粉、炼乳、冰淇淋、雪糕等。各类乳制品的废水性质很接近，都属于高蛋白质含量的废水。乳制品厂的废水主要来自生产清洗水（洗容器、工作面、设备）属于高浓度废水，场地清洗水属于低浓度废水。

（一）乳制品加工的水污染

乳制品加工厂废水主要来自容器、设备、场地的蒸煮废水、清洗设备、工作面、场地废水洗涤冲刷废水和大量冷凝冷却水。冷却水占废水总量的80%。每加工 1 t 鲜奶耗水量在 7 ～ 10 m^3/t，排水量在 5 ～ 10 m^3/t，不同规模的乳品厂用水量和废水总量有差别。

瓶装乳品厂的排水量约为 11 m^3/t，软包装乳品厂的排水量约为 5m^3/t。乳品厂的废水含大量含乳有机物，如乳脂肪、乳蛋白、乳糖、无机盐等，属有机废水，设备、容器洗涤水属高浓度废水，水量约为 1.5 m^3/t，废水中 COD 含量在 5 000 mg/L，冲洗场地废水和办公用水属低浓度废水，水量约为 6 m^3/t，废水中 COD 含量在几百 mg/L。COD 平均质量浓度在 1 300 mg/L 左右。生产奶酪、奶油、乳糖的乳制品厂污水量和高浓度废水产生的比例会高于奶粉、鲜奶和酸奶。

由于乳固形物的存在（如蛋白质、脂肪、碳水化合物及乳糖），未处理的来自乳制品加工设施的废水可能会含有相当浓度的有机物、COD 和 BOD。乳浆还会增加废水的有机负荷。奶酪生产中加盐作业可能会导致高盐度废水的产生。废水中还可能含有酸、碱以及大量活性组分的清洁剂及消毒剂。消毒剂可能为氯化物、过氧化氢或季铵化合物。废水可能会有较高的微生物负荷，并可能含有致病病毒及病菌。

（二）乳制品制造的废气

锅炉烟气：乳制品加工企业废气有锅炉燃烧烟气，含大量烟尘、SO_2、NO_x。

加工作业含尘废气：乳制品加工作业过程中的灰尘排放物包括来自喷雾干燥系统及产品装袋过程的废气中的奶粉残余物。

异味：乳制品生产设施的异味排放物主要与奶罐、存储仓的装填和缺空操作产生的无组织异味排放，还有生产废水和固体废物在收集贮存和处理过程会产生异味或恶臭。

（三）乳制品制造的固体废物

乳制品生产设施的有机固体废物主要来自于产品加工过程，包括不合格产品及产品损耗（如原料奶溢漏、乳浆及酪乳）、格栅及过滤器残余物、离心分离器和水处理设施的污泥，以及由于原材料进料及生产线损伤而带来的包装废弃物（如废弃的切片、废弃的熟化袋，奶酪生产中产生的残余蜡），还有蒸汽锅炉产生的灰渣（包括尘灰）。

思考与练习

1. 为什么我国食品工业被列为重点水污染行业。
2. 简述我国制糖业废水的来源及主要污染特征。
3. 简述我国植物油加工业废水的来源及主要污染特征。
4. 上网查询和总结总结我国植物油加工业废气的来源及主要污染特征。
5. 简述我国淀粉及淀粉制品业废水的来源及主要污染特征。
6. 简述我国乳制品制造业废水的来源及主要污染特征。
7. 总结我国水产品加工业废水的排污节点。
8. 总结我国屠宰及肉类加工业废水的排污节点。

第十二章 机械工业工艺环境基础

本章介绍我国机械工业的现状、结构性问题、污染减排途径和污染特征；机械工业的原辅材料结构、基本能耗；主要生产设备与基本工艺；排污节点和环境要素；污染源的环境管理要求。

专业能力目标：

1. 了解机械工业的主要环境问题。
2. 了解机械工业的整体工艺结构和框架。
3. 了解机械工业的原料结构与主要设备。
4. 基本掌握机械工业的铸造、锻造、热处理、金属表面处理的前处理、电镀、有机涂装工序的基本生产工艺。
5. 掌握机械工业铸造、热处理、金属表面处理的前处理、电镀的排污节点分析，主要大气和水污染来源及环境要素分析。
6. 了解机械工业的主要环境管理要求。

第一节 机械工业的环境问题

在《国民经济行业分类》（GB/T 4754—2017）中机械工业属于制造业C大类，机械工业包含了许多个种类，包括金属制品业（33）、通用设备制造业（34）、专用设备制造业（35）、汽车制造业（36）、铁路、船舶、航空航天和其他运输设备制造业（37）、电气机械和器材制造业（38）、计算机、通信和其他电子设备制造业（39）、仪器仪表制造业（40）、其他制造业（41）、废弃资源综合利用业（42）、金属制品、机械和设备修理业（43）。机械工业指机器制造工业，包括农业机械、矿山设备、冶金设备、动力设备、化工设备以及工作母机等制造工业，机械制造业的门类众多，现在已成为拥有几十个独立生产部门的最庞大的工业体系，包含了工业中金属材料的机械零部件加工、设备、装备的加工。本章只介绍设计金属材料成型的冷加工、热加工、表面涂装（喷漆、有机涂装、电镀）等方面金属机械加工产生的环境问题。

一、我国机械工业的现状

机械工业范围广、门类多、技术性强，涉及行业面宽。按照《国民经济行业分类》（GB/T 4754—2017），机械工业涉及其 10 大类中的 49 个中类中的 146 个小类行业。按行业管理划分，机械工业包括重型矿山机械、机械基础件、农业机械、内燃机、机床工具、石油化工通用机械、文化办公设备、汽车、仪器仪表、电工电器、工程机械、食品包装机械、其他民用机械行业 13 个行业。机械工业是国民经济的主导产业，主要经济效益指标占全国工业的 1/5 左右。虽然我国已成为制造业大国，但仍是以“高投入、高消耗、高污染、低水平、低效益”为生产特征，尤其是单位产品的综合能耗、物耗、污染物排放水平与工业发达国家相比，还存在差距。

2005—2013 年，我国机械工业万元增加值能耗及重点联系企业万元产值能耗总体呈下降趋势。2005—2009 年，机械工业万元增加值综合能耗、万元产值综合能耗逐年降低，分别年均减少 10.88%、6.82%。

本着“有限目标，有所作为”的方针，到 2020 年年末机械工业节能工作取得突破性进展。具体目标：①生产过程规模以上单位工业增加值能耗比 2015 年下降 18%。②产品节能高效节能产品与装备市场占有率达到 50%；燃煤工业锅炉系统运行效率现有基础上提高 5% ～ 10%；实现燃煤工业锅炉系统运行效率达到 80%；工业窑炉运行效率现有基础上提高 5%；电机拖动系统运行效率现有基础上提高 5% ～ 10%；中小电动机产品中能效“领跑者”（能效指标达能效标准中 1 级能效指标，以下同）达到 7%；风机产品中能效“领跑者”达到 18%；泵产品中能效“领跑者”达到 15%；压缩机产品中能效“领跑者”达到 20%；内燃机油耗现有基础上降低 5%。③建立能源管理与节能服务体系重点用能企业建立能源管理体系建立节能服务体系。

2015 年我国机械工业总产值从 2005 年的 4 万亿元增长到 2015 年的 22.98 万亿元，2015 年国家统计局公布的 64 种主要机械产品中，产量增长的仅有 18 种，占比为 28.13%，产量下降的有 46 种，占比为 71.87%。具体分析表明，大型投资类产品如冶金矿山设备、工程机械、常规发电设备等和产能严重过剩的普通机械产品如各类普通机床、交流电动机、电线电缆等产量下降较大；大马力拖拉机、仪器仪表、环保设备仪器、电动叉车、风力发电设备、汽车中的运动型多用途乘用车（SUV）等与消费、民生、节能减排、产业升级密切相关的产品产量保持增长。

同时，多种所有制企业全面发展，民营企业对行业发展的贡献不断加大。2015 年民营企业实现主营业务收入 13.57 万亿元，高于全行业平均增速 3.16 个百分点，占全行业主营业务收入的比重达到 59.05%。

二、机械工业的污染减排情况

（一）“十二五”期间机械工业节能减排

“十二五”期间，我国机械工业要实施五大发展战略。节能减排和环境友好要成为

"十二五"期间机械工业自身生产过程必须高度重视的基本要求，尤其是作为机械工业中高耗能环节的热加工企业更要重视节能减排和环境友好。机械工业要积极发展高效节能产品，大力发展新能源装备，为各行各业用户的节能降耗减排提供先进装备。同时，机械产品的设计和制造要更加关注体现全生命周期的绿色理念，"高效、低污染、能回收、资源可重复利用"等因素必须置于优先位置。要发展机械产品再制造，坚持走绿色制造和循环经济的新型工业化道路。机械工业已经由过度依赖于消耗能源、资源和增加环境成本转向更多地依靠技术创新、管理创新和劳动者素质提高实现增长。生产模式努力向节能减排、绿色制造转变。

"十二五"期间，机械工业节能减排和清洁生产全面推进并取得实效。行业万元产值能耗继续下降，2010—2014 年机械工业重点联系企业万元产值能耗年均减少 6.14%。铸造企业废旧砂再生利用比例提高，出现了一批绿色铸造企业，少数企业正在建设数字化、智能化铸造车间。热处理行业骨干企业设备更新率达到 80% 以上，节能减排技术改造达 50% 以上，少无氧化热处理比重达到了 70%，综合平均单位能耗较"十二五"初期降低 20%。

（二）"十三五"期间机械工业节能减排目标

"十三五"期间，机械工业的污染减排工作要实现以下目标：规模以上企业单位工业增加值能耗和耗钢量分别比 2015 年下降 18% 和 10%。行业企业污染物排放明显下降。汽车、工程机械、机床等整机产品循环经济及再制造水平显著提高。高效节能产品与装备市场占有率达到 50%，工业锅炉系统运行效率现有基础上提高 10%，内燃机油耗现有基础上降低 5%。

1. 积极实施终端用能设备能效提升计划

对于量大面广的终端用能设备，实施能效对标和系统能效提升计划，从设计、制造、使用、回收利用等环节，全面提高能源和资源利用效率，形成系统解决方案，有效减少碳排放，为工业可持续发展做出应有的贡献。

2. 培育节能科技创新能力，突破重大关键节能技术

结合国家创新能力建设总体布局，以企业为主体、市场为导向，培育一批具有国际影响力的节能科技研发和产品设计队伍，打造节能科技创新的智力优势和人才高地。加大研发投入力度，开展节能科技研发攻关，突破核心技术瓶颈，掌握专利技术和自主知识产权，为大规模推广节能产品和装备奠定科技基础。

3. 加大产业结构调整力度

加大先进技术、工艺和装备的研发，加快运用高新技术和先进适用技术改造提升传统产业，促进信息化和工业化深度融合，支持节能产品装备和节能服务产业做大做强。坚持淘汰落后产能，健全促进落后产能退出的综合体系，完善落后产能退出机制。

4. 发展高效节能技术与装备

重点发展：冶金行业、石油、石化煤炭等行业生产中排放的废气回收再利用的高性能大型压缩机成套技术与装备，工业过程余热、余压回收与余能综合利用技术与装备，煤层气、页岩气的回收利用技术，高级环保节能污泥脱水技术与装备。

5. 全面推行绿色制造

在全生命周期内抓好抓实如下环节：开发、应用和推广一批无毒无害或低毒低害原材料（产品）；建立机械工业绿色制造基础数据库，加速绿色制造技术科技成果的转化和推广；提高制造过程中资源和能源利用率、原材料转化率，减少废弃物和污染物的产生，实施清洁生产，最大限度地实现少废或无废生产；开发废旧产品资源化与制造技术，提高资源利用率，降低环境污染，节约自然资源。

机械工业作为我国战略性支柱产业，肩负着为国民经济各行业及国防建设提供装备的重任，它所生产的产品是否先进、高效、节能和环保，直接影响着所装备行业的经济效益、能源（资源）消耗和污染物的排放，是各行业实现节能减排目标的源头和保障。

从机械工业目前的现状来看，无论是所生产的产品，还是自身的生产过程，都与国民经济的上述要求相距甚远。目前机械产品的工作效率、钢材利用率和环保性能普遍低于国际先进水平，这种粗放式的发展模式不仅无法支撑国民经济的转型升级，而且也不能适应开放环境下市场竞争的形势，无法保障行业的可持续发展。

三、我国机械工业的生产结构

“十二五”期间，我国机械工业有连续多年的高速增长转入以转型升级、结构调整为主基调的中速增长。在此背景下，机械工业产业规模持续增长，技术水平稳步提高，两化融合继续推进，创新能力日益增强，产业结构逐步优化，转型升级进展明显。行业基础领域得到强化，一批高端装备研制成功，企业创新成果不断涌现，绿色发展理念日渐深入。

“十二五”时期，我国机械工业实现平稳增长。机械工业资产总额由 2010 年的 10.97 万亿元增长到 2015 年的 19.27 万亿元，年均增速达到 11.91%。年主营业务收入由 2010 年的 13.96 万亿元增长到 2015 年的 22.98 万亿元，年均增速达到 10.48%。

2009 年，我国机械工业销售额达到 1.5 万亿美元，超过日本的 1.2 万亿美元和美国的 1 万亿美元，跃居世界第一位，成为全球机械制造第一大国。2015 年我国机械工业主营收入更达到 3.6 万亿美元。

机械工业按生产工艺可分为机械热加工（冶炼、轧制、热处理、铸造、锻压等）、机械冷加工、机械修理工业、酸洗、酸洗磷化、电镀、电子电器。

1. 机械工业原料分类

机械工业按使用的原材料可分为金属和非金属两大类：

（1）金属材料：各种类型的钢材、生铁、矽铁、锰铁、铜、铝、铅、锌、锡等。

（2）非金属材料：焦炭、煤、重油、煤油、轻柴油、燃气、各类油（润滑油、机油），苯类（苯、甲苯、二甲苯），各类漆、铬酐、苯酚、甲醛、橡胶、塑料、绝缘材料、硅砂、石英、铸造型砂、石灰石等。

2. 机械工业生产工艺分类

机械工业按生产工艺可分为冷加工和热加工两大类（图 12-1）：

（1）冷加工：车、镗、铣、刨、磨、钻、压、拉、包绞、焊等工艺，这类工艺对环境的影响主要是油污、粉尘、噪声和废弃物。其中的酸洗和电镀对环境的主要影响是污水，其次是废气和废弃物；焊接对环境的主要污染是光污染。

（2）热加工：铸造、锻压、加热、冶炼、热处理和非金属烧结等工艺，对环境的主要影响是含重金属的废气、粉尘、烟尘，其次是固体废物和噪声。

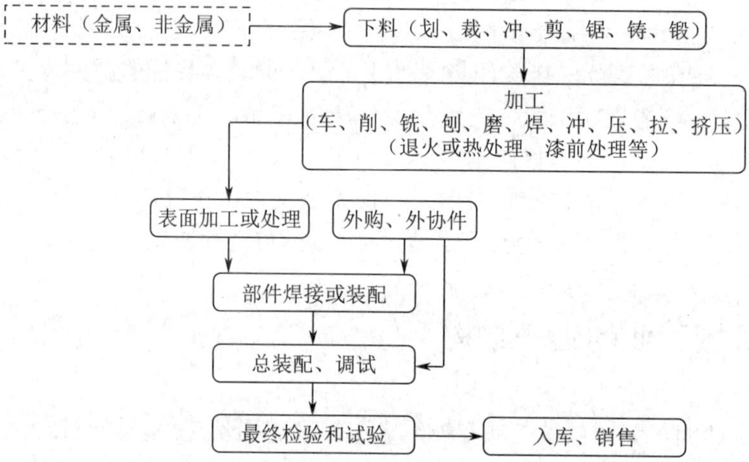

图 12-1 通用机械设备制造的一般工艺流程

专用设备制造业（特殊用途机械制造业）主要行业包括电力装备、冶金矿山、石化通用、汽车、农业机械、大型施工机械、工作母机等。其主要工艺过程应包括（图 12-2）：铸造（造型、造芯、熔炼、浇铸等）、机加工（车、削、铣、刨、磨、钳、镗、插、拉等）、冲剪（冲剪成型、剪切）、热处理（退火、回火、淬火、发蓝、高频淬火、渗碳、渗氮等）、表面处理（镀铬、镀锌、镀铜、镀镍、喷漆等）、焊接（电焊、气焊、氩弧焊、二氧化碳保护焊等）、装配（部件组装、总装）等。

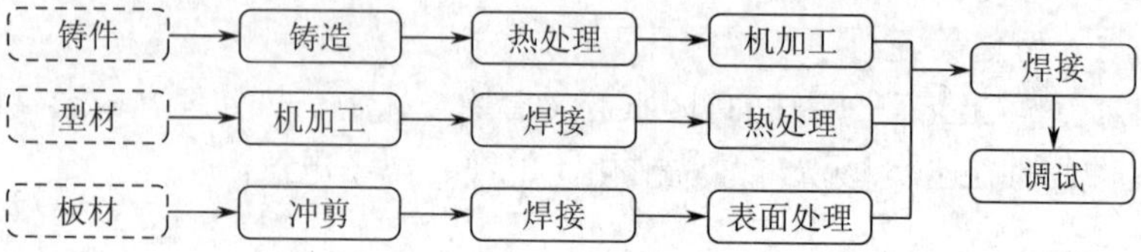

图 12-2 专用机械设备制造业简要工作过程

四、机械工业主要环境问题

机械工业生产过程中基本上都会产生废气、污水、噪声和固体废物（表 12-1），如果污染防治措施欠缺，对周围环境和社区的影响较大。

机械工业在冷加工过程中（车、镗、铣、刨、磨、钻、压、拉、包绞、焊等），对环境的影响主要是油污、粉尘、噪声和固体废物。其中的酸洗和喷漆、电镀对环境的主要影响是污水，其次是废气和危险废物；焊接和切割对环境的主要污染是光污染，其次是废气和固体废物。

而在热加工过程中（铸造、锻压、加热、冶炼、热处理和非金属烧结等），对环境的主要影响是含重金属的废气、粉尘、烟尘，其次是固体废物和噪声。因此，本章将在后面就铸造、锻造、热处理、热成型等热加工过程和车、削、铣、刨、磨、焊等冷加工过程，以及金属表面处理等机械工业典型的三大工艺类型，及其对环境的影响和污染核算等相关内容进行逐一介绍。

表 12-1 2013—2015 年我国机械工业“三废”产排污量数据

污染物	2013 年			2014 年			2015 年		
	排放（产生）量	单位	占工业比例 /%	排放（产生）量	单位	占工业比例 /%	排放（产生）量	单位	占工业比例 /%
废水量	150 700.1	万 m^3	7.87	152 573.3	万 m^3	8.16	160 953	万 m^3	8.87
COD 年产生量	58.462 5	万 t	2.80	59.909 9	万 t	2.99	63.548 9	万 t	3.49
COD 年排放量	10.256 1	万 t	3.60	14.339 9	万 t	5.22	15.314 0	万 t	5.99
氨氮年产生量	3.303 7	万 t	2.50	3.434 1	万 t	2.79	3.949 5	万 t	3.57
氨氮年排放量	1.091 9	万 t	4.86	1.078 6	万 t	5.13	1.185 4	万 t	6.04
石油类年产生量	1.678 7	万 t	6.41	1.587 4	万 t	6.42	1.529 8	万 t	6.55
石油类年排放量	0.395 5	万 t	22.74	0.346 1	万 t	21.57	0.321 0	万 t	21.39
总铬年产生量	5 785.82	t	82.77	5 750	t	80.06	5 448.80	t	79.48
总铬年排放量	76.116	t	47.03	53.388	t	40.49	38.27	t	36.65
总铅年产生量	177.862	t	6.00	236.53	t	8.41	83.489	t	2.37
总铅年排放量	5.24	t	7.07	6.882	t	9.59	5.274	t	6.76
废气量	24 173.7	亿 m^3	0.30	24 957.2	亿 m^3	3.60	34 018.5	亿 m^3	4.97
SO_2 产生量	104	万 t	1.71	199.9	万 t	3.23	121.3	万 t	2.02
SO_2 排放量	22.5	万 t	1.33	26.5	万 t	1.67	22.4	万 t	1.60
NO_x 产生量	8	万 t	0.44	8.3	万 t	0.46	9.6	万 t	0.55
NO_x 排放量	7.8	万 t	0.53	8.2	万 t	0.62	9.2	万 t	0.85
烟粉尘产生量	121.9	万 t	0.17	137.8	万 t	0.18	137.4	万 t	0.19
烟粉尘排放量	21.2	万 t	2.07	19.8	万 t	1.56	22.5	万 t	2.03
一般固体废物产生量	2 050	万 t	0.66	1 859	万 t	0.60	1 916	万 t	0.62
危险废物产生量	311	万 t	9.85	353	万 t	9.71	377	万 t	9.48

资料来源：中国环境统计年年报（纳入 2015 年环境统计的机械工业规模企业数量 27 252 家）。

五、污染源环境管理

1. 环评要求

有电镀或喷漆工艺的编写环境影响评价报告书；有分割、焊接、酸洗或有机溶剂清洗工艺的编写环境影响评价报告表；其他编写登记表。机械制造行业应严格执行新建、改扩建项目环保设施“三同时”制度，强化行业准入政策的落实。

2. 环境管理要求

在依法实施污染物排放总量控制的区域内，企业应依法取得《排污许可证》，并按照《排污许可证》的规定排放污染物；对已经安装在线监测设备的企业，应定期计算其主要污染物的排污总量或可根据在线数据核定企业总量，再对照《排污许可证》规定的排放总量许可，确定企业废气和污水某种污染物是否总量达标。

机械制造行业的企业应当建立自主环境监测体系，完善排污许可台账管理体系，污染治理设施运行记录和排污量记录，实施清洁生产审核制度。

落实国家对机械制造行业淘汰落后产能、落后工艺、落后设备的产业政策，控制和淘汰不符合产业政策的新建项目，立足于现有企业改组改造，进行产品结构调整和污染治理。尤其是电镀、有机涂装、铸造、锻造、热处理、前处理的重污染项目，要严格落实排污许可和污染为总量控制的要求。

3. 机械加工行业污染治理要求

3.1　**废水处理要求**

（1）含重金属废水的治理

对电镀、热处理、重金属加工的含重金属废水一定要控制在车间排放口的达标排放，加强重金属回收和废水回用。

（2）对热处理、表面处理、金属表面涂装、电镀排放的含有毒化学品废水，要求治理达标排放。

（3）对机械加工过程的废水，要求分质处理。

（4）提高废水的回用率，减少单位产品的废水排放量，严格控制有毒有害物质的排放。

（5）机械加工过程产生的各种废液（废酸、废碱、废热处理液、废磷化液、废乳化液、助剂废液等），应按危险废物严格管理，不需稀释排放。

（6）对综合废水中的规定特征污染物，一定要严格按排污许可正的要求，达标排放。

3.2　**废气处理要求**

（1）机械加工的热加工（铸造、锻造、热处理）的熔炉、加热炉、退火炉，产生的烟尘、SO_2、NO_x 一定要控制到达标排放，尤其是低温运行时产生的黑烟一定要除尘达标。

（2）在生产过程产生油烟的设施和场所，一定要严控无组织排放。要取缔车间以燃煤、燃油为燃料的小型加热炉。

（3）在冷加工（机械加工过程）、热加工的铸造、锻造、热处理加工过程、在表面处理的机械抛光、原辅料燃料（燃煤、焦炭）的运储用过程中严格控制无组织扬尘排放，要在设备和场所采取必要的集气与控尘措施。

（4）在锻压、热处理、金属表面处理的前处理阶段、涂装、电镀等生产过程产生的油烟、VOCs、氰化物、氨气、酸雾、碱雾等挥发性有机无机污染废气，处理加强设施的密闭，减少泄漏；必须设置集气设施，将泄漏的有毒有害污染物收集净化。

（5）生产所需的硫酸、液碱、氨水、各种溶剂在运输、卸载、贮存过程中严控遗撒和泄漏。

3.3　固体废物处置要求

机械加工固体废物种类特多，尤其是危险废物在各道工序都有。

（1）废矿物油、废乳化液、废油漆、废涂料；

（2）磷化废渣、电泳废渣、废活性炭、焊渣、漆渣；

（3）有毒性的工业炉废弃材料（炉衬、石棉等保温材料）；

（4）热处理废渣。盐浴固体废物（脱氧的渣和废盐、盐浴槽釜清洗产生的含氰残渣和含氰废液）、使用氰化物热处理废渣、渗硫过程会排出碱和渗硫剂的废液、热处理中的废液废渣（使用氯化亚锡、氯化锌、氯化铵进行敏化产生的废渣和废水处理污泥）；

（5）溶剂包装桶、废化学品包装；

（6）电镀固体废物。主要来自废弃电镀槽液过滤废渣（电镀、镀后处理）、废电镀槽液退镀液、钝化废液；

（7）废酸碱液、废有机溶剂、废化学品、废催化剂。

（8）废水处理含重金属污泥、化学除油工序产生的油泥、污泥中含有金属氢氧化物、硫化物等重金属污染物，多属于危险废物。多数电镀企业对电镀废水的处理方法主要采用化学法，重金属主要沉淀于污泥中。

这些危险废物应按照危险废物特性分类进行收集、贮存；危险废物贮存场所地面须作硬化处理，设有雨棚、围堰或围墙，设置废水导排管道或渠道，能够将废水、废液纳入污水处理设施；贮存场所外设置设施危险废物警示标志，危险废物容器和包装物上设置危险废物标签；产生危险废物的单位应当建立工业危险废物管理台账，如实记录危险废物贮存、利用处置相关情况；制订危险废物管理计划并报县级以上环保部门备案；进行危险废物申报登记，如实申报危险废物种类、产生量、流向、贮存、处置等有关资料；危险废物应当委托具有相应危险废物经营资质的单位利用处置，严格执行危险废物转移计划审批和转移联单制度。

第二节　机械工业冷加工生产工艺环境基础

机械加工生产过程中，凡是改变生产对象的形状、尺寸、位置和性质等，使其成为成品或者半成品的过程就称为工艺过程。工艺过程又可分为铸造、锻造、冲压、焊接、机械加工、装配等工艺过程，机械制造工艺过程一般是指零件的机械加工工艺过程和机器的装配工艺过程的总和，其他过程则称为辅助过程，如运输、保管、动力供应、设备维修等。

按被加工的工件处于的温度状态，分为冷加工和热加工。一般在常温下加工，并且不引起工件的化学或物相变化，称冷加工。一般在高于或低于常温状态的加工，会引起工件的化学或物相变化，称热加工。

一、机械工业冷加工主要原辅料

（一）机械工业冷加工的主要原辅料

机械冷加工是指通过一种机械设备对工件的外形尺寸或性能进行改变的过程。按加工方式上的差别可分为切削加工和压力加工。机器的生产过程是指从原材料（或半成品）制成产品的全部过程。对机器生产而言包括原材料的运输和保存、生产的准备、毛坯的制造、零件的加工和热处理、产品的装配及调试、油漆和包装等内容。

机械工业冷加工的主要原料主要包括钢材、锻件、铸件。主要辅料有润滑油、乳化液、焊条、盐酸、氢氧化钠、磷化液（磷酸、硝酸锌按一定配比的混合液）、油漆等。生产所需要的主要能源为电力、水、天然气。

1. 原料

【钢材】钢材是钢锭、钢坯或钢材通过压力加工制成的一定形状、尺寸和性能的材料。根据钢材加工温度不同，可以分为冷加工和热加工两种。

【铸件】铸件是用各种铸造方法获得的金属成型物件，即把冶炼好的液态金属，用浇注、压射、吸入或其他浇铸方法注入预先准备好的铸型中，冷却后经打磨等后续加工手段后，所得到的具有一定形状、尺寸和性能的物件。

【锻件】锻件是金属被施加压力，通过塑性变形塑造要求的形状或合适的压缩力的物件，这种力量典型地通过使用冲压或压力来实现。

2. 辅料

【润滑油】用在各种类型汽车、机械设备上以减少摩擦，保护机械及加工件的液体或半固体润滑剂，主要起润滑、辅助冷却、防锈、清洁、密封和缓冲等作用。润滑油一般由基础油和添加剂两部分组成。

【乳化剂】乳化剂是能够改善乳浊液中各种构成相之间的表面张力，使之形成均匀稳定的分散体系或乳浊液的物质。乳化剂是表面活性物质，分子中同时具有亲水基和亲油基，它聚集在油 / 水界面上，可以降低界面张力和减少形成乳状液所需要的能量，从而提高乳状液的能量。

【盐酸】属于一元无机强酸，工业用途广泛。盐酸的性状为无色透明的液体，有强烈的刺鼻气味，具有较高的腐蚀性。浓盐酸（质量分数约为 37%）具有极强的挥发性。

【氢氧化钠】俗称烧碱、火碱、苛性钠，为一种具有强腐蚀性的强碱，一般为片状或块状形态，易溶于水（溶于水时放热），并形成碱性溶液。氢氧化钠在水处理中可作为碱性清洗剂，溶于乙醇和甘油，不溶于丙醇、乙醚。

【磷化液】磷化液的主要成分是磷酸二氢盐，如 $Zn(H_2PO_4)_2$ 以及适量的游离磷酸和加速剂等。当金属工件一旦浸入加热的稀磷酸溶液中，就会生成一层膜。但由于这种膜的保护性差，所以通常的磷化在含有 Zn、Mn 等酸性溶液中进行。钢铁磷化主要用于耐蚀防护和油漆用底膜。

【油漆】油漆是一种能牢固覆盖在物体表面，起保护、装饰、标志和其他特殊用途的化学混合物涂料。

【聚合氯化铝】简称 PAC，通常也称作碱式氯化铝或混凝剂等，颜色呈黄色或淡黄色、深褐色、深灰色树脂状固体。

（二）机械加工废水

【机械加工用水量】机械加工的工件无论按重量、还是按体积都无法和生产用水量产生必然的联系。2015 年我国机械工业污水量约为 15 亿 m^3，用水量约为 20 亿 m^3。

【机械加工废水】机械工业废水是精密机械、运输机械、产业机械、化工机械及电机工业等机械工业部门生产过程中排出的废水。不同机械工业部门产生的水量水质各不相同。废水的种类常分为含油废水、涂装废水、电镀废水、冷却废水等，此外，工厂厂区还产生相应的生活污水和雨水等。机械加工过程中还有冷却液、有机清洗液、喷漆废水、电火花工作液等高浓度废水排放。

二、机械工业冷加工主要工艺（图 12-3）

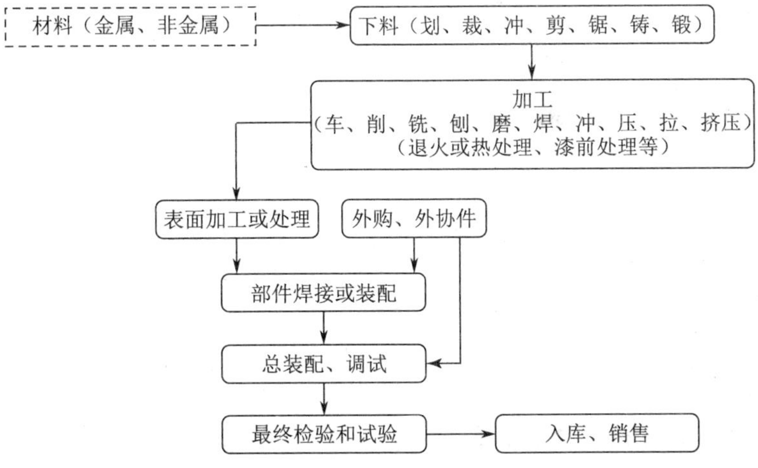

图 12-3　机械设备制造的一般工艺流程

冷加工通常指金属的切削加工，是用切削工具(包括刀具、磨具和磨料)把坯料或工件上多余的材料层切去成为切屑，使工件获得规定的几何形状、尺寸和表面质量的加工方法。如车削、钻削、铣削、刨削、磨削、拉削、冷压、弯曲等。一个普通零件的加工工艺流程，通常包括粗加工、精加工、装配、检验、包装等环节。加工过程中主要的工艺和方法包括车、铣、刨、插、磨、钻、镗等，另外还有数控加工、线切割等很多加工方式。

1. 下料（划、裁、冲、剪、锯、铸、锻）

下料是指确定制作某个设备或产品所需的材料形状、数量或质量后，从整个或整批材料中取下一定形状、数量或质量的材料的操作过程。金属结构件，加工零件毛坯的原料，经过钣金、放样或者编程、数控切割，将钢板，型材制作成加工制造，金属结构件的单个零件。负责此项工作的一般称为下料车间，也有专门的下料公司。

2. 机加工（车、削、铣、刨、磨、钳、镗、插、拉等）

机加工是机械加工的简称，是指通过机械精确加工去除材料的加工工艺。机加工包括采用车、削、铣、刨、磨、钳、镗、插、拉等工艺和设备加工机械零部件。

3. 冲剪（冲剪成型、剪切）

利用上下冲头的冲切来切割板材（包括波纹板）的加工，可用于屋面与立面施工、金属加工、配电箱加工、钳工车间及拆卸和回收工作。

4. 切割（冷切割、热切割）

机械冷切割（锯片切割、水切割，线切割等）是对板材粗加工的一种常用方式，属于冷切割。其实质是被加工的金属受剪刀挤压而发生剪切变形并减裂分离的工艺过程。

利用集中热能的热切机使材料熔化并分离的机械设备。按所用热能种类热切割可分为气割机、电弧切机、等离子弧切机和激光切机等。热切机是工业部门金属材料下料、部件加工、废品废料解体、安装和拆除工作中不可缺少的。

5. 表面处理（镀铬、镀锌、镀铜、镀镍、喷漆等）

表面处理是在基体材料表面上人工形成一层与基体的机械、物理和化学性能不同的表层的工艺方法。表面处理的目的是满足产品的耐蚀性、耐磨性、装饰或其他特种功能要求。对于金属铸件，我们比较常用的表面处理方法是机械打磨、化学处理、表面热处理、喷涂表面。表面处理就是对工件表面进行清洁、清扫、去毛刺、去油污、去氧化皮等。

6. 装配（部件组装、总装）

机械装配是指按照设计的技术要求实现机械零件或部件的连接，把机械零件或部件组合成机器。机械装配是机器制造和修理的重要环节。

三、机械工业冷加工的排污节点

1. 机械冷加工的废水

锻冲、零件加工、冷却、设备清洗、设备检修、地面冲刷、机器冷却、工人洗手洗抹布、涂漆、电镀等，这些一般的机械加工废水中的污染物以油和悬浮物为主；只有电镀车间排放的废水较为复杂，主要含有铬、镍等重金属离子、各种化学添加剂、酸、碱以及镀件预处理过程中清除下来的各种杂质，包括油上调污、氧化铁皮、尘土等。冷加工过程除了用到磨削、铣削等其他切削加工方法。在加工过程中还要用到夹具、冷却液等。切削加工过程会产生很多污染物，其中主要的污染物是切屑和切削液。其中切削液占总成本的 8% ～ 10%，切屑占总成本的 2% ～ 5%。切削液中含有的有害成分为硫、亚硝酸胺、甲醛、苯酚类物质等。通常排放未处理的切削液 COD 为 18 000 mg/L，BOD 为 9 300 mg/L。含有大量的亚硝酸铵、三乙醇胺的缓冲剂和表面活性剂等使用一段时间就会排放。

冷加工废水的种类常分为含油废水、乳化液污水、冷却废水、涂装废水、电镀废水等。在机器维护、保养、清洗过程的洗涤液，零件清洗时产生的废水，各种机械运转滴漏后的冲洗废水，机加工车间冲洗地面、设备、容器维修、擦拭、清洗等排出的废水，这些都是机械加工含油废水。加工过程使用乳化液（有乳化油加水稀释而成，一般含油 2% ～ 5%，高的可达 10% ～ 15%），乳化液不仅含油，还含烧碱、石油磺酸钠、油酸皂、机油、乙醇、苯酚等，使用一段时间会排放含乳化液废水。一般机械加工企业都有电镀和涂饰车间，会产生含酸碱、含氰化物、含有机物、含重金属离子的电镀废水；还会产生含酸碱、有机树脂的喷漆废水。机械加工过程中还有冷却液、有机清洗液、废冷却液、电火花工作液等高浓度废水排放。这些废水量虽然很少但有机物浓度却很高，其中冷却液 COD_{Cr} 高达 50 000 ～ 300 000 mg/L，若不进行处理直接排放会对环境造成严重的污染。电镀废水一般都采用单独分隔治理，达标后单独排放，其他各种废水可并采用气浮、隔油、过滤等油处理或其他氧化处理法。混合原废水的水质：油一般为 5 ～ 50 mg/L，COD 一般为 80 ～ 500 mg/L，SS 一般为 40 ～ 400 mg/ L。

2. 机械冷加工的废气

（1）无组织扬尘

在机械冷加工车间切削、刨、磨过程中会产生大量含铁粉尘，切割粉尘、焊接烟尘。

（2）油烟

切削油、柴油及合成冷却液在加工时产生的油雾及水性雾气，冷轧过程产生的油烟，冲压过程表面活性剂的挥发。

（3）酸洗、碱洗产生酸雾和碱雾

机械冷加工过程采用脱脂、除锈工艺，使用强酸、强碱（有时还需加热）产生酸雾和碱雾。

（4）含 VOCs 废气的无组织排放

机械加工半成品工件的刷漆、喷涂、固化工艺使用油漆、涂料、树脂、溶剂等。含有有机溶剂（如苯、甲苯、稀料、丙酮、汽油、甲酚等）及沥青烟都会产生严重的大气污染。

3. 机械冷加工的固体废物

（1）机加工项目中最常见的固体废物是废边角料、废包装材料、废活性炭、焊渣等；

（2）各加工设备和场所除尘收集的尘灰；

（3）擦拭机械的含油抹布、废矿物油（HW08）和废乳化液（HW09），废油漆、废涂料、废化学品、机械维修产生的油泥、回收的污油、废活性炭、焊渣、漆渣，属于危险废物；

（4）污水处理与预处理产生的污泥。

在机械冷加工过程产生的固体废物有少量机械加工垃圾、废水处理的污泥，其中机械加工垃圾中的金属废物基本回收利用，而对环境影响较大，是需要重点关注的环境问题。

4. 机械冷加工的噪声

主要来源于空压机、翻砂机冲压机械等大型机械的噪声。

第三节　机械工业热加工生产工艺环境基础

热加工是在高于再结晶温度的条件下，使金属材料同时产生塑性变形和再结晶的加工方法。热加工通常包括铸造、锻造、焊接、热处理等工艺。热加工能使金属零件在成形的同时改变它的组织或者使已成形的零件改变既定状态以改善零件的机械性能。一般在高于或低于常温状态的加工，会引起工件的化学或物相变化，称热加工。

一、机械工业热加工主要原辅料或能耗

机械工业热加工的主要原料主要包括钢铁材料、废机件。铸造工艺辅料如原砂、黏土、煤粉、黏结剂和涂料；锻造工艺辅料如液压油；焊接工业辅料如焊条、助焊剂；热处理工艺辅料如熔盐（氯化钠、氯化钾、氯化钡、氰化钠、氰化钾、硝酸钠、硝酸钾）、铅浴介质、聚乙烯醇、热处理油等。

1. 原料

【钢材】钢材是钢锭、钢坯或钢材通过压力加工制成的一定形状、尺寸和性能的材料。根据钢材加工温度不同，可以分为冷加工和热加工两种。

【废钢】钢铁厂生产过程中不成为产品的钢铁废料（如切边、切头等）以及使用后报废的设备、构件中的钢铁材料，成分为钢的叫废钢；成分为生铁的叫废铁，统称废钢。目前世界每年产生的废钢总量为 3 亿～ 4 亿 t，占钢总产量的 45% ～ 50%，其中 85% ～ 90% 用作炼钢原料，10% ～ 15% 用于铸造、炼铁和再生钢材。

2. 辅料

【原砂】原砂是铸造生产中造型（芯）用最基本的材料，其中应用最广泛的是石英砂，俗称硅砂。

【黏土】黏土是含沙粒很少、有黏性的土壤，黏土的成分主要为氧化硅与氧化铝。

【煤粉】煤粉是指粒度小于 0.5 mm 的煤，是铸铁型砂中最常采用的附加物。

【黏结剂】黏结剂是磨料和基体之间黏结强度的保证。随着化工工业的发展，各种新型黏结剂进入了涂附磨具领域，提高了涂附磨具的性能，促进了涂附磨具工业的发展。黏结剂除了胶料外，还包括溶剂、固化剂、增韧剂、防腐剂、着色剂、消泡剂等辅助成分。黏结剂除了最常用的动物胶外，还包括合成树脂、橡胶和油漆。

【涂料】涂料，在中国传统名称为油漆。所谓涂料是涂覆在被保护或被装饰的物体表面，并能与被涂物形成牢固附着的连续薄膜，通常是以树脂、或油、或乳液为主，添加或不添加颜料、填料，添加相应助剂，用有机溶剂或水配制而成的黏稠液体。

【液压油】液压油就是利用液体压力能的液压系统使用的液压介质。液压油的种类繁多，分类方法各异，长期以来，习惯以用途进行分类，也有根据油品类型、化学组分或可燃性分类的。在《润滑剂、工业用油和相关产品（Ⅰ类）的分类　第 2 部分：H 组（液压系统）》（GB/T 7631.2—2003）分类中的 HH、HL、HM、HR、HG、HV、HS 液压油均属矿油型液压油，这类油的品种多，使用量约占液压油总量的 85% 以上，汽车与工程机械液压系统常用的液压油也多属此类。

【焊条】气焊或电焊时熔化填充在焊接工件的接合处的金属条。焊条的材料通常跟工件的材料相同。

【助焊剂】在焊接工艺中帮助和促进焊接，同时具有保护作用、阻止氧化反应的化学物质。助焊剂可分为固体、液体和气体。主要有去除氧化物与降低被焊接材质表面张力等方面作用。助焊剂通常由松香、树脂、含卤化物的活性剂、添加剂和有机溶剂组成的松香树脂系组成的混合物。

【热处理油】是一种冷却性能强、氧化安定性好的处理油，分普通淬火油、快速淬火油、超速淬火油、快速光亮淬火油、回火油等几种。

【聚乙烯醇】聚乙烯醇水溶液这种溶液在高、低温区冷却能力低，在中温区冷却能力高，有良好的冷却特性。

【熔盐】盐类熔化后形成的熔融体，如碱金属、碱土金属的卤化物、硝酸盐、硫酸盐的熔融体。熔盐是金属阳离子和非金属阴离子所组成的熔融体。能构成熔盐的阳离子有 80 余种，阴离子有 30 余种，组合成的熔盐可达 2 400 余种。由于金属阳离子可有几种不同的价态，阴离子还可组成不同的络合阴离子，实际上熔盐的数目将超过 2 400 种。

盐浴炉指用熔融盐液作为加热介质，将工件浸入盐液内加热的工业炉（能通过金属电极在盐液中加热）。根据炉子的工作温度，通常选用氯化钠、氯化钾、氯化钡、氰化钠、氰化钾、硝酸钠、硝酸钾等盐类作为加热介质。

【铅浴介质】将钢件奥氏体化后，进入熔铅中进行淬火冷却，最终组织为细珠光体。这是在制造中碳钢及高碳钢的钢丝工艺中的一种常用工艺。铅浴淬火剂早期采用金属淬火介质。由于铅浴会挥发出有毒气体，故正逐渐被碱浴或硝盐所代替。这类金属浴淬火剂还有锡铅合金浴等，主要适用于形状复杂工件的微变形淬火冷却。

二、机械工业热加工主要工艺

在金属学中，把高于金属再结晶温度的加工叫热加工。热加工可分为金属铸造、热轧、锻造、焊接和金属热处理等金属成型工艺。有时也将热切割、热喷涂等工艺包括在内。热加工能使金属零件在成形的同时改善它的组织，或者使已成形的零件改变结晶状态以改善零件的机械性能。

铸造、焊接是将金属熔化再凝固成型。热扎、锻造是将金属加热到塑性变形阶段，再进行成型加工，如合金钢需加热到形成均匀奥氏体后，进行热扎、锻造，温度低塑性不好，易产生裂纹，温度过高金属件易过分氧化，影响加工件质量。金属热处理只改变金属件的金相组织，包括退火、正火、淬火、回火等。

（一）铸造工艺（图 12-4）

铸造是熔炼金属，制造铸型，并将熔融金属浇入铸型，凝固后获得一定形状和性能铸件的成形方法。铸造工艺可分为重力铸造、压力铸造和砂型铸造。铸造主要工艺过程包括金属熔炼、模型制造、浇注凝固和脱模清理等。

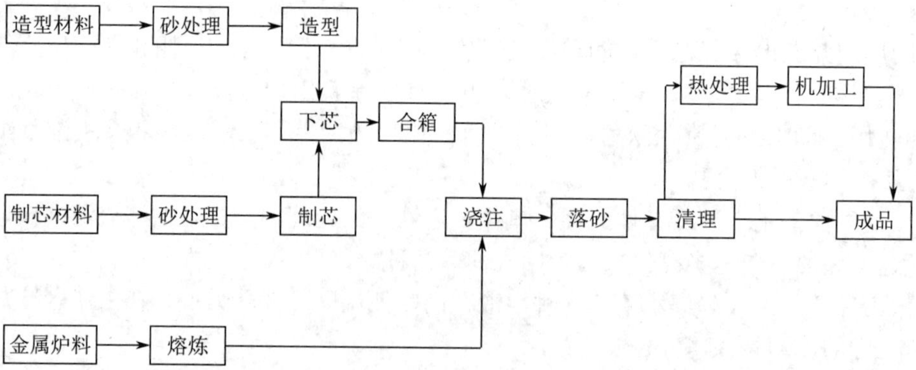

图 12-4 铸造主要生产工艺流程

铸造生产经常要用的材料有各种金属 [如铸钢、铸铁、铸造有色合金 (铜、铝、锌、铅等) 等]、焦炭、木材、塑料、气体和液体燃料、造型材料等。所需设备有冶炼金属用的各种炉子，有混砂用的各种混砂机，有造型造芯用的各种造型机、造芯机，有清理铸件用的落砂机、抛光机等。还有供特种铸造用的机器和设备以及许多运输和物料处理的设备。

铸造生产工艺流程可以包括：工艺原材料进厂→检验→库房管理→工艺设计→模型制作→配砂→造型→制芯→合箱→配料→熔化→浇注→打箱→落砂→清理→退火→打磨抛光→表面油漆→产品加工→产品包装出库。铸造主要生产工艺流程如图 12-4 所示。

砂型铸造是铸造的常用方法，在砂型铸造的基础上又创造了多种其他的铸造方法，如金属型铸造、熔模铸造、压力铸造、低压铸造、连续铸造、离心铸造、消失模铸造等，通常称为特种铸造方法。

（二）锻造工艺（图 12-5）

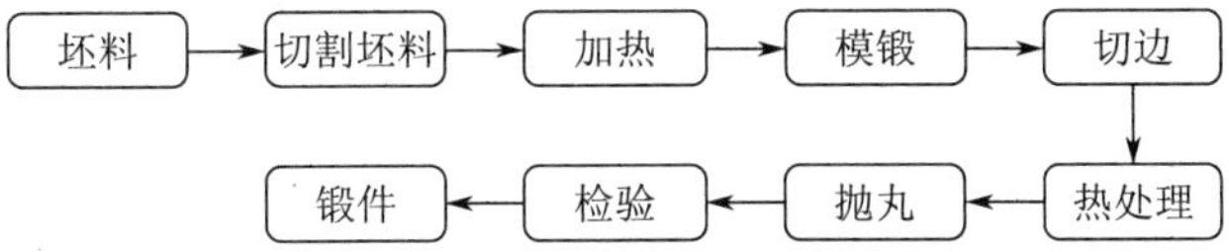

图 12-5 锻造生产工艺流程

锻造是利用锻压机械的锤头、砧块、冲头或通过模具对坯料施加压力，使之产生塑性变形的一种成形加工方法。

锻造加工中，坯料整体发生明显形变，产生较大的塑性流动；冲压加工中，坯料通过改变各部位面积的空间位置而成形，内部不出现较大距离的塑性流动。锻压主要用于加工金属制件，也可加工某些非金属，如工程塑料、橡胶、陶瓷坯、砖坯以及复合材料的成形等。

锻压和冶金工业中的轧制、拔制等都属于塑性加工，或称压力加工，但锻压主要用于生产金属制件，而轧制、拔制等多用于生产板材、带材、管材、型材和线材等通用金属材料。

锻造生产是机械制造工业中对零件毛坯的主要加工方法之一。通过锻造，不仅可以改变毛坯的形状，还能改善金属内部结构，改善金属的机械性能和物理性能。一般对受力大、要求高的重要机械零件，多采用锻造法制造。如汽轮发电机轴、转子、叶轮、叶片、护环、大型水压机立柱、高压缸、轧钢机轧辊、内燃机曲轴、连杆、齿轮、轴承，以及国防工业方面的火炮等重要零件，均采用锻造技术生产。

不同的锻造方法有不同的流程，其中以热模锻的工艺流程最长，一般顺序为：锻坯下料→加热→辊锻备坯→模锻成形→切边→冲孔→矫正→中间检验（检验锻件的表面缺陷）→锻件热处理→清理（去除表面氧化皮）→矫正→检验等。锻造的一般工艺流程见图 12-5。

（三）金属热处理工艺（退火、回火、淬火、发蓝、高频淬火、渗碳、渗氮等）

钢铁是机械工业中应用最广的材料，钢铁显微组织复杂，可以通过热处理予以控制，钢铁的热处理是金属热处理的主要内容。另外，铝、铜、镁、钛等及其合金也可以通过热处理改变其性能。

金属热处理是机械制造业的重要工艺之一。为使金属工件具有所需要的力学性能、物理性能，除合理选用材料和各种成形工艺外，热处理工艺是必不可少的。与其他加工工艺相比，热处理一般不改变工件的形状和整体的化学成分，而是通过改变工件内部的显微组织结构，或改变工件表面的化学成分，赋予或改善工件的使用性能。

热处理工艺中有三大基本要素：加热、保温、冷却。这三大基本要素决定了材料热处理后的组织和性能。加热是热处理的首要工序，热处理加热方式很多，最早是采用木炭和煤作为热源，后采用用液体和气体燃料。电的应用使加热易于控制，且无环境污染。利用这些热源可以直接加热，也可以通过熔融的盐或金属，以至浮动粒子进行间接加热。保温的目的是要保证工件烧透，防止脱碳、氧化等。保温时间和介质的选择与工件的尺寸和材质有直接的关系。一般工件越大，导热性越差，保温时间就越长。冷却是热处理的最终工序，也是热处理最重要的工序。钢在不同冷却速度下可以转变为不同的组织。

金属热处理工艺大体可分为整体热处理、表面热处理和化学热处理三大类。整体热处理是对工件整体加热，然后控制冷却的速度，达到改变整体力学性能的热处理工艺。钢铁的整体热处理大致有正火、退火、淬火和回火四种基本工艺。金属热处理的主要工艺包括：

（1）正火：将工件加热到适宜的温度后在空气中冷却。常用于改善材料的切削性能，也有用于对一些要求不高的零件作为最终热处理。

（2）退火：将工件加热到适当的温度，根据材料和工件尺寸采用不同的保温时间，然后进行缓慢冷却的热处理工艺。退火是使金属内部组织达到或接近平衡状态，获得较好的工艺和使用性能，或者为进一步淬火作组织准备。

（3）淬火：将工件加热保温后，在水、油或其他无机盐、有机溶液等淬冷溶液等淬冷介质中快速冷却。淬火后钢件变硬，但同时变脆。

（4）回火：为了降低钢件的脆性，将淬火后的钢件在高于室温而低于650℃的某一适当温度进行长时间的保温，再进行冷却的工艺过程。

（5）表面热处理：金属表面热处理是只加热工件表层，以改变其表层力学性能的金属热处理工艺。为了只加热工件表层而不使过多的热量传入工件内部，使用的热源必须具有高能量密度，使工件表层或局部能在短时或瞬时达到高温。表面热处理方法有火焰淬火和感应加热热处理，热源有感应电流、氧乙炔或氧丙烷等火焰、激光和电子束等。

（6）化学热处理：是利用化学反应、有时兼用物理方法改变钢件表层化学成分及组织结构，以便得到比均质材料更好的技术经济效益的金属热处理工艺。化学热处理与表面热处理不同之处，是前者改变了工件表层的化学成分。化学热处理时是将工件放在含碳、氮或其他合计元素的介质（气体、液体、固体）中加热，保温较长的时间，从而使工件表层渗碳、氮、硼和铬等元素。渗入元素后，有时还要进行其他热处理工艺如淬火及回火。

化学热处理主要方法有渗碳、渗氮、渗硫、渗金属。经化学热处理后的钢件，实质上可以认为是一种特殊复合材料，芯部为原始成分的钢，表层则是渗入了合金元素的材料。芯部与表层之间是紧密的晶体型结合，它比电镀等表面复护技术所获得的芯、表部的结合要强得多。

（四）焊接工艺（电焊、气焊、氩弧焊、二氧化碳保护焊、压焊、钎焊等）

焊接也称作熔接、镕接，是一种以加热、高温或者高压的方式接合金属或其他热塑性材料如塑料的制造工艺及技术。焊接通过熔焊（局部加热、熔化、凝固、结合）、压焊（通过施加压力，使工件结合）、钎焊（采用比母材熔点低的金属钎料，利用液态钎料填充接头间隙，使母材结合）三种途径达成接合的目的。

三、机械工业热加工的排污节点

改革开放以来，特别是近10年，民营热处理厂点像雨后春笋般一个个冒了出来。在浙江某个小镇，从事模具加工和模具热处理的有几十家；一些县市，有汽、摩配、泵业热处理厂点上百家。不少民企老总只要金山银山，不要绿水青山，热处理废渣乱倒，废水横流，废气、浓烟、粉尘、噪声扰乱了人们的正常生活。“稻花香里说丰年，听取蛙声一片”的景象已很少有。环境污染，城乡均受其害。

（一）热加工废气污染物来源

1. 铸造加工的废气污染来源

（1）熔炼过程感应电熔炉和冲天炉中熔化粉尘、烟尘、SO_2、NO_x。实际生产中，除了向电炉中加入生铁，同时还要添加废铁和一定的化学药剂（孕育剂），通常的孕育剂多采用硅铁，其中还含有钙、钡、锶、锰和锆等金属元素；而废铁上有时难免会有少量油类或漆类，因此，熔化过程中会排放一定的热烟废气，该废气的主要成分包括烟尘和少量的一氧化碳、二氧化碳、聚酯树脂类有机废气等。

（2）粉尘：主要来源于造型、砂处理、铸件清理过程，造型、制芯、砂处理工业粉尘。造型和砂处理（包括旧砂再生）过程中的振动填充过程、翻筑机振动筛、皮带运输机以及落砂机、抛丸机、抛丸滚筒、砂轮磨削、手工清铲、旧砂再生等过程。主要产尘点是如果使用消失模还会产生一些苯类废气以及因EPS在高温下与氧不充分燃烧而产生的炭黑。铸造业的污染排放相当严重。我国每生产1 t合格铸件，大约要排放粉尘50 kg，废气1 000～2 000 m^3，废砂约1 t，废渣0.3 t，单位产品污染物的排放是工业发达国家的10倍。

（3）在浇铸之前，为了避免铸件产生表面粗糙、机械黏砂、化学黏砂等现象，需要在砂型表面涂敷一层特制的涂料。浇铸过程中，涂料中的水、黏结剂等成分遇热汽化，排放的烟气含少量烟尘、蒸汽、非甲烷烃有机废气、CO、CO_2等。

（4）砂芯烘干废气因砂芯中含树脂（含量通常为0.8%～1.2%），在砂芯混砂和砂芯烘烤过程中，会产生少量的有机废气。部分铸件经过机加工清理后，直接上漆，成为铸件成品。浸漆及漆膜固化过程产生有机废气（主要成分为二甲苯，浸漆槽周围二甲苯的浓度均值为50～70 mg/m^3，其产生量为油漆使用量的7%）。

（5）焊接生产产生含乙炔废气。

2. 锻造加工的废气污染

（1）中小企业锻造加热炉大多炉型陈旧，性能落后，热效率低，管理水平低，煤的燃烧过程产生大量有害气体和烟尘，形成烟尘型污染。加热炉加热锻件过程中产生的烟尘、SO_2、NO_x、CO、CO_2 和煤炭不完全燃烧产生的粉尘，模具润滑剂高温时生成的黑烟。

（2）锻造生产性粉尘来自加热、锻造、切边、清理、备料、储运等工序，粉尘量很大，同时伴有一定量的无组织烟气。

（3）模具润滑剂高温时生成的烟粉尘和油烟。

（4）锻件清理过程中（喷砂、抛丸、砂轮磨削、运输、清理）产生的粉尘等。

主要来源于锻件清理过程中（喷砂、抛丸、砂轮磨削）产生的粉尘等。

3. 热处理加工的废气污染

（1）加热炉、退火炉和回火油炉排放烟气（含烟粉尘、SO_2、NO_x）和油烟，由于燃烧炉温不高，燃料的不完全烧烧导致冒黑烟。

（2）热处理过程的酸洗、热浸、渗金属、淬火油槽，氧化槽，硝盐浴，碱性脱脂槽、燃料炉、等设备产生的油烟、酸雾、VOCs、氰化物、含重金属粉尘等，在盐浴炉及化学热处理中产生各种酸、碱、盐等及有害气体等。

（3）表面渗氮时用电炉加热并通入氨气，会有氨气逸出；表面氰化时，将金属放入加热的含氰化钠的渗氰槽中会产生含氰废气；氰化过程的酸洗有酸雾和氯化氢废气逸出。

（二）热加工的废水

1. 铸造加工的废水

（1）采用砂清理中使用水力清砂、水爆清砂或电液压清砂等工艺，会排出部分废水，主要污染是 SS 和石油类。

（2）对使用冲天炉的生产过程，水淬炉渣产生部分废水，主要污染物是 SS 和金属离子。

（3）少数铸造企业少量使用水煤气炉，产生一定量的酚氰和 SS 废水。

（4）采用旧砂湿法再生工艺，使用大量水资源并排放大量废水，废水含 SS 和有机物。例如，一家每天生产 5 t 废砂的企业，按照 1 ∶ 2 的砂水比进行湿法砂再生，每天可产生 10 t 的砂再生废水。

（5）采用湿法除尘设备，会产生除尘废水含 SS 和金属离子。

（6）热处理淬火过程消耗大量水资源，废水含有金属氧化皮、金属离子、石油类、SS 等污染物，在热处理用水中添加药剂或使用油类进行热处理，则污水问题更为严重。

（7）其他设备或工段的少量用水，如酸洗废水，压铸机、空压机等机械流出来的含有机械油的废水等。

（8）在失蜡精密铸造中，硬化工艺时需要加入氯化铵和氯化钙等硬化剂，而在脱蜡过程中，也需要加入一定浓度的氯化铵溶液，这部分产生的废水含有极高浓度的氨氮和总氮。

2. 锻造加工的废水

（1）加热设备的冷却水和工模具冷却水（感应加热冷却水、加热炉炉门冷却水和其他设施冷却用水）冷却水应重复循环使用，多次使用冷却水会含 COD、SS 和油，需更换处理。

（2）锻造由于使用各类液压设备、输液管线及液压元器件的运转，渗泄漏难免，因此，某些大批大量生产的锻造车间，废水中主要污染物有油、COD 和 SS 石油类含量竟高达 100mg/L。使用油类及含乳化液的液压传动装置及设备，应设置专用管沟，沟底最底处设置集油坑及收油装置。

（3）酸洗（去除氧化皮）后的清洗废液，污染物为金属离子、油、SS、COD 和 pH。

（4）热煤气和清洗煤气中的含酚氰废水。

3. 热处理加工的废水

【钡盐废水】主要来自盐浴热处理，高温炉成分为 100% 氯化钡，中温盐浴大多数单位为氯化钡和氯化钠的混合物，高速钢分级淬火低温盐浴配比为氯化钡：氯化钾：氯化钠 =5 ∶ 3 ∶ 2（质量比）。淬火后有残盐黏附在工件上要经热水或开水浸泡清洗，其废水中含有钡盐。

【硝盐废水】其来源包括高速钢刀具回火、等温淬火、分级淬火等多方面。工序完工后清洗槽中都含有硝盐；合金钢淬火、回火用硝盐、防锈液用硝盐。这些清洗废水一般不经处理直接流出，主要的污染物有亚硝酸盐、矿物油、氯化钡、pH、SS、COD。

【表面氰化废水】将金属放入加热的含氰化钠的渗氰槽中会产生含氰废水。

【退火、淬火废水】污水中除了油、SS 外，还含有淬火剂（如二氧化钛、硅胶、亚硝酸钠、硝酸钾等）。

【含油酸碱废水】淬油工件的清洗、发兰酸洗废水、氧氮化处理废水、喷砂工件酸洗废水，以及模具真空淬油清洗、油回火工件清洗、酸雾净化塔排液等废水。这类废水的主要污染物是矿物油、pH、COD、SS 及沉淀污泥。

各种废水盲目混合会产生氮氧化物气体，刺鼻浓烟废水。地面、设备和工件的清洗废水，随废水排出的油中含 Fe、Cr，排出的盐中带出 Ba^{2+}、SO_4^{2-}、NO_3^-、Cl^-、CN^- 等有害、剧毒物质。液体渗碳中含有氰盐剧毒物质。氧化、磷化的热处理过程中也产生污水。

（三）机械热加工的固体废物

1. 铸造加工的固体废物

（1）冲天炉灰渣、除尘尘灰、高炉水渣；

（2）脱硫石膏和冶炼废渣；

（3）废铸件、废砂模；

（4）熔炼设备维修过程中的废耐火砖、废砂、电石渣（焊接生产主要固体废物是电石渣，电石渣的产生量大约为电石耗用量的 1.175 倍）；

（5）废石棉等保温材料，废乳化液、废机油、废油漆、废涂料、废化学品，擦拭机械的含油抹布、机械维修产生的油泥、回收的污油、漆渣，属于危险废物。

2. 锻造加工的固体废物

（1）加热炉灰渣、除尘尘灰；

（2）切边、冲孔废料及废品锻件、氧化皮、铁屑，清理滚筒、喷丸设备除尘下来的废渣、光饰材料的废磨料和填加剂等；

（3）废乳化液、有毒性的工业炉废弃材料（如工业炉维修废弃的石棉绒、矿渣棉、玻璃绒等保温绝缘材料）等（按《国家危险废物名录》HW09、HW36 规定属危险废物）。擦拭机械的含油抹布、废乳化液、废机油、废油漆、废涂料、废化学品、机械维修产生的油泥、回收的污油、漆渣，属于危险废物。

3. 热处理加工的固体废物

（1）使用氰化物热处理废渣（淬火池残渣、淬火废水处理污泥、氰化物热处理和退火作业中产生残渣、热处理渗碳炉产生的热处理渗碳氰渣、氰化物热处理和退火作业中产生残渣、氰化过程的碱洗有碱和表面活性剂废液），渗硫过程会排出碱和渗硫剂的废液。

（2）盐浴固体废物（脱氧的渣和废盐、盐浴槽釜清洗产生的含氰残渣和含氰废液）。

（3）热处理中的废液废渣（使用氯化亚锡、氯化锌、氯化铵进行敏化产生的废渣和废水处理污泥）。按《国家危险废物名录》HW07、HW17 规定，均属危险废物。

（4）擦拭机械的含油抹布、废乳化液、废机油、废油漆、废涂料、废化学品、机械维修产生的油泥、回收的污油、漆渣，属于危险废物。

（5）加热炉灰渣、除尘尘灰（一般废物）。

（四）锻造加工的噪声和振动

锻造车间噪声主要有两种类型：机械噪声、空气动力性噪声、冲压及造成的强烈的震动感。机械噪声与前面所说的振动密切相关，它是由各类机械摩擦、运转不平衡引起振动而形成的；空气动力性噪声主要是由作为机器动力的压缩空气的进、排造成的，如气动元器件动作、加热炉鼓风、锻锤汽缸的活塞往复、水压机低压贮气缸充气、压力机离合器的启闭、风动工具运转、模具行车吹扫、炉门启闭及其他气动机构设施的运转等。检查锻锤设备的减振、防振、隔振等措施（弹簧基础、加阻尼器、橡胶缓冲垫、设防振沟等）使其处于良好状态，应采取加消音器和隔声罩等降噪措施。

（五）机修和洗车的污染

机汽修通常包括锻造、铆焊、热处理、机械加工、汽车修理、洗车及保养等工艺，污染物主要是废水，废水中的污染因子有石油类、酸碱、COD、SS等，洗车污水排放量约为0.2 t/辆，其中污染物COD质量浓度为280 mg/L、SS为500 mg/L、石油类为50 mg/L。机汽修废气主要有烃类废气、溶剂废气。固体废物有油泥、油抹布、废机油等，都属于危险废物。

第四节　金属表面处理与涂装工业生产工艺环境基础

表面处理有两种解释，一种为广义的表面处理，即包括前处理、电镀、涂装、化学氧化、热喷涂等众多物理化学方法在内的工艺方法；另一种为狭义的表面处理，即只包括喷砂、抛光等在内的即我们常说的前处理部分。本节表面处理包括前处理、涂装、化学氧化、热喷涂，电镀工艺在第五节阐述。

工件在加工、运输、存放等过程中，表面往往带有氧化皮、铁锈制模残留的型砂、焊渣、尘土以及油和其他污物。要涂层能牢固地附着在工件表面上，在涂装前就必须对工件表面进行清理。金属的表面处理通常包括以下几种：前处理、电镀、涂装、化学处理层。

（1）前处理：机械打磨抛光、化学打磨抛光等；

（2）电镀：包括镀锌、铜、铬、铅、银、镍、锡、镉等（第五节阐述）；

（3）涂装：包括油漆涂装、静电喷粉、喷塑、刷漆、抹油、喷涂等；

（4）化学表面处理：包括酸洗、除油、发蓝发黑、氧化处理、磷化、敏化、化学镀等。

一、金属表面处理与涂装主要原辅料

1. 原料

金属表面处理与涂装的主要原料为加工成型的工件毛坯。

2. 前处理

【研磨剂】研磨剂用于研磨和抛光，研磨剂有液态、膏状和固体3种。研磨剂中的磨料起切削作用，常用的磨料有刚玉、碳化硅、碳化硼和人造金刚石等。精研和抛光时还用软磨料，如氧化铁、氧化铬和氧化铈等。分散剂使磨料均匀分散在研磨剂中，并起稀释、润滑和冷却等作用，常用的有煤油、机油、动物油、甘油、酒精和水等。辅助材料主要是混合脂，常由硬脂酸、脂肪酸、环氧乙烷、三乙醇胺、石蜡、油酸和十六醇等中的几种材料配成，在研磨过程中起乳化、润滑和吸附作用。

【抛光剂】抛光就是对工件表面进行擦拭加工，使其高度光洁，就是使物件表面光亮的试剂。由金刚石微粉、硬脂酸、三乙醇胺和肥皂乳剂配置而成。有悬浮液状、研磨膏状、

喷雾状。

3. 化学表面处理

【硫酸】一种强酸，98.3% 的纯浓硫酸。在化学表面处理中做酸洗剂，以除去表面的氧化铁皮。

【盐酸】属于一元无机强酸，浓盐酸（质量分数约为 37%）具有极强的挥发性，工业用途广泛。在化学表面处理中做酸洗剂，以除去金属工件表面的氧化铁皮。

【氢氧化钠】俗称烧碱、火碱、苛性钠，为一种具有强腐蚀性的强碱。是一种碱性清洗剂，用于金属工件表面的脱脂（油污）。

【表面活性剂】改变两相物质间的界面性质，可起润湿、渗透、净洗、分散、乳化、增溶、起泡、消泡等作用。表面活性剂按结构可分为阴离、阳离子、两性离子和非离子表面活性剂。在表面处理过程中去除金属工件表面污物。

【表调剂】表调剂是用于钢铁、锌及其合金金属，使金属工件表面改变微观状态，胶体在工件表面吸附形成大量的结晶核磷化生长点，使工件表面活性均一化，用于磷化的表调工艺。表调剂主要由硫酸钛、钛白粉、金属钛等配制而成。

【磷化液】主要成分是磷酸二氢盐，如 $Zn(H_2PO_4)_2$ 以及适量的游离磷酸和加速剂等。主要应用于钢铁、铝、锌表面磷化，用于涂漆前打底，提高漆膜层的附着力与防腐蚀能力；在金属冷加工工艺中起减摩润滑作用。

【敏化剂】把某种离子掺杂到基质中此离子可以吸收激发辐射然后把能量传给激活剂，这种离子称为敏化剂。

4. 涂装辅料

【涂料、油漆】涂料，在中国传统名称为油漆。涂料包括油（性）漆、水性漆、木器漆、粉末涂料、木蜡油。油漆是一种能牢固覆盖在物体表面，起保护、装饰、标志和其他特殊用途的化学混合物涂料。涂料一般由成膜物质、填料（颜填料）、溶剂、助剂四部分组成。清漆没有颜填料、粉末涂料中可以没有溶剂。

油（性）漆为黏稠油性颜料，未干情况下易燃，不溶于水，微溶于脂肪，可溶于醇、醛、醚、苯、烷，易溶于汽油、煤油、柴油。油漆不论品种或形态如何，都是由成膜物质、次要成膜物质和辅助成膜物质三种基本物质组成。

涂料属于有机化工高分子材料，所形成的涂膜属于高分子化合物类型。按照现代通行的化工产品的分类，涂料属于精细化工产品。

【成膜物质】也称黏结剂，大部分为有机高分子化合物如天然树脂（松香、大漆）、涂料（桐油、亚麻油、豆油、鱼油等）、合成树脂等混合配料，经过高温反应而成，也有无机物组合的油漆（如无机富锌漆）。

【颜料】颜料就是能使物体染上颜色的物质。颜料有可溶性的和不可溶性的，有无机的和有机的区别。无机颜料一般是矿物性物质。由有机化合物制成的一类颜料。

【填料】料中常用的填料有碳酸钙（重钙、轻钙）、重晶石粉（硫酸钡）、滑石粉、高岭土（瓷土地）、多孔粉石英（二氧化硅）、白碳黑、沉淀硫酸钡、云母粉、硅灰石、膨润土等。

【溶剂】涂料用三类溶剂：有机溶剂、活性稀释剂和水。

【助剂】涂料用助剂：乳化剂、润湿分散剂、消泡剂、增稠剂、催干剂和防腐防霉剂等。助剂的用量通常较小，为涂料总重量的 0.01% ～ 5%。

【电泳漆】也叫电泳涂料，可分为阳极电泳漆、阴极电泳漆。阳极电泳漆有阳极丙烯酸，主要应用于铝制品。阴极电泳漆又可分为环氧电泳漆、丙烯酸电泳漆和聚氨酯电泳漆。

二、金属表面处理与涂装主要工艺

（一）金属表面前处理工艺

由于加工基材不同（如钢铁、铜及铜合金、铝及铝合金、塑料等），表面不光滑，表面附着各种污物（如油、锈、污渍等），它将会影响被加工工件涂饰或电镀的质量，需要进行表面处理的前处理。前处理分机械前处理和化学前处理。电镀前处理包括整平、抛光、除油、除锈（活化、侵蚀）、表调、磷化。生产中企业根据工件的情况选择处理工序，并非都要经过所有工序。

工件在进行化学成膜之前，必须先除去表面的油脂及附着在表面的灰尘、锈迹、金属细铁屑等污物，才能保证转化膜化学反应的顺利进行，使转化膜与金属基体牢固结合，获得质量优良的转化膜。

1. 抛光

抛光是以得到光滑表面或镜面光泽为目的。抛光是指利用机械、化学或电化学的作用，使工件表面粗糙度降低，以获得光亮、平整表面的加工方法。是利用抛光工具和磨料颗粒或其他抛光介质对工件表面进行的修饰加工。

（1）机械抛光

使用设备使磨料与工件发生快速摩擦，使磨料对工件表面产生摩擦和微量切削，从而获得光亮的加工表面。机械前处理可有效去除工件上的铁锈、焊渣、氧化皮。

机械抛光采取的设备有：

【抛光轮】高速旋转的抛光轮摩擦工件（抛光轮一般用多层帆布、毛毡或皮革叠制而成），使磨料对工件表面产生滚压和微量切削，从而获得光亮的加工表面。

【滚筒抛光】滚筒抛光分粗抛和精抛。粗抛是将工件、石灰和磨料放在倾斜的罐状滚筒中，滚筒转动时，使工件与磨料等在筒内滚动碰撞摩擦，减小工件表面粗糙度。精抛是将工件和毛皮碎块等细磨料放在倾斜的罐状滚筒转动摩擦，达到工件表面光滑。

（2）化学抛光

化学抛光是靠化学试剂对样品表面凹凸不平区域的选择性溶解作用消除磨痕、浸蚀整平的一种方法。化学抛光有很多工艺，主要以磷酸为基础的抛光工艺、硝酸 - 氢氟酸抛光工艺，还有碱性抛光工艺。化学抛光使用的试剂主要有磷酸、硫酸、硝酸、冰醋酸、氢氟酸等，通常工厂用的主要是以磷酸为基础的抛光工艺。硫酸 - 磷酸 - 硝酸化学抛光工艺可能是厂里用得最多的工艺。

2. 除油除锈

（1）除油（脱脂）

除油的方法包括机械法、化学法两类。机械法主要是手工擦刷、喷砂抛丸、火焰灼烧等。化学法主要是：溶剂清洗、强碱液清洗、低碱性清洗剂清洗。

工件表面的油污含动植物油和矿物油，动植物油又称为可皂化油，用热的碱液就可以进行皂化去除，而矿物油（工件上的防锈及拉延油等）不能进行皂化，只能靠清洗液的机械冲刷及清洗液中的表面活性剂（乳化剂）乳化并分散到清洗液中。良好的金属清洗剂包含碱性物质及表面活性剂。金属表面脱脂除油处理方法主要有三种：碱液脱脂法、乳化脱脂法、溶剂脱脂法。

金属表面脱脂除油处理主要利用溶解、皂化、乳化作用使其表面油垢去掉。除油（脱脂）工艺一般使用的碱洗液是氢氧化钠溶液（碱液脱脂液的主要成分有氢氧化钠、磷酸三钠、硅酸钠、碳酸钠、硫酸钠等，也有采用有机溶剂除油的）。脱脂工艺包括浸渍法（煮沸碱液）、喷射法、电解法、旋转法，还有蒸汽法和超声波法，都是将工件进入碱液槽浸泡或冲刷，达到除油效果。

碱洗溶液的基本组成是氢氧化钠，另外还添加调节剂（NaF、硝酸钠），结垢抑制剂、（葡萄糖酸盐、庚酸盐、酒石酸盐、阿拉伯胶、糊精等）、多价螯合剂（多磷酸盐）、去污剂等。碱洗后残存于金属表面的残液，要经过冲洗槽的清水冲洗。

（2）除锈

【喷砂除锈】喷砂清理就是以压缩空气（空压机）为动力，带动磨料通过专用喷嘴。高速、高压喷射于金属表面，达到除锈的目的。主要用于大件金属工件的除锈，但施工的粉尘污染严重。

【化学除锈】将工件浸入由硫酸或盐酸溶液、缓蚀剂（甲醛、硫脲、二苄亚砜、六亚甲基四胺等）溶液的酸洗槽浸泡或冲刷（主要有浸渍酸洗法、喷射酸洗法和酸膏除锈法），达到除锈效果。有时为了提高浸蚀效果，将酸洗液加热。当溶液中含铁量超过 80 g/L，硫酸亚铁超过 215 g/L 时，应更换酸洗液。

酸洗后残存于金属表面的残液，要经过冲洗槽的清水冲洗。

3. 表调槽子

是把工件放入装有表调剂的表调槽子里进行表面调整处理，以利于磷化膜的生成。表调液主要由硫酸钛、钛白粉、金属钛等配制。

4. 磷化

磷化是常用的前处理技术，原理上应属于化学转换膜处理，主要应用于钢铁表面磷化，有色金属（如铝、锌）件也可应用磷化，磷化膜对涂漆前打底效果很好。

磷化是一种使金属与磷酸或磷酸盐化学反应，在其表面形成一层稳定磷酸盐膜的处理方法，所形成的磷酸盐转化膜称为磷化膜。磷化能在工件表面生成一层抗腐蚀且能够增加喷涂涂层附着力的“磷化层”，需涂饰的金属工件一般都进行表面磷化处理。磷化工艺的主要污染是废水和废渣。

工件（钢铁或铝、锌件）浸入磷化槽的磷化液（某些酸式磷酸盐为主的溶液）中，在表面沉积形成一层不溶于水的结晶型磷酸盐转换膜（磷化膜）的过程。

一般五金加工喷涂加工前的酸洗磷化的通用工艺是：磷化→清洗→电泳→清洗→烘干。

（二）金属表面涂装工艺（图 12-6）

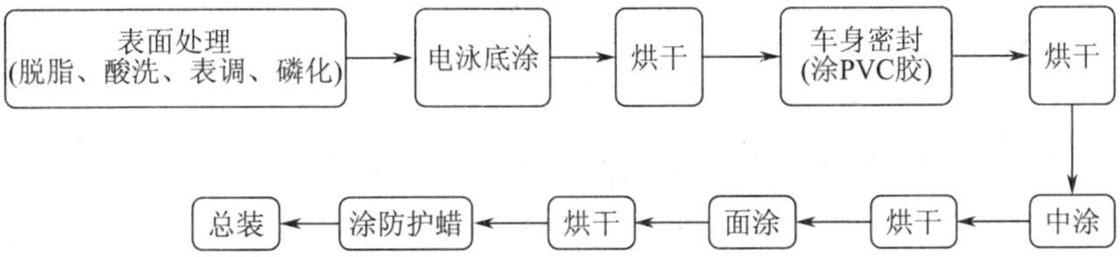

图 12-6　金属表面涂装工艺

以涂料覆盖物品表面，不仅美观，而且提高工件的耐腐蚀性和使用寿命。

【涂装】调制涂装需用的涂料［成膜物质、填料（颜填料）、溶剂、助剂］，再向经过表面处理（除锈、脱脂、表调、磷化）的金属工件涂覆或喷涂涂料，再经过烘干定型，有些还需加热定型。

【静电喷涂】在直流高电压电场作用，雾化的带负电的油漆粒子定向飞往接正电的工件上，从而获得漆膜的过程，称为静喷涂。目前大多采用静电涂装，静电涂装可以随使用条件的不同而达到不同的膜厚，而且喷涂均匀密致。

【粉末涂装】工艺种类较多，常见的有静电喷粉和浸塑两种。粉末静电喷涂工艺流程：上件→脱脂→清洗→去锈→清洗→磷化→清洗→钝化→粉末静电喷涂→固化→冷却→下件。

【浸塑】将工件加热到一定温度后，通过流化床粉桶将工件浸入粉桶内再取出，然后经过高温烘烤后成型的一种金属表面防腐的新型技术。浸塑工艺流程：工艺前处理→上工件→预烘（预烘 320 ～ 370℃，15min）→浸塑（振动，除余粉）→固化（180 ～ 200℃，10min）→下工件。

【固化】固化是将将喷涂后的粉末固化到工件表面上。工艺过程是将喷涂后的工件置于 200℃左右的高温炉内 20 min（固化的温度与时间根据所选粉末质量而定，特殊低温粉末固化温度为 160℃左右，更加节省能源），使粉末浓融、流平、固化。

【阳极氧化】阳极氧化是指金属或合金的电化学氧化，多用于铝合金材的表面处理。阳极氧化工艺是将金属或合金的制件作为阳极，采用电解的方法使其表面形成氧化物薄膜。将铝及其合金置于相应电解液 (如硫酸、铬酸、草酸等) 中作为阳极，进行电解。阳极的铝或其合金氧化，表面形成氧化铝薄层提高了其硬度和耐磨性。阳极氧化的工艺流程包括脱脂→碱洗→酸洗→化抛→氧化→染色→封孔→干燥。

【发蓝（发黑）】发蓝工艺是使钢铁表面通过化学反应，生成一种均匀致密、耐蚀性能好的蓝黑色氧化膜，该工艺又称发黑。广泛用于机械零部件和钢带的表面处理。

发蓝工艺根据其原理和工艺流程的不同，一般分为热碱发蓝、常温发蓝、石墨流态床发蓝、电阻加热发蓝、铅浴加热发蓝、电磁感应加热发蓝、含氧蒸汽发蓝 7 种工艺。发蓝处理现在常用的方法有传统的碱性加温发蓝和出现较晚的常温（酸性）发蓝两种。

①加温发蓝（碱性发蓝）

碱性发蓝工艺有单槽法和双槽法，单槽法操作简单，目前应用广泛。

单槽法工艺流程：去油（在去油液煮）→冷水清洗→酸洗（盐酸溶液）→发蓝（发蓝液）→水洗→沸水清洗→皂化处理→浸油→油空净后成品。

双槽法工艺流程：化学除油→热水洗→流动水洗→酸洗→流动冷水洗→氧化→氧化→冷水洗→热水洗→填充处理→流动冷水洗→流动热水洗→干燥→检验→浸油。

②常温发蓝 (酸性发蓝)

常温发蓝是把经过除油、除锈处理的钢铁工件，在常温状态下浸入、喷淋或涂刷常温发蓝剂。常温发蓝剂主要由无机盐、无机酸、氧化剂和活化剂组成。其工艺流程：除油→水洗→除锈→水洗→发蓝→水洗→上油。

【电泳】工件作为一个电极放入导电的水溶性或水乳化的涂料中，与涂料中另一电极构成电解电路。在电场作用下，涂料溶液中已离解成带电的树脂离子，阳离子向阴极移动，阴离子向阳极移动。这些带电荷的树脂离子，连同被吸附的颜料粒子一起电泳到工件表面，形成涂层，这一工艺过程称为电泳。

三、金属表面处理与涂装的排污节点

（一）金属表面前处理的污染物

1. 金属表面前处理的废气

（1）机械抛光产生含尘废气，喷砂除锈产生含尘废气。

（2）磷化废液外观浑浊并有一种难闻气味（异味）。

（3）碱洗槽产生碱雾；化学抛光、酸洗槽产生酸雾。随着温度升高酸碱雾会愈加严重。

2. 金属表面前处理的废水

（1）脱脂清洗产生碱性废水，脱脂槽废液（危废）：SS、COD、石油类、pH。

（2）除锈清洗产生酸性废水。酸洗槽废液（危废）。酸洗会产生废酸和酸洗废水（含酸 0.3% 左右），酸洗废水量约为损失的酸洗液质量的 4 000 倍或为废酸液的 35 倍，酸洗废水含氯离子、SS、铁离子、石油类、金属离子、pH 等污染。

（3）磷化工艺废水。磷化工艺废水主要含磷、锌、铁、pH、COD、乳化油、TP、LAS 等污染物，并具有很高的 COD 值。

（4）电泳废水的主要污染物为高分子树脂、颜料、中和剂、重金属离子 Pb^{2+} 及低分子有机溶剂。

（5）前处理的综合废水含 SS、COD、石油类、PO_4^{3-}、金属离子，整体废水显酸性。

3. 金属表面前处理的固体废物

（1）酸洗、脱脂过程中的废渣有废酸液、废碱液和废水处理产生的污泥。

（2）前处理产生的废化学助剂、废化学品都属于危险废物。

（3）机械抛光和喷砂除锈产生的除尘尘灰，属一般废物。

（4）磷化、电泳废渣：主要是磷化废水处理产生的污泥，如果用石灰处理的话，污泥的数量较大。

（5）前处理收集的废水预处理污泥，属一般废物。

（二）金属表面涂装的污染物（表 12-2）

表 12-2　表面涂装（汽车制造）环境要素分析

污染类型	主要污染指标
废气	中涂漆、面漆喷漆室产生的废气（漆雾、甲苯、二甲苯）；流平、烘干室废气（甲苯、二甲苯）
污水	脱脂清洗废水：SS、COD、石油类；脱脂槽废液（危废）：SS、COD、石油类、PO_4^{3-}；磷化清洗废水：pH、SS、Zn^{2+}、Ni^{2+}、PO_4^{3-}；电泳废液（危废）：pH、SS、COD；喷漆废水：SS、COD；中涂漆、面漆烘干房：废水主要有水幕捕集漆雾循环水定期排污废水，主要污染物有化学需氧量、悬浮物等
固体废物	酸洗磷化过程产生的磷化沉渣（危废）；喷漆循环水槽产生的漆渣（危废）；中涂漆、面漆烘干房水幕捕集漆雾产生的漆渣、污泥
噪声	风机 90 ～ 100 dB（A）

1. 金属表面涂装的废气

（1）涂料配制、涂覆、喷涂、刷漆过程产生严重的溶剂 VOCs 废气污染。涂装车间喷漆室、流平室及烘干室产生的漆雾及含二甲苯等污染物的有机废气；浸漆室及烘干室产生的含二甲苯、硫酸雾、氯乙烯等污染物的有机废气。

（2）喷涂后的工件烘干和固化过程，也会产生严重的溶剂 VOCs 废气污染。

（3）电泳槽的蒸汽产生 VOCs 废气污染。

（4）涂装工序产生的污水和废渣在收集、输运过程也会产生溶剂 VOCs 废气污染。

2. 金属表面涂装的废水

主要有电泳废水、喷漆废水、地面清洁废水及模具清洗废水。主要污染因子为 COD_{Cr}、BOD、SS、石油类、锌、总镍、锰、TP、NH_3-N 等。

3. 金属表面涂装的固体废物

（1）电泳废液、漆渣、溶剂包装桶、废涂料、废助剂、废化学品、污水站物化污泥、废包装属危险废物。

（2）污水站生化污泥，属一般废物。

（3）发蓝（发黑）表面处理过程，要使用盐酸、烧碱等有腐蚀作用的化学产品，在去油、酸洗、发黑、皂化等过程中会产生有腐蚀性的废液。

第五节　金属电镀工业生产工艺环境基础

电镀生产是金属（或非金属）的表面处理工艺，是通过化学或电化学作用在金属（或非金属）制件表面形成另一种金属膜，从而改变制件表面属性的一种加工工艺。

电镀生产工艺根据工序大致可以分为镀前处理——电镀——镀后处理——退镀四个工序。

一般镀前处理相同，电镀根据镀层金属分为镀锌、镀铜、镀镍、镀铬以及其他镀种，镀后处理方法一般包括清洗、钝化、烘干。

一、金属电镀工艺的主要原辅料

电镀原材料料包括镀前除油材料、浸蚀材料、镀铜原料、镀镍原料、镀锌原料、镀锡原料、镀银原料等。

（一）镀前处理原辅料（表 12-3）

表 12-3　镀前处理原辅料

类型	原辅料
电抛光	硫酸、磷酸、柠檬酸、氢氟酸、铬酐等
滚光	硫酸、盐酸、皂角粉等
强腐蚀	硫酸、盐酸、硝酸、氢氟酸、铬酸、缓释剂等
化学除油	氢氧化钠、碳酸钠、磷酸钠、硅酸钠、OP 乳化液等
电解除油	氢氧化钠、碳酸钠、磷酸钠、硅酸钠等
溶剂除油	四氯化碳、汽油、煤油、酒精等

（二）各类电镀的原辅料（表 12-4）

表 12-4　电镀工艺及电镀液主要成分

电镀金属	工艺	电镀液主要成分
镀铜	氰化镀铜	是应用广泛的工艺，使用的镀液有预镀溶液、含酒石酸钾钠溶液、光亮氰化镀铜溶液，主要含氰化亚铜和氰化钠（可能还有酒石酸钾钠和氢氧化钠）
	酸性硫酸液镀铜	使用的镀液有普通镀液和光亮镀液，主要含硫酸铜、硫酸、氯离子等
	焦磷酸盐镀铜	使用的镀液主要含铜盐、焦磷酸钾及辅助络合剂（酒石酸、柠檬酸）和光亮剂等
	新镀铜工艺	属无氰工艺，又可减少镀前处理，有柠檬酸—酒石酸盐镀铜，羟基亚乙基二磷酸镀铜，镀液含铜、硫酸铜、酒石酸钾和羟基亚乙基二磷酸
	氟硼酸盐镀铜	镀液含氟硼酸铜、铜、氟硼酸等
镀镍	瓦特型镀镍溶液	镀液含硫酸镍、氯化镍、硼酸等
	混合镀镍溶液	氯化物—硫酸盐混合镀镍溶液主要含硫酸镍、氯化镍、硼酸等
	络合物型镀液	镀液含硫酸镍、氯化镍、氨水、三乙醇胺、焦磷酸镍、柠檬酸铵等
	光亮镀镍	镀液含硫酸镍、氯化镍、柠檬酸钠、丁炔二醇、光亮剂、柔软剂
特殊镀镍	镀黑镍	镀液含硫酸镍、硫酸锌、氯化锌、硼酸等
	镀缎面镍	镀液含硫酸镍、氯化镍、硼酸、端面形成剂、光亮剂等
	滚镀镍	主要用于镀小件，镀液主要含硫酸镍、氯化镍、硼酸、硫酸镁等
镀铬	镀铬	普通镀液含铬酐、硫酸；复合镀液主要含铬酐、硫酸、氟硅酸；自动调节镀液主要含铬酐、硫酸、硫酸锶、氟硅酸钾；四铬酸盐镀液主要含铬酐、氧化铬、硫酸、氢氧化钠、氟硅酸钾；三价镀液主要以氯化铬、络合剂、氯化盐、硼酸为主等
	镀硬铬	镀液含铬酐、硫酸、CS- 添加剂、三价铬等
	镀黑铬	镀液含铬酐、硝酸钠、硼酸、氟硅酸等
镀锌	氰化物镀锌	镀液含氧化锌、氢化钠、氢氧化钠、光亮剂（含苯甲基尼古丁酸、苯甲醛、异丙醇、额二羟丙基乌洛托品氯化物等）等
	锌酸盐镀锌	镀液含锌、氧化锌、氢氧化钠、DE-99 添加剂、HCD 光亮剂等
	氯化物镀锌	镀液含氧化锌、氯化钾、硼酸、光亮剂 H（醇与乙烯的氧化物）等
	硫酸盐镀锌	镀液含硫酸锌、硫酸钠、硫酸铝、硼酸、明矾、光亮剂 SN- Ⅰ、SN- Ⅱ等
镀镉	氰化物镀镉	镀液含氧化镉、氰化镉、氢氧化钠、硫酸钠等
	无氰镀镉	三乙酸胺镀镉（氯化铵、三乙酸胺、硫酸镉、氯化镉、乙酸钠等）；硫酸盐镀镉（硫酸镉、硫酸盐、苯酚等）；碱性镀镉（硫酸镉、氯化镉、三乙酸胺、硫酸铵等）

电镀金属	工艺	电镀液主要成分
镀锡	酸性镀锡	镀液含硫酸亚锡、硫酸、有机添加剂 SS-820 等
	甲酚磺酸镀锡	镀液含硫酸亚锡、硫酸、甲酚磺酸、β- 奈酚等
	氟硼酸镀锡	镀液含氟硼酸、氟硼酸亚锡、2- 奈酚等
	碱性镀锡	镀液含硫酸亚锡、氢氧化钠、锡、锡酸钾等
	冰花镀锡	镀液含硫酸亚锡、硫酸、镀锡光亮剂、镀锡稳定剂等
	化学镀锡	镀液含氯化亚锡、氢氧化钠、盐酸、硫脲等
镀银	氰化镀银	镀液含银盐、氰化钾、光亮剂 FB-1、FB-2、A、B 等
	硫代硫酸盐镀银	镀液含硝酸银、硫代硫酸盐、SL-80 添加剂等
	亚氨二磺酸镀银	镀液含硝酸银、亚铵二磺酸、硫酸铵、光亮剂 A、B 等
	乙酸钾镀银	镀液含硝酸银、乙酸钾、808A、B 添加剂等
	尿素镀银	镀液含硝酸银、氧化买、尿素、硫脲等
镀金	碱性氰化镀金	镀液含金、氰化钾、磷酸氢二钾等
	微酸性柠檬酸盐镀金	镀液含氰化亚金钾、柠檬酸盐等
	亚硫酸盐镀金	镀液含亚硫酸金铵、亚硫酸盐等
镀铂	亚硝酸盐镀铂	镀液含亚硝酸二氨铂、硝酸铵、氢氧化铵等
	酸性镀铂	镀液含亚硝酸二氨铂、硫酸钾、磺酸等
	碱性镀铂	镀液含亚硝酸二氨铂、氢氧化钾、EDTA 光亮剂等
镀仿金	闪镀镍铁合金	镀液含硫酸镍、硫酸亚铁、硼酸、镍、快光剂
	镀仿金	镀液含氰化亚铜、氧化锌、氰化锌、锡酸钠、氰化钠、酒石酸钠等
镀锌镍	酸性镀锌镍	镀液含氯化锌、氯化镍、硫酸锌、硫酸镍、氯化钾、氯化铵、硼酸
	碱性镀锌镍	镀液含氧化锌、硫酸镍、氢氧化钠、乙二胺、三乙醇胺、ZQ- 添加剂等
镀锌铬	镀锌铬	镀液含氯化锌、硫酸锌、氯化铬、硫酸铬、硼酸、光亮剂、氯化钾等
镀锡锌	镀锡锌	镀液含锡酸钠、氰化锌、氰化钠等
镀锡镍	镀锡镍	镀液含氯化亚锡、氯化镍、氟化氢铵、氯化铵等
镀镍铁	镀镍铁	镀液含硫酸镍、氯化镍、硫酸铁、硼酸等
镀镍磷	镀镍磷	镀液含氯化镍、硫酸镍、磷酸、亚磷酸等

（三）镀后处理原辅料（表 12-5）

表 12-5 镀后处理工艺及原辅料

工艺		电镀液主要成分
清洗		水
钝化	彩虹色钝化	镀液含铬酸、硫酸、硝酸等
	草绿色钝化	镀液含铬酸、硫酸、磷酸、盐酸、硝酸等
	高铬酸钝化	镀液含铬肝、硫酸、硝酸等。高铬酸钝化虽然质量好，但铬酐流失大，且多在清洗时流失，增加了废水处理的负荷

（四）退镀处理的原辅料（表 12-6 和表 12-7）

表 12-6　化学退镀工艺及原辅料

工艺	退镀液主要成分
化学法退除镍、铜镀层	硫酸、硝酸、硫脲、丁炔二醇等
除黑膜	烧碱、氰化钠等（或硝酸、氰化钠、防染盐）
电解退除镀铬层	盐酸直接退去镀铬层（或纯碱、三乙醇胺）
合金退镀	硝酸、硫酸、磷酸
铝件退镀	硝酸、硫酸、氢氰酸
铁件退镀	硝酸、盐酸

表 12-7　几种主要镀种的物耗水平　单位：%

名称	国际平均水平	国内平均水平
镀铜的物料利用率	90	65
镀镍的物料利用率	90	75
镀铬的物料利用率	24	10.5

二、金属电镀的主要工艺

（一）镀前处理

由于加工基材不同（如钢铁、铜及铜合金、铝及铝合金、塑料等），表面不光滑，表面附着各种污物（如油、锈、污渍等），它将会影响电流通过，降低电镀质量，需要进行电镀前处理。电镀前处理包括整平、除油、除锈（活化、侵蚀）。生产中企业根据镀件的情况选择处理工序，并非都要经过所有工序。

1. 整平（抛光等）

采用磨光、机械抛光、电抛光、滚光、喷砂处理等机械处理，去除镀件表面的毛刺、砂眼、凹坑等不平整形态。多数镀件进入电镀企业（车间）前已经加工过，无须进行整平处理。

2. 除油（脱脂）工序

主要的除油方法有物理机械法除油、有机溶剂除油、化学除油、电化学除油、擦拭除油和滚筒除油、超声波除油等。主要设备为除油槽和清洗槽，添加的化学品主要为片碱、有机溶剂、除油剂或乳化剂。

3. 除锈（浸蚀）工序

镀件表面往往存在氧化物或氧化膜，为保障镀层与镀件紧密结合需除锈。除锈常用浸蚀与机械法。浸蚀一般分为化学浸蚀和电化学浸蚀。化学浸蚀一般采用酸洗，主要设备为酸洗槽（化学品主要为盐酸、氢氟酸等）和清洗槽。电化学侵蚀一般采用酸液加电极。该工序主要产生酸（碱）性废水和废气。在除锈后需用纯水清洗，去除镀件表面残留的杂质和酸。

（二）电镀

电镀是指在含有欲镀金属的盐类溶液中，以被镀基体金属为阴极，通过电解作用，使镀液中欲镀金属的阳离子在基体金属表面沉积出来，形成镀层的一种表面加工方法。

电镀的设备有电源和镀槽、加温或降温装置、阴极移动或搅拌装置、过滤和循环过滤设备、挂具。

根据操作工艺划分，可以分为手工生产和自动生产，也有一些企业是手工和自动生产混用的模式。根据镀层金属划分，可以分为镀锌、镀铜、镀镍、镀铬等，并且根据镀液中是否含有氰化物分为含氰电镀和无氰电镀。如电镀工艺及电镀液主要成分表，镀不同的材料，需要配制不同的电镀液。

滚镀与挂镀主要区别于电镀设备、工件夹具挂镀是工件夹在挂具上置于电镀槽内进行电镀；滚镀是工件装入滚筒内在镀槽内滚动电镀。挂镀适用于大零件，镀层厚度在10 μm以上工艺，每挂数量少；滚镀适宜小零件，镀层厚度在10 μm以上工艺，每筒数量多。

经过镀前处理的工件采用挂镀或滚镀方式进入镀槽，经电镀处理后，在进入清洗槽清洗。电镀槽会定期清理出滤泥，定期清理废槽液。

镀层漂洗水是电镀作业中重金属污染的主要来源。电镀液的主要成分是金属盐和络合剂，包括各种金属的硫酸盐、氯化物、氟硼酸盐等，以及氰化物、氯化铵、氨三乙酸、焦磷酸盐、有机膦酸等。除此之外，为改善镀层性质，往往还在镀液中添加某些有机化合物，如作为整平剂的香豆素、丁炔二醇、硫脲，作为光亮剂的有糖精、香草醛、苄叉丙酮、对甲苯磺酰胺、苯磺酸等。

（三）镀后处理

电镀后，镀件还需进行电镀后处理。镀后处理方法一般包括清洗、钝化、烘干，其中主要的产污工序为清洗和钝化。镀件经过电镀后进行清洗、钝化、清洗、烘干，其中主要的产污工序为清洗和钝化。

1. 清洗

镀件进行清洗是去除表面携带的镀液等杂质的过程，清洗分为传统单槽清洗以及节水清洗（淋洗、喷洗、多级逆流漂洗、回收或槽边处理）。采用单槽清洗工艺，水资源利用效率低，耗水量大，高于现有产排污系数水平。

2. 钝化

钝化分为六价铬钝化（高铬钝化、低铬以及超低铬钝化）、三价铬钝化和无价铬钝化。

镀后如进行钝化处理产生的清洗废水中六价格含量很高，废弃槽液、滤渣中的六价铬含量也很高。

（四）退镀

生产中不合格镀件比例较高时将造成企业生产资源消耗和产排污系数增加。但也有部分企业将不合格镀件送至其他企业进行退镀，部分企业也接收外来不合格镀件进行退镀。

生产中退除不合格镀层的方法有很多，根据镀层性质和退镀要求，可以采用化学退镀法、电解退镀法。化学退镀即采用化学法退去不合格镀层。不同的基体金属和镀种采用不同的化学药剂退镀，常见的有酸、碱、强络合剂等。

三、金属电镀的排污节点

（一）金属电镀的环境影响（表 12-8）

表 12-8　金属电镀的环境影响

污染类型	特征污染物
废气	喷砂、磨光及抛光工序产生粉尘；酸洗、出光、化学抛光工序产生酸雾（铬酸雾、硫酸雾、氯化氢、氮氧化物、氰化氢等）；化学、电化学除油产生碱性废气；镀铬工艺产生铬酸雾；氰化镀铜、镀锌、镀铜锡合金、仿金电镀工序产生含氰化氢废气
废水	前处理废水，又称酸碱废水。主要污染物为盐酸、硫酸、氢氧化钠、碳酸钠、磷酸钠、COD 等 含氰废水（镀锌、镀铜、镀镉、镀金、镀银、镀合金等氰化镀槽）；含铬废水（镀铬、钝化、化学镀铬、阳极化处理等）；含镍废水（镀镍）；磷化废水（磷化处理）、酸碱废水（镀前处理中的去油、腐蚀和浸酸、出光等中间工艺以及冲地坪等的废水）、电镀混合废水（除各种分质系统废水，将电镀车间排出废水混在一起的废水） 废水主要污染物包括：铬、镍、镉、银、铅、汞、铜、锌、铁、铝、pH、悬浮物、COD_{Cr}、氨氮、总磷、石油类、氟化物、氰化物等
固体废物	废酸液、废碱液、废有机溶剂、电镀废液、滤渣、退镀废液、电镀污泥、电镀废水处理产生的污泥（危险废物）等，以上均为危险废物

（二）金属电镀产生的污染物

1. 金属电镀产生的废气

电镀生产过程中产生大量废气，可分为含尘废气、酸性废气、碱性废气、氮氧化物废气、含铬废气及含氰废气。

【含尘废气】主要由喷砂、磨光及抛光等工序产生，含有沙粒、金属氧化物及纤维粉尘，除了通过集气收集处理外，也会产生无组织扬尘排放。

【酸碱废气】由于盐酸、硫酸等酸性物质进行酸洗工艺产生酸雾和碱雾，加热等工艺操作使产生的酸雾和碱雾挥发各位严重。在浸蚀、出光、化学抛光、化学除油、电化学除油等工艺环节及碱性和氰化电镀过程中会产生含氯化氢、二氧化硫、氟化氢、硫化氢及磷酸等气体废气和酸雾。镀铬工艺及镀后处理中的钝化环节会产生含铬酸雾。

【含氰废气】由氰化电镀残生，如氰化镀铜、镀锌及仿金等。氰化物预算混合，产生毒性很强的氰化氢气体。

【其他废气】在镀铜、焦铜、酸铜、镀镍、镀银、镀金等工序生产过程中会因为镀槽的药剂与温度环境等的影响产生不同的废气，主要有硫酸雾 (H_2SO_4)、氯化氢 (HCl) 气体、铬酸雾 (CrO_3)、水蒸气 (内含裹于其中的化学药剂)、碱蒸汽等水溶性气体，这些气体中主要以酸性气体为主，碱蒸汽是极微小的部分。镀铬工艺产生铬酸雾；氰化镀铜、镀锌、镀铜锡合金、仿金电镀工序产生含氰化氢废气，这些废气都需要经集气，收集处理。

2. 金属电镀产生的废水

电镀过程中清洗工序较多，废水也较多，有前处理废水、镀件清洗水、车间地面冲洗水以及操作管理不当造成的跑冒滴漏的各种排水等。电镀废水含有数十种无机和有机污染物，其中无机污染物主要为铜、锌、铬、镍、镉等重金属离子，以及酸、碱、氰化物等；有机污染物主要为含碳有机物、含氮有机物等。电镀废水主要分为以下几类：酸碱废水、含氰废水、含铬废水、重金属废水、有机废水和混合废水。

（1）前处理废水，又叫酸碱废水。包括工件除锈、脱脂、除油、除蜡等电镀前处理工序产生的废水。一般包括前处理工序及其他酸洗槽、碱洗槽产生的废水，主要污染物为盐酸、硫酸、氢氧化钠、碳酸钠、磷酸钠等。

（2）含氰废水。主要由含氰电镀工序产生，包括氰化镀铜，碱性氰化物镀金，中性和酸性镀金、银、铜锡合金，仿金电镀等含氰电镀废水。氰是剧毒物，应单独处理。主要污染物为氰化物、络合态重金属离子等，须单独收集、处理含氰废水。

（3）含铬废水。包括镀铬、镀黑铬、表面钝化、退镀以及塑料电镀前处理粗化等工序产生的废水，主要污染物为六价铬、总铬等，须单独收集、处理。铬是一类污染物，必须做到车间排放口达标。

（4）含镍废水。包括光亮镀镍、半光镍、高硫镍、镍封、冲击镍、黑镍、化学镀镍等工序产生的废水。镍是一类污染物，必须做到车间排放口达标。

（5）重金属废水。一般包括镀镍、镉、铜、锌等金属及其合金产生的废水（电镀废液和清洗水），主要污染物为各种游离态、络合态重金属离子及络合剂类有机物、甲醛和乙二胺四乙酸（EDTA）等。这类废水污染物浓度高。Cu^{2+} 质量浓度在 1 ～ 70 g/L，Cr^{3+} 质量浓度在 1 ～ 20 g/L，Cr^{6+} 质量浓度在 8 ～ 180 g/L，Ni^{2+} 质量浓度在 1 ～ 3 g/L，Zn^{2+} 质量浓度在 1 ～ 10 g/L，CN^- 质量浓度在 80 ～ 90 g/L，这部分废水应收集回收进行预处理后，再排入电镀混合废水统一处理。电镀污水的成分非常复杂，除含氰 (CN^-) 废水和酸碱废水外，重金属废水是电镀业潜在危害性极大的废水类别。根据重金属废水中所含重金属元素进行分类，一般可以分为含铬 (Cr) 废水、含镍 (Ni) 废水、含镉 (Cd) 废水、含铜 (Cu) 废水、含锌 (Zn) 废水、含金 (Au) 废水、含银 (Ag) 废水等。

电镀废水主要是清洗废水（工件漂洗水），废水量约占电镀车间废水排放量的 80% 以上，废水中铬离子质量浓度在 50 ～ 300 mg/L，铜离子质量浓度在 2 ～ 150 mg/L，镍离子质量浓度在 2 ～ 80 mg/L。

（6）有机废水。主要是前处理工序如工件除锈、脱脂、除油、除蜡等环节产生的废水，主要污染物为有机物、石油类、悬浮物、重金属等。

（7）综合废水。即除上述四类废水外的电镀废水，主要包括酸性镀铜、酸性和碱性镀锌、各种镀锡等废水。主要污染物为多种金属离子、添加剂、络合剂、配位剂、染料、分散剂等有机物，石油类、磷酸盐、及悬浮物、表面活性剂等。

（8）设备、管道跑、冒、滴、漏废水。一般这部分废水与冲刷设备、冲洗地坪废水一并处理。

（9）化验废水。主要包括电镀工艺分析和废水、废气检测，成分复杂，一般排入电镀混合废水统一处理。

3. 金属电镀产生的固体废物（表 12-9）

表 12-9　电镀企业主要固体废物与处置利用

固体废物	来源	处置
含铬废液、滤渣和相应的污泥	镀铬废电镀液、镀槽滤渣和槽泥、含铬废水处理的污泥	由符合资质要求的危险废物回收处置单位、按环保要求和最佳回收技术路线对各种电镀废液中的重金属进行回收。 利用铬污泥生产红矾钠、铬黄、液体铬鞣剂及皮革鞣剂、碱式硫酸铬，做铁铬红颜料的原料，回收氢氧化铬、三氧化二铬抛光膏，铁氧体污泥做磁性材料的原料等
含镍废液、滤渣和相应的污泥	镀镍废电镀液、镀槽滤渣和槽泥、含铬废水处理的污泥	由符合资质要求的危险废物回收处置单位、按环保要求和最佳回收技术路线对各种电镀废液中的重金属进行回收
含氰废液、滤渣和相应的污泥	含氰电镀废液、镀槽滤渣和槽泥、含铬废水处理的污泥	由符合资质要求的危险废物回收处置单位、按环保要求和最佳回收技术路线对各种电镀废液中的重金属进行回收

固体废物	来源	处置
含铜废液、滤渣和相应的污泥	镀铜废电镀液、镀槽滤渣和槽泥、含铬废水处理的污泥	由符合资质要求的危险废物回收处置单位、按环保要求和最佳回收技术路线对各种电镀废液中的重金属进行回收
含锌废液、滤渣和相应的污泥	镀锌废电镀液、镀槽滤渣和槽泥、含铬废水处理的污泥	由符合资质要求的危险废物回收处置单位、按环保要求和最佳回收技术路线对各种电镀废液中的重金属进行回收
退镀废液和相应的污泥	退镀槽滤渣和槽泥、废水处理的污泥	由符合资质要求的危险废物回收处置单位、按环保要求和最佳回收技术路线对各种电镀废液中的重金属进行回收
废弃原辅料		

1）电镀企业固体废物主要来自废弃电镀槽液过滤废渣（电镀、镀后处理）均为危险废物。

（2）废电镀槽液退镀液、钝化废液、前处理过程中产生的废酸碱液、废有机溶剂，均为危险废物。

（3）电镀废水处理含重金属污泥、化学除油工序产生的少量油泥等，污泥中含有金属氢氧化物、硫化物等重金属污染物，多属于危险废物。多数电镀企业对电镀废水的处理方法主要采用化学法，重金属主要沉淀于污泥中。

思考与练习

1. 简述机械工业冷加工废水的污染来源和特征。
2. 整理和分析热处理工艺固体废物的来源。
3. 简述锻造工艺废气的主要污染来源和特点。
4. 总结金属表面处理前处理的基本工艺。
5. 总结铸造工艺的废气来源。
6. 整理和分析电镀工艺废水废物的来源。

第十三章　无机化学工业生产工艺环境基础

本章介绍我国无机化学工业的现状、污染特征；合成氨、硫酸、氯碱、电解锰工业的原辅材料结构、基本能耗；主要生产设备与基本工艺；排污节点和环境要素；污染源的环境管理要求。

专业能力目标：

1. 了解无机化学工业的主要环境问题。
2. 了解合成氨、硫酸、氯碱（电石、烧碱、氯碱）工业的生产基本原理。
3. 熟悉合成氨、硫酸、电石、烧碱工业的原料结构与主要设备。
4. 了解合成氨、硫酸、氯碱、（电石、烧碱、氯碱）工业的基本生产工艺。
5. 掌握合成氨、硫酸、氯碱、（电石、烧碱、氯碱）工业的排污节点分析、主要大气和水污染来源及环境要素分析。
6. 从网上找相关资料，总结合成氨、硫酸、氯碱、（电石、烧碱、氯碱）工业的主要环境管理要求。

第一节　无机化学工业的环境问题

一、无机化学工业简介

在《国民经济行业分类》（GB/T 4754—2017）目录中化学原料和化学制品制造业属制造业（C 大类 26 中类），包括基础化学原料制造（261）、肥料制造（262）、农药制造（263）、涂料、油墨、颜料及类似产品制造（264）、合成材料制造（265）、专用化学产品制造（266）、炸药、火工及焰火产品制造（267）、日用化学产品制造（268）。本章只介绍无机化学工业的无机酸制造（2611、硫酸）、无机碱制造（2612、烧碱）、无机盐（2613、电石）、氮肥制造（2621、合成氨）。

无机化工是无机化学工业的简称，以天然资源和工业副产物为原料生产硫酸、硝酸、盐酸、磷酸等无机酸、纯碱、烧碱、合成氨、化肥以及无机盐等化工产品的工业，多属于化学原料和化学制品制造业。包括硫酸工业、纯碱工业、氯碱工业、合成氨工业、化肥工业和无机盐工业。广义上也包括无机非金属材料和精细无机化学品如陶瓷、无机颜料等的生产。无机化工产品的主要原料是含硫、钠、磷、钾、钙等化学矿物和煤、石油、天然气以及空气、水等。

需特别指出的是，无机盐工业的范围至今没有统一的概念。无机盐工业产品范围较广，绝大多数无机化工产品都属无机盐工业范畴，但不包括已独立形成部门的“三酸”（硫酸、盐酸、硝酸）、两碱（纯碱、烧碱）和原盐、部分无机颜料和无机非金属材料的生产。按此概念它包括 1 000 多种无机化工产品，除盐类产品外还包括硼酸、铬酸、砷酸、磷酸、氢溴酸、氢氟酸、氢氰酸等多种无机酸；钡、铬、镁、锰、钙、锂、钾的氢氧化物等无机碱；以及氮化物、氟化物、氯化物、溴化物、碘化物、氢化物、氰化物、碳化物、氧化物、过氧化物、硫化物等元素化合物和钾、钠、磷、氟、溴、碘等单质。

化学工业是对各种自然资源用化学方法进行处理和转化加工的生产部门，其原料、中间品、产品和废弃物从化学组成上都是多样化的，而且数量相当大，这些物质多数是有害的，甚至还是剧毒物质，进入环境会对环境和人身健康产生严重危害。由于这些原因，化工工业产生的污染常常引起政府和人们的高度重视。

我国化工行业生产每年消耗能源占全国能源消费总量的 10% 左右，其中五大重点行业合成氨、甲醇、纯碱、电石、氯碱的能源消耗，分别约占我国化学工业能源消费总量的 25%、12%、2%、9%、9%。

二、无机化工污染的特点

化学工业是重污染行业，化学工业排放的“三废”，不仅所含污染物复杂，排放量大，而且具有较高的环境和生物毒性，排放具有极大环境风险，化学废渣在其危害性无法确定时，一般都视为危险废物。化学工业排出的废水、废气、固体废物对环境污染都很明显，尤以水污染更为突出。化工厂由于用水量和排水量较大，一般多集中于江、河、湖、海附近，因此对水域的污染极为严重。

（一）化工生产的废水污染特点

1. 有毒性和刺激性。化工废水中含许多有毒和剧毒的无机物质和有机物质，如环芳烃、芳香族胺、含氮杂环化合物、有机氮及氰、酚、砷、汞、镉、六价铬、酸、碱等，这些物质对环境和生物体都有较高的毒性。

2. pH 不稳定。化工生产排放的废水，时而呈强酸性，时而呈强碱性，pH 很不稳定，增加了废水处理的难度。

3. 废水温度高。化工废水中相当一部分是冷却水，因此排出的废水水温都较高，会造成局部水域的热污染。

（二）化工废气污染特点

1. 排放物质多含有刺激性和腐蚀性。化工生产排放的刺激性和腐蚀性气体很多，如二氧化硫、氮氧化物、氯气、氯化氢、酸雾等，都有较强的刺激性和腐蚀性。

2. 排放的废气中易燃、易爆气体较多。化工生产排放的废气中会含有极易发生火灾和爆炸事故的成分，危害极大。

3. 排放的废气中会含有异味物质。化工废气中常含有一些臭味和怪味的物质，如硫化氢等。

（三）化工固体废物的污染特点

化工生产的固体废物多数属于危险废物，如硫酸矿渣、碱渣、电石渣、沥青渣等，化工废渣的贮存、处置和运输都可能产生对土壤、水体和大气的污染。

三、无机化工中的环境问题

无机化工生产过程中污染物（表 13-1）产生的主要原因有以下六种：

（1）在化学生产的反应装置中一般的化学反应转化率都是一定的，有的单程转化率还很低，原料不可能全部转化为成品和半成品。原料平均利用率一般只有 30% ～ 40%，其余部分多转变为“三废”形式。虽经多次循环使用、回收，杂质含量增加，必然要排放一定量的污染物。许多化工生产由于工艺和设备的诸多原因回收率不高，发生产品、中间体、原料的流失，产生一定量的污染物。

（2）许多化工企业由于生产设备和工艺落后，物料流失严重，如技术比较成熟的硫酸铵生产，1 t 硫酸铵需要 0.26 t 氨和 0.75 t 硫酸，约 1.01 t 原料，还有 1% 的原料不能参加反应排入空气。

（3）化学反应中的副产品一般可回收利用，还可作为其他化工生产原料，进一步加工。但许多副产品在化工生产中由于成分复杂、含量不高，回收和综合利用在技术和回收成本上都有一定的困难，许多化工厂宁可将其作为化工废物排放。

（4）在化工生产过程中还有一些随生产介质的排出，带出一些物料，如蒸馏冷却水、滤液、吸收剂、化学处理的脱水分离水、反应溶剂、水洗、酸洗、碱洗排出的废液、清洗水、直接冷却水等。

（5）在化工生产过程中因管理不善，以及因设备陈旧、简陋等原因，造成跑、冒、滴、漏、挥发等现象，这也是化工生产污染物排放的重要原因。

（6）许多化学品对人体和环境危害极大。化工污水、废气中污染物大多具有不同程度的毒性。

表 13-1 2013—2015 年我国化学原料和化学制品制造业“三废”产排污量数据

污染物	2013 年			2014 年			2015 年		
	排放（产生）量	单位	占工业比例 /%	排放（产生）量	单位	占工业比例 /%	排放（产生）量	单位	占工业比例 /%
废水量	265 572.7	万 m^3	13.87	263 665.5	万 m^3	14.10	256 427.7	万 m^3	14.12
COD 年产生量	233.018 4	万 t	11.14	222.961 4	万 t	11.11	213.514 0	万 t	11.71
COD 年排放量	32.198 5	万 t	11.29	33.597 7	万 t	12.24	34.629 6	万 t	13.55
氨氮年产生量	57.252 1	万 t	43.329	49.467 5	万 t	34.40	44.924 3	万 t	40.55
氨氮年排放量	7.642 0	万 t	34.00	6.653 5	万 t	31.61	5.759 4	万 t	29.34
石油类年产生量	1.072 1	万 t	4.10	1.126 6	万 t	4.56	1.075 2	万 t	4.60
石油类年排放量	0.263 9	万 t	15.18	0.220 7	万 t	13.75	0.208 6	万 t	13.90
挥发酚年产生量	5 292.0	t	7.56	4 738.6	t	7.16	5 300.3	t	8.79
挥发酚年排放量	79.6	t	6.32	105.0	t	7.70	85.0	t	8.73
汞年产生量	11.840	t	56.55	10.267	t	50.92	7.56	t	43.56
汞年排放量	0.219	t	27.97	0.138	t	20.63	0.227	t	23.00
镉年产生量	71.081	t	3.17	87.78	t	4.07	76.076	t	2.82
镉年排放量	1.659	t	9.28	1.155	t	6.85	0.290	t	1.88
六价铬年产生量	135.525	t	4.17	69.164	t	2.30	67.22	t	2.19
六价铬年排放量	0.372	t	0.64	0.360	t	1.03	0.509	t	2.17
总铬年产生量	217.390	t	3.11	137.334	t	1.91	128.93	t	1.88
总铬年排放量	6.275	t	3.88	3.343	t	2.54	1.542	t	1.48
铅年产生量	192.763	t	6.51	236.448	t	8.40	206.291	t	5.87
铅年排放量	8.431	t	11.39	5.254	t	7.32	4.798	t	6.16
砷价铬年产生量	1 500.540	t	13.36	1 243.287	t	10.98	1 218.531	t	15.44
砷年排放量	38.38	t	34.39	33.365	t	30.55	32.908	t	29.50
废气量	31 536.2	亿 m^3	4.71	21 291	亿 m^3	3.07	36 754.4	亿 m^3	5.36
SO_2 产生量	383.2	万 t	6.31	245.5	万 t	3.97	288.9	万 t	4.80
SO_2 排放量	128.2	万 t	7.59	134.4	万 t	8.48	134.6	万 t	9.61
NO_x 产生量	59.7	万 t	3.29	65.3	万 t	3.59	78.5	万 t	4.46
NO_x 排放量	54.7	万 t	3.73	59.2	万 t	4.50	64.2	万 t	5.90
烟粉尘产生量	1 593.6	万 t	2.17	1 654.4	万 t	2.18	1 828.0	万 t	2.57
烟粉尘产生量	60.0	万 t	5.87	65.8	万 t	5.19	65.6	万 t	5.92
一般固体废物产生量	27 908	万 t	8.92	28 997	万 t	9.31	32 808	万 t	10.55
危险废物产生量	681	万 t	21.57	865	万 t	23.80	763	万 t	19.19

资料来源：环境统计年报。

第二节　合成氨工业生产工艺环境基础

一、合成氨工业的现状

（一）合成氨工业

合成氨指由氮和氢在高温高压和催化剂存在下直接合成的氨，为一种基本无机化工流程。合成氨是化学工业中产量很大的典型重要化工产品。合成氨主要消费部门为化肥工业，用于其他领域的（主要是高分子化工、火炸药工业等）非化肥用氨，统称为工业用氨。合成氨的消费去向最主要的是作为中间产品，加工成尿素、硝铵、碳酸氢铵、硫酸铵、氯化铵、磷酸一铵、磷酸二铵、硝酸磷肥等多种化肥；工业上氨也是重要的无机化学和有机化学工业基础原料，氨及其氨加工产品主要用于生产等，用于生产硝酸、纯碱、丙烯腈、铵、胺、染料、炸药、药、合成纤维、合成树脂的原料，这部分约占 30%。

由表 13-2 可知，2015 年我国合成氨产量达 5 791 万 t，并且是世界上最大的以煤为原料的合成氨产地，约占全球总产量的 33%，已成为世界上最大的合成氨生产国。世界合成氨中以天然气为原料占全球合成氨产能的 66%，以煤炭和油焦为原料占 30%。2011 年，国内合成氨生产原料中，煤炭约占 76%，天然气约占 21%，油约占 2%，焦炉气约占 1%。以煤炭为原料中，无烟煤约占 64%，非无烟煤（烟煤、褐煤等）约占 12%。2016—2017 年我国上规模合成氨企业 244 家。

表 13-2　2000—2015 年我国合成氨年产量　　单位：万 t

年份	2000	2005	2006	2007	2008	2009	2010	2011	2012	2013	2014	2015
合成氨年产量	3 364	4 600	4 960	5 094	4 995	5 085	4 963	5 090	5 459	5 745	5 690	5 791

资料来源：博思数据研究中心、中商情报网。

（二）我国合成氨工业存在的问题

而合成氨工业恰恰是消耗能源多的重污染行业。据有关资料显示，合成氨的工业生产所使用的能源占到了社会总能耗的 3%，节能减排是我国合成氨工业的重要任务。我国合成氨工业现有的原料结构、装备、工艺、技术水平，导致能源使用效率比较低，污染物排放量较大，大量的化石能源的使用导致了大量有害气体的排放，环境问题突出。我国合成氨工业原料主要使用廉价的煤炭，许多中小型企业采用传统的工艺，在环境管理和污染控制方面比较薄弱，使合成氨在造气废水和氨氮废水排放问题很多。在合成氨原料中所采用最合理最廉价的原料就是天然气。在国外合成氨工业中，原料是天然气的占 85%。而在我国合成氨材料中，原料是煤的占 70% 以上。因为我国生产企业拥有落后的管理模式，导致与国外相比，我国合成氨能耗超过了 70%。

不断进步的催化剂和日益降低的合成压力，可使合成氨工业的能耗大大降低。国外合成氨企业主要是对 15 MPa 的低压工业技术进行采用。而我国超过 70% 的企业，都是对 31.4 MPa 高压合成工艺进行采用。造成我国合成氨能耗和成本要高出国外几倍。同时，国内企业拥有较小的规模，要远远低于国外企业。

（三）合成氨工业发展中的节能减排措施

面临着不断上涨的能源成本，我国节能减排工作所面临的形势是非常严峻的。合成氨行业需要加强技术创新，综合利用各种能源，进一步提高节能减排技术水平，加强环境保护综合治理工作，降低污染物的排放总量。

（1）不断创新技术，促进合成氨工业的转型。

天然气价格不断上调，极大限制了合成氨企业的原料用气。面临节能减排的压力，企业应转方式、调结构，不断地创新改革技术，降低原料的消耗，实现快速转型。

（2）应将高耗能、高污染企业关闭，淘汰落后产能，使合成氨产能过剩的压力得到及时化解，推进节能减排工作的开展。

二、合成氨工业的原料与能耗

1. 原料

【煤（无烟煤、褐煤、焦炭）】以煤（无烟煤、褐煤、焦炭）为原料制取氨的方式，由于其高污染、高消耗，在世界上已很少采用。中国能源结构上存在多煤缺油少气的特点，目前仍以煤（无烟煤、褐煤、焦炭）为主要制气原料。制气方法不同，对原料煤的要求也不同，常用的制气方法以下两种：

（1）固定床气化法。目前，国内主要用无烟煤和焦炭作气化原料，制造合成氨原料气。要求作为原料煤的固定碳＞ 80%，灰分＜ 25%，硫分≤ 2%，挥发分不高于 9%，化学反应性越强越好。

（2）沸腾层气化法。对原料煤的要求是：化学反应性要大于 60%，不黏结或弱黏结，灰分＜ 25%，硫分＜ 2%，水分＜ 10%，主要使用褐煤、长焰煤和弱黏煤等。

一般大型合成氨厂每吨氨的能耗约为 1.4 t 标准煤，中型合成氨厂约为 2.4 t 标煤，小型合成氨厂约为 3 t 标煤，而生产每吨合成氨的理论生产用煤是化学工业用煤的主要用户，仅耗 0.7 t 标准煤，因此合成氨生产有很大的节能潜力。

2. 辅料

【纯碱】工业用碳酸氢钠（Na_2CO_3），用于配置脱硫吸收液。

【铜氨液】目前采用的铜氨液为醋酸铜氨液（表 13-3），是由醋酸、铜、氨和水经过化学反应后制得的一种溶液，其主要成分是醋酸亚铜络二氨 [$Cu(NH_3)_2Ac$]，醋酸铜络四氨 [$Cu(NH_3)_4Ac$]，醋酸氨（NH_4Ac）和未反应的游离氨，是铜氨洗的主要辅料。由于吸收了空气和原料气中的 CO_2，溶液中还含有碳酸氢铵和碳酸铵等成分。其中醋酸亚铜络二氨和游离氨是吸收 CO 的主要成分。由于铜液呈碱性，pH 一般为 9 ～ 10，并且有腐蚀性，特别对人的眼睛有强烈的伤害作用，因此操作时应严加防护。

表 13-3　铜氨液组成

总铜（Cu_r）	一价铜（Cu^+）	二价铜（Cu^{2+}）	铜比（Cu^+/Cu^{2+}）	总氨（NH_3）	醋酸（HAc）	二氧化碳（CO_2）
2.37	2.04	0.33	6.16	9.0	2.65	0.96

【甲醇】CH_4O，在低温甲醇洗中作为溶剂，是甲醇洗的主要辅料，最低质量要求 A 级。

典型规格：压力 0.3 MPa(A)；温度环境比重为 0.791 ～ 0.792 g/mL；质量：沸程 64.0 ～ 65.5℃ (>60 mmHg)；蒸馏能力为 min 98 mL；H_2O 为 max 0.1%；游离甲酸为 max 15 mg/m^3；游离氨为 max 2 mg/m^3；甲醛为 max 20 mg/m^3；蒸发残渣为 max 10 mg/m^3；乙醇为 max 0.01%。

【变换催化剂】K8-11，耐硫变换催化剂，以 $MgAl_2O_4$ 为载体，不含 K_2O 的钴钼催化剂；

QCS-04，新型 CO 耐硫变换催化剂，以 Mg_2Al_4 位载体，Co-Mo 为活性组分浸渍型催化剂。

【氨合成催化剂】工业上常用 FeO(29% ～ 35%)、Fe_3O_4(55% ～ 65%)，辅助成分：结构性助剂为 Al_2O_3(2% ～ 4%)、MgO(3% ～ 4%)；电子型助剂为 K_2O(0.5% ～ 0.8%)。

【分子筛】$xM/n[(Al_2O_3)_x \cdot (SiO_2)_y] \cdot mH_2O$，式中 M 为化合价为 n 的金属离子，通常是 Na^+、K^+、Ca^{2+} 等。根据硅酸根中 SiO_2/Al_2O_3 的比值的不同，分子筛可分为 A 型、X 型、Y 型和丝光沸石等几种。合成氨工业常用 13X 型和 4A 型，13X 型化学组成为 $Na_2O \cdot Al_2O_3 \cdot 2.5SiO_2 \cdot 6H_2O$；4A 型的化学组成为 $Na_2O \cdot Al_2O_3 \cdot 2SiO_2 \cdot 4.5H_2O$。用于气体精制后除去原料气中微量的 CO、$H_2O$、$CO_2$。

3. 能耗、水耗

【燃料煤】以无烟煤或焦炭为燃料，生产合成氨的工艺，约耗燃煤 1.4 t 原煤 /t，原料煤（焦或白煤）1.1 ～ 1.5 t 原煤 /t（富氧气化耗煤为 1.1、间歇气化耗煤为 1.5），用于锅炉加热产生蒸汽。

【水】每生产 1 t 氨消耗 10 ～ 20 t 的水，消耗蒸汽量为 0.3 ～ 0.5 t。

【电】每生产 1 t 氨消耗 150 ～ 200 kW · h 的电。

某 50 万 t 合成氨、80 万 t 尿素煤制气合成氨企业原辅料及能耗见表 13-4 和表 13-5。

表 13-4　某 50 万 t 合成氨、80 万 t 尿素煤制气合成氨企业主要原、辅材料及工程消耗

名称	单位	小时耗量	年耗量
原料煤	10^4 t/a		98.12
烧碱	kg	23	182 160
盐酸	kg	26	205 920
燃料气（标态）	m^3	11 093	8.79×10^7
冷却水	t	1 214	9.61×10^6

名称	单位	小时耗量	年耗量
电	kW · h	10 910	8.64×10^7
锅炉给水	t	159.8	1.27×10^6
中压过热蒸汽	t	3.1	24 552
低压蒸汽	t	30.1	238 392
一次水	t	6.2	49101
100% 氧气（标态）	m^3	44 000	3.48×10^8
低压氮气（标态）	m^3	22 000	1.74×10^8
高压氮气（标态）	m^3	12 500	9.9×10^7
超高压氮气（标态）	m^3	17 400	1.38×10^8
仪表空气（标态）	m^3	890	7.05×10^6

表 13-5　合成氨装置主要原、辅材料及公用工程消耗

名称	单位	初始装填量	设计寿命
变换催化剂	m^3	44	4 年
变换催化剂	m^3	155	4 年
氨合成催化剂	m^3	69	8 年
甲醇	m^3	430	
液氮洗分子筛	m^3	36	
名称	单位	吨氨耗量	小时耗量
冷却水	t	391.28	18 380
电	kW · h	42.93	2 709
锅炉给水	t	0.25	15.6

三、合成氨工业生产工艺流程

（一）备煤

包括燃料煤、原料煤的运输、装卸、传输、贮存和制备。如原料煤在送入气化炉前，需破碎、干燥及成型处理。型煤块可直接通过传送带为气化装置提供原料，也可以在煤场堆放后取料供应气化装置。

备煤工艺流程如下：原煤—筛分—破碎—干燥—挤压成型。

（二）造气

采用气化方式将煤（焦炭）制成含氢气、CO、CO_2 等粗原料气。造气包括给料、蒸汽、气化、除渣、除灰等过程。

1. 锅炉蒸汽

燃料煤送至锅炉房，燃烧加热锅炉，产生的水蒸气通过管道部分送至气化炉，部分送至变换工序；燃烧产生的烟气经过除尘脱硫装置处理后排放；锅炉内剩余废水经处理后进入水循环系统供其他工序使用。

2. 气化

原料煤制备后用传送带输送送至气化炉（水煤浆用泵送入）。气化所需气化剂一般为 O_2、水蒸气。O_2 由空分装置提供；水蒸气由蒸汽锅炉提供。气化工艺一般分为以下三类：

（1）固定床

在气化过程中，块煤或碎煤由气化炉顶部加入，气化剂由底部通入，逆流接触，相对于气体的上升速度而言，煤料下降速度很慢，甚至可视为固定不动，因此称为固定床气化。

（2）流化床

流化床技术是以 0 ～ 10 mm 粒径的煤为气化原料，以空气、氧气或富氧和蒸汽为气化剂，气体从炉下部进入，在适当的煤粒度和气速下，与碎煤形成流化状态，在气化炉内使碎煤悬浮分散在垂直上升的气流中，煤粒在部分燃烧产生的高温沸腾状态下进行气化反应（又称沸腾床）。

（3）气化床

用气化剂将粒度为 100 μm 以下的煤粉带入气化炉（或制成水煤浆用泵打入炉内）内，煤料在高于气灰熔融性温度下与气化剂发生燃烧和气化反应，灰渣以液态形式排出气化炉。

3. 除渣

在气化炉燃烧段产生的高温熔渣，向下流入炉底渣池，激冷后经渣锁斗推至排渣池，用捞渣机将炉渣捞出运至渣场，渣水循环使用。循环使用的同时会增加一些污染物和盐类，需要不断更换。

4. 除灰

一般采用湿法洗涤工艺净化粗煤气中的飞灰，使出口煤气含灰量小于 1 mg/m³，洗涤后的粗煤气经冷凝脱水后，送净化工段；洗涤塔排放的洗涤水和冷凝水，应送煤气水处理装置处理工段。

5. 煤气水处理

煤气水处理分为两个工段：煤气水分离工段和酚氨回收工段。

煤气水分离工段（图 3-1）的主要是处理从加压气化的含尘煤气水、变换冷却来的含焦油和含油煤气水、低温甲醇洗来的冷凝液，闪蒸出其中的溶解气，利用重力沉降原理分离出固体颗粒及焦油、油，并向加压气化、变换冷却提供高压和低压喷射煤气水；酚回收工段的主要是利用蒸馏、萃取、精馏的原理处理来自煤、气、水分离工段来的煤气水，

将其中的 H_2S、CO_2 等酸性气体解析出来。

氨回收工段负责除去从酚回收装置来的氨气中的酸性气体 H_2S、CO_2、酚及非冷凝组分，回收一部分氨水送锅炉烟气脱硫装置，回收无水液氨送罐区。

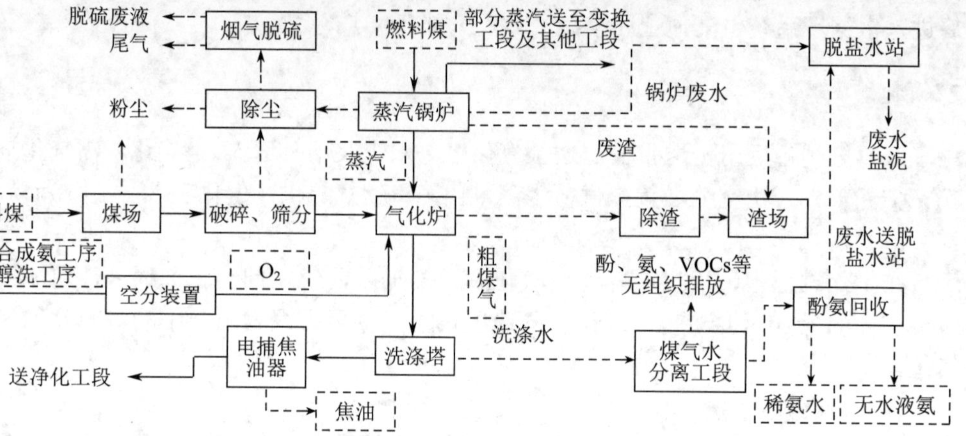

图 13-1　煤气水分离流程

（三）净化工序

对粗原料气进行净化处理，去除氢气和氮气外的杂质，主要是脱硫、变换、脱碳以及气体精制。

1. 脱硫

发生炉煤气中的硫源于气化煤，主要以 H_2S 形式存在，气化用煤中的硫约有 80% 转化成 H_2S 进入煤气。净化工段的第一道工序是脱硫，以保护转化催化剂。

在煤气脱硫技术中，目前应用较广泛的是栲胶脱硫法。以纯碱作为吸收剂，以栲胶为载氧体，以 $NaVO_2$ 为氧化剂。

①气体流程：经降温、除尘、除焦油的冷煤气进脱硫塔底部，自下而上与塔内喷淋的脱硫液逆流接触，将 H_2S 脱除至 50 mg/m^3 以下，脱硫后的煤气从脱硫塔顶部引出送至变换工序；

②液体流程：从脱硫塔顶喷淋的溶液，吸收硫化氢后，经脱硫塔液封槽引出至富液槽。硫氢化钠被进一步氧化，析出单质硫。出富液槽的溶液打入再生槽顶部喷射，同时吸入足够的空气，用以氧化栲胶和浮选硫膏。再生的溶液称为贫液，再进入贫液槽用泵打入脱硫塔顶部喷淋，溶液循环使用；

③单质硫产出：再生槽浮选出的单质硫呈泡沫悬浮于液面上，溢流至硫泡沫槽内，上清液返贫液槽循环，沉淀的硫膏入熔硫釜生成副产品硫黄。熔硫后分离出的脱硫液进入地下池再经过滤后打入贫液槽循环，脱硫废液循环使用会造成硫代硫酸铵、硫氢酸铵等杂质越积越多，需不断更新。

2. 变换

脱硫后，原料气含有 CO（12% ～ 40%），变换工序目的是去除原料气中的 CO。原料气经预热进混合器与水蒸汽混合，然后进变换炉进行变换反应，CO 变换过程放热，须分段进行逐渐回收反应热，并控制变换段 CO 含量。第一步高温变换，使大部 CO 转变为 CO_2 和 H_2；第二步是低温变换，将 CO 含量降至 0.3% 左右。变换后的原料气送洗涤塔将微量的氨、氰洗至小于 1 mg/m^3，然后送去精制工段脱碳。

3. 脱碳

粗原料气经 CO 变换以后，变换气中除 H_2 外，还有 CO_2、CO 和 CH_4 等组分，CO_2 含量最多。CO_2 既是合成催化剂的毒素，又是制造尿素、碳酸氢铵等氮肥的原料。变换气中 CO_2 的脱除还需回收。一般采用溶液吸收法脱除 CO_2。依吸收剂可分为两类方法：一类是物理吸收法，如低温甲醇洗法 (Rectisol)、聚乙二醇二甲醚法 (Selexol)、碳酸丙烯酯法；另一类是化学吸收法，如热钾碱法、低热耗本菲尔法、活化 MDEA 法 MEA 法等。

以常用的低温甲醇洗法为例(图 13-2)，其工序流程为：将原料气的降温至 -17℃左右，进入吸收塔底部用低温甲醇吸收原料气中的 CO_2 和 H_2S。净化气从塔顶导出(总硫小于 0.1 mg/m^3，CO_2 约为 3%)。吸收 CO_2 和 H_2S 后的甲醇再进入 CO_2 解析塔，解析、分离甲醇和 CO_2。在热再生塔中，甲醇脱除了吸收的全部气体，再将部分甲醇输送至甲醇水塔精馏，脱除其中的水分，然后以气态重返热再生塔循环。

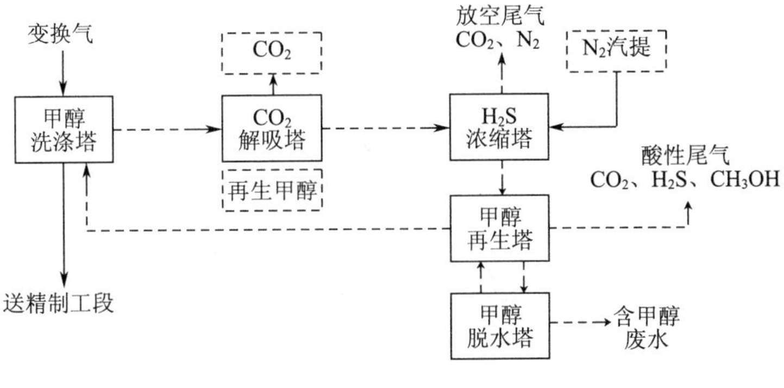

图 13-2　低温甲醇洗流程

4. 精制

变换气经过净化后仍含有少量的 CO、CO_2、O_2、H_2S 等有害气体，因此，原料气在进入合成工序前，必须进行原料气的精制过程。目前在工业生产中，精制方法有铜氨液吸收法（铜洗法）、深冷分离法和甲烷化法等技术。使用铜洗流程的企业，铜氨洗过程有大量稀氨水排放，成为合成氨厂氨氮的主要排放源。

以“铜洗”法为例（图 13-3）：经过脱碳后的变换气进入铜洗塔，与铜液逆流接触，铜液吸收其中的 CO、CO_2、O_2、H_2S 等杂质，出铜洗塔的原料气再进碱洗塔，用氨水吸收残余的CO_2，净化后的原料气$CO + CO_2 < 25\ mg/m^3$，再经过氨水分离器分离氨水后，提压至氨合成工段生产合成氨。吸收原料气中的CO、CO_2、O_2、H_2S等杂质的铜液送至铜液再生系统热再生后，经过水冷和氨冷降温后循环使用。再生系统来的再生气经吸氨塔洗涤，再经分离器分离水后送变换工段回收，氨水送碳铵工序回收利用。碱洗塔用的氨水在吸收CO_2达一定的碳化度后成为废氨水，废氨水送尿素工序回收利用。

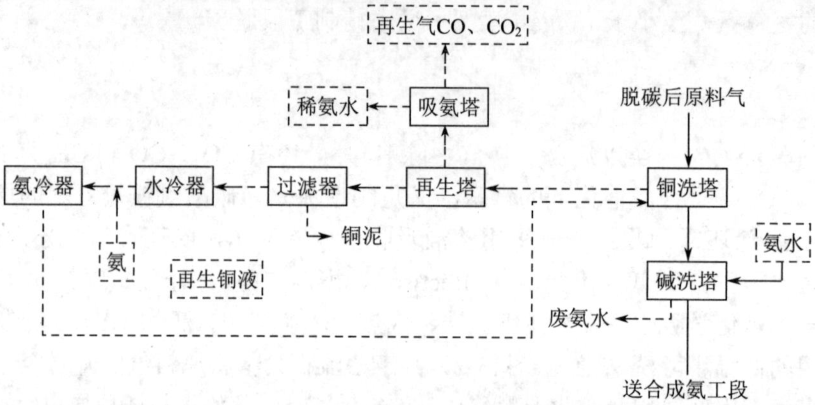

图 13-3 “铜洗”法精制流程

（四）合成氨工序

精制后的氢、氮混合气经压缩、除油、预热后送入合成塔中，在高压和催化剂存在的条件下合成氨，一般采用N_2和H_2的体积比为1 ∶ 3，温度在500℃左右。反应后气体中氨含量一般只有10% ～ 20%，通过冷凝降温，使气态氨冷凝成液氨分离出来。剩余的氢氮气，除了为降低惰性气体含量而少量放空以外，大部分重返合成塔循环使用。

（五）辅助工序

1. 空分装置

自空压机来的压缩空气，经分子筛去除水份、CO_2、碳氢化合物等杂质后，一部分空气被直接送往精馏塔的上塔，另一部分则进入膨胀机经膨胀制冷后，被送往下塔。精馏塔中，上升蒸汽和下落液体经热量交换后，在上塔的顶部可得到纯度很高的氮气，在上塔底部可得到纯度很高的氧气，经压缩液化后输送到各个生产环节使用。

2. 冷冻工序

冷冻工序是将制冷剂通过压缩机及辅机由压缩、冷凝、节流、蒸发（提供冷量）四个过程组成制冷循环，向空分装置及合成氨装置提供冷量。

3. 压缩工段

压缩工段的压缩机为六段压缩。由于合成氨生产过程中，变换、脱硫脱碳、精制与氨合成分别在不同的压力条件下进行，压缩工段的任务就是提高工艺气体压力，为各个生产工段提供其所需的压力条件。

4. 脱盐工序

为了节约用水、减少污水排放、实现水资源再利用，各个工序的排水经过处理后大多回用于场内循环水系统作为补水，代替新鲜水的使用。但循环水中含盐量会不断地增加，需要进入脱盐工序进行脱盐处理，处理后的清洁水继续循环使用。

（六）合成氨生产企业的主要生产设备（图 13-6）

表 13-6　合成氨企业主要生产设备

基本工序	主要设备
备煤	受煤坑、煤场、胶带输送机、提升机、破碎机、筛分室、铲车、运输车辆、料斗、传送带、粉煤仓、除尘器
造气	煤场、燃煤锅炉、水箱、水泵、灰渣场、蒸汽管道、烟气脱硫装置、除尘器； 预热器、蒸汽氧气混合器、煤锁、气化炉、罗茨鼓风机； 破渣机、渣锁斗、激冷水泵、捞渣机、渣池、渣场； 除尘器、洗涤塔、冷凝装置； 煤气水贮槽、水泵、膨胀器、焦油分离器、酚 / 氨回收装置（双介质过滤器、脱酸性气体塔、洗涤塔、解析塔、活性炭吸附器等）； 脱硫塔、电捕焦油器、富液槽、富液泵、再生槽、贫液槽、贫液泵、硫泡沫中间槽、沉降槽、熔硫釜、脱硫废液池
净化	脱硫塔、电捕焦油器、富液槽、富液泵、再生槽、贫液槽、贫液泵、硫泡沫中间槽、沉降槽、熔硫釜、脱硫废液池； 中温变换炉、低温变换炉、热交换器、喷淋冷却器、变换气水洗塔； 甲醇洗涤塔、H_2S 浓缩塔、热再生塔、甲醇水分离器、甲醇脱水塔、尾气水洗塔、CO_2 解吸塔、闪蒸罐、汽提风机；铜洗塔、铜液泵、碱洗塔、氨水分离器、再生塔、过滤器、水冷器、氨冷器、吸氨塔、水分离器
氨合成	氨合成塔、合成气压缩机、制冷压缩机、氨分离器、液氨储罐、水冷器、氨冷器、冰机、循环机、冰机冷塔、压缩机、高压氨泵
辅助工序	空气过滤、空气压缩、空气预冷、分子筛钝化、汽轮机、膨胀机、换热器、贮存罐； 压缩机、油水分离器、循环油系统、循环水系统； 水箱、过滤器、阳离子交换器、反渗透分离器、阴离子交换器、中间水池、蒸发器、脱盐水箱、浓缩液槽、蒸发塘、循环水系统
污水站	格栅、沉沙、隔油、过滤、好氧生化设备、二沉池、污泥压滤机等
锅炉房	锅炉、汽轮机、发电机、烟气脱硫装置、烟气除尘装置、烟囱

四、合成氨工业的排污节点分析

（一）合成氨工业的环境要素分析

合成氨企业生产过程产生的污染物包括废水、废气、固体废物和噪声，主要环境指标如表 13-7 所示。

表 13-7　合成氨企业主要污染要素

污染类型		主要污染指标
废气	有组织废气	蒸汽锅炉：锅炉燃烧排放烟气，主要含煤尘、SO_2 和 NO_x； 造气工序：造气吹风气加煤排气、泄压排气、渣激冷室放空排气、煤气水分离膨胀气、脱酸废气，主要含 H_2S、CO、H_2、CH_4、粉尘、多环芳烃等污染物； 脱碳工序：放空气、低温甲醇洗酸性尾气，主要含氨气、氢气、CO_2、H_2S、CH_3OH 等； 精炼工序：再生尾气，主要含 CO、CO_2； 氨合成：弛放气废气，废气中含 N_2、H_2、NH_3、CH_4、Ar 等
	无组织废气	备煤：运送、装卸、堆存、转运、破碎、筛分过程遗撒、扬尘，含煤尘颗粒物； 除渣：冲渣蒸汽，含水蒸气、烟尘、CO_2、CO、H_2、CH_4、挥发酚、氰化物等； 煤气水处理：膨胀气和逸散气，CO_2、CO、NH_3、CH_4、H_2S、$H_2O(g)$ 等； 其他工序：设备、管道封闭不严和跑冒滴漏，CO、NH_3、CH_4、H_2S、VOCs 等
废水	生产废水	备煤：地面冲洗水、煤场渗滤水，含有悬浮物 蒸汽锅炉：锅炉废水、脱硫废水，含悬浮物、亚硫酸盐、硫酸盐、氨氮以及重金属； 造气工序：冲渣水、除尘洗涤水、冷凝水、最终处理的煤气水，其中含 SS、COD、氨氮、油类、苯、焦油、酚、硫化物、氰化物等； 脱硫：脱硫废液，含硫代硫酸铵、硫氢酸铵等杂质； 变换：冷凝水、洗涤水，SS、COD、氨氮、氰化物等； 脱碳：甲醇脱水塔排出废水，CH_3OH； 精制：稀氨水、冷凝水、废氨水，含氨氮； 氨合成：压缩机的含油废水、氨储罐区地面冲洗水； 其他：循环水站排水、脱盐水站产生酸碱废水、工艺装置地面冲洗水等
	生活污水	污染物主要为 SS、COD、氨氮、总氮、总磷等
固体废物	生产废物	一般固体废物：造气炉渣（主要成分 Al_2O_3、SiO_2 等）、锅炉炉渣、除尘器分离出的粉尘、蒸发塘盐泥、废分子筛等； 危险废物：机修厂废石棉、污水处理过程中产生的污泥、酚回收产生的粗酚、再生塔分离出的硫黄、废催化剂、铜洗过程产生的铜泥
	生活垃圾	主要产生于办公区，作为一般固体废物经环卫部门收集填埋
噪声		主要来源于煤粉制备工段、压缩工段、氨合成工段、辅助锅炉火嘴、转化炉，以及气化炉开（试）车、停车火炬放空噪声。主要噪声设备有磨煤机、破碎机、循环风机、鼓风机、压缩机、引风机和泵类等动力设备

（二）合成氨工业排污节点（图 13-4）

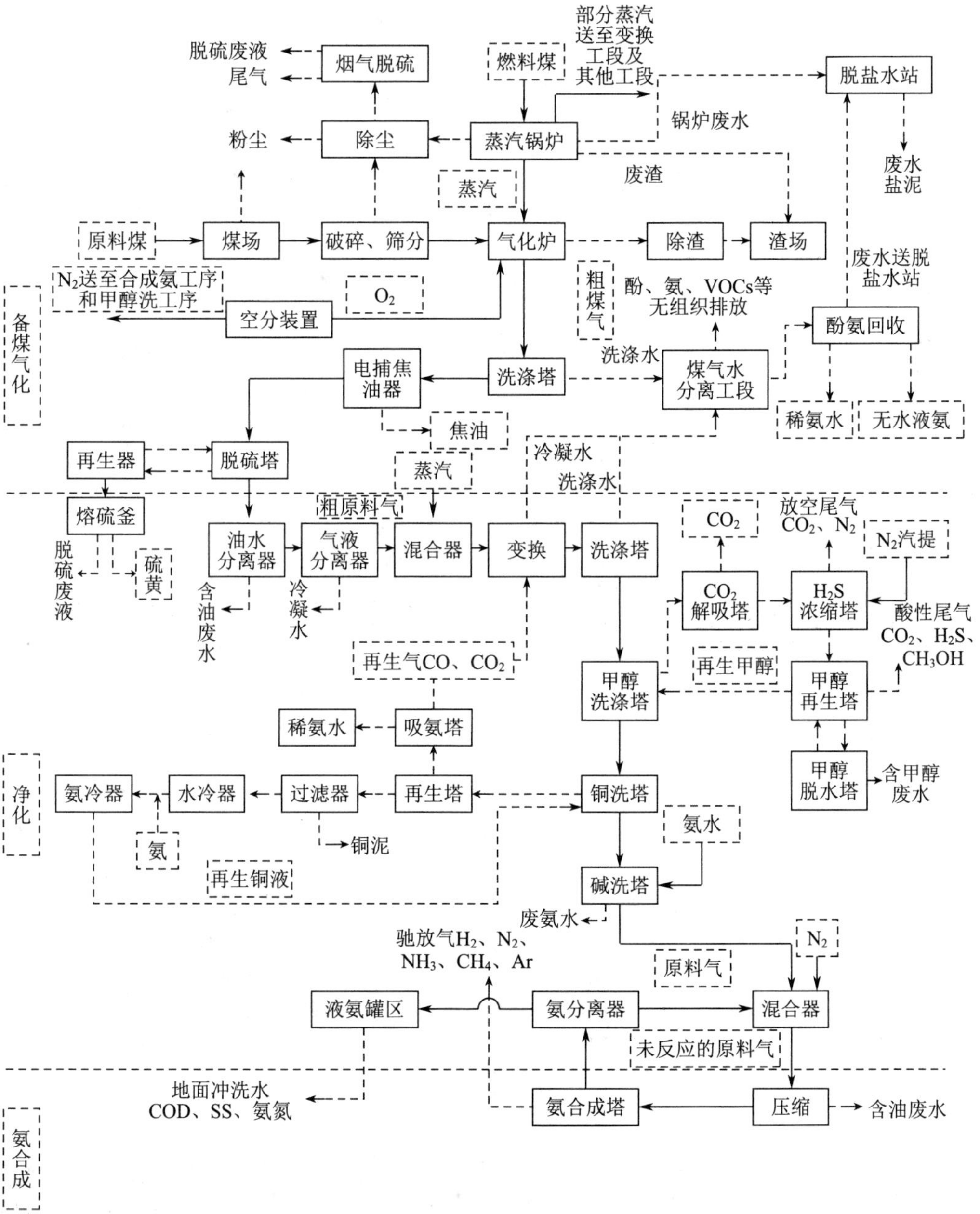

图 13-4　合成氨生产工艺及产污点

（三）合成氨生产企业的排污节点分析（表 13-8）

表 13-8 合成氨生产企业的排污节点分析

工序		污染产生原因	主要排放的污染物	控制措施
备煤		原燃料的运卸储； 原料的破碎、筛分； 原料输运上料	【废气】原料煤和燃料煤在运送、装卸、堆存、转运、破碎、筛分过程中煤尘（颗粒物）无组织逸散； 【废水】露天煤场受雨水淋洗产生渗滤水、地面冲洗废水（主要是 SS）； 【固体废物】煤中废石、除尘灰； 【噪声】运输车辆、破碎产生噪声	筒仓储煤；封闭式储煤库储煤；四周设挡风抑尘网和洒水设施；输送廊道全封闭；破碎、筛分过程产尘点设置集尘罩，统一经集尘管送除尘装置，一般采用袋式除尘器；废水进入污水厂处理；破碎车间封闭
造气	锅炉蒸汽	蒸汽锅炉的燃煤烟气	【废气】煤燃烧产生烟气（烟尘、SO_2 和 NO_x），煤场、灰渣库及运输会产生扬尘（颗粒物）； 【废水】锅炉废水（SS、盐类），烟气脱硫装置产生脱硫废水； 【固体废物】锅炉灰渣、除尘灰	燃烧烟气应采取有效的除尘、脱硫措施；煤场、灰库应采用抑尘措施，封闭、洒水雾；锅炉废水、脱硫废水排污水站；除尘灰、锅炉灰渣的收集、贮存、外运处置
	气化炉	加煤时产生煤锁气加煤排气； 泄压排气； 造气吹风气； 煤气洗涤、地面冲洗	【废气】加煤排气、（主要含烟尘、CO_2、CO、H_2、CH_4）、泄压排气，间歇气化法生产半水煤气时会产生造气吹风气（碳氢化合物轻组分、H_2S、N_2、焦油、挥发酚、HCN、NH_3 等）； 【废水】煤气洗涤水、地面冲洗废水（COD、SS、焦油、挥发酚、HCN、氨氮、硫化物）； 【固体废物】气化废渣、除尘灰； 【噪声】风机产生噪声	洗涤后排至煤锁气储气柜储存，收集后送锅炉做燃料，洗涤水、地面冲洗废水送煤气废水处理站；气化废渣、除尘灰送场外处置利用；车间封闭，控制噪声
	除渣	排渣过程高温熔渣激冷后产生大量水蒸气、烟尘、冲渣废水；冲渣废水循环使用污染物积累，有害物质随水分蒸发逸出	【废气】排渣过程高温熔渣激冷后产生大量水蒸气、烟尘（颗粒物、CO_2、CO、H_2、CH_4、挥发酚、氰化物等），渣的收运储过程产生扬尘； 【废水】冲渣废水（SS、COD、氨氮、油类、苯、焦油、酚、硫化物、氰化物等）； 【固体废物】渣（主要成分为 Al_2O_3、SiO_2 等属一般工业固体废物）与除尘灰	设置冲渣水余热回收装置和集气罩；冲渣废水的可以循环使用；气化废渣和除尘灰送渣场贮存或综合利用

工序		污染产生原因	主要排放的污染物	控制措施
造气	煤气水处理	煤气水进膨胀器膨胀形成膨胀气；煤气水在收集、输送、贮存、处理过程中产生逸散气；酚/氨回收装置产生脱酸废气、粗酚、稀氨水、无水氨；焦油分离器产生含尘焦油；处理后的煤气水回用或排出	【废气】膨胀器煤气水产生成膨胀气（CO_2、CO、NH_3、CH_4、H_2S 等），酚/氨回收装置产生脱酸废气（CO_2、H_2S；挥发酚、氨），煤气水在收集、输送、贮存、处理中产生逸散气（CO_2、H_2S；挥发酚、氨、焦油、氰化物等）；【废水】冲洗废水、处理后的煤气水回用或排出（SS、COD、氨氮、油类、苯、焦油、酚、硫化物、氰化物等）；【危险废物】废弃的粗酚、氨水；焦油分离器产生含尘焦油渣；处理污泥、油泥	设置冲渣水余热回收装置；冲渣废水的循环使用不可避免地增加了一些污染物和盐类，需要不断更换，减少有毒有害污染物的积累；气化废渣等送专门机构处置
净化	脱硫	脱硫塔中硫化氢被脱硫剂吸收后引至富液槽氧化，析出单质硫，单质硫泡沫溢流至硫泡沫槽内沉淀，沉淀的硫膏入熔硫釜生产硫黄；熔硫后分离出的脱硫液循环使用会造成硫代硫酸铵、硫氢酸铵等杂质越积越多，需定期排放	【废气】设备、管道、富液槽、油罐封闭不严和跑冒滴漏产生恶臭废气（含 H_2S、氨、挥发酚、氰化物、VOCs 等），脱硫再生塔泄漏含 H_2S 废气；【废水】脱硫废水、地面洗涤废水（含 COD、SS、氨氮、硫化物等）；【固体废物】脱硫废渣、污泥、脱硫废液、废弃硫黄	加强设备、管道、液槽封闭性或加盖，减少跑冒滴漏和气体污染；脱硫废液、废水的收集、贮存、外运加强封闭，减少蒸发；脱硫废渣、污泥、脱硫废液、废弃硫黄利用和无害化处置
	变换	变换气从一变炉出来，通过冷凝降温后进入二变炉，变换冷凝液作为激冷水排出；变换后，变换气进水洗塔洗去氨、氰，洗涤水排出；变换催化剂每四年更新一次	【废气】设备、管道、变换炉、换热器封闭不严和跑冒滴漏产生废气（含 CO、NH_3、CH_4、H_2S 等），产生异味；【废水】冷凝水和洗涤废水（含 SS、COD、氨氮、氰化物等）；【危险废物】废催化剂（主要含 Co、Mn、Mg、Al_2O_3 等）	加强设备、管道、液槽封闭性或加盖，减少跑冒滴漏和气体污染；废水可送回煤气化工段，做煤气洗涤水，循环利用；废催化剂按危险废物管理要求送专业机构处置

工序		污染产生原因	主要排放的污染物	控制措施
净化	脱碳（低温甲醇洗）	CO_2 解吸塔产生尾气；H_2S 浓缩塔产生放空尾气；热再生塔甲醇富液被加热再生，释放酸性尾气；热再生塔中脱除酸气后部分甲醇和尾气；洗涤塔排出的甲醇水溶液，送甲醇脱水塔蒸馏分离甲醇和水，甲醇蒸气回再生塔再利用，塔底排出废水	【废气】解吸塔尾气（CO_2），H_2S 浓缩塔放空尾气、热再生塔酸性尾气（CO_2、H_2S 和 CH_3OH）；脱碳洗涤塔排废水（含甲醇、COD）	从 CO_2 解吸塔排出的 CO_2 气体回收热量，然后送尿素工段；从热再生塔中排出的酸性废气送锅炉燃烧后经脱硫回收；废水送污水处理站
	精制（铜洗）	吸收原料气中的 CO、CO_2、O_2、H_2S 等杂质的铜液送至铜液再生系统加热，产生再生气经吸氨塔用软水洗涤，氨含量降低后，经离水后排出尾气	【废气】设备、管道、换热器封闭不严和跑冒滴漏产生废气和水分离器尾气（CO、NH_3、CH_4、H_2S 等）产生异味； 【废水】吸氨塔排出稀氨水、碱洗塔排出稀氨水、冷凝水（主要污染物氨氮）； 【危险废物】铜泥主要成分是 Cu_2S	加强设备、管道、液槽封闭性或加盖，减少跑冒滴漏和气体污染；含 CO 的尾气送回变换工段，或送锅炉燃烧；吸氨塔排出的稀氨水送碳铵工序、碱洗塔或脱硫装置回收利用；碱洗塔排出的废氨水送尿素工序回收利用；铜泥按危险废物管理要求综合利用
氨合成		惰性气体来源于空气，它们在系统中积累，需定期排放合成驰放气；罐区地面冲洗水；3～8 年更新一次催化剂；压缩机、放空气、高压氨泵等产生噪声	【废气】：合成塔排放合成驰放气（H_2、N_2、NH_3、CH_4、Ar），设备、管道、液氨储罐封闭不严和跑冒滴漏废气（NH_3、CH_4、异味）； 【废水】罐区及车间地面冲洗水（SS、COD、氨氮、石油类）； 【危险废物】（3～8 年更新一次催化剂，主要成分镍、钼、锌、铂、铜等重金属）；压缩机、放空气、高压氨泵等产生噪声	加强设备、管道、液槽封闭性或加盖，减少跑冒滴漏产生废气污染；地面冲洗水送污水站处理；废催化剂按危险废物管理要求贮存和处置；采取封闭车间、减振、隔声、消声等降噪措施
空分装置		冷凝水；空气过滤器收集的尘灰；10～20 年更新一次分子筛、铝胶、珠光砂	【废气】空气过滤器收集的尘灰； 【固体废物】10～20 年更新一次分子筛、铝胶、珠光砂（固废主要成分为 Al_2O_3、SiO_2 等）	固体废物送渣场，外运处置

工序	污染产生原因	主要排放的污染物	控制措施
压缩	压缩机油水分离器、缓冲器导淋、循环水和蒸汽导淋、检修、事故都会产生含油废水；压缩机产生噪声	【废水】压缩机各段油水分离器、缓冲器导淋、厂房内的循环水导淋、蒸汽导淋、检修、事故都会产生含油废水（石油类、COD、氨氮、SS 等）； 【危险废物】污油； 【噪声】压缩机产生噪声	含油废水经隔油池分离后，废油通过破乳、气浮处理后去油回收系统进行处理，废水排入污水站处理；采取封闭车间、减振、隔声、消声等降噪措施
脱盐水站	脱盐产生酸性和碱性废水；设备反冲洗废水；蒸发塘产生盐泥	【废水】脱盐产生的酸性和碱性废水（含 pH、COD、氨氮、盐类等）；设备反冲洗产生冲洗废水（含 COD、SS、氨氮等）；蒸发塘水分蒸发后产生盐泥	酸碱废水应先排放至中和池中和，调节 pH 后排入污水站处理；冲洗废水排入污水站处理；盐泥外运处理
污水站	各工段的生产废水、冲洗废水；生活污水等	【废水】处理后外排废水（COD、硫化物、酚类、石油类、氨氮、总氮、挥发酚等）； 【固体废物】污水处理的污泥（生化处理后剩余污泥中含有有机物、细菌、微生物及重金属离子等）	污水处理工艺一般 A/O 法（包括 A^2/O，A/O^2，A^2/O^2 法），处理后出水作为各工段补充水，不得排放；污泥外运

五、合成氨工业的环境管理要求

（一）合成氨工业的主要污染来源

从合成氨的生产工艺分析，其生产过程中产生的废水主要有：

①造气工序：含酚、氰、硫化物、氨、COD 等的造气、脱硫洗涤冷却水，其中悬浮物为 300 ～ 400 mg/L、氰化物为 20 ～ 25 mg/L、氨为 2 ～ 16 mg/L、硫化物为 1 ～ 3 mg/L、酚类为 0.5 ～ 1 mg/L；

②脱硫工序：脱硫液再生排放的硫泡沫废液，含油废水；

③变换、脱碳、精制、压缩工序：设备冷却水、过滤器排水等含氨废水。含氨浓度视工艺而定，如采用氨法脱硫、碳铵转化或铜洗工艺等，其废水中氨氮质量浓度高达 3 000 ～ 30 000 mg/L；

④ 合成工序：油分离器排污的含油、氨废水。

从大气污染物排放来讲，合成氨大气排放主要来自造气工序的放空气，其中含有粉尘、多环芳烃等污染物；脱硫工序的放空气，其中在造气、脱离、洗气过程无组织泄漏的含有氨气、挥发酚、氰化物、多环芳烃、硫化氢等的废气；精炼工序的放空气，主要为铜液驰放收集槽的间歇排气；压缩工序的废气主要包括油分离器或油处理设施的泄漏气体，安全阀排空以及盘管式冷却器泄漏的气体。

从固体废物产生来看，合成氨的固体废物主要有造气炉渣、锅炉炉渣、除尘器分离出的粉尘、污水处理过程中产生的污泥，再生塔分离出的硫黄、废催化剂等。

(二)合成氨工业的管理要求

1. 环境管理：符合国家和地方有关环境法律、法规、总量控制和排污许可证管理要求；污染物排放达到国家和地方排放标准：《污水综合排放标准》(GB 8978)、《大气污染物综合排放标准》(GB 16297)、《环境空气质量标准》(GB 3095)、《地表水环境质量标准》(GB 3838)、《合成氨工业水污染物排放标准》(GB 13458)。

2. 环境规划：(1) 严禁在依法设定的生态保护区、风景旅游区、自然保护区、文化遗产保护区、饮用水水源保护区内和国家及地方所规定的区域内新建合成氨生产装置，已在上述区域内投产运营的合成氨装置，地方政府应根据该区域规划，依法通过关闭、搬迁、转产等方式要求企业逐步退出。(2) 新建、改扩建项目应建设在依法设立、环保设施齐全的化工园区或集聚区内，项目规划必须符合国家和省、自治区、直辖市区域规划、化肥行业发展规划、城市建设发展规划、土地利用规划、节能减排规划、环境保护和污染防治规划等要求。

3. 环评要求：除单纯混合和分装外的编写环境影响评价报告书，单纯混合或分装的编写环境影响评价报告表。

4. 环境监督管理：(1) 合成氨建设项目应在投产12个月内达到本准入条件中规定的能源消耗和污染物排放指标。逾期未达到本准入条件规定的，相关行政主管部门要根据国家有关法律、法规的要求责令其限期整改或停产。(2) 加快落后产能退出，发生以下情况之一的现有合成氨企业，由省级工业、安全、环保等有关部门依法对其进行重点监控，限期整改仍达不到相关规定的，应作为落后产能退出。①“三废”排放不达标。②发生重大安全、环保事故。③年平均吨氨综合能耗高于现行的国家标准《合成氨单位产品能源消耗限额》(GB 21344) 规定的限定值。

5. 生产、运输、贮存、使用限制：限制新建以石油(高硫石油焦除外)、天然气为原料的氮肥，采用固定层间歇气化技术合成氨，磷铵生产装置，铜洗法氨合成原料气净化工艺。

6. 污染治理要求：合成氨生产企业应严格执行《合成氨工业水污染物排放标准》(GB 13458)、《大气污染物综合排放标准》(GB 16297)、《锅炉大气污染物排放标准》(GB 13271) 和固体废物污染防治法律法规、危险废物处理处置的有关要求，做到达标排放。企业污染物排放须达到地方污染物排放标准要求和主要污染物排放总量控制规定。

7. 污染减排：(1) 合成氨行业在实施节能减排过程中存在问题和难点集中在生产、水污染、大气污染、固体废物处置和综合利用、排污等。(2) 合成氨工业污染防治可采取的技术路线和技术方法，包括清洁生产、水污染防治、大气污染防治、固体废物处置和综合利用、鼓励研发的新技术等内容，为合成氨工业环境保护相关规划、污染物排放标准、环境影响评价、总量控制、排污许可等环境管理和企业污染防治工作提供技术指导。

8. 环境风险要求：(1) 企业必须严格执行安全生产法律、法规，生产条件必须符合有关标准的规定，并建立健全安全生产责任制。（2）企业必须严格执行《危险化学品建设安全监督管理办法》和《建设项目职业卫生“三同时”监督管理暂行办法》，认真开展建设项目安全条件审查、安全设施设计审查、试生产备案和竣工验收工作。建设项目安全生产防护设施和职业卫生防护设施必须与主体工程同时设计、同时施工、同时投入使用。（3）企业严格执行《危险化学品重大危险源监督管理暂行规定》，建立健全监测监控体系，完善控制措施，制定重大危险源应急预案。（4）企业必须严格执行《危险化学品生产企业安全生产许可证实施办法》，依法取得安全生产许可证。

9. 处理处置要求：（危险废物）用符合国家规定的废物处置方法处置废物；严格执行国家或地方规定的废物转移制度。对危险废物要建立危险废物管理制度，并进行无害化处理。

第三节　硫铁矿制硫酸工业生产工艺环境基础

一、我国的硫酸工业

硫酸是重要的基础化工原料之一，是化学工业中最重要的产品，主要用于化肥工业（用于生产磷肥和复肥，消费量约占总消费量的 70%），其次作为基础化工原料用于有色金属的冶炼（电解精炼铜、锌、镉、镍、时电解液需使用硫酸）、石油精炼（石油精炼用硫酸为洗涤剂，除去石油工业产品中的不饱和烃等）、石油化工（硫酸是生产各种硫酸盐的主要原料，是塑料、人造纤维、染料、油漆、药物、农药的原料）、冶金工业（电镀和轧钢生产的酸洗要用硫酸，某些贵金属的精炼也需要硫酸进行去杂）有色金属冶炼的湿法浸取工艺、纺织印染、无机盐工业、某些无机酸和有机酸、橡胶工业、油漆工业以及国防军工（浓硫酸用于制取硝化甘油、三硝基甲苯等炸药）、农药、医药、制革、炼焦等工业部门，此外还用于钢铁酸洗、蓄电池、合成洗涤剂等生产。

近 10 年来，我国硫酸工业发展很快，产量每年以 400 万 t 以上速度增长。2016 年全国硫酸产量为 9 564 万 t（产量前三位的是云南、湖北、山东）（表 13-9）。自 2003 年起，我国硫酸产量首次超过美国，成为世界第一硫酸生产大国，在随后的 12 年里，我国一直保持着硫酸产量世界第一的地位。硫酸生产路线有硫黄制酸、烟气制酸、硫铁矿制酸和石膏制酸等。而国外基本上是以硫黄为生产原料的，我国硫酸生产以前一直是以硫铁矿为主要原料，近几年来，我国硫黄制酸的比例也超过 40%。硫黄制酸与硫铁矿制酸相比，在环境保护、生产成本以及生产操作等诸多方面存在一定的优势。我国硫酸产能过剩较为明显。据不完全统计，到 2013 年年底，全国规模以上硫酸生产企业 395 家，硫酸生产能力约为 1.18 亿 t。

表 13-9 2016 年我国各原料制酸（硫酸）产量及所占比例

原料	硫铁矿	硫黄	冶炼烟气	其他
硫酸产量 / 万 t	1 875	4 290	3 313	86
原料制酸占比例 /%	19.6	44.9	34.6	0.9

二、硫酸工业原辅料

硫酸的生产原料主要有硫黄、硫铁矿和有色金属火法冶炼厂的含 SO_2 的烟气；此外，有些国家还利用天然石膏、磷石膏、硫化氢、废硫酸、硫酸亚铁等作原料。2000 年以前，我国硫酸生产主要以硫铁矿为主要原料，硫黄制酸所占比例不到 30%，而国外基本上是以硫黄为制硫酸的生产原料。近几年来，我国烟气制酸工业成为主导工艺，硫黄制酸夜发展较快，比例逐年提高。

1. 原料（表 13-10）

硫铁矿是硫化铁矿物的总称，它包括黄铁矿与白铁矿（分子式均为 FeS_2），以及成分相当于 Fe_nS_{n+1} 的磁硫铁矿，三者中以黄铁矿为主。

表 13-10 原料标准及规格

含硫量	含水量	含砷量	含氟量	含碳量	矿石粒度	含 Pd + Zn 量
⩾ 25%	⩽ 10%	＜ 0.2%	＜ 0.1%	＜ 8%	⩽ 3mm	＜ 0.1%

2. 辅料

脱硫剂包括石灰、石灰石、火碱、纯碱、氨水、氧化镁等。

3. 工艺技术指标（表 13-11）

表 13-11 工艺技术指标

产酸率	成品酸浓度	钒触媒消耗	矿尘（折标矿）	电耗
⩾ 94%	⩾ 97%	90 g/m³	975 kg/t	87 kW · h/t

三、硫酸工业的工艺设备

（一）硫酸的生产工艺

硫酸生产工艺路线主要有烟气制酸、硫铁矿制酸、硫黄制酸和石膏制酸和等（图 13-5）。

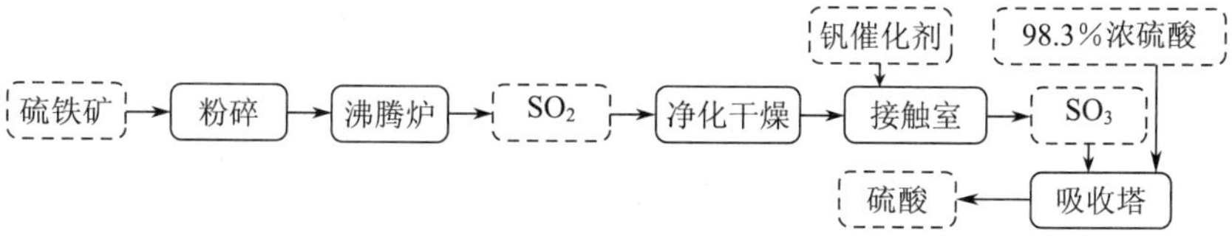

图 13-5　硫铁矿制酸生产工艺流程

通常，采用接触法制造硫酸，其包括三个基本工序（图 13-6）：①由含硫原料制备含 SO_2 气体，实现这一过程需要将含有硫原料焙烧，故工业上称为“焙烧”，硫铁矿制酸和硫黄制酸都有这个工艺过程；②将含 SO_2 和氧的气体催化转化为 SO_3，工业上称为“转化”，烟气制酸从这个工艺开始；③再将 SO_3 与水结合成硫酸，这一过程需要用稀硫酸将转化的 SO_3 气体吸收，工业上称为“吸收”。目前我国硫酸工艺占比最多的是烟气制酸，污染最大的是硫铁矿制硫酸。

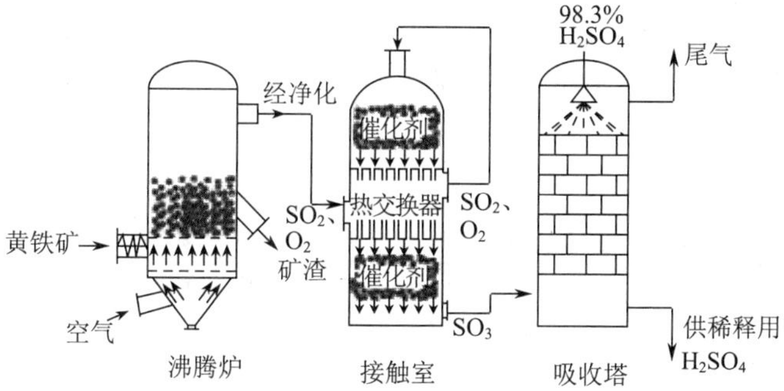

图 13-6　硫铁矿制酸生产工艺

1. 原料工段

硫精矿通过火车或汽车卸入仓库，由装载机送入加料斗，经圆盘给料机、胶带输送机送入笼式破碎机，将成球的尾沙打散，再由胶带输送机送入振动筛筛分，筛上粗颗粒矿经胶带输送机返回仓库，筛下粒度合格的成品矿由胶带输送机送入焙烧工段炉前料斗。这阶段含尘无组织废气较多。

2. 焙烧工段

硫精砂经输送带送到滚筒干燥机烘干。烘干后经胶带加料机送入沸腾炉焙烧，生成 SO_2，产生 900℃的高温炉气，经废热锅炉回收热量，再经干法除尘器去除大部分粉尘，温度降至 300℃进入净化工段。

3. 净化工段

焙烧工段来的 350℃炉气进入湿法文丘管除尘器洗涤矿尘和氟、砷等杂质，炉气温度降至 60℃，炉气中的 SO_3 形成酸雾，再用泡沫塔、电除雾器和干燥塔，除去污水和水分，从脱吸塔排出的污水应进入污水处理站。

4. 转化吸收工段

净化后的炉气进接触室，经热交换，在催化剂（过三段催化剂转化，转化率可达90%）作用下，SO_2 氧化成 SO_3，再经冷却，进入吸收塔用稀硫酸吸收 SO_3。

5. 转化工段

目前硫酸生产中 SO_2 转化工艺流程最大的变化是采用两次转化两次吸收新技术，即“两转两吸”流程。该流程对提高 SO_2 转化率，降低尾气中 SO_2 排放量极有效。

6. 排渣工序（选铁）

来自沸腾炉、废热锅炉、电除尘器、旋风分离器的灰渣直接进入冲渣管路，采用水力冲渣的方式。高频筛将 30% ～ 40% 的渣浆分成两部分，小粒度的物料过高频筛进三级磁选装置；大粒度的物料冲到球磨机，磨碎之后返回到第一级浓密机。磁选机将进来的物料分成两部分，磁铁矿粉从第一级进入第二级、第三级磁选机、磁力脱水槽，最后进入带式压滤机脱水，生产出含水 30% 左右的铁精粉。

7. 成品工段

从干吸工序酸冷却器出来的成品硫酸分别流入成品酸贮罐中存储，部分母酸由设置在成品酸泵送往干吸工序；为防止成品酸贮罐泄漏发生硫酸污染事故，成品酸罐区设置围堰。

（二）硫酸的基本设备

制硫酸的基本设备，见表 13-12。

表 13-12 制硫酸的基本设备

基本工序	使用的主要设备
预处理	装载机、圆盘给料机、输送机、破碎机、振动筛
焙烧	给料机、沸腾炉、除尘器、鼓风机、冷却器
净化	除雾器、分离塔、洗涤塔、冷却器、干燥塔、酸槽
干吸	干燥塔、吸收塔、循环酸泵、冷却器
转化工段	鼓风机、换热器、吸收塔、转化器
排渣工序	高频筛、球磨机、磁选机、压滤机
成品工段	贮罐

四、硫酸工业的排污节点分析

（一）硫酸企业的环境要素分析

硫酸企业生产过程产生的污染物包括废水、废气、固体废物和噪声。主要环境指标如表 13-13 所示。

表 13-13　硫酸企业的环境要素分

污染类型		主要污染指标
废气	无组织废气	原料运输、装卸、破碎、干燥及排渣等过程颗粒物、SO_2 无组织逸散；生产泄漏、硫酸储罐排气、废渣的收储运、污水处理厂等过程或设施存在无组织废气排放，主要污染物含煤尘颗粒物、SO_2、硫酸雾等
	有组织废气	硫酸工业尾气，主要污染物为 SO_2 和硫酸雾
废水	生产废水	净化工序产生的酸性废水，其主要污染物为 H_2SO_4、H_2SO_3、矿尘（Fe_2O_3）、砷、氟及重金属离子等有害杂质。硫铁矿制酸过程还排放脱盐废水、设备冷却水、锅炉排污水、地面冲洗水及循环冷却排污水
	生活污水	污染物主要为 SS、COD、氨氮、总氮、总磷等
固体废物	生产废物	主要有包括硫铁矿烧渣、除尘设施收集的粉尘、污水处理站污泥（危险废物）、产品包装废物、烟气制酸产生硫化渣、失效催化剂
	生活垃圾	一般固体废物
噪声		机械噪声、运输车辆噪声、空压机噪声

（二）硫酸企业的排污节点（图 13-7）

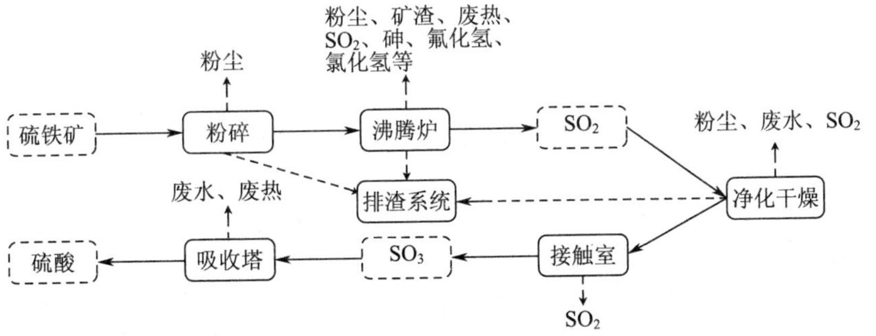

图 13-7　硫铁矿制酸生产排污节点

主体工艺排污节点分析（表 13-14）

表 13-14 硫酸亚铁制酸工艺排污节点分析

工序	污染产生原因	主要排放的污染物	控制措施
原料工序	原料在运送、装卸、堆存、转运、破碎、筛分过程中无组织逸散；露天料场受雨水淋洗产生渗滤水；运输车辆、破碎产生噪声	【废气】原料在运送、装卸、堆存、转运、破碎、筛分过程中无组织逸散（粉尘）； 【废水】露天料场受雨水淋洗产生渗滤水（SS、Cu、Mn 等重金属离子）； 【固体废物】排渣工序的废渣； 【噪声】运输车辆、破碎机械噪声	筒仓储原料；封闭式储原料；四周设挡风抑尘网和洒水设施；输送廊道全封闭；在破碎机产尘点设置集尘罩，统一经集尘管送除尘装置，一般采用袋式除尘器；废水进入污水厂处理；破碎车间封闭
焙烧工序	给料机产生粉尘；沸腾炉产生的污染主要为硫铁矿烧渣，逸散的烟尘、SO_2 等；除尘器、鼓风机、冷却器等产生噪声	【废气】给料机产生粉尘、焙烧炉逸散的烟尘（颗粒物、SO_2 等）； 【废水】生产车间的冲洗废水（含 SS、硫化物、砷、重金属、pH 等）； 【固体废物】矿烧渣、除尘灰（一般废物）； 【噪声】除尘器、鼓风机、冷却器等产生噪声	普通矿烧渣和除尘设施收集的粉尘可作水泥添加剂或其他建材原料；加强炉体的密闭性检查严控炉气泄漏；部分部位需设引气装置，减少炉气泄漏
净化工序	炉气含有大量固态及气态有害杂质，必须采用干法和湿法捕集设备来进行净化处理。湿法净化过程会产生一定量的酸性废水，需要外排	【废气】炉气含有大量固态及气态有害杂质（粉尘、SO_2、重金属等）； 【废水】湿法净化过程会产生一定量的酸性废水，需要外排（含 SS、硫化物、砷、重金属、pH 等）； 【固体废物】除尘灰（一般废物）	统一经集尘管送除尘装置；加强车间封闭减少无组织排放；必须采用干法和湿法捕集设备来进行净化处理。废水经预处理后进入污水处理站
干吸工序	干燥、吸收、冷却过程产生废水、废气	【废气】干燥、吸收、冷却过程产生废气（粉尘、SO_2）； 【废水】车间冲洗废水（含 SS、硫化物、pH、重金属等）； 【固体废物】除尘灰（一般废物）	统一经集尘管送除尘装置；加强车间封闭减少无组织排放；废水经预处理后进入污水处理站
转化吸收	二吸塔尾气、转化室泄漏含酸废气，地面冲洗，鼓风机、转化器等产生噪声	【废气】二吸塔尾气、转化室泄漏含酸废气（含粉尘、SO_2、砷、氟化物等）； 【废水】地面冲洗废水（SS、硫酸、pH、硫化物等）； 【噪声】鼓风机、转化器等产生噪声	统一经集尘管送除尘装置；加强车间封闭减少无组织排放，废水送污水处理站
排渣工序	冲渣、排渣、渣的收储运过程产生无组织排放，地面冲洗和冲渣产生废水	【废气】冲渣、排渣、渣的收储运过程产生扬尘； 【废水】冲渣水、地面冲洗废水（SS、硫化物、pH、砷、氟、重金属等）； 【固体废物】废渣	统一经集尘管送除尘装置；加强车间封闭减少无组织排放；废水经预处理后进入污水处理站

工序	污染产生原因	主要排放的污染物	控制措施
成品	罐体阀门、运输管道破损泄漏，装卸产生遗撒	【废气】罐体阀门、运输管道破损泄漏（酸气）	统一经集尘管送除尘装置；加强车间封闭减少无组织排放；废水经预处理后进入污水厂处理。要有发生硫酸污染事故的应急预案和防控措施
污水处理厂	来自湿法除尘的废水；来自锅炉房的废水；来自工艺的废水；来自冲渣废水；来自生活的污水	【废水】来自湿法除尘废水；锅炉房废水；工艺废水；冲渣废水；生活污水形成综合废水，处理后从排口排出的废水（含污染物 COD、氨氮、pH、石油类、SS、挥发酚、氰化物、硫酸、亚硫酸、砷、氟、铅、锌、铜、汞、镉）；【废气】含硫污泥产生的恶臭废气；【固体废物】污水站污泥（一般废物）	废水所含污染物指标应处理后，达标排放，控制污水处理过程的恶臭废气、污泥外运处置

五、硫酸工业的环境管理要求

（一）硫酸工业的主要污染来源

硫酸工业属于化工行业，因此具有化工行业的高污染性。硫酸工业排放的主要污染物包括大气污染物和水污染物，其中大气污染物主要为 SO_2，水污染物主要为砷、氟和重金属离子等。

1. 硫酸工业废气污染

以硫铁矿为原料制成的原料气，含有大量粉尘和一定量的砷、氟化物、氯化物、金属等杂质，需使原料气净化去杂。焙烧和转化工段产生的废气量约为 3 500 m^3/t 硫酸，主要污染物为二吸塔生产尾气中含的 SO_2、尘和砷、氟化物等，在转化前应进行净化。焙烧和转化设备也会泄漏一定量的含硫废气，硫酸生产设备还会产生酸雾污染（SO_3）。在硫酸生产的原料场和渣场还会产生无组织粉尘排放。

尾气虽经净化，但还会产生 SO_2，一般采用氨吸收，减少排放。硫酸装置所排废气中含有的硫氧化物对周边大气环境影响很大。废气中硫氧化物的含量高低，主要由硫酸生产过程中吸收、转化、净化等工序的工艺的回收率决定。为此，企业必须采用先进的二转二吸工艺（或两转三吸工艺），提高 SO_2 的转化率和 SO_3 的吸收率，既提高了产率，又可减少尾气中 SO_2 的排放。采用二转二吸工艺，尾气 SO_2 产生的浓度可由一转一吸的 4 000 ～ 8 000 mg/m^3 降至 600 mg/m^3。

2. 硫酸工业废水污染

硫酸生产的主要水污染源是焙烧工段和净化工段，废水量为 15 ～ 20 m^3/t 硫酸（不包括冷却水，如生产过程有废水回用，废水量可降至 5 ～ 10 m^3/t 硫酸），废水中的主要污染物是 pH、砷、氟、硫化物等，pH 可达 1 ～ 2。水洗工序中产生大量酸性废水，废水中含砷、氟、SS 和重金属元素，应采用硫酸亚铁或石灰进行中和沉淀，采用循环洗涤可以减少废水产生量。

对于工艺污水，因使用硫铁矿为原料，含有废酸、悬浮物和重金属离子等有害因子，因此处理技术难度高，投资大，且效果不大理想，一直是硫酸行业感到棘手的问题。传统硫酸生产工艺生产每吨硫酸排放污水 5 ～ 20m^3/t，此法易对环境造成严重危害，一般很少使用。新工艺采用洗涤液在系统中循环，不断吸收原料气中的 SO_3 而成为稀硫酸。所以此法污酸量少，便于处理或利用，应用日益广泛。

3. 硫酸工业固体废物污染

使用硫铁矿为原料生产硫酸，会产生大量硫铁矿渣，可以用于炼铁和生产水泥。

焙烧阶段产生大量硫酸渣（主要成分是 Fe_2O_3），如果硫酸生产使用的原料硫精砂含硫率在 22%，则每生产 1 t 浓硫酸需要消耗 1.5 t 原料，产生硫酸渣约 1.2 t。污水处理站产生干基中和渣 0.2 t/t，其主要成分为水和硫酸钙或亚硫酸钙，可供水泥厂做掺合剂，还有一定量的废钒催化剂。

（二）硫酸工业的环境管理要求

1. 生产、运输、贮存、使用限制

①优先利用有色金属冶炼烟气生产硫酸；鼓励采用低含砷量的高品位硫铁矿（硫精砂）作为制酸原料。②硫酸生产装置应采用热能回收利用技术，提高行业整体余热回收利用率。③硫铁矿制酸在原料运输、筛选、粉碎、干燥、矿渣运输等过程中，应采取密闭或其他防漏散措施，鼓励使用增湿输送的干法排渣及气流输送工艺装置或管式皮带输送工艺装置，减少粉尘排放。④鼓励采用“两转两吸”硫酸生产工艺，鼓励采用高效催化剂。⑤硫铁矿制酸和冶炼烟气制酸应采用酸洗净化工艺。⑥酸性废水和冷却水应分别处理，提高水循环利用效率，水循环利用率不宜低于 90%。

2. 水污染防治

①含砷及重金属（铅、镉、铬、汞等）的酸性废水应单独处理或回用，不宜将含不同类重金属成分或浓度差别大的废水混合稀释。鼓励利用废碱液或电石渣处理酸性废水。含砷及重金属酸性废水不应直接用于磷肥生产。②硫铁矿制酸和冶炼烟气制酸产生的含砷废水可根据其含砷浓度选择相应的处理工艺。③地面冲洗水宜与酸性废水混合处理，脱盐废水、设备冷却水、锅炉排污水及循环排污水应收集处理、循环利用或达标排放。

3. 大气污染防治

①应控制和减少制酸尾气中 SO_2 和硫酸雾的排放。硫酸企业可通过提高“两转两吸”制酸装置转化率，采用高效纤维除雾器，装置后设置卫生塔，确保尾气达标排放；未满足控制要求（排放标准和总量控制）的企业，应采用高效脱硫技术对制酸尾气实施脱硫处理，使尾气达标排放。②采取有效措施避免含尘废气、酸雾的无组织排放。③硫酸企业可根据实际情况，选择氨法、钠碱法、钙钠双碱法、有机溶液法、活性焦法、金属氧化物法、柠檬酸钠法、催化法等脱硫技术处理尾气中的二氧化硫。鼓励利用废碱液对尾气脱硫。④液氨供应充足且副产物有一定需求的企业，宜选择氨法脱硫；钠碱资源丰富、硫酸钠有销路的硫酸企业，宜选择钠碱法脱硫；有石灰资源的硫酸企业宜采用钙钠双碱法脱硫。⑤大型制酸企业可选择有机溶液循环吸收法、活性焦吸附法；有金属氧化物资源的企业宜选择金属氧化物吸收法。⑥对酸槽等设施的无组织逸出气体应采取抑制、收集、处理等措施。⑦硫铁矿制酸的原料破碎、干燥及排渣等工序应将含尘废气收集并采用旋风除尘、袋式除尘或湿式洗涤等措施处理达标后由排气筒排放。⑧废水处理过程中产生的硫化氢气体应收集并采用碱（如氢氧化钠）吸收处理。

4. 固体废物处置与综合利用

①含铁量较高的硫铁矿烧渣宜作炼铁原料，普通矿烧渣和除尘设施收集的粉尘可作水泥添加剂或其他建材原料。②鼓励冶炼烟气制酸企业回收硫化渣中的有价金属。③失效催化剂和净化工序产生的滤渣、尾气脱硫产生的脱硫渣以及末端水处理设施产生的中和渣、硫化渣应按照国家对固体废物分类管理的规定妥善处理。

5. 生产运行监测

①硫酸生产企业应按照有关规定，在废气和废水排放口安装二氧化硫、颗粒物、pH 和 COD 等主要污染物的在线监测和传输装置，并与环境保护行政主管部门的污染监控系统联网；在车间或处理设施排放口设置监控点，控制砷及铅、镉、铬、汞等重金属排放。②液体物料、易挥发物料（硫酸、氨等）采用储罐集中供料和储存，不同物料储罐之间应满足安全距离的要求；加强输料泵、管道、阀门等设备的经常性检查更换，杜绝生产过程中跑冒滴漏现象。建立、完善环境污染事故应急体系，应根据生产装置规模，在适当位置设置事故废水应急排放池。

第四节 电石行业生产工艺环境基础

一、我国电石工业的现状

（一）电石工业的现状

电石是基础化工原料。用电石生成的乙炔可以合成乙烯树脂、合成纤维、氯丁橡胶、三氯乙烯、乙醛、醋酸等一系列化工产品；电石可以供给乙炔站或直接用于金属切割、焊接，也可以用于钢铁脱硫；电石通氮生成氰氨化钙，再以它为原料，可以生成如双氰胺、氯化物、石灰氮等一系列化工产品。

同时，作为基础化工原料，生产工艺的特殊性决定了电石产品能耗较高、二氧化碳排放强度大。生产 1 t 电石，工艺电耗约为 3 200 kW · h，另外还要消耗 600 kg 炭材和约 2 t 石灰石。当前，我国正处于工业化、城镇化快速发展的关键时期，资源消耗强度持续加大，能源供求矛盾日益紧张。煤炭、石灰石资源绝非“取之不尽、用之不竭”，比如国内石灰石已探明储量 500 多亿 t，有开发价值的优质资源少之又少。

我国是世界上最大的电石生产国和消费国，2014 年产能突破 4 000 万 t/a，占全球总产能的 90% 以上。2014 年电石产业产能利用率仅为 61%。截至 2016 年年底，据中国电石工业协会不完全统计，国内电石生产企业 220 家，产能达到 4 500 万 t/a。

2016 年随着环保督察风暴的开始，大部分地区的石灰石开始限采，多数电石企业不得不采购劣质石灰石。今后，环保部表态将进一步加大督察力度，同时随着《电石工业污染物排放标准》即将正式发布。该标准对重点污染物排放指标均提出严格要求，企业环保成本将大幅增长；《国务院关于发布政府核准的投资项目目录（2016 年本）的通知》明确规定坚决遏制电石产业等产能盲目的扩张；《电石单位产品能源消耗限额》（GB 21343—2015）于 2016 年 10 月 1 日正式执行，电炉电耗、综合能耗准入值调整为 3 080 kW · h /t 和 0.823 t 标煤 /t；《电石生产安全技术规程》（GB 32375—2015）于 2017 年正式实施，对电石原材料制备、生产过程控制、各工序操作岗位、成品破碎、包装和运输、劳动防护用品等工序均提出严格的安全技术指标，在保障电石行业安全生产的同时，也会增加企业安全成本。

上述政策及标准的出台，在一定程度上将抑制电石产能的无序扩张，促使安全环保不达标和不具备竞争力的电石装置退出。短期来看会增加企业的安全环保成本，长期来看，有利于电石行业绿色转型，向绿色、低碳、安全发展。我国各行业电石消耗用量见表 13-15。

表 13-15 目前我国各行业电石消耗用量　　单位：%

行业名称	PVC	化工	金属切割气体	出口
电石用量占用比例	75	15	8	2

每生产 1 t 电石耗电能 3 300 kW · h，还需要焦炭 600 kg、煤 500 kg、炭精棒 50 kg，

耗能巨大。同时用电石法制取乙炔气时，会排出大量电石渣（1 t 电石产生 3.3 t 电石渣）及（H_2S、PH_3）等有毒有害气体，污染严重。

（二）电石行业生产规模

截止到 2016 年年底，据不完全统计，国内电石生产企业 220 家，产能达到 4 500 万 t/a。初步统计，2016 年，产量为 2 730 万 t（表 13-16）。2013 年，我国电石行业企业数量为 318 家。

表 13-16　2000—2016 年我国电石年产量　　单位：万 t（折 300L/kg）

年份	2000	2005	2010	2011	2012	21013	2014	2015	2016
电石年产量	250	895	1 462	1 738	1 727	1 903	2 548	2 584	2 730

资料来源：博思数据研究中心、中商情报网。

二、电石工业的原料与能耗

1. 原料

【石灰】制造电石的基本原料，由 $CaCO_3$ 含量达到标准要求的石灰石破碎成一定粒度的大小块，然后装入石灰石煅烧炉，经过 900 ～ 1200℃煅烧分解产生石灰。石灰石要求 CaO 含量在 53%~55%，对电石生产有害的 MgO、SiO_2 含量低（表 13-17）。

表 13-17　石灰石质量

名称	粒度 /mm	化学组成 /%						
		CaO	SiO_2	MgO	Al_2O_3	Fe_2O_3	S	P
石灰石	20 ～ 60	≥ 54	≤ 1.0	≤ 0.7	≤ 0.2	≤ 0.1	≤ 0.025	痕迹

【炭素原料】制造电石的基本原料，包括焦炭、无烟煤、石油焦、半焦等。炭素原料中的杂质主要是灰分，全部由氧化物组成，在炉内生产电石的同时，灰分中的氧化物也要被还原。在氧化物还原的过程中，既消耗电能，又浪费炭素材料。而且还原后的杂质仍然混在电石中，降低了电石纯度，电石发气量也受到了影响。实践证明，炉料中每增加 1% 的灰分，就要多消耗电能 56 ～ 60 kW · h。因而炭素原料中的灰分含量越少越好。

2. 辅料

【电极糊】电石炉电极中的主要消耗材料，有炭素材料（无烟煤、焦炭、石油焦、沥青、煤焦油）制造，对电极糊的质量要求是能耐高温及膨胀系数小，比电阻值小，气孔率较小、在热状态下氧化缓慢，机械强度高。

3. 能耗

新建或改扩建电石生产装置吨电石（折标发气量300 L/kg）电炉电耗≤3 200 kW·h，综合能耗≤1.0 t标准煤。现有电石生产装置要在2015年年底前达到上述标准。《电石单位产品能源消耗限额》（GB 21343—2015）实施后，按照此标准执行。

三、电石工业生产工艺和设备

（一）电石工业生产工艺

电石生产是由生石灰（CaO）与经过干燥处理的炭材（C），按一定的比例混合，在电炉中凭借电弧热在1 800～2 200℃高温下进行熔融反应制得，即氧化钙和碳在高温下反应生成碳化钙和一氧化碳，此反应系吸热反应，需要大量电能，反应式如下：

$$CaO+3C = CaC_2+CO - 466\ kJ$$

1. 石灰备料

石灰由装载机自料场取料将石灰送入受料仓，由仓下部均匀给料至带式输送机上，经过电磁除铁器除铁后，送至筛分，粒度合格石灰送入石灰料仓。

2. 炭材干燥

炭材经破碎筛分达到合格粒度后，由于密闭电石炉对炭材含水量要求十分严格，必须进行干燥，炭材干燥常用的有两种形式：立式干燥炉和卧式干燥炉。

3. 电石生产

将石灰和炭材按一定的重量比进行称量、配料送入电石炉中；将破碎好的电极糊导入电极筒内。加入炉内的混合物料经预热后进入电石炉炉膛熔融区，在电极作用下，产生2 000℃左右的高温，反应生产电石，并产生大量CO炉气。冶炼好的电石间断从炉口放出，送到冷却破碎厂房。

4. 冷却破碎

从电石炉运出的液态电石注入锅内，送至冷却破碎厂房，放置在冷却区，冷却至100℃以下后，进行破碎，然后散装出厂或进入成品库房内堆放装箱代运。

（二）电石生产企业的主要生产设备（表 13-18）

表 13-18　电石企业主要生产设备

项目	设备（设施）名称
备料工段	给料机、破碎机、振动筛、立式干燥机 / 卧式干燥机、胶带输送机、电磁分离器、提升机、压球机、计量秤
电石生成	给料机、计量秤、胶带输送机、提升机、电动葫芦、电石炉、称量斗、出炉牵引装置、电石锅
其他生产辅助设施	锅炉房、原料库、危险废物仓库、污水处理厂等

四、电石工业的排污节点

（一）电石工业的环境要素分析

电石生产企业生产过程产生的污染物包括废水、废气、固体废物和噪声。主要环境指标如表 13-19 所示。

表 13-19　电石生产企业环境要素分析

污染类型		环境污染指标与来源
废气	有组织废气	有组织废气污染源主要是电石炉炉气，炭材干燥尾气，需加装尾气净化装置
	无组织废气	无组织废气污染源主要是原料及成品贮存、运输、破碎、筛分及配料等过程都不可避免地产生烟（粉）尘的无组织排放
废水	生产废水	电石项目水耗主要以循环水系统蒸发损耗为主。生产废水主要是电石炉、电极及油浸变压器等设备间接循环冷却排水
	生活污水	主要来源于食堂、办公区、浴室，主要污物染为 COD、SS、氨氮、色度等
固体废物		固体废物主要为各个除尘器收集的粉尘、工艺废渣以及生活垃圾等
噪声		电石生产企业的噪声源为运输车辆和生产机械产生的噪声

（二）电石工业排污节点（图 13-8）

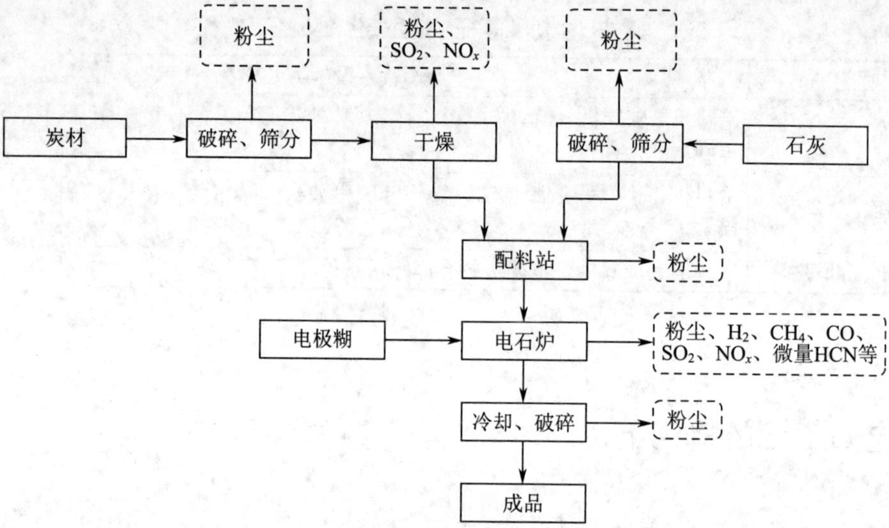

图 13-8 电石生产工艺及产污点

（三）电石生产企业排污节点分析（表 13-20）

表 13-20 工序排污节点分析

工序	污染产生原因	主要排放的污染物	控制措施
石灰备料	原料石灰运储、上料、破碎、筛分过程产生扬尘	运输、破碎、筛分过程产生扬尘属于无组织排放废气，主要污染物为粉尘	堆场尽量避免露天存放，或加装防风围挡，及时洒水防止大量扬尘。严格控制原辅料在运输和卸料时产生遗撒，遗撒的原辅料应及时清扫，保持原料仓库地面整洁；胶带输送机应设封闭防尘廊道；破碎、筛分过程产尘点设置集尘罩，统一经集尘管送除尘装置，一般采用袋式除尘器；备料的仓库设置除尘装置
炭材干燥	炭材原料运输、破碎、筛分过程产生扬尘；干燥机排放尾气	运输、破碎、筛分过程产生扬尘属于无组织排放废气，主要污染物为粉尘。干燥尾气属于有组织废气，主要污染物为粉尘、SO_2、NO_x	堆场尽量避免露天存放，或加装防风围挡，及时洒水防止大量扬尘；严格控制原辅料在运输和卸料时产生遗撒，遗撒的原辅料应及时清扫，保持原料仓库地面整洁；胶带输送机应设封闭防尘廊道；破碎、筛分过程产尘点设置集尘罩，统一经集尘管送除尘装置，一般采用袋式除尘器；干燥尾气应加装尾气净化装置

工序	污染产生原因	主要排放的污染物	控制措施
电石生产工段	原料输送、配料、下料过程产生扬尘；电石生产过程中，电石炉炉气排出；熔融电石从电石炉出口放出时产生扬尘	原料输送、配料、下料过程产生扬尘和熔融电石从电石炉出口放出时产生属于无组织排放废气，主要污染物为粉尘；电石炉炉气属于有组织废气，主要污染物为粉尘、H_2、CH_4、CO、SO_2、NO_x、微量 HCN 等	胶带输送机应设封闭防尘廊道；配料、下料等产尘点设置集尘罩，统一经集尘管送除尘装置，一般采用袋式除尘器；电石炉尾气应加装尾气净化系统，除尘后回收可燃气体组分
冷却破碎	电石冷却后破碎、筛分过程产生扬尘	电石冷却后破碎、筛分过程产生扬尘属于无组织废气	破碎、筛分过程产尘点设置集尘罩，统一经集尘管送除尘装置，一般采用袋式除尘器
污水处理站	来自电石炉、电极及油浸变压器等设备间接循环冷却排水各生产工序的冲洗废水、地面冲洗废水、办公区生活废水	废水主要污染物 SS、COD、BOD、氨氮	污水进行生化处理，达标排放

五、电石工业的环境管理要求

（一）电石行业的主要污染来源

1. 废水

电石项目水耗主要以循环水系统蒸发损耗为主。生产废水主要是电石炉、电极及油浸变压器等设备间接循环冷却排水（主要污染物为 COD、SS、pH 氨氮等）。生活污水主要为食堂、淋浴、卫生等排水。生活污水主要污染物为 COD、BOD、氨氮等。

2. 含尘废气

废气污染源是电石项目的主要污染因素，主要污染物是烟（粉）尘。主要废气污染源包括电石炉炉气，炭材干燥尾气，原料及成品贮存、运输、破碎、筛分及配料过程产生的粉尘。

3. 固体废物

固体废物主要为各个除尘器收集的粉尘、工艺废渣以及生活垃圾等。

4. 噪声

电石生产企业的噪声源为运输车辆和生产机械产生的噪声。

（二）电石行业的环境管理要求

1. 电石行业的环境管理

（1）新建或改扩建电石生产装置，必须依法进行环境评价。所有电石生产必须达到国家环保要求。电石炉大气污染物排放必须符合《工业炉窑大气污染物排放标准》（GB 9078—1996）中“铁合金熔炼炉”的排放标准。国家新的环保标准出台后，按新标准执行。

（2）固体废物的处理处置应符合有关法律和国家环境保护标准的规定。

（3）原料进厂、加工、输送和产品包装等易产生扬尘的环节，必须设置相应的收尘、抑尘设施；电石炉炉盖以上不得有火焰溢出；出炉口必须设置烟尘收集装置。电石炉正常生产过程中不得有烟尘无组织排放。

（4）电石企业必须遵守环保有关监测和信息公开管理制度。

2. 规模、工艺与装备

对电石产能实行总量控制。原则上禁止新建电石项目，新增电石生产能力必须实行等量或减量置换，且被置换产能须在新产能建成前予以拆除。强化技术进步，加快落后产能淘汰。

（1）新建或改扩建电石生产装置必须采用先进的密闭式电石炉，单台炉容量不小于40 000 kV · A，建设总容量（一次性建成）要大于150 000 kV · A。

（2）新建或改扩建电石项目必须达到以下要求：

①生产过程中的原料破碎、筛分、烘干、输送、储料、加料等必须采用自动化装置，实现自动化控制。除电极糊加料外，生产过程中禁止人工加料等现场操作。

②生产系统必须配套电压、电流、电极位置、温度、压力、料位、称重、冷却循环水回水流量及压力等检测装置，密闭炉必须配置炉气组分在线分析装置；生产系统要实现配料、粉尘收集、电极压放、炉气净化（或尾气处理）等环节的自动化控制。鼓励开发并采用机械化、自动化出炉装置。鼓励冷却循环水系统采用水冷或风冷闭式冷却塔。

③必须配套安全报警设施，主要生产环节必须设立视频监控系统，并确保连续正常运行。

（3）现有电石企业必须在2015年年底前达到上述（2）的全部要求。鼓励现有企业通过兼并重组削减过剩产能，完善规模经营，合理配套发展。

第五节　烧碱工业生产工艺环境基础

一、烧碱工业的现状和规模

（一）烧碱工业的现状

烧碱是最重要的基本化工原料之一，主要用于轻工、纺织、化工等领域，现在应用范围更加广泛，下游产品已达到900多种。烧碱生产过程中联产的氯气、氢气也是重要的基本化工原料，在化肥、精细化工、轻工、纺织等行业也得到广泛地应用。

烧碱的生产是利用原盐（主要成分是氯化钠）水溶液电解生成氢氧化钠（烧碱）、氯气和氢气。其生产工艺经历了水银法—隔膜法—离子膜法3个发展阶段，水银法电解制烧碱有汞污染；隔膜法电解制烧碱有石棉污染，其中石墨阳极还有铅、石墨粉尘、沥青烟气等污染；离子膜法工艺具有能耗低、产品质量高、占地面积小、自动化程度高、清洁环保等优势，成为新扩产的烧碱项目的首选工艺方法。2011年《产业结构调整指导目录》提出，到2015年淘汰隔膜法烧碱生产装置。截至2015年年底，我国在产烧碱生产企业有163家，总产能达到3 873万t/a，其中离子膜法产能达3 818万t，约占99%，隔膜法产能淘汰基本完成。

中国作为世界烧碱产能最大的国家，产能占全球比重达40%以上。2000—2015年，我国烧碱产能从800万t增长了近5倍。其中，2004—2007年是烧碱快速发展的过程，自2010年以后烧碱产能增长逐步放缓。据中国氯碱网统计，截止到2015年年底，我国烧碱总产能为3 873万t/a，较2014年下降37万t，其中新增产能为169万t，退出产能达到206万t，行业产能规模整体出现负增长趋势。中国一直是烧碱的净出口国，我国氯碱产品出口主要流向与“一带一路”涵盖的国家基本相符，当前我国烧碱每年出口量在150万～200万t，出口国家基本涵盖了“一带一路”的64个国家，烧碱作为基础化工原材料，为这些国家的基础产业，如化工产品、纺织、印染、有色等行业的发展需求提供了重要补充。

近几年来，国家对节能减排和环保安全的执行力度不断加码。2015年年初号称“史上最严”的新环保法开始实施，将对烧碱这一高耗能、高污染行业带来压力。据悉，《烧碱装置安全设计规范》即将出台，该规范将对烧碱装置的安全要求进行高度统一。烧碱企业若想要达到目前严格的环保要求，其所需的环保工艺升级转型势必会增加大量的成本，氯碱行业的整合之路势在必行。部分产能规模较小、环保设施建设不全、使用隔膜法生产工艺的氯碱企业将会逐步退出市场，新增产能也会因此受到一定程度的抑制。

（二）烧碱行业的生产规模

目前国内烧碱行业产能过剩，下游消费需求放缓，市场整体呈现供大于求的局面。截至2014年年底，山东、江苏、内蒙古、新疆产量总和占全国产量的51.6%。

2006 年，世界烧碱产量约为 5 480 万 t，氯气产量约为 4 980 万 t，我国烧碱年产量约 1 512 万 t，占世界总产量的 30.4%，是世界第一大烧碱生产国。截至 2015 年年底，我国在产烧碱生产企业 163 家，总产能达到 3 873 万 t/a（表 13-21）。在烧碱行业去产能的同时，产业集中度和开工率均有所提高。2015 年烧碱生产企业数量为 163 家。2015 年我国烧碱产品下游的消费结构见表 13-22。

表 13-21 2000—2015 年我国烧碱年产量

年份	2000	2005	2006	2007	2008	2009	2010	2011	2012	2013	2014	2015
烧碱年产量 / 万 t	667	1 240	1 512	1 759	1 852	1 891	2 087	2 466	2 698	2 850	3 180	3 873
离子膜法的比例 /%	17.5	29.5	30.6	43.6	44.2	56.9	59.7	60.7	85.0	86.0	84.0	87.0

资料来源：博思数据研究中心、中商情报网。

表 13-22 2015 年我国烧碱产品下游的消费结构 单位：%

行业	氧化铝	化工	造纸	印染	石油军工	轻工	水处理	医药	冶金	其他
消费比例	29	15	14	13	7	6	6	4	2	4

资料来源：中国化工产品网《2015 上半年国内烧碱供需情况分析》。

二、烧碱行业的原辅料

【原盐】烧碱生产以工业盐为原料，原盐应符合《工业盐》（GB 5462—2015）标准。

【辅料】三氯化铁、亚硫酸钠、高纯盐酸、螯合树脂、离子交换膜、纯水、纯碱、硫酸、硝酸盐、蔗糖、包装袋、燃料油等。

【电耗】离子膜法为 2 100 ～ 2 200 kW · h/(t · 碱)；隔膜法为 2 300 ～ 2 450 kW · h/(t · 碱)，隔膜法烧碱（包括液碱和固碱）的电解交流电耗是指金属阳极隔膜电解槽电流密度在 1 700 A/m^2 条件的执行标准。电流密度每增减 100 A/m^2，烧碱产品单位交流电耗减增 44 kW · h/(t · 碱)。

【综合能耗】离子膜法为 350 ～ 750 kg · 标煤 /(t · 碱)，离子膜法液碱浓度每增加 1%，综合能耗指标增加 2.5 kg 标煤 /(t · 碱)；隔膜法为 800 ～ 1100 kg 标煤 /(t · 碱)。

三、离子膜法烧碱生产工艺流程

离子膜法烧碱生产以原盐为原料，采用离子膜电解技术生产高纯度烧碱，同时副产氯气和氢气。离子膜电解生产过程包括盐水精制、电解、氯氢处理、蒸发及固碱等单元。

（一）盐水精制

1. 一次盐水精制

原盐与水在混合得到饱和粗盐水，加入氢氧化钠溶液、次氯酸钠溶液、碳酸钠溶液、亚硫酸钠溶液去除镁离子、菌藻类、腐殖酸等有机物、钙离子、游离氯等杂质，过滤后的得到澄清盐水，滤渣排入盐泥池。

2. 二次盐水精制

利用离子交换树脂对经过一般处理的一次澄清盐水进一步除杂，以满足工艺要求。过程中钙、镁等离子可以被螯合树脂选择性吸附，而吸附的饱和树脂可用盐酸、氢氧化钠进行再生，产生酸性以及碱性废液。

（二）电解

精制后的盐水送入电解槽电解，阴极产生氢气和氢氧化钠溶液，阳极产生氯气和淡盐水，淡盐水中含有一部分氯气，用盐酸调节 pH 为（2±0.2）后，送入真空脱氯塔脱氯，氯气入氯气总管，脱氯淡盐水加碱调节 pH 为 6 ～ 9 后加入 5% 亚硫酸钠溶液去除淡盐水中残留的游离氯回收利用。

（三）氯氢处理

1. 氯气处理

氯气冷却、用浓硫酸干燥后一部分送液氯装置生产液氯，一部分送盐酸 / 氯化氢装置生产盐酸和氯化氢。氯气冷却处理过程产生含氯水；干燥处理产生废硫酸。

2. 氢气处理

自电解工序来的湿氢气经氢气洗涤塔洗涤，冷却后送去盐酸及氯化氢合成工段及其他用氢单元。氢气处理过程产生碱性冷凝水。

（四）液碱蒸发及固碱生产

电解的液碱一次经过蒸发器、固碱炉 / 熔盐炉，分别经蒸汽加热和熔盐加热，去除液碱中的水分，经片碱机冷却制片后，计量、包装、送仓库。

（五）氯化氢及盐酸生产

氢气和氯气经二合一炉燃烧反应生产的氯化氢气体经氯化氢冷却水槽和氯化氢冷却器冷却后进入浓硫酸干燥脱水系统。通过氯化氢分配台送配套 PVC 装置。二合一炉开停车过程不合格的氯化氢或 PVC 出现事故时产生的氯化氢送降膜吸收器和尾气吸收塔生产 31% 的高纯盐酸。尾气吸收塔排放废气中有氯化氢等污染物。

（六）烧碱生产企业的主要生产设备（表 13-23）

表 13-23 烧碱企业主要生产设备

项 目	设备（设施）名称
盐水精制	精制反应槽、凝聚反应槽、化盐水换热器、盐水过滤器、盐泥压滤机、水泵、溶盐桶、粗盐水槽、树脂过滤器、盐水换热器、离子交换树脂塔、蒸汽冷凝水槽等
电解工序	电解槽、碱液中间槽、盐酸槽、淡盐水受槽、碱液泵、淡盐水泵、盐酸洗涤器、阳极液排放槽、阴极液排放槽、冷却器、离子膜、脱氯塔等
氯氢处理	脱氯真空泵、冷却器、盐水泵、氯水泵、氯水槽、氢气洗涤塔、氢气冷凝器、填料干燥塔、浓硫酸贮槽等
蒸发固碱	表面冷凝器、碱预热器、碱液泵、真空泵、冷凝液槽、碱液槽、降膜蒸发器、熔盐加热器、皮带输送机、包平整器、自动码垛机
氯化氢及盐酸生产	氯化氢冷却器、循环液泵、盐酸泵、氯化氢合成炉、降膜吸收器、尾气吸收塔、缓冲罐、盐酸槽

四、烧碱工业排污节点分析

（一）烧碱行业环境要素分析

烧碱生产企业生产过程产生的污染物包括废水、废气、固体废物和噪声。烧碱生产企业的主要环境指标如表 13-24 所示。

表 13-24 烧碱生产企业主要污染要素

污染类型		环境污染指标与来源
废气	有组织废气	氯气处理尾气，主要污染物 Cl_2； 氯化氢吸收塔尾气，主要污染物 HCl、H_2； 蒸汽锅炉和熔盐炉尾气，主要污染物 SO_2、NO_x、烟尘
	无组织废气	电解、氯氢处理、液氯、氯化氢 / 盐酸、尾气净化以及罐区等单元产生无组织废气，主要污染物为 Cl_2、HCl
废水	生产废水	盐泥洗涤和压滤废水；螯合树脂再生废水；电解工段洗槽水；氯气处理含氯废水；氢气处理碱性冷凝水；液碱蒸发冷凝水等，主要污染物为酸、碱、盐、悬浮物、有效氯等
	生活污水	主要来源于食堂、办公区、浴室，主要污染物为 COD、SS、氨氮、色度等
固体废物	生产废物	一般固体废物：盐泥、废包装塑料袋、废劳保用品等； 危险废物：废螯合树脂、废离子膜、废硫酸等
	生活垃圾	主要产生于办公区，作为一般固体废物经环卫部门收集填埋
噪声		噪声源主要为空压机、压滤机、制冷压缩机、各类泵、各类风机以及进出场汽车等

（二）烧碱工业排污节点（图 13-9）

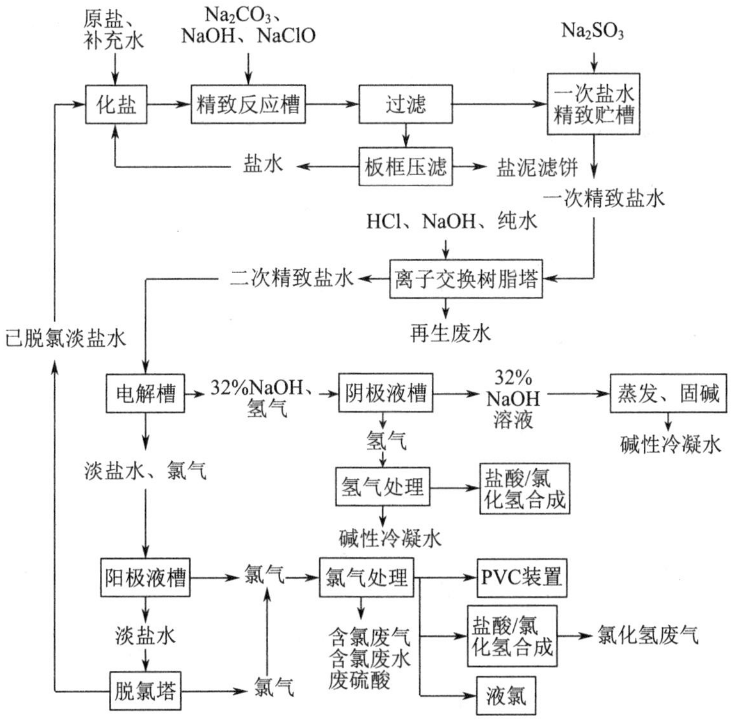

图 13-9　离子膜法烧碱生产工艺及产污点

（三）烧碱生产企业排污节点分析（表 13-25）

表 13-25　工序排污节点分析

工序	污染产生原因	主要排放的污染物	控制措施
盐水精制	原盐与水混合得到饱和粗盐水，经过一次精制和二次精制，去除杂质；一次精制产生的盐泥压滤处理；二次精制在离子交换树脂塔中完成，螯合树脂再生处理。螯合树脂周期性更换	盐泥压滤产生盐泥滤饼，属于一般固体废物，其成分主要为 $CaCO_3$、$Mg(OH)_2$、NaCl、H_2O 等；盐泥压滤产生过滤盐水，主要含盐和悬浮物；螯合树脂再生废水主要含 COD、pH、SS、Cl^-、镍、盐等；废螯合树脂，属于危险固体废物，其成分为苯乙烯 / 二乙烯苯共聚物和水	盐泥滤饼送往渣场；过滤盐水返回盐水配置工段回用；螯合树脂再生废水送污水站处理；废螯合树脂按危险固体废物管理

工序	污染产生原因	主要排放的污染物	控制措施
电解	精制后的盐水在电解槽中电解，阴极产生氢气和氢氧化钠，阳极产生氯气和盐水，淡盐水中含有氯，经脱氯塔脱氯后产生淡盐水和湿氯气	电解过程中装置密封不严废气无组织排放，在开停车和事故工况下，产生工艺废气，废气主要为 Cl_2；淡盐水主要污染物为有效氯和盐；湿氯气主要为 Cl_2、N_2、H_2O	保证装置密闭性，严禁产生无组织排放；工艺废气排入氯气处理系统处理；淡盐水返回盐水配置工段回用；湿氯气送氯气处理单元处理
氯氢处理	氯气经冷却、用浓硫酸干燥处理后一部分送其他工序，剩余尾气仍含有部分氯气；硫酸浓度降到 75% 时排出系统；自电解工序阴极来的湿氢气呈碱性，经冷却后送去用氢单元	氯气冷却产生含氯冷凝水；氢气冷却产生碱性冷凝水，pH 为 8~10；装置密封不严废气无组织排放；尾气主要为 Cl_2、N_2；废硫酸属于危险固体废物	含氯废水送脱氯塔脱氯后回用；碱性冷凝水返回盐水配置单元回用；保证装置密闭性，严禁产生无组织排放；尾气送尾气吸收塔处理；废硫酸按危险固体废物管理
液碱蒸发及固碱生产	电解来的液碱经蒸发浓缩产生的蒸汽冷凝后产生碱性冷凝水；固碱炉 / 熔盐炉燃烧燃料产生烟气	碱性冷凝水 pH 大于 12；烟气主要污染物为 SO_2、NO_x、烟尘	碱性冷凝水返回盐水配置单元回用；尾气加装脱硫脱硝除尘装置
氯化氢及盐酸生产	氯化氢合成炉开停车过程不合格的氯化氢或 PVC 出现事故时产生废气	装置密封不严废气无组织排放；废气主要污染物为 HCl	保证装置密闭性，严禁产生无组织排放；废气送尾气吸收塔处理
液氯罐区	装置密封不严氯气无组织排放	液氯	保证装置密闭性，严禁产生无组织排放
污水处理站	来自各个生产工段的废水、地面冲洗废水、办公区生活废水	废水主要污染物 COD、pH、SS、Cl^-、有效氯、盐等；废水处理产生污泥	其余污水进行生化处理，达标排放；污泥为一般固体废物，脱水干燥后外运处理

五、烧碱工业环境管理要求

（一）烧碱工业主要污染物

1. 产生含氯废水以及酸碱废水

烧碱生产过程产生废水主要为：盐泥洗涤和压滤废水、螯合树脂再生废水、电解工段洗槽水、氯气处理含氯废水、氢气处理碱性冷凝水、液碱蒸发冷凝水等。主要污染物为酸、碱、盐、悬浮物、有效氯等。应对废水的产生、处理和排放进行全过程控制，采用清洁生产和循环利用技术，提高资源能源利用率，降低污染负荷。

2. 产生含氯、氯化氢废气

烧碱生产过程产生有组织废气主要为氯气处理尾气，主要污染物 Cl_2；氯化氢吸收塔尾气，主要污染物 HCl、H_2；蒸汽锅炉和熔盐炉尾气，主要污染物 SO_2、NO_x、烟尘。

电解、氯氢处理、液氯、氯化氢 / 盐酸、尾气净化以及液氯罐区等单元产生无组织废气，主要污染物为 Cl_2、HCl。

3. 固体废物

一般固体废物：盐泥、废包装塑料袋、废劳保用品等；

危险废物：废螯合树脂、废离子膜、废硫酸等。

4. 噪声

噪声源主要为空压机、压滤机、制冷压缩机、各类泵、各类风机以及进出场汽车等。

（二）烧碱工业的环境管理要求

1. 环境管理要求

符合国家和地方有关法律、法规，污染物排放达到国家和地方排放标准、总量控制要求、排污许可证符合管理要求。生产过程环境管理：具有节能、降耗、减污的各项具体措施，生产过程有完善的管理制度。环境管理制度：按照《环境管理体系要求及使用指南》（GB/T 24001）建立并运行环境管理体系、管理手册、程序文件及作业文件齐备。

2. 固体废物管理要求

对一般工业废物进行妥善处理，对废石棉绒等危险废物按照有关要求进行无害化处置。应制定并向所在地县级以上地方人民政府环境行政主管部门备案危险废物管理计划（包括减少危险废物产生量和危害性的措施以及危险废物贮存、利用、处置措施），向所在地县级以上地方人民政府环境保护行政主管部门申报危险废物产生种类、产生量、流向、贮存、处置等有关资料。应针对危险废物的产生、收集、贮存、运输、利用、处置，制定意外事故防范措施和应急预案，并向所在地县以上地方人民政府环境保护行政主管部门备案。

第六节　PVC 工业生产工艺环境基础

一、PVC 工业的原料与能耗

PVC 是基础的化工原材料，随着国民经济的增长，2007 年之前产能、产量一直保持较快的增长速度，自 2008 年起，受全球经济危机的影响，国内 PVC 产能增速已明显减缓，但每年仍保持一定幅度的增长。自 2014 年起，行业拐点正式出现，产能减少 87 万 t，行业内首次出现负增长。2015—2016年落后淘汰产能继续，据我的塑料网统计，截至2016年12月底，PVC在产产能共计2 253万t，其中新增130万t，减少97万t，净增33万t；其中电石法产能为1 770万t，占78.6%，乙烯法产能为365万t，占16.2%，糊树脂产能为118万t，占5.2%。

目前，我国PVC树脂的生产有乙烯法和电石法两个原料路线。乙烯氧氯化法是世界上通常采用的生产原料路线（表13-26），电石法是符合我国国情的具有中国特色的生产原料路线。因此，在我国聚氯乙烯的生产通常说有乙烯和乙炔原料路线，当然我国聚氯乙烯生产有直接进口单体，也有采用二氯乙烷，但其来源均来自乙烯，都属于乙烯原料路线。由于我国天然气制乙炔受资源和技术限制，乙炔的来源主要是电石，我国电石乙炔法的聚氯乙烯生产占总产量的75%以上。

表13-26 2000—2015年我国聚氯乙烯年产量

年份	2000	2005	2010	2011	2012	2013	2014	2015
聚氯乙烯年产量/万t	240	670	1 130	1 295	1 317	1 530	1 630	1 609
乙炔法比/%	—	63	78	77	78	75	83.3	80.7

资料来源：博思数据研究中心、中商情报网。

电石法生产PVC属于高能耗、高污染行业。PVC的生产主要有两种制备工艺：一是电石法，主要生产原料是电石、煤炭和原盐；二是乙烯法，主要原料是乙烯和石油。使用电石法生产1 t PVC要消耗1.45～1.5 t电石，消耗氯化氢气体0.75～0.85 t，耗电量为450～500 kW · h，在电石、氯化氢和电力方面的花费占电石法生产成本的90%以上。使用乙烯法生产1 t PVC要消耗乙烯0.5 t，消耗氯气0.65 t，两者约占总成本的60%左右。

电石法生产PVC耗汞量较大，我国电石法PVC行业汞使用量占全国汞使用总量的60%左右。目前，我国1 t电石法PVC消耗氯化汞触媒平均约为1.2 kg（以氯化汞的平均含量11%计），氯化汞触媒的消耗量与企业规模、管理水平有关。电石法聚氯乙烯生产是汞消耗的主要行业，用氯化汞作为催化剂进行氯乙烯合成过程中排放的汞污染物毒性很大，具有较高的环境风险。

二、我国PVC工业生产的基本工艺

主要采用电石(CaC_2)法生产原料气。国内整体的PVC产业布局主要集中在西北的新疆、内蒙古、宁夏、青海和甘肃等地区；华东与华中地区主要集中在山东、安徽和河南等地。2014年，我国有聚氯乙烯生产企业89家，其中电石法聚氯乙烯企业76家；PVC总产能达2 389万t，其中电石法产能为1989万t，约占PVC总产能的83.3%。

（一）乙烯原料生产氯乙烯工艺

乙烯法是以乙烯为原料，三氯化铁为催化剂，与氯气进行气相或液相反应生产二氯乙烷，二氯乙烷在裂解炉内裂解生成氯乙烯（VCM）。乙烯氧氯法是目前工业上应用最广的 VCM 生产方法。工业上多采用两步法。第一步是乙烯、氯化氢、氧气或空气（在以 Al_2O_3 为载体的 $CuCl_2$ 催化剂条件下）进行氧氯化反应，生成二氯乙烷和水，按照反应器的性质分为沸腾床和固定床法；第二步是二氯乙烷（在裂解炉）被加热，裂解生成氯乙烯和氯化氢，其中裂解产生的氯化氢返回氧氯化工序，粗氯乙烯经过精制生产出聚合用单体。转化率一般为 50% ～ 55%。氯乙烯单体工业生产中乙烯消耗一般为 0.459 ～ 0.500，氯气消耗为 0.584 ～ 0.610。

（二）电石乙炔法氯乙烯生产工艺

乙炔法生产工艺是最简单的 VCM 生产方法。按原料路线分电石乙炔和天然气乙炔。电石乙炔先将电石水解生成乙炔，然后用氯化汞触媒作催化剂使乙炔和氯化氢反应生成氯乙烯。乙炔法生产氯乙烯首先制取乙炔，乙炔是电石加水生成乙炔气和氢氧化钙，生产过程产生 $Ca(OH)_2$。处理这些副产物，采用两种方法：一种是生成消石灰干粉，称干法，优点是这些干渣便于综合利用；另一种是以水带走 $Ca(OH)_2$ 形成渣浆，称湿法，我国多采用湿法。电石是由碳酸钙和兰炭经电弧炉加热制得的。

由乙炔装置送来的乙炔气与氯化氢装置送来的氯化氢气体，经配比输入混合器混合后入脱水，经预热器预热，在经第Ⅰ组转化器，借列管中填装的升汞/活性炭催化剂(触媒)，使乙炔和氯化氢合成反应转化为氯乙烯气体。第Ⅰ组转化器出口气体中尚含 20% ～ 30% 乙炔气，再进入第Ⅱ组转化器继续反应，使出口处未转化乙炔控制在 1% ～ 3% 以下。粗氯乙烯单体经精制生产出聚合用单体。

（三）PVC 生产工艺

以乙烯为原料或以乙炔为原料生产的氯乙烯，其聚合过程相同。虽然 PVC 可以采用悬浮、乳液、本体和溶液等方法制备，实际上往往根据产品用途对性能的要求以及经济效益，选用其中一、二种方法进行工业生产，造成各种方法生产的树脂产量不同，世界（国内）生产 PVC 树脂采用方法所占比例大约为：悬浮法 80%（94%），乳液法 10%（4%），本体法 10%（2%），溶液法几乎为零。

以下就 PVC 生产中常用的悬浮法进行介绍。通常，VC 悬浮聚合采用如下操作过程：先将去离子水加入聚合釜内，在搅拌下继续加入分散剂水溶液和其他聚合助剂，再加入引发剂，上人孔盖密闭，充氮试压检漏，抽真空或充氮排除釜内空气，最后加入 VC 单体；将釜温升至预定温度进行聚合，反应至预定压降（转化率）即加入终止剂，回收未反应单体；PVC 浆料经汽提脱除残留单体、离心洗涤分离、干燥等工序，即包装成 PVC 树脂产品。

三、PVC 工业的产排污节点分析

（一）电石乙炔原料路线生产氯乙烯过程的产排污节点（图 13-10）和主要污染物（表 13-27）

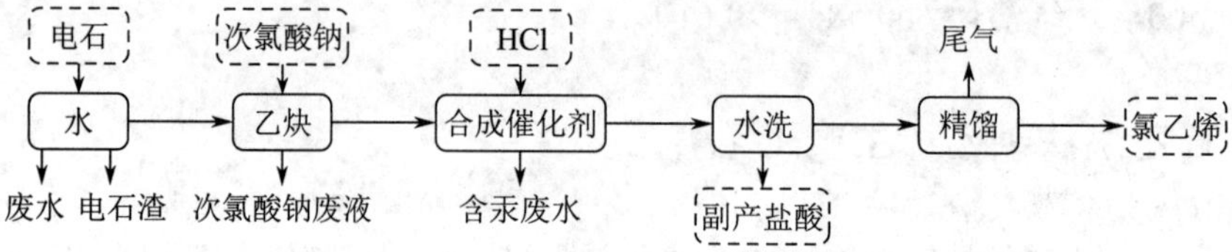

图 13-10 电石乙炔原料生产氯乙烯路线的产排污节点

表 13-27 电石乙炔原料生产氯乙烯路线的主要污染物分析

工序	污染物及其特征
电石在水中反应	在这个过程中产出电石渣、乙炔发生上清液、废次氯酸钠等废水。废次氯酸钠一般补充在上清液中用作乙炔发生的工艺水
合成粗氯乙烯	在合成过程中，一般氯化氢过量，因此过量的氯化氢经水洗生产废盐酸
精馏	氯乙烯经精馏制成成品氯乙烯，同时产生精馏尾气，在这个过程中可以产生的废水有换催化剂时冲洗反应器水，其中含有催化剂和升华汞，这部分水经过滤吸附后重复利用，此外因水洗产生的废盐酸会含有升华汞。废盐酸经脱吸后，烯酸重复利用，其中汞在累积达到一定浓度加入硫化钠生产硫化汞，分离后为固体废物

（二）乙烯原料路线生产氯乙烯过程的产排污节点

从图 13-11 可以看出，乙烯原料路线生产氯乙烯过程中乙烯与氯气、氧气在催化剂 $CuCl_2$ 作用下生产粗氯乙烯。因此会产生废 $CuCl_2$ 催化剂。在粗氯乙烯精馏中会产生尾气，精馏尾气为工业废气。

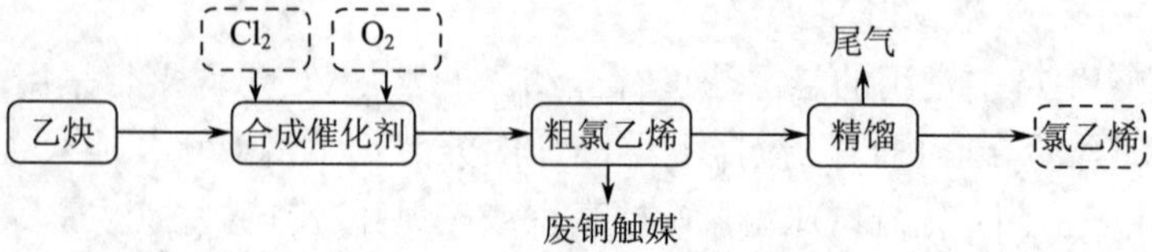

图 13-11 乙烯原料路线生产氯乙烯的产排污节点

（三）氯乙烯聚合及成品的产排污节点（图 13-12）

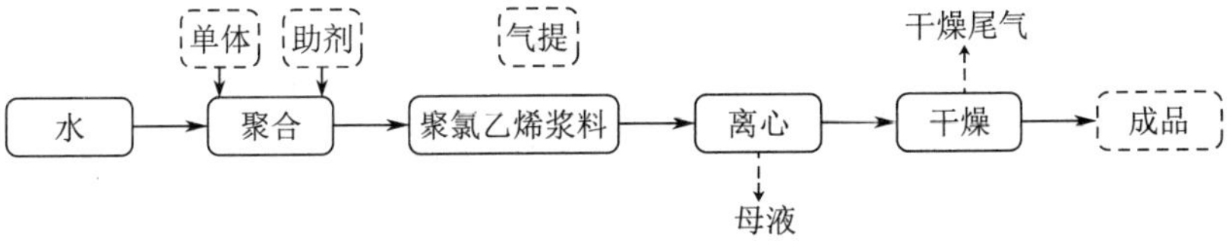

图 13-12　氯乙烯聚合及成品的产排污节点

氯乙烯聚合是在水相中加入氯乙烯及各种助剂，经聚合后生成聚氯乙烯浆料，经气提将未反应完全的氯乙烯脱除后进行离心分离产生含水分在 30% 左右的聚氯乙烯和离心母液，离心母液中含有溶解在其中的各种助剂，主要是聚乙醇类有机物。含水的聚氯乙烯经干燥产生聚氯乙烯的同时产出含聚氯乙烯细粉的干燥废气。

四、PVC 工业的环境污染

母液是聚氯乙烯生产中必然产出的，无论乙烯法还是电石法，一般产生量在 3 ～ 4 t/t PVC，主要含有聚乙烯醇等各种有机物，COD 在 180 ～ 300 g/t，回收技术有膜法和生化法。采用膜法可回收 70% 的水，而浓水再去生化处理。而直接生化法可以使水中 COD 降到 30 g/t 以下，完全达到工业用水指标，企业可以根据需要进行水平衡。进一步采用溴氧处理可使 COD 降到 10 g/t 以下，从而实现回用的要求。

乙炔是电石和水反应生成的产物。湿法乙炔发生是用多于理论量 17 倍的水分解电石，产生的电石渣浆含水量为 90%。干法乙炔发生是用略多于理论量的水以雾态喷在电石粉上使之水解。

低汞触媒的汞含量在 5.5% 左右，是高汞触媒（汞含量在 10.5% ～ 12%）的一半左右。电石法氯乙烯的生产过程中汞采用活性炭吸附等技术治理，含汞活性碳和使用后的废汞触媒，由有资质的厂家回收利用。

在氯乙烯合成过程中为了能使乙炔反应完全，通常氯化氢过量，过量的氯化氢采用水洗的方法去除，而产生废盐酸，一般生产 1 t 聚氯乙烯产生 60 kg 左右。目前采用盐酸脱吸技术可回收氯化氢而废水循环利用。氯化氢的回用率可高达 98%。

电石法 PVC 生产过程中采用湿法乙炔发生技术，产生大量电石渣浆，经压滤脱水后可得到含水量为 40% ～ 60% 的电石渣，一般 1 万 t 电石法 PVC 产生电石渣 1.7 万 t 左右（干基）。过去，电石渣一直采用渣场堆放处理，占用大量土地，电石渣主要成分为氢氧化钙，呈粉状，遇风天气易造成粉尘污染。电石渣处理一直是制约我国电石法 PVC 发展的最大“瓶颈”问题。

五、PVC 工业的环境管理要求

（一）电石法聚氯乙烯

1. 生产工艺与装备要求

①乙炔发生装置要求：采用干法乙炔工艺。②盐酸脱析装置要求：采用盐酸深度脱吸技术。③汞触媒要求：采用低汞触媒和含汞酸性废水处理技术。④聚合母液回收利用要求：聚合母液回收利用。⑤氯乙烯汞回收处理要求：氯乙烯汞回收处理。⑥精馏尾气处理要求：精馏尾气中氯乙烯（VCM）回收利用，尾气达标排放。⑦电石破碎除尘系统要求：电石破碎除尘系统完好，粉尘达标排放。

2. 环境管理要求

符合国家和地方有关法律、法规，污染物排放达到国家和地方排放标准、总量控制要求，排污许可证符合管理要求。具有节能、降耗、减污的各项具体措施，生产过程有完善的管理制度。对原材料供应方、生产协作方、相关服务方等提出环境管理要求。按照《清洁生产审核暂行办法》要求进行了清洁生产审核，并全部实施了无、低费方案。按照《环境管理体系要求及使用指南》（GB/T 24001）要求建立并运行环境管理体系、管理手册、程序文件及作业，文件齐备。

3. 废物管理要求

对一般废物进行妥善处理，对危险废物（废汞触媒、精馏残液等）按照有关要求进行无害化处置。应制订并向所在地县级以上地方人民政府环境行政主管部门备案危险废物管理计划（包括减少危险废物产生量和危害性的措施以及危险废物贮存、利用、处置措施），向所在地县级以上地方人民政府环境保护行政主管部门申报危险废物产生种类、产生量、流向、贮存、处置等有关资料。应针对危险废物的产生、收集、贮存、运输、利用、处置，制定意外事故防范措施和应急预案，并向所在地县以上地方人民政府环境保护行政主管部门备案。

（二）乙烯法聚氯乙烯

1. 生产工艺与装备要求

根据《清洁生产标准　氯碱工业（聚氯乙烯）》（HJ 476—2009）中清洁生产一级标准聚合、汽提尾气回收处理要求，聚合、汽提尾气中氯乙烯（VCM）采用膜回收装置进行回收。

2. 环境管理要求

符合国家和地方有关法律、法规，污染物排放达到国家和地方排放标准、总量控制要求，排污许可证符合管理要求。具有节能、降耗、减污的各项具体措施，生产过程有完善的管理制度。对原材料供应方、生产协作方、相关服务方等提出环境管理要求。按照《清洁生产审核暂行办法》要求进行清洁生产审核，并全部实施了无、低费方案。按照《环境管理体系要求及使用指南》（GB/T 24001）要求建立并运行环境管理体系、管理手册、程序文件及作业，文件齐备。

3. 废物管理要求

对一般废物进行妥善处理，对危险废物（废铜触媒、精馏残液等）按照有关要求进行无害化处置。应制订并向所在地县级以上地方人民政府环境行政主管部门备案危险废物管理计划（包括减少危险废物产生量和危害性的措施以及危险废物贮存、利用、处置措施），向所在地县级以上地方人民政府环境保护行政主管部门申报危险废物产生种类、产生量、流向、贮存、处置等有关资料。应针对危险废物的产生、收集、贮存、运输、利用、处置，制定意外事故防范措施和应急预案，并向所在地县以上地方人民政府环境保护行政主管部门备案。

思考与练习

1. 我国合成氨工业的原料结构如何？
2. 硫酸基本生产工艺包括哪些？
3. 请简述氯碱工业的主要污染来源。
4. 简述电解锰工业的污染情况。
5. 查阅资料分析我国无机盐工业的主要污染物。
6. 分析合成氨、硫酸、氯碱、电解锰工业的环境管理要求。

第十四章　石油工业生产工艺环境基础

本章介绍我国石油化工行业的现状、结构性问题、污染减排途径和污染特征；石油开采、石油炼制和石油化工行业的原辅材料结构、基本能耗；主要生产设备与基本工艺；排污节点和环境要素；污染源的环境管理要求。

专业能力目标：

1. 了解石油化工行业的主要环境问题。
2. 了解石油开采、石油炼制和石油化工行业的生产基本原理。
3. 了解石油开采、石油炼制和石油化工行业的原料结构与主要设备。
4. 基本掌握石油开采、石油炼制和石油化工行业的基本生产工艺。
5. 掌握石油开采、石油炼制和石油化工行业的排污节点分析、主要大气和水污染来源及环境要素分析。
6. 了解石油开采、石油炼制和石油化工行业的主要环境管理要求。

第一节　石油开采工业生产工艺环境基础

在《国民经济行业分类》（GB/T 4754—2017）中石油加工、炼焦和核燃料加工业属制造业（C 大类 25 中类），包括精炼石油产品制造（251）煤炭加工（252）、核燃料加工（253）、石油和天然气开采业（07）、石油开采（0710）、天然气开采（0720）。本章只介绍石油开采（0710）、原油加工及石油制品制造（2511）。

我国是石油消费与生产大国，30 多年来，我国的石油产量年均增长速度超过 10%，2016 年，我国生产石油 1.996 亿 t，截至 2016 年年底，全国已探明油气田 993 个；其中，油田 722 个，气田 271 个。累计生产石油 65.92 亿 t，累计生产天然气 1.81 万亿 m^3。

石油开采既有生态影响，又有污染影响。如油气开采排放的废水、废气（含 VOCs）、含油污泥等属污染型影响，管道、道路、井场建设，大量抽取地下油水又会带来生态破坏的影响。石油开采从污染源空间分布看，既有面源，又有点源。整个油气田由几百至几千个单井组成，属面源污染，而污染物排放又集中在联合站，属点源污染。从污染源时间分布看，既有固定源，又有变化源；石油开采既有废水、废气、固体废物的有组织排放，又有大量 VOCs、落地油、钻井平台废水的无组织排放；是公认的有毒有害，具有污染、井喷、火灾性质的危险企业，在石油开采过程中，原油泄漏、原油落地、油泥产生，影响了资源的有效利用，而且增加了环保工作的难度。

国内各大石油公司油气管道领域环境污染事件呈现多发态势，如发生油气泄漏等突发性事件，应立即采取应急措施，防止污染扩大，预防次生灾害发生。油气勘探开发设施在运行过程中，如出现油井套管破损、气井泄漏等直接污染地下水的事故，应立即采取保护性措施，并向当地环保部门和水行政主管部门报告。

一、石油开采行业生产规模

2000—2016 年我国原油、天然气年产量和 2016 年我国十大油气田产量分别见表 14-1 和表 14-2。

表 14-1　2000—2016 年我国原油、天然气年产量

年份	2000	2005	2010	2011	2012	2013	2014	2015	2016
原油年产量 / 亿 t	1.60	1.808	2.030	2.037	2.075	2.08	2.098	2.133	1.996
原油加工量 / 亿 t	1.80	2.86	4.23	4.48	4.68	4.78	4.564	5.22	5.41
天然气年产量 / 亿 m^3	277.3	499.5	946	1 011	1 067	1 129	1 280	1 350	1 231.7

注：1 t 原油约等于 7 桶，1 t 轻质油等于 7.2 ～ 7.3 桶。美欧常用加仑做单位，1 桶＝ 42 加仑；我国多用升计，1 加仑＝ 3.785 412 L，1 桶＝ 159 L。

表 14-2　2016 年我国十大油气田产量排序

油田名称	排序	产量 / 万 t
中石油长庆油田	1	5 330
中石油大庆油田	2	4 000
中海油渤海油田	3	2 500
中石油塔里木油田	4	2 427
中石化胜利油田	5	2 422
中石油西南油气田	6	1 500
中石油新疆油田	7	1 340
延长石油延长油田	8	1 220
中海油南海东部油田	9	1 070
中石化辽河油田	10	1 000

二、石油开采的原辅料与能耗

（一）石油开采的原料

【原油】石油又称原油，是从地下深处开采的棕黑色可燃黏稠液体。组成石油的化学元素主要是碳（83% ～ 87%）、氢（11% ～ 14%），其余为硫（0.06% ～ 0.8%）、氮（0.02% ～ 1.7%）、氧（0.08% ～ 1.82%）及微量金属元素（镍、钒、铁等），由碳和氢化合形成的烃类构成石油的主要组成部分，占 95% ～ 99%。原油的颜色是它本身所含胶质、沥青质的含量，含的越高颜色越深。原油中，各种烃类的结构和占比相差很大，主要属于烷烃、环烷烃、芳香烃三类。通常以烷烃为主的石油称为石蜡基石油；以环烷烃、芳香烃为主的称环烃基石油；介于二者之间的称中间基石油。我国主要原油的特点是含蜡较多，凝固点高，硫含量低，镍、氮含量中等，钒含量极少。

【原油含水】原油含水中的杂质有氯化物（氯化钠、氯化钾、氯化镁、氯化钙）、硫酸盐、碳酸盐，泥沙。原油废水有机物含量高，悬浮物含量高，盐类含量高。

【油田气】指在采油同时采出的天然气。每采 1t 石油，伴生气产量就有几十到几百 m^3，主要成分是甲烷，并含少量乙烷、丙烷、丁烷、戊烷和己烷，还含有 H_2S、SO_2、SO_3、F_2、Cl_2，一般油气田 H_2S 含量在 1.5% 左右，总硫含量 5% 左右；有的气田 H_2S 含量高达 30% 以上，总硫达到 50%。

（二）石油开采的辅料

【钻井泥浆】泥浆主要用于石油、天然气的钻井工程，泥浆中通常是含大量悬浮物，胶状物的水、油或是油水混合物（表 14-3）。泥浆可分为水基泥浆、油基泥浆及混合型泥浆。泥浆作用有清洗井底、平衡地层压力、助力钻头破碎、冷却、勘探、固井、下套管、录井，测井等，都需通过泥浆配合完成作业。常规钻井液处理剂毒性见表 14-4。

表 14-3 钻井泥浆组成及单井用量 单位：t

材料名称	一开	二开	总用量
钠土	7	18	25
Na_2CO_3	0.5	1	1.5
KOH	—	—	0.5
K-PAM（聚丙烯酸钾）	0.5	3.5	4
SMP	—	2	2
NH_4-HPAN（水解聚丙烯晴铵盐）	—	4	4
SPNH	—	3	3
无荧光防塌剂	—	3	3
润滑剂（NPL-2）	—	3	3
防塌剂	—	—	2
超细碳酸钙	—	10	10

表 14-4　常规钻井液处理剂毒性分析　单位：mg/L

处理剂名称	化学成分	EC_{50}	LC_{50}	毒性分析	生物降解
羟甲基纤维素	LV-CMC	$>10^{-5}$	—	无毒	易
磺化酚醛树脂	SMP	—	180 000	无毒	易
石灰石粉	$CaCO_3$	—	$>10^6$	无毒	—
聚丙酸钾	K-PAM	$>3\times10^4$	340 000	无毒	较难
部分水解聚丙酸胺	PHP	$>3\times10^5$	—	—	—
重晶石粉	$BaSO_4$	—	$>10^6$	无毒	难
硫化烤胶	SMK	—	50 000	无毒	易
氢氧化钠 *	NaOH	—	—	无毒	难

* 氢氧化钠具有强腐蚀性，易使人体皮肤烧伤。

（三）石油开采行业的能耗水耗

我国石油开采资源能源利用指挥见表 14-5。

表 14-5　石油开采企业资源能源利用指标

清洁生产指标等级	一级	二级	三级
采油耗新鲜水 /（t/t 原油）	≤ 3	≤ 5	≤ 7
采油综合能耗 /（kg 标煤 /t 采出液）	≤ 20	≤ 60	≤ 130
电耗 /（kW · h/ t 油泥沙）	约 144		
蒸汽 /（t/ t 油泥沙）	约 1		
产值能耗 /（t 标煤 / 万元）	约 0.082		
产值水耗 /（m^3/ 万元）	约 0.292		

油气开采的新鲜用水主要取自地表水、地下水及回用的采油水。油气勘探开采用水主要分为采油用水、钻井用水、作业用水、机加工用水、热电厂用水、其他用水等。其中采油用水占总用水量的 67.5%（表 14-6）。我国石油勘探开采的工业用水量中，新鲜用水量约占总用水量的 37.12%，重复用水率平均占 62.88%。

表 14-6　油气田工业用水量及新水量所占比率　单位：%

	占油气田总用水量比率	占油气田新鲜水用量比率	重复用水量比率
钻井用水	1.14	2.19	28.6
采油用水	67.5	66.7	63.3
作业用水	0.56	0.94	38.4
机加工用水	1.99	3.57	33.5
热电厂用水	16.0	4.86	88.7
其他用水	12.9	21.8	37.1

三、石油开采工业生产工艺流程

石油开采生产主要包括勘探开发、钻井、采油（井下作业）、油气集输和储运等主要生产过程。

油气勘探是石油开采前的物探、试采过程，通过地质、物探等手段布设少量探井的试验性开发工程，探井在找到油之后就转向开发井，勘探井和钻井过程相近，只是井数少、影响范围小。

钻井石油开采的开始阶段，包括钻前准备、钻进、完井、测井、固井等工程活动。

采油是石油开采的主要工作阶段，包括试油、酸化、压裂、维护（小修、大修）等过程。

油气集输和储运包括集输、计量、油气水分离、污水处理、污水回注等过程。

（一）石油钻探开发工艺过程

石油钻探开发包括钻探与开发钻井。

石油勘探直接手段是采用钻探方法。钻探工艺包括钻前准备、钻井、录井（通过钻井过程，采集、化验、分析录取各种工程参数）、测井（钻井中途或完成后将仪器下到井眼测试各方面数据）、射孔（用射孔枪将套管和地层射穿若干孔以利于渗油）和试油（对地层进行抽吸，试油前要对油井进行清水替浆洗井，诱导自喷，油气流稳定后，记录数据）等生产过程。

石油开发钻井与勘探钻井相似，主要工作包括确定井位、土方施工、钻井、录井、测井、下套管、射孔、固井、搬迁。

钻井工地和地质勘探（爆破和大型机械）会对生态产生破坏；爆炸和大型机械作业会产生高分贝的噪声；废弃钻井液、机械污水、冲洗水等产生大量生产废水；柴油机尾气、机械作业和运输车辆在现场和临时道路上产生大量扬尘；钻井岩屑、油砂、油污、钻井和试井产生的落地油、活性污泥、浮渣等固体废物。

（二）采油工艺

油田的一个采油厂由多口采油站（油井）、计量间、管汇阀组、转油站、联合站、原油外输系统、油罐以及油田的其他分散设施组成。采油分为自喷采油和人工举升采油。采油是将地下原油经抽油机抽出井口，再经出油管线送至中转站，在传输至联合站进行油水气分离。采油站采出的原油经加热器（炉）加热后经管道传输至计量站。

加热炉产生的燃烧废气、柴油动力设备产生的柴油机尾气；油气集输和修井过程管道跑、冒、漏造成的落地原油。

（三）井下作业

井下作业包括试油、油层酸化、油层压裂作业、防砂堵水、小修作业、大修作业等。

【试油】油井完工后，对油气进行测试作业，先放喷或采用机械提油，测试流量和压力数据，主要工作有替浆洗井、套管、试压、替喷抽吸导流、取样、测试等。

【油层酸化】向油层中注入酸（如土酸、硫酸等），将近井地段的堵塞物如氧化铁、黏土等溶解，增加地层的渗透性。

【油层压裂】利用地面高压泵组将高黏度液体（压裂液）以大大超过地层吸收能力的排量注入油井，将地层压出裂缝，增加油气层渗透性。

【防砂】机械防砂是采用下防砂管或防砂管加填充物（砾石、陶粒等）进行防砂；化学防砂是采用水泥砂浆、树脂等进行防砂。冲砂是采用冲砂液（油、水、盐水等）进行冲砂。向井筒中加入液体化学防蜡剂防止井壁挂蜡，也可采用机械（刮蜡片）刮腊和电热清蜡。

【油井堵水】可采用机械堵水管柱卡封高含水层，进行堵水。也可采用化学封堵剂（如水泥、树脂等）进行堵水。

小修作业：油井小修包括冲砂、换封、套管清蜡、更换油管、简单事故处理等。

大修作业：处理管柱卡死、井下落物等井下事故处理，包括打捞、套管修理、换套管等。

井下作业过程会产生机修废水（石油类、COD、SS）；落地油、油砂、废压裂液、废酸（HCl、HF、H_2SO_4、HNO_3）、泥浆；含挥发烃的废气。井下作业主要污染物分布及去向见表 14-7。

表 14-7　井下作业主要污染物分布及去向

工艺	产生排放工序	主要污染物	主要去向
试油	射孔、诱喷、洗压井、自喷等	废水（石油类、COD、SS）泥浆、挥发烃	部分回收、部分排入地下
新投	替浆、洗井等	废水（石油类、COD、SS）、泥浆	达标排放或回收、蒸发风干、渗透地下
检换	洗压井、冲砂、喷提等	废水（石油类、COD、SS）、油砂	回注地层或达标排放、堆放填埋
注塞	替浆、洗井等	废水（石油类、COD、硅酸盐、SS）	部分污水回收、水泥块堆放
酸化	注酸、洗井等	废酸（HCl、HF、H_2SO_4、HNO_3）	回收集中处理后再利用
压裂	压裂等	废压裂液（$K_2Cr_2O_7$、三氯甲苯等）	部分回收、部分排放
防砂	防砂、洗井喷等	废水（石油类、COD、SS）、油砂	达标排放、废砂堆放填埋
大修	磨铣、打捞、解卡等	废水（石油类、COD、SS）	部分回收、部分排放至地表

（四）油气集输和储运

各采油井采集的油、气、水混合液体通过管道（或汽车）集输到计量站再到联合站。在联合站经油气分离系统分离油田伴生气进入集气系统，油水混合液体再进入接转站沉降罐，经自然和絮凝沉降将油水分离，罐底部含油污水进污水罐，罐上部原油进原油罐待再脱水（脱水器脱水），脱水后的原油进入成品原油油罐。

污水罐的含油污水经二次沉降分层，污水进入污水处理系统处理达标后，经回注站回注地层。污油经回收管道返回原料油罐。成品原油在装卸油站台通过汽车或火车装罐外运。

在加热、储油罐区、缓冲器、电脱水产生含烃废气，加热炉产生烟气；在一段脱水、缓冲器、电脱水、储罐产生含油污水；产生在油井、计量、油罐产生污油。

（五）石油开采的基本设备（表 14-8）

表 14-8 石油开采的基本设备

基本工序	使用的主要设备
石油钻探开发	起重设备、起升系统（钻机、井架、天车等）、旋转系统（转盘、水龙头等）、循环系统（泥浆泵、泥浆净化装置、泥浆槽、泥浆罐等）、气控系统、井控系统、柴油机等
采油工艺	抽油机、管线、油泵、阀门、计量表、过滤器、加热炉、动力设备、存储设备等
井下作业	试油的设备、洗井设备、压裂车、运砂车、储罐车、酸化车、酸罐车、修井机、洗净设备、冲砂液处理车等
油气集输和储运	加热炉、计量站、脱水站、缓冲罐、沉降罐、污水罐、油水泵区、油罐区、装卸油站台、管道、阀门、运输罐车等

四、石油开采生产企业排污节点

（一）石油开采行业环境要素分析（表 14-9）

表 14-9 石油开采行业的环境要素

污染类型		环境污染指标与来源
废气	有组织废气	采油站、加热炉、锅炉房产生含烟尘、SO_2、NO_x、烟气
	无组织废气	井场建设和拆除产生粉尘；柴油机产生尾气；采油站井下作业和集输系统管道阀门跑冒滴漏产生含挥发烃的废气；锅炉房的煤场和渣厂产生粉尘
废水	生产废水	钻井废水（含 SS、COD、石油类、钻井液）；采油废水（含 SS、COD、石油类、钻井液）；洗井、机修、酸化压裂废水（废水含 pH、COD、石油类、硫化物、总氮、总磷、重金属等）；清洗管道、设备、油罐、油气水分离、场地冲洗废水（含石油类、COD、SS、pH、总氮、总磷、硫化物等）；锅炉冲渣水（含 COD、SS、重金属）；污水站（污水含石油类、COD、SS、pH、总氮、总磷、硫化物、重金属等）
	生活污水	浴室、食堂、厕所废水（COD、SS、氨氮）

污染类型		环境污染指标与来源
固体废物	生产废物	钻井废弃泥浆；采油站废油泥、落地油；污水站污泥、机修车间废物（废机油、油泥棉纱）；井下作业产生落地油、废酸（HCl、HF、H_2SO_4、HNO_3）、油砂（危险废物）、废压裂浆和废泥浆（一般固体废物）；污水站污泥（危险废物）
	生活垃圾	办公室、食堂、浴室等
噪声		勘探、开采、运输机械；小于 85dB（A）
生态		井场建设和井场拆除会造成破坏植被、污染土壤、水土流失等

（二）钻井工艺流程与排污节点

钻井工艺流程及污染物排放如图 14-1 所示。

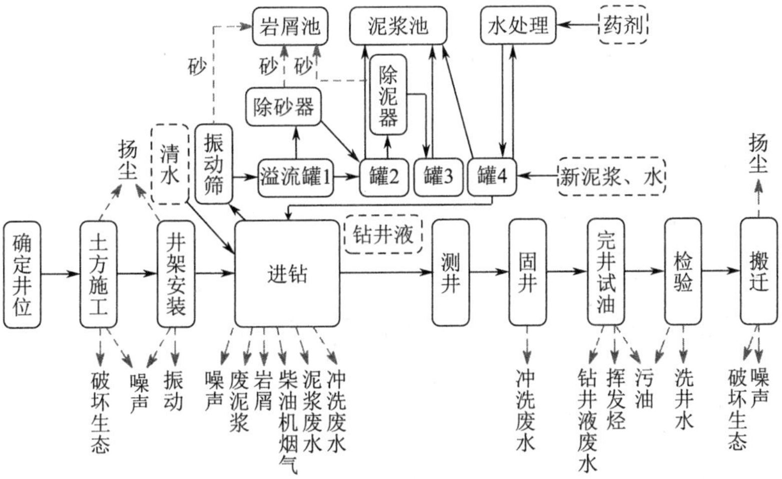

图 14-1　石油钻井工艺流程与排污节点

（三）采油、集输、储运工艺流程与排污节点

采油、集输、储运工艺流程及污染物排放如图 14-2 所示。

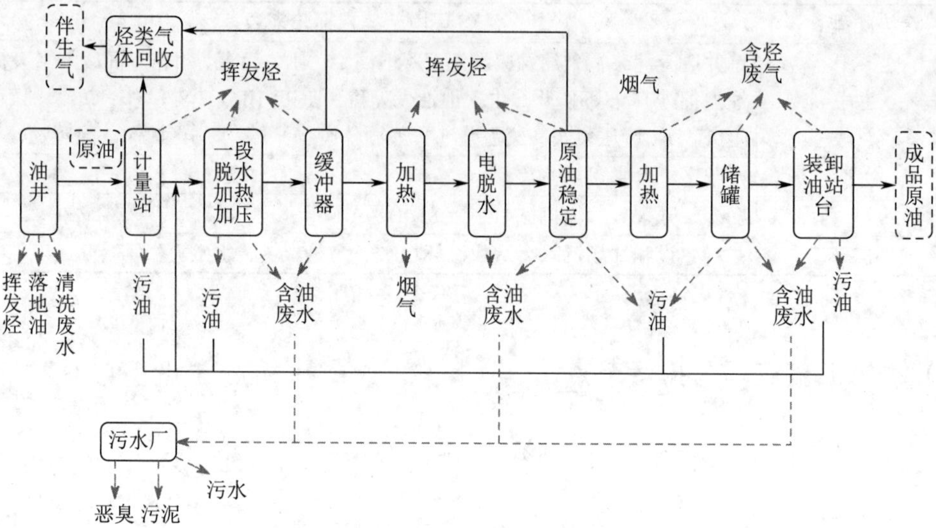

图 14-2 石油采油、集输与储运工艺流程与排污节点

（四）石油开采企业排污节点分析（表 14-10）

表 14-10 石油开采企业排污节点

工序		污染产生原因	主要污染物	控制措施
钻探钻井	井场建设	工程建设、土石方、材料的运输、装卸及堆放；工程建设产生少量生产废水；充水试压将有一定量水排放。挖掘机、压路机等产生机械噪声	【废气】产生的地面扬尘；【废水】生产废水主要污染物SS、COD和石油类等，生活废水主要污染物COD、氨氮；【噪声】机械噪声在85～110 dB（A）	道路要适当喷水降尘；运输车辆减少遗撒；生产废水收集，集中处理；试压废水用于植树灌水
	钻井	少量射孔液，大部压裂液施工排出，返至钻井泥浆池；钻井过程中的废气主要来自带动钻井的柴油机运转烟气；试压作业产生天然气通过井场火炬燃烧排放；施工人员生活产生生活污水污水；钻井过程中产生钻井岩屑，钻进过程产生液态细腻胶状物（泥浆）和生活垃圾	【废气】柴油机运转烟气（NO_x、TSP和SO_2），产生挥发烃废气；【废水】钻井废水（含SS、COD、石油类、钻井液），生活废水（COD、氨氮、总磷等）；【固体废物】钻屑、废弃泥浆（主要成分是黏土、CMC（羧甲基纤维素和少量纯碱等）和生活垃圾；【噪声】机械噪声一般为85～105 dB(A)	钻井泥浆循环利用，泥浆池防渗处理；钻井废液回收，定点处置；钻井废水导入泥浆池回用，生活废水生化处理后用生产废弃泥浆多数回用，少数经脱水固化与钻井岩屑、生活垃圾填埋；机械噪声无控制措施

工序		污染产生原因	主要污染物	控制措施
钻探钻井	井场拆除	装备和建筑的拆除，装运；场地平整，环境恢复；装备清洗	【废气】拆除、平整、运输产生扬尘； 【废水】装备清洗产生含油废水； 【固体废物】拆除产生垃圾和废弃泥浆； 【噪声】产生机械和运输噪声	拆除、平整、运输应采用喷水降尘；含油废水收集运污水站处理；建筑垃圾和生活垃圾按一般固体废物处置，含油废弃泥浆按危险废物管理与处置；平整、植树种草，恢复生态环境
采油站		采油通过油井将地下原油抽取到采油站，通过油管输送到中间站；产生清管废油泥、小修落地油、清洗废水、生活污水、生活垃圾；压缩机及各种机泵产生的噪声	【废气】泄漏含挥发烃的废气，加热炉排放烟气（NO_x、TSP和SO_2）； 【废水】含油清洗废水、生活污水； 【固体废物】废油泥、落地油属危险废物，生活垃圾属一般固体废物； 【噪声】机械噪声值80～98 dB（A）	加热炉排放烟气经除尘处理；减少采油站的跑冒滴漏；采油站小修和清洗设备、地面废水定期拉至污水处理站处理；废油泥、落地油按危险废物管理与处置，生活垃圾属一般固体废物送固定地点填埋
井下作业	试油	提油、放喷、导流、取样、测试等	【废气】产生挥发烃废气； 【废水】产生洗井废水；产生落地油	洗井废水收集拉至污水处理站处理；落地油收集按危险废物管理，并可综合利用
	酸化压裂	注入酸、油层压裂；大型机械、高压泵作业	【废气】产生挥发烃废气； 【废水】产生废酸（HCl、HF、H_2SO_4、HNO_3）；产生废压裂浆； 【固体废物】产生酸化压裂废水含pH、COD、石油类、硫化物等； 【噪声】产生很强的机械噪声	注入酸、油层压裂；大型机械、高压泵作业
	修井	防砂堵水；小修作业；大修作业	【废气】含挥发烃的废气； 【废水】产生机修废水（石油类、COD、SS）； 【固体废物】产生落地油、油砂（危险废物），泥浆（一般固体废物）	机修废水收集送污水站处理；落地油、油砂按危险废物收集管理、处置；泥浆按一般废物送指定地点填埋处置；控制和减少含挥发烃的废气排放

工序	污染产生原因	主要污染物	控制措施
油气集输和储运	油、气、水混合液体通过管道（或汽车）集输；集输过程加热；联合站油、气、水分离。污水处理；成品原油贮存装车车运输，伴生气贮存	【废气】加热炉排放烟气（NO_x、TSP和SO_2）、挥发烃无组织排放废气； 【废水】产生含油污水含石油类、COD、SS、pH、总氮、总磷、硫化物等； 【固体废物】产生油泥、油砂、污水厂污泥（危险废物），生活垃圾（一般固体废物）	加热炉排放烟气经除尘处理；含油污水处理达标排放；油泥、油砂、污水处理厂污泥按危险废物收集管理、处置；加热炉废气（NO_x、TSP和SO_2）应除尘、脱硫达标排放；加强设备的密闭和挥发性废气的收集，减少挥发烃排放；生活垃圾属一般固体废物送固定地点填埋
污水站	来自钻井的废水、采油的废水、井下作业的废水；集输站的废水；其他废水、锅炉房废水等	【废气】废水处理和污泥产生恶臭气体； 【废水】废水含COD、SS、硫化物、氟化物、石油类、pH、氨氮、总磷、多种重金属元素等； 【固体废物】污水处理的污泥（危险废物）	废水进行物理—厌氧—好氧处理后，废水含石油类、COD、硫化物、SS、pH、氨氮、总磷、多种重金属元素等处理达标回用；污泥送指定地点填埋处理

五、石油开采行业环境管理要求

（一）石油开采对环境影响分析

1. 石油开采过程中对环境的影响

在开采初期，打测井及爆破会对导致地表植被的破坏。地下石油开采及油场建设施工过程会对地表植被造成破坏，钻井会导致地下土壤与岩石层的松动，易产生风蚀、沙化、地陷及地表生态破坏和水土流失。工作人员的生产生活也会造成生态影响，石油开采过程会产生大量污泥、含油废物与含油废水，都会对开采区域的水和土壤的环境造成污染。

2. 石油开采后对环境影响

（1）*石油开采后对水体所造成的影响*

石油开采过程中产生大量含油废水，废水中还含大量石油与悬浮物，如没有效处理进行排放，会对地表水与地下水造成严重的污染，不仅影响地表水与地下水的环境质量，还会对土壤造成污染。

（2）*石油开采后改土壤所带来的主要影响*

油田土壤环境被污染，主要来自钻井、洗井、试井、采油和修井过程中的落地原油或井喷及固体废物。土壤受石油污染，会引起多项环境要素改变，危害生态环境。

石油开采过程造成土壤环境影响为四个方面。①井场、道路、站所、油气管道等工程施工建设破坏了土壤主体构型，影响土壤通气和透水，改变了原地表的土壤结构；②毁坏了植被，加速了土壤的侵蚀，加剧水土流失；③油田建设施工改变了土壤结构和地表植被，会诱发崩塌、滑坡；④地表植被破坏受风力影响会造成沙尘，油田废水会造成地表地下水污染，使区域生态质量和环境质量明显下降。

（3）*石油开采后对地表植被所产生的影响*

石油采掘过程，使原生态环境受到干扰，尤其是生态环境脆弱地区，植被在维持该地区生态系统平衡方面具有重要作用，地表的植被破坏，短时期很难恢复。从用地构成来看，井场、站(所)对植被是点状影响，道路、集输管道是线状影响，线状影响远大于点状影响；从用地方式来看，临时用地植被可容易恢复，永久性用地则完全被人工生态系统代替，虽经植树种草，但植被遗传均化，生态系统功能减弱。

（二）石油开采企业污染源的特点

1. 石油开采大气污染源的特点

油田企业排放的废气主要包括燃烧烟气和工艺废气。

油田消耗的燃料主要有燃料煤、油品和天然气。一般煤、油、气消耗比例分别为15%、50%、35%。燃烧设备主要有加热炉和锅炉，排放的主要污染物有颗粒物、SO_2、NO_x、CO_2 等。

油田排放的挥发烃主要来自采油，油田原油耗损率在2%左右。有天有许多设备需要柴油机驱动，柴油机工作产生颗粒物、SO_2、NO_x、挥发烃。柴油含硫0.02%。柴油燃料的污染物排放因子为颗粒物0.31 kg/t柴油、SO_2 2.24kg/t柴油，NO_x 2.92 kg/t柴油。

油田在大型机械施工、运输，钻井前期土石方及道路施工和钻井结束平台拆除会产生大量扬尘。

2. 石油开采水污染源的特点

油田废水主要来源于钻井废水、采油废水、作业废水、机加工废水、电厂废水和其他（包括物探、测井、科研、油建、输油等）废水及生活废水（图14-3）。废水污染物种类为石油类、pH、COD、BOD、SS、挥发酚、硫化物、氨氮、总氮、总磷、六价铬、砷等，主要是COD、SS、石油类，这三种污染物约占所有污染物排放总量的95%以上。

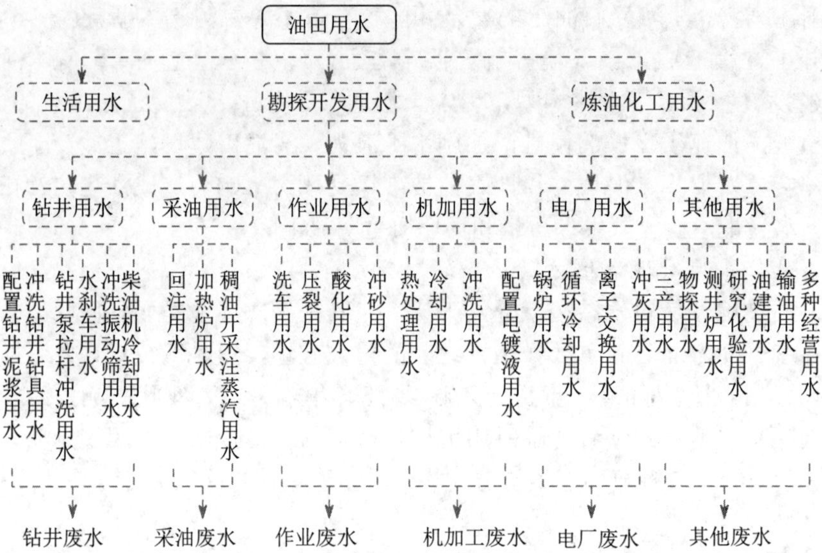

图 14-3 油气田供排水系统

3. 石油开采固体废物污染的特点

石油开采生产过程产生的一般固体废物主要有：

（1）钻井废弃泥浆——更换泥浆体系产生的废泥浆、钻井完工后弃置于施工现场的泥浆、泥浆循环系统渗漏产生的废泥浆；

（2）钻井岩屑——钻进过程由泥浆带回地面的岩屑；

（3）灰渣——锅炉、加热炉产生的灰渣；

（4）生活垃圾。

石油开采生产过程产生的危险废物主要有：

落地原油——井下作业产生的落地原油，在试油、压裂、修井过程井口放喷原油，起下油管、抽油杆散落地面的原油，管线、阀门的跑冒滴漏散落的原油、事故产生的落地原油；

油泥、油砂——在中转站、联合站、污水处理站的油罐、沉降罐、污水罐、隔油池的底泥清理出来的油泥、油砂，含水率高达 90% 以上。

4. 石油开采的生态破坏问题

石油开采产生的生态环境问题和破坏的种类很多。除油田建设、道路修建，大型机械装备直接破坏土地外，油田建设和生产排出的岩屑、废泥浆、含盐含油废水不仅侵占了大量土地，而且破坏了植被，加剧了水土流失和土地盐碱化。由于矿山废弃地土层薄、微生物活性差，受损生态系统的恢复非常缓慢，通常要 5 ～ 100 年，即使形成植被，质量也相对低劣。因此，矿区生物多样性的损失往往是不可逆的。

（三）石油开采的环境管理要求

1. 环境管理

（1）油气田企业应制定环境保护管理规定，建立并运行健康、安全与环境管理体系。

（2）加强油气田建设、勘探开发过程的环境监督管理。油气田建设过程应开展工程环境监理。

（3）在开发过程中，企业应加强油气井套管的检测和维护，防止油气泄漏污染地下水。

（4）油气田企业应建立环境保护人员培训制度，环境监测人员、统计人员、污染治理设施操作人员应经培训合格后上岗。

2. 环境规划

（1）加大石油、天然气资源勘探开发力度，稳定国内石油产量；

（2）合理规划建设能源储备设施，完善石油储备体系，完善石油等运输系统，提升沿海地区港口群现代化水平。

3. 环评要求

（1）石油开采都应做环境影响报告书；

（2）做好新建重大炼油乙烯项目论证和区域环境影响评价等工作；

（3）油气田退役前应进行环境影响后评价，油气田企业应按照后评价要求进行生态恢复。

4. 环境监督管理

加强油气矿业权监管，完善准入和退出机制。推进页岩气投资主体多元化，加强对页岩气勘探开发活动的监督管理。完善炼油加工产业市场准入制度，研究推动原油、成品油进口管理改革，形成有效竞争格局。加强油气管网监管，稳步推动天然气管网独立运营和公平开放，保障各种气源无歧视接入和统一输送。明确政府与企业油气储备应急义务和责任。

5. 原辅料限制

油气田开发不得使用含有国际公约禁用化学物质的油气田化学剂，逐步淘汰微毒及以上油气田化学剂，鼓励使用无毒油气田化学剂。

6. 生产、运输、贮存、使用限制

（1）在勘探开发过程，应防止产生落地原油。其中井下作业过程中应配备泄油器、刮油器等。落地原油应及时回收，落地原油回收率应达到 100%。

（2）在油气勘探过程，应采取防渗等措施预防燃料泄漏对环境的污染。

（3）在钻井过程中，鼓励采用环境友好的钻井液体系；配备完善的固控设备，钻井

液循环率达到 95% 以上；钻井过程产生的废水应回用。

（4）在井下作业过程中，酸化液和压裂液宜集中配制，酸化残液、压裂残液和返排液应回收利用或进行无害化处置，压裂放喷返排入罐率应达到 100%。酸化、压裂作业和试油（气）过程应采取防喷、地面管线防刺、防漏、防溢等措施。

（5）在开发过程中，适宜注水开采的油气田，应将采出水处理满足标准后回注；对于稠油注汽开采，鼓励采出水处理后回用于注汽锅炉。

（6）在油气集输过程中，应采用密闭流程，减少烃类气体排放。新建 3 000m^3 及以上原油储罐应采用浮顶型式，新、改、扩建油气储罐应安装泄漏报警系统。新、改、扩建油气田油气集输损耗率不高于 0.5%，2010 年 12 月 31 日前建设的油气田油气集输损耗率不高于 0.8%。

7. 污染治理要求

（1）在钻井和井下作业过程中，鼓励污油、污水进入生产流程循环利用，未进入生产流程的污油、污水应采用固液分离、废水处理一体化装置等处理后达标外排。在油气开发过程中，未回注的油气田采出水宜采用混凝气浮和生化处理相结合的方式。

（2）在天然气净化过程中，鼓励采用二氧化硫尾气处理技术，提高去除效率。

（3）固体废物收集、贮存、处理处置设施应按照标准要求采取防渗措施。试油（气）后应立即封闭废弃钻井液贮池。

（4）应回收落地原油，以及原油处理、废水处理产生的油泥（砂）等中的油类物质，含油污泥资源化利用率应达到 90% 以上，残余固体废物应按照《国家危险废物名录》和危险废物鉴别标准识别，根据识别结果资源化利用或无害化处置。

（5）对受到油污染的土壤宜采取生物或物化方法进行修复。

8. 环境风险要求

油气田企业应对勘探开发过程进行环境风险因素识别，制定突发环境事件应急预案并定期进行演练。应开展特征污染物监测工作，采取环境风险防范和应急措施，防止发生由突发性油气泄漏产生的环境事故。

9. 处理处置要求（危险废物）

（1）固体废物收集、贮存、处理处置设施应按照标准要求采取防渗措施。试油（气）后应立即封闭废弃钻井液贮池。

（2）应回收落地原油，以及原油处理、废水处理产生的油泥（砂）等中的油类物质，含油污泥资源化利用率应达到 90% 以上，残余固体废物应按照《国家危险废物名录》和危险废物鉴别标准识别，根据识别结果资源化利用或无害化处置。

（3）对受到油污染的土壤宜采取生物或物化方法进行修复。

第二节　炼油工业生产工艺环境基础

2016 年，我国炼油能力达到 7.5 亿 t/a，过剩现象日趋严重；替代能源占比继续上升，估计替代成品油 3 043 万 t。2017 年，中国炼油能力重回增长轨道，总能力将达到 7.9 亿 t/a，2020 年达到 8.7 亿 t/a。从长远看，炼油厂将逐步由燃料型转向化工型。

《石化和化学工业发展规划 (2016—2020 年)》提出，“十三五”末，行业万元 GDP 用水量下降 23%，万元 GDP 能源消耗、二氧化碳排放降低 18%，化学需氧量、氨氮排放总量减少 10%，二氧化硫、氮氧化物排放总量减少 15%，重点行业挥发性有机物排放量削减 30% 以上。国家还将出台一系列限制或控制传统化石能源生产和消费的相关财税政策。因此，炼化行业经营成本将增加，对技术的创新提出了更高要求。

一、石油炼制原辅料与能耗

（一）石油炼制原辅料

原料：原油、甲醇。

辅料：燃煤、天然气，还有的需要氢气进行加氢处理，还需要碱液脱硫醇，还有催化剂、钝化剂等。

【原油】原油即石油，习惯上称直接从油井中开采出来未加工的石油为原油，它是一种由各种烃类组成的黑褐色或暗绿色黏稠液态或半固态的可燃物质。就其化学成分而言，它由不同的碳氢化合物混合组成，其主要组成成分是烷烃，原油中碳元素占 83% ～ 87%，氢元素占 11% ～ 14%，其他部分则是硫、氮、氧、磷、钒、镍及金属等杂质。按密度常分为轻质原油、中质原油和重质原油。原油的分类有多种方法，按组成分类可分为石蜡基原油、环烷基原油和中间基原油三类；按硫含量可分为超低硫原油、低硫原油、含硫原油和高硫原油四类；按比重可分为轻质原油、中质原油、重质原油以及特重质原油四类。

【甲醇】甲醇（CH_3OH）系饱和一元醇。因在干馏木材中首次发现，故又称“木醇”或“木精”，是无色有酒精气味易挥发的液体。人口服中毒最低剂量约为 100 mg/kg 体重，经口摄入 0.3 ～ 1 g/kg 可致死。用于制造甲醛和农药等，并用作有机物的萃取剂和酒精的变性剂等。通常由 CO 与 H_2 反应制得。

【催化剂】炼油催化剂主要有催化裂化催化剂、催化重整催化剂、加氢裂化催化剂、烷基化催化剂 (含 MTBE) 几种，此外，尚有少量脱臭用催化剂。

【催化裂化催化剂】近年来，由于供给原料的高金属、高沥青质含量的重质油比例增加，稀土类金属离子交换的物质及抗金属、抗热性油收率高的 H-Y 型、USY 型等合成沸石系占主流。

【催化重整催化剂】催化重整装置中使用的新催化剂，由以往的固定床方式向连续再生方式装置发展。由氧化铝载体含铂、卤素化合物的基本型向近年来铂中加铼等次金属组分、低压运转条件下能得到高产品收率的所谓二元催化剂发展。

【预脱硫催化剂】处理石脑油、煤柴油等所含有硫化物、酸性物质、聚合物等，以改善产品的蒸馏性、臭气、腐蚀性等，或作为供给催化重整装置的石脑油前处理方法有加氢炼制(脱硫)法。采用的催化剂为氧化铝载体中载有Co-Mo、Ni-Mo、Ni-Co-Mo，硅酸铝载体中载有Ni、Co、Mo。

【使重质油氢化催化剂】使重质油氢化的催化剂是合成硅酸铝载体有WS_2、N、Mo、Co，使用沸石。加氢裂化在以丙烯、丁烯等烯烃类和异丁烷为原料生产高辛烷值汽油基础油的烷基化装置中，使用硫酸、氟酸作为催化剂。

【生产MTBE催化剂】一般来说，MTBE生产设备由二级反应器组成，2个塔所使用的催化剂有苯乙烯和二乙烯基苯共聚合体进行磺化的强酸性阳离子交换树脂。

【重油脱硫用催化剂】重油脱硫用催化剂分以下两种：①用于常压及减压渣油（AR、VR）脱硫；②用于减压轻油（VGO）脱硫。在钼、钴和镍等的金属氧化物催化剂作用下，通过高压加氢反应，切断碳与硫的化合键，以氢置换出碳，同时氢与硫作用形成硫化氢，从重油中分离出来，用吸收法除去。

（二）能耗和水耗

炼油综合能耗为63 kg标油/t原油，要求符合《石化产业调整和振兴规划》要求。一般炼油企业水重复利用率为95%以上，污水回用率为80%左右；炼油装置新鲜水单耗为0.5 t新鲜水/t原油。《炼油单位产品能源消耗限额》（GB 30251—2013）规定如表14-11所示。

表14-11 炼油单位产品能源消耗限额

项目	单位能量因素能耗(标煤)/[kg/(t·能量因素)]	炼油(单位)综合能耗(标煤)/(kg/t)
限定值	≤11.5	
准入值	≤8.0	≤63（不适用于以煤为主要制氢原料的炼油企业）
先进值	≤7.0	

二、石油炼制生产工艺

石油炼制是以原油为基本原料，经过一系列炼制工艺，如常减压蒸馏、催化裂化、催化重整、延迟焦化、炼厂气加工及产品精制等，将沸点不同的原油成分分馏为不同的石化产品（图14-4）。原油经若干炼油设备和辅助装置的系统一次加工和二次加工，生产轻质油（汽油、煤油、柴油）、重质油（重油、渣油）、溶剂油、润滑油、石蜡、沥青、石油焦，以及多种石油化工基本原料产品。石油炼制生产的汽油、煤油、柴油、重油以及天然气是当前广泛使用的能源产品。

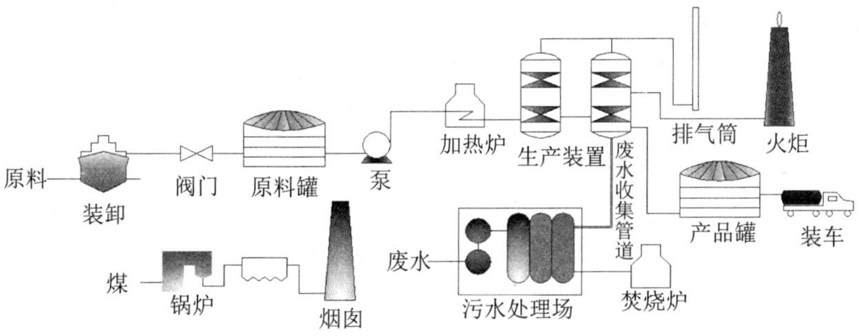

图 14-4　石油炼制工艺流程

在石油炼制工业中，各种油品的炼制都要通过各种塔设备来分离和加工各种油品，包括蒸馏塔（精馏塔）、吸收塔、解吸塔、抽提塔、洗涤塔。

1. 蒸馏塔

蒸馏塔是利用加热炉将油品加热成气态，在通过蒸馏塔内部各层塔盘将的不同沸点的各组分进行气液分离。精馏又称分馏，它是在精馏塔内同时进行的液体多次部分汽化和汽体多次部分冷凝的过程，蒸馏塔是实现不同沸点组分分离的装置。

在炼油厂中，都有一个细高和一个矮粗的两个直立蒸馏塔。细高的叫常压分馏塔（以下简称常压塔）；矮粗的叫减压分馏塔（以下简称减压塔）。石油经过加热炉加热后，先送到常压塔，再将常压塔塔底的产物，经加热炉再加热后送入减压塔。这个过程在炼油厂就叫蒸馏过程。石油精馏的主要设备有加热炉和蒸馏塔。

油气从塔顶排出，重质馏分从塔底排出，每层塔盘分别分流出不同馏分的油品，从测线流出。

加热炉：一般为管式加热炉，利用燃料在炉膛内燃烧为热源，加热炉中流动的物料。管式加热炉一般由辐射室、对流室、余热回收系统、燃烧及通风系统五部分组成。

2. 吸收塔、解吸塔

通过吸收液来分离气体的装置是吸收塔，加热吸收液使溶解其中的气体释放出来的装置是解吸塔。

3. 抽提塔

通过某种液体溶液将液体混合物中有关产品分离的装置，如润滑油车间丙烷拓沥青中的抽提塔。

4. 洗涤塔

用水洗出气体中杂质成分或固体尘粒的装置，称为洗涤塔。

炼厂的一、二、三次加工：把原油蒸馏分为几个不同的沸点范围（馏分）称为一次加工；将一次加工得到的馏分再加工成商品油称为二次加工；将二次加工得到的商品油制取基本有机化工原料的工艺称为三次加工。

石油炼制主要包括原有分离工艺、油品转化工艺、油品精制工艺、原料和产品的储运。

（一）分离工艺

石油分离工艺装置主要包括电脱盐、初馏、常压蒸馏、减压蒸馏四个部分。石油炼制操作的第一个阶段是使用三个石油分离工艺，常压蒸馏、减压蒸馏、轻烃回收（气体加工）把原油分割为它的主要馏分。原油由包括烷烃、环烷烃和带有少量杂质硫、氮、氧和金属的芳香烃等烃类化合物的混合物组成。炼油厂分离工艺把原油分割为沸点相近的馏分。

1. 分离工艺的主要设备

加热炉、分馏塔、油水分离器是分离工艺的主要设备，也是主要污染源。分馏塔是通过精馏方式进行不同油品的分离。一般精馏塔都从塔顶、塔底和若干侧线获得不同产品，会产生石油加工污染。加热炉主要是使用燃料加热分馏的原料，会产生燃料燃烧污染。

2. 主要生产工艺

原油蒸馏工艺包括三个主要设备初馏塔、常压塔和减压塔。

（二）转化工艺

为了满足高辛烷值汽油、喷气燃料、和柴油的需求，像渣油、燃料油和轻烃被转化为汽油和其他轻馏分。裂化、焦化和减粘裂化工艺被用于把大的石油分子裂化为较小的分子。聚合和烷基化工艺被用于接合小石油分子为较大的分子。异构化和重整过程被用于重排石油分子的结构以生产相似分子大小的较高价值的分子。

转化工艺包括催化裂化、加氢裂化、延迟焦化、烷基化、催化叠合等设备和工艺，通过产品转化，生产高价值油品。

一次加工（蒸馏）分馏的轻质油品只占原油的 10% ～ 40%，其余为重质馏分和残渣。催化裂化和催化重整是炼厂重要的二次深加工，可以得到更多的轻质馏分。我国汽油产量的 70%、柴油产量的 33% 是由该工艺生产的。

1. 催化裂化

催化裂化装置是炼油厂二次加工装置，按处理的原料可以分为蜡油催化裂化、重油催化裂化、催化裂解等装置。主要包括反应—再生系统、分馏系统、稳定系统、脱硫系统、热工系统、三机（风机、气压机、增压机）系统等。

2. 催化重整

催化重整属石油加工过程中的二次加工方法，常以汽油馏分（石脑油）为原料，以铂为催化剂，进行油品脱氢、异构化反应，生产高辛烷值汽油，还为化纤、橡胶和精细化工提供苯、甲苯、二甲苯等芳烃原料，以及提供液化气、溶剂油，并副产氢气。

催化重整工艺分固定床半再生和连续再生重整两种类型，主要装置由原料预处理、催化重整、芳烃抽提、催化剂再生四部分组成。

3. 加氢裂化工艺

加氢裂化作用是改变油品的氢碳比，使重质油品通过裂化反应转化为汽油、煤油和柴油。加氢裂化装置包括反应、分馏、气体脱硫三部分。加氢裂化催化剂的载体为硅铝酸和沸石等，活性组分有铂、钯、钨、钼、镍、钴等金属元素。

4. 延迟焦化工艺

延迟焦化是以重质油为原料，通过加热裂解、聚合变成轻质油、中间馏分和焦炭的加工过程；吸收稳定主要是进行吸收解吸，分别进行稳定和脱硫过程；焦水回用是经沉淀后的污水回用；放空系统为塔顶油气经冷循环吸收油气的过程。延迟焦化装置包括延迟焦化、吸收稳定、冷焦水回用、放空系统几部分。

5. 烷基化工艺

烷基化是以炼厂气为原料，异丁烷和烯烃在催化剂存在条件下进行加成反应生成烷基化汽油（航空汽油和车用汽油）的生产过程。工业上广泛采用的烷基化催化剂有氢氟酸和硫酸，氢氟酸法烷基化生产装置包括反应系统、分馏系统、氢氟酸再生系统；硫酸法烷基化生产装置包括预分馏、反应、产品分馏、冷冻四部分装置。

（三）油品精制工艺

油品精制工艺通过分离不适当的组分和脱除不希望的元素稳定和升级石油产品。由加氢脱硫、加氢精制、化学脱硫和酸性气脱除工艺去除不希望的元素，如硫、氮、氧和金属组分。精制工艺主要使用加氢、碱洗、溶剂脱沥青、吸附这样的工艺分离石油产品。脱盐被用于在炼制之前从原油进料中脱除盐、矿物质、泥沙和水。氧化沥青被用于聚合和稳定沥青以改善沥青的抗老化性能。

各装置生产的油品为满足商品要求，除需进行调合、添加添加剂外，往往还需要进一步精制，除去杂质，改善性能。常见杂质有含硫、氮、氧的化合物，以及蜡和胶质等成分。它们可使油品有臭味，色泽深，腐蚀设备，不易保存。除杂质常用方法有酸碱精制、脱臭、加氢、溶剂精制、白土精制、脱蜡等。

油品精制包括加氢精制、化学精制、溶剂精制、糠醛精制、酚精制、酮苯脱蜡、丙烷脱沥青、白土精制、脱硫醇等（表 14-12）。

表 14-12 油品精制工艺

	工艺原理
加氢精制	装置包括反应系统和分馏系统； 原料与氢气通过固定的催化剂床层，发生化学反应，将硫、氮和氧等杂质转化为硫化氢、氨和水，金属则截留在催化剂中，同时烯烃、芳烃得到饱和；分馏过程是将反应生成的油品杂质去除的过程；催化剂一般采用氧化铝为载体，钼钴、钼镍、钼钴镍等
化学精制	使用化学药剂（硫酸、氢氧化钠）与油品中杂质（硫、氧、烯烃、沥青质、胶质等）发生化学反应，去除杂质，降低硫、氮含量，改善油品品质； 酸精制——使用硫酸处理油品，可除去某些含硫化合物、含氮化合物和胶质； 碱精制——使用烧碱水溶液处理油品，可除去含氧化合物和硫化物和酸精制残留的硫酸。碱溶液对烃类不产生化学作用，但可除油品中的含氧化合物（如环烷酸、酚类）、硫化物（硫醇、硫化氢等）及中和酸洗后油品中的残酸； 酸碱精制在高压电场作用下，可以促进反应，加速聚集和沉降分离，也称电化学精制
糠醛精制	糠醛精制是润滑油的精制工艺。再抽提塔内利用糠醛将杂质与油品分离；塔顶镏出的精制液经蒸汽气提后送出装置；塔底产生的含糠醛废液，经三效蒸发塔回收糠醛，再经气体塔抽取其他油分，作为废水排出
酚精制	酚溶剂选择性较糠醛差，溶解能力比糠醛强。流程包括酚抽提，精制液和抽出液回收、溶剂干燥脱水； 原料油加热后进吸收塔，吸收酚蒸汽，送入抽提塔与酚逆向抽提，精制液从塔顶抽出，抽出液进酚回收系统。精制液经加热进蒸发塔和汽提塔脱酚。塔底的抽出液，经干燥、蒸发、汽提后，在干燥塔顶排出酚蒸汽供抽提塔和吸收塔使用，少量含酚废水排放
酮苯脱蜡	酮苯脱蜡装置由结晶单元、过滤密闭单元、溶剂回收干燥单元、冷冻单元组成； 低温下加入溶剂使原料中油、蜡分离；在真空条件下真空转鼓过滤机将蜡液分离；利用三效蒸发工艺回收溶剂，溶剂脱水回用；以氨为制冷剂提供脱蜡所需低温
硫黄回收	硫黄回收装置由制硫、成型和尾气焚烧三个单元组成； 以生产过程回收的硫化氢为原料，在燃烧炉内高温制硫，再转化器内低温催化制硫；生成的硫黄经冷凝分离，收集，凝固成硫黄产品；焚烧尾气经脱硫排放
丙烷脱沥青	丙烷脱沥青装置由抽提和回收两个系统组成； 利用丙烷对沥青中的润滑油和蜡有较大溶解度，对胶质和沥青几乎不溶特点进行产品分离、抽提，脱除的沥青油进入临界回收塔，经加热汽提将残余丙烷提出，使沥青沉降分离
白土精制	在精制工序的最后，用白土（主要由二氧化硅和三氧化二铝组成）吸附有害的物质。原油加热后进混合器，加入白土使油土混合，再加热后进蒸发塔，塔顶蒸发出轻组分和残余溶剂塔底油经过滤分离出废白土渣，精制油冷却后出装置
脱硫醇	脱硫醇装置分为抽提、汽油氧化、碱液氧化三部分； 抽提塔内汽油与循环碱液逆向接触，硫醇被碱液吸收；未吸收的硫醇在混合氧化塔内继续被氧化成二硫化物，并被分离；硫醇被碱液吸收成硫醇钠盐。硫醇钠盐在氧化塔与空气氧化成二硫化物，被分离，再生碱液循环使用
裂解气的净化	裂解气含甲烷、氢气、乙烯、丙烯，还含少量硫化物、二氧化碳、乙炔、丙二烯等杂质，裂解气的净化与分离是为除去杂质分离出单一烯烃和烃。分离过程气体净化系统包括：脱酸、脱水、脱 CO（甲烷化）、脱炔；如裂解气中含 H_2S 和 CO 低可采用碱洗法，若含硫量高，应先用乙醇胺做吸收剂除大部分硫后，再碱洗脱硫

	工艺原理
炼厂气精制	炼油产生的气态烃统称炼厂气，主要产自二次加工过程（如催化裂化、热裂化、延迟焦化、催化重整、加氢裂化等），其中催化裂化产气量最大； 炼厂气常含硫化氢等硫化物，会腐蚀设备，使催化剂中毒，并污染环境。气体精制的目的是脱硫，脱硫方法分干法和湿法两类。干法脱硫是将气体通过固体吸附剂（氧化锌、活性炭等）床层，吸附硫化物，多用于处理含少量硫化氢的气体。湿法脱硫多采用醇胺法脱硫，通过气液分离器分出水和杂质，进吸收塔里用醇胺溶液吸收气体中的硫化氢和二氧化碳
天然气处理	天然气从地下抽出后用油气分离器分离凝结态烃和水，还须去除 H_2S（脱臭）、脱水；脱硫废气还要回收硫黄。除 H_2S 主要用液氨吸收。H_2S 废气可以回收硫黄或生产硫酸，如不回收，也可通过高架无烟火炬尾气焚烧炉进行焚烧，将 H_2S 转变成 SO_2 高空排放

（四）石油炼制主要设备（表 14-13）

表 14-13　石油炼制主要生产设备

生产工序		生产设备
主体工程	常减压蒸馏装置	原油换热；电脱盐；初馏；常压蒸馏；减压蒸馏；轻烃回收；一脱三注等
	渣油加氢脱硫装置	加氢反应；氢气压缩；循环氢脱硫；分馏等
	蜡油加氢裂化装置	加氢反应（包括压缩机）；分馏；脱硫；LPG 回收等
	重油催化裂化	催化裂化部分包括反应—再生、分馏、吸收稳定、主风机烟气能量回收机组、气压机组、余热锅炉等； 产品精制包括干气和液化气脱硫、液化气脱硫醇
	连续重整	连续重整单元（重整反应部分和催化剂再生部分）
	芳烃抽提	芳烃抽提；苯—甲苯分馏；二甲苯分离
	催化汽油加氢	选择性加氢；加氢脱硫
	柴油加氢精制	加氢反应（包括压缩机）；循环氢脱硫；分馏部分等
	柴油加氢改质	加氢反应（包括压缩机）；分馏部分等
	石脑油加氢	加氢反应；气液分离
	轻烃回收	原料气处理部分；脱丁烷部分；脱乙烷部分；液化气处理部分；石脑油分离部分
主体工程	气体分馏装置	液化气精密分馏塔 4 座，分别为脱丙烷塔、脱乙烷塔、丙烯塔（2 个）；机泵；换热系统
	MTBE 装置	醚化反应器；催化蒸馏；甲醇回收
	制氢装置	原料压缩；原料精制；水蒸汽转化；转换气变换；PSA 净化；产汽及余热回收
	氢气提纯	原料预处理；PSA 提纯；解吸气压缩

生产工序		生产设备
公用工程	循环水场	旁滤处理，轻质滤料过滤器；逆流式机械通风冷却塔；集水池；隔油池；加药设备；加氯机；冷却塔风机采用防爆电机；每台冷却塔设风机安全检测控制系统，三位一体探头（油温、油位、振动），报警、连锁系统
	化学水处理站	除氧器、凝结水处理设备、换热器、阻截除油器
	消防给水加压泵站	电动消防水加压泵、钢制消防水贮罐、大型自动柴油消防机组、变频稳压消防泵
	空压站	离心式空气压缩机、微热再生干燥器、储气罐、球罐、压缩空气增压机、电动桥式起重机
	氮气站	深冷制氮装置、离心式压缩机、常压液氮储槽、氮气球罐、汽化器及相应的辅助设施
	低温热回收站	低温热利用热媒水系统、含热水循环泵、过滤器、循环水冷却器、热水换热器和除盐水换热器
	制冷站	热水型溴化锂制冷机、单台制冷量、换热机组
	动力站	高压燃煤锅炉
	供电	总变电站、变配电所、全厂供电及照明、全厂防雷、防静电及接地设施、各装置的变配电、动力、照明、防雷及防静电接地等
环保工程	硫黄回收（含酸性水汽提、溶剂再生）	酸性水汽提单元、硫黄回收单元、溶剂集中再生单元
	厂区含油污水预处理站	装置区及油品罐区均设置含油污水预处理设施。分别设置：污水集水池、高效油水分离器、提升泵站
	全厂污水处理场	物化处理采用均质—隔油—二级浮选处理工艺；生物处理段采用循环式活性污泥系统(CASS)工艺＋曝气生物滤池(BAF)工艺流程，结合活性污泥法和生物膜分离技术处理工艺
	事故水收集系统	应急事故储水池、雨水收集池、出水自动在线监测系统、设撇油带等除油设施

三、石油炼制的排污节点分析

（一）石油炼制环境要素分析（表 14-14）

表 14-14　石油炼制环境要素分析

污染类型		环境污染指标与来源
废气	有组织废气	催化裂化催化剂再生烟气；酸性气回收装置尾气；有机废气收集处理装置排气；工艺加热炉烟气。主要污染物为 SO_2、NO_x、CO、颗粒物、非甲烷总烃、沥青烟、苯、甲苯、二甲苯、酚类、氯化氢。锅炉房产生含烟尘、SO_2、NO_x、烟气

污染类型		环境污染指标与来源
	无组织废气	装卸、贮存过程的油气挥发，设备、管道、阀门泄漏，主要污染物为SO_2、NO_x、CO、颗粒物、非甲烷总烃、沥青烟、苯、甲苯、二甲苯、酚类、氯化氢
废水	生产废水	在生产工艺过程中产生含有废油、COD、硫、酚、酸碱、氰、重金属等有毒有害物质的废水。此外，还有动力站、空压站、储油罐区、循环水厂等辅助设施排放的污水
	生活污水	浴室、食堂、厕所废水（COD、SS、氨氮）
固体废物	生产废物	废酸液、废碱液、废白土、罐底泥、污水站污泥、废催化剂、页岩渣
	生活垃圾	办公室、食堂、浴室等
噪声		引风机、空压机、泵类等

（二）催化工艺流程（图 14-5 至图 14-7）

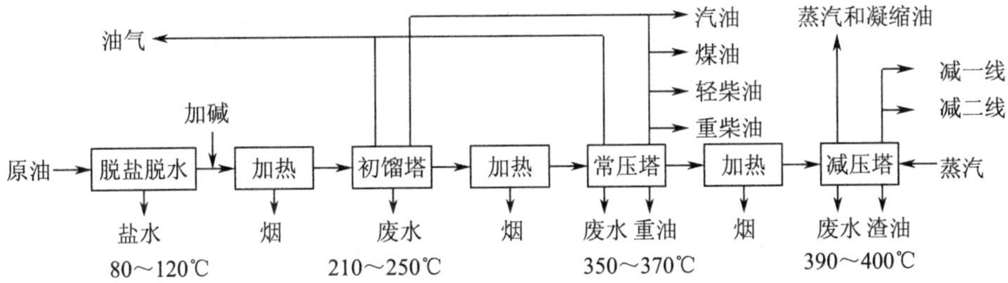

图 14-5 原油蒸馏排污节点

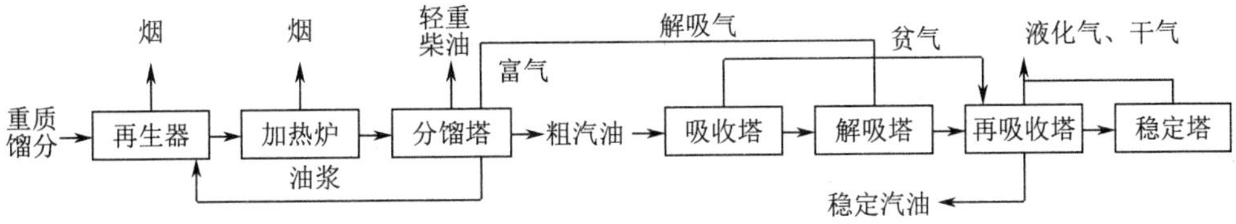

图 14-6 催化工艺流程

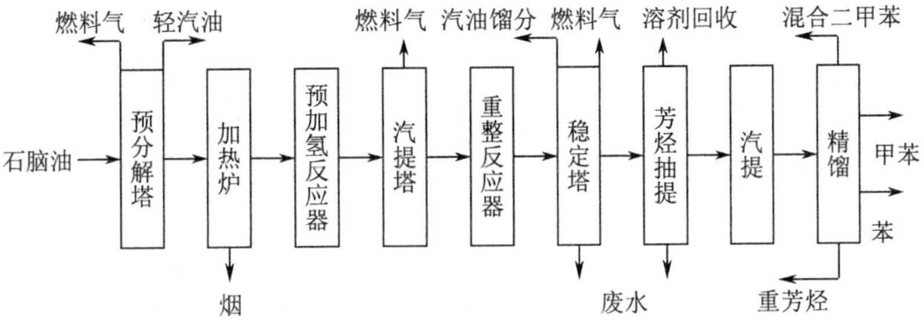

图 14-7 催化重整工艺流程

（三）石油炼制排污节点分析（表 14-15）

表 14-15 石油炼制排污节点分析

<table>
<tr><th colspan="2">工序</th><th>污染产生原因</th><th>主要污染物</th><th>控制措施</th></tr>
<tr><td rowspan="2">分离工艺</td><td>电脱盐</td><td>高压电场下，除去原油中无机盐类及悬浮状固体物质</td><td>【废水】分废水含无机盐、石油类和 COD 浓度较高，由于使用乳化液，水呈乳浊状</td><td>污水先除盐、除油、破乳后进入污水处理站</td></tr>
<tr><td>初馏、常减压蒸馏</td><td>加热到 150℃，在初馏塔分出原油中的轻汽油馏分；
加热 350℃，常压塔塔顶出汽油，各侧线馏分油经汽提、换热、冷却后出装置，塔底出重油；
加热 500℃，常压塔塔顶与抽真空设备相连，测线各馏分油经换热、冷却后出装置。塔底出渣油，经换热、冷却后出装置</td><td>【废水】常减压主要有含硫污水、含油污水和含盐污水。塔顶油水分离器污水；三个蒸馏塔顶产物冷凝后经油水分离器排水，由于与油品直接接触，融入污染物较多，石油类、硫化物、氨氮质量浓度都在 100 mg/L 以上，COD 质量浓度在 500 mg/L 以上，BOD 质量浓度在 100 mg/L 以上，酚质量浓度在 10 mg/L 以上，水呈乳浊状
【废气】加热炉烟气（含 SO_2、NO_x、烟尘）等；设备维修吹扫，会排放 VOCs；三塔顶回流罐脱水部位，会产生废气泄漏（主要污染物有硫化氢和酚）</td><td>采用汽提工艺或碱渣湿式氧化技术处理含硫酸性水，回收酸性气；采用隔油、浮选处理含油污水；催化燃烧技术处理有机废气；有机液体储罐呼吸气低温吸收技术；以酸性气、液烃脱酸废气、燃气脱酸废气为原料生产硫黄，最终尾气焚烧处理；生物处理恶臭气体；加热炉烟气采取脱硝和脱硫技术</td></tr>
<tr><td colspan="2">催化裂化</td><td>在催化剂（硅铝或沸石）作用下，加热减压和焦化产生的重质馏分油或渣油，裂解转化，分馏汽油、轻、重柴油、石油气等产品。催化裂化装置分三部分，催化裂解、分馏部分（分离部分产品和中间品）、吸收稳定部分（气体和汽油送稳定部分，经吸收、解吸、再吸收、稳定得液化石油气和稳定汽油）</td><td>【废水】粗汽油罐污水：主要来自蒸气凝结污水，吸收了油气的硫化氢、氨、酚等物质，成为含硫污水（主要污染物为硫化物、COD、BOD、石油类和酚）。凝缩油罐排水：来自压缩富气注水和油气中凝结水（含硫化氢、氨等）；
【废气】再生烟气：再生器燃烧催化剂积炭的烟气（有 SO_2、NO_x、CO 等）；无组织排放废气：装置放空减压，火炬燃烧污染；催化裂化装置装卸催化剂，产生粉尘污染，系统异常时催化剂粉尘被烟气带出（粉尘、重金属）；
【废渣】有碱洗精制的碱渣、更换的废催化剂、停工检修产生的脱硫醇的废活性炭等，多属于危险废物</td><td>含油污水采用隔油、浮选处理技术处理；含硫含氨酸性水采用蒸汽汽提工艺处理，回收酸性气；或者碱渣湿式空气氧化技术。再生烟气脱硫、脱硝、除尘进行治理；无组织废气先经过集气罩后进入除尘设施</td></tr>
</table>

工序	污染产生原因	主要污染物	控制措施
催化重整	将原料切割成适合重整的馏分，脱出有害的废金属和金属杂质；催化重整是在催化剂（铂、铑）作用下，将使脑油中的环芳烃、烷烃脱氢，异构化生成芳烃；芳烃抽提是利用溶剂将芳烃抽提出来；催化剂再生是在再生器内经烧焦、氯化、干燥，再用氢气进行还原将催化剂再生	【废水】含硫废水：来自预处理单元回流罐切水、油气分离器、溶剂再生抽空排水（含硫化物和氯化物）；抽真空冷凝水（含苯类物质）。含碱废水：催化剂再生含氯酸性废水进行碱中和，会产生碱性废水； 【废气】加热炉烟气（SO_2、NO_x、粉尘等）；催化剂烧焦（再生烟气）过程产生氯酸烟气，经碱洗中和；无组织排放废气：装置产生的弛放气、芳烃采样口外泄废气； 【废渣】催化剂再生的废干燥剂、抽提系统精馏的脱色废白土、抽提系统的老化溶剂、废催化剂，属危险废物	采用汽提工艺处理含硫含氨酸性水，回收酸性气或碱渣湿式氧化技术；其他废水进污水处理站； 再生烟气除尘脱硫；采取吸附治理催化烟气；无组织废气集气除尘； 废催化剂多属于危险废物。应交有资质单位处理
加氢裂化	反应过程在高温高压条件下，利用催化剂使原料进行加氢裂化和异构化过程，还可除去硫、氧、氮等杂质。分流过程是将反应后的生成油，经过常减压分馏成各种油品。气体脱硫是将产生的含硫化氢干气用乙醇胺类溶剂进行中和，再进行吸收再生工艺，脱出硫化氢和二氧化碳	【废水】含硫废水：从高低压分离器排出经分馏塔顶回流罐排出高含硫化氢和氨的废水。含油废水：导凝排液、原料罐切水、蒸汽冷凝水等含油废水。含碱废水：催化剂再生碱液吸收过程产生的废水； 【废气】加热炉烟气（含 SO_2、NO_x、粉尘等）；酸性废气（塔顶排出含硫废气，火炬燃烧产生含酸性废气）；无组织排放的废气（装置停工吹扫废气，含 VOCs）； 【废渣】废催化剂（镍钼和镍钨催化剂）、废溶剂（使用的二异丙醇胺）老化产生的废溶剂，都属于危险废物	采用隔油、浮选处理含油废水；含硫含氨酸性水采用汽提工艺，回收酸性气或碱渣湿式氧化技术； 加热炉烟气除尘脱硫；采取吸附治理酸性废气；无组织废气集气罩后除尘； 废催化剂（镍钼和镍钨）、废溶剂（二异丙醇胺）老化废溶剂按危险废物管理

工序		污染产生原因	主要污染物	控制措施
延迟焦化		延迟焦化是以重质油为原料，通过加热裂解、聚合变成轻质油、中间馏分和焦炭的加工过程；吸收稳定主要是进行吸收解吸，分别进行稳定和脱硫过程；焦水回用是经沉淀后的污水回用；放空系统为塔顶油气经冷循环吸收油气的过程	【废水】冷焦水（焦炭塔少量残油进入冷焦水，脱油产生含油污水）；除焦水（高压水切割焦炭的废水）；冷却塔、分馏塔顶分离切水（含油、含酚）；以上废水污染物中含硫化物、氨氮、COD、BOD、石油类、酚；【废气】加热炉烟气（含 SO_2、NO_x、粉尘等）。冷焦水防空塔废气（产生恶臭含硫废气）；液态烃、干气、富气采样口泄漏的含烃废气；【废渣】正常运行时产生焦粉和粉尘；装置停工检修时产生少量油泥及焦粉沉积物	冷焦水隔油处理；除焦水可以全部回用；废水进污水厂；烟气除尘脱硫；防空塔废气应进行碱洗除臭；含烃废气催化焚烧；油泥及焦粉沉积物属危险废物交有资质单位处理；焦粉和粉尘可用于制砖
烷基化	氢氟酸法	原料经干燥脱水后，在氢氟酸催化剂作用下，在反应器内发生反应，上层产物经分馏得到烷基化油、丙烷、丁烷，下层水溶液经氢氟酸再生系统，在生得到高浓度氢氟酸回用	【废水】干燥剂再生分水罐排水（水质与原料有关）；碱洗罐和中和器排放的氟化钙沉淀池排水（含氟化物，通过混合槽，加入氯化钙取出氟化物，废水可能含氟化钙）。中和池排水（含氟酸性废水碱中和后排出碱性废水）；【废气】主分馏塔底重沸炉和加热炉烟气（含 SO_2、NO_x、烟尘等）；火炬烟气（主分馏塔顶回流罐排气及酸泄放管产生的放空火炬含氟废气）；无组织排放废气（停工检修吹扫废气，含氢氟酸）；【废渣】加热炉灰渣（一般废物）；氟化钙废渣，丙烷、丁烷脱氟剂废渣，丙烷、丁烷氢氧化钾处理废渣，废干燥剂等，均属危险废物	废水进入污水处理站处理；加热炉烟气脱硫、脱硝、除尘进行治理；含烃废气：采取吸附治理技术；无组织废气采用集气除尘处置；固体废物：加热炉灰渣按一般废物处置；危险废物交有资质单位处理

工序		污染产生原因	主要污染物	控制措施
烷基化	硫酸法	在预分馏部分丙烷、正丁烷、丙烯、丁烯馏分，取异丁烷-丁烯混合物经脱水、冷却后与浓硫酸催化剂混合，进入反应器反应；产物经碱洗、水洗后送分馏系统分馏得到烷基化油和工业异辛烷；冷冻系统采用循环氨，控制烷基化反应温度	【废水】原料干燥脱水塔排水（石油类、硫化物和COD、BOD等）；烷基化产物水洗水（烷基化产物碱洗后排出碱性废水）；装置停工吹扫废水（装置停工吹扫产生的含油、含溶、COD等）；【废气】无组织排放废气（烃类、溶剂、硫酸雾等）；【废渣】在烷基化反应过程，要求酸度高于85%，会排放大量高浓度废酸渣；在碱液洗涤过程定期排放废碱渣；装置检修过程会掏出少量油泥等固体废物。以上废渣都视为危险废物	废水进入污水处理站处理；加热炉烟气脱硫、脱硝、除尘进行治理；含烃废气：采取吸附治理技术；无组织废气先经过集气罩后进入除尘设施；固体废物：作为危险废物交有资质单位处理

石油炼制行业各工序机泵轴封冷却水也会产生大量含油废水，各工序产品精制废水产生大量废水（含硫化物、氨氮、COD、BOD、石油类、酚等）；污水收集传输预处理、固体废物收集运输储存过程也会产生严重的二次大气污染，含有硫化氢、氨、酚、总烃、芳烃、溶剂等，还会产生恶臭。

四、石油炼制的环境管理要求

（一）石油炼制主要环境问题

随着石油炼制工业原油加工量的不断增长和原油品质的劣质化，导致“三废”污染物排放量居高不下，对区域性大气、水污染问题日趋明显，石油炼制工业污染物排放对生态环境的影响将越来越严重。长三角、珠三角和京津冀地区等城市群大气污染呈现明显的区域特征，非甲烷总烃、SO_2、NO_x 的石化污染问题未得到有效控制；石油炼制工业较发达的辽河、海河、长江、黄河、珠江流域，渤海、黄海、东海、北部湾近海的石化水污染控制也趋于紧迫。

石油炼制业采用物理分离和化学反应相结合的方法，将原油和天然气加工成所需石化产品。石油加工过程多在高温下进行，需要消耗大量燃料及水。产品精制用水和机泵轴封冷却水与油品直接接触，使水体受到污染。催化反应或化学加工将原料油中的有害物质硫、氮等分离转化为新的化合物，随气体排出或熔入水体。不凝气放空，加热炉、锅炉和燃烧炉的燃烧，催化再生烟气、制硫尾气、挥发性原材料，中间及最终产物的储存及运输等都会造成大气污染。油品化学精制、汽油碱洗碱渣、工艺废催化剂、废水处理及设备检修等会造成废渣污染。大功率运转机械的普遍应用、气体放空、气流及管线阀门噪声等构成了噪声的危害。石油炼制业的污染物具有明显的特点，水污染物主要是石油类、硫化物、挥发酚、COD、悬浮物；大气污染物主要是硫化物、烃类、氮氧化物、烟尘、恶臭。

目前全国 100% 炼油企业都建设并运行了污水预处理和达标处理系统，约 50% 炼油企业建设了污水深度处理回用系统。我国炼油及石化企业加工吨原油外排水平均达到了 0.74 m^3 的水平，节水减排好的企业达到了 0.25 m^3 排水 /t 原油，外排污水达标率大于 95%；90% 以上的企业对污水储罐、池，污水处理构筑物采取了封闭措施，30% 企业对污水技术系统产生的废气进行了处理；100% 的企业采用气柜回收工艺排放的烃类气体。90% 以上的企业对硫黄回收尾气进行了回收；90% 以上工艺加热炉采用了低氮燃烧方式；为了降低催化裂化再生烟气的 SO_2 排放，建设了四套催化原料预加氢装置；建设四套不同工艺的轻油装车油气回收系统。

石油炼制工业产生废水经污水处理设施处理后，排放废水中尚没有检测出持久性有机污染物（POPs）和《剧毒化学品目录》中的物质以及对人体造成“三致”效应或对生态造成环境危害的物质。由于原油中所含金属主要是镍、钒、钠、钙和非常低量的其他金属，加工过程中只使用催化剂，所以废水污染控制因子中也没一类污染物。石油炼制工业排放的含烃类废气中主要含苯、甲苯、硫化氢、烯烃、烷烃、环烷烃、甲硫醇、二甲二硫。这些污染物以环境空气质量标准评价，其占标率大于 30%，部分污染项目占标率超过 50%，由于大气中有机污染物对其周围环境的影响表现较慢，目前只能参考国外的研究结果。

（二）环境管理要求

1. 环境管理

①环境法律法规标准执行《石油炼制工业污染物排放标准》（GB 31570—2015），落实排污许可证否认的各项要求。②组织机构：设专门环境管理机构和专职管理人员。③按照石油化工企业清洁生产审核指南的要求进行审核；按照 ISO 1400（或相应的 HSE）建立并运行环境管理体系，环境管理手册、程序文件及作业文件齐备。

2. 环境规划

①企业应按照有关法律和《环境监测管理办法》等规定，建立企业自行监测制度，制定监测方案，对污染物排放状况及其对周边环境质量的影响开展自行监测，保存原始监测记录，并公布监测结果。②新建企业和现有企业安装污染物排放自动监控设备的要求，按有关法律和《污染源自动监控管理办法》的规定执行。③企业应按照环境监测管理规定和技术规范的要求，设计、建设、维护永久性采样口、采用测试平台和排污口标志。④对企业排放废水和废气的采样，应根据监测污染物的种类，在规定的污染物排放监控位置进行，有废水、废气处理设施的，应在处理设施后监测。⑤企业原（油）料加工量的核定，以法定报表为依据。

3. 环评要求

原油加工、天然气加工、油母页岩提炼原油、煤制油、生物制油及其他石油制品全部编写环境影响评价报告书。

4. 环境监督管理

全面贯彻落实环境保护相关法律法规和国家有关节能减排的政策措施，建立和完善石化化工行业节能减排指标体系、检测体系和考核体系。鼓励企业采用先进的节能、环保技术和装备，实施余热余压利用、节约和替代石油、能量系统优化项目，严格控制新建高耗能、高污染项目，提高企业能源利用效率、减少污染物排放。

5. 生产、运输、贮存、使用限制

①年加工原油能力大于 250 万 t/a。②排水系统划分正确，未受污染的雨水和工业废水全部进入假定净化水系统。③特殊水质的高浓度污水（如含硫污水、含碱污水等）有独立的排水系统和预处理设施。④轻油（原油、汽油、柴油、石脑油）储存使用浮顶罐。⑤设有硫回收设施。⑥废碱渣回收粗酚或环烷酸。⑦废催化剂全部得到有效处置。⑧常减压生产装置：采用“三顶”瓦斯气回收技术；加热炉采用节能技术；采用 DCS 仪表控制系统；现场设密闭采样设施。⑨催化裂化装置：采用提升管催化裂化工艺；设烟气能量回收设备；采用 DCS 仪表控制系统；现场设密闭采样设施。⑩焦化装置：焦碳塔采用密闭式冷焦、除焦工艺；冷焦水密闭循环处理工艺；采用 DCS 仪表控制系统；设密闭采样设施；设雨水系统；处理部分污水处理厂废渣。

6. 工艺与装备

原油加工行业重点推广高效换热器并优化换热流程、优化中段回流取热比例、降低汽化率、塔顶循环回流换热等节能技术。

百万吨乙烯成套装备、直接氧化法环氧丙烷技术、环氧乙烷大型反应器、高档润滑油成套技术开发，基于非茂体系的聚烯烃合成及后续改性技术、ABS 本体法聚合大型成套技术、五大通用树脂高性能化技术、顺式和反式异戊橡胶合成及加工关键技术、10 万 t/a 以上大型氯乙烯流化床反应器、万吨级脂肪族异氰酸酯生产技术开发与应用，乙烯 - 醋酸乙烯树脂、聚偏二氯乙烯等高性能阻隔树脂、聚异丁烯、特种共聚单体的聚烯烃开发等。

石化继续实施油品质量升级、对不同品质原油加工适应性和综合利用技术改造；加快现有大型乙烯及副产资源综合利用技术改造。

7. 污染治理要求

污染物排放要满足《石油炼制工业污染物排放标准》（GB 31570—2015）。石油炼制企业的催化裂化装置都要安装脱硫设施。到 2017 年，重点行业排污强度比 2012 年下降 30% 以上。

8. 污染减排

全面贯彻落实环境保护相关法律法规和国家有关节能减排的政策措施，建立和完善石化化工行业节能减排指标体系、检测体系和考核体系。鼓励企业采用先进的节能、环保技术和装备，实施余热余压利用、节约和替代石油、能量系统优化项目，严格控制新建高耗能、高污染项目，提高企业能源利用效率、减少污染物排放。

石化进一步提高重质原油的综合加工和利用水平扩大加氢裂化、加氢精制的规模水平，推广各项节能技术，降低能耗和污染物排放量。采用国内外先进适用技术对乙烯生产装置进行节能降耗改造。综合利用炼油乙烯副产资源。

9. 环境风险要求

每个生产装置要有操作规程，对重点岗位要有作业指导书；易造成污染的设备和废物产生部位要有警示牌；对生产装置进行分级考核，并进行环境风险因素识别，制定突发环境事件应急预案并定期进行演练。应开展特征污染物监测工作，采取环境风险防范和应急措施，防止发生由突发性油气泄漏产生的环境事故。

10. 固废处理处置要求（危险废物）

用符合国家规定的废物处置方法处置废物；严格执行国家或地方规定的废物转移制度。对危险废物要建立危险废物管理制度，并进行无害化处理。

第三节　石油化工工业生产工艺环境基础

一、石油化工工业的现状

石油化工的发展与石油炼制工业、以煤为基本原料的化工生产及三大合成材料的发展密切相关。用石油和石油气（炼厂气、油田气和天然气）作原料生产化工产品的工业，叫石油化学工业，简称石油化工。石油化工包括基本有机原料工业和合成材料工业。

基本有机化工又分为基础有机化工和基本有机化工。

基础有机化工——从天然原料制取乙烯、丙烯、丁烯、乙炔、苯、甲苯、二甲苯、萘等。

基本有机原料——以基础有机原料进一步加工制成的产品，也有部分是直接通过农副产品经发酵、水解、干馏加工而来的，如有机氧化物（醇、醛、有机酸、酮等）、有机硫化物（硫醇、硫醚等）、有机氮化物（胺、腈、酰胺、吡啶等）、卤化物（氯乙烷、氯甲烷、环氧氯丙烷等）、芳烃衍生物（苯胺、硝基苯、苯酚等），如甲醇、以醇、丙酮、醋酸、丁辛醇、苯乙烯、环氧乙烷、丙烯腈、苯酐、卤代烃等。

生产石油化工产品的一次加工是对原料油和气（如丙烷、汽油、柴油等）进行裂解，生成以乙烯、丙烯、丁二烯（烯烃），苯、甲苯、二甲苯（芳烃）为代表的基础化工原料。二次加工是以基础化工原料生产基本化工和多种有机化工原料（约 200 种）及合成材料（塑料、合成纤维、合成橡胶)。这两步产品的生产属于石油化工的范围。有机化工原料继续加工可制得更多品种的化工产品,习惯上不属于石油化工的范围。如要求年产 30 万 t 乙烯,粗略计算,约需裂解原料 120 万 t,对应炼油厂加工能力约 250 万 t,可配套生产合成材料和基本有机原料 80 万～ 90 万 t。

二、基础有机化学工业

(一)烯烃工业

在烯烃工业中"三烯"(乙烯、丙烯、丁二烯)是重要的有机化工基础原料,其中以乙烯最重要,产量也最大,乙烯产量常作为衡量一个国家基本有机化工的发展水平和规模(表 14-16)。我国乙烯主要的下游产品包括聚乙烯、乙二烯、PVC 及苯乙烯等产品。

表 14-16 2006—2016 年我国"三烯"年产量 单位:万 t

年份	2006	2007	2008	2009	2010	2011	2012	2013	2014	2015	2016
乙烯	941	1 025	1 033	1 077	1 419	1 527	1 487	1 600	1 704	1 715	1 781
丙烯	740	1 028	1 000	1 150	1 380	1 470	1 272	1 900	—	2 245	2 489
丁二烯	115	135	138	150	199	210	222.5	242	250	280.7	332

资料来源:化工知识与信息网。

我国的乙烯工业始于 20 世纪 60 年代初,经过 40 多年的发展,生产能力和技术水平不断提高,形成了以乙烯为龙头,合成材料为主体,有机原料协调发展,品种齐全的石化工业体系,成为我国支柱产业。

石化工业中多数中间产品(有机化工原料)和最终产品(三大合成材料)均以烯烃和芳烃为原料,除由重整生产芳烃以及由催化裂化副产物中回收丙烯、丁烯和丁二烯外,主要由乙烯装置生产各种烯烃和芳烃。乙烯装置生产乙烯同时,副产大量丙烯、丁烯、丁二烯、苯、甲苯和二甲苯,成为石油化工基础原料的主要来源。除生产乙烯外,世界上约 70% 的丙烯、90% 的丁二烯、30% 的芳烃均来自乙烯的副产品。以三烯(乙烯、丙烯、丁二烯)和三苯(苯、甲苯、二甲苯)总量计,约 65% 来自乙烯生产装置。

乙烯是最简单的烯烃,用于制造合成橡胶、合成树脂、合成纤维、塑料以及多种基本有机原料。乙烯可由天然气、液化石油气、轻油(石脑油)、轻柴油、重油、原油、乙烷和丙烷等为原料制得。乙烯的 45% 用于生产聚乙烯;其次是由乙烯生产的二氯乙烷和氯乙烯,乙烯氧化制环氧乙烷和乙二醇,乙烯烃化可制苯乙烯,乙烯氧化制乙醛,乙烯合成酒精,乙烯制取高级醇。

丙烯用量最大用于聚丙烯,丙烯可制丙烯腈、异丙醇、苯酚和丙酮、丁醇和辛醇、丙烯酸及其脂类以及制环氧丙烷和丙二醇、环氧氯丙烷和合成甘油等。丁二烯是合成橡胶和合成树脂的重要单体。丁二烯可生产顺丁橡胶、丁苯橡胶、丁腈橡胶、氯丁橡胶、也可生产聚丁二烯、ABS、BS 等树脂。此外还可生产丁二醇、己二胺(尼龙的单体)。

（二）烯烃的生产方法

1. 烯烃的生产方法概述

工业获得烯烃的主要工业方法是将石油烃类原料（天然气、炼厂气、轻油、柴油、重油）进行热裂解反应，生成小分子的烯烃。烃类热裂解主要产品有乙烯、丙烯、丁二烯等，其中重要的生产环节是烃的热裂解和裂解产物的分离。

乙烯生产方法：烷烃（固定床反应器）催化脱氢制乙烯、乙烷催化氧化制乙烯、石脑油催化裂化制乙烯技术、甲醇（由天然气甲烷合成甲醇）制乙烯。

丙烯生产方法：我国的丙烯生产根据来源可分为两类，一是裂解丙烯，来自于乙烯裂解装置，是乙烯的联产品；二是炼厂丙烯，是从催化裂化炼厂气中分离出来的。

工业化的丁二烯生产方法主要有C4馏分溶剂抽提法和脱氢法，其中抽提法按使用的溶剂又分为DMF（二甲基甲酰胺）法、NMP（N-甲基吡咯烷酮）法、ACN（乙腈）法。

2. 高温裂解制乙烯工艺原理

高温裂解分为裂解反应和油系统循环。裂解单元是将原料加热至高温使其断链，生成富含烯烃和芳烃的小分子主、副产品；油系统循环和水系统循环继续将裂解气降温回收热；裂解气深冷分离包括裂解气压缩、酸性气体脱除、干燥、炔烃脱除，第二单元为裂解气的分离精制。

3. 高温裂解制乙烯排污节点分析

（1）废水

含酚废水：来自对工艺废水汽提，从塔底排出含酚废水；含硫废水：来自裂解气的碱洗脱硫废水；废碱液：来自裂解气碱洗工艺；废黄油：来自碱洗系统的黄油罐，废水含一定量的废黄油。

（2）废气

燃烧烟气：裂解炉、蒸汽锅炉用燃料燃烧产生含SO_2、NO_x、烟尘的烟气；清焦废气：裂解炉定期清焦产生的烟气；火炬尾气：工艺尾气经火炬燃烧排放；检修吹扫废气。

（3）废渣

废渣：废干燥剂、废焦渣、废炉渣、废催化剂（含钯、含镍）、检修费丙烯聚合物、汽油分馏焦炭末。

（三）芳烃工业

1. 我国芳烃工业的现状

芳烃是含苯环结构的碳氢化合物总称，芳烃中“三苯”（苯、甲苯和二甲苯）是重要的有机化工基础原料。芳烃以苯、甲苯、二甲苯、乙苯、异丙苯、十二烷基和萘最重要，均为毒性物质。这些有机物是重要基础有机化工原料，用于合成橡胶、合成树脂、合成纤维、医药、农药、炸药和染料等一系列重要化工产品。同时也可作为涂料、橡胶等溶剂；在炼油工业中苯是提高汽油辛烷值的掺合剂。我国现有纯苯生产企业50余家，其中焦化苯产能占总生产能力的20%（表14-17）；其余为石油苯。

表14-17　2006—2015年我国纯苯年产量

单位：万t

年份	2006	2007	2008	2009	2010	2011	2012	2013	2014	2015
纯苯年产量	344	417	403.4	465.9	541.5	665.8	662.6	717.9	735.6	744

资料来源：中国化工网、环球研究报告网、慧典网苯市场研究报告。

2. 苯在化学工业中的应用

以苯为原料的化工产品众多，主要衍生物有苯乙烯、苯酚、烷基苯、环己烷、氯化苯、硝基苯和顺酐等。苯乙烯是纯苯最主要的衍生物。以苯乙烯为原料可生产聚苯乙烯、ABS、SBS和丁苯橡胶等多种聚合物。我国纯苯消费结构：27.25%用于和成苯乙烯，12.65%用于聚酰胺树脂（环己烷）生产，11.37%用于苯酚生产，10.98%用于氯化苯生产，9.80%用于小基本生产，7.84%用于烷基苯，5.56%用于农用化学品，4.71%用于顺酐生产，9.84%用于其他医药、轻工及橡胶制品。

苯的化工利用如图14-8所示。

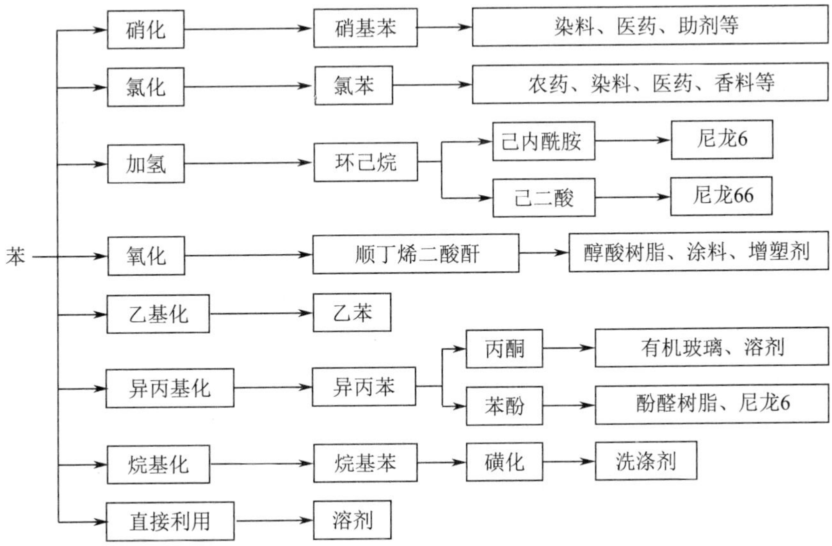

图14-8　苯化工利用示意图

3. 苯类产品的主要来源

目前苯有6种来源：催化重整、裂解汽油、甲苯歧化、甲苯加氢脱烷基化、焦碳炉轻油、煤焦油。其中催化重整和裂解汽油苯各占38%，甲苯歧化占13%，甲苯加氢脱烷基化生产的苯为6%，焦化苯为5%。目前我国生产的苯，一是来自炼焦副产品的焦化苯；二是来自炼油与乙烯装置的石油苯。

（1）*焦化苯的生产*

焦化苯是以粗苯为主要原料精制的苯类产品，粗苯是焦炭生产过程主要副产品，主要成分有苯、甲苯、二甲苯及重质苯混合物。粗苯成分复杂，经过精制把粗苯分离出苯、甲苯、二甲苯及重质苯产品。

煤在焦炉中干馏，除了生成75%焦炭外，还产生副产品粗煤气25%（其中粗苯约占1.1%），煤焦油4.0%。粗煤气经初冷、脱氨、脱萘、终冷后，再进行粗苯回收，粗苯中“三苯”约占85%，硫化物占1%～3%。粗苯经分馏分成轻苯（主要是“三苯”、不饱和烃和硫化物）和重苯，轻苯在馏塔顶出轻沸物，塔底为“三苯”。煤焦油经分馏得到轻油、酚、萘、蒽等馏分，再经精馏、结晶可分离苯系、萘系、蒽系等芳烃。还有部分芳烃产品是直接通过农副产品经发酵、水解、干馏加工而来的，如有机氧化物（醇、醛、有机酸、酮等）、有机硫化物（硫醇、硫醚等）、有机氮化物（胺、腈、酰胺、吡啶等）、卤化物（氯乙烷、氯甲烷、环氧氯丙烷等）、芳烃衍生物（苯胺、硝基苯、苯酚等）都可以通过发酵生产。

（2）*石油苯的生产*

我国石油化工是以石油脑和裂解汽油为原料经环丁砜抽提、芳烃精馏而制得的，一般包括反应、分离、转化三部分。我国原油属重质原油直馏石油脑（石油脑中含芳烃3%～10%）只占6%，我国目前大力发展氢裂化石油脑、加氢处理焦化汽油、裂解汽油萃取油作为重整的原料。

目前工业上广泛应用的是溶剂抽提法，其步骤是宽馏分重整汽油进入脱戊烷塔，脱戊烷塔顶流出戊烷成分，塔底物流进入脱重组分塔，塔顶分出抽提进料进入芳烃抽提部分，塔底重汽油送出装置。抽提进料得到芳烃物质和混合芳烃物质，非芳烃送出装置，混合芳烃经过白土精制、精馏后，得到苯、甲苯、二甲苯和邻二甲苯产品，重芳烃送出装置。

芳烃反应主要采用催化重整（主要催化剂含铂、氟、氯）和裂解汽油加氢，我国催化重整工艺用于生产芳烃和生产汽油的各占50%，乙烯工业的副产品裂解汽油加氢生产的苯已占全年苯产量的35%。

芳烃馏分的分离采用溶剂萃取，原料与萃取液逆相接触，根据溶解度差异，把非芳烃提取除去。

我国芳烃资源短缺，多采用甲苯、C9芳烃的烷基转移、甲苯歧化、二甲苯异化等生产工艺转化成芳烃。芳烃的转化包括异构化反应、歧化反应、烷基化反应和脱烷基化反应，是在酸性催化剂下进行的。

4. 芳烃工业的主要污染来源

废水来自塔顶回流罐切水、分离罐切水、溶剂再生抽空排水等，废水主要含油类、COD、酚、芳烃等。酚含量可达1 000 mg/L以上，COD浓度可达2 000 mg/L以上。

废气主要是加热炉排放的烟气，含SO_2、NO_x、粉尘等。设备尾气含H_2S、芳烃、氨等。

5. 我国萘工业的现状

萘通常为白色晶体。萘及萘系产品主要用于生产减水剂、扩散剂、增塑剂、抗凝剂、分散剂、苯酐、各种萘酚、萘胺等，是生产合成树脂、增塑剂、橡胶防老剂、表面活性剂、合成纤维、染料、涂料、农药、医药和香料等的原料。萘及萘系产品通常由煤焦油与石油裂解焦油提取，有工业萘、精萘和甲基萘之分。煤焦油萘系产品硫含量高，而石油萘系产品硫含量低，更适于生产精萘、精甲基萘等。石油工业萘是以重芳烃为原料，通过精馏、富集、结晶、分离而制成。

6. 萘的提取

萘按生产原料不同分为煤焦油萘和石油萘，在国内外煤焦油萘都占多数。石油萘硫含量低，更适合于生产精萘、精甲基萘等。

将煤焦油蒸馏切除轻油馏分、酚油馏分下，切取 210 ～ 230℃馏分，即得萘油馏分。石油萘通常先从石油裂解 C10 中采用萃取及吸附的方法提取，最后用溶剂吸收洗涤或升华结晶法提纯。另外在石油炼制过程中，利用催化裂化、重整等馏分为原料，经过加氢精制、催化脱烷基、脱氢等工艺，最后用溶剂吸收洗涤或升华结晶法提纯获得萘，通称石油萘。

三、石油化工的环境管理要求

1. 环境规划

有序推进石化产业基地建设，严格限制新增炼油能力，严格履行炼油项目环评及其他审核手续。加快淘汰 200 万 t 及以下、油品质量和环保能耗不达标的落后装置。加快现有乙烯装置的升级改造，合理布局对二甲苯项目。

2. 环评要求

石化企业除单纯混合和分装外的编写环境影响评价报告书；单纯混合和分装的编写环境影响评价报告表。

3. 环境监督管理

①鼓励企业自行开展 VOCs 监测，并及时主动向当地环保行政主管部门报送监测结果。②企业应建立健全 VOCs 治理设施的运行维护规程和台账等日常管理制度，并根据工艺要求定期对各类设备、电气、自控仪表等进行检修维护，确保设施的稳定运行。③当采用吸附回收（浓缩）、催化燃烧、热力焚烧、等离子体等方法进行末端治理时，应编制本单位事故火灾、爆炸等应急救援预案，配备应急救援人员和器材，并开展应急演练。

4. 污染治理要求

污染物排放要符合《石油化学工业污染物排放标准》（GB 31571—2015）或地方相关标准。

5. 污染减排

①对泵、压缩机、阀门、法兰等易发生泄漏的设备与管线组件，制订泄漏检测与修复（LDAR）计划，定期检测、及时修复，防止或减少跑、冒、滴、漏现象；②对生产装置排放的含 VOCs 工艺排气宜优先回收利用，不能（或不能完全）回收利用的经处理后达标排放；应急情况下的泄放气可导入燃烧塔（火炬），经过充分燃烧后排放；③废水收集和处理过程产生的含 VOCs 废气经收集处理后达标排放。

6. 总量控制要求

2017 年，全国石化行业基本完成 VOCs 综合整治工作，建成 VOCs 监测监控体系，VOCs 排放总量较 2014 年削减 30% 以上。

思考与练习

1. 简述我国炼油工业的原料结构和产业布局。
2. 分析炼油行业的生产工艺和产生的污染物。
3. 分析石油开采、石油炼制、石油化工的主要设备和工艺流程和排污节点。
4. 分析炼油、石油化工产生的危险固废的种类和环境风险。
5. 简述石油开采、石油炼制、石油化工的环境管理要求。

第十五章　煤化工工业生产工艺环境基础

本章介绍我国煤化工工业中的炼焦、煤液化、煤气化工业的现状、结构性问题、减排途径、污染特征；原辅材料结构、基本能耗；主要生产设备与基本工艺；排污节点和环境要素；污染源的环境管理要求。

专业能力目标：

1. 了解煤化工工业的主要环境问题。
2. 了解炼焦、煤液化、煤气化工业的生产基本原理。
3. 了解炼焦、煤液化、煤气化工业的原料结构与主要设备。
4. 基本掌握炼焦、煤液化、煤气化工业的基本生产工艺。
5. 掌握炼焦、煤液化、煤气化工业的排污节点分析、主要大气和水污染来源及环境要素分析。
6. 了解炼焦、煤液化、煤气化工业的主要环境管理要求。

第一节　炼焦行业生产工艺环境基础

一、炼焦行业的环境问题

在《国民经济行业分类》（GB/T 4754—2017）目录中石油加工、炼焦和核燃料加工业属制造业（C 大类 25 中类），包括精炼石油产品制造（251）、原油加工及石油制品制造（2511）、人造原油制造（2512）、炼焦（264）、合成材料制造（252）、核燃料加工（253）、石油和天然气开采业（B07）、石油开采（0710）、天然气开采（0720）。本章只介绍石油开采（0710）、原油加工及石油制品制造（2511）。

（一）炼焦行业的现状

我国是焦炭生产与消费大国，2000—2016年，我国焦炭产量持续增长。由表15-1可知，2016年，我国焦炭产量约为4.49亿t，约占世界焦炭产量的70%。焦化行业的技术进步和自主创新能力大幅提高。截至2015年，我国有规模以上焦炭生产企业700多家。

表15-1 2000—2016年我国焦炭年产量 单位：亿t/a

年 份	焦炭产量	年 份	焦炭产量	年 份	焦炭产量
2000	0.9553	2001	1.313 1	2002	1.428 0
2003	1.777 6	2004	2.087 3	2005	2.390 3
2006	2.976 8	2007	3.355 3	2008	3.235 9
2009	3.528 6	2010	3.827 1	2011	4.277 9
2012	4.432 3	2013	4.763 6	2014	4.769 1
2015	4.477 8	2016	4.491 1	2014年全球产量为6.82	2014年占全球比例为69.93%

焦炭行业是高能耗、高污染行业，一年消耗掉全国17%以上的煤炭。现在规模化焦炭企业，多数环保还不达标。今后在政策允许范围内生存的焦炭企业必须同时满足规模、能耗和环保3个标准。工信部2014年发布《炼焦行业准入条件》中对焦炉烟气除尘、煤气脱硫净化、熄焦废水处理，配套干熄焦装置，炼焦厂环保配套要求严格。焦炭行业存在产能严重过剩、污染环境和浪费资源等问题。焦炭产能过剩形势严峻，达标治理压力加大，淘汰落后速度加快，一批资质差的企业将被淘汰出局。国家将通过严控焦炭产能、严把环保评价审批、淘汰落后产能和超标排污企业，对焦炭行业进行综合治理。

炼焦行业是重要的煤资源加工利用的能源转换产业，发展循环经济、延伸产业链、做好煤化工产品回收与加工的同时，越来越注重煤气等资源性产品的转化利用。我国炼焦行业已基本形成了以“常规机焦炉生产冶金焦，以热收焦炉生产铸造焦，以立式炉生产电石、铁合金、化肥化工等化工焦等”，世界上最完整的、煤炭开发利用最广泛、焦煤化工产品价值潜力挖掘最充分的炼焦工业体系。

（二）炼焦行业的结构性问题

（1）焦化工业必须改变传统流程制造业只重视物质流及产品制造功能的现状，提倡工艺流程的全价值开发，由只重视产品到也重视过程，注重制造流程的结构优化，取得过程和能源介质转化的价值最大化。从而提高资源效率和能源效率，在源头节约资源并减少排放，开发提高能效的技术，改变消耗高、污染重、成本高等状况，增强综合竞争力。

（2）重视焦化行业的产能过剩问题。焦化行业与钢铁行业密切相关，中央下决心化解钢铁行业的过剩产能，焦化行业也一定要重视和解决产能过剩的问题。

（3）大力推进焦化行业的科技进步，特别是要重点推进节能降耗和污染治理这两方面的科技进步。焦化企业今后能否生存和实现更好的发展，取决于自身的能耗和环保水平，节能降耗和环保不达标的企业是淘汰的重点，要退出市场。

（三）炼焦行业的污染减排途径

1. 继续狠抓小土焦、改良焦等高污染、高消耗落后炼焦生产的取缔工作

20 世纪 80—90 年代，中国炼焦业产品中土焦和改良焦占焦炭产量近 50%。粗放型生产模式带来了沉重的环境负担。《产业结构调整指导目录 (2011 年本)》(2013 年修正) 中淘汰土法炼焦（含改良焦炉）；单炉产能 5 万 t/a 以下或无煤气、焦油回收利用和污水处理达不到准入条件的半焦（兰炭）生产装置。炭化室高度小于 4.3 m 焦炉（3.8 m 及以上捣固焦炉除外）（西部地区 3.8 m 捣固焦炉可延期至 2011 年）；无化产回收的单一炼焦生产设施；单炉产能 7.5 万 t/a 以下的半焦（兰炭）生产装置（2012 年），“十二五”期间淘汰落后产能 4 200 万 t。

2. 开发利用少污染、高效率的炼焦生产工艺技术装备

我国炼焦行业近年在干熄焦技术、脱硫脱氰技术等方面都取得长足进步，除了大力推进这些技术装备应用外，还需跟踪其他污染少、效率高的炼焦生产技术的进展。如美国、德国、日本等国家在改进传统水平室式炼焦炉基础上，开发了低污染炼焦新炉型、美国开发应用了“无回收炼焦炉”，德国、法国、意大利、荷兰等 8 个欧洲国家联合开发了“巨型炼焦反应器”，日本开发了“21 世纪无污染大型炼焦炉”，乌克兰开发“立式连续层状炼焦工艺”，德国还开发了“焦炭和铁水两种产品炼焦工艺”等；中国也有“新型捣固焦炉”“清洁型热回收焦炉”等的开发，各国对传统的炼焦炉改进的技术趋势是：扩大炭化室有效容积；采用导热、耐火性能好、机械强度高的筑炉材料；配备高效污染治理设施；生产规模大型化、集中化。开展各种环保型炼焦新技术、新工艺的国际交流与开发合作，进行分析比较，寻求科学合理的生产、技术、装备十分必要。

3. 采取措施，减少焦炭使用量

我国钢铁生产焦炭消耗多的原因，主要是高炉入炉焦比高，炼钢铁钢比高。钢铁工业产业结构要继续深入调整，要多采用高炉富氧喷煤等节约焦炭的技术应用水平和比例。减少不必要的非生产性焦炭消耗。减少焦炭消耗，一方面可节约煤炭资源，另一方面也可减少炼焦过程中的环境污染。

4. 加强炼焦生产中的污染防治工作

炼焦生产中的污染控制应贯穿生产工艺全过程，从装炉煤调湿、干熄焦、地面除尘设施、高效的酚氰废水处理工艺、炼焦过程煤气脱硫、脱氨到焦炉煤气综合利用等先进技术。国家有关部门准备委托中国钢铁工业协会组织炼焦污染防治专项规划制定，拟确定切实目标、实施方法和配套政策，争取各方面资金投入，争取国家有关部门针对焦化废水等治理难点给予必要的技术研究开发等方面的支持。

5. 开展总量控制，排污许可证和排污权交易相结合办法，减少污染转移

总量控制与浓度达标是两种并行的环境管理办法，是环境税计算的依据。国内部分地区进行污染物排放总量交易试点，排污权交易有利于促进污染水平低而生产率高的产业结构调整，有利于污染治理技术的进步。排污权总量是有限的，企业环保技改投入等措施削减下来的排污指标可转让、竞价出售，总量配额不足的企业只能从市场上购买排污权，不仅提高了行业准入门槛，还使企业治理污染有利可图。

（四）炼焦行业的污染物排放

常规焦炉生产过程由备煤（运输、储存、粉碎配料）、炼焦（装煤、炼焦、出焦、筛焦）、化产（冷鼓、脱硫、硫铵、洗脱苯）三部分组成。排放的废气主要来自于备煤、炼焦、化工产品回收与精制工段。废气中含有煤尘、焦尘、硫化氢、氰化氢、氨、二硫化碳、苯类、酚类以及多环和杂环芳烃。炼焦废水主要是剩余氨水和含酚、氰的煤气终冷水、蒸汽冷凝分离水。

二、炼焦行业的生产工艺环境影响

（一）炼焦行业的原辅料与能耗

1. 原料

炼焦生产是以经过洗选，含水 10% 的焦煤为原料，一般用气煤、肥煤、焦煤、瘦煤等为主要原料，按一定配煤比配合均匀后粉碎、捣固在碳化室高温干馏，隔绝空气条件下，加热到 950 ～ 1 050℃，经过干燥、热解、熔融、黏结、固化、收缩等阶段制成焦炭（表 15-2）。制取 1 t 焦炭需消耗焦煤或洗精煤 1.36 ～ 1.45 t。

表 15-2 各单种煤的结焦特性

煤种	牌号	挥发分(体积分数)/%	黏结指数 G	胶质层 Y/mm	灰分 /%	全硫 /%
气煤	QM	＞ 28	≥ 55	—	≤ 9.0	≤ 1.9
气肥煤	QFM	≥ 37	≥ 85	＞ 25	≤ 9.0	≤ 1.9
1/3 焦煤	1/3JM	≥ 25	≥ 78	16 ～ 25	≤ 10.5	≤ 0.5
肥煤	FM	2 537	≥ 85	≥ 25	≤ 10.0	≤ 1.0
焦煤	JM	2 028	≥ 75	15 ～ 25	≤ 10.5	≤ 0.8
瘦煤	SM	≥ 13	≥ 42	≥ 5	≤ 10.0	≤ 0.5

2. 辅料

【硫酸】炼焦厂用硫酸吸收煤气中的氨，硫酸用于制取硫酸铵用的辅料。

【液碱】炼焦厂脱硫需要消耗液碱，液碱用于吸收煤气中的硫化氢。

【洗油】炼焦厂洗脱苯需要消耗洗油，自煤气回收粗苯最常用的方法是洗油吸收法。

3. 产品

【焦炭】焦炭含元素：炭（82% ～ 87%）、氢、氧、氮（0.5% ～ 0.7%）、硫（0.7% ～ 1.0%）、磷。燃料成分：灰分 10% ～ 18%，挥发分 1% ～ 3%，固定碳 80% ～ 85%。

【焦炉煤气】易燃有毒气体，主要成分：烷烃、烯烃、芳烃、H_2、CO 等，燃烧热值：12 560 ～ 25 120 kJ/mol。荒煤气组成：焦油气 80 ～ 120 g/m^3、氨 8 ～ 16 g/m^3、苯烃 30 ～ 45 g/m^3、萘 10 g/m^3、硫化氢 6 ～ 10 g/m^3、硫化物（CS_2、噻吩）2 ～ 2.5 g/m^3、氰化物 1.0 ～ 2.5 g/m^3、吡啶盐基 0.4 ～ 0.6 g/m^3。

【焦油】黑色黏稠液体（高温焦油主要成分是芳香烃；低温焦油主要成分是环烃和烷烃；中温煤焦釉主要成分是芳香烃和酚类），具有特殊有刺激性臭味。可燃，有腐蚀性。

【氨水】纯氨水是无色液体，具有较强挥发性。较强刺激性臭味，能刺激皮肤、眼、鼻，使人流泪。有毒。空气中最高容许质量浓度为 30 mg/m^3。有渗透性、腐蚀性，呈碱性，分解出氨气遇火爆炸。

【粗苯】粗苯是煤热解煤气产物之一，脱氨后焦炉煤气回收的苯系化合物，含量以苯为主，称为粗苯。淡黄色透明液体，比水轻，不溶于水，溶于醇、醚、丙酮。易挥发，有毒。遇热、明火极易引起燃烧和爆炸，与氧化剂接触反应剧烈。

【硫酸铵】无色结晶或白色颗粒。无气味，有毒，有刺激性。

【萘】挥发性白色结晶，粗萘含不纯物，呈灰棕色，有焦油臭味。溶于苯、醚、无水酒精，不溶于水，易挥发。遇明火、高温、氧化剂会导致火灾。对皮肤有刺激性。

【杂酚】深棕色结晶体。有毒和腐蚀性。易燃，受热发出有毒蒸气，并有腐蚀性。

【硫黄】淡黄色结晶体或粉末，有特殊臭味。不溶于水，微溶于乙醇、醚，易溶于二硫化碳。切忌与磷及氧化剂混存混运。硫黄受潮后有酸性，容易烂坏包装麻袋。

炼焦产品的数量和组成随炼焦温度和原料煤质量的不同而波动。在工业生产条件下，煤料高温干馏时各种产物的产率 (对干煤的质量) 如表 15-3 所示。

表 15-3　炼焦产品的产率

	焦炭	焦油	苯烃	焦炉气	氨	化合水	硫化氢及其他
干馏产率 /%	70 ～ 75	4 ～ 4.5	1 ～ 1.6	15 ～ 21	025 ～ 0.35	2 ～ 4	1.0 ～ 1.4
近似产率 /%	73	4.0	1.4	17	0.3	3	1.3
1370 kg 煤成分 /kg	1 000	55	19	234	4	40	18

4. 炼焦行业的能耗和水耗

炼焦所需燃料主要有焦炉煤气或混合煤气，辅料主要有硫酸、洗油等。目前，国际先进水平的工序能耗吨焦耗煤为 167 kg /t，吨焦耗新鲜水量为 2.5 t，吨焦耗蒸汽量为 0.2 t，吨焦耗电量为 30 kW · h。炼焦所需能源来自加热煤气的占 90%，炼焦生产能耗占炼焦工序能耗的 75%。

【燃气】生产 1 t 焦炭约产生 440 m^3 左右的煤气，回炉炼焦 200 m^3（约占 42%）左右的煤气，用于烘干焦炭消耗煤气约为 30 m^3（约占 3%）。炼 1 t 焦约产生 1 275 m^3 的烟气。

【水】每生产 1 t 焦炭约消耗 2.5 t 左右的水，消耗蒸汽量 0.2 t。

【电】每生产 1 t 焦炭大约消耗 30 kW · h 的电。

（二）炼焦的生产工艺

1. 炼焦行业的生产工艺与原理

炼焦生产的原料主要是烟煤，产品是焦炭和化学产品。炼焦生产是将煤料装入炭化室中进行隔绝空气加热（1 000℃左右）干馏，经过一定的时间，炼成焦炭，然后将焦炭从炉内推出，进行熄焦和筛焦，同时将从炭化室内产生的挥发物输送到化产车间去分离提制成各种化学产品（焦炭、化学产品和煤气）。炼焦的生产工艺如图 15-1 所示。

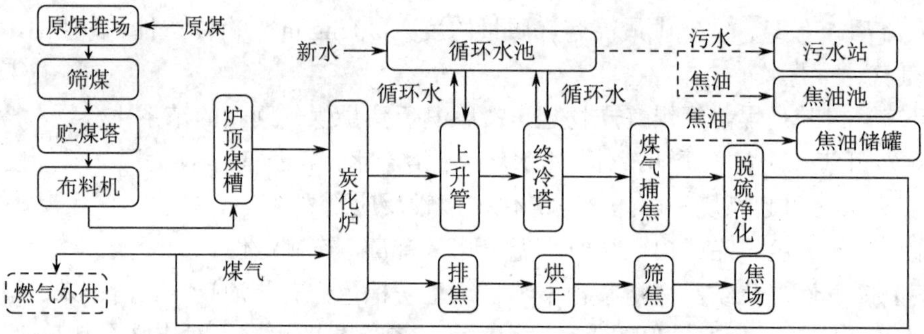

图 15-1　炼焦生产工艺

煤炼焦时，75% 生成焦炭，25% 生成荒焦炉煤气（也称荒煤气、出炉煤气），荒煤气是组成极复杂的混合物，按生产流程煤，一般分为备煤车间、炼焦车间、回收车间、煤气净化和化学品回收。

（1）备煤配煤工段

原料洗精煤通过火车或汽车运入场内卸至煤场，通过传送带运至受煤坑，再提升传送至配煤室，经粉碎机室进贮煤塔供焦炉使用。

（2）炭化（炼焦）

①炭化

焦煤的炭化通过炼焦炉实现，主要有水平室式常规机械化焦炉和捣固式热回收焦炉（生产兰炭采用的直立炭化炉不在本指南阐述）。

【机械化焦炉】装煤车从煤塔取煤，再移动到焦炉顶的装煤孔，将煤炭倒入炭化室。炭化室两侧燃烧室用煤气加热炭化室内煤炭，使其干馏成焦。炭化室内煤炭干馏产生的焦炉气通过上升管引向化产回收工段，煤气经桥管喷氨水降温，煤气焦油冷凝，冷却后煤气、热氨水和冷凝焦油一起流向煤气净化工序。结焦完成后，打开炭化室两侧铁门由推焦车将红焦经拦焦车导焦槽推入熄焦车去熄焦。

【捣鼓焦炉】装煤车从煤塔取煤，经捣固机捣固成煤饼后，将煤水平装入炭化室内，导烟车除尘后，盖上消烟除尘孔盖和上升管盖，开始炼焦。捣鼓焦炉炼焦和推焦过程与机焦炉基本相同。

②熄焦

【湿法熄焦】熄焦车装载红焦进入熄焦塔内，由塔顶喷淋水将红焦冷却熄火，冷却的焦炭送筛焦系统，熄焦水循环使用。

【干法熄焦】从炭化室中推出的红焦经拦焦车的导焦槽落入运载车焦罐内，由机车牵引至干熄焦装置提升机，将焦罐提升至井架顶部，再装入干熄炉。干熄炉中，红焦与惰性气体热交换冷却。冷却后的焦炭经排焦装置卸到胶带输送机上，送筛焦系统。

③水平室式常规机械化焦炉工艺

机械化焦炉生产工艺已很成熟，其备煤、炼焦和煤气净化工艺流程见图 15-2。

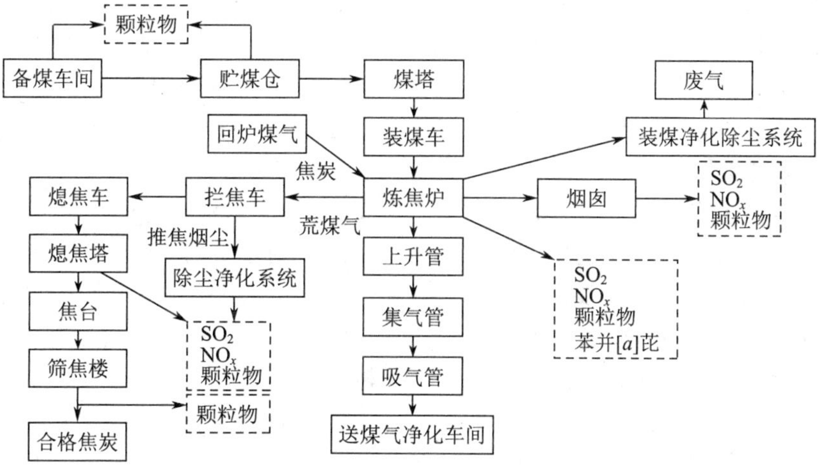

图 15-2　水平室式炼焦及焦处理工艺流程排污环节示意图

④捣固式热回收焦炉工艺（图 15-3 和图 15-4）

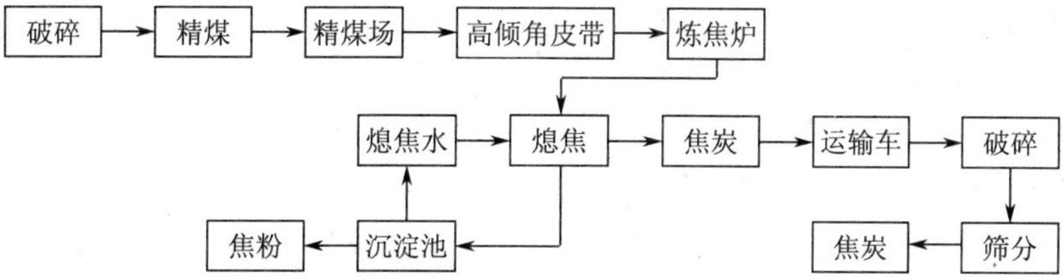

图 15-3　冷装冷出捣固式热回收焦炉生产工艺流程

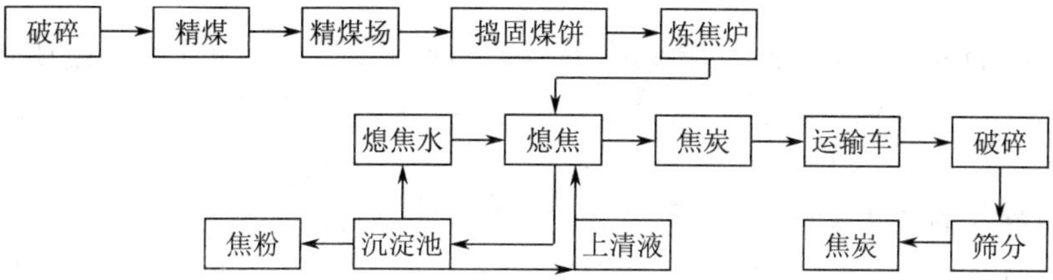

图 15-4　捣固式热回收捣固机焦炉生产工艺流程示意图

⑤筛焦、贮焦

焦炭熄焦后，运凉焦台，冷却后由刮板放焦机推至溜槽落到烘干机，通过振动筛筛分，分别进入各自料仓，再由皮带运输机送到各自的焦场堆放或外运。

贮焦工艺流程，包括贮焦缓冲仓下焦炭振动给料机放焦至皮带运输机，运至贮焦楼，经高效振动筛筛分后经由皮带机到贮焦仓。

焦炭成品、筛出的粉焦分别通过胶带运输机转运至焦场和焦粉棚；荒煤气分离出的焦油、焦油渣、氨水分别导入焦油罐、焦油渣罐、氨水池，采取防逸散和密闭措施，防治 VOCs 污染。

（3）煤气净化

焦炭生产过程产生的荒煤气，含多种芳香烃和杂环化合物、氨、硫化物、氰化物、CO 等。焦炉荒煤气中一般含硫化氢为 4～8 g/m^3、含氨为 4～9 g/m^3、含氰化氢为 0.5～1.5g/m^3。硫化氢（H_2S）及其燃烧产物 SO_2 对人身均有毒性，氰化氢的毒性更强。氰化氢和氨在燃烧时生成氮氧化物（NO_x）。

煤气净化工艺过程：焦炉荒煤气→初冷器→电捕焦油器→煤气鼓风机→预冷塔→脱硫塔→煤气预热器→喷淋式饱和器→终冷塔→洗苯塔→煤气供应。

荒煤气经氨水降温，焦油、氨水以及粉尘和焦油渣一起流入机械化焦油氨水分离池。分离后氨水循环使用，焦油送焦油罐，焦油渣可回配到煤料利用。出初冷器后的煤气经捕焦油器除去焦油雾，进一步去除煤气水分和焦油，然后进入鼓风机送洗萘塔用洗油吸收萘。煤气进入脱硫塔前设洗萘塔用于洗油吸收萘（防止萘低温结晶）。在脱硫塔内用脱硫剂吸收煤气中的硫化氢，同时，煤气的氰化氢也被吸收。煤气中的氨在吸氨塔内被水或水溶液吸收产生液氨或硫酸铵。煤气经终冷塔降温后进入洗苯塔内，用洗油吸收煤气的苯类及环戊二烯等低沸点化合物和苯乙烯、萘古马隆等高沸点物质，有机硫化物也被除去。

①焦炉煤气的冷鼓

荒煤气经氨水冷凝冷却，焦油、氨水以及粉尘和焦油渣与煤气分离，流入机械化焦油氨水分离池。夹带着焦油和氨水的荒煤气沿吸煤气管道至气液分离器，再经过横管初冷器，焦炉煤气普遍采用高效横管间冷工艺进行冷凝冷却（当上段采用循环冷却水，下段采用低温冷却水对煤气进行冷却时，称为二段式初冷工艺）。

煤气中焦油雾的脱除采用电捕焦油器工艺完成，电捕焦油器通常设置在煤气鼓风机前，以防止煤气经鼓风机升温后煤气焦油中的萘挥发至煤气中。经初冷器冷却和洗萘的煤气仍含有 5～10 g/m^3 的焦油雾、煤气夹带着颗粒极小的焦油雾从下部进入电捕焦油器。从电捕焦油器排液管导出的轻质焦油，从鼓风机导液管排出的冷凝液，分别经水封槽流至地下槽，由液下泵送至冷凝液槽。

从焦炉来的荒煤气经初冷工艺冷凝后，经电捕焦油器（除焦油），由鼓风机加压送至后续装置。经过电捕焦油器除去绝大部分焦油雾的煤气进入鼓风机，经加压后煤气被输送到硫酸铵工段。

②焦油氨水的分离工艺

焦油与氨水的分离采用“混合分离工艺”，从焦炉吸煤气管道气液分离器收集的焦油氨水混合液与初冷器下来的煤气冷凝液混合后，进分离器（氨水澄清槽）进行分离。氨水焦油混合液在澄清槽内经重力分离，上层澄清的氨水流至循环氨水槽。中部焦油经焦油液位调节器连续压入焦油中间槽再送至焦油脱水槽，脱水后送油库。焦油渣沉淀于澄清槽底部，经链条刮板机刮出槽外送至备煤。

氨水澄清槽分离工艺即焦油氨水混合物首先经机械刮渣槽分出颗粒较大的焦油渣，然后进入立式焦油氨水分离槽内进行焦油氨水分离的工艺。

③焦炉煤气脱硫脱氰

在我国大、中型炼焦厂中均设焦炉煤气脱硫、脱氰装置，使净化后煤气中的硫化氢、氰化氢含量符合标准，常采用的脱硫方法有 AS 法、真空碳酸盐法、乙醇胺法等吸收法脱硫工艺，以及 HPF 法、FRC 法、ADA 法等氧化法脱硫工艺。在上述两大类焦炉煤气脱硫工艺中，较为广泛采用的是真空碳酸钾吸收法脱硫工艺和 HPF 湿式氧化法脱硫工艺。

硫回收多采用克劳斯工艺。酸性气体的 H_2S 在制硫燃烧炉中燃烧成 SO_2，在催化剂作用下，H_2S 和 SO_2 发生克劳斯反应生成单质液硫和水，液硫经捕集进入液硫池，分离液硫的 H_2S，抽至尾气焚烧炉；脱气后液硫冷却固化成硫黄。克劳斯反应后的尾气中仍含少量硫化物，通过加热（加热器）、加氢（氢化反应器）、催化作用，使尾气中的 SO_2、COS 及 S 发生加氢水解转化为 H_2S，进尾气焚烧炉燃烧成 SO_2 高空排放。硫回收工艺使用氨气回收氨液。脱硫液从脱硫塔底流出经封液槽进入反应槽，泵入再生塔用压缩空气再生，再生后的溶液回脱硫塔循环使用，浮于再生塔顶部的硫黄泡沫由硫泡沫槽下部流入板框压滤机压滤生成硫黄粉饼。

焦炉煤气冷却后产生的冷凝液进入循环冷却水中，循环使用会增加污染物和盐类，需要不断更换。用氨水脱除煤气中的硫化氢。硫化氢及硫化物会腐蚀设备及煤气管道，煤气中甲烷、乙烷、乙烯、萘等成分易堵塞煤气管道。

（4）化产回收

①焦炉煤气脱氨（硫铵工艺）

由鼓风机来的焦炉煤气，经电捕焦油器后进入煤气预热器和蒸发饱和器氨被硫酸吸收。再经除酸器捕集酸雾后，送粗苯车间。蒸氨后得到的氨气，在不生产吡啶时，直接进入饱和器。饱和器母液不断生成硫酸铵结晶被抽至结晶槽，经离心机分离，滤除母液，用热水洗涤结晶，减少杂质。硫酸铵结晶送入沸腾干燥器内干燥后送入硫酸铵储斗，经称量包装入成品库。

焦炉煤气通常采用水洗、硫酸或磷铵溶液洗涤吸收等方法脱除煤气中的氨，使之含氨符合国家环保标准同时，以产品硫铵、无水氨等形式回收氨，或采用氨分解的方法回收低热值尾气。这些功能分别由半直接法或间接法硫铵装置、冷法或热法无水氨（PHOSAM 法）装置、水洗氨—蒸氨氨分解等装置完成。煤气脱氨工艺可将煤气的氨脱至 100 mg/m^3 以下。我国炼焦厂多采用半直接法喷淋饱和器硫酸铵工艺。

②焦炉煤气脱萘

焦炉煤气脱萘工艺是在初冷工艺中采用高效横管初冷器，配合焦油氨水乳化液（轻质焦油）喷洒洗萘工艺。从终冷塔顶进入的煤气，在横管终冷器内冷却 25℃左右。萘被从轻质焦油循环槽来的轻焦油溶解吸收，从塔底排出。煤气经旋风捕雾器除去大部焦油，凝结水雾，去洗苯塔。吸收萘后的轻焦油从塔底抽至塔顶喷洒吸收萘循环至一定含萘量后，用泵从槽底抽出送到焦油工段处理。

③焦炉煤气脱苯（粗苯工艺）

焦炉煤气脱苯通常采用洗油吸收工艺完成，经蒸馏工艺最终以粗苯或轻苯产品加以回收，所用吸收剂一般为焦油洗油。上述功能分别由终冷洗苯装置和粗苯蒸馏装置完成。煤气终冷工艺可采用间冷或直冷工艺。采用上述工艺对焦炉煤气进行脱苯后，煤气中含苯一般可达 2 ～ 4 g/m^3。

2. 炼焦的基本设备

炼焦的基本设备见表 15-4。

表 15-4 炼焦的基本设备

基本工序	使用的主要设备
备煤配煤	受煤坑、煤场、配煤槽、胶带输送机、提升机、破碎机、筛分室、粉煤仓、配煤室、贮煤塔、铲车、运输车辆
炭化	装煤车、炭化室、燃烧室、斜道、蓄热室、废气盘、烟道、烟囱、推焦车、炉门、导焦槽、熄焦车、干熄炉、装入装置、排焦装置、提升机、电机车及焦罐台车、焦罐、冷焦排除系统、循环风机、一次除尘器、二次除尘器、锅炉、熄焦车、熄焦塔、喷淋装置、凉焦台、筛焦楼、贮焦槽、传送装置、运输装置、焦油罐、煤气罐
筛焦、贮焦	凉焦台、皮带运输机、给料机、筛焦楼（筛焦机、地槽、皮带机）、储焦场、粉焦棚、贮焦仓、运输车辆
煤气净化	横管初冷器、吸煤气管道、氨水澄清槽、气液分离器、鼓风机、电捕焦油器、预冷塔、脱硫塔、反应槽、脱硫液循环泵、再生塔、泡沫槽、熔硫釜、废液槽、废液冷却器、进入旋风式除酸器、结晶槽、离心机、干燥机
化产回收	煤气预热器、喷淋式饱和器、水洗氨—蒸氨氨分解装置、蒸馏塔、终冷洗苯装置和粗苯蒸馏装置

（三）炼焦排污节点分析

1. 炼焦行业环境要素分析（表 15-5）

表 15-5 炼焦行业污染要素分析

污染类型		特征污染物
废气	无组织废气	煤炭运输、装卸、筛选过程煤尘无组织逸散；炼焦炉体泄漏、推焦、熄焦、焦油罐、苯贮槽等过程或设施存在无组织废气排放，主要污染物含煤尘颗粒物、SO_2、BaP、BSO、CO、H_2S、NH_3、HCN 等
	有组织废气	焦炉烟气，含颗粒物、SO_2、NO_x；脱硫尾气，含颗粒物、SO_2、NO_x；锅炉烟气主要污染物有颗粒物、SO_2、NO_x；收集废气的除尘装置排气含颗粒物、SO_2、NO_x

污染类型		特征污染物
废水	生产废水	脱硫废液、蒸铵废水、设备和地坪冲洗水等，主要污染物有 pH、SS、COD_{Cr}、氨氮、BOD_5、总氮、总磷、石油类、挥发酚、硫化物、苯、氰化物、多环芳烃、苯并 [*a*] 芘
	生活污水	污染物主要为 SS、COD、氨氮、总氮、总磷等
固体废物	生产废物	主要有包括粉尘、焦油渣（危险废物）、脱硫废液、沥青渣、酸焦油、废油渣、污水处理站污泥（危险废物）、除尘器灰尘均属于危险废物
	生活垃圾	一般固体废物
噪声		机械噪声、运输车辆噪声、空压机噪声、除尘器噪声、破碎筛分噪声等

2. 炼焦行业生产过程排污节点（图 15-5）

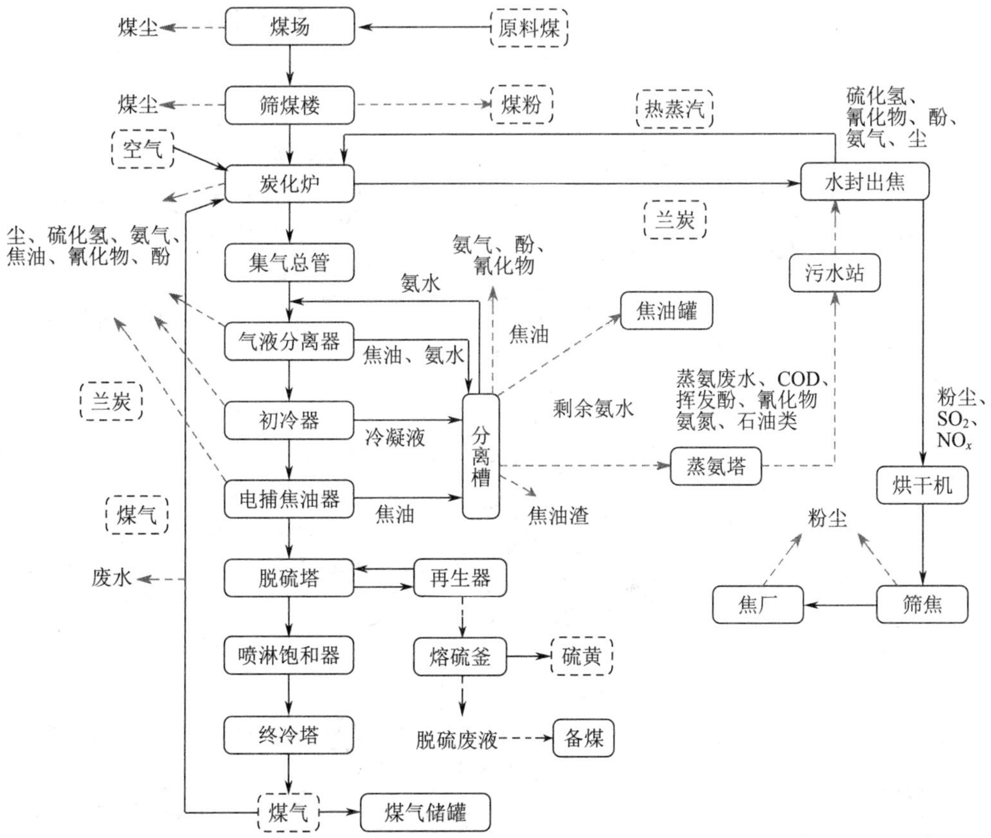

图 15-5 炼焦排污节点

3. 炼焦行业生产过程排污节点（表 15-6）

表 15-6　炼焦行业生产过程排污节点分析

工段		生产设施	污染物产生原因	主要排放污染物	控制措施
备煤和装煤	备煤配煤	受煤坑、煤场、配煤槽、胶带输送机、提升机、破碎机、筛分室、粉煤仓、配煤室、贮煤塔、铲车、运输车辆	煤在运送、装卸、堆存、转运、破碎、筛分过程中煤尘无组织逸散； 露天煤场受雨水淋洗产生渗滤水； 选煤过程产生选煤水和煤矸石 运输车辆、破碎产生噪声	含煤尘颗粒物废气，无组织排放； 渗滤水和选煤水中含有悬浮物、Cu、Mn、Zn 等重金属离子，以及酚类、硫化物、石油类污染物； 危险固体废物：煤矸石运输车辆和破碎噪声	筒仓储煤；封闭式储煤库储煤；四周设挡风抑尘网和洒水设施；输送廊道全封闭；在破碎机产尘点设置集尘罩，统一经集尘管送除尘装置，一般采用袋式除尘器； 废水进入污水处理厂； 固废回收或定点堆放； 破碎车间封闭
	装煤	装煤车、炭化室、燃烧室、装煤孔、上升管、装煤孔散逸	煤料装入炭化室时焦炉本体装煤孔盖、炉门、上升管盖等处泄漏排出大量荒煤气和黑烟； 随水蒸气和煤气扬外泄大量细煤粉	废气含煤尘颗粒物，SO_2、NO_x、BaP、CO、H_2S、NH_3、HCN、C_nH_m 等，属于无组织排放； 收尘产生尘灰	保持装煤孔负压，控制烟尘外逸；装煤漏斗套筒密闭，以防泄漏； 落煤均匀下落，避免大量落煤料产生冲击气流导致煤尘外泄；设置车载式或地面站除尘系统； 尘灰收集回用
炭化	炭化室	炭化室、炉顶、炉门、上升管	炭化室产生的污染主要为煤高温干馏过程中由炭化室炉门、上升管盖、装煤孔盖等处逸散的荒焦炉煤气、烟尘、炭黑、飞灰等	废气中主要含煤尘颗粒物、SO_2、NO_x、BaP、苯类、CO、H_2S、NH_3、HCN、挥发酚、C_nH_m 等，属于无组织排放	加强炉体的密闭性检查严控炉气泄漏； 部分部位需设引气装置，减少炉气泄漏； 炉顶设置移动式消烟除尘
	燃烧室	燃烧室、斜道、蓄热室、废气盘、烟道、烟囱	煤气在燃烧室燃烧，产生高温废气，下降后经由蓄热室回收热量后，经烟道有组织排出； 除尘器中产生尘灰	颗粒物、SO_2、NO_x 等，属于有组织排放； 除尘产生尘灰	加装除尘器；脱硫、脱氮；采用脱硫、脱氨后的净煤气为燃料； 尘灰收集回用

工段		生产设施	污染物产生原因	主要排放污染物	控制措施
炭化	推焦	推焦车、拦焦车、炉门、上升管、熄焦车、导焦槽	炉门打开后、推焦及炉门关闭过程荒煤气和部分燃烧废气严重外泄；推焦、落焦时导焦槽散发大量粉尘；除尘器中产生一般固体废物	含煤尘颗粒物、SO_2、NO_x、BaP、H_2S、NH_3、C_nH_m 等；除尘产生尘灰	设置热浮力罩式除尘系统、车载式除尘系统或地面站除尘系统；尘灰收集回用
	湿法熄焦	熄焦车、熄焦塔、喷淋装置、除尘器	熄焦塔产生含尘及煤气的水蒸气；熄焦产生废水；除尘器中产生一般固体废物	含煤尘颗粒物、SO_2、NO_x、BaP、CO、NH_3、C_nH_m 等；废水中含焦尘悬浮物、酚、氰化物等；除尘产生尘灰和尘泥	在塔内安装折流格子挡板，减少焦尘扩散；熄焦塔烟气引气进入炭化室；熄焦废水循环使用；尘灰和尘泥收集回用
	干法熄焦	熄焦车、干熄炉、排焦口、焦罐台车、焦罐、冷焦排除系统、风机放散管、除尘器、锅炉	干熄焦槽顶、排焦口、风机放散管等处产生含荒煤气废气排放；除尘器中产生一般固体废物	含煤尘颗粒物、SO_2、NO_x、BaP、CO、NH_3、C_nH_m 等；除尘产生尘灰	捕集烟气送地面站，地面站采用干法或湿法除尘；捕集烟气送炉顶消烟除尘车；尘灰为一般固体废物可掺入煤中炼焦；尘灰收集回用
筛焦、贮焦	筛焦、贮焦	晾焦台、烘干机、中间仓、地槽、贮焦缓冲仓、给料机、胶带机（含栈桥）、贮焦仓、刮板等	焦炭在晾焦、烘干、破碎、筛分、储运过程产生含尘废气；除尘产生尘灰；筛焦产生噪声	全过程产生大量无组织含尘废气；破碎、筛分、烘干机、粉焦仓设施排气口产生有组织含尘废气；地面冲洗废水，废水含 SS、硫化物、氨氮、石油类等除尘产生粉焦；筛焦产生机械噪声	全过程以致车间尽量采取封闭措施或喷水雾防扬尘措施；破碎、筛分设施排气口设布袋除尘

工段		生产设施	污染物产生原因	主要排放污染物	控制措施
筛焦、贮焦	成品堆放	储焦场、粉焦棚、焦油罐、煤气罐、氨水池、胶带机（含栈桥）、管道等	中焦、大焦，采用场地露天堆放，碎焦采用焦棚储存，焦炭输和装车都会产生严重尘污染； 焦油罐、焦油渣罐、氨水池废气散逸、泄漏； 地面冲洗； 除尘产生尘灰	焦尘，无组织排放； 焦油罐、焦油渣罐、氨水池废气散逸、泄漏： H_2S、NH_3、BaP、BSO，还有恶臭； 地面冲洗废水含COD、氨氮、氰化物、挥发酚、石油类等； 除尘产生尘灰	储焦场地面混凝土硬化，块焦场设封闭型仓棚，设喷洒水设施；全密闭贮焦棚； 油罐和氨水池加强密闭，减少跑冒滴漏
煤气净化	煤气冷鼓	吸煤气管道、横管初冷器、气液分离器、直冷塔、循环冷却器、鼓风机等电捕焦油器	荒煤气沿吸煤气管道至气液分离器，再经过横管初冷器。煤气经电捕焦油后进入鼓风机至煤气洗涤净化工段。气液分离的氨水焦油混合液自流入氨水澄清槽	电捕焦油器、中间槽等产生煤气泄漏，蒸氨槽、焦油槽、氨水槽等各槽类设备放散管的放散废气；焦油渣罐大小呼吸，冷热循环水池蒸发产生废气；含H_2S、VOCs等泄漏，产生异味，含煤尘颗粒物、SO_2、NO_x、BaP、苯类、CO、H_2S、NH_3、HCN、挥发酚、C_nH_m等； 管式加热炉产生颗粒物、SO_2、NO_x； 工艺排水，设备、地坪冲洗水，废水中含COD、氨氮、氰化物、硫化物、挥发酚、石油类等； 焦油渣（含一定量焦油和氨水的煤粒及游离碳的混合物）；管道冷凝液、焦油渣、沥青渣（均属危险废物）；氨水澄清槽中分离出氨水、焦油和焦油渣	加强设备、管道、液槽封闭性或加盖，减少跑冒滴漏和VOCs污染； 对分离槽采取加盖密封措施；引气到炭化室； 剩余氨水送蒸铵装置； 废水进污水处理厂； 焦油经脱水处理后送入焦油贮罐；蒸氨塔产生沥青渣（危险化学品） 焦油渣放在指定位置，做好防渗，等待配煤时回用
	氨水焦油分离工艺	澄清槽、焦油中间槽、焦油罐、氨水槽、刮板机、焦油渣罐、蒸氨装置干燥系统、管式加热炉	氨水焦油混合液在澄清槽内经重力分离； 氨水流氨水槽， 焦油焦油中间槽， 焦油渣沉淀于澄清槽底，经链条刮板机连续刮出槽外； 设备、管道、液槽封闭不严和跑冒滴漏产生严重的废气污染		

工段		生产设施	污染物产生原因	主要排放污染物	控制措施
煤气净化	脱硫脱氰	脱硫、脱氰装置、制硫燃烧炉、转化器、余热锅炉、预冷塔、脱硫塔、反应槽、冷凝冷却器、液硫池、尾气焚烧炉、脱硫塔、封液槽、反应槽、熔硫釜、冷却器、压滤机等	油气分离后的煤气经制硫燃烧炉、克劳斯反应装置、尾气焚烧炉、板框压滤将煤气中的H_2S除去，制成硫黄； 脱硫液加药后送入再生塔内再生，得到硫泡沫进行熔硫，得到硫黄； 设备、地坪冲洗水；	设备、管道、氨水槽、油罐封闭不严和跑冒滴漏产生含H_2S、VOCs等泄漏，产生异味； 脱硫再生塔泄漏含H_2S废气； 尾气焚烧后排放的废气含SO_2、NO_x、颗粒物等； 脱硫废液，脱硫废液主要为$Na_2S_2O_3$、NaCNS； 设备、地坪冲洗水； 固体产品：硫黄	加强设备、管道、液槽封闭性或加盖，减少跑冒滴漏和VOCs污染； 尾气排放的废气应除尘； 脱硫废液和尾气除尘尘灰的收集、贮存、外运按危险废物管理； 废水进污水处理厂，脱硫废水可作为配煤用水喷洒在煤堆上； 硫黄包装外运
化产回收	硫铵	煤气预热器、喷淋式饱和器、旋风式除酸器、结晶槽、离心机、干燥床	用硫酸吸收氨，分离后结晶干燥，得到产品硫铵，并排放干燥尾气； 蒸氨废水； 设备、地坪冲洗水	废气和尾气含颗粒物、SO_2、NO_x、BaP、苯类、H_2S、NH_3、HCN、挥发酚、C_nH_m等； 废水含pH、SS、COD、氨氮、硫化物、氰化物、挥发酚、硫化物等； 产生沥青渣和焦油酸（危险废物）	加强封闭，减少废气泄漏尾气除尘； 沥青渣和焦油酸按危险废物建立台账，严格管理，废水进污水处理厂
	脱萘	循环油槽、循环泵、终冷塔、旋风捕雾器	采用高效横管初冷器，配合焦油氨水乳化液（即轻质焦油）喷洒洗萘工艺	废气含颗粒物、SO_2、NO_x、BaP、苯类、H_2S、NH_3、HCN、挥发酚、C_nH_m等； 废水含pH、SS、COD、氨氮、硫化物、氰化物、挥发酚、硫化物等	加强封闭，减少废气泄漏； 废水进污水处理厂

工段		生产设施	污染物产生原因	主要排放污染物	控制措施
化产回收	粗苯精苯	冷却器、终冷洗苯装置、粗苯控制分离器、洗油再生器、粗苯分馏塔	粗苯蒸馏装置、精苯加工、焦油加工各油槽分离器放散管废气； 再生残渣； 冷凝系统循环水外排； 设备排除的污水；	放散废气含苯、C_nH_m 等； 再生残渣（主要为芴、联亚苯基氧化物等）； COD、氨氮、氰化物、挥发酚、石油类等	放散废气应收集净化； 再生残渣为危险废物，可掺入煤中炼焦； 废水进污水处理厂
	污水站	格栅、沉沙、隔油、过滤、好氧生化设备、二沉池、污泥压滤机等	各工段的生产废水、冲洗废水；生活污水等； 污水处理的污泥	废水：COD、硫化物、酚类、石油类、氨氮、总氮、挥发酚等； 生化处理后剩余污泥中含有有机物、细菌、微生物及重金属离子等	污水处理工艺一般 A/O 法（包括 A^2/O，A/O^2，A^2/O^2 法）。处理后出水作为熄焦或洗煤补充水，不得排放； 污泥外运

（四）炼焦行业污染源环境管理

1. 炼焦行业主要环境问题

我国的炼焦生产企业数量众多，规模大小不一，地域分布广泛，而炼焦废水无论是其水质特性还是治理难度，都有别于市政污水和其他行业废水，具有明显的独特性。

（1）大气污染的问题

炼焦企业的大气污染物分布于生产工艺各环节，均有大气污染问题。①粉尘（TSP），主要来自原料精煤的运输、存贮、配制和粉碎过程，以及焦炉装煤过程产生的粉尘。这些粉尘产生的特点是局部污染，仅局限在备煤坑、粉碎机房和焦炉装煤过程中。②烟气，主要来自焦炉烟气、推焦车烟气、炉门逸散气、炉顶烟气、熄焦塔烟气、锅炉烟气、氨焚烧烟气等。这些烟气中既有微小的浮尘和飘尘，也含有化学物质的成分。它们的特点是分布广、分散性强、污染面大。③化学废气，主要来自炼焦车间的荒煤气泄漏和化工车间的各种气体泄漏。其成分主要是含硫化合物（SO_2、H_2S）、氨氮化合物（NH_3、NO_x）、芳烃（焦油烟、苯类、酚类、多环和杂环芳烃等）以及少量的氰化物。特点是局部污染，但对人体危害性强。

这三类污染物对环境的影响特点各不相同：①粉尘（TSP）污染，主要是局部性污染，但在气候条件的作用下，常将这些粉尘变成扬尘，扩散到空气当中，随风飘散，造成较远距离的空气污染。②烟气，是炼焦企业的主要大气污染物，这些烟气中，除含有微小浮尘和飘尘外，常含有 SO_2、H_2S 和氨氮化合物（NH_3、NO_x）等化学物质，对炼焦企业四周的空气造成比较严重的污染。③化学废气，由于其逸散量较小，对四周的空气不会造成大面积的污染，但在化产车间和炼焦炉局部常形成浓度较高的污染区，这些带有刺鼻气味的气体会对人群健康造成损害。

（2）水污染的问题

炼焦企业的废水主要有两类：①低浓度废水，主要有生活污水和冷却用水（水封上升管和冷却循环水排水），这类废水中污染物的含量不高。②工艺废水，主要有剩余氨水、粗笨分离水、洗萘分离水、洗氨分离水、萃取脱酸水蒸氨废水和化验污水。

炼焦企业造成的水污染问题主要是第二类工艺废水。它的成分主要有酚、NH_3、H_2S、焦油、苯类、氰化物以及BOD和COD。这类废水的特点是排量大，危害严重。其水中污染物的浓度与企业化产回收程度有密切关系，化产品的回收程度高的企业，其工艺废水的浓度较低，如果化产品回收程度不高或根本无回收的企业(如改良焦、小机焦)，煤热解产出的大部物质在冷却过程回到废水，造成废水浓度增大。回收程度越高的企业，水污染的问题越小，回收越差的企业，水污染的问题越严重。

（3）固体废物的问题

炼焦工艺产生多种固态、半固态及流态的固体废物，主要有焦油渣、酸焦油、洗油再生器残渣、黑萘、吹苯残渣及残液、黄血盐残铁粉、酚精制残渣、脱硫残渣等。固体废物主要为各除尘设备回收的粉料；冷凝鼓风工段产生的焦油渣，均可综合利用。焦油渣按危险废物管理，要建立管理台账，运出要有转移联单，如外运处置用于焦油精炼，可申请危险废物管理豁免。

炼焦企业产生的固体废物中，除粉焦、除尘灰外，其余均为危险废物，掺入入炉精煤中炼焦是目前较为可靠的综合利用方式。

2. 主要环境管理

（1）环境规划

①新（改、扩）建炼焦项目必须符合国家和省（区、市）主体功能区规划、区域规划、行业发展规划、城市建设发展规划、城市环境总体规划、土地利用规划、节能减排规划、环境保护和污染防治规划等规划的要求。

②炼焦项目建设应落实新增产能与淘汰产能等量或减量置换方案。

③新（改、扩）建炼焦企业必须在依法设立、环境保护基础设施齐全并经规划环评的产业园区内布设。

④炼焦企业卫生防护距离应符合《炼焦业卫生防护距离》(GB 11661—2012) 的要求。焦炉煤气制甲醇、煤焦油加工、苯精制生产企业卫生防护距离应符合相关国家标准或规范要求。

（2）环境监督管理

①炼焦企业应同步配套密闭储煤设施以及煤转运、煤粉碎、装煤、推焦、熄焦、筛焦、硫铵干燥等抑尘、除尘设施，其中焦炉推焦应建设地面站除尘设施。

②炼焦企业须配套建设生产废水处理设施，严禁生产废水外排。常规焦炉和煤焦油加工企业应按照《焦化废水治理工程技术规范》（HJ 2022—2012)，配套建设含酚氰生产

废水处理设施和事故储槽（池）。半焦企业氨水循环水池、焦油分离池应建在地面以上，生产废水应配套建设废水焚烧处理设施或其他有效废水处理装置，并按照设计规范配套建设事故储槽（池）。炼焦企业熄焦水必须闭路循环。

③炼焦企业生产装置区、储存罐区和生产废水槽（池）等应做规范的防渗漏处理，油库区四周设置围堰，杜绝外溢和渗漏。

④炼焦企业应规范排污口建设，焦炉烟囱、地面除尘站排气烟囱和废水总排口按照环境保护主管部门相关规定设置污染物排放在线监测、监控装置，并与环境保护主管部门联网。纳入国家重点监控名单的炼焦企业，应按要求建立企业自行监测制度，向属地环境保护主管部门备案自行监测方案，并在环境保护主管部门统一组建的平台上公布自行监测信息。

⑤炼焦企业生产装置及储罐应同步建设尾气净化设施，煤焦油加工企业应同步建设沥青烟气净化设施。焦炉煤气脱硫以空气（氧气）再生脱硫循环液的再生装置应同步建设尾气净化处理设施。

⑥热回收焦炉应配套建设烟气脱硫、除尘设施，并同步建设脱硫废渣处置设施，使脱硫废渣得到无害化处理。焦炉煤气湿式氧化法脱硫废液建提盐设施或废液处理设施，使脱硫废液得到无害化处理。

⑦炼焦企业应同步配套建设焦油渣、粗苯再生残渣、剩余污泥、重金属催化剂等固体废物处置设施或委托有资质的单位进行处理，使固体废物得到无害化处理。

（3）污染治理要求

①炼焦企业污染物排放须达到国家和地方污染物排放标准，并满足主要污染物排放总量要求。

②炼焦项目应严格执行环境影响评价制度并按规定取得主要污染物排放总量指标。环境保护设施必须与主体工程同时设计、同时施工、同时投产使用。

③炼焦企业应严格执行大气、污水排放标准，其中炼焦企业执行《炼焦化学工业污染物排放标准》(GB 16171—2012)，焦炉煤气制甲醇、煤焦油加工、苯精制生产企业执行《大气污染物综合排放标准》(GB 16297—1996）和《污水综合排放标准》(GB 8978—1996)。同时，炼焦企业应执行《工业企业厂界环境噪声排放标准》(GB 12348—2008）和固体废物污染防治法律法规、危险废物处理处置的有关要求，做到达标排放。

（4）环境风险要求

①炼焦企业煤气鼓风机、循环氨水水泵等应有保安电路。焦炉煤气事故放散应设有自动点火装置。

②炼焦企业应同步配套建设焦油渣、粗苯再生残渣、剩余污泥、重金属催化剂等固体废物处置设施或委托有资质的单位进行处理，使固体废物得到无害化处理。

③炼焦企业应严格执行《危险化学品环境管理登记办法（试行)》(环境保护部令2012年第22号)，对生产、使用的危险化学品实施环境管理登记。应当按规定建立环境应急管理组织体系，开展环境风险评估，编制突发环境事件应急预案并定期开展演练，加强应急救援队伍建设及物资储备，严格落实各项环境风险防控措施，定期排查治理环境安全隐患。

（5）固体废物处理处置要求（危险废物）

炼焦企业应同步配套建设焦油渣、粗苯再生残渣、剩余污泥、重金属催化剂等固体废物处置设施或委托有资质的单位进行处理，使固体废物得到无害化处理。

第二节　煤化工生产工艺环境基础

一、煤化工行业的环境问题

（一）煤化工行业的现状

煤化工以煤为原料，经化学加工使转化为气体、液体和固体产品或半产品，进一步加工成化工、能源产品的过程。主要包括煤炭气化、液化、干馏，及焦油加工和电石乙炔化工等。新型煤化工与传统煤化工的区别：新型煤化工通常指煤制油、煤制甲醇、煤制二甲醚、煤制烯烃、煤制乙二醇等。传统煤化工涉及焦炭、电石、合成氨等领域。

全球煤化工始于 18 世纪，19 世纪形成了完整的煤化工体系。进入 20 世纪，许多以农林产品为原料的有机化学品多改为以煤为原料生产，煤化工成为化学工业的重要组成部分。我国煤炭资源丰富，发展煤炭液化、气化等现代煤转化技术，对发挥资源优势、优化终端能源结构、补充国内石油缺口有现实和长远意义，国家对发展煤化工给予充分的重视，煤化工在我国面临新的市场需求和发展机遇。

（二）煤化工行业的环境问题

1. 能耗过高

煤化工业能源消耗水平总体上与生产技术、管理能力、企业规模等相关。我国煤化工企业能耗高于国际平均水平。数据显示，煤化工企业平均生产万元产品，需消耗能源折价为 3 万～ 4 万元，企业生产产品的平均价值不如所消耗能源的价值。国家政策导向，正在解决生产技术相对落后、生产系统不完善、企业规模偏小等问题。煤化工企业的高额能源消耗量不符合节约资源、保护环境的要求，亟待改变。

2. 水资源使用过度

煤化工是高耗水行业。我国煤炭资源富集区往往是水资源比较匮乏的地区，这些区域发展大量煤化工项目，受到水资源不足的制约。目前由于受到废水处理困难和水资源短缺等影响，煤化工还处于工业化示范阶段。必须采取新型节水、水循环利用等措施，应对水环境资源对煤化工发展的约束。

3. 环境压力剧增

在我国优质煤优先保障钢铁、电力等重要行业使用，而对于一些高硫、高灰、热值低的低质煤炭资源，就地转化是较合理的发展模式。但是特别要关注环境容量。在煤炭的气化过程，会产生以 SO_2、NO_x、CO_2 为主的废气，以及废水和废渣。从煤化工产业上看，每年排放的焦炉气或者是芳烃等气体占据着较大的比重。部分中西部富煤地区，生态环境比较脆弱，大量的污染的排放将会造成不可逆的后果。

（三）煤化工行业的污染物排放

1. 煤液化工业污染物

把煤炭通过系列化学加工，转化为液体燃料及其他化学品的技术称为煤液化技术。国内外主要煤液化技术分直接液化法和间接液化法两种，两种技术都较成熟。直接液化技术是指采用高和高压，将煤在催化剂和溶剂作用下裂解、加氢等反应，转化成小分子量的汽油、柴油等液体燃料和化工原料。间接液化技术是将煤先气化成合成气 (CO、H_2)，在催化剂作用下合成为油品和其他化学品。通过煤液化技术将煤转化成油，可以很好地解决我国石油短缺的问题，具有十分重要的战略意义和现实意义。

煤液化工艺产生的废气量不大，主要是气体意外泄漏或者放空气体中夹带大气污染物。除废气外，固体废物也是煤液化的主要环保问题。

2. 煤气化工业污染物

煤炭气化是将固体燃料 (煤、半焦、焦炭) 或液体燃料 (水煤浆) 与气化剂 (空气、氧气、富氧气、水蒸气或 CO_2 等) 作用而转变为燃料煤气或合成煤气。煤气化主要设备是气化炉，按照燃料运动状况，将气化炉大致分为移动床、沸腾床、气流床和熔融床等。煤炭气化过程中一定会产生环境污染物。

煤气化时产生的废气主要有气化炉炉内结渣、火层倾斜等非正常情况导致停车时炉内的排空气形成部分废气、固定床气化炉煤锁卸压弛放气污染、粗煤气的净化工序中部分尾气污染物、硫和酚类物质回收装置的尾气及酸性气、氨回收吸收塔排放气等。这些大气污染物的主要成分包括碳氧化物、硫氧化物、氨气、苯并芘、CO、CH_4 等。煤气工业生产过程中废气来源广，废气种类多，且很多废气还夹杂了煤中的砷、镉、汞、铅等有害物质，对环境及人体健康都有较大的危害。

煤气化时的废水排放一直是煤化工产业环境污染防治的重中之重，煤气化排放的废水主要来源于气化各工段中的洗涤水、洗气水、蒸汽分流水等溶解了煤气化时产生的水溶性污染物，包括氨、酚、挥发酚、石油类、硫化物、氰化物、SS 等。煤气化排放的废水污染物种类繁多，其非悬浮物和溶解性固体浓度极高，并含有氨氮、硫化物、氰化物等气化工艺的特征污染物。不同的气化设备、不同煤种所产生的环境污染物含量也不尽相同。以目前最常用的三种气化设备固定床 (鲁奇炉)、流化床 (温克勒炉)、气流床 (德士古炉) 为例，产生焦油最多的是鲁奇炉，德士古炉则不产生焦油；甲酸污染物则仅有德士古炉排放，鲁奇炉和温克勒炉不产生甲酸污染物。但整体而言，同等条件下鲁奇炉对环境的污染程度要远大于德士古炉，温克勒炉居中。此外，若采用冷凝水全部循环工艺，各煤种排放废水量基本能控制在 0.4 m^3/t；但采用不循环工艺时，硬煤产生的气化废水量最大，约为 30 m^3/t；焦炭、褐煤、无烟煤产生的气化废水量基本相同，约为 20 m^3/t。

二、煤液化行业的生产工艺环境影响

（一）煤液化原辅材料

煤直接液化消耗的原煤包括两部分，由煤直接液化装置所消耗的精煤和煤制氢所消耗的原煤，比例约为 6 ∶ 4。以煤炭为原料路线单元规模消耗见表 15-7。

表 15-7 以煤炭为原料路线单元规模消耗数据表 单位：万 t/a

	直接液化制油	间接液化制油	甲醇	二甲醚
单元规模	100	100	60	20
原料煤＋燃料煤	350 ～ 400	400 ～ 450	95 ～ 105	40 ～ 50
新鲜水消耗	1 200 ～ 1 400	1 400 ～ 1 600	610 ～ 620	230 ～ 250

【原料】进厂液化水洗煤、进厂制氢用煤、催化剂用煤、锅炉用煤。

【辅料】外购天然气、外购硫黄、外购硫化物、外购液氨、催化剂、蒸汽、水、空气、氮气、蒸汽、硫酸铁。

（二）煤液化的生产工艺

1. 煤液化的生产工艺

（1）备煤

①原料煤制备系统

原煤送入碎煤仓，定量将煤仓中精煤送入磨机碾磨成粉并干燥，再进入旋转分离器分离，煤粉由热惰性气体带出磨外，经煤粉收集器，到料斗贮存。煤粉由出料口给料机，经煤粉输送机至干煤粉储仓的上部，经除铁器除去铁屑后由给料机送入干煤粉仓中，再由煤粉仓底排出经输送机送至煤液化装置。

②制氢原料煤制备系统

煤送碎煤仓，定量将煤仓中煤送入磨机碾磨成煤粉，并干燥，再进入旋转分离器分离，合格的煤粉由热惰性气体带出磨外，送入煤粉收集器，下落到料斗贮存。料斗内的煤粉由出料口处给料机排至输送机，加压输送至煤制氢气化炉。

（2）催化剂制备

催化剂制备工段分三个部分，即氨水配制、煤浆配制和反应，分别叙述如下：

①氨水配制。99.5% 液氨和压滤机返回的滤液经混合器后进氨水配制槽配置 3.0% 的稀氨水，泵送至乳化槽与来自煤浆输送泵的约含 23% $FeSO_4$ 的煤浆中和，送至氧化反应器调节 pH。

②煤浆配制。水煤浆和 $FeSO_4$ 溶液以及水在煤浆配制槽配置成约 23% 的煤浆；再送至乳化槽。

③反应。在乳化槽中，稀氨水和煤浆中的 $FeSO_4$ 进行中和反应。生成的 $Fe(OH)_2$ 与煤浆中的固态煤在搅拌和高速剪切乳化作用下，均匀地分散于煤粉颗粒表面，该煤浆送至氧化反应器。

该氧化反应器采用多级鼓泡式淤浆反应器。分两段，上段为废气洗涤吸收段；下段为氧化反应段，反应后的煤浆悬浮液从反应器底部排出，送至催化剂过滤工段。催化剂料浆搅拌、压滤。部分滤液去催化剂制备工段配置稀氨水，部分作滤布洗涤水，其余作为废水送污水处理站。过滤后含固量约为 70% 的滤饼送至干燥工段。催化剂经过滤机、干燥后，进贮斗备用。少量催化剂送粉碎、球磨、干燥。

（3）煤液化

油煤浆制备部分是将原料煤、补充硫、催化剂和加氢稳定装置来的供氢溶剂制备成油煤浆。反应部分是指油煤浆和氢气在高温、高压及催化剂作用下反应，生成液化油过程。分馏部分是将液化油与未反应的煤、灰分和催化剂分离。分离后的液化油去加氢稳定装置，含 50% 固体的减压塔底油渣去界区。煤液化工艺见图 15-6。

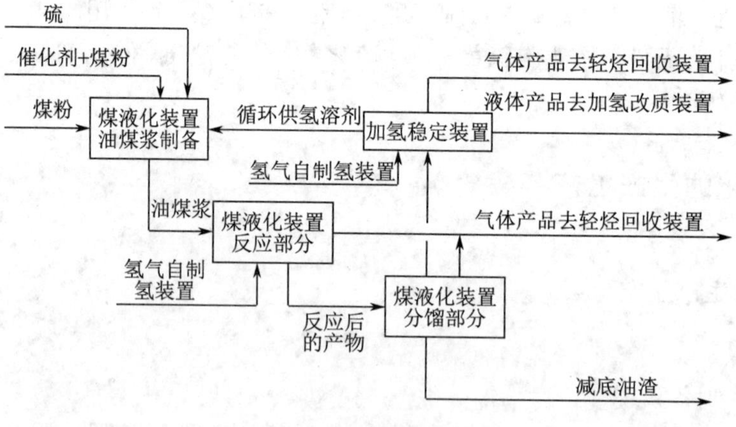

图 15-6 煤液化工艺

（4）煤液化油加氢稳定

为煤液化装置提供满足要求的溶剂，并且对煤液化装置生产出来的液化油进行预加氢。

工艺流程：煤液化重油，经换热器至原料油缓冲罐。煤液化轻油去分馏塔，原料油与液体硫黄混合，最后与换热后混合氢一起进入反应加热炉，再进反应器。混合氢在反应进料加热炉前与原料油混合。

反应产物至热高压分离罐进行汽液分离。热高分气进入分离器进行气、液、水三相分离。冷高分顶部气体为循环氢返回反应系统。冷、热高分油经减压分别进冷、热低压分离罐。热低分油经过滤后去分馏部分再进入冷低压分离罐。冷低压分离罐顶气体去轻烃回收装置，冷低分分离出酸性水去污水汽提装置，冷低分油，和煤液化轻油混合后至分馏部分。

热低分油进入分馏进料加热炉后去分馏塔分馏。塔顶气体和石脑油去轻烃回收装置。分馏塔分馏出轻馏分油、中间馏分产品、分馏塔底油，其余部分与馏分产品混合后去加氢改质装置。

新鲜催化剂和再生后的催化剂进入添加 / 卸料罐中。原料油自换热后预热催化剂。用原料油为输送油将罐中催化剂输送至反应器中。然后系统降压，吹扫。这样完成了催化剂添加的过程。

原料油经换热后去预热催化剂添加 / 卸料罐和抽出闪蒸罐。利用原料油作为输送油将废催化剂自反应器输送到添加 / 卸料罐。系统降压并用中间馏分油，将废催化剂从添加 / 卸料罐转移到废催化剂冷却罐，并进行废催化剂冷却。冷却后废催化剂排至废催化剂储罐，然后排至装置外。

（5）加氢改质

目的是深度改善稳定加氢油的质量，提高柴油十六烷值。

工艺流程：原料油经过滤后同二硫化碳、混合氢混合。经加热进入加氢精制反应器，混氢油在催化剂作用下，进行加氢脱硫、脱氮、芳烃饱和等反应。加氢改质反应产物依次换热后，经冷却，注水进入高压分离器，进行气、油、水三相分离。分离出的气体为循环氢。高分油经减压后进入低压分离器，进一步进行气、油、水三相分离。含硫污水减压后送出装置至污水汽提装置处理。低压分离器分离出的低分油进入产品分馏塔，低分气送至轻烃回收装置。

产品分馏塔塔顶石脑油分两路，一路去石脑油稳定塔塔顶做冷回流，一路经换热器换热后进入稳定塔中部，与分馏塔顶气体一起去轻烃回收装置，塔底产品经空冷器、水冷器冷却后出装置。

（6）重整 - 抽提

主要是将来自加氢稳定装置的直馏石脑油进行处理，使部分环烷烃及烷烃经环烷脱氢、烷烃环化脱氢及异构化等反应生成芳烃和异构化烃类，从而提高辛烷值。

由预处理（包括预加氢、蒸发塔、拔头油汽提塔）、重整（包括重整反应、二级再接触、脱戊烷塔及脱丁烷塔）、催化剂再生、苯抽提（包括抽提蒸馏塔、溶剂回收塔）四个部分组成。

（7）异构化

轻质石脑油的主要成分是 C_5、C_6 组分。该装置以轻质石脑油为原料，将低辛烷值的正构 C_5、C_6 馏分转化为辛烷值较高的异构 C_5、C_6 馏分，以提高轻质石脑油的辛烷值。

（8）煤制氢

煤为原料，通过煤粉制备、Shell 干煤粉加压气化、耐硫 CO 变换、酸性气体脱除和氢气提纯等工艺过程，制备符合工艺要求的氢气。

（9）空分

以空气为原料，通过离心式空气压缩、分子筛空气净化、两级空气精馏的方法将空气分离为氧气和氮气。

(10) 轻烃回收

由中压气变压吸附氢回收部分和轻烃回收部分两部分组成。中压气变压吸附氢回收部分；轻烃回收部分采用低于常温下的吸收解吸稳定工艺，回收气体中的 C_3 及 C_3 以上组分。

(11) 污水汽提

煤液化装置、加氢稳定装置、加氢改质装置和硫黄回收等装置排放的含硫污水处理采用“双塔汽提、氨精制 + 氨吸收 + 氨蒸馏的氨回收”工艺。

(12) 硫黄回收

本装置是对上游装置产生的酸性气体进行处理，以副产硫黄供煤液化装置使用。本装置制硫部分采用“部分燃烧 + 一级高温转化 + 二级催化转化”工艺，尾气处理采用“SSR”加氢还原吸收工艺。

(13) 气体脱硫

本装置是对来自煤液化装置的低分气和膜分离氢、加氢稳定装置低分气、来自加氢改质装置低分气、来自轻烃回收装置的干气和液化气以及来自硫黄回收装置的富胺液进行处理。本装置是与上游装置相配套的加工装置。气体及液化气脱硫采用常规的醇胺法脱硫工艺，选用 MDEA 脱硫溶剂。

(14) 酚回收

本装置是对来自污水处理装置的含酚污水进行处理，回收酚，脱酚后的净化水送污水处理厂进一步处理。本装置工艺分五个部分，即萃取、溶剂和氨的脱除、溶剂的回收、废液系统及溶剂贮存。

(15) 油渣成型

液体油渣进入油渣成型装置，其中约一半直接进入油渣成型机；剩余部分约一半作为大循环回流返回煤液化装置。油渣成型机的冷却面为一条环型钢带，间接冷却油渣。在钢带的运行过程中，油渣逐渐固化为厚度 3 ～ 5 mm 的片状固体，经破碎为不规则片状。循环水自流进入循环水池。

2. 煤液化主要生产设备（表 15-8）

表 15-8 煤液化主要生产设备及功能

装置	设备	主要功能
备煤	运料车、输煤管带机、原煤、燃煤堆场、石灰石堆场、筒仓、转运站、破碎筛分楼、辅料化学品库	为煤液化装置和制氢装置提供煤粉成品
催化剂制备	氧化反应器、一段干燥窑、二段干燥过滤器、滤液缓冲槽、机泵	为煤液化装置提供合格的高效催化剂
煤液化	煤浆进料加热炉、冷中压分离器、减压塔	煤加氢液化，生产出液化油
加氢稳定	T-Star 装置、进料泵、加热炉、分馏塔、热高压分离罐、冷低压分离罐	为煤液化提供满足要求的溶剂，并对煤液化装置生产出的液化油进行预加氢

装置	设备	主要功能
加氢改质	混氢油加热炉、分馏塔、冷高压分离器、低压分离器、加氢精制塔、加氢改质塔	对煤液化后并经加氢稳定过的生成油和轻烃回收装置来的加氢石脑油进行加氢深度精制和改质
重整抽提	预加氢加热炉、抽空器、气液分离罐、预加氢设备、重整设备	提高直馏石脑油的辛烷值
异构化	加热炉、异构化装置	提高轻质石脑油的辛烷值
空分	杂质的净化系统、空气冷却和液化系统、空气精馏系统、加温吹除系统	为制氢装置提供氧气
煤制氢	煤气化过滤器、煤气化灰仓过滤器、煤气化气提塔、酸性气体脱除塔、酸性气体脱除塔、变换洗涤塔、气化炉、锅炉	为煤液化装置和柴油加氢装置提供新鲜氢气
轻烃回收	油吸收塔、冷凝设备、分离设备	回收气体中的轻烃及氢气
含硫污水汽提	脱硫化氢塔、氨吸收塔	从含硫污水中脱除 NH_3、H_2S
硫黄回收	尾气焚烧炉、酸性气分液罐、克劳斯装置	将酸性气体中 H_2S 加工为硫黄
气体脱硫	脱硫塔及附属设施	脱除 LPG 中的 H_2S
油渣成型	油渣储罐及附属设施	将液化油渣成型后综合利用
酚回收	氨汽提塔及附属设施	脱除含酚废水中的酚

（三）煤液化排污节点分析

1.煤液化行业环境要素分析（表 15-9）

表 15-9　煤液化行业环境要素分析

污染类型		特征污染物
废气	无组织废气	锅炉房脱硫石灰石浆的磨制；煤炭（燃料煤、原料煤）装卸、堆存、上料，石灰石装卸、堆存、上料，辅料化学品仓库在装卸料是产生遗撒产生的粉尘、煤尘；甲醇、胺液罐区由于上料遗撒、大小呼吸会产生含 VOCs 异味废气；甲醇洗工段从装置会泄漏异味气体 H_2S 、COS、甲醇硫回收工段无组织吸收塔、再生塔、溶剂储罐会产生异味气体泄漏的 VOCs；锅炉房无组织石灰石磨浆、废石膏库、灰渣场产生的粉尘
	有组织废气	硫回收工段尾气吸收塔产生焚烧尾气，含 SO_2、NO_x；锅炉房燃烧烟气，含烟尘、SO_2、NO_x、粉尘；液化煤制备烟道气、收尘尾气；制氢煤制备烟道气、收尘尾气，转运站尾气主要含粉尘、SO_2；催化剂制备装置干燥窑尾气；煤液化装置；加热炉烟气含有烟尘、SO_2；煤气化过滤器排气、煤气化灰仓过滤器排气产生的粉尘；煤气化气提塔废气、酸性气体脱除工序解吸气产生的 H_2S、CO_2

污染类型		特征污染物
废水	生产废水	含油污水（主要包括来自装置内塔、容器等放空、冲洗排水），机泵填料函排水，围堰内收集的雨水、循环水场旁滤罐反洗水、煤制氢装置变换洗涤塔污水和低温甲醇洗污水、生活污水等含COD、石油类；经汽提、脱酚装置处理后的出水，主要包括煤液化、加氢稳定、加氢改质和硫黄回收等装置排出的含硫、含酚污水。含COD、石油类、硫化物、挥发酚、氨氮等；主要包括循环水场排污水、煤制氢装置气化废水及水处理站中和排水含有COD、氨氮、SO_4^{2-}、Cl^-、TDS、TSS等；催化剂制备装置含有COD、氨氮、SO_4^{2-}、Cl、TDS、TSS等；硫回收极冷水冷却器产生极冷水含有氨氮、硫化物等；污水厂灰水处理废水、甲醇洗废水、急冷废水含COD、SS、石油类、挥发酚、硫化物等；盐水蒸发池来自变换工段和甲烷化工段的含盐废水含COD、SS、Cl^-等
	生活污水	污染物主要为SS、COD、氨氮、总氮、总磷等
固体废物	生产废物	液化、气化制粉废渣、石子等属于一般固废；减压塔底废油灰渣含油、灰分、黄铁矿、未转化煤等，属于危险废物；废催化剂含有Mo、Ni、Al_2O_3、MoO_3、WO_3、NiO、Al_2O_3等属于危险废物；硫回收工段产生的硫黄产品；重整-抽提工段产生的预加氢废催化剂、重整废催化剂、老化环丁砜、废活性白土，属于危险废物；异构化工段产生的Al_2O_3、Pt等，属于危险废物；煤制氢工段产生的气化废渣、飞灰属于一般废物，废催化剂等属于危险废物
	生活垃圾	一般固体废物
噪声		机械噪声、运输车辆噪声、空压机噪声、除尘器噪声等

2. 煤液化行业排污节点

（1）备煤系统排污节点（表15-10）

本装置的废气污染源主要有液化煤粉制备工艺尾气和液化煤粉制备收尘尾气等；废水污染源主要有机泵冷却水；固体废物主要有液化煤粉制备废渣。

表15-10 备煤系统排污节点

类型	污染节点	污染物	排放方式	治理技术
废气	煤液化制备烟道气	SO_2、烟尘	连续	经除尘处理后排入大气
	煤液化制备收尘尾气	粉尘		
	制氢煤制备烟道气	SO_2、烟尘		
	制氢煤制备收尘尾气	粉尘		
	运转站尾气	粉尘		
固体废物	液化、气化制粉废渣	石子等	间断	送渣厂填埋

（2）催化剂制备排污节点（表15-11）

【废气】氧化反应器放空气、干燥窑和干燥过滤器尾气；

【废水】滤液缓冲槽洗水、机泵冷却水等。

表 15-11 催化剂制备排污节点

类型	污染节点	污染物	排放方式	治理技术
废气	氧化反应器放空气	—	连续	排放大气
	一段干燥窑尾气	粉尘		布袋除尘
	二段干燥过滤器尾气	粉尘		布袋除尘
废水	滤液缓冲槽洗涤水	氨氮、硫酸盐		去污水处理厂
	机泵冷却水	COD、石油类		

（3）煤液化排污节点（表 15-12）

【废气】加热炉烟气；

【废水】机泵冷却水；回流罐排含硫污水、冷低压分离器排含酚污水等。

表 15-12 煤液化排污节点

类型	污染节点	污染物	排放方式	治理技术
废气	煤浆进料加热炉烟气	SO_2、烟尘、NO_x	连续	排放大气
废水	冷中压分离器排含硫含酚污水	氨氮、硫化氢、挥发酚		去污水气提装置、酚回收
	机泵冷却水	COD、石油类		去污水处理厂
	地坪冲洗水	COD、石油类		去污水处理厂

（4）煤液化油加氢稳定排污节点（表 15-13）

【废气】反应炉前加热炉烟 气、分馏塔前加热炉烟气；

【废水】机泵冷却水、常压分馏塔顶回流罐、冷低压分离器排含硫污水；

【固体废物】废催化剂等。

表 15-13 煤液化油加氢稳定排污节点

类型	污染节点	污染物	排放方式	治理技术
废气	反应进料炉、分馏炉烟气	SO_2、烟尘、NO_x	连续	排放大气
废水	塔顶回流罐、冷低压分离器排含硫污水	氨氮、硫化氢、挥发酚、氯化物		去污水气提装置
	机泵冷却水	COD、石油类		去污水处理厂
	地坪冲洗水	COD、石油类		去污水处理厂
固体废物	废催化剂	Mo、Ni、Al_2O_3 等	间断	送生产厂家回收利用

（5）加氢改质排污节点（表 15-14）

【废气】混氢油加热炉烟气、分馏塔底重沸炉烟气；

【废水】机泵冷却水、冷高压分离器排含硫污水、分馏塔顶回流罐排含硫污水等；

【固体废物】加氢精制废催化剂、加氢改质废催化剂等。

表 15-14 加氢改质排污节点

类型	污染节点	污染物	排放方式	治理技术
废气	混氢油加热炉分馏塔底重沸炉烟气	SO_2、烟尘、NO_x	连续	排放大气
废水	冷高压分离器低压分离器排含硫污水	COD、石油类、硫化物	连续	去污水气提装置
废水	机泵冷却水	COD、石油类	连续	去污水处理厂
固体废物	加氢精制废催化剂	MoO_3、NiO、Al_2O_3 等	间断	送生产厂家回收利用
固体废物	加氢改质废催化剂	WO_3、NiO、Al_2O_3 等	间断	送生产厂家回收利用

（6）重整 - 抽提排污节点（表 15-15）

【废气】预加氢加热炉烟气；

【废水】机泵冷却水、抽空器凝结水罐排污水、气液分离罐排含油含硫污水等；

【固体废物】预加氢废催化剂、重整废催化剂、废活性白土和老化环丁砜等。

表 15-15 重整 - 抽提排污节点

类型	污染节点	污染物	排放方式	治理技术
废气	预加氢加热炉烟气	SO_2、烟尘、NO_x	连续	排放大气
废水	机泵冷却水	COD、石油类	连续	去污水处理厂
废水	抽空器凝结水罐排污水	COD、石油类、硫化物	间断	去污水处理厂
废水	气液分离罐排含油含硫污水	COD、石油类、硫化物	间断	去污水处理厂
固体废物	预加氢废催化剂	Al_2O_3、MoO_3、NiO、CoO 等	间断	送渣场填埋处置
固体废物	重整废催化剂	Al_2O_3、Pt 等	间断	送渣场填埋处置
固体废物	老化环丁砜	环丁砜聚合物	间断	送焚烧炉焚烧
固体废物	废活性白土	白土	间断	送渣场填埋处置

（7）异构化排污节点（表 15-16）

【废气】加热炉烟气等；

【废水】机泵冷却水等；

【固体废物】废催化剂等。

表 15-16 异构化排污节点

类型	污染节点	污染物	排放方式	治理技术
废气	加热炉烟气	SO_2、烟尘、NO_x	连续	排放大气
废水	机泵冷却水	COD、石油类	连续	去污水处理厂
固体废物	废催化剂	Al_2O_3、Pt 等	连续	送厂家回收利用

（8）煤制氢排污节点（表 15-17）

【废气】煤粉制备工艺尾气、煤气化汽提塔废气、煤气化过滤器排气、煤气化灰仓过滤器排气、酸性气体脱除工序解吸气等；

【废水】煤气化废水、变换工艺冷凝液、废锅排污水、变换洗涤塔污水和甲醇 / 水分离塔污水等；

【固体废物】气化废渣、气化飞灰和变换废催化剂等。

表 15-17 煤制氢排污节点

类型	污染节点	污染物	排放方式	治理技术
废气	煤气化过滤器排气	粉尘	连续	排放大气
	煤气化灰仓过滤器排气	粉尘		排放大气
	煤气化气提塔废气	H_2S、NH_3、CO_2		去硫黄回收
	酸性气体脱除工序解吸气	甲醇、硫化氢		排放大气
	酸性气体脱除工序富 H_2S 气体	H_2、CO_2、N_2		去硫黄回收
废水	废锅排污水	主要含钠、钙、镁等无机盐	连续	去污水处理厂
	气化污水	COD、SS、氨氮、氰化物		
	变换洗涤塔污水	氨氮、硫化物		
	甲醇水分离塔废水	COD、氨氮		
固体废物	气化废渣	废渣	连续	送渣场—填埋处置
	气化飞灰	飞灰		送渣场—填埋处置
	变换废催化剂	CoS、MoS_3、Al_2O_3	间断	送生产厂家回收利用

（9）空分排污节点（表 15-18）

表 15-18 空分排污节点

类型	污染节点	污染物	排放方式	治理技术
固体废物	分子筛	活性炭等	10 年一次	送渣场填埋处置
	废渣	AlO_2	10 年一次	送渣场填埋处置
	珠光砂	SiO_2	10 年一次	送渣场填埋处置

（10）轻烃回收排污节点（表 15-19）

表 15-19 轻烃回收排污节点

类型	污染节点	污染物	排放方式	治理技术
废水	机泵冷却水	COD、石油类	连续	去污水处理厂

（11）污水汽提排污节点（表 15-20）

废气污染源主要有脱硫化氢塔顶酸性气、氨水吸收塔顶气；废水污染源主要有机泵冷却水、脱氨塔底净化水等。

表 15-20 污水汽提排污节点

类型	污染节点	污染物	排放方式	治理技术
废气	脱硫化氢塔顶酸性气	H_2S、NH_3	连续	去硫黄回收
	氨吸收塔顶酸性气	H_2S、NH_3		去硫黄回收
	装置区无组织排放气	H_2S、NH_3		排放大气
废水	机泵冷却水	COD、石油类、硫化物、氨氮、挥发酚、石油类	连续	去污水处理厂

（12）硫黄回收排污节点（表 15-21）

废气污染源主要有焚烧炉放空尾气和装置区无组织排放气；废水污染源主要有酸性气分液罐分出的凝液；固体废物主要有废 Co-Mo 加氢催化剂、废 LS901 等。

表 15-21 硫黄回收排污节点

类型	污染节点	污染物	排放方式	治理技术
废气	尾气焚烧炉烟气	SO_2	连续	经 SSR 工艺处理后达标排放
	装置区无组织排放气	H_2S	连续	排放大气
废水	酸性气分液罐排水	COD、硫化物	连续	去污水处理厂
固体废物	废加氢催化剂	MoO_3、CoO	间断	送厂家回收利用
	废催化剂	Al_2O_3	间断	送渣场填埋

（13）气体脱硫排污节点（表 15-22）

废气污染源主要有酸性气；废水污染源主要为机泵冷却水。

表 15-22 气体脱硫排污节点

类型	污染节点	污染物	排放方式	治理技术
废气	酸性气	H_2S	连续	去硫黄回收
废水	机泵冷却水	COD、硫化物	连续	去污水处理厂

（14）酚回收排污节点（表 15-23）

表 15-23 酚回收排污节点

类型	污染节点	污染物	排放方式	治理技术
废水	氨气提塔排水	COD、硫化物、NH_3、硫化氢、油、挥发酚	连续	去污水处理厂

（15）油渣成型排污节点（表 15-24）

废气污染源主要有油渣成型水洗塔放空尾气等。废水主要有地坪冲洗水等。

表 15-24 油渣成型排污节点

类型	污染节点	污染物	排放方式	治理技术
废气	水洗塔放空尾气	SO_2、H_2S、烃类	连续	排放大气
废水	地坪冲洗水	COD、石油类	连续	去污水处理厂

（四）煤液化行业污染源环境管理

1. 环境管理

（1）厂区环境综合管理

①厂区化学品储存场地（化学品、油料）应采取防渗措施，并满足设计方案要求；

②地面原料堆场、厂区道路要经过硬化处理；

③在生产过程中杜绝跑、冒、滴、漏现象；

④厂区各类物流尽量采取不落地运输方式，需要车辆运输的要采取防扬尘、防泄漏措施；

⑤露天堆存各类物资、废物要设置专门场地，整齐堆放，并设置明显标志，禁止厂区乱堆、乱放；

⑥要设置专业保洁机构和保洁人员，配备保洁设备、工具，制定保洁制度，实施不间断保洁，定期对涂装建筑和设施进行保洁。

（2）排污许可证制度执行

在依法实施污染物排放总量控制的区域内，企业应依法取得《排污许可证》，并按照《排污许可证》的规定排放污染物；对已经安装在线监测设备的企业，可根据在线数据核定企业总量是否达标。

（3）清洁生产审核制度实施

是否被强制进行清洁生产审核，主要原因（超标还是毒性物质）？审核实施方案是否通过？主要问题。

（4）企业内部环境管理制度建设

企业应当制定环境监测制度、污染防治设施设备操作规程、交接班制度、台账制度等各项环境管理制度，配置专业环保管理人员和环境监督员。

2. 环境规划

“十三五”期间，重点开展煤制油、煤制天然气、低阶煤分质利用、煤制化学品、煤炭和石油综合利用5类模式以及通用技术装备的升级示范，持续做好投运项目的工程标定和后评价工作，不断总结经验教训，推动煤炭深加工产业向更高水平发展。

示范项目。优先支持长期推动煤制油技术研发和产业化的企业建设示范项目，优先支持依托已有大型示范工程的示范项目建设，优先支持与传统煤化工结构调整相结合的示范项目建设。

3. 环境风险要求

（1）危险化学品和危险废物管理

煤液化企业的环境风险源主要包括油灰渣、胺液、各种催化剂、各种废油都属危险化学品，在运输、贮存、和使用过程要严格防止发生泄漏事故和突发事件。

生产中替换的各种催化剂属于危险废物，机修车间的废机油也属危险废物，应严格管理，建立相应的台账、转移运出联单制度。

盐水蒸发池容量大，严格防止溃坝对外环境产生严重污染。

（2）环境应急预案的报备

煤液化企业应按规定编制和报备环境综合应急预案。对油品、胺液、化学品（催化剂）的运输、贮存和使用要编制防止泄漏外环境造成突发环境事件的专项预案。对盐水蒸发池要编制防止泄漏外环境造成突发环境事件的专项预案。

（3）环境应急监督

环境风险管理：加强对环境风险源（油品、废机油、化学品废料）的日常监督检查和管理。

环境应急报告：建立环境突发事件的报告制度和机制。

环境应急检查记录：建立环境风险源的环境应急检查记录。

（4）环境应急预防措施

①油灰渣、废油、废催化剂等危化品贮罐区分别建设事故围堰，围堰是否进行防渗、防腐处理，并根据贮罐有效贮存量和环境应急要求确定围堰容积；

②厂区应设环境应急池，其容积按满足厂内最大贮罐贮存量要求；

③渣库应坚固，应有防溃坝、防溢出、防渗漏应急措施。

三、煤制天然气行业的生产工艺环境基础

（一）煤制天然气原辅材料

两步法中，因为要先制煤浆进行煤气化，也就是制煤浆和煤气化的条件：煤、空气（氧气）、水，在进行甲烷化合成工序进行合成甲烷。生产的多个环节还使用多种添加剂和催化剂，如甲醇、丙烯、HCl、耐硫变换催化剂、硫回收催化剂、甲烷化炉催化剂、分子筛、活性氧化铝等。

1. 原料

德士古气化炉所需煤浆所用的主要原料为优质原煤（灰分在 10 以下，热值在 25 140 kJ/kg 以上）。

2. 辅料

【甲醇】甲醇是无色有酒精味易挥发的液体，分子量为 32.04，沸点为 64.7℃。人口服中毒最低剂量约为 100 mg/kg 体重，经口摄入 0.3 ～ 1 g/kg 可致死。用于制造甲醛和农药等，低温甲醇洗吸收剂为甲醇溶液，通过吸收和解吸，吸收杂质，并回收循环使用。

【丙烯】丙烯常温下为无色、稍带有甜味的气体。分子量为 42.08，密度为 0.513 9 g/cm^3（20/4℃），冰点为 −185.3℃，沸点为 −47.4℃。易燃，爆炸极限为 2% ～ 11%。不溶于水，溶于有机溶剂，是一种属低毒类物质。丙烯冷冻器采用丙烯作为冷冻剂。

【托普索镍基催化剂 MCR-2R】甲烷化炉合成使用的催化剂。

【耐硫变换催化剂】钴钼系耐硫变换催化剂的活性组分为 CO、MO。

【分子筛】常用分子筛为结晶态的硅酸盐或硅铝酸盐，是由硅氧四面体或铝氧四面体通过氧桥键相连而形成分子尺寸大小（通常为 0.3 ～ 2 nm）的孔道和空腔体系，因吸附分子大小和形状不同而具有筛分大小不同的流体分子的能力。

【活性氧化铝】活性氧化铝催化剂载体为白色、球状多孔性物质、无毒、无臭、不粉化、不溶于水、乙醇。该产品是一种普遍应用的工业催化剂载体。

【硫回收催化剂】PSR 硫黄回收催化剂主要用于炼油厂克劳斯硫回收装置、集炉气净化系统、城市煤气净化系统、合成氨厂、钡锶盐工业、甲醇厂脱硫再生后硫回收装置。主要成分有 Al_2O_3、Na_2O、SiO_2。

【石灰石】石灰石主要成分是碳酸钙（$CaCO_3$）。锅炉采用石灰石—石膏法脱硫，石灰浆的制备需要消耗石灰石。

【水】每生产 1 000 m^3 天然气大约消耗 6.84 m^3 左右的新鲜水补水、1.78 m^3 左右的脱盐水补水。

【电】每生产 1 000 m^3 天然气大约消耗 395.80 kW · h 的电。

煤制气原料—产品主要技术指标对比见表 15-25。

表 15-25　煤制气原料—产品主要技术指标对比

项目		企业 A	企业 B
入炉物料	入炉干煤量 / kg	1 000	1 000
	入炉料浆量 / kg	1 672	1 729
	添加剂量 / kg	5	0.5
	入炉氧气量（标态）/ m^3	665	685
气化条件	气化温度 /℃	1 320	1 350
出炉物料	干煤气总量（标态）/ m^3	2 068	2 083
	湿煤气总量 / m^3	2 645	2 738
	（$CO+H_2$）总量（标态）/ m^3	1 650	1 640
	总渣量 / kg	101.7	82.0
气化指标	产气率（标态，以干煤计）/（m^3/t）	2 070	2 080
	（$CO+H_2$）物质的量含量 /%	79.78	78.72
	碳转化率 /%	97.0	97.0

某煤制气企业主要辅料消耗见表 15-26 和表 15-27。

表 15-26　某煤制气企业主要辅料消耗

名称	组成特征	用量	备注
天然气		16 亿 m^3/ a	年产量
添加剂	GHA-5	20 755.8 t/a	
甲醇	99.85 %	5 800 t/a	

名称	组成特征	用量	备注
丙烯		6.75 t/a	
HCl	22 %	16 000 t/a	
耐硫变换催化剂	$Al_2O_3/MoO_2/CoO$	110 m^3/a	220 m^3/ 次
硫回收催化剂	$Al_2O_3/MoO_2/CoO$	7 t/a	28 t/ 次
甲烷化炉催化剂	Ni 等	100 m^3/a	200 m^3/ 次
甲烷化有机硫水解废催化剂	金属氧化物	26.5 m^3/a	53 m^3/ 次
甲烷化脱硫废催化剂	ZnO 等	37.5 m^3/a	75 m^3/ 次
分子筛	UOP13X-APG	125 t/a	750 m^3/ 次
活性氧化铝	WHA-103	92 t/a	552 t/ 次

表 15-27　煤制天然气 1 000 m^3 天然气原辅材料消耗

天然气	原煤	循环水补水	新鲜水补水	脱盐水补水	电	仪表空气
1 000 m^3	2.59 t	0.81 m^3	6.84 m^3	1.78 m^3	395.80 kW · h	60 m^3

（二）煤制天然气生产工艺

煤制天然气通常是指煤经过气化产生合成气，再经过甲烷化处理，生产代用天然气（SNG）。煤制天然气的工艺可分为煤气化转化技术和直接合成天然气技术。两者的区别主要在于煤气化转化技术先将原料煤加压气化，由于气化得到的合成气达不到甲烷化的要求，因此需要经过气体转换单元提高 H_2/CO 比再进行甲烷化（有些工艺将气体转换单元和甲烷化单元合并为一个部分同时进行）。直接合成天然气技术则可以直接制得可用的天然气。煤气化转化制天然气工艺分成备煤工段、煤气化工段、变换工段、低温甲醇洗工段、硫回收工段和甲烷化工段。煤制天然气主要生产设备见表 15-28。

表 15-28　煤制天然气主要生产设备

设备类别	项目	设备（设施）名称
化工装置生产设施	备煤系统	包括厂内原煤输送（输煤管带机）、转运站、原煤筒仓、破碎筛分楼
	煤气化	包括煤浆制备、气化、灰水处理、磨机、水煤浆气化炉
	变换车间	包括水煤气变换炉、余热锅炉
	低温甲醇洗	甲醇洗涤塔、中压闪蒸塔、再吸收塔、热再生塔、甲醇水分离塔及尾气洗涤塔等
	硫回收	制硫燃烧炉、一级、二级转化器、尾气焚烧炉、加氢反应器及溶剂再生塔等
	甲烷化	主要设备有第一甲烷反应器、第二甲烷反应器、第三甲烷反应器及高压、低压废热锅炉等

设备类别	项目	设备（设施）名称
发电及锅炉	余热发电机组	补气式汽轮发电机组
	锅炉	高温高压循环硫化床锅炉
	除尘装置	布袋除尘
	炉外脱硫	石灰石 - 石膏法脱硫
	蒸汽冷却	空气冷却
	除渣	湿排渣
公用工程及辅助设施	厂内排水	生产废水（含初期雨水）、生活污水、雨水排水系统
	火炬	用于处理工厂停车及事故排气的驰放气装置
	储运系统	输煤管带机、运煤车辆、储煤场、化学品仓库（用于贮存添加剂和成品硫黄）
	维修及分析化验	维修车间、化验室
环保工程	污水处理站	分为含盐有机污水、含盐、含泥污水、低盐含泥污水三种不同处理工艺
	中水处理	包括反渗透系统、GE 废水处理技术
	蒸发池	浓盐水蒸发池
	事故应急池	消防事故和非正常排放事故池各 1 座

1. 备煤系统

生产所需的原料煤、燃料煤由输煤管带机和汽车运输进厂，卸至煤场（堆场）和筒仓，经转运站和破碎楼、筛分楼加工后，将原料煤送至煤气化工段，将燃料煤送至锅炉房。转运站、破碎机、筛分机产生的粉尘采用布袋除尘。

2. 煤气化

高温高压条件下，水煤浆与纯氧在气化炉内发生氧化反应，生成以 CO、CO_2、H_2 为主，含少量 CH_4、H_2S、NH_3、尘等组分的水煤气。煤气化工艺包括煤浆制备、气化工序、灰水处理。

（1）煤浆制备工序

将来自筒仓的原料煤送煤斗，经称量后与一定量添加剂、水混合，再经棒磨机磨制成具有适当粒度分布的水煤浆（含量为 60% ～ 65%），经磨机研磨成合格的水煤浆经排料槽、送至煤浆槽。上料系统粉尘经带式除尘后排放。

（2）气化工序

制成的水煤浆与空分装置提供的高压纯氧混合送入气化炉，反应瞬间完成，生成 CO、CO_2、H_2 和少量 CH_4、H_2S、NH_3、熔渣等组分的水煤气，反应后的水煤气和熔渣进入激冷室水浴，使气渣分离，激冷后的水煤气再经文丘里洗涤器和洗涤塔除尘后送之变换工段。熔渣激冷固化后，进入破渣机破碎，破碎后的碎渣进锁斗，定期排渣池，经灰水处理后按固体废物处置。

（3）灰水处理

洗涤塔排水一部送文丘里洗涤器做洗水；一部送气化炉激冷室做激冷水。气化炉和洗涤塔排出的灰水经高压闪蒸罐，闪蒸汽送硫回收装置，闪蒸后灰水经低压和真空闪蒸罐进一步闪蒸，蒸汽回用，剩余灰水经沉淀槽分离细渣，压滤成滤饼，滤液送棒磨机制煤浆。

3. 变换

气化产生的水煤气进入变换塔，在耐硫催化剂作用下，水煤气中的 CO 与水反应转换成 CO_2 和 H_2。来自气化工段的水煤气经变换炉变换后，经废热锅炉降温，经水分离器分离掉冷凝液，再经洗氨塔洗去氨后，送低温甲醇洗。

4. 低温甲醇洗

变换后的粗煤气中还含有 CO_2、H_2S、COS、NH_3 等杂质气体，利用杂质气体与 H_2 在溶剂甲醇中的溶解度差异，在低温条件下，通过吸收和解吸，利用甲醇将杂质气体分离，将 CO 高空排放，酸性气体送硫回收工段处理。

经变换的煤气与循环气体混合后，注入甲醇，气体经冷却器、洗涤塔得净化煤气，吸收杂质气体的甲醇液体经解吸塔分理出 CO_2，浓缩塔分离 H_2S，经水分离器回收甲醇、水混合物。

5. 硫回收

酸性气体中的 H_2S 在制硫燃烧炉中燃烧成 SO_2，然后在催化剂作用下，H_2S 和 SO_2 发生克劳斯反应生成单质液硫和水，液硫经捕集进入液硫池，分离出液硫中的 H_2S，抽至尾气焚烧炉；脱气后的液硫冷却固化成硫黄。在克劳斯反应后的尾气中仍含一定量的硫化物，再通过加热（加热器）、加氢（氢化反应器）、催化作用，使尾气中的 SO_2、COS 及 S 发生加氢水解反应最终转化为 H_2S，进尾气焚烧炉燃烧成 SO_2 高空排放。硫回收工艺使用氨气回收氨液。

6. 甲烷化

净化煤气在保护床用有机硫水解剂、氧化锌脱硫剂进一步脱硫，脱硫后的煤气进入甲烷合成炉，CO、CO_2、H_2 在甲烷反应器中经催化剂（托普索镍基催化剂）作用，生成合成气。合成气经降温分离出冷凝液，冷凝液送脱盐水站，脱除冷凝液的合成气为天然气产品甲烷（CH_4）。

（三）煤制天然气企业排污节点分析

1. 煤制天然气企业环境要素分析（表 15-29）

表 15-29　煤制天然气企业环境要素分析

项目		特征污染物
废气	无组织废气	工艺废气煤炭储运、卸车（煤尘），甲醇罐泄漏（甲醇）
	有组织废气	转运站、破碎筛分、原煤上料过程排气筒废气（粉尘），气化炉废气（CO、H_2S、COS 等），低温甲醇洗洗涤塔尾气（甲醇），硫回收装置尾气（SO_2、H_2S），锅炉烟气（烟尘、SO_2、NO_x）
废水	生产废水	来自部分灰水处理灰水槽溢流清液、甲醇洗水分离塔产生废水、硫回收的极冷水、机修车间废水，主要污染物有 COD、硫化物、氨氮、石油类、SS、盐等
	生活污水	污染物主要为 SS、COD、氨氮、总氮、总磷等
固体废物	一般固体废物	气化炉粗渣、气化炉细渣、锅炉灰渣、脱硫石膏、空分吸附器氧化铝和分子筛、蒸发池粗盐泥等
	危险废物	变换废催化剂、硫回收废催化剂、甲烷化有机硫水解废催化剂、甲烷化废脱硫催化剂、甲烷化废催化剂、污水处理站污泥、反渗透系统污泥
环境噪声		锅炉排汽的高频噪声、设备运转时的空气动力噪声、运输车辆噪声等

2. 煤液化行业排污节点

（1）备料系统

备料过程：燃料煤、原料煤、石灰石运料、卸料、堆料、上料、储料都会产生粉尘、煤尘污染；转运站、破碎筛分也会产生大量粉尘；辅料库装卸产生遗撒；运输车辆和装载机械、磨机会产生噪声。

污染控制措施：煤场、堆场建防风抑尘网或棚库；运料、卸料、上料应喷洒水雾降尘；输煤管带机应设封闭防尘廊道；转运站、破碎筛分楼应装引风、除尘设施；辅料化学品装卸严防遗撒和扬尘。

（2）煤浆制备

原料煤经上料系统，称量后与添加剂、水混合进磨机磨成浆料；料浆出磨机排料槽后送至煤浆槽，由料泵送气化炉。输煤上料系统产生粉尘；磨机产生噪声。控制措施为对上料系统实行封闭作业，引气袋式除尘。

（3）气化工序

料浆与高压氧进气化炉，气化生成水煤气；水煤气在激冷室是煤气和固渣分开；固渣经破渣机进锁斗，至渣池；洗涤塔排水，气化炉及洗涤塔排出灰水。排污节点有渣池产生固渣；洗涤塔排水，气化炉及洗涤塔排出灰水。排出的灰水经三级闪蒸罐浓缩灰水；闪蒸后废水经沉降槽沉降细渣，溢流清液进灰水槽。细渣滤饼送锅炉掺烧；滤液送棒磨机制浆；三级闪蒸罐分离废气放空；溢流清液经灰水槽，部分进污水处理站，部分回用。

(4) 变换工段

水煤气经废热锅炉降温，净水分离器分离出冷凝液进冷凝液槽；脱盐水站产生脱盐水用于锅炉与脱氧水；水煤气进入变换塔，在耐硫催化剂作用下，使水煤气中的 CO 与 H_2O 反应转换成 CO_2 和 H_2。脱盐水站产生大量含盐废水；变换塔定期更换耐硫催化剂。含盐废水应处理，进盐水池也只是暂时贮存；更换耐硫催化剂按危险废物管理，建立台账。

(5) 甲醇洗工段

水煤气从下部进入甲醇洗涤塔，甲醇吸收杂质（CO_2、H_2S、COS），从解吸塔和浓缩塔分离 CO_2、H_2S 、COS，从水分离器回收甲醇、水。甲醇洗工段产污节点有从装置会泄漏 H_2S 、COS、甲醇；水分离塔产生废水。污染控制措施为加强装置的封闭性，减少泄漏；水分离塔产生废水进污水处理站。

(6) 硫回收工段

来自气化、变换、甲醇洗工段含硫废气进制硫燃烧炉，在催化剂作用下，H_2S 和 SO_2 发生克劳斯反应生成单质液硫和水，液硫经捕集进入液硫池，固化成硫黄；H_2S，抽至尾气焚烧炉，含硫尾气经加氢还原成 H_2S；胺液（甲基二醇胺）在吸收塔和再生塔循环使用。硫回收工段排污节点有：极冷水冷却器产生极冷水；尾气吸收塔产生的尾气经焚烧排空，含 SO_2；吸收塔、再生塔、溶剂储罐会产生 VOCs 泄漏。污染控制措施有：极冷水送污水站；尾气吸收塔产生焚烧尾气，控制 SO_2 排放量；加强吸收塔、再生塔、溶剂储罐密封性，减少 VOCs 泄漏。

(7) 甲烷化工段

净化煤气进入保护床经催化剂脱硫，脱硫后煤气与返回的循环气进甲烷合成炉；合成气经水分离器分离冷凝液，冷凝液送脱盐水站。甲烷化工段主要排污节点有：废催化剂：有机硫水解废催化剂、废脱硫催化剂、甲烷合成废催化剂；产生含盐废水。污染控制措施有：含盐废水应处理，进盐水池也只是暂时贮存；废催化剂应按危险废物管理，建立台账。

(8) 辅助工段

①甲醇罐区、胺液罐区

用于贮存甲醇和氨液储罐、其运输采用封闭槽车、上料泵可能产生：上下料时、大小呼吸会产生甲醇与氨的泄漏；排放异味有毒气体；如发生罐体泄漏会产生严重事故。污染控制措施有：在卸料和上料要检查接口的密封，要经常检查罐体和运输管道，防止破损泄漏。

②污水处理厂

部分灰水处理灰水槽溢流清液；甲醇洗水分离塔产生废水；硫回收的极冷水，机修车间废水；办公区生活污水。综合污水处理系统进口废水所含污染物 COD、硫化物、氨氮、石油类、SS、等废水。所含污染物 COD、硫化物、石油类、SS、等项指标应处理后，达标排放。

③废渣场

装卸、场地扬尘，一般固体废物渣场应有防渗、防雨水冲刷、防扬尘措施，也可以外运综合利用。

（四）煤制天然气行业污染源环境管理

1. 环境管理

（1）厂区环境综合管理

①厂区化学品储存场地（化学品、油料）应采取防渗措施，并满足设计方案要求；

②地面原料堆场、厂区道路要经过硬化处理；

③在生产过程中杜绝跑、冒、滴、漏现象；

④厂区各类物流尽量采取不落地运输方式，需要车辆运输的要采取防扬尘、防泄漏措施；

⑤露天堆存各类物资、废物要设置专门场地，整齐堆放，并设置明显标志，禁止厂区乱堆、乱放；

⑥要设置专业保洁机构和保洁人员，配备保洁设备、工具，制定保洁制度，实施不间断保洁，定期对涂装建筑和设施进行保洁。

（2）综合性环境管理制度

①排污许可证制度执行

在依法实施污染物排放总量控制的区域内，企业应依法取得《排污许可证》，并按照《排污许可证》的规定排放污染物；对已经安装在线监测设备的企业，可根据在线数据核定企业总量是否达标。

②清洁生产审核制度实施

是否被强制进行清洁生产审核，主要原因（超标还是毒性物质）？审核实施方案是否通过？主要问题。

③企业内部环境管理制度建设

企业应当制定环境监测制度、污染防治设施设备操作规程、交接班制度、台账制度等各项环境管理制度，配置专业环保管理人员。

2. 环境风险要求

（1）危险化学品和危险废物管理

煤制天然气企业的环境风险源主要包括：甲醇、胺液、各种催化剂，都属危险化学品，在运输、贮存和使用过程要严格防止发生泄漏事故，造成突发事件。

生产中替换的各种催化剂属于危险废物，机修车间的废机油也属危险废物，应严格管理，建立相应的台账，转移运出联单制度。

盐水蒸发池容量大，严格防止溃坝对外环境产生严重污染。

（2）环境应急预案的报备

煤制天燃气企业应按规定编制和报备环境综合应急预案。对甲醇、胺液、化学品（催化剂）的运输、贮存和使用要编制防止泄漏外环境造成突发环境事件的专项预案。对盐水蒸发池要编制防止泄漏外环境造成突发环境事件的专项预案。

（3）环境应急监督

环境风险管理：加强对环境风险源（甲醇、胺液、废机油、化学品废料）的日常监督检查和管理。

环境应急报告：建立环境突发事件的报告制度和机制。

环境应急检查记录：建立环境风险源的环境应急检查记录。

（4）环境应急预防措施

甲醇、胺液等危化品贮罐区应建事故围堰，围堰应进行防渗、防腐处理，并根据贮罐有效贮存量和环境应急要求确定围堰容积；厂区应设环境应急池，其容积按满足厂内最大贮罐贮存量要求；渣库应坚固，应有防溃坝、防溢出、防渗漏应急措施。

思考与练习

1. 简述我国炼焦、煤化工工业的原料结构和主要环境问题。
2. 分析最新的炼焦、煤制油和煤制气的生产工艺和产生的污染物。
3. 分析煤制油和煤制气的主要设备和工艺流程和排污节点。
4. 分析炼焦、煤制油和煤制气行业中产生的危险固废的种类和环境风险。
5. 分析炼焦、煤制油和煤制气行业的环境管理要求。

第十六章 医药工业生产工艺环境基础

本章介绍我国医药行业的现状；化学合成制药、中药行业、发酵制药行业的原辅材料结构、基本能耗；主要生产设备与基本工艺；排污节点和环境要素；污染源的环境管理要求。

专业能力目标：

1. 了解医药行业的主要环境问题。
2. 了解化学合成制药、中药行业、发酵制药行业的生产基本原理。
3. 了解化学合成制药、中药行业、发酵制药行业的原料结构与主要设备。
4. 基本掌握化学合成制药、中药行业、发酵制药行业的基本生产工艺。
5. 掌握化学合成制药、中药行业、发酵制药行业的排污节点分析、主要大气和水污染来源及环境要素分析。
6. 了解化学合成制药、中药行业、发酵制药行业的主要环境管理要求。

第一节 医药工业的环境问题

我国的医药制造业一般分为化学原料药、化学制剂、中药饮片、中成药、兽用药品、卫生材料及医药用品及生物、生化制药等子行业。在《国民经济行业分类》（GB/T 4754—2017）中医药制造业属制造业（C 大类 27 中类），包括化学药品原料药制造（271）、化学药品制剂制造（272）、中药饮片加工（273）、中成药生产（274）、兽用药品制造（275）、生物药品制造（276）、卫生材料及医药用品制造（277）、药用辅料及包装材料（278）。本章只介绍化学药品原料药制造（271）、中药饮片加工（273）、中成药生产（274）。

医药制造业属于精细化工，特点是原料药生产品种多，生产工序多，使用原料种类多、数量大，原材料利用率低。一般一种原料药往往有几步甚至 10 余步反应，使用原材料数种或 10 余种，甚至高达几十种，原料总耗有些高达 10 kg/kg 产品以上，最高的超过 200 kg/kg 产品。医药制造业产生的“三废”量大，废物成分复杂，污染危害严重（表 16-1）。制药工业废水通常具有组成复杂，有机污染物种类多、浓度高，COD 和 BOD_5 值高，NH_3-N 浓度高，色度深、毒性大，固体悬浮物 SS 浓度高等特征。医药制造业是国家环保规划要重点治理的 12 个行业之一。公开文献显示，制药废水的有害物质主要是氨氮等，会降低水资源的化学需氧量；废气的有害物质主要有 SO_2、CO_2、灰尘、CO、NO_x、碳氢化合物、氟化物等；制药废渣中含有一定数量的重金属铅、汞、铬、镉、砷和少量的各种菌素类残留物及抗生素等有毒、有害物质。环保部公开数据显示，而在各类药品中，原料药属高污染、高耗能产业，对大气、水域的污染尤为严重。

表 16-1 2013—2015 年我国医药制造业“三废”产排污量数据

污染物	2013 年			2014 年			2015 年		
	排放（产生）量	单位	占工业比例 /%	排放（产生）量	单位	占工业比例 /%	排放（产生）量	单位	占工业比例 /%
废水量	53 959.2	万 m^3	2.82	55 700.2	万 m^3	2.98	53 258.7	万 m^3	2.93
COD 年产生量	72.517 1	万 t	3.47	77.564 6	万 t	3.87	74.476 2	万 t	4.09
COD 年排放量	9.723 8	万 t	3.41	9.601 3	万 t	3.50	9.370 3	万 t	3.66
氨氮年产生量	3.137 2	万 t	2.38	3.121 9	万 t	2.54	3.101 9	万 t	2.80
氨氮年排放量	0.745 9	万 t	3.32	0.744 9	万 t	3.54	0.773 0	万 t	3.94
石油类年产生量	0.148 3	万 t	0.57	0.148 9	万 t	0.60	0.135 2	万 t	0.58
石油类年排放量	0.032 9	万 t	1.89	0.036 1	万 t	2.26	0.029 0	万 t	1.93
铅年产生量	25	t	0.84	0.005	t	0.000 2	0.113	t	0.022
铅年排放量	0	t	0	0.002	t	0.003	0.018	t	0.02
砷价铬年产生量	15.041	t	0.13	7.44	t	0.07	8.463	t	0.11
砷年排放量	0.011	t	0.01	0.012	t	0.01	0.032	t	0.03
废气量	1 741.4	亿 m^3	0.26	3 139.5	亿 m^3	0.45	3 679.6	亿 m^3	0.54
SO_2 产生量	13.2	万 t	0.22	14.2	万 t	0.23	14.4	万 t	0.24
SO_2 排放量	10.6	万 t	0.63	10.6	万 t	0.67	10.0	万 t	0.71
NO_x 产生量	3.0	万 t	0.17	3.3	万 tT	0.04	3.9	万 t	0.22
NO_x 排放量	2.9	万 t	0.20	3.2	万 t	0.24	3.7	万 t	0.34
烟粉尘产生量	54.2	万 t	0.07	70.5	万 t	0.09	70.6	万 t	0.10
烟粉尘产生量	4.2	万 t	0.41	4.9	万 t	0.39	4.3	万 t	0.40
一般固体废物产生量	281	万 t	0.09	324	万 t	0.10	356	万 t	0.15
危险废物产生量	51	万 t	1.62	54	万 t	1.49	85	万 t	2.14

资料来源：环境统计年报。

国内大部分原料药生产企业从事的主要生产低端产品，属低附加值高污染行业。原料药生产企业的废水处理难度远高于普通化工厂，这是国内原料药生产企业普遍面临的行业难题。产品较为单一的普通化工厂，废物的化学构成相对简单，种类不多，往往少数几种菌群就能对其进行生物氧化降解。但在原料药生产领域，一家药厂往往生产几十种原料药，废物的成分完全不同，生化降解时，采用的菌群各不相同，加大了原料药生产企业的废物处理难度。原料药处于制药产业链的前端，附加值较低，生产过程中产生的废水往往治理难度大且处理成本高昂。许多世界级大药企已经不在欧洲本地设厂生产化学原料药，尤其是青霉素工业盐类等大宗原料药，许多跨国药企纷纷将原料药生产转移到中国、印度等发展中国家。

医药制造业是国家环保规划要重点治理的 12 个行业之一。

原国家环保总局科技标准司根据制药产品的种类及生产工艺过程与排污特点，初步将医药制造业生产企业分为 7 大类，即化学合成类、半合成类、发酵类、提取类、生物工程与生物制品类、中药类、混装与加工制剂类，目前已制定出 6 大类的水污染物排放标准。本章内容很多参考《化学合成类制药工业水污染物排放标准》（GB 21904—2008）编制说明。还有《发酵类制药工业水污染物排放标准》（GB 21903—2008）编制说明、《提取类制药工业水污染物排放标准》（GB 21905—2008）编制说明、《生物工程类制药工业水污染物排放标准》（GB 21907—2008）编制说明、《中药类制药工业水污染物排放标准》（GB 21906—2008）编制说明、《混装制剂类制药工业水污染物排放标准》（GB 21908—2008）编制说明。

第二节　化学合成制药工业生产工艺环境基础

一、化学合成制药工业的原料与能耗

（一）化学合成制药原料

化学合成药物生产的特点有：品种多、更新快、生产工艺复杂；需要的原辅材料繁多，产量一般；产品质量要求严格；基本采用间歇生产方式；其原辅材料和中间体不少是易燃、易爆、有毒性的物品。表 16-2、表 16-3 统计了浙江省化学合成类制药过程中使用的原辅料，列举了浙江省化学合成制药企业常用的有机溶剂。

化学合成药又可分为无机合成药和有机合成药。无机合成药为无机化合物（极个别为元素），如用于治疗胃及十二指肠溃疡的氢氧化铝、三硅酸镁等；有机合成药主要是由基本有机化工原料，经一系列有机化学反应而制得的药物（如阿司匹林、氯霉素、咖啡因等）。天然化学药按其来源，也可分为生物化学药与植物化学药两大类。抗生素一般系由微生物发酵制得，属于生物化学范畴。近年出现的多种半合成抗生素，则是生物合成和化学合成相结合的产品。

化学合成类制药产生较严重污染的原因是合成工艺比较长、反应步骤多，形成产品化学结构的原料只占原料消耗的 5% ～ 15%，辅助性原料等却占原料消耗的绝大部分，这些原料最终以废水、废气和废渣的形式存在。化学原料一般以烃类化合物、卤烃化合物、醇类化合物、醚类及环氧物、醛类化合物、酮类化合物、酸类化合物、脂类化合物、酰胺类化合物、腈类化合物、酚与醌类化合物、硝基类化合物、胺类化合物、有机硫化合物、杂环化合物、有机元素化合物、水溶性高分子化合物、药物及生物活性物质、助剂添加剂及其他、各种医药中间体等为主。

（二）化学合成制药辅料

在化学合成工艺中，企业往往使用多种优先污染物作为反应和净化的溶剂，包括苯、氯苯、氯仿等（表 16-2 至表 16-7）。

表 16-2 化学合成常用工艺使用的溶剂

甲醛	甲苯	二甲苯	乙醇	石脑油	二乙醚	氰化甲烷	二甲基甲酰胺	甲基异丁基酮
丙酮	苯	二甲胺	氯苯	正戊酸	乙酸乙酯	二氯甲烷	二甲基乙酰胺	乙烯基乙二醇
丁醛	苯胺	二乙胺	甲醇	异丙酸	甲酰胺	甲酸甲酯	1, 2- 二氯乙烷	聚乙二醇 600
戊醛	苯酚	三乙胺	氯仿	异丙醚	正庚烷	二甲基亚砜	乙酸正丁酯	1, 4- 二氧杂环乙烷
糠醛	甲胺	环己胺	氯甲	正己烷	2- 丁酮	2- 甲基嘧啶	二甲基苯胺	二氯苯
氨	嘧啶	正丙醇	正丁醇	异丙醇	四氢呋喃	甲基溶纤剂	三氯氟甲烷	

表 16-3 浙江省化学合成制药企业使用频率前 25 位的有机溶剂

编号	名称	使用频率	编号	名称	使用频率	编号	名称	使用频率
1	乙醇	39.22	2	甲醇	38.24	3	乙酸乙酯	37.25
4	二氯乙烷	29.41	5	甲苯	26.47	6	丙酮	22.55
7	四氢呋喃	18.63	8	乙酸	10.78	9	异丙醇	9.80
10	环己烷	7.84	11	三乙胺	7.84	12	乙腈	7.84
13	乙醚	5.88	14	石油醚	5.88	15	正庚烷	3.9*2
16	环氧氯丙烷	2.94	17	苯胺类	2.94	18	吡啶	2.94
19	异丙醇	2.94	20	无水哌嗪	2.94	21	乙酸酐	2.94
22	正己烷	2.94	23	氯乙烯	1.96	24	三氯甲烷	1.96
25	二甲苯	1.96						

表 16-4 片剂常用药剂辅料

类别	作用	示例
稀释剂	用于增强的重量和体积，以利于成型和分剂量	淀粉、预胶化淀粉、糊精、蔗糖、乳糖、甘露醇、微晶纤维素
吸收剂	当片剂中的主药含有较多的挥发油或其他液体成分时，需加入适当的辅料将其吸收，使保持“干燥”状态，以利于制成片剂	硫酸钙、磷酸氢钙、轻质氧化镁、碳酸钙
润湿剂	能使物料润湿以产生足够强度的黏性，以有利于制成颗粒	水、乙醇
黏合剂	能使无黏性或黏性较少的物料聚集粘合成颗粒	羟丙甲纤维素（HPMC）、聚维酮（PVP）、淀粉浆、糖浆
崩解剂	能促进片剂在胃肠液中迅速崩解成小粒子，使药物易于吸收	干淀粉、羟甲基淀粉钠、低取代羟丙基纤维素、泡腾崩解剂、交联聚维酮

类别	作用	示例
润滑剂	能使片剂在压片时顺利加料和出片，并减少黏冲及降低颗粒与颗粒、颗粒或药片与模孔壁之间的摩擦力，是片面光滑美观	硬脂酸镁、滑石粉、氢化植物油、聚乙二醇、微粉硅胶
着色剂	改善片剂外观，便于识别	二氧化钛、日落黄、亚甲蓝、要用氧化铁红
包衣材料	改善片剂外观、增加药物的稳定性、掩盖药物不良臭味、控制药物释放部位等	丙烯酸树脂、羟丙甲纤维素、聚维酮、纤维醋法酯

表 16-5　注射剂常用药剂辅料

类别	作用	示例
溶剂	溶解药物，使机体易于吸收	注射用水、乙醇、丙二醇、甘油
pH 调节剂、缓冲剂	使注射剂处于最适合的 pH 状态，使主药保持安全、稳定、有效	盐酸、醋酸、醋酸钠、枸橼酸、枸橼酸钠、乳酸、酒石酸、酒石酸钠、磷酸氢二钠、磷酸二氢钠、碳酸氢钠、碳酸钠
抗氧剂	能够延缓氧对药物制剂产生氧化作用	亚硫酸钠、亚硫酸氢钠、焦亚硫酸钠、硫代硫酸钠、抗坏血酸
金属离子螯合剂	能与金属离子络合，增强抗氧效果	乙二胺四乙酸二钠（EDTA-2Na）
抑菌剂	能防止或抑制病原微生物发育生长	苯甲醇、羟丙丁酯、甲酯、苯酚、三氯叔丁醇、硫柳汞
局麻剂		利多卡因、盐酸普鲁卡因、苯甲醇、三氯叔丁醇
等渗调节剂	调整注射液的渗透压，避免出现生理不适应状	氯化钠、葡萄糖、甘油
增溶剂、润湿剂、乳化剂	二种物质存在而增加难溶性药物在某一溶剂中溶解度的现象，这种第二种物质称为助溶剂	聚氧乙烯、蓖麻油、聚山梨酯 -20、聚山梨酯 -40、聚山梨酯 -80、聚维酮、聚乙二醇 -40、卵磷脂
助悬剂	增加分散介质的黏度以降低微粒的沉降速度或增加微粒亲水性的附加剂	明胶、甲基纤维素、羧甲基纤维素、果胶
填充剂	填充剂的主要作用是用来填充片剂的重量或体积，从而便于压片	有淀粉类、糖类、纤维素类和无机盐类等
稳定剂	能增加溶液、胶体、固体、混合物的稳定性能化学物都叫稳定剂	肌酐、甘氨酸、烟酰胺、辛酸钠
保护剂		乳糖、蔗糖、麦芽糖、人血白蛋白

表 16-6 液体制剂的常用辅料

类别	示例
增溶剂	聚山梨酯类、聚氧乙烯脂肪酸酯类
助溶剂	碘化钾（12%）、醋酸钠（茶碱）、枸橼酸（咖啡因）、苯甲酸钠（咖啡因）
潜溶剂	水溶性：乙醇、丙二醇、甘油、聚乙二醇 非水溶性：苯甲酸卞酯、苯甲醇
防腐剂	对羟基苯甲酸酯类（0.01% ～ 0.25%）、苯甲酸及其盐（0.03% ～ 0.1%）、山梨酸（0.02% ～ 0.04%）、苯扎溴铵（0.02% ～ 0.2%）、醋酸洗必泰（0.02% ～ 0.05%）、邻苯基苯酚（0.005% ～ 0.2%）桉叶油（0.01% ～ 0.05%）、桂皮油（0.01%）、薄荷油（0.05%）
矫味剂	甜味剂：蔗糖、橙油、山梨醇、甘露醇、阿司帕坦、糖精钠、天冬甜精、蛋白糖 芳香剂：柠檬、薄荷油、薄荷水、桂皮水、苹果香精、香蕉香精 胶浆剂：阿拉伯胶、羧甲基纤维素钠、琼脂、明胶、甲基纤维素 泡腾剂：有机酸 + 碳酸氢钠
着色剂	天然：苏木、甜菜红、胭脂红、姜黄、胡萝卜素、松叶兰、乌饭树叶、叶绿酸铜钠盐、焦糖、氧化铁（棕红色） 合成：苋菜红、柠檬黄、胭脂红、胭脂蓝、日落黄 外用色素：伊红、品红、美蓝、苏丹黄 G 等
助悬剂	低分子助悬剂：甘油、糖浆剂 天然：胶树类、如阿拉伯胶、西黄耆胶、桃胶、海藻酸钠、琼脂、淀粉浆、硅皂土（含水硅酸铝） 合成半合成：甲基纤维素、羧甲基纤维素钠、羟甲基纤维素、卡波普、聚维酮、葡聚糖、单硬脂酸铝（触变胶）
润湿剂	表面活性剂：聚山梨酯类、聚氧乙烯蓖麻油类、泊洛沙姆等
絮凝剂与反絮凝剂	枸橼酸、枸橼酸盐、酒石酸、酒石酸盐
表面活性剂	阴离子型表面活性剂：硬脂酸钠、硬脂酸钾、油酸钠、硬脂酸钙、十二烷基硫酸钠、十六烷基硫酸化蓖麻油 非离子型表面活性剂：单甘油脂肪酸酯、三甘油脂肪酸酯、聚甘油硬脂酸酯、蔗糖单月桂酸酯、脂肪酸山梨坦（司盘）、聚山梨坦、卖泽、苄泽、泊洛沙姆等
乳化剂	表面活性剂：见表面活性剂 天然乳化剂：阿拉伯胶、西黄耆胶、明胶、杏树胶、卵黄 固体乳化剂：O/W 型乳化剂有氢氧化镁、氢氧化铝、二氧化硅、皂土等 W/O 型乳化剂：氢氧化钙、氢氧化锌等
辅助乳化剂	增加水相黏度：甲基纤维素、羧甲基纤维素钠、羟甲基纤维素、海藻酸钠、琼脂、西黄耆胶、阿拉伯胶、黄原胶、果胶、皂土等 增加油相黏度：鲸蜡醇、蜂蜡、单硬脂酸甘油脂、硬脂酸、硬脂醇等
注射用水	纯化水经蒸馏所得的水
注射用油	植物油：麻油、茶油、花生油、玉米油、橄榄油、棉籽油、豆油、蓖麻油及桃仁油、油酸乙酯、苯甲酸苄酯
注射用非水溶剂	丙二醇（10% ～ 60%）、聚乙二醇 400（≤ 50%）、二甲基乙酰胺（DMA）、乙醇（≤ 50%）、甘油（≤ 50%）、苯甲醇等

表 16-7　固体制剂常用辅料

类别	示例
湿法制粒常用填充剂	可溶性填充剂：乳糖（结晶性或粉状）、糊精、蔗糖粉、甘露醇、葡萄糖、山梨醇、果糖、赤鲜糖、氯化钠 不溶性填充剂：淀粉（玉米、马铃薯、小麦）、微晶纤维素、磷酸二氢钙、碳酸镁、碳酸钙、硫酸钙、水解淀粉、部分 α- 淀粉、合成硅酸铝、特殊硅酸钙
湿法制粒常用黏合剂	淀粉类：淀粉（浆）、糊精、预胶化淀粉、蔗糖 纤维素类：甲基纤维素（MC）、羟甲基纤维素（HPC）、羟丙基甲基纤维素（HPMC）、羧甲基纤维素钠（CMC-Na）、微晶纤维素（MCC）、乙基纤维素（EC） 合成高分子：聚乙二醇（PEG4000，6000）、聚乙烯醇（PVA）、聚维酮（PVP） 天然高分子：明胶、阿拉伯胶、西黄耆胶、海藻酸钠、琼脂
常用崩解剂	传统崩解剂：淀粉（玉米、马铃薯）、微晶纤维素、海藻酸、海藻酸钠、离子交换树脂、泡腾酸 - 碱系统、羟丙基淀粉 最新崩解剂：羧甲基淀粉钠、交联羧甲基纤维素钠、交联聚维酮、羧甲基纤维素、羧甲基纤维素钙、低取代羟丙基纤维素、部分 α- 淀粉、微晶纤维素

（三）化学合成制药产品

按照现行的《国家基本药物品种目录》、产品规模与产品在行业所占地位及其污染源对环境的敏感影响进行归纳分类（表 16-8）。将化学合成类药物分为抗微生物感染类药物、抗肿瘤类药物、心血管系统类药物、激素及计划生育类药物、维生素类药物、氨基酸类药物、驱虫类药物、神经系统类药物、呼吸系统类药物、消化系统类药物及其他类药物共十一大类。具体包括镇静催眠药 (如巴比妥类、苯并氮杂卓类、氨基甲酸酯类等)、抗癫痫药、抗精神失常药、麻醉药、解热镇痛药和非甾体抗炎药、镇痛药和镇咳祛痰药、中枢兴奋药和利尿药、合成抗菌药 (如喹诺酮类、磺胺类等)、拟肾上腺素药、心血管系统药物、解痉药及肌肉松弛药、抗过敏药和抗溃疡药、寄生虫病防治药物、抗病毒药和抗真菌药、抗肿瘤药、甾体药物 16 个种类约近千个品种。

表 16-8　化学合成类制药产品分类

类别	作用	示例
合成类抗生素	抗感染类	氯霉素类（氯霉素、琥珀氯霉素、无味氯霉素、合霉素、阿莫西林、头孢拉定）；磺胺类（磺胺嘧啶、磺胺异恶唑、磺胺甲恶唑）；喹诺酮类（吡哌酸、诺氟沙星、盐酸环丙沙星）；唑类抗真菌类（氟康唑、克霉唑、硝酸咪康唑、酮康唑）；其他类（黄连、链霉素、利福平、对氨基水杨酸钠、磺胺多辛、葡萄糖酸锑钠、甲苯咪唑）
	抗肿瘤类	烷化剂（氮芥类、乙撑亚胺类、亚硝基脲类、甲磺酸酯类等）；其他（长春碱、替尼泊苷、他莫昔芬、丙卡巴肼、门冬酰胺酶）

类别	作用	示例
合成类抗生素	神经系统类	麻醉药（恩氟烷射剂、羟丁酸钠、普鲁卡因、利多卡因）；骨骼肌松弛药（氯化琥珀胆、阿曲库铵、维库溴铵、哌库溴铵、麻黄碱）；镇痛药（吗啡、哌替啶、芬太尼、苯噻啶、丁丙诺啡）；解热止痛、抗炎、抗风湿药（阿司匹林、对乙酰氨基酚，复方对乙酰氨基酚、布洛芬、吲哚美辛、萘普生、舒林酸、阿西美辛、奥沙普秦、氨基葡萄糖、萘丁美酮、洛索洛芬、依托芬那酯、金诺芬、丙磺舒、苯溴马隆、安乃近）；脑血管病用药（尼莫地平、巴曲酶、罂粟碱、倍他司汀）；中枢神经兴奋药（咖啡因、甲氯芬酯、胞磷胆碱、脑复康、茴拉西坦、洛贝林、二甲弗林）；其他（金刚烷胺、卡马西平、苯巴比妥、麦角胺咖啡因、硫酸锌、舒必利、艾司唑仑、阿米替林片剂、匹莫林）
	心血管系统类	硝苯地平、普鲁卡因、普萘洛尔、阿替洛尔、艾司洛尔、地高辛、卡托普利、阿西莫司
	呼吸系统类	乙酰半胱氨酸、喷托维林、氨茶碱、茶碱
	消化系统类	西咪替丁、氢氧化铝、阿托品、地芬诺酯、阿米洛利、坦洛新
	激素及影响内分泌系统类	去氨加压素、氢化可的松、泼尼松、格列喹酮、左旋甲状腺素、甲睾酮、甲地孕酮、氯米芬
	营养药及矿物质类	葡萄糖酸钙、碳酸钙、碳酸钙、乳酸钙、磷酸氢钙
	调节水盐、电解质及酸碱平衡类	甘油磷酸钠、磷酸氢钾、门冬氨酸钾镁
	解毒类	二巯丁二酸，青霉胺，硫代硫酸钠、亚甲蓝、氟马西尼、阿托品
	诊断类	碘番酸、硫酸钡、胆影葡胺、半乳糖－棕榈酸
	妇产科类	利托君、聚甲酚磺醛，复方炔诺酮，炔雌醇、米菲司酮、壬苯醇醚
	五官类	碘仿、复方氯己定、碘胺醋酰、羟苄唑、双氯非那胺、乙酰唑胺、卡替洛尔、托吡卡胺、透明质酸钠、鱼肝油酸钠、地芬尼多
	外用药类	新霉素、甲紫、硼酸、过氧苯甲酰、丙体 - 六六六、地蒽酚、氟轻松、甲氧沙林、过氧化氢、甲醛、碘叮、过氧乙酸
	其他类	肾上腺素、多巴胺、多巴酚丁胺、硫酸亚铁、噻氯匹定、甲奈氢醌、氨甲环酸、华法林钠、肝素钠、琥珀酰明胶、羟乙基淀粉、茶苯海明、氯苯那敏、阿司咪唑、酮替芬、色甘酸钠
半合类抗生素	β- 内酰胺类	普卢卡因青霉素、苄星青霉素、头孢羟氨苄、头孢噻肟钠、头孢哌酮纳等
	四环类	强力霉素、二甲胺四环素、甲烯土霉素、胍哌四环素
	氨基糖苷类	丁胺卡那霉素、双脱氧卡那霉素、乙基西索米星
	多肽类	黏菌素甲烷磺酸钠、米卡霉素
	其他类	氯洁霉素、利福平、利福定、利副喷丁

二、化学合成制药工业工艺原理与基本工艺

化学合成类药物的生产过程主要以化学原料为起始反应物，通过化学反应合成生产药物中间体或对中间体结构进行改造和修饰，得到目的产物，然后经脱保护基、提取分离、精制和干燥等工序得到最终产品。化学合成药物生产的特点有：品种多、更新快、生产工艺复杂；需要的原辅材料繁多，产量一般；产品质量要求严格；基本采用间歇生产方式；其原辅材料和中间体不少是易燃、易爆、有毒性的物品。其生产工艺及排污节点见图 16-1。

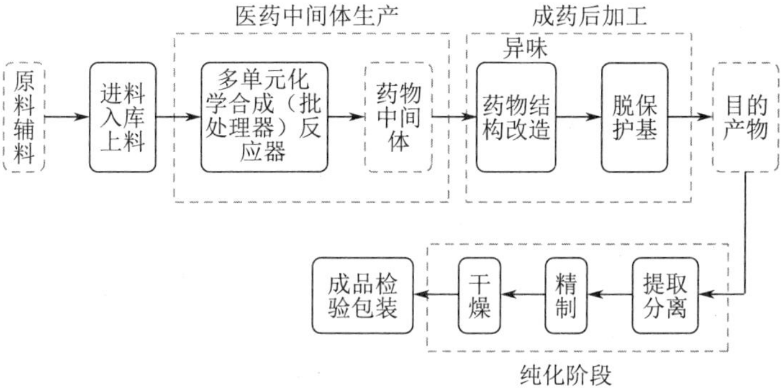

图 16-1　化学合成类制药工业生产工艺流程

（一）原料辅料进厂

化学合成制药的原料有化学药品（又分无机化学药品和有机化学药品）、天然化学药和化学中间体药品三大类，多属于化学品（有液体、固体，也有危险化学品），多采用运输工具进厂，卸入仓库或储罐。化学合成制药的辅料种类繁多，多属于化学品（有液体、固体，也有危险化学品），多采用运输工具进厂，卸入仓库或储罐。原辅料装卸严格控制遗撒、泄漏和扬尘。地面清洗废水应进污水处理站。

（二）多单元化学合成

化学合成类制药生产过程主要以化学原料为起始反应物，经多单元化学反应生成医药中间体。生产过程主要以化学原料为起始反应物，通过化学合成药物中间体。具体的在化学反应装置进行的化学反应类型不同药物，有不同的反应原理和装置，其主要合成工艺类型有氧化、酯化、胺化、硝化、羟基化、酰化、甲氧基化、还原、烷基化、磺化、重氮化、耦合、卤化、芳基化、环合、缩合、溴化、聚合等根据工艺路线长短由单一合成反应或组合式合成反应组成。中间体产品的回收还会涉及浓缩、蒸馏、分层、分离、压滤（过滤）、离心、干燥等工艺设施和技术。部分药物化学合成工艺见表 16-9。

表 16-9 部分药物化学合成工艺

药名	主要原料	工艺	单位产品废水量 /(m^3/t)
安乃近	苯胺	重氮化→水解→甲化→水解→还原→酰化→水解→中和→缩合→安乃近	88
阿司匹林	水杨酸	酰化→离心→阿司匹林	45
甲氧苄啶	二溴醛	甲化→缩合→环合→精制→甲氧苄啶	400
布洛芬	异丁奔	付克反应→缩合→酰洗→精制→布洛芬	120
氢化可的松	皂素	开环→提取→环氧化→沃氏氧化→上溴→脱溴→酰化→发酵→分离→精制→氢化可的松	4 500
咖啡因	氯乙酸	氰化→酸化→亚硝酸→酰化→甲化→精制→咖啡因	248
吡哌酸	原甲酸三甲酯 丙二酸二甲酯	缩合→环合→氯化→精制→吡哌酸	
盐酸赛庚啶	苄叉酞	氯化→脱氢→加成→氯化→格氏→精制→盐酸赛庚啶	
头孢他啶	头孢他啶二盐酸盐、丙酮、磷酸/活性炭、氢氧化钠	溶解→过滤→结晶→干燥→磨粉→头孢他啶	
磺胺二甲嘧啶	磺胺脒、乙酰丙酮、液碱、盐酸、焦亚硫酸钠、保险粉	碱溶→缩合→压滤→脱色→中和→甩滤→干燥→磺胺二甲嘧啶	
烟酸	3- 氰基吡啶、液碱、盐酸	水解→中和→脱色→压滤→结晶→过滤→干燥→烟酸	
肌醇烟酸酯	三氯氧磷、烟酸、肌醇等	氯化→酯化→甩滤→干燥→脱色压滤→结晶→甩滤→干燥结晶→肌醇烟酸酯	

（三）目的药物后加工

目的药物的化学反应阶段包括药物结构改造、脱保护基等过程。具体的在化学反应装置进行的化学反应类型不同药物，有不同的反应原理和装置，包括酰化反应、裂解反应、硝基化反应、缩合反应和取代反应等。有些医药企业直接以化学中间体为生产原料，通过化学反应药物结构改造，生产目的药物产品，生产过程相对简单。

（四）药品纯化

化学合成类制药的纯化过程包括分离、提取、精制和成型等。分离主要包括沉降、离心、过滤和膜分离技术；提取主要包括沉淀、吸附、萃取、超滤技术；精制包括离子交换、结晶、色谱分离和膜分离等技术；产品定型步骤主要包括浓缩、干燥、无菌过滤和成型等技术。

（五）药品检验包装

药品生产过程要进行一定批次的抽样检验，会产生抽检药品废弃物。最后药品在生产线进行包装，入库。经抽检对不合格药品，作为废弃药品处理。

三、化学合成制药的排污节点

（一）化学合成制药工业的环境要素分析（表 16-10）

表 16-10　化学合成类制药生产企业主要环境要素

污染类型	主要污染指标
废气	化学合成类制药行业废气主要来源于以下：①合成反应过程中有机溶剂挥发；②提取和精制过程中有机溶剂挥发；③干燥过程中粉尘和有机溶剂挥发；④企业污水处理厂产生的恶臭气体； 产生废气分三类，分别是含尘废气、含无机污染物废气和含有机污染物废气。含尘废气主要是药尘和粉剂原料装卸加工产生粉尘；无机废气主要有生产设施、锅炉和污水处理产生氯化氢、硫化氢、二氧化硫、氨气、氰化氢、氮氧化物等；有机废气主要是生产设施和污水设施产生有机溶剂； 主要污染物有：溶剂（丁酯，丁醇）、二氯甲烷、异丙醇、丙酮、乙腈、NH_3、颗粒物、HCl、SO_2、NO_x 等
废水	化学合成废水的主要来源：①工艺废水，如失去效能的溶剂、过滤液和浓缩液；②地板和设备的冲洗废水；③管道的密封水；④洗刷用具的废水；⑤溢出水 废水污染物随化学反应的不同而不同（如硝化、氨化、卤化、磺化、烃化反应）。在药物合成中 80% ～ 95% 的化学反应需要加催化剂，如加氢、脱氢、氧化、还原、脱水、脱卤、缩合、环合等几乎都要用催化剂，其中钯、铂、镍、汞、镉、铅、铬、铜、锌是常用的催化剂。醇、乙酸、乙醚、氯甲烷、四氢呋喃、丙酮、硝基苯、喹啉、甲苯、苯、二氯甲烷、氯仿、乙腈等是常用的溶剂 废水中污染物主要控制指标有： （1）常规污染物：TOC、COD、BOD_5、SS、pH、氨氮、色度、急性毒性物质； （2）特征污染物：总汞、总镉、烷基汞、六价铬、总砷、总铅、总镍、总铜、总锌、氰化物、挥发酚、硫化物、硝基苯类、苯胺类、二氯甲烷
固体废物	废油、非溶剂、废活性炭、反应残余物、浓缩废液，废药品、废试剂原料、废包装材料、废滤芯（废滤膜）、废水处理污泥等
噪声	粉碎机、风机、运输车辆等产生的噪声

（二）化学合成类制药排污节点（图 16-2）

化学合成类药物的生产过程主要以化学原料为起始反应物，通过化学反应合成生产药物中间体或对中间体结构进行改造和修饰，得到目的产物，然后经脱保护基、提取分离、精制和干燥等工序得到最终产品，其生产工艺及排污节点见图 16-2。

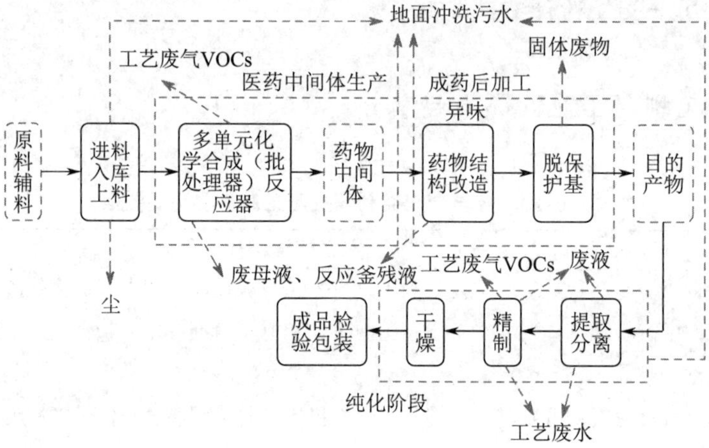

图 16-2　化学合成类制药生产企业排污节点

（三）化学合成类制药生产企业排污节点分析（表 16-11）

表 16-11　化学合成类制药生产企业的排污节点分析

工序	污染产生原因	排污节点和主要环境因素	控制措施
原辅料进厂	装卸、贮存、上料产生遗撒、扬尘和泄漏； 地面冲洗	【废气】扬尘和泄漏的含酸碱或含 VOCs 废气； 【废水】地面冲洗废水； 【固体废物】报废的原料及清扫垃圾	仓库加强密闭和集气除尘措施； 地面冲洗废水和污雨水进污水处理站； 废弃原料及垃圾按危险废物管理

工序	污染产生原因	排污节点和主要环境因素	控制措施
多单元化学合成（批反应器）	多单元化学反应合成装置； 分层、分离压滤（过滤）、浓缩、蒸馏、离心、干燥等中间体分离回收技术措施； 循环冷却装置	【废水】产生各种结晶母液、转相母液、吸附残液等，污染物浓度高，含盐量高，废水残余反应物、生成物等浓度高，有一定生物毒性、难降解。过滤机械、反应容器、催化剂载体、树脂、吸附剂等设备及材料的洗涤水。其污染物浓度高、酸碱性变化大。循环冷却水系统排污，水环真空设备排水、去离子水制备过程排水、蒸馏（加热）设备冷凝水等。设备设施的清洗废水，生产场地的地面冲洗废水； 【废气】蒸馏、蒸发浓缩工段产生的有机不凝气，合成反应、分离提取过程产生的有机溶剂废气。设备集气收集的粉尘，设备泄漏的含酸、含碱和含 VOCs 废气； 【固体废物】危险废物有废催化剂、废活性炭、废溶剂、废酸、废碱、废盐、精馏釜残、废滤芯（废滤膜）、滤渣滤泥、粉尘药尘、废药品等，产生的一般固体废物主要为废包装材料等	对高浓度废液收集分质处理，回收利用，回收浓度过高废液应另行处理或与处理后再进污水厂。对中浓度污水对有毒物质进行预处理后与低浓度污水排入污水处理站；对高盐废水，先进行脱盐处理，再排入污水处理站； 对产生 VOCs 的设施和车间，不仅要加强密闭措施，还应增加集气装置对收集废气进行净化，降低 VOCs； 生产中一般性固体废物一定要严格与危险废物区别管理，危险废物的收集、贮存、处置、转移要建立严格管理责任制度和台账管理制度； 废催化剂、废活性炭、废溶剂、废酸、废碱、废盐、精馏釜残、废滤芯（废滤膜）、滤渣滤泥、粉尘、药尘、废药品按危险废物管理
成药后加工过程	药物结构改造的酰化反应、裂解反应、硝基化反应、缩合反应和取代等反应装置		

工序	污染产生原因	排污节点和主要环境因素	控制措施
纯化阶段	包括分离、提取、精制和成型等。分离主要包括沉降、离心、过滤和膜分离技术；提取主要包括沉淀、吸附、萃取、超滤技术；精制包括离子交换、结晶、色谱分离和膜分离等技术；产品定型步骤主要包括浓缩、干燥、无菌过滤和成型等技术	【废气】使用盐酸、氨水调节pH值产生酸碱废气；浓缩、粉碎干燥、磨粉、筛分产生粉尘药尘，吸附、分离、提取、萃取等产生VOCs； 【废水】废水包括容器设备、过滤设备冲洗水（如板框压滤机、转鼓过滤机等过滤设备冲洗水）、树脂柱（罐）及地面冲洗水等。其污染物浓度高、酸碱性变化大； 【固体废物】危险废物主要有废催化剂、废活性炭、废溶剂、废酸、废碱、废盐、精馏釜残、废滤芯（废滤膜）、粉尘、药尘、废药品等，产生的一般固体废物主要为废包装材料等	对排放含酸碱废气、含粉尘药尘废气、含VOCs废气要加强设施的密闭措施，还要加强集气净化措施； 对设备、装置清洗废水浓度高的要进行预处理，再与低浓度废水排入污水处理站； 地面清洗废水排入污水处理站； 加强危险废物的管理和台账记录； 严禁非危险废物与危险废物混杂管理
药品检验包装	包括药品的包装，药品的质量检验，不合格药品的处理	【废水】废水包括容器设备冲洗水，化验分析废水、地面冲洗水等； 【固体废物】包装、入库过程可能产生药粉尘。废弃物有不能回用的废弃药品，废包装材料，收集的粉尘等	废水包括容器设备、地面冲洗水等，排污水站处理。对可能产生药粉尘设施要有集气除尘措施；废弃药品按危险废物管理；废包装材料属一般性固体废物
辅助工程	锅炉燃烧烟气；煤场、灰库会产生扬尘 风机等设备产生噪声 污水站产生的恶臭气体	【废气】锅炉燃烧烟气，污染物烟尘、SO_2和NO_x；煤场、灰库会产生扬尘； 【固体废物】锅炉、除尘产生灰渣； 【噪声】风机等设备工作产生噪声	烟气应除尘、脱硫； 煤场、灰库应采用抑尘措施； 灰渣外运处置或综合利用； 风机应采取降噪措施

四、化学合成制药工业的环境管理要求

（一）化学合成制药工业主要污染物

1. 化学合成制药工业废水污染物

废水主要来自反应器的清洗水。清洗水中包括未反应的原材料、溶剂，并携带大量

的化合物，化合物随化学反应的不同而不同（如硝化、氨化、卤化、磺化、烃化反应）。有时候，化学合成废水与生物处理系统是不兼容的，因为在处理系统中，化合物对单位体积生物量的浓度太高或毒性太大。因此，在生物处理之前，应对化学合成废水进行化学预处理。化学合成废水的特点：用水量大，有机污染严重，产生的废水成份复杂，含有残留溶剂，废水可生化性较差，BOD_5、COD 和 TSS 浓度高，流量大，pH 波动范围为 1.0 ～ 11.0。目前通常使用的治理方法是水膜除尘、水洗塔吸收、中效过滤、碱液淋洗、化学合成碱液吸收塔，固体制剂除尘器、二级穿流板吸收塔。

化学合成类制药产生较严重污染的原因是合成工艺比较长、反应步骤多，形成产品化学结构的原料只占原料消耗的 5% ～ 15%，辅助性原料等却占原料消耗的绝大部分，这些原料最终以废水、废气和废渣的形式存在。

废水的主要来源：①工艺废水，包括废滤液、废母液、精制纯化过程的溶剂回收残液、溶剂、过滤液、浓缩液和水洗废水等。该类废水的特点是浓度高、酸碱性及温度变化大、含有药物残留。虽然水量不大，但污染物含量高，在全部废水中的 COD_{Cr} 比例高、处理难度大。②冲洗水及其他，包括容器设备（包括反应器、过滤机、催化剂载体、树脂柱（罐）冲洗水、树脂等设备和材料的洗涤水）冲洗水、过滤设备及滤布洗涤废水、地面用具等冲洗水等。其中，过滤设备冲洗水污染物浓度也相当高，废水中主要是悬浮物；树脂柱冲洗水水量较大，初期冲洗水污染物浓度高，酸碱性变化较大，也是一类主要废水。③回收残液，包括溶剂回收残液、副产品回收残液等。④辅助过程排水，包括工艺冷却水、动力设备冷却水、系统排污、水环真空设备排水、去离子水制备过程排水、蒸馏（加热）设备冷凝水等。此类废水污染物浓度低，但水量大、企业间差异大，一些水环真空设备排水含有溶剂、COD_{Cr}、盐含量高。⑤废气吸收塔废水。⑥实验室废水。⑦初期雨水。⑧循环冷却水。⑨生活污水。

废水污染物主要来自反应器的剩余溶剂、过滤液、浓缩液、水洗废水（包括未反应的原材料、溶剂，并伴随大量的副产化合物），副产化合物随化学反应的不同各异（如硝化、氨化、卤化、磺化、烃化反应）。化学合成废水特点：废水成分复杂，有机物含量高，氨氮高，盐分高，含有毒有害物质，含难降解底物，可生化性较差等。废水中，COD 质量浓度为 2 000 ～ 40 000 mg/ L，氨氮质量浓度为 50 ～ 700 mg/ L，pH 范围为 1 ～ 11。

这类废水中残余反应物、生成物、溶剂、催化剂等浓度高，COD 质量浓度值高达几十万 mg/ L；合成反应副产无机盐残余到母液中；酸碱水 pH 变化大，中和反应酸碱耗量大；一些原料或产物如酚类化合物、苯胺类化合物、重金属、苯系物、卤代烃溶剂等具有生物毒性，对微生物有抑制作用。

在药物合成中 80% ～ 95% 的化学反应需要加催化剂，如加氢、脱氢、氧化、还原、脱水、脱卤、缩合、环合等几乎都要用催化剂，钯、铂、镍、汞、镉、铅、铬、铜、锌是常用的催化剂。醇、乙酸、乙醚、氯甲烷、四氢呋喃、丙酮、硝基苯、喹啉、甲苯、苯、二氯甲烷、氯仿、乙腈等是常用的溶剂，溶剂流失带出大量化学品污染物。

废水中污染物主要控制指标有：

（1）常规污染物：TOC、COD、BOD_5、SS、pH、氨氮、色度、急性毒性等；

（2）特征污染物：总汞、总镉、烷基汞、六价铬、总砷、总铅、总镍、总铜、总锌、氰化物、挥发酚、硫化物、硝基苯类、苯胺类、二氯甲烷、苯类、总磷。

车间废水预处理方法：分层、过滤、精馏、闪蒸、汽提、蒸发浓缩、吹脱等。

2. 合成制药工业废气

化学合成类制药行业废气主要来源：①主反应设备工艺合成反应过程溶剂挥发和异味气体排放；②提取和精制过程中有机溶剂挥发；③辅助生产设备，进料系统、溶剂储罐、真空泵系统、离心系统、干燥系统、破碎系统、污水处理系统等粉尘和有机溶剂挥发；④企业污水处理厂产生的恶臭气体。按照所含主要污染物的性质不同，可将化学合成制药所排放的废气分为三大类，分别是含尘废气、含无机污染物废气和含有机污染物废气。含尘废气主要是药尘；无机废气主要有氯化氢、硫化氢、二氧化硫、氨气、氰化氢、氮氧化物等；有机废气主要是有机溶剂。企业为了减少废气排放及溶剂回收，在废气治理过程中常用二级冷凝、吸附解析等方法对有机溶剂进行回收再利用。

各类主反应设备产生的有机废气、无机废气，辅助设备的挥发废气主要成分为有机废气如酮类、醇类、脂类、烃类、醚类、醇类、酸类、烷类、胺类、硝基类等，无机废气如盐酸、硫酸、硝酸、磷酸、氨气、氮氧化物、硫化物、颗粒物等。主要以 VOCs 为主，一般含量在 200 ～ 1 000 mg/m^3。

废气中污染物主要控制指标有：

（1）常规污染物：硫化物、氮氧化物、颗粒物、酸雾等；

（2）特征污染物：苯、甲苯、二甲苯、酚类、甲醛、乙醛、苯烯腈、甲醇、苯胺类、氯苯类、硝基苯、非甲烷总烃、氨气、恶臭等。

3. 化学合成制药企业固体废物的管理

化学合成类制药生产过程产生的固体废物主要来源有废油、废溶剂、废活性炭、废助滤剂、废催化剂、废填料、反应残余物、浓缩废液、废药品、废试剂原料、废包装袋（桶）、实验室残夜、废滤芯（废滤膜、滤布）、废水处理污泥等。大部分固体废物是经过车间回收后产生的，其特点有机物浓度高、毒性大、含有大量副产物和原料残留，再次利用率低，处理成本高。小部分固体废物如包装桶等可厂家回收。废水处理污泥一般做危废处理。

废水处理过程产生的污泥脱水技术包括浓缩、压滤脱水、真空脱水、干化等。经脱水后的污泥按照《国家危险废物名录》和危险废物鉴别标准进行识别或鉴别，非危险废物的按一般废物处置。

制药企业产生的其他废物还有：高浓度釜残液，废药品、废试剂原料、含有或沾染危险废物的废包装材料、废滤芯（膜），除尘设施捕集的药尘，废活性炭等，上述废物均为危险废物。

4. 化学合成制药企业噪声污染

化学合成制过程产生的噪声主要以动力车间压缩机组、制冷系统、冷却塔，车间的泵、离心机、风机、搅拌机等设备为主。车间内噪声影响相对较小，需对主要噪声产生点源大的设备通过加装隔噪装置即可控制；对于其他室外设备，如风机、压缩机等要做隔离墙或搭建房屋进行降噪。

（二）化学合成制药工业的主要环境管理

1. 环境规划要求

要防止化学原料药生产向环境承载能力弱的地区转移；鼓励制药工业园区创建国家新型工业化产业示范基地；新（改、扩）建制药企业选址应符合当地规划和环境功能区划，并根据当地的自然条件和环境敏感区域的方位，确定适宜的厂址。

2. 原辅料限制

（1）鼓励使用无毒、无害或低毒、低害的原辅材料，减少有毒、有害原辅材料的使用。

（2）鼓励在生产中减少含氮物质的使用。

3. 污染减排

（1）水污染的防治：①废水宜分类收集、分质处理；高浓度废水、含有药物活性成分的废水应进行预处理。企业向工业园区的公共污水处理厂或城镇排水系统排放废水，应进行处理，并按法律规定达到国家或地方规定的排放标准。②烷基汞、总镉、六价铬、总铅、总镍、总汞、总砷等水污染物应在车间处理达标后，再进入污水处理系统。③含有药物活性成分的废水，应进行预处理灭活。④高含盐废水宜进行除盐处理后，再进入污水处理系统。⑤可生化降解的高浓度废水应进行常规预处理，难生化降解的高浓度废水应进行强化预处理。预处理后的高浓度废水，先经厌氧生化处理后，与低浓度废水混合，再进行好氧生化处理及深度处理；或预处理后的高浓度废水与低浓度废水混合，进行厌氧（或水解酸化）－好氧生化处理及深度处理。⑥毒性大、难降解废水应单独收集、单独处理后，再与其他废水混合处理。⑦含氨氮高的废水宜物化预处理，回收氨氮后再进行生物脱氮。⑧接触病毒、活性细菌的生物工程类制药工艺废水应灭菌、灭活后再与其他废水混合，采用“二级生化－消毒”组合工艺进行处理。⑨实验室废水、动物房废水应单独收集，并进行灭菌、灭活处理，再进入污水处理系统。⑩低浓度有机废水，宜采用好氧生化或水解酸化－好氧生化工艺进行处理。

（2）大气污染防治：①粉碎、筛分、总混、过滤、干燥、包装等工序产生的含药尘废气，应安装袋式、湿式等高效除尘器捕集。②有机溶剂废气优先采用冷凝、吸附－冷凝、离子液吸收等工艺进行回收，不能回收的应采用燃烧法等进行处理。③发酵尾气宜采取除臭措施进行处理。④含氯化氢等酸性废气应采用水或碱液吸收处理，含氨等碱性废气应采用水或酸吸收处理。⑤产生恶臭的生产车间应设置除臭设施；动物房应封闭，设置集中通风、除臭设施。

（3）二次污染防治：①废水厌氧生化处理过程中产生的沼气，宜回收并脱硫后综合利用，不得直接放散。②废水处理过程中产生的恶臭气体，经收集后采用化学吸收、生物过滤、吸附等方法进行处理。③废水处理过程中产生的剩余污泥，应按照《国家危险废物名录》和危险废物鉴别标准进行识别或鉴别，非危险废物可综合利用。④有机溶剂废气处理过程中产生的废活性炭等吸附过滤物及载体，应作为危险废物处置。⑤除尘设施捕集的不可回收利用的药尘，应作为危险废物处置。

4. 环境监督管理

（1）记录环保设施运行数据并建立环保档案。

（2）水气主要污染物建立日常自主监测制度，并委托有资质的单位进行每季度不少于 1 次的第三方监测，有完整的记录。

第三节　中药工业生产工艺环境基础

一、中药行业的原料与能耗（表 16-12 至表 16-14）

表 16-12　中药类制药工业原辅料

类别	名称	备注
主要原材料	净中药材	符合 2010 药典
主要辅材料	95% 乙醇	95% 浓度，渗漉、醇沉
	氢氧化钠	调整 pH
	盐酸	HCl 水溶液，无色液体，有腐蚀性，调整 pH
	活性炭	用于炭沉工序
	制剂辅料	主要为蔗糖、淀粉、糊精等
	包装	瓶盖、口服液瓶 10ml、铝箔、PVC 片、复合膜、纸盒纸箱

表 16-13　中药类制剂辅料性能

序号	名称	性能
1	药用蔗糖	由葡萄糖和果糖通过异头体羟基缩合而形成的非还原性二糖。具有甜味
2	药用淀粉	含葡萄糖多糖，为白色粉末；无臭，无味
3	滑石粉	主要成分是滑石含水的硅酸镁，甘、淡，寒
4	硬脂酸镁	分子式：$C_{36}H_{70}MgO_4$；本品为白色轻松无砂性的细粉；与皮肤接触有滑腻感。特别适宜油类、浸膏类药物的制粒，制成的颗粒具有很好的流动性和可压性。在直接压片中用作助流剂
5	明胶	动物皮子之角料熬制，为淡黄色至黄色、半透明、微带光泽的粉粒或薄片
6	氧化铁红	分子式 Fe_2O_3 橙红至紫红色的三方晶系粉末
7	糖精钠	化学式：$C_6H_4SO_2NNaCO \cdot 2H_2O$，呈白色粉末，无臭或微有香气，味浓甜带苦
8	香精	它是一种人造香料、人工合成的模仿水果和天然香料气味的浓缩芳香油，由数种香料原料、有机化合物的复合体

序号	名称	性能
9	黄酒	黄酒是医药上很重要的辅料或“药引子”。中药处方中常用黄酒浸泡、烧煮、蒸炙一些中草药或调制药丸及各种药酒
10	蜂蜜	蜂蜜是昆虫蜜蜂从开花植物的花中采得的花蜜在蜂巢中酿制的蜜。蜂蜜的成分除了葡萄糖、果糖之外还含有各种维生素、矿物质和氨基酸
11	糊精	糊精是淀粉分解的中间产物，其化学分子式与淀粉相同都是 $(C_6H_{10}O_5)_n$，白色或微带浅黄色阴影的无定形粉末，不甜或微甜，无嗅，无异味
12	柠檬黄	分子式：$C_{16}H_9N_4O_9S_2Na_3$，一种偶氮型酸性染料，橙黄色粉末，溶于水呈黄色
13	虫白蜡	介壳虫科昆虫白蜡虫的雄虫，群栖于木犀科植物白蜡树、女贞及女贞属其他种植物枝干上所分泌的白色蜡质，精制而成。含大分子量的酯类、少量的棕榈酸、硬脂酸，止血，生肌，定痛。味甘，温

表 16-14 乙醇理化性质分析

物质名称	理化性质
乙醇	无色透明、易挥发，易燃烧液体。有酒的气味和刺激辛辣滋味，微甘。乙醇与空气混合易爆炸，乙醇燃烧（$C_2H_6O+3O_2 \longrightarrow 2CO_2+3H_2O$）分子式中含羟基，称乙醇，比重为 0.7893。燃点为 75℃，沸点为 78.2℃。乙醇能与水、甲醇、乙醚和氯仿等混溶，有吸湿性。与水能形成共沸混合物，共沸点为 78.15℃。可作为防冻剂和冷媒

一般情况下，生产 1 t 中药饮片需耗电 10 kW·h，天然气消耗 666 m^3，自来水消耗 1.8 m^3。常见中药能耗水耗见表 16-15。

表 16-15 常见中药能耗水耗分析

药品名称	生产数量	耗水 / m^3	耗电 /（kW·h）
三七片	每生产 1 万片	0.1	40
生脉饮	每生产 1 万瓶	2.5	350
小柴胡冲剂	每生产 1 万包	2.35	412
溃疡胶囊	每生产 1 万粒	0.1	114

二、中药行业工艺原理与基本工艺

中药行业的基本流程分为前处理工艺、提取工艺、制剂工段工艺三个部分。

（一）前处理工艺流程

前处理生产线工艺流程：原料中药材→挑选→洗药、润药→切药→烘药、炒药、煅药→装袋备用。

根据产品配方要求，有些饮片需打细粉直接入药，如当归、肉桂、赤芍、泽泻、黄芪、丹参等，根据配方不同，有的单独打细粉，有的可混合后打细粉。工艺流程：单味或混合→粉碎、打细粉→装袋备用。

（二）提取工段工艺流程

大部分中药要以水提取物入药，即将饮片进行配料、提取罐浸润、水提（煎煮），得到药液，经加热、减压浓缩，收膏备用。用于口服液的浸膏需去除淀粉、糖分等，进行醇沉除杂、活性炭吸附脱色、过滤等。水提工艺流程见图 16-3。

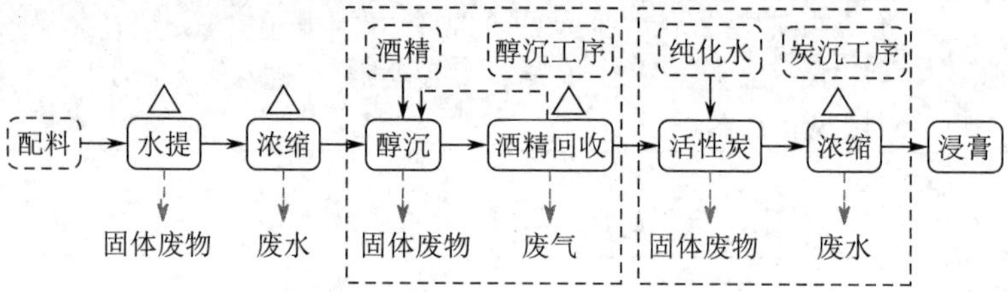

图 16-3 水提（醇沉、炭沉）工艺流程和产污环节

部分药材水提的有效成分收率低，采用酒精渗漉（醇提）的方法使有效成分溶于酒精中，收率较高，如当归、乳香、地龙、桑白皮等。有的再配以水沉除杂工序。渗漉法是将适度粉碎的药材置渗漉筒中，加酒精没过药材，浸泡一段时间，打开渗漉阀门，由上部不断添加酒精溶剂，溶剂滤过药材层向下流动过程中浸出药材成分的方法。采用加热渗漉和酒精热回流称醇提。渗漉属于动态浸出方法，溶剂利用率高，有效成分浸出完全，可直接收集浸出液。适用于贵重药材、毒性药材及高浓度制剂；也可用于有效成分含量较低的药材提取。渗漉过程中，溶剂酒精会被药渣带走一部分，渗漉液中酒精通过回收装置回收，在脱除酒精过程中有部分乙醇不凝气散失，有少量进入后道工序。渗漉工艺流程见图 16-4。

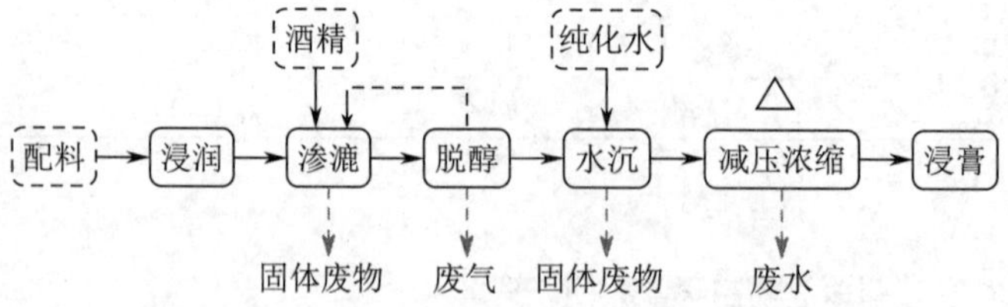

图 16-4 渗漉（水沉）工艺排污节点

有的提取物不溶于酸性溶液，可进行水提酸沉或醇提酸沉作业，通过调整药液 pH，使提取物沉淀，经水洗、烘干后得到提取物。如将黄芩水提药液冷却后，在酸沉罐中加入浓盐酸，调整药液 pH 至 1 ～ 2，黄芩提取物黄芩苷产生沉淀。排出酸性废水，对沉淀物水洗 pH 至 5 ～ 6，烘干即得黄芩苷。水提酸沉生产工艺见图 16-5。

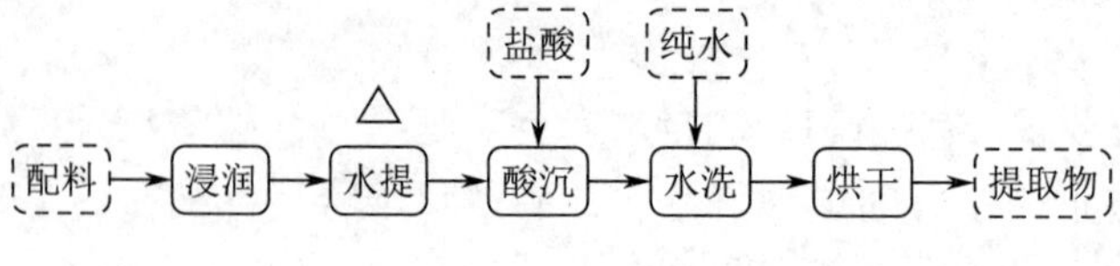

图 16-5 水提酸沉工艺流程和产污环节

（三）制剂工段工艺流程

根据需要制剂可以制成片剂、颗粒剂、口服液和糖浆制剂。

片剂生产由四个工序完成，分别为混合制粒工序、压片工序、包衣工序和包装工序。制粒工序：将处理好的原辅料（浸膏、药粉、辅料）进行混合，控制一定的含水率，送入制粒机中制粒，制粒工艺需加入润湿剂，便于后续成型；随后在热风循环箱内烘干，采用蒸汽间接加热，烘干温度为 50 ～ 60℃，烘干约 2 小时。整粒总混：造粒烘干后的药粉，会发生结块现象，为了使药粉更加均匀，使颗粒形状匀称，将造好的颗粒进行整粒总混，为了提高药粉的充型能力，提高药片的成品率，一般还要加入硬脂酸镁作为润滑剂。压片工序：将制好的颗粒送入压片机内压片。包衣工序：有的片剂不包衣，有的需要包衣，将药片投入包衣机，淋入糖浆，加滑石粉进行包衣，加着色剂、虫白蜡进行着色、抛光。包装工序：内包使用瓶装或铝塑包装机，将内包装好的产品人工包装成盒、成箱即成。不同的产品，按不同的配方进行配料，工序相近。其生产工艺流程见图 16-6。

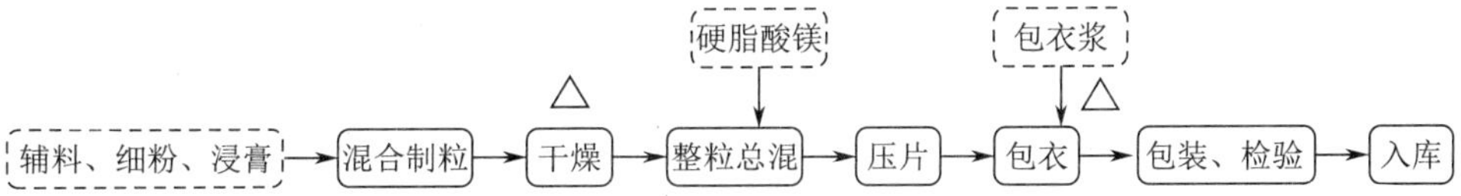

图 16-6　片剂生产工艺流程

颗粒剂是将原辅料药材细粉、浸膏、辅料混合制粒，干燥、整粒总混、筛分、分装、外包装、检验入库。其生产工艺流程见图 16-7。

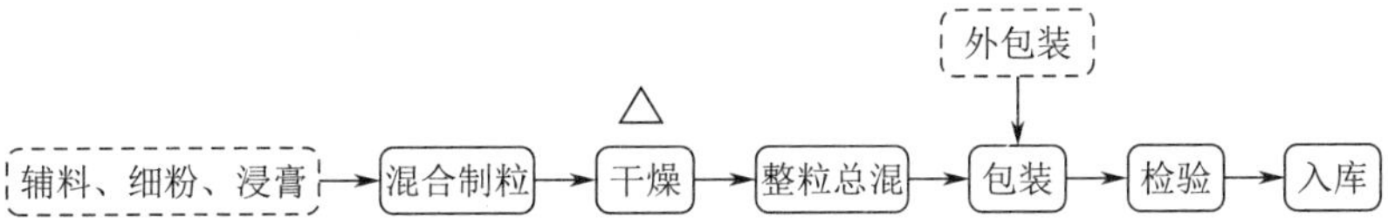

图 16-7　颗粒剂生产工艺流程

口服液、糖浆剂是将浸膏加纯化水溶解与辅料混合，经专用滤网过滤、灌装、压盖、高温灭菌、灯检、外包装、检验入库。其生产工艺流程见图 16-8。

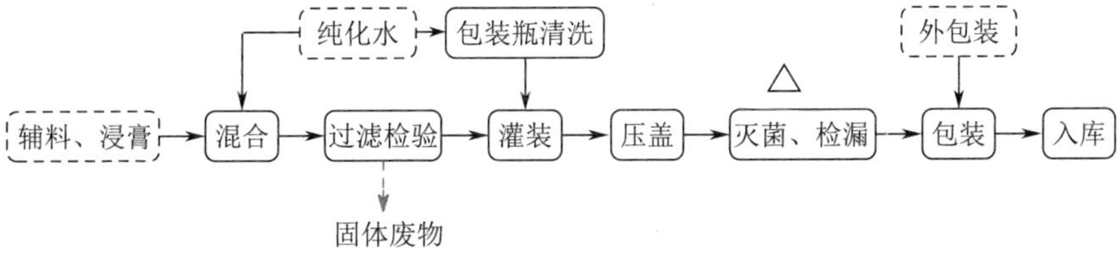

图 16-8　口服液、糖浆剂生产工艺流程

（四）中药类制药主要生产设备（表 16-16）

表 16-16 中药类制药工业主要生产设备

项 目	设备（设施）名称
前处理车间	洗药机、热风循环干燥箱、蒸煮罐、切药机、炒药机、煅药机、轧扁机、破碎机、粗碎机、润药机
提取车间工艺设备	中药提取罐、渗漉罐、储液罐、醇沉罐、水力喷射器、玻璃钢冷却塔、酸沉罐、真空干燥箱、双效浓缩器、酒精回收浓缩器、精馏塔、组装冷库、单效浓缩外循环浓缩器
固体制剂生产工艺设备	沸腾制粒干燥连线、方形筛、旋转式压片机、封闭式糖衣机、高效智能包衣机、真空乳化搅拌机、全自动瓶装机自动连线、自动铝塑泡罩包装联动线
口服液（糖浆剂）生产工艺设备	压力蒸汽灭菌器、口服液洗烘灌封联动线、灯检机、灭菌柜、口服液配制罐、二泵灌装机、多功能瓶类全自动装盒机、口服液包装自动连线

三、中药行业排污节点

（一）中药行业的环境要素分析（表 16-17）

表 16-17 中药制药行业环境要素分析

污染类型		主要污染指标
废气	车间粉尘	粉碎、配料、制粒、混合、整粒、过筛、干燥、填充、压片、包衣等工段产生的中药原材料粉尘
	炮制	药烟
	醇提	乙醇废气
	污水处理站恶臭	氨、H_2S 等臭气
	锅炉烟气	NO_2、SO_2、烟尘
废水	洗药、润药废水、浓缩废水、清洗设备地面废水等	COD、BOD_5、SS、NH_3-N、色度等
	办公楼、车间、宿舍、食堂等的生活污水	油、BOD_5、COD、SS 等
固体废物		废药渣、废活性炭包装物、生活垃圾、污水处理站污泥、粉煤灰、炉渣
噪声		粉碎机 95 dB(A)、各类泵 95 dB(A)、引风机 95 dB(A)、锅炉鼓风机 85 dB(A)、污水处理站风机 90 dB(A)、循环冷却塔 80 dB(A)

（二）中药类制药工业排污节点（图 16-9 至图 16-14）

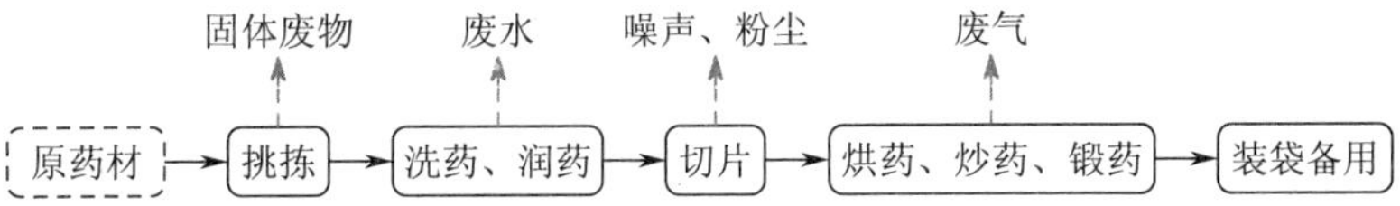

图 16-9　前处理工艺排污节点

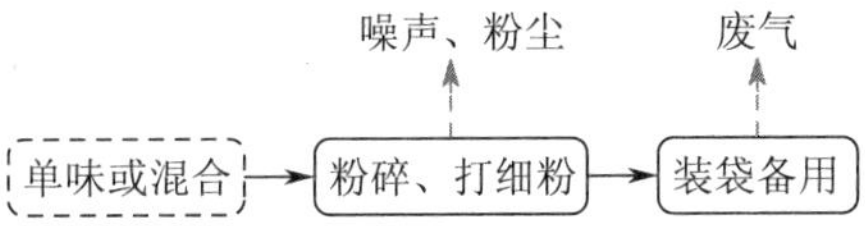

图 16-10　打细粉工艺排污节点

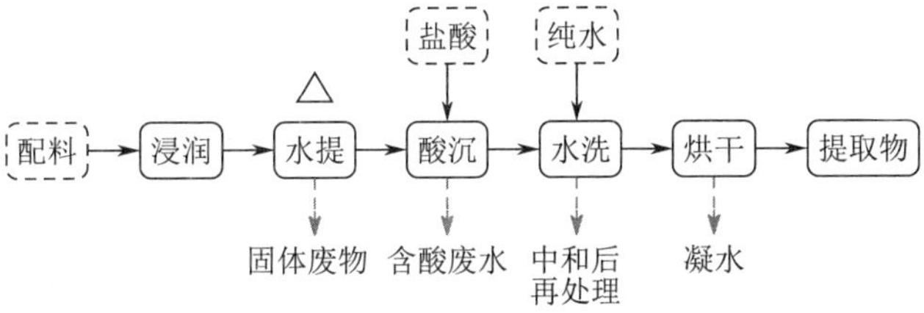

图 16-11　水提酸沉工艺排污节点

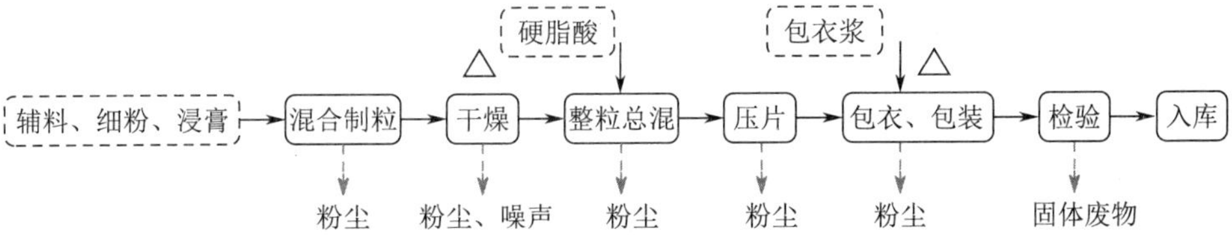

图 16-12　片剂生产工艺排污节点

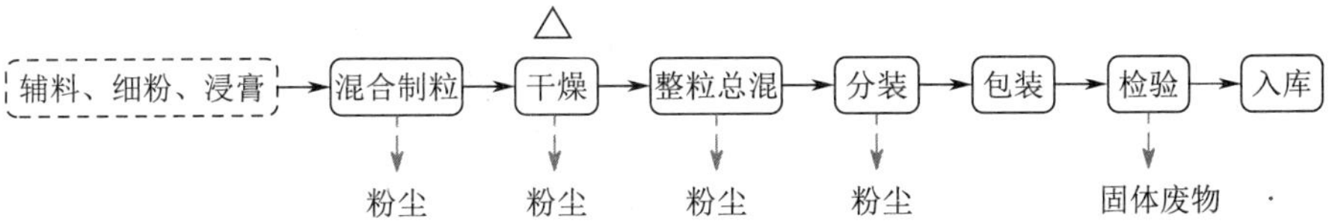

图 16-13　颗粒剂生产工艺排污节点

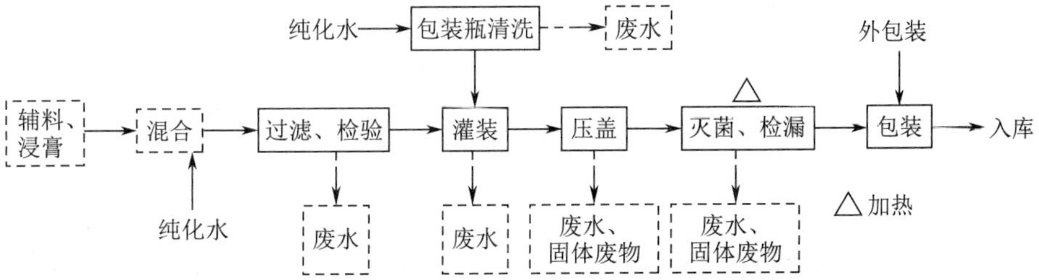

图 16-14　口服液、糖浆剂生产工艺排污节点

（三）中药制药行业排污节点（表 16-18）

表 16-18 中药制药行业排污节点

工序	生产设施	污染产生原因	排污节点和主要环境因素	控制措施
前处理工段	洗药机	原料清洗	废水	排入污水处理站，处理达标后，排入市政污水管网
	切药机	切片	噪声	隔声、消声、吸声
	破碎机、粗碎机	粉碎	粉尘	旋风除尘 + 袋式除尘
		粉碎	噪声	隔声、消声、吸声
	挑选	药中杂物	固废	作饲料添加剂、农肥、锅炉燃料或送垃圾场处置
提取工段	渗漉罐、醇沉罐、煎煮罐	渗漉、醇沉	乙醇	回收塔回收
		水沉、醇沉	中药渣、水沉渣、醇沉渣	作饲料添加剂、农肥、锅炉燃料或送垃圾场处置
	酸沉罐	酸沉	酸性废水	加碱中和后，排入污水处理站，处理达标后，排入市政污水管网
	双效浓外循环缩器、单效浓缩外循环浓缩器、酒精回收浓缩器	浓缩	浓缩废水	排入污水处理站，处理达标后，排入市政污水管网
制剂工段	制粒机、方形筛、压片机、糖衣机、搅拌机	配料、制粒、混合、整粒、压片	粉尘	袋式除尘器处理
			除尘渣	为一般固体废物，与中药渣一起作有机肥
	智能包衣机	包衣工序	滑石粉尘	水浴除尘
			水浴除尘污泥	为一般固体废物，外售资源化利用
	包装机	包装工序	噪声	隔声、消声、吸声
污水处理站		中药废水 废水处理产生	COD、BOD_5、SS、pH、氨氮 等污泥	悬浮物预处理 + 好氧生化（或水解-好氧生化）+ 物化处理法 运送生活垃圾堆放场堆放或处置

四、中药行业的环境管理要求

（一）中药制药行业主要环境问题

中药产业目前存在一些问题。总体来看，中药产业的厂家多、规模小、设备陈旧；中药生产工艺及制剂技术水平较低；中药研究开发技术平台不完善，创新能力较弱；中药企业管理和环境管理水平普遍较低，因此推进中药现代化的发展势在必行。

1. 中药饮片环境问题

（1）废水：主要来自药材的清洗和浸泡水、机械的清洗水以及炮制工段的其他废水，一般为轻度污染废水，COD 大约在 200 mg/L。但是如果在炮制工段需要加入特殊辅料如酒、醋、蜜等的中药饮片，其废水的 COD 浓度一般较高，可达到 1 000 mg/L 以上。

（2）废气：主要是切制等工序产生的药物粉尘和炮制过程中产生的药烟。

（3）固体废物：主要来自药材筛选、清洗过程中产生的泥沙等杂质。

（4）噪声：主要来自筛药机、风选机、切药机、风机等生产设备的运转。

2. 中成药环境问题

（1）废水

1）主要来源：①设备清洗水：每个工序完成一次批处理后，需要对本工序的设备进行一次清洗工作，清洗废水一般浓度较高。②下脚料废液清洗水：在口服液生产中，醇沉过程中产生一定量的下脚料，水量不多，浓度极高，是重要污染源。③提取工段废水：这部分废水主要来自各个设备的清洗和地面冲洗，由于提取、分离、浓缩的环节和设备多，因而废水较多，浓度高，是重要污染源。④辅助工段的清洗水及生活污水：如成品工序中，安瓶的清洗水。

2）主要特征：中药制药主要原料均系天然有机物质，含有木质素、木质蛋白、果胶、半纤维素、脂蜡以及许多其他复杂有机化合物，在生产过程中，胶体的成分互相起乳化、水解、复分解和溶解等作用，最终产物有木糖、半乳糖、甘露糖、葡萄糖等碳水化合物。在漂洗过程中，这些有机物部分进入废水中，使中药废水水质成分复杂，废水中溶解性物质、胶体和固体物质的浓度都很高。其主要特征如下：

①中药生产的原材料主要是中药材，在生产中有时须使用一些媒质、溶剂或辅料，因此，水质成分较复杂；

②废水中 COD 质量浓度高，一般为 14 000 ～ 100 000mg/L，有些浓渣水甚至更高；

③废水一般易于生物降解，BOD/COD 一般在 0.5 以上，适宜进行生物处理；

④废水中 SS 浓度高，主要是动植物的碎片、微细颗粒及胶体；

⑤水量间歇排放，水质波动较大；

⑥在制造过程中要用酸或碱处理，废水 pH 波动较大；

⑦由于常常采用煮炼或熬制工艺，排放废水温度较高，带有颜色和中药气味。

（2）废气

主要为二氧化硫、烟尘、粉尘和挥发性有机物，主要来自某些提取工段因煎煮而产生的锅炉烟气，药材粉碎等工序产生的药物粉尘以及制药过程中使用的部分挥发性有机物的泄漏。

（3）固体废物

主要为提取过药物后的药材废渣以及锅炉炉渣和污水污泥。

（4）噪声

主要来自粉碎机、空压机、包装机、压片机、风机等生产设备的运转。

（二）中药制药行业的主要环境管理

1. 环境规划要求

要防止化学原料药生产向环境承载能力弱的地区转移；鼓励制药工业园区创建国家新型工业化产业示范基地；新（改、扩）建制药企业选址应符合当地规划和环境功能区划，并根据当地的自然条件和环境敏感区域的方位，确定适宜的厂址。

2. 原辅料限制

（1）鼓励使用无毒、无害或低毒、低害的原辅材料，减少有毒、有害原辅材料的使用。

（2）鼓励在生产中减少含氮物质的使用。

3. 工艺与装备

（1）鼓励采用动态提取、微波提取、超声提取、双水相萃取、超临界萃取、液膜法、膜分离、大孔树脂吸附、多效浓缩、真空带式干燥、微波干燥、喷雾干燥等提取、分离、纯化、浓缩和干燥技术。

（2）生产过程中应密闭式操作，采用密闭设备、密闭原料输送管道；投料宜采用放料、泵料或压料技术，不宜采用真空抽料，以减少有机溶剂的无组织排放。

（3）有机溶剂回收系统应选用密闭、高效的工艺和设备，提高溶剂回收率。

（4）鼓励回收利用废水中有用物质，采用膜分离或多效蒸发等技术回收生产中使用的铵盐等盐类物质，减少废水中的氨氮及硫酸盐等盐类物质。

（5）提高制水设备排水、循环水排水、蒸汽凝水、洗瓶水的回收利用率。

4. 环境管理

（1）符合国家有关环境法律、法规，污染物排放达到国家排放标准、总量控制和排污许可证管理要求。

（2）按照企业清洁生产审核指南的要求进行清洁生产审核，并建立持续清洁生产机制；按照 GB/T 24001 建立并运行环境管理体系，环境管理手册、程序文件及作业文件齐备。

（3）建立环境管理机构并有专人负责。

（4）健全、完善排污许可证的环境管理制度并纳入日常管理 。

5. 环境监督管理

（1）记录环保设施运行数据并建立环保档案。

（2）水气主要污染物建立日常自主监测制度，并委托有资质的单位进行每季度不少于 1 次的第三方监测，有完整的记录。

6. 污染治理要求

（1）废水厌氧生化处理过程中产生的沼气，宜回收并脱硫后综合利用，不得直接放散。

（2）废水处理过程中产生的恶臭气体，经收集后采用化学吸收、生物过滤、吸附等方法进行处理。

（3）有机溶剂废气处理过程中产生的废活性炭等吸附过滤物及载体，应作为危险废物处置。

第四节 发酵制药工业生产工艺环境基础

我国抗生素类药物品种齐全，主要优势品种有青霉素、链霉素、四环素、土霉素等产品，其中青霉素规模最大。经过近几年的工艺改进和技术革新，我国青霉素生产的技术经济指标已全面提高。我国还是世界上最大的维生素类产品的生产国与出口国，其中优势最大的是维生素 C。

一、发酵制药行业的原料与能耗

（一）发酵制药原料

微生物菌体发酵是以获得微生物菌体为目的，如面包的酵母发酵、单细胞蛋白发酵（利用各种碳源）、真菌类（各种蘑菇、冬虫夏草）、生物防治剂（苏云金杆菌，伴孢晶体可以毒杀鳞翅目、双翅目害虫）。微生物酶发酵是以获得酶为目的的发酵，如青霉素酰化酶，用于半合成青霉素时，制备中间体 6- 氨基青霉烷酸。

初级代谢产物：氨基酸，核苷酸，维生素，有机酸。

次级代谢产物：最主要的是抗生素。

利用微生物的一种或多种酶把一种化合物转变为结构相关的更有价值产物的生化反应为转化发酵。

生产药物的天然微生物主要包括细菌、放线菌和丝状真菌三大类。

细菌主要生产环状或链状多肽类抗生素，如芽孢杆菌产生杆菌肽，多黏芽孢杆菌产生黏菌肽和多黏菌素。细菌还可以产生氨基酸和维生素，如黄色短杆菌产生谷氨酸，大小菌生产维生素 C。

放线菌主要产生各类抗生素，以链霉菌属最多，诺卡菌属较少，还有小单孢菌属。生产的抗生素主要有氨基糖苷类（链霉素、新霉素、卡那霉素等）、四环类（四环素、金霉素、土霉素等）、放线菌素类（放线菌素 D）大环内酯类（红霉素、螺旋霉素、柱晶白霉素）和多烯大环内酯类（制霉菌素、抗滴虫霉素等）。酸性、碱性和中性，但以碱性为多。

真菌的曲菌属产生桔霉素，青霉素菌属产生青霉素和灰黄霉素等，头孢菌属产生头孢霉素等。脂环芳香类或简单的氧杂环类，多为酸性化合物。

（二）发酵制药辅料

SDS-酵母膏，$CaCO_3$、NaOH、乙酸乙酯、氯仿、苯、碳源、氮源等。

（三）发酵制药产品

发酵类制药指通过微生物发酵的方法产生抗生素或其他的活性成分，然后经过分离、纯化、精制等工序生产出药物的过程。主要包含抗生素、维生素、氨基酸和其他类。发酵类药物分类及其代表性药物见表 16-19。

表 16-19 发酵制药产品分类

<table>
<tr><td rowspan="9">发酵类</td><td rowspan="6">抗生素类</td><td>β-内酰胺类药物</td><td>青霉素 G 钾、青霉素 G 钠、青霉素 V 钾</td></tr>
<tr><td>四环类药物</td><td>四环素、盐酸四环素、土霉素、金霉素</td></tr>
<tr><td>氨基糖苷类药物</td><td>庆大霉素、卡那霉素、卡那霉素碱、单硫酸卡那霉素、核糖霉素、妥布霉素、硫酸妥布拉霉素、西索米星（西梭霉素）、大观霉素、硫酸大观霉素、新霉素、硫酸链霉素、双氢链霉素</td></tr>
<tr><td>大环内酯类</td><td>红霉素</td></tr>
<tr><td>多肽类</td><td>去甲万古霉素、多黏菌素 E、环孢素、平阳霉素</td></tr>
<tr><td>其他类</td><td>正定霉素、丝裂霉素、派来霉素、阿霉素、表阿霉素、制霉菌素、灰黄霉素、利福霉素钠、依微菌素、阿维菌素、表阿维菌素、富表甲氨基阿维菌素、莫能菌素、林可霉素</td></tr>
<tr><td>维生素类</td><td colspan="2">盐酸羟钴胺、维生素 B_{12}、腺苷辅酶维生素 B_{12}、维生素 C-90、维生素 B_1、盐酸盐、维生素 C-97、维生素 C 钠、维生素 D_2、维生素 C、维生素 E、醋酸酯、维生素 E 粉</td></tr>
<tr><td>氨基酸类</td><td colspan="2">L-谷氨酸钠、L-谷氨酸、L-丝氨酸、L-苏氨酸、L-缬氨酸、L-赖氨酸、L-盐酸赖氨酸</td></tr>
<tr><td>其他类</td><td colspan="2">氢化可的松、辅酶 A</td></tr>
</table>

（四）发酵制药耗水量（表 16-20）

表 16-20　发酵类制药废水生产基准排水量限值　　单位：m^3/t

抗生素类	β- 内酰胺类药物	青霉素	1 000
		头孢菌素	1 900
		其他	1 200
	四环类药物	土霉素	750
		四环素	750
		去甲基金霉素	1 200
		金霉素	500
		其他	500
	氨基糖苷类药物	链霉素、双氢链霉素	1 450
		庆大霉素	6 500
		大观霉素	1 500
		其他	3 000
	大环内酯类	红霉素	850
		麦白霉素	750
		其他	850
	多肽类	卷曲霉素	6 500
		去甲万古霉素	5 000
		其他	5 000
	其他类	洁霉素、阿霉素、利福霉素等	6 000
维生素类	维生素 C		300
	维生素 B_{12}		115 000
	其他		30 000
氨基酸类	谷氨酸钠		80
	赖氨酸		50
	其他		200
其他类			1 500

资料来源：制药工业水污染物排放标准。

二、发酵制药行业工艺原理与基本工艺

（一）发酵制药工业生产工艺（图 16-15）

发酵类制药一般生产工艺流程：种子培养、微生物发酵、发酵液预处理和固液分离、提炼纯化、精制、干燥、包装等步骤。种子培养阶段通过摇瓶种子培养、种子罐培养及发酵罐培养连续的扩增培养，获得足够量健壮均一的种子投入发酵生产。发酵液预处理的主要目的是将菌体与滤液分离开，便于后续处理，通常采用过滤法处理。提取分从滤液中提取和菌体中提取两种不同工艺过程，产物提取的方法主要有萃取、沉淀、盐析等。产品精制纯化主要有结晶、喷雾干燥、冷冻干燥等几种方式。

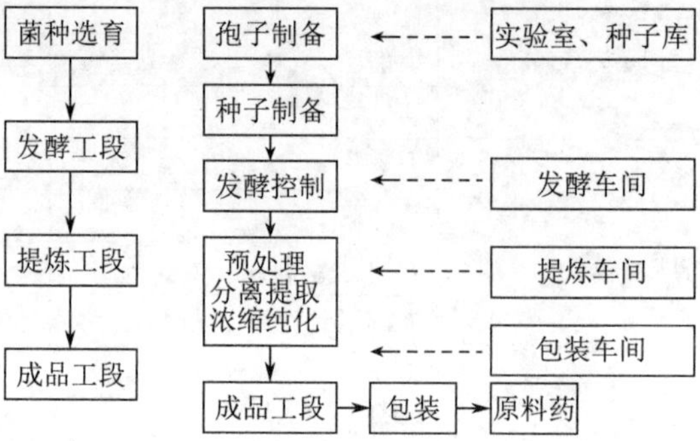

图 16-15　发酵制药工业生产工艺流程

1. 原料辅料进厂

发酵制药的辅料种类繁多，多属于化学品（有液体、固体，也有危险化学品），多采用运输工具进厂，卸入仓库或储罐。原辅料装卸严格控制遗撒、泄漏和扬尘。地面清洗废水应进污水处理站。

2. 菌种选育

种子培养阶段通过摇瓶种子培养、种子罐培养及发酵罐培养连续的扩增培养，获得足够量健壮均一的种子投入发酵生产。

发酵生产药物，需产量高的菌种，自然界中的菌种趋向于快速生长和繁殖，而发酵工业需要大量积累产物，因此菌种选育很重要。常规方法是利用天然变异，从中选择优良株系。随后物理因子（紫外线、X 射线、中子、激光等）和化学因子（烷化剂、碱基类似物等）和生物因子（噬菌体、抗生素）诱变育种。20 世纪 80 年代，以原生质体融合的杂交育种和基因工程育种，90 年代以后，可以用基因组 shuffling 育种。

微生物药物与菌种的筛选流程：样品采集 → 微生物分离→培养→筛选方法学建立→筛选鉴定→前药－新化合物→化合物分离纯化→阳性结果→生产出发菌→菌种鉴定与保藏 →新化合物新药研究与开发。

3. 发酵工段

供微生物生长繁殖和合成各种代谢产物所需要的按一定比例配制的多种营养物质的混合物。培养基的组成和比例是否恰当，直接影响微生物的生长、生产和工艺选择、产品质量和产量。

一级发酵：将孢子或菌丝接入直接发酵罐。

二级发酵：经过一级种子罐，再到发酵罐；谷氨酸生产。

三级发酵：二级种子扩大培养，经过二次种子罐，再接入发酵罐；青霉素生产。

四级发酵：三级种子扩大培养，经过三级种子罐，再到发酵罐；链霉素生产。

4. 提炼工段

发酵液浓度较低，含有大量杂质：菌体细胞、核酸、杂蛋白质、细胞壁多糖等、残留的培养基、色素、盐离子、代谢产物等。需要浓缩目的产物，去除大部分杂质，改变发酵液的流变学特征，利于后续的分离纯化过程。

发酵液预处理的主要目的是将菌体与滤液分离开，便于后续处理，通常采用过滤法处理。提取分从滤液中提取和菌体中提取两种不同工艺过程，产物提取的方法主要有萃取、沉淀、盐析等。产品精制纯化主要有结晶、喷雾干燥、冷冻干燥等几种方式。

5. 药品成品

药品生产过程要进行一定批次的抽样检验，会产生抽检药品废弃物。最后药品在生产线进行包装，入库。经抽检对不合格药品，作为废弃药品处理。

（二）企业的主要生产设备（表 16-21）

表 16-21　企业主要生产设备

项　目	设备（设施）名称
备料	破碎机、磨机、链板输送机、斗式提升机、皮带输送机、螺旋输送机、贮料仓、皮带输送机、预热器等
菌种选育	离心设备、膜过滤设备、诱变设备、灭菌设备
发酵	发酵罐、生物检测设备、搅拌器
提炼	过滤设备、萃取设备、干燥设备
药品成品	压模设备、包装设备
辅助工程	锅炉、除尘器、脱硫装置、污水处理厂等

三、发酵制药生产企业的排污节点

（一）发酵行业环境要素分析（表 16-22）

表 16-22　发酵类制药生产企业主要环境要素

污染类型	主要污染指标
废气	发酵类药物生产过程产生的废气主要包括发酵尾气、含溶剂废气、含尘废气、酸碱废气及废水处理装置产生的恶臭气体。发酵尾气气量大，主要成分为空气和二氧化碳，同时含有少量培养基物质以及发酵后期细菌开始产生抗生素时菌丝的气味，如直接排放，对厂区周边大气环境质量影响较大。有机溶剂废气主要产生于分离提取等生产工序

污染类型	主要污染指标
废水	包括废滤液（从菌体中提取药物）、废发酵母液（从过滤液中提取药物）、其他废母液等。此类废水浓度高、硫酸盐及氨氮含量高，酸碱性和温度变化大、一般含药物残留，水量相对较小 工艺冷却水（如发酵罐、消毒设备冷却水等）、动力设备冷却水（如空压机冷却水、制冷剂冷却水等）、循环冷却水系统排污，水环真空设备排水、去离子水制备过程排水、蒸馏（加热）设备冷凝水等。此类废水污染物浓度低，但水量大、季节性强，企业间差异大 容器设备冲洗水（如发酵罐冲洗水等）、过滤设备冲洗水（如板框压滤机、转鼓过滤机等过滤设备冲洗水）、树脂柱（罐）冲洗水、地面冲洗水等。其污染物浓度高、酸碱性变化大。水环真空设备排水与此类水浓度相近
固体废物	发酵类药物生产过程产生的固体废物主要为：发酵工序产生的工艺废渣（菌丝体和残余培养基）；脱色、过滤、分离等工序产生的废活性炭、废树脂等吸附过滤介质；粉碎、筛分、总混、包装、过滤过程产生的粉尘；溶剂回收残液；污水处理站产生的废物（格栅截留物、污泥等）等
噪声	粉碎机、风机、运输车辆等产生的噪声

（二）发酵制药行业基本排污节点

发酵制药通过发酵的方法产生抗生素或其他的活性成分，然后经过分离、纯化、精制等工序生产出药物的过程，按产品种类分为抗生素类、维生素类、氨基酸类和其他类。其中，抗生素类按照化学结构又分为β内酰胺类、氨基糖苷类、大环内酯类、四环素类、多肽类和其他。其生产工艺及排污节点见图16-16。

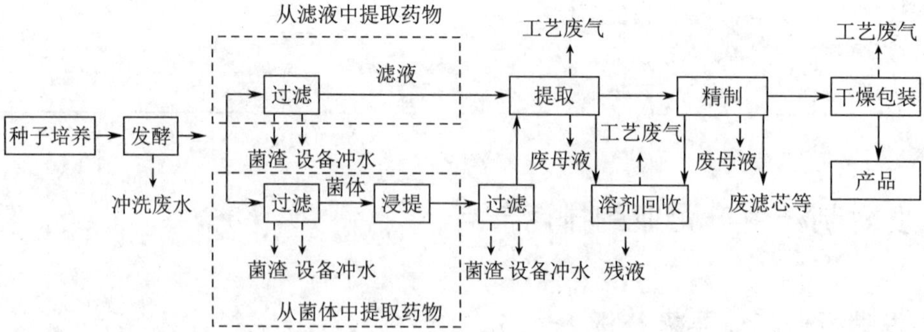

图16-16 发酵制药生产企业排污节点

（三）发酵制药生产企业排污节点分析（表 16-23）

表 16-23　发酵类制药生产企业的排污节点分析

工序	污染产生原因	排污节点和主要环境因素	控制措施
原辅料进厂	装卸、贮存、上料产生 遗撒、扬尘和泄漏； 地面冲洗	【废气】扬尘和泄漏的含酸、含碱和含 VOCs 废气； 【废水】地面冲洗废水； 【固体废物】报废的原料及清扫垃圾	仓库加强密闭和集气除尘措施； 地面冲洗废水和污雨水进污水处理站； 报废的原料及清扫垃圾按危险废物管理
菌种选育发酵工段	发酵装置； 分层、分离压滤（过滤）、浓缩、蒸馏、离心、干燥等中间体分离回收技术措施； 循环冷却装置	【废水】产生各种结晶母液、转相母液、吸附残液等，污染物浓度高，含盐量高，废水中残余的反应物、生成物等浓度高，有一定生物毒性、难降解；过滤机械、反应容器、催化剂载体、树脂、吸附剂等设备及材料的洗涤水。其污染物浓度高、酸碱性变化大；蒸馏、蒸发浓缩产生的有机不凝气，合成反应、分离提取过程产生的有机溶剂废气；循环冷却水系统、真空设备和去离子水制备过程排水，蒸馏（加热）设备冷凝水等。设备设施的清洗废水，生产场地的地面冲洗废水； 【废气】设备集气收集的粉尘，设备泄漏的含酸、含碱和含 VOCs 废气； 【固体废物】危险废物有废催化剂、废活性炭、废溶剂、废酸、废碱、废盐、精馏釜残、废滤芯（废滤膜）、滤渣滤泥、粉尘、药尘、废药品等，产生的一般固体废物主要为废包装材料等	高浓度废液收集分质处理，增加回收利用，回收后浓度过高废液应另行处理或与处理后再进污水处理厂； 中浓度污水对有毒物质进行预处理后与低浓度污水排入污水处理站； 对高盐废水，先脱盐，后排污水处理站； 一般性固体废物要严格与危险废物区别管理，危险废物的收集、贮存、处置、转移建立严格管理制度和台账； 收集的废催化剂、废活性炭、废溶剂、废酸、废碱、废盐、精馏釜残、废滤芯（废滤膜）、滤渣滤泥、粉尘、药尘、废药品都应列入危险废物管理； 对产生 VOCs 的设施和车间，不仅要加强密闭措施，还应增加集气装置对收集废气进行净化，降低 VOCs

工序	污染产生原因	排污节点和主要环境因素	控制措施
提纯工段	包括分离（沉降、离心、过滤和膜分离技术）、提取（沉淀、吸附、萃取、超滤技术）、精制（离子交换、结晶、色谱分离和膜分离等技术）和成型（浓缩、干燥、无菌过滤和成型等）等	【废气】使用盐酸、氨水调节 pH 产生的酸碱废气；浓缩、粉碎干燥、磨粉、筛分产生粉尘药尘，吸附、萃取、分离、提取、萃取等产生 VOCs 排放； 【废水】废水包括容器设备、过滤设备冲洗水（如板框压滤机、转鼓过滤机等过滤设备冲洗水）、树脂柱（罐）和地面冲洗水等。其污染物浓度高、酸碱性变化大； 【固体废物】危险废物主要有废催化剂、废活性炭、废溶剂、废酸、废碱、废盐、精馏釜残、废滤芯（废滤膜）、粉尘、药尘、废药品等，产生的一般固体废物主要为废包装材料等	对排放含酸碱废气、含粉尘药尘废气、含 VOCs 废气要加强设施的密闭措施，还要加强集气净化措施； 对设备、装置清洗废水浓度高的要进行预处理，再与低浓度废水排入污水处理站； 地面清洗废水排入污水处理站； 加强危险废物的管理和台账记录； 严禁非危险废物与危险废物混杂管理
成品	包括药品的包装，药品的质量检验，不合格药品的处理	【废水】废水包括容器设备冲洗水，化验分析废水、地面冲洗水等； 【废气】包装、入库过程可能产生药粉尘； 【固体废物】废弃物有不能回用的废弃药品，废包装材料，收集的粉尘等	设备和地面冲洗水等，排污水处理站； 不能回用的废弃药品，按危险废物管理；废包装材料属一般性固体废物； 对可能产生药粉尘设施要有集气除尘措施

四、发酵制药行业的环境管理要求

（一）发酵制药行业主要环境问题

1. 废水主要来源

主生产过程排水包括废滤液（从菌体中提取药物）、废发酵母液（从过滤液中提取药物）、其他废母液等。此类废水浓度高、硫酸盐及氨氮含量高，酸碱性和温度变化大、一般含药物残留，水量相对较小。产品不同，指标差异也较大，COD 质量浓度大于 10 000 mg/L；BOD_5/COD 在 0.3 ～ 0.5 mg/L；SS 在 1 000 ～ 6 000 mg/L。

辅助过程排水包括工艺冷却水（如发酵罐、消毒设备冷却水等）、动力设备冷却水（如空压机冷却水、制冷剂冷却水等）、循环冷却水系统排污，水环真空设备排水、去离子水制备过程排水、蒸馏（加热）设备冷凝水等。此类废水污染物浓度低，但水量大、季节性强企业间差异大，COD 质量浓度不大于 100 mg/L。

冲洗水包括容器设备冲洗水（如发酵罐冲洗水等）、过滤设备冲洗水（如板框压滤机、转鼓过滤机等过滤设备冲洗水）、树脂柱（罐）冲洗水、地面冲洗水等。其污染物浓度高、酸碱性变化大。水环真空设备排水与此类水浓度相近。生活污水与企业的人数、生活习惯、管理状态相关，但不是主要废水，同一般生活污水。

2. 废气主要来源

发酵类药物生产过程产生的废气主要包括发酵尾气、含溶剂废气、含尘废气、酸碱废气及废水处理装置产生的恶臭气体。发酵尾气气量大，主要成分为空气和二氧化碳，同时含有少量培养基物质以及发酵后期细菌开始产生抗生素时菌丝的气味，如直接排放，对厂区周边大气环境质量影响较大。有机溶剂废气主要产生于分离提取等生产工序。

3. 固体废物主要来源

发酵类药物生产过程产生的固体废物主要为：发酵工序产生的工艺废渣（菌丝体和残余培养基）；脱色、过滤、分离等工序产生的废活性炭、废树脂等吸附过滤介质；粉碎、筛分、总混、包装、过滤过程产生的粉尘；溶剂回收残液；污水处理站产生的废物（格栅截留物、污泥等）等。

（二）发酵制药行业的主要环境管理

1. 环境管理

①企业应按照有关规定，安装 COD 等主要污染物的在线监测装置，并与环保行政主管部门的污染监控系统联网。②企业应建立生产装置和污染防治设施运行及检修规程和台账等日常管理制度；建立、完善环境污染事故应急体系，建设危险化学品的事故应急处理设施。③企业应加强厂区环境综合整治，厂区、制药车间、储罐区、污水处理设施地面应采取相应的防渗、防漏和防腐措施；优化企业内部管网布局，实现清污分流、雨污分流和管网防渗、防漏。④溶剂类物料、易挥发物料（氨、盐酸等）应采用储罐集中供料和储存，储罐呼吸气收集后处理；应加强输料泵、管道、阀门等设备的经常性检查更换，杜绝生产过程跑、冒、滴、漏现象。

2. 环境规划

要防止化学原料药生产向环境承载能力弱的地区转移；鼓励制药工业园区创建国家新型工业化产业示范基地；新（改、扩）建制药企业选址应符合当地规划和环境功能区划，并根据当地的自然条件和环境敏感区域的方位，确定适宜的厂址。

3. 生产、运输、贮存、使用限制

（1）新建、扩建古龙酸和维生素 C 原粉（包括药用、食品用、饲料用、化妆品用）生产装置，新建药品、食品、饲料、化妆品等用途的维生素 B_1、维生素 B_2、维生素 B_{12}（综合利用除外）、维生素 E 原料生产装置。

（2）新建青霉素工业盐、6-氨基青霉烷酸（6-APA）、化学法生产7-氨基头孢烷酸（7-ACA）、7-氨基-3-去乙酰氧基头孢烷酸（7-ADCA）、青霉素V、氨苄青霉素、羟氨苄青霉素、头孢菌素c发酵、土霉素、四环素、氯霉素、安乃近、扑热息痛、林可霉素、庆大霉素、双氢链霉素、丁胺卡那霉素、麦迪霉素、柱晶白霉素、环丙氟哌酸、氟哌酸、氟嗪酸、利福平、咖啡因、柯柯豆碱生产装置。

（3）限制新开办无新药证书的药品生产企业。

（4）新建、改扩建药用丁基橡胶塞、二步法生产输液用塑料瓶生产装置。

4. 污染治理要求

水污染的防治：①废水宜分类收集、分质处理；高浓度废水、含有药物活性成分的废水应进行预处理。②烷基汞、总镉、六价铬、总铅、总镍、总汞、总砷等水污染物应在车间处理达标后，再进入污水处理系统。③含有药物活性成分的废水，应进行预处理灭活。④高含盐废水应脱盐处理后，再进入污水处理站。⑤可生化降解的高浓度废水应进行常规预处理，难生化降解的高浓度废水应进行强化预处理。预处理后的高浓度废水，先经“厌氧生化”处理后，与低浓度废水混合，再进行“好氧生化”处理及深度处理；或预处理后的高浓度废水与低浓度废水混合，进行“厌氧（或水解酸化）－好氧”生化处理及深度处理。⑥毒性大、难降解废水应单独收集、单独处理后，再与其他废水混合处理。⑦含氨氮高的废水宜物化预处理，回收氨氮后再进行生物脱氮。⑧接触病毒、活性细菌的生物工程类制药工艺废水应灭菌、灭活后再与其他废水混合，采用“二级生化－消毒”组合工艺进行处理。⑨实验室废水、动物房废水应单独收集，并进行灭菌、灭活处理，再进入污水处理系统。⑩低浓度有机废水，宜采用“好氧生化”或“水解酸化－好氧生化”工艺进行处理。

大气污染防治：①粉碎、筛分、总混、过滤、干燥、包装等工序产生的含药尘废气，应安装袋式、湿式等高效除尘器捕集。②有机溶剂废气优先采用冷凝、吸附－冷凝、离子液吸收等工艺进行回收，不能回收的应采用燃烧法等进行处理。③发酵尾气宜采取除臭措施进行处理。④含氯化氢等酸性废气应采用水或碱液吸收处理，含氨等碱性废气应采用水或酸吸收处理。⑤产生恶臭的生产车间应设置除臭设施；动物房应封闭，设置集中通风、除臭设施。

二次污染防治：①废水厌氧生化处理过程中产生的沼气，宜回收并脱硫后综合利用，不得直接放散。②废水处理过程中产生的恶臭气体，经收集后采用化学吸收、生物过滤、吸附等方法进行处理。③废水处理过程中产生的剩余污泥，应按照《国家危险废物名录》和危险废物鉴别标准进行识别或鉴别，非危险废物可综合利用。④有机溶剂废气处理过程中产生的废活性炭等吸附过滤物及载体，应作为危险废物处置。⑤除尘设施捕集的不可回收利用的药尘，应作为危险废物处置。

5. 环境风险要求

①有机溶剂贮罐区分别建设事故围堰，围堰是否进行防渗、防腐处理，并根据贮罐有效贮存量和环境应急要求确定围堰容积。②加强对环境风险源（有机溶剂储罐）的日

常监督检查和管理。③严格管理，建立相应的台账，转移运出联单制度。④厂区应设环境应急池，其容积按满足厂内最大贮罐贮存量要求。⑤企业应按规定对有机溶剂的运输、贮存和使用要编制防止泄漏外环境造成突发环境事件的专项预案。⑥建立环境突发事件的报告制度和机制。环境应急检查记录：建立环境风险源的环境应急检查记录。

6. 处理处置要求

①制药工业产生的列入《国家危险废物名录》的废物，应按危险废物处置，包括高浓度釜残液、基因工程药物过程中的母液、生产抗生素类药物和生物工程类药物产生的菌丝废渣、报废药品、过期原料、废吸附剂、废催化剂和溶剂、含有或者直接沾染危险废物的废包装材料、废滤芯（膜）等。②生产维生素、氨基酸及其他发酵类药物产生的菌丝废渣经鉴别为危险废物的，按照危险废物处置。③药物生产过程中产生的废活性炭应优先回收再生利用，未回收利用的按照危险废物处置。实验动物尸体应作为危险废物焚烧处置。

思考与练习

1. 简述我国制药行业的现状和主要环境问题。
2. 分析化学合成制药、中药行业、发酵制药行业的生产工艺和产生的污染物。
3. 分析化学合成制药、中药行业、发酵制药行业的主要设备和工艺流程和排污节点。
4. 分析化学合成制药、中药行业、发酵制药行业的环境管理要求。

参考文献

[1] 王海洋 . 中国制浆造纸行业 2017—2020 年发展趋势展望 [J]. 中华纸业 , 2017（1）：20-24.

[2] 国家发展和改革委、工业和信息化部和国家林业局 . 造纸工业发展“十二五”规划（发改产业 [2011]3101 号）[Z]. 2011.

[3] 环境保护部 . 关于印发《制浆造纸企业环境守法导则》的通知（环办函 [2015]882 号）[Z]. 2015.

[4] 环境保护部 . 关于发布《造纸行业木材制浆工艺污染防治可行技术指南》等三项指导性技术文件的公告（公告 2013 年 第 81 号）[Z]. 2013.

[5] 环境保护部 . 关于发布《制浆造纸废水治理工程技术规范》等七项国家环境保护标准的公告（公告 2012 年 第 21 号）[Z]. 2012.

[6] 中国造纸协会 . 关于发布《中国造纸协会关于造纸工业“十三五”发展的意见》的通知（中纸协 [2017]11 号）[Z]. 2017.

[7] 毛应淮 . 工业污染核算（第二版）[M]. 北京：中国环境出版社，2014.

[8] 中国机械工业联合会 . 机械工业“十三五”发展纲要及专项规划 [Z]. 2016.

[9] 中国铸造协会标准 . 铸造行业大气污染物排放限值（T/CFA 030802-2—2017）[S]. 2017.

[10] 环境保护部 . 电镀行业污染物排放标准（GB 21900—2008）[S]. 2008.

[11] 北京市环境保护局 . 工业涂装工序大气污染物排放标准（DB11/1226—2015）[S]. 2015.

[12] 环境保护部 . 烧碱、聚氯乙烯工业废水处理工程技术规范（HJ 2051—2016）[S]. 2015

[13] 工业和信息化部 . 电石行业准入条件（2014 年修订）（公告 2014 年 第 8 号）[Z]. 2014.

[14] 环境保护部 . 清洁生产标准 氯碱工业（烧碱）（HJ 475—2009）[Z]. 2009.

[15] 环境保护部 . 清洁生产标准 氯碱工业（聚氯乙烯）（HJ 476—2009）[Z]. 2009.

[16] 环境保护部 . 硫酸工业污染防治技术政策 (公告 2013 年 第 31 号)[Z]. 2013.

[17] 环境保护部 . 建设项目竣工环境保护验收技术规范 石油天然气开采（HJ 612—2011）[S]. 2011.

[18] 环境保护部 . 石油天然气开采业污染防治技术政策（公告 2012 年 第 18 号）[Z]. 2012.

[19] 国家环境保护总局 . 清洁生产标准 石油炼制业（HJ/T 125—2003）[S]. 2003.

[20] 环境保护部 . 清洁生产标准 石油炼制业（沥青）（HJ 443—2008）[S]. 2003.

[21] 国家环境保护总局．建设项目竣工环境保护验收技术规范 石油炼制（HJ/T 405—2007）[S]. 2007

[22] 环境保护部．石油炼制工业废水治理工程技术规范（HJ 2045—2014）[S]. 2014.

[23] 环境保护部．石油化学工业污染物排放标准（GB 31571—2015）[S]. 2015.

[24] 国家环境保护总局．环境影响评价技术导则 石油化工建设项目（HJ/T 89—2003）[S]. 2003.

[25] 环境保护部．石油化工企业环境应急预案编制指南 [S]. 2010.

[26] 环境保护部．炼焦化学工业污染物排放标准（GB 16171—2012）[S]. 2012.

[27] 环境保护部．炼焦废水治理工程技术规范 (HJ 2022—2012) [S]. 2012.

[28] 国家环境保护总局．清洁生产标准 炼焦行业（HJ/T 126—2003）[S]. 2003.

[29] 环境保护部．炼焦业卫生防护距离标准（GB 11661—2012）[S]. 2012.

[30] 国家能源局．关于印发《煤炭深加工产业示范“十三五”规划》的通知（国能科技 [2017]43 号）[Z]. 2017.

[31] 工业和信息化部，国家发展和改革委员会，科学技术部，等．关于印发《医药工业发展规划指南》的通知（工信部联规〔2016〕350 号）[Z]. 2016.

[32] 环境保护部．制药工业污染防治技术政策（公告 2012 第 18 号）[Z]. 2012.